热力学与统计物理学
热点问题思考与探索
（第二版）

陈金灿　苏山河　苏国珍　编著

科学出版社

北京

内 容 简 介

本书是在第一版的基础上，结合本组近年来发表的部分教研科研论文，同时吸收国内外有关热力学与统计物理学的部分最新研究成果，由陈金灿、苏山河和苏国珍修订而成. 本书保持了第一版的特色，既不同于现有的热力学与统计物理学教科书，又有别于相关的专著. 本书的主要内容是对教科书中热力学与统计物理学理论的拓展与应用，既有理论上的意义，又有方法上的创新，并且在现实生活中具有应用价值.

本书可作为高等院校物理学研究生的专题课程教材，高等院校物理学本科生的热力学与统计物理学课程的参考书，高等院校化学、工程热物理学和其他有关专业的高年级本科生的热力学与统计物理学理论的延伸教材，也可供相关教师和科技工作者参考.

图书在版编目(CIP)数据

热力学与统计物理学热点问题思考与探索/陈金灿，苏山河，苏国珍编著. —2 版. —北京：科学出版社，2023.3
ISBN 978-7-03-074615-3

Ⅰ. ①热…　Ⅱ. ①陈…　②苏…　③苏…　Ⅲ. ①热力学　②统计物理学　Ⅳ. ①O414

中国国家版本馆 CIP 数据核字(2023)第 012546 号

责任编辑：罗　吉　田轶静 / 责任校对：杨聪敏
责任印制：张　伟 / 封面设计：无极书装

科学出版社 出版
北京东黄城根北街 16 号
邮政编码：100717
http://www.sciencep.com

北京厚诚则铭印刷科技有限公司 印刷
科学出版社发行　各地新华书店经销
*

2010 年 3 月第 一 版　开本：720×1000　1/16
2023 年 3 月第 二 版　印张：22 1/2
2023 年 3 月第五次印刷　字数：454 000

定价：98.00 元
(如有印装质量问题，我社负责调换)

前　　言

自从《热力学与统计物理学热点问题思考与探索》第一版于 2010 年问世之后，热力学与统计力学领域的教学和科学研究又迎来长足的发展，厦门大学研究团队近年来在量子热力学、弱耗散热力学和新型热离子器件等方面也做了大量的研究工作. 因此，本书在第一版的基础上进行了修订，增加了一些国内外最新的研究成果，使本书的内容更加丰富.

本版新增的内容如下：在第 8 章中，将对弱耗散卡诺循环、弱耗散广义卡诺循环、弱耗散类卡诺循环和弱耗散化学热机作简要的介绍和讨论，对其性能特性进行优化分析；在第 11 章中，将根据具体的量子热力学过程，分别阐述热力学第一定律和第二定律的量子表述，给出不同表象下功和热的表达式以及局域量子系统的热力学不等式，分析热力学第二定律的量子表述与经典表述的对应关系；在第 15 章中，将浅析一些新型热离子发电器的热电转换原理，包括具有能量选择通道的热离子器件、光增热离子器件和石墨烯热离子器件，并以光增热离子器件为例，分析如何运用能量守恒方程和最优控制理论，获得热离子器件的最大效率和相应关键参数的最佳值. 同时，对本书第一版原有的章节作相应的调整.

最后，感谢科学出版社对本书第二版的出版所给予的支持.

由于编者水平有限，书中不妥之处在所难免，欢迎读者批评指正.

陈金灿　苏山河　苏国珍

2022 年 9 月于厦门大学

第一版前言

热力学与统计物理学是研究物质热现象和热运动规律的一门物理课程. 热力学是热运动的宏观理论, 其出发点是热力学基本定律. 这些基本定律是在大量的观察和实验基础上归纳总结出来的, 具有高度的可靠性和普遍性. 热力学的主要任务是从热力学基本定律出发, 通过严密的逻辑推理和演绎, 建立热力学理论, 并由此进一步研究各种物质系统的宏观性质以及宏观物理过程的演化规律. 统计物理学是热运动的微观理论, 其出发点是承认宏观物质由大量的微观粒子组成, 微观粒子的运动存在一定的统计规律, 物质的宏观性质是大量微观粒子热运动的集体表现. 统计物理学的主要任务是依据微观粒子热运动所满足的统计规律, 通过统计的方法求出各微观量的统计平均值, 导出宏观量与微观量的关系, 从而揭示各种热现象的本质.

热力学与统计物理学的基本原理、基本概念和一般理论, 在各种教科书上已有详细阐述. 然而, 由于教科书本身定位的原因, 对热力学与统计物理学的一些重要应用和热点问题, 无法作全面的探讨, 对有关的最新研究成果无法作充分展示. 本书根据厦门大学严子浚、陈丽璇、陈金灿、苏国珍等老师在长期从事热力学与统计物理学的教学和科研实践中所撰写的教学研究论文和部分科研论文, 同时吸收近年来国内外在该领域的部分研究成果, 由陈金灿和苏国珍执笔编写而成, 是对教科书中热力学与统计物理学理论的进一步拓展与应用.

全书共 14 章. 第 1 章对热力学基本定律, 特别是热力学第二定律和第三定律中所涉及的一些基本物理概念和重要理论问题进行深入地探讨和剖析; 第 2 章讨论 $T=+0\text{K}$、$T=-0\text{K}$ 和 $T=\pm\infty$ 三种极端状态下的热现象, 分析各种极端条件下热力学系统所具有的特殊性质; 第 3 章和第 4 章分别讨论理想气体和实际气体的性质; 第 5 章讨论热力学中的一些特性函数及其在分析热力学系统平衡态性质中的应用; 第 6 章对教科书中介绍的卡诺循环理论作进一步拓展, 讨论了非理想气体卡诺循环、强迫卡诺循环、有限热源卡诺循环等广义卡诺循环的循环特性; 第 7 章基于现代热力学理论的一个新分支——有限时间热力学理论, 简要介绍了几种不可逆热力学循环的性能特性; 第 8 章介绍一种能直观简要分析可逆和不可逆卡诺循环性能的 Bejan-Bucher 图, 简称为 BB 图; 第 9 章讨论理想玻色气体、费米气体、自旋-1/2 系统和谐振子系统等量子工质的热力学性质; 第 10 章在第 9 章的基础上进一步分析几种典型的量子热力学循环的性能; 第 11 章结合有关玻色-爱因斯坦凝聚(Bose-Einstein condensation, BEC)的最新研究成果, 在教科书内容的基础上对 BEC 的相关知识作进一步拓展; 第 12 章分析自然界中另一类量子气体——简并费米气体的性质, 探讨有限粒子数、外势、粒子间相互作用及相对论效应等因素对其低温特性的影响; 第 13 章对布朗运动理论作进一步深入探讨，分析了两种典型的布朗马达（布朗微热机）模型的运动机制；第 14 章对涨落的热力学理论作进一步阐述，介绍一种从涨落均强定理导出的一般涨落公式出发计算涨落的热力学方法. 上述内容作为教学参考资料已在本校使用多年，效果良好，不仅提高了热力学与统计物理学课程的教学质量，而且在培养学生的科学素质和创新能力方面产生了积极的影响.

最后，感谢科学出版社对本书出版所给予的支持.

鉴于作者水平有限，书中不妥之处在所难免，敬请同行和读者批评指正.

陈金灿　苏国珍

2009 年 12 月于厦门大学

目　　录

前言

第一版前言

第1章　热力学定律 ………………………………………………… 1

1.1　对热力学第二定律两种经典表述的讨论 ……………………… 1

1.2　对热力学第三定律的讨论 ……………………………………… 6

1.3　由比热容随正绝对温度趋于零导出能斯特定理 ……………… 10

1.4　热力学定律与数学不等式 ……………………………………… 11

参考文献 ……………………………………………………………… 18

第2章　极端状态下系统的特性 …………………………………… 20

2.1　$T=+0K$ 及 $T=-0K$ 状态的特性 …………………………… 20

2.2　$T=+0K$ 及 $T=-0K$ 状态的涨落特性 ……………………… 23

2.3　$T=\pm\infty$ 状态的特性 ………………………………………… 27

2.4　$T=\pm\infty$ 状态的涨落特性 …………………………………… 30

2.5　$T=\pm\infty$ 时是否存在新的热力学定律 …………………… 31

2.6　$(\partial U/\partial p)_T\to\infty$ 的状态 …………………………………… 33

参考文献 ……………………………………………………………… 37

第3章　理想气体 …………………………………………………… 38

3.1　多方过程的基本特征 …………………………………………… 38

3.2　理想气体任一过程的热容及其应用 …………………………… 41

3.3　热力过程吸热与放热的简便判断方法 ………………………… 44

3.4　强迫绝热等熵过程 ……………………………………………… 47

3.5　理想气体与热力学第三定律不相容 …………………………… 49

参考文献 ……………………………………………………………… 51

第4章　实际气体 …………………………………………………… 52

4.1　实际气体任意过程的热容 ……………………………………… 52

4.2　范德瓦耳斯气体的准静态绝热方程 …………………………… 56

4.3　在任意过程中实际气体的特性 ………………………………… 57

4.4　关于焦耳实验和焦耳-汤姆孙实验结果的讨论 ……………… 62

4.5 　范德瓦耳斯气体与热力学第三定律不相容·············· 64
　　参考文献 ··············· 65

第 5 章　热力学特性函数 ·············· 67
5.1 　余函数的特性函数·············· 67
5.2 　由余函数的特性函数求范德瓦耳斯气体的性质·············· 72
5.3 　通用的热力学特征函数·············· 74
　　参考文献 ·············· 78

第 6 章　广义卡诺循环 ·············· 79
6.1 　理想气体卡诺循环·············· 79
6.2 　非理想气体卡诺循环·············· 81
6.3 　强迫卡诺循环·············· 83
6.4 　类卡诺循环·············· 86
6.5 　类卡诺磁制冷循环·············· 94
6.6 　最大输出功时广义卡诺热机的效率·············· 96
6.7 　包含负绝对温度的热力学循环 ·············· 103
　　参考文献·············· 110

第 7 章　不可逆热力学循环 ·············· 112
7.1 　有限时间热力学的特征 ·············· 112
7.2 　内可逆广义卡诺循环 ·············· 118
7.3 　内可逆循环理论在超导相变中的应用 ·············· 123
7.4 　太阳能驱动热机 ·············· 126
7.5 　半导体温差发电器 ·············· 131
7.6 　不可逆吸收式制冷机 ·············· 136
7.7 　不可逆化学机 ·············· 145
　　参考文献·············· 151

第 8 章　弱耗散热力学循环 ·············· 158
8.1 　弱耗散卡诺循环 ·············· 158
8.2 　弱耗散广义卡诺循环 ·············· 161
8.3 　弱耗散类卡诺循环 ·············· 165
8.4 　弱耗散化学热机 ·············· 167
　　参考文献·············· 174

第 9 章　热力学循环的 BB 图 ·············· 179
9.1 　卡诺循环的 BB 图 ·············· 179

9.2　两类循环的 BB 图 ································· 181

9.3　三热源循环的 BB 图 ······························ 183

9.4　逆向内可逆循环的 BB 图 ························· 186

9.5　不可逆卡诺循环的 BB 图 ························· 188

参考文献 ··· 190

第 10 章　量子工质 ·· 192

10.1　理想玻色气体 ···································· 192

10.2　理想费米气体 ···································· 196

10.3　自旋-1/2 系统 ··································· 199

10.4　谐振子系统 ······································ 202

参考文献 ··· 204

第 11 章　热力学基本定律的量子表述 ··············· 206

11.1　热力学第一定律的量子表述 ················· 206

11.2　不同表象下的功和热的表达式 ·············· 209

11.3　热力学第二定律的量子表述 ················· 212

11.4　局域量子系统的热力学不等式 ·············· 214

11.5　热力学第二定律的量子表述与经典表述的对应关系 ······ 216

参考文献 ··· 218

第 12 章　量子热力学循环 ······························· 221

12.1　玻色埃里克森制冷循环 ······················ 222

12.2　费米布雷顿制冷循环 ························· 228

12.3　自旋布雷顿制冷循环 ························· 233

12.4　谐振子系统制冷循环 ························· 240

参考文献 ··· 250

第 13 章　玻色-爱因斯坦凝聚 ··························· 253

13.1　自由理想玻色系统性质的统一描述 ········· 254

13.2　有限尺度玻色系统 ···························· 257

13.3　外势约束下的玻色气体 ······················ 262

13.4　非理想玻色气体 ······························· 267

13.5　相对论玻色气体 ······························· 273

参考文献 ··· 280

第 14 章　简并费米气体 ·································· 282

14.1　有限尺度费米系统 ···························· 282

14.2　外势约束下的费米气体 ·· 287

14.3　相互作用费米气体 ··· 292

14.4　相对论费米气体 ·· 295

参考文献 ·· 303

第 15 章　新型热离子器件 ·· 304

15.1　基于能量选择通道的热离子器件 ··· 304

15.2　光增热离子器件 ·· 309

15.3　石墨烯热离子器件 ··· 316

15.4　器件性能的优化分析 ··· 317

参考文献 ·· 321

第 16 章　布朗马达 ·· 324

16.1　布朗运动 ··· 325

16.2　热驱动布朗马达 ·· 331

16.3　闪烁布朗马达 ·· 335

参考文献 ·· 338

第 17 章　涨落的热力学理论 ·· 341

17.1　涨落的均强定理 ·· 341

17.2　涨落的热力学方法 ··· 344

17.3　熵表象中的涨落热力学方法 ·· 348

参考文献 ·· 350

第 1 章　热力学定律

热力学是研究热现象的宏观理论.人们通过对热现象的观测、实验、分析和总结,得出热力学基本定律.这些基本定律是大量经验的总结,适用于一切宏观物体,具有高度的可靠性和普遍性.热力学理论是以热力学基本定律为基础,应用数学方法,通过逻辑演绎而建立起来的,所得的结论也具有同样的可靠性和普遍性.然而,在热力学第二定律和第三定律的建立过程中,提出了多种不同的表述.这些表述是否等效,一直是人们关心的热点问题,从而引发了大量有意义的讨论和研究.这些讨论有助于加深对热力学基本概念和基本理论的理解和掌握.

1.1　对热力学第二定律两种经典表述的讨论[①]

本节指出热力学第二定律的克劳修斯表述和开尔文表述都不完备,提出了两种改进的表述,并证明它们是等效的、可以互推的.

1.1.1　热力学第二定律的两种经典表述法不完全等效

热力学第二定律的两种经典表述法是克劳修斯表述和开尔文表述,分别表述如下[1]:

克劳修斯表述——不可能把热从低温物体传到高温物体而不产生其他影响.

开尔文表述——不可能从单一热源取热使之完全变为有用的功而不产生其他影响.

值得注意,这两种表述中有个重要的区别:克劳修斯表述需要经验温标中高低温的概念,而开尔文表述不需要这个概念.这就意味着这两种表述是不等效的.

事实上,这两种表述是不能互推的,由开尔文表述只能断言,一个循环工作的机器做出功时至少要有两个温度不同(即相互之间未达热平衡)的热源,从其中的一个吸热(设热源为 A),向另一个放热(设热源为 B),我们不可能把热从 B(受热的那个)传到 A(供热的那个)而不产生其他影响.但这两个热源中究竟哪一个温度较高则无法由开尔文表述推出.这是必然的,因为经验温标中温度的高低是由人们主观规定的,而开尔文表述既然不需要高低温的概念,自然不可能由它推出哪一个热源温度较高.这样,由开尔文表述就无法推出究竟是不可能把热从低温物体传到高温物体还是不可能把热从高温物体传到低温物体,因而不可能推出克劳修斯表述,而只

①　严子浚.厦门大学学报,1980,19(1):111.

有附加了热可自发地从高温物体传到低温物体这个条件,才能从开尔文表述推出克劳修斯表述,这就表明了由开尔文表述实质上只能推出:当 A 和 B 两物体做热接触时,如果热可自发地从 A 物体传到 B 物体,那么就不可能把热从 B 物体传到 A 物体而不产生其他影响.

同样,由克劳修斯表述只能推出:对于可做功把热传给它的热源,不可能从它取热使之完全转变为功;对于可以从它取热使之完全转变为功的热源,不可能做功把热传给它.但自然界中究竟是否仅存在可把功完全转变成热的热源则无法由克劳修斯表述推出,因而不能由克劳修斯表述推出开尔文表述.

由此我们也清楚地看到了开尔文表述仅是对于可做功把热传给它的那种热源才能成立.

一般热力学书中证明这两种表述等效性时都是附加了条件的.这从文献[1]中的一段话可清楚地看到.文献[1]中写道:"应当指出,在两种特殊情况下,这两种表述不是等效的.一种特殊情况是准静态过程,虽然这两种表述对准静态过程都成立,但是并不等效.由于准静态过程是一种理想的、不能完全实现的过程,这两种表述的不等效不至于有实际影响.另一种特殊情况是核自旋系统处于负的绝对温度下,这时候克劳修斯表述仍然成立,但是必须把负的绝对温度作为比正的温度还高,这时候开尔文表述不成立……"既然出现克劳修斯表述成立而开尔文表述不成立的特殊情况,那就清楚地表明了两种表述的等效只是在一定的条件下成立,亦即证明两者等效时是附加了条件的.虽然不同书中证明时附加的条件形式有所不同,但都相当于从开尔文表述推出克劳修斯表述时附加了热可自发地从高温物体传到低温物体这个条件,而从克劳修斯表述推出开尔文表述时则相当于附加了功可完全变成热这个条件.既然这些条件是附加的,并且后一个附加条件不是普遍成立的,自然界中存在热可完全转变成功的热源,那么不能认为开尔文表述和克劳修斯表述是完全等效的.

1.1.2 热力学第二定律的两种经典表述法都不够完备

自从 1951 年发现核自旋系统可处于负绝对温度状态后,认识到热力学第二定律的开尔文表述在这种情况下不能成立,必须改述[1].拉姆齐(Ramsey)曾把它改为[2]:

"不可能造出一个这样的机器,在一个循环过程中,从一个正温热源取热使之完全转变为功,或者做功把热传给一个负温热源,而不产生其他影响."

显然,拉姆齐这个改述在逻辑上是有问题的.既然它要作为热力学第二定律的表述,而绝对温度的概念又是建立在热力学第二定律基础之上的,那么,在表述中就不应该用到正负绝对温度的概念.因此,热力学第二定律的开尔文表述应另行改述.

另外,应用经验温标中的高低温概念来表述热力学第二定律也是有问题的,因为经验温标的规定要求测温质的性质随温度作单调的变化,而在热力学第二定律建立之前,我们根本无法保证在任何温度区域中都存在这种测温质.因此,在克劳修斯表述中的高低温概念将有可能失去意义,在热力学第二定律的表述中应避免使用这个概念. 实际上这个概念在表述中是不必要的, 所以热力学第二定律的克劳修斯表述也可以改进.

事实上, 既然克劳修斯表述和开尔文表述不是完全等效的, 而它们又是都被选作热力学第二定律的表述, 那么, 这就表明了热力学第二定律的基本内容只不过是这两种表述中等效的部分. 如以图形 A 表示克劳修斯表述所包含的内容, 以图形 B 表示开尔文表述所包含的内容, 那么只是 A、B 两图形重叠的部分 (如图 1.1.1 所示的阴影部分) 代表了热力学第二定律的基本内容. 图中的其余部分则表明了这两种表述都对热力学第二定律加上了某些额外的限制.

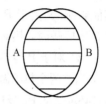

图 1.1.1 两种经典表述法所包含的内容的示意图

例如, 开尔文表述实质上是加上了负绝对温度不可能存在的断言, 而克劳修斯表述却是强加了经验温标的概念. 这样, 热力学第二定律所能发挥的作用必然受到限制, 如由开尔文表述必然不可能从热力学理论预言负绝对温度的可能存在.

总之, 热力学第二定律不论是开尔文表述还是克劳修斯表述都不够完备, 可作适当改进, 要做到不仅使两种表述等效, 而且又能包括负绝对温度的特殊情况. 只有这样才是抽出了热力学第二定律的基本内容; 也只有这样才能正确回答一些国际杂志上讨论有关热力学基本定律的一些问题.

1.1.3 两种改述

根据以上的讨论, 热力学第二定律的克劳修斯表述可改述为:

当 A 和 B 两物体做热接触时, 如果热可自发地从 A 物体传到 B 物体, 那么便不可能把热从 B 物体传到 A 物体而不产生其他影响.

在这个改述中, 主要去掉了热力学第二定律表述中所不需要的高低温的概念, 明确指出了自发导热过程的不可逆性, 所以表述了热力学第二定律的基本内容.

热力学第二定律的开尔文表述可改述为:

一个热源, 在不产生其他影响的条件下, 如果可从它取热使之完全转变为功, 就不可能做功把热传给它; 如果可做功把热传给它, 就不可能从它取热使之完全转变为功.

这个改述明确指出了热功转化的不可逆性, 它又可简单说成:

一个热源, 不可能既可从它取热使之完全转变为功, 又可做功把热传给它, 而不产生其他影响.

由这个改述清楚地看到, 并非不可能从单一热源取热使之完全转变为功, 而对于可做功把热传给它的那种热源, 才是不可能从单一热源取热使之完全转变为功.

值得指出的是, 这个改述并不意味着负绝对温度肯定存在, 只不过它考虑了负绝对温度的可能存在, 当负绝对温度不存在时它也仍然正确. 事实上负绝对温度是否存在不是热力学第二定律本身所能回答的.

热力学第二定律的两种经典表述作了如上改述后就可以互推了. 首先, 由改述的开尔文表述可推出:

(1) 在热功转换中有两类不同性质的热源：一类(用 M 表示)是可把热完全转变为功,另一类(用 P 表示)是可把功完全转变为热. 我们不可能把热从 P 传到 M 而不产生其他影响. 又由于 P 和 M 是两种不同的热源, 它们之间必定未达到热平衡, 所以当它们做热接触时, 热必然自发地从 M 传到 P.

(2) 对于 P 类热源. 一个机器在循环过程中做出功时至少要有两个热源(设为 P_A 和 P_B), 当这两个热源做热接触时如果热可自发地从 P_A 传到 P_B, 那么机器在循环过程中做出功时必定是从 P_A 吸热而放热给 P_B, 因而不可能把热从 P_B 传到 P_A 而不产生其他影响.

(3) 对于 M 类热源, 一个机器在循环过程中消耗功时至少要有两个热源(设为 M_A 和 M_B), 当这两个热源做热接触时如果热可自发地从 M_A 传到 M_B, 那么机器在循环过程中消耗功时必定是从 M_A 吸热而放热给 M_B, 因而不可能把热从 M_B 传到 M_A 而不产生其他影响.

总之, 任意两个热源 A 和 B, 当它们做热接触时如果热可自发地从 A 传到 B, 则由改述的开尔文表述推出, 不可能把热从 B 传到 A 而不产生其他影响. 这样就从改述的开尔文表述推出了改述的克劳修斯表述.

其次, 由改述的克劳修斯表述可推出:

(1) 既然自发导热过程是不可逆的, 故可根据自发导热的方向给温度高低一个客观的定义. 为了与习惯上高低温的概念吻合, 规定自发导热时供热的那个热源温度较高, 受热的那个较低. 绝对温标中的高低温实际上就是按此规定的.

(2) 一个温度为 T_A 的热源 A, 如果可从它取热使之完全变为功, 那么, 所有温度比 T_A 高的任一热源都是可从它取热使之完全变为功, 而不可能做功把热传给它.

(3) 一个温度为 T_B 的热源 B, 如果可做功把热传给它, 那么, 所有温度比 T_B 低的任一热源, 都是可做功把热传给它, 而不可能从它取热使之完全变为功.

由此推知, T_B 不可能比 T_A 高. 实际热源都是有限的, 有限热源单纯供热时温度是要下降的, 因而可进一步推出, 实际上 T_B 也不可能等于 T_A.

总之, 一个热源, 如果可从它取热使之完全转变为功, 则必然是不可能通过做功把热传给它, 如果可通过做功把热传给它, 则必然是不可能从它取热使之完全变为功, 这样就从改述的克劳修斯表述推出了改述的开尔文表述.

两种改述等效性的另一种证明方法[①]:

若用 T_i 表示某一热源, 则可将改述的开尔文表述简便地表示为

$$\text{如果 } T_i \in T_P, \qquad \text{则 } T_i \overline{\in} T_M \qquad (1.1.1)$$

式中, 符号 $\in$ 表示属于, 而 $\overline{\in}$ 表示不属于. 采用这种符号表示时, 原来的开尔文表述只是

$$T_i \overline{\in} T_M \qquad (1.1.2)$$

显然式(1.1.2)与式(1.1.1)是不同的, 其中 T_P 和 T_M 分别表示 P 类和 M 类热源的温度.

---

① 严子浚. 大学物理, 1994, 13(2): 19-21.

若用符号"＞"表示自发热传递方向，而用符号"$\overline{>}$"表示热不能自发地沿此方向传递，则可将改述的克劳修斯表述表示成与式(1.1.1)对称的形式

$$\text{如果}\ T_i > T_j,\qquad \text{则}\ T_j \overline{>} T_i \tag{1.1.3}$$

采用简单的数学式来表示，使得改述的开尔文表述和改述的克劳修斯表述具有较漂亮的对称形式. 这有助于人们看清热力学第二定律两种表述的核心内容及其内在联系.

下面用反证法证明式(1.1.1)与式(1.1.3)是等效的.

先设违背式(1.1.1)，则有 $T_i \in T_P$，同时 $T_i \in T_M$. 如果 $T_i > T_j$，那么根据 $T_i \in T_P$，可利用一个运转于 T_i 与 T_j 之间的可逆循环(实际上这个循环是正温热泵[3])，使它完成一循环后外界对它做了功 W，同时有热量 Q_j 从 T_j 传到 T_i，而由热力学第一定律，T_i 获得的能量 $Q_i = Q_j + W$. 再根据 $T_i \in T_M$ 和热力学第一定律，我们可从 T_i 取出量值为 W 的那部分热量来产生功，使得外界所消耗的功得到补偿，而整个过程的净效果为热量从 T_j 传到 T_i 而不产生其他影响，即有 $T_j > T_i$. 这违背了式(1.1.3). 如果 $T_j > T_i$，那么根据 $T_i \in T_M$，可利用一个运转于 T_i 与 T_j 之间的可逆循环(实际上这个循环是负温热泵[3])，使它完成一循环后对外界做出功 W，同时有热量 Q_i 从 T_i 传到 T_j，而由热力学第一定律，从 T_i 取出的热量 $Q_i = Q_j + W$. 再根据 $T_i \in T_P$ 和热力学第一定律，我们可将外界所获得的功 W 变为同量的热量传给 T_i，使得整个过程的净效果为热量 Q_j 从 T_i 传到 T_j 而不产生其他影响，即有 $T_i > T_j$. 这也违背了式(1.1.3).

现设违背式(1.1.3)，则有 $T_i > T_j$，同时 $T_j > T_i$. 如果 $T_i \in T_P$，那么根据 $T_i > T_j$，可利用一个运转于 T_i 与 T_j 之间的可逆循环(实际上这个循环是正温热机[3])，由它完成一循环后对外界做出功 W，同时有热量 Q_j 从 T_i 传到 T_j. 而由热力学第一定律，从 T_i 取出的热量 $Q_i = Q_j + W$. 再根据 $T_j > T_i$ 和热力学第一定律，我们可将 T_j 所获得的热量 Q_j 从 T_j 传到 T_i，使得整个过程的净效果为从 T_i 取出热量对外界做了功而不产生其他影响，即有 $T_i \in T_M$. 这违背了式(1.1.1). 如果 $T_i \in T_M$，那么根据 $T_j > T_i$，可利用一个运转于 T_i 与 T_j 之间的可逆循环(实际上这个循环是负温功机，即把功转换为热的机器[3])，使它完成一循环后外界对它做了功 W，同时有热量 Q_j 从 T_j 传到 T_i. 而由热力学第一定律，T_i 获得的热量 $Q_i = Q_j + W$. 再根据 $T_i > T_j$ 和热力学第一定律，我们可让量值为 Q_j 的热量从 T_i 传到 T_j，使 T_j 所失去的热量得到补偿，而整个过程的净效果为外界做功把热传给 T_i 而不产生其他影响，即有 $T_i \in T_P$，这也违背了式(1.1.1).

这样就证明了式(1.1.1)与式(1.1.3)的等效性. 这种证明方法类似于通常热力学教科书中证明克劳修斯表述与开尔文表述等效性时所采用的方法，只不过这里所利用的可逆循环并不限于正温热源循环.

此外，热力学第二定律作了如上改述后，我们仍可按通常的方法引进熵函数和绝对温度的概念，并能得到熵增加原理. 这是不难看到的，实际上我们对克劳修斯表述所作的改述，只不过抛弃了经验温标中高低温的概念，而用更本质的内容——标志绝对温度高低的自发导热的方向来代替，这显然不影响熵函数和绝对温度概念的引入.

因此，我们不需要再作详细的推导.

但由于我们对开尔文表述作了改述，所以我们不但能同样引进熵函数和绝对温度的概念，而且还能引进负绝对温度的概念，从而可对负绝对温度的可能存在和性质作某些探讨和预言.例如，它能指出，按通常方法所规定的绝对温度 T，负绝对温度是比正的更高而不是更低.再者，它能把自然界中所有的热源按温度的高低排好队，从而可对高低温的极限作出某些结论：当以绝对温标 T 来标志温度时，可推知高温极限是 $T=-0K$，而低温极限是 $T=+0K$.总之，热力学第二定律作了如上改述后，能将许多与热力学第二定律有关的问题弄得比较清楚.

1.2 对热力学第三定律的讨论[①]

本节指出由热力学第二定律可导出可逆过程无法使温度降到绝对零度，但对于不可逆过程则无法导出，因而绝对零度不能达到是一条独立的定律.此外，能斯特(Nernst)定理也是一条独立的定律，它与绝对零度不能达到不可互推.但能斯特定理与比热容随正绝对温度趋于零则可互推.

1.2.1 热力学第三定律的不同表述

绝对零度不能达到原理常被作为热力学第三定律的标准表述，而能斯特定理则被认为可从它导出，比热容随正绝对温度趋于零则是能斯特定理存在的前提.然而自从热力学第三定律创立以来，一直有人认为绝对零度不能达到可由热力学第二定律导出，甚至建立热力学第三定律的能斯特本人，也利用可逆卡诺循环和热力学第二定律的开尔文表述，推出绝对零度不能达到[4].虽然能斯特的推论似被否认，但问题并未最终解决.Danielian[5]根据热力学第二定律，建立了一种"绝对间隔温标"，指出 $T=0K$ 不可达到是不言而喻的，所以不能作为一条定律，而能斯特定理方可称为热力学第三定律.

土卢波夫也指出，只要有 $T\to0K$ 时熵不趋于无穷大这个条件，热力学第三定律便可从第一定律和第二定律导出.

这样，热力学第三定律的内容和表述就有进一步讨论的必要，特别是绝对零度不能达到能否作为一条热力学基本定律，更值得研究.

1.2.2 绝对温度 T 的高低温极限

绝对温度 T 建立在热力学第二定律基础之上，热力学第二定律能够对 T 的高低温极限作出结论.根据热力学第二定律，当 A 和 B 两物体做热接触时，如果热可自发地从 A 物体传到 B 物体，那么便不可能把热从 B 物体传到 A 物体而不产生其他影响.习惯上称 A 物体的温度比 B 物体的高.另外，根据热力学第二定律，热源在不产生其

---

① 严子浚.厦门大学学报，1981，20(2):175.

他影响的条件下，如果可从它取热使之完全转变为功，就不可能做功把热传给它；如果可做功把热传给它，就不可能从它取热使之完全转变为功. 具有前一性质的热源称为负绝对温度热源，而具有后一性质者称为正绝对温度热源. 由此推得，不可能把热从正温热源传到负温热源而不产生其他影响，否则就可以造成第二类永动机. 故遵照热力学第二定律，负绝对温度比正的要高，所有比某一个正绝对温度更低的温度都还是正的，而所有比某一个负绝对温度更高的温度都是负的. 因此以绝对温标 T 来标志温度时，高温极限是 $T=-0\mathrm{K}$，而低温极限是 $T=+0\mathrm{K}$[6]. 至于系统可否达到这种极限温度则待进一步讨论.

1.2.3　能斯特定理及比热容随正绝对温度趋于零

能斯特定理可表述为[7]：

凝聚系的熵在可逆等温过程中的改变随绝对温度趋于零，即

$$\lim_{T\to 0}(\Delta S)_T = 0 \tag{1.2.1}$$

式中，$(\Delta S)_T$ 表示一个可逆等温过程中熵的改变.

比热容随正绝对温度趋于零可表示为

$$\lim_{T\to +0}c_y = 0 \tag{1.2.2}$$

式中，c_y 表示所有的"广义坐标" y_1，y_2，$\cdots$ 不变时的比热容.

根据热力学第二定律，可证明能斯特定理与比热容随正绝对温度趋于零可以互推，证明如下：

(1) 由式(1.2.1)推出式(1.2.2)，可参见许多热力学书中的推导[8].

(2) 由式(1.2.2)推出式(1.2.1).

根据式(1.2.2)，S 可表示为

$$S = S(T, y) = S(0, y) + \int_0^T \frac{c_y}{T}\mathrm{d}T \tag{1.2.3}$$

式中，y 表示所有的"广义坐标"，0 均为 +0，为了简便省略了正号，以下有关的式子也如此. 今作一可逆绝热过程，y 由 y_1 到 y_2，T 则由 T_1 变为 T_2，而 S 不变. 由式(1.2.3)得

$$S(0, y_1) + \int_0^{T_1} \frac{c_y}{T}\mathrm{d}T = S(0, y_2) + \int_0^{T_2} \frac{c_y}{T}\mathrm{d}T \tag{1.2.4}$$

$$\int_0^{T_1} \frac{c_y}{T}\mathrm{d}T - \int_0^{T_2} \frac{c_y}{T}\mathrm{d}T = S(0, y_2) - S(0, y_1) \tag{1.2.5}$$

设

$$S(0, y_2) > S(0, y_1)$$

则式(1.2.5)右边为正数. 因 $\int_0^{T_1} \frac{c_y}{T}\mathrm{d}T$ 之值随 T_1 而变，故可选择适当小的正 T_1，使

$$\int_0^{T_1} \frac{c_y}{T}\mathrm{d}T < S(0, y_2) - S(0, y_1)$$

即有

$$\int_0^{T_2} \frac{c_y}{T} dT < 0 \tag{1.2.6}$$

根据低温极限是 $T = +0K$，以及可出现负绝对温度的系统有[9]

$$\lim_{T \to \pm\infty} (\Delta S)_T = 0 \tag{1.2.7}$$

易知可逆绝热过程无法使 T 变号. 又由于 $T > 0K$ 时 $c_y > 0$，因此式 (1.2.6) 不可能满足，所以

$$S(0, y_2) \leqslant S(0, y_1) \tag{1.2.8}$$

同样，若 $S(0, y_1) < S(0, y_2)$，可取适当小的正温度 T_2，作上述绝热过程的逆过程，将得

$$\int_0^{T_1} \frac{c_y}{T} dT < 0 \tag{1.2.9}$$

那么，根据同样理由，需有

$$S(0, y_1) \leqslant S(0, y_2) \tag{1.2.10}$$

结合式 (1.2.8) 和式 (1.2.10) 得

$$S(0, y_1) = S(0, y_2) \tag{1.2.11}$$

亦即

$$\lim_{T \to +0} (\Delta S)_T = 0$$

以上证明了式 (1.2.1) 和式 (1.2.2) 是可以互推的. 但值得指出，推导过程中没有用到绝对零度不能达到原理.

1.2.4 绝对零度 ($T = +0K$) 不能达到原理

热力学第二定律给出了低温极限是 $T = +0K$，现讨论能否到达这个温度极限.

由于 $T = +0K$ 是低温极限，即没有比其更低的温度，因此要使物体温度降至 $T = +0K$，最有效的降温过程只能是绝热过程，故只需讨论绝热过程能否到达 $T = +0K$.

当比热容不随正绝对温度趋于零时，由热力学第二定律可推得 $T = +0K$ 不能达到[1]. 而当比热容随正绝对温度趋于零时，由上述 1.2.3 节可知存在能斯特定理，$T \to +0K$ 时 S 趋于确定值（可取为零），表明 $T = +0K$ 的极限状态存在. 再由 $T > 0K$ 时，$c_y > 0$，可得 $T = +0K$ 状态的熵比任何 $T > 0K$ 状态的都小. 于是由热力学第二定律，可推得这状态不能由 $T > 0K$ 的状态出发经可逆绝热过程达到，所以也就不可能由可逆过程达到. 但能否由 $T < 0K$ 的状态（负温状态）出发经不可逆过程达到，则不能由热力学第二定律推出，因为热力学第二定律不能确定负温状态的熵是否一定比 $T \to +0K$ 时的大. 如果某些负温状态的熵可比 $T \to +0K$ 时的小，那么就有可能从这些负温状态出发经不可逆过程到达 $T = +0K$. Danielian 的结论[5] 对不可逆过程也同样不适用，如据其结论，$T = \infty$ 也是不可能达到的，但对于可出现负温度的系统，$T = \infty$ 状态可由不可逆过程达到.

总之，热力学第二定律仅给出了低温极限是 $T = +0K$，而不能推出这个极限温度

是否可能达到,甚至也不能肯定它是否代表一种物理状态.能斯特定理肯定了它确是代表一种物理状态,但仍不能推出它是否有可能达到.因此,要确定它能否达到,尚需依据新的事实.

负温状态性质的研究结果表明,热力学系统在负温状态时的熵并不比 $T\rightarrow+0$K 时的小.因而根据热力学第二定律,也不可能由负温状态出发达到 $T=+0$K.这样就存在独立的绝对零度不能达到原理.

由此可见,能斯特定理与绝对零度不能达到原理不可互推,前者只涉及 $T\rightarrow+0$K 时系统的性质,而后者还与 $T\neq+0$K 状态的性质有关,特别还要涉及负温状态的性质.在现有热力学书中,从绝对零度不能达到原理推出能斯特定理时都加上比热容随 T 趋于零的条件,而有了这个条件自然能推出能斯特定理.

1.2.5 $T\rightarrow-0$K 时的规律

对于可出现负温度的系统,在 $T\rightarrow-0$K 处与 $T\rightarrow+0$K 处的性质相类似,存在

$$\lim_{T\rightarrow-0}c_y=0 \tag{1.2.12}$$

$$\lim_{T\rightarrow-0}(\Delta S)_T=0 \tag{1.2.13}$$

$$\lim_{T\rightarrow-0}S=\lim_{T\rightarrow+0}S=0 \tag{1.2.14}$$

由此,可推知 $T\neq0$K 时的熵都比 $T=0$K 时的大.于是由热力学第二定律即得 $T=-0$K 也是不可能达到的.

负温度发现后,Ramsey 把绝对零度不能达到原理推广到包括 $T=-0$K 也不可能达到[2],总述为:

无论是 $T=+0$K,还是 $T=-0$K,都是不能达到的.

但应注意,$T=+0$K 不能达到和 $T=-0$K 不能达到是相互独立的.在研究 $T=+0$K 能否达到时必须研究负温状态的性质,特别要研究负温度状态的熵是否有可能比 $T\rightarrow+0$K时的小;而研究 $T=-0$K 能否达到时,则须研究正温状态的性质,特别要研究正温状态的熵是否有可能比 $T\rightarrow-0$K 时的小.只有作此全面考虑,才能对绝对零度不能达到的问题得出正确的结论.

1.2.6 热力学第三定律的主要内容

热力学第三定律的主要内容是能斯特定理、比热容随绝对温度趋于零及绝对零度不能达到原理,其中能斯特定理与比热容随正绝对温度趋于零是可互推的,但绝对零度不能达到原理与它们是相互独立的.主要因为 $T=+0$K 能否达到除了与正温状态的特性有关外,还依赖于负温状态的特性.只是对于不可出现负绝对温度的系统,由能斯特定理或 $\lim\limits_{T\rightarrow+0}S=0$ 可推出 $T=+0$K 不能达到.而对于可出现负绝对温度的系统,则须由式(1.2.14)才能推出 $T=+0$K 及 $T=-0$K 均不能达到.可见,考虑绝对零度能否达到时必须考虑负温状态,因而包括负绝对温度的热力学理论将更臻完善.

1.3 由比热容随正绝对温度趋于零导出能斯特定理[①]

1.2 节证明了由比热容随正绝对温度趋于零可导出能斯特定理. 本节仍然从比热容随正绝对温度趋于零的假设出发, 用另一种方法导出能斯特定理.

对于一般的热力学系统, 热力学基本方程和熵的全微分可表示为

$$dU = TdS + \sum_i Y_i dy_i \tag{1.3.1}$$

和

$$dS = \left(\frac{\partial S}{\partial T}\right)_y dT + \sum_i \left(\frac{\partial S}{\partial y_i}\right)_{T, y_{j \neq i}} dy_i \tag{1.3.2}$$

式中, U、S、T、y_i 和 Y_i($i=1, 2, \cdots$)分别为系统的内能、熵、绝对温度、广义坐标和广义力; 而下标 y 表示所有的广义坐标. 由式(1.3.1)可得

$$\left(\frac{\partial S}{\partial U}\right)_y = \frac{1}{T} \tag{1.3.3}$$

$$\left(\frac{\partial^2 S}{\partial U^2}\right)_y = -\frac{1}{T^2}\left(\frac{\partial T}{\partial U}\right)_y = -\frac{1}{T^2 c_y} < 0 \tag{1.3.4}$$

式中, c_y 是 y 保持不变时的比热容. 由于 $(\partial^2 S/\partial U^2)_y < 0$ 是一般热力学系统平衡的稳定性条件, 这就意味着要求比热容 c_y 总是正的. 式(1.3.4)确定了当 y 保持不变时 S 和 U 之间的关系, 其曲线 $S_y(U)$ 只能是凹(concave)的.

对于可出现负绝对温度的一些热力学系统, 如与激光器中的粒子数反转相联系的系统, 由式(1.3.3)和 $S_y(U)$ 曲线是凹的特性可以推出, 负绝对温度比任何正绝对温度高, 而 $T=+0K$ 为低温极限. 值得注意的是, 这个重要结论是由热力学稳定性和热力学第一定律、第二定律直接推出的, 而不是由热力学第三定律导出的. 下面我们撇开负绝对温度, 仅讨论低温极限为 $+0K$ 的正绝对温度情况.

现在我们假设有一个从广义坐标 y' 变到 y'' 的微小可逆绝热冷却过程. 此过程中系统的温度变化为 $(\Delta T)_S$, 根据可逆绝热过程的熵变 $\Delta S=0$ 和式(1.3.2), 可得

$$\sum_i \left(\frac{\partial S}{\partial y_i}\right)_{T, y_{j \neq i}} (\Delta y_i)_S = -c_y \frac{(\Delta T)_S}{T} \tag{1.3.5}$$

式中, $(\Delta y_i)_S = y_i'' - y_i'$. 由上述结论可知, 温度不可能低于 $+0K$, 对于从一个确定的正绝对温度 T 出发的任一可逆绝热冷却过程, 发生的温度变化 $-(\Delta T)_S$ 不可能大于该过程的初始温度 T. 当 $T \to 0$ 时, $-(\Delta T)_S$ 至少像 T 那样快地趋于零, 且在任一可逆绝热冷却过程中 $-(\Delta T)_S/T$ 只能是一个小于或等于 1 的正数. 根据式(1.2.2)和式(1.3.5)可得

[①] Yan Z, Chen J, Andresen B. Eurphys. Lett., 2001, 55: 623.

$$\lim_{T \to 0} \sum_i \left(\frac{\partial S}{\partial y_i} \right)_{T,\, y_j \neq i} (\Delta y_i)_S = 0 \tag{1.3.6}$$

值得指出的是，当 T 是一个小量时，$-(\Delta T)_S$ 也是一个小量，然而 $(\Delta y_i)_S$ 不需要是一个小量，它可以是一个有限值，不管系统的温度是高还是低都可以通过控制外界条件来改变其有限值[10, 11]. 事实上，这种方法在实际中已被广泛应用. 例如，当讨论绝对零度不能达到原理和能斯特定理之间的关系时，在许多热力学教科书[7, 10, 12, 13]里都强调，无论温度 T 有多低，人们可将系统的广义坐标 y 从 y' 变到 y''，如将顺磁系统的磁场从 H' 变到 H''，进行一个可逆绝热过程使系统的温度进一步降低. 由于改变量 $(\Delta y_i)_S$ 是相互独立的，故要求式 (1.3.6) 求和号中的各项均分别为零，即

$$\lim_{T \to 0} \left(\frac{\partial S}{\partial y_i} \right)_{T,\, y_j \neq i} = 0 \tag{1.3.7}$$

式 (1.3.6) 才能成立. 因此，对于在绝对零度极限条件下的任一等温过程，式 (1.3.2) 的右边等于零，其中右边第一项为零是因为此过程为等温过程，第二项为零由式 (1.3.7) 直接推出，从而可得式 (1.2.1)，即 $\lim_{T \to 0} (\Delta S)_T = 0$. 由此证明了从热力学第一定律、第二定律的推论和式 (1.2.2) 可以导出能斯特定理.

1.4　热力学定律与数学不等式[①]

不等式的证明是数学的重要内容之一. 根据热力学第一定律和第二定律，可简便地建立一些普遍的不等式[14-19]，由此推出数学上一些常见的不等式[20, 21]，并有可能推出一些新的不等式.

本节根据热力学第一定律、第二定律和一类不等式的共同特性，建立一个适用性很广的普遍不等式，使得许多不等式均可视为它的特例，从而给出了普遍的证明.

1.4.1　一类不等式及其共同特性

考虑下面一类不等式：

$$\frac{T_1 + T_2 + \cdots + T_n}{n} \geqslant (T_1 T_2 \cdots T_n)^{1/n} \tag{1.4.1}$$

$$e^{\frac{T_1 + T_2 + \cdots + T_n}{n}} \leqslant \frac{1}{n}(e^{T_1} + e^{T_2} + \cdots + e^{T_n}) \tag{1.4.2}$$

$$\mathrm{sh}\, \frac{T_1 + T_2 + \cdots + T_n}{n} \leqslant \frac{1}{n}(\mathrm{sh}\, T_1 + \mathrm{sh}\, T_2 + \cdots + \mathrm{sh}\, T_n) \tag{1.4.3}$$

$$\mathrm{arsh}\, \frac{T_1 + T_2 + \cdots + T_n}{n} \geqslant \frac{1}{n}(\mathrm{arsh}\, T_1 + \mathrm{arsh}\, T_2 + \cdots + \mathrm{arsh}\, T_n) \tag{1.4.4}$$

---

① 陈金灿，李书平. 大学物理，2009，28(8)：7-14.

在式(1.4.1)~式(1.4.4)中，T_1，T_2，$\cdots$，$T_n>0$.

$$\operatorname{arth}\frac{T_1+T_2+\cdots+T_n}{n}\leqslant\frac{1}{n}(\operatorname{arth}T_1+\operatorname{arth}T_2+\cdots+\operatorname{arth}T_n)$$
$$0<T_1，T_2，\cdots，T_n<1 \tag{1.4.5}$$

$$\sin\frac{T_1+T_2+\cdots+T_n}{n}\geqslant\frac{1}{n}(\sin T_1+\sin T_2+\cdots+\sin T_n)\geqslant(\sin T_1\sin T_2\cdots\sin T_n)^{1/n} \tag{1.4.6}$$

$$\cos\frac{T_1+T_2+\cdots+T_n}{n}\geqslant\frac{1}{n}(\cos T_1+\cos T_2+\cdots+\cos T_n)\geqslant(\cos T_1\cos T_2\cdots\cos T_n)^{1/n} \tag{1.4.7}$$

$$\tan\frac{T_1+T_2+\cdots+T_n}{n}\leqslant\frac{1}{n}(\tan T_1+\tan T_2+\cdots+\tan T_n) \tag{1.4.8}$$

$$\sec\frac{T_1+T_2+\cdots+T_n}{n}\leqslant\frac{1}{n}(\sec T_1+\sec T_2+\cdots+\sec T_n) \tag{1.4.9}$$

在式(1.4.6)~式(1.4.9)中，$0<T_1，T_2，\cdots，T_n<\frac{\pi}{2}$. 不等式(1.4.1)~式(1.4.9)中的等号当且仅当所有的 T_i 都相等时成立.

大家知道，要按照一般的证明方法对这类不等式逐个证明，是相当麻烦的，甚至只要证明其中的一个，有的就需要较长的篇幅. 因此，如果能找出一种简便的方法，对这类不等式作普遍的证明，是很有意义的.

为此，我们探讨这类不等式的共同特性. 不难看出，这类不等式中都包含了 n 个变量 $(T_1，T_2，\cdots，T_n)$ 的平均值的函数和 n 个该变量函数的平均值，并且这些函数在不等式适用的区间内均可表示为一个单调函数的积分. 据此，考虑单调函数积分的平均值，结合热力学基本定律，将有可能建立一个普遍的不等式，从而可给出这类不等式的普遍证明.

1.4.2 由热力学定律建立数学不等式

考虑 n 个具有相同常热容量 $C>0$ 的物体，它们具有不同的初始温度 $T_i>0$ ($i=1，2，\cdots，n$)，它们之间进行热接触最后达到热平衡，最终温度为 T_f. 根据热力学第一定律[14]，得 $\sum_{i=1}^{n}C(T_i-T_f)=0$，从而有

$$T_f=\frac{1}{n}(T_1+T_2+\cdots+T_n) \tag{1.4.10}$$

而根据热力学第二定律，得

$$\Delta S=\sum_{i=1}^{n}\int_{T_i}^{T_f}\frac{C\mathrm{d}T}{T}=nC\ln\frac{T_f}{(T_1T_2\cdots T_n)^{1/n}}\geqslant0 \tag{1.4.11}$$

其中等式成立的条件是所有的 T_i 都相等. 由式(1.4.10)和式(1.4.11)，即可推出不等式(1.4.1). 若进一步考虑物体的热容量不是常数，而是温度的函数，即 $C(T)>0$，则由热力学第一定律和第二定律得[15]

$$\sum_{i=1}^{n} \int_{T_i}^{T_f} C(T) \, \mathrm{d}t = 0 \tag{1.4.12}$$

$$\Delta S = \sum_{i=1}^{n} \int_{T_i}^{T_f} \frac{C(T) \, \mathrm{d}T}{T} \geqslant 0 \tag{1.4.13}$$

由式(1.4.12)和式(1.4.13)得

$$U(T_f) = \frac{1}{n} \sum_{i=1}^{n} U(T_i) \tag{1.4.14}$$

$$S(T_f) \geqslant \frac{1}{n} \sum_{i=1}^{n} S(T_i) \tag{1.4.15}$$

其中 $\dfrac{\mathrm{d}U(T)}{\mathrm{d}T} = C(T)$, $\dfrac{\mathrm{d}S(T)}{\mathrm{d}T} = \dfrac{C(T)}{T}$. 现设 $C(T) = T^P$, 且 $P \geqslant 0$, 并定义

$$M(P) = \left(\frac{1}{n} \sum_{i=1}^{n} T_i^P \right)^{1/P}$$

则由式(1.4.12)和式(1.4.13)可推出

$$M(P+1) \geqslant M(P), \quad P \geqslant 0 \tag{1.4.16}$$

其中等式成立的条件是所有的 T_i 都相等. 当 $P = 0$ 时, $M(0) = (T_1 T_2 \cdots T_n)^{1/n}$, 由式(1.4.16)直接推出式(1.4.1). 从上述内容可看出, 对于 $C(T)$ 的不同选取, 可推出不同的数学不等式[15, 18].

为了建立一个更普遍的不等式, 我们可在式(1.4.12)和式(1.4.13)的基础上作进一步的推广. 现考虑实正变量 T 的正的非减函数和非增函数 $\phi^+(T)$ 和 $\phi^-(T)$, 并由

$$\sum_{i=1}^{n} \int_{T_i}^{T} \frac{\mathrm{d}t}{\phi^{\pm}(t)} = 0 \tag{1.4.17}$$

定义

$$k_{\phi^{\pm}} \equiv T[\phi^{\pm}; \{T_i\}] \tag{1.4.18}$$

则有

$$k_{\phi^+} \leqslant k_1 \equiv T[1; \{T_i\}] \leqslant k_{\phi^-} \tag{1.4.19}$$

其中等式成立的条件是所有的 T_i 都相等, 或者 ϕ^+ 和 ϕ^- 均为正常数.

证 已知 $T > 0$, 定义

$$F^{\pm} \equiv \sum_{i=1}^{n} \int_{T_i}^{T} \frac{\mathrm{d}t}{\phi^{\pm}(t)} \tag{1.4.20}$$

则有

$$\frac{\mathrm{d}F^{\pm}}{\mathrm{d}T} > 0 \tag{1.4.21}$$

$$F^+ = \sum_{i=1}^{n} \int_{T_i}^{T} \frac{\mathrm{d}t}{\phi^+(t)} \geqslant \sum_{i(T_i \leqslant T)} \frac{1}{\phi^+(T)} \int_{T_i}^{T} \mathrm{d}t - \sum_{i(T_i > T)} \frac{1}{\phi^+(T)} \int_{T}^{T_i} \mathrm{d}t$$

$$= \frac{1}{\phi^+(T)} \sum_{i=1}^{n} \int_{T_i}^{T} \mathrm{d}t = \frac{1}{\phi^+(T)} \sum_{i=1}^{n} (T - T_i) \tag{1.4.22}$$

$$F^- = \sum_{i=1}^{n} \int_{T_i}^{T} \frac{\mathrm{d}t}{\phi^{-\prime}(t)} \leqslant \sum_{i(T_i \leqslant T)} \frac{1}{\phi^{-\prime}(T)} \int_{T_i}^{T} \mathrm{d}t - \sum_{i(T_i > T)} \frac{1}{\phi^{-\prime}(T)} \int_{T}^{T_i} \mathrm{d}t$$

$$= \frac{1}{\phi^{-\prime}(T)} \sum_{i=1}^{n} \int_{T_i}^{T} \mathrm{d}t = \frac{1}{\phi^{-\prime}(T)} \sum_{i=1}^{n} (T - T_i) \tag{1.4.23}$$

当取 $k=k_{\phi^{\pm}}$ 时，由式(1.4.17)得 $F^{\pm}=0$；而当取 $k=k_1$ 时，由式(1.4.17)得 $\sum_{i=1}^{n}(T-T_i)=0$，再由式(1.4.22)和式(1.4.23)分别得

$$F^+ \geqslant 0 \tag{1.4.24}$$

$$F^- \leqslant 0 \tag{1.4.25}$$

这就是说，当 k 由 $k_{\phi^{\pm}}$ 变到 k_1 时，F^+ 不减少，而 F^- 不增大。因此，由式(1.4.21)得式(1.4.19). 这样就证明了不等式(1.4.19).

有了不等式(1.4.19)，证明式(1.4.1)～式(1.4.9)这类不等式就非常容易。实际上它们只不过是式(1.4.19)在不同具体函数下的直接推论。下面将分别给予证明。

(1) 令 $\phi^+(t)=t$，$t>0$，由式(1.4.17)得

$$k_1 = \frac{T_1 + T_2 + \cdots + T_n}{n} \tag{1.4.26}$$

$$k_{\phi^+} = (T_1 T_2 \cdots T_n)^{1/n} \tag{1.4.27}$$

应用式(1.4.19)，即得式(1.4.1). 再应用式(1.4.1)，并以 e^{T_i} 代替式(1.4.1)中的 T_i，即得式(1.4.2).

(2) 令 $\phi^-(t)=\dfrac{1}{\mathrm{ch}t}$，$\phi^+(t)=\sqrt{1+t^2}$，$t>0$，由式(1.4.17)得

$$k_{\phi^-} = \mathrm{arsh}\left[\frac{1}{n}(\mathrm{sh}T_1 + \mathrm{sh}T_2 + \cdots + \mathrm{sh}T_n)\right] \tag{1.4.28}$$

$$k_{\phi^+} = \mathrm{sh}\left[\frac{1}{n}(\mathrm{arsh}T_1 + \mathrm{arsh}T_2 + \cdots + \mathrm{arsh}T_n)\right] \tag{1.4.29}$$

应用式(1.4.28)、式(1.4.26)和式(1.4.19)，即得式(1.4.3)；而应用式(1.4.29)、式(1.4.26)和式(1.4.19)，即得式(1.4.4).

(3) 令 $\phi^-(t)=1-t^2$，$0<t<1$，由式(1.4.17)得

$$k_{\phi^-} = \mathrm{th}\left[\frac{1}{n}(\mathrm{arth}T_1 + \mathrm{arth}T_2 + \cdots + \mathrm{arth}T_n)\right] \tag{1.4.30}$$

应用式(1.4.30)、式(1.4.26)和式(1.4.19)，即得式(1.4.5).

(4) 令 $\phi^+(t)=\sec t$，$\phi^-(t)=\csc t$，$0<t<\dfrac{\pi}{2}$，由式(1.4.17)得

$$k_{\phi^+} = \arcsin\left[\frac{1}{n}(\sin T_1 + \sin T_2 + \cdots + \sin T_n)\right] \tag{1.4.31}$$

$$k_{\phi^-} = \arccos\left[\frac{1}{n}(\cos T_1 + \cos T_2 + \cdots + \cos T_n)\right] \tag{1.4.32}$$

应用式(1.4.31)、式(1.4.26)和式(1.4.19)，即得式(1.4.6)的前半部；而应用式(1.4.32)、式(1.4.26)和式(1.4.19)，即得式(1.4.7)的前半部. 再应用式(1.4.1)，

并分别以 $\sin T_i$ 和 $\cos T_i$ 代替式(1.4.1)中的 T_i，即得式(1.4.6)和式(1.4.7)的后半部.

(5) 令 $\phi^-(t)=\cos^2 t$，$0<t<\dfrac{\pi}{2}$，由式(1.4.17)得

$$k_{\phi^-} = \arctan\left[\frac{1}{n}(\tan T_1 + \tan T_2 + \cdots + \tan T_n)\right] \tag{1.4.33}$$

应用式(1.4.33)、式(1.4.26)和式(1.4.19)，即得式(1.4.8).

(6) 令 $\phi^-(t)=\cot t\cos t$，$0<t<\dfrac{\pi}{2}$，由式(1.4.17)得

$$k_{\phi^-} = \operatorname{arcsec}\left[\frac{1}{n}(\sec T_1 + \sec T_2 + \cdots + \sec T_n)\right] \tag{1.4.34}$$

应用式(1.4.34)、式(1.4.26)和式(1.4.19)，即得式(1.4.9).

至此，我们已经清楚地看到，应用式(1.4.19)可使上述一类不等式得到普遍而简便的证明. 事实上，应用式(1.4.19)还远不止能证明以上几个不等式，而且还可推出许多有用的不等式. 所以说式(1.4.19)是一个适用性很广的重要不等式.

1.4.3 式(1.4.19)的推广

将式(1.4.17)推广为

$$\sum_{i=1}^{n}\int_{T_i}^{T}\frac{C_i(t)\,\mathrm{d}t}{\phi^{\pm}(t)} = 0 \tag{1.4.35}$$

再由式(1.4.35)来确定 $T[\{C_i\},\phi^{\pm};\{T_i\}]$，则存在如下不等式：

$$k_{\phi^-} \equiv T[\{C_i\},\phi^-;\{T_i\}] \geqslant k_{\phi^0} \equiv T[\{C_i\},\phi^0;\{T_i\}] \geqslant k_{\phi^+} \equiv T[\{C_i\},\phi^+;\{T_i\}]$$

$$\tag{1.4.36}$$

其中 $C_i(T)(i=1,2,\cdots,n)$ 是实正变量 T 的正函数，ϕ^0 是一个任意正常数，等号成立的条件与式(1.4.19)成立的条件相同.

证 对于 $T>0$，有

$$X \equiv \sum_{i=1}^{n}\int_{T_i}^{T}\frac{C_i(t)\,\mathrm{d}t}{\phi^+(t)} \geqslant \sum_{i(T_i\leqslant T)}\frac{1}{\phi^+(T)}\int_{T_i}^{T}C_i(t)\,\mathrm{d}t - \sum_{i(T_i>T)}\frac{1}{\phi^+(T)}\int_{T}^{T_i}C_i(t)\,\mathrm{d}t$$

$$= \frac{1}{\phi^+(T)}\sum_{i=1}^{n}\int_{T_i}^{T}C_i(t)\,\mathrm{d}t \equiv Y \tag{1.4.37}$$

若取 $T=k_{\phi^0}$，则由式(1.4.35)得 $Y=0$，而由式(1.4.37)得 $X\geqslant 0$；若取 $T=k_{\phi^+}$，那么由式(1.4.35)得 $X=0$，而由式(1.4.37)可得 $\dfrac{\mathrm{d}X}{\mathrm{d}T}>0$，所以 $k_{\phi^0}\geqslant k_{\phi^+}$ 得证.

另外，对于 $T>0$，有

$$Z \equiv \sum_{i=1}^{n}\int_{T}^{T_i}\frac{C_i(t)\,\mathrm{d}t}{\phi^-(t)} \geqslant \sum_{i(T_i\geqslant T)}\frac{1}{\phi^-(T)}\int_{T}^{T_i}C_i(t)\,\mathrm{d}t - \sum_{i(T_i<T)}\frac{1}{\phi^-(T)}\int_{T_i}^{T}C_i(t)\,\mathrm{d}t$$

$$= \frac{1}{\phi^-(T)}\sum_{i=1}^{n}\int_{T}^{T_i}C_i(t)\,\mathrm{d}t \equiv W \tag{1.4.38}$$

若取 $T=k_{\phi^0}$，则由式(1.4.35)得 $W=0$，而由式(1.4.38)得 $Z\geqslant 0$；若取 $T=k_{\phi^-}$，那么

由式(1.4.35)得 $Z=0$，而由式(1.4.38)可得 $\dfrac{\mathrm{d}Z}{\mathrm{d}T}<0$，所以 $k_{\phi^-}\geqslant k_{\phi^0}$ 得证.

式(1.4.36)是在 Landsberg 建立的不等式[17] 的基础上推广出来的，其重要性就在于其中的函数 $C_i(T)$ 和 $\phi^{\pm}(T)$ 可以有各种各样的选择，因而具有很大的普遍性，许多重要的不等式均可由它推出[20, 21]. 例如：

推论 1 设 $C_i(T)=1$，由式(1.4.36)直接推出式(1.4.19).

推论 2 设 a 和 b 是两个正常数，且 $a\leqslant k\leqslant b$ 和 $a\leqslant T_i\leqslant b$，定义函数

$$\Theta^+(k)=\int_a^k\frac{\mathrm{d}t}{\phi^+(t)}, \quad \Theta^-(k)=-\int_b^k\frac{\mathrm{d}t}{\phi^-(t)} \tag{1.4.39}$$

则有

$$\Theta^{\pm}\left(\sum_{i=1}^n P_i T_i\Big/\sum_{i=1}^n P_i\right)\geqslant\frac{\displaystyle\sum_{i=1}^n P_i\Theta^{\pm}(T_i)}{\displaystyle\sum_{i=1}^n P_i} \tag{1.4.40}$$

其中，$P_i>0$.

证 令 $C_i(t)=P_i$，由式(1.4.35)可得

$$\sum_{i=1}^n\int_{T_i}^{k_{\phi^{\pm}}}\frac{P_i\mathrm{d}t}{\phi^{\pm}(t)}=\begin{cases}\displaystyle\sum_{i=1}^n P_i\left[\int_a^{k_{\phi^+}}\frac{\mathrm{d}t}{\phi^+(t)}+\int_{T_i}^a\frac{\mathrm{d}t}{\phi^+(t)}\right]=0\\[2mm]\displaystyle\sum_{i=1}^n P_i\left[\int_b^{k_{\phi^-}}\frac{\mathrm{d}t}{\phi^-(t)}+\int_{T_i}^b\frac{\mathrm{d}t}{\phi^-(t)}\right]=0\end{cases} \tag{1.4.41}$$

再由式(1.4.39)得

$$\sum_{i=1}^n P_i\Theta^{\pm}(k_{\phi^{\pm}})-\sum_{i=1}^n P_i\Theta^{\pm}(T_i)=0$$

即

$$\Theta^{\pm}(k_{\phi^{\pm}})=\sum_{i=1}^n\frac{P_i\Theta^{\pm}(T_i)}{\displaystyle\sum_{i=1}^n P_i} \tag{1.4.42}$$

另外，由式(1.4.35)得

$$\sum_{i=1}^n\int_{T_i}^{k_{\phi^0}}P_i\mathrm{d}t=\sum_{i=1}^n P_i(k_{\phi^0}-T_i)=0 \tag{1.4.43}$$

从而得

$$k_{\phi^0}=\frac{\displaystyle\sum_{i=1}^n P_i T_i}{\displaystyle\sum_{i=1}^n P_i} \tag{1.4.44}$$

又因为 $\dfrac{\mathrm{d}\Theta^+(k)}{\mathrm{d}k}>0$，$\dfrac{\mathrm{d}\Theta^-(k)}{\mathrm{d}k}<0$，故由式(1.4.36)得式(1.4.40). 在数学上，式(1.4.40)也还是一个很有用的普遍不等式[20, 21].

推论 3 设 $P_i > 0$，$r \geqslant s$，则有

$$\left[\frac{\sum_{i=1}^{n} P_i T_i^r}{\sum_{i=1}^{n} P_i}\right]^{1/r} \geqslant \left[\frac{\sum_{i=1}^{n} P_i T_i^s}{\sum_{i=1}^{n} P_i}\right]^{1/s} \tag{1.4.45}$$

证 令 $C_i(t) = P_i t^{r-1}$，$\phi^+(t) = t^I$，其中 $I \geqslant 0$. 由式(1.4.35)得

$$T[\{C_i\}, \phi^+; \{T_i\}] = \left[\frac{\sum_{i=1}^{n} P_i T_i^{r-I}}{\sum_{i=1}^{n} P_i}\right]^{1/(r-I)} \tag{1.4.46}$$

$$T[\{C_i\}, \phi^0; \{T_i\}] = \left[\frac{\sum_{i=1}^{n} P_i T_i^r}{\sum_{i=1}^{n} P_i}\right]^{1/r} \tag{1.4.47}$$

而当 $r = I$ 时

$$T[\{C_i\}, \phi^+; \{T_i\}] = (T_1^{P_1} T_2^{P_2} \cdots T_n^{P_n})^{1/\sum_i P_i} \tag{1.4.48}$$

令 $r - I = s$，再由式(1.4.36)中的 $k_{\phi^0} \geqslant k_{\phi^+}$ 得式(1.4.45).

若令 $C_i(t) = P_i t^{s-1}$，$\phi^-(t) = t^{-I}$，$r = s + I$. 同样可由式(1.4.35)和式(1.4.36)推出式(1.4.45). 证明过程与上述类似，只不过这时要用式(1.4.36)中的 $k_{\phi^-} \geqslant k_{\phi^0}$ 而已，这里不再赘述.

下面举几个例子说明其应用.

例 1 令 $C_i(t) = P_i \csc(2t)$，$\phi^+(t) = \tan t$，$\phi^-(t) = \cot t$，$0 < t < \pi/2$，则由式(1.4.35)得

$$k_{\phi^0} = \arctan\left[\prod_{i=1}^{n} (\tan T_i)^{P_i}\right]^{1/\sum_i P_i} \tag{1.4.49}$$

$$k_{\phi^+} = \mathrm{arccot} \frac{\sum_{i=1}^{n} P_i \cot T_i}{\sum_{i=1}^{n} P_i} \tag{1.4.50}$$

$$k_{\phi^-} = \arctan \frac{\sum_{i=1}^{n} P_i \tan T_i}{\sum_{i=1}^{n} P_i} \tag{1.4.51}$$

而由式(1.4.36)得

$$\arctan \frac{\sum_{i=1}^{n} P_i \tan T_i}{\sum_{i=1}^{n} P_i} \geqslant \arctan\left[\prod_{i=1}^{n} (\tan T_i)^{P_i}\right]^{1/\sum_i P_i} \geqslant \mathrm{arccot} \frac{\sum_{i=1}^{n} P_i \cot T_i}{\sum_{i=1}^{n} P_i}$$

$$\tag{1.4.52}$$

例2 令 $C_i(t) = P_i$，$\phi^+(t) = t$，$\phi^-(t) = \mathrm{e}^{-t}$，$t > 0$，则由式(1.4.35)得

$$k_{\phi^+} = \exp \frac{\displaystyle\sum_{i=1}^{n} P_i \ln T_i}{\displaystyle\sum_{i=1}^{n} P_i} \tag{1.4.53}$$

$$k_{\phi^-} = \ln \frac{\displaystyle\sum_{i=1}^{n} P_i \mathrm{e}^{T_i}}{\displaystyle\sum_{i=1}^{n} P_i} \tag{1.4.54}$$

而由式(1.4.36)得

$$\ln \frac{\displaystyle\sum_{i=1}^{n} P_i \mathrm{e}^{T_i}}{\displaystyle\sum_{i=1}^{n} P_i} \geqslant \exp \frac{\displaystyle\sum_{i=1}^{n} P_i \ln T_i}{\displaystyle\sum_{i=1}^{n} P_i} \tag{1.4.55}$$

值得指出，以上所举的例子仅是式(1.4.36)的一些具体实例，而式(1.4.36)所包含的内容远比这些实例丰富，对它作更深入的探讨，有可能推出一些新的有用的不等式.

参 考 文 献

[1] 王竹溪. 热力学简程[M]. 北京：人民教育出版社，1964.

[2] Ramsey N F. Thermodynamics and statistical mechanics at negative absolute temperatures[J]. Phys. Rev. , 1956，103(1)：20-28.

[3] 陈丽璇，陈天择，严子浚. 包含负绝对温度的热力学循环和卡诺定理[J]. 厦门大学学报，1983，22(2)：183-191.

[4] Nernst W. The New Heat Theorem [M]. London：Methuen，1926.

[5] Danielian A. Absolute zero and its unattainability [J]. Phys. Lett. A，1975，51(2)：61-62.

[6] Nakagomi T. Mathematical formulation of the heat-engine theory of the thermodynamics including negative absolute temperatures [J]. J. Phys. A，1980，13：291.

[7] Zemansky M W. Heat and Thermodynamics[M]. 5th ed. New York：McGraw-Hill，1968.

[8] 熊吟涛. 热力学[M]. 3 版. 北京：人民教育出版社，1979.

[9] 严子浚. $T \to \pm \infty$ 时是否存在新的热力学定律[J]. 厦门大学学报，1978，17(3)：34-38.

[10] 王竹溪. 热力学[M]. 北京：高等教育出版社，1955.

[11] 严子浚. $T \to +0$ 及 $T \to -0$ 状态的特性[J]. 厦门大学学报，1982，21(4)：402-407.

[12] Munster A. Statistical Thermodynamics[M]. Berlin：Springer，1974.

[13] Hsieh J S. Principles of Thermodynamics [M]. Washington DC：Scripta Book Co. ，1975.

[14] Landsberg P T. A thermodynamic proof of the inequality between arithmetic and geometric mean[J]. Phys. Lett. A，1978，67(1)：1.

[15] Sidhu S S. On thermodynamic proofs of mathematical results[J]. Phys. Lett. A，1980，76(2)：

107-108.

[16] Landsberg P T. A generalized mean suggested by the equilibrium temperature[J]. Phys. Lett. A, 1980, 78(1): 29-30.

[17] Landsberg P T. A generalized mean [J]. J. Math. Analy. & Appl., 1980, 76(1): 209-212.

[18] Landsberg P T, Pecaric J E. Thermodynamics, inequalities, and negative heat capacities[J]. Phys. Rev. A, 1987, 35(10): 4397-4403.

[19] Zylka C, Vojta G. Thermodynamic proofs of algebraic inequalities[J]. Phys. Lett. A, 1991, 152 (3-4): 163-164.

[20] 《数学手册》编写组. 数学手册[M]. 北京：人民教育出版社, 1979.

[21] 《简明数学手册》编写组. 简明数学手册[M]. 上海：上海人民出版社, 1977.

第 2 章　极端状态下系统的特性

$T=+0\mathrm{K}$，$T=-0\mathrm{K}$ 和 $T=\pm\infty$ 状态是热现象中三种极端状态，具有极其特殊的性质. 对这些特性进行研究，将能对热现象得到一些重要的普遍结论. 例如，认识到一个热力学系统在 $T=\pm\infty$ 状态时的熵比任何 $T\neq\pm\infty$ 状态时的都大后，就能肯定不可能在两个温度符号相反的热源之间构成准静态循环过程. 又如，绝对零度能否达到主要是取决于 $T=+0\mathrm{K}$ 及 $T=-0\mathrm{K}$ 状态的熵的性质. 如果 $T=+0\mathrm{K}$ 状态的熵与 $T=-0\mathrm{K}$ 状态的熵不相等，特别是，当 $T=+0\mathrm{K}$ 状态的熵比 $T=-0\mathrm{K}$ 状态的熵大时，就有可能从某些负温状态出发，经不可逆绝热过程达到 $T=+0\mathrm{K}$. 而当 $T=+0\mathrm{K}$ 及 $T=-0\mathrm{K}$ 状态的熵相等，同时比其他任何正温或负温状态的熵都小时，就能肯定 $T=+0\mathrm{K}$ 及 $T=-0\mathrm{K}$ 都是不可能达到的. 可见，对这三种极端状态特性的研究是很有意义的.

2.1　$T=+0\mathrm{K}$ 及 $T=-0\mathrm{K}$ 状态的特性[①]

本节由 $S(U)$ 曲线推出 $T=+0\mathrm{K}$ 是低温极限，而 $T=-0\mathrm{K}$ 是高温极限，指出系统在这两种极限温度下，熵、内能和热容量的性质，并考查其热功转换特性. 此外，讨论包含这些极限温度的循环过程以及绝对零度不能达到等问题.

2.1.1　$T=+0\mathrm{K}$ 及 $T=-0\mathrm{K}$ 状态

由热力学基本方程

$$dS = \frac{dU}{T} + \sum_i \frac{Y_i}{T} dy_i \tag{2.1.1}$$

确定了一个热力学系统，在所有外参量 y_i（以下用 y 代表所有的 y_i）保持不变时熵 S 和内能 U 之间的一个关系. 此关系曲线是一条连续且光滑的曲线，称为 $S(U)$ 曲线，其斜率为绝对温度的倒数，即为式(1.3.3)

$$\left(\frac{\partial S}{\partial U}\right)_y = \frac{1}{T}$$

所表示. 据此，当 $\left(\frac{\partial S}{\partial U}\right)_y \to \pm\infty$ 时，$T \to \pm0\mathrm{K}$. 又由于无论是 $T>0\mathrm{K}$ 还是 $T<0\mathrm{K}$，都存在 y 不变时的热容量[1]

---

① 严子浚. 厦门大学学报，1982，21(4)：402-407.

$$C_y > 0 \tag{2.1.2}$$

因此，可得式(1.3.4)，即可表示为

$$\left(\frac{\partial^2 S}{\partial U^2}\right)_y = -\frac{1}{T^2}\left(\frac{\partial T}{\partial U}\right)_y = -\frac{1}{T^2 C_y} < 0$$

由此可知，$S(U)$ 曲线必须是向下弯的，如图 2.1.1(a)所示.

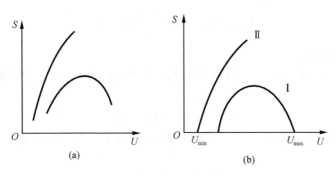

图 2.1.1　$S(U)$曲线示意图

这样，$T \rightarrow +0\mathrm{K}$ 与 $T \rightarrow -0\mathrm{K}$ 就不可能趋于一致. 当 $T \rightarrow +0\mathrm{K}$ 时，U 趋于极小值 $U_{\min}(y)$；而当 $T \rightarrow -0\mathrm{K}$ 时，U 趋于极大值 $U_{\max}(y)$. 由此可得两个重要结论：

(1) $T = +0\mathrm{K}$ 是低温极限，而 $T = -0\mathrm{K}$ 是高温极限，不存在比 $T = +0\mathrm{K}$ 更低的温度，也不存在比 $T = -0\mathrm{K}$ 更高的温度.

(2) 由于当 $T = -0\mathrm{K}$ 时对应的 U 为 $U_{\max}(y)$，所以只有能量有上限的热力学系统，亦即只有可能出现负绝对温度的热力学系统，才有可能出现 $T = -0\mathrm{K}$ 状态. 对于能量可无限增大的热力学系统，这个极限状态显然是无意义的.

值得指出，$S(U)$ 曲线具有向下弯的特性是由热力学第一定律和第二定律所确定的，因而上述结论是热力学第一定律和第二定律的直接结论. 尤其我们不能把第一个结论认为是热力学第三定律. 热力学第三定律的主要内容是指出 $T \rightarrow +0\mathrm{K}$ 及 $T \rightarrow -0\mathrm{K}$ 时熵的性质，因而它主要是对 $S(U)$ 曲线端点的性质加以规定.

$T = +0\mathrm{K}$ 及 $T = -0\mathrm{K}$ 状态是否有意义，主要取决于当 $T \rightarrow +0\mathrm{K}$ 及 $T \rightarrow -0\mathrm{K}$ 时 S 是否有极限. 如果当 $T \rightarrow +0\mathrm{K}$ 时 S 有极限，那么 $S(U)$ 曲线在低能端就不是无限延伸的，$T \rightarrow +0\mathrm{K}$ 就代表一种极限状态，否则，$T \rightarrow +0\mathrm{K}$ 状态将失去意义. 对于可出现负绝对温度的系统，也只有当 $T \rightarrow -0\mathrm{K}$ 时 S 有极限，$T \rightarrow -0\mathrm{K}$ 才代表一种极限状态，否则 $T \rightarrow -0\mathrm{K}$ 状态也同样是无意义的.

能斯特定理，即式(1.2.1)，确定了 $T \rightarrow +0\mathrm{K}$ 时 S 有极限，因而 $T = +0\mathrm{K}$ 代表一种极限状态，即所谓的 $T = +0\mathrm{K}$ 状态. 负温度出现后，认识到 $T \rightarrow -0\mathrm{K}$ 时 S 也有极限，因而 $T = -0\mathrm{K}$ 也代表一种极限状态，即所谓 $T = -0\mathrm{K}$ 状态. 显然 $T = +0\mathrm{K}$ 和 $T = -0\mathrm{K}$ 是两种不同的物理状态.

以上我们确定了 $T = +0\mathrm{K}$ 及 $T = -0\mathrm{K}$ 这两种极限状态是有意义的. 至于它们可否由其他状态达到，还需要进一步讨论.

2.1.2 几个热力学量的特性

上述指出，$T=+0\mathrm{K}$ 及 $T=-0\mathrm{K}$ 状态的内能分别为极小值和极大值. 它们一般说来都是外参量 y 的函数，所以我们分别用 $U_{\min}(y)$ 和 $U_{\max}(y)$ 表示. 例如，金属中的电子气，在 $T=+0\mathrm{K}$ 时的能量为

$$U_{\min}(V) = \frac{3}{5}N\frac{\pi^2\hbar^2}{2m}\left(\frac{3N}{\pi V}\right)^{2/3} \tag{2.1.3}$$

它是外参量 V 的函数.

但根据式(1.2.1)，$T=+0\mathrm{K}$ 时的熵为常数 S_{+0}，与 y 无关，而且事实上这个常数为零，即

$$S_{+0} = 0 \tag{2.1.4}$$

对于可出现负温度的系统，$T=-0\mathrm{K}$ 时的熵亦与 y 无关，并且也等于零，即为式(1.2.14)

$$\lim_{T\to-0}S = \lim_{T\to+0}S = 0$$

所表示. 这样，$S(U)$ 曲线的 $T\to+0\mathrm{K}$ 端及 $T\to-0\mathrm{K}$ 端便完全确定了，如图 2.1.1(b)所示，图 2.1.1(b)中曲线 I 和 II 分别表示可出现和不可出现负温度系统的 $S(U)$ 曲线. 从图 2.1.1(b)中的曲线清楚地看到，$T=+0\mathrm{K}$ 及 $T=-0\mathrm{K}$ 时的熵比其他任何温度状态的都小. 所以，$T=+0\mathrm{K}$ 状态也就是系统的熵和内能均为最小的状态，而 $T=-0\mathrm{K}$ 状态就是系统的熵为最小但内能却为最大的状态.

$T=+0\mathrm{K}$ 及 $T=-0\mathrm{K}$ 时 C_y 的特性不难由式(2.1.4)和式(1.2.14)推出，其结果为式(1.2.2)和式(1.2.12)所表示. 这就是说，无论是 $T\to+0\mathrm{K}$ 还是 $T\to-0\mathrm{K}$，均有 $C_y\to0$.

2.1.3 热功转换的特性

Ramsey[1]已指出，在不产生其他影响的条件下，对于正温系统，不可能从它取热使之完全转变为功，而对于负温系统，不可能做功把热传给它.

既然 $T=+0\mathrm{K}$ 的系统是正温系统的极限，自然也是不可能从它取热使之完全转变为功而不产生其他影响. 但由于 $T=+0\mathrm{K}$ 系统的熵最小，温度最低，根本就不可能从它取热. 于是，即使取消不产生其他影响这个条件，也仍然是不可能从它取热而转变为功. 所以"不可能"是绝对的. 对于一般正温系统，并非从它取热完全转变为功不可能，而是要在这个过程中不产生其他影响是不可能的. 可见，从热功转换特性来看，$T=+0\mathrm{K}$ 的系统与一般正温系统是有质的差别的，它只能作为"冷源"而不能作为"热源".

另外，$T=-0\mathrm{K}$ 的系统是负温系统的极限，因而不可能做功把热传给它而不产生其他影响. 但由于 $T=-0\mathrm{K}$ 系统的熵最小，温度最高，根本就不可能传热给它. 所以不管条件如何，都是不可能做功把热传给它，"不可能"也是绝对的. 对于一般的负温系统，把功完全转变为热是可能的，只不过要在这个过程中不产生其他影响是不可能的. 所以 $T=-0\mathrm{K}$ 的系统与一般负温系统也有质的差别，它只能作为"热源"而不能作为"冷源".

综上所述，$T=+0K$，$T=-0K$，$T>+0K$ 及 $T<-0K$ 系统之间的热功转换特性是各不相同的.

2.1.4　$T=+0K$ 及 $T=-0K$ 都不能达到

据上述，$T=+0K$ 及 $T=-0K$ 状态的熵相等，并且最小，所以根据熵增加原理，要从其他任何温度状态出发，经绝热过程(无论是可逆的还是不可逆的)达到 $T=+0K$ 或 $T=-0K$ 都是不可能的. 而绝热过程又是温度极低(或极高)时最有效的降温(或升温)过程[2]，因此 $T=+0K$ 及 $T=-0K$ 都是不可能达到的.

值得指出：

(1) 一般热力学书中[3]认为可从式(1.2.1)推出 $T=+0K$ 不可能达到. 事实上从式(1.2.1)只能推出不可能从正温状态出发直接达到 $T=+0K$，因为由式(1.2.1)只能得出 $T=+0K$ 状态的熵比任何正温状态的都小，而不能肯定是否也比任何负温状态的都小. 所以书中的结论是不完全的，只是在负温度不可能出现时才是正确的. 实际上负温度是存在的，我们必须考虑能否从负温状态出发达到 $T=+0K$. 如果从某些负温状态出发可以达到 $T=+0K$，那么我们就不能认为绝对零度是不可能达到的. 负温度出现后，虽然 $T=+0K$ 仍然是不可能达到的，但是这个正确结论只有作了如上全面考虑后才能得到. 同时作此全面考虑后，我们可以清楚地看到能斯特定理[式(1.2.1)]与绝对零度不能达到原理是不等效的[4, 5].

(2) 虽然 $T=+0K$ 及 $T=-0K$ 都是不可能达到的，但可无限趋近. 实验上 $5\times10^{-8}K$ 的低温和 $-3\times10^{-7}K$ 的高温都已经达到[6]，但进一步向绝对零度趋近也还是可能的. 绝对零度不能达到原理不是前进中的障碍.

(3) 由 $T=+0K$ 及 $T=-0K$ 状态出发，达到其他温度状态的不可逆过程并非热力学理论所不能容许的.

2.1.5　不存在含有 $T=+0K$ 或 $T=-0K$ 的循环

由于 $T=+0K$ 及 $T=-0K$ 都是不可能达到的，自然一般循环过程都不能经过 $T=+0K$ 或 $T=-0K$，所以可认为不存在含有 $T=+0K$ 或 $T=-0K$ 的循环过程.

总之，$T=+0K$ 及 $T=-0K$ 是两种极特殊又极重要的极限状态. 热力学中一些有争议的问题，常涉及对这两种极限状态特性的认识. 例如，对不能利用可逆卡诺循环和热力学第二定律的开尔文表述推出绝对零度不能达到就有种种不同的表述[2, 7]，还有人认为绝对零度不能达到原理是多余的[8]. 可见，负温度出现后，对这两种极限状态特性的研究[9]，将能使一些问题更加明确.

2.2　$T=+0K$ 及 $T=-0K$ 状态的涨落特性①

有关 $T=+0K$ 及 $T=-0K$ 状态的涨落，一般统计物理学教科书中很少讨论，个

---

① 严子浚. 大学物理，1987，6(9)：14-17.

别书中虽有提到当 $T\to 0K$ 时有关系统的能量涨落,但对当 $T\to 0K$ 时其他热力学量的涨落几乎都没有讨论.从温度是热运动强度的度量的观点来考虑,似乎当 $T\to 0K$ 时热力学量的涨落都趋于零.事实上也有不少人认为当 $T\to 0K$ 时热力学量的涨落趋于零.其实不然,虽然当 $T\to 0K$ 时不少热力学量的均方涨落都趋于零,但有些体系个别热力学量的涨落并非如此.特别是像温度、能量和熵这样一些重要的热力学量,它们的相对涨落当温度趋向于零时迅速增大.这是由体系能级的分立性所造成的.这表明了在足够低或足够高的温度下,唯象热力学将失去意义.这个结论具有原则性的意义,尽管目前低温或负温技术还远不能达到这样的温度领域.此外,$T=\pm 0K$ 状态还可能存在非热运动所引起的涨落,例如,量子力学的描述本身所固有的不确定性等现象.本节讨论 $T=+0K$ 及 $T=-0K$ 状态的涨落特性,这有助于对热现象的进一步了解.

2.2.1　$T=+0K$ 状态能量的涨落

先讨论 $T=+0K$ 状态能量的涨落.已知闭系在外参量 y 保持不变的条件下,能量的均方涨落为

$$\overline{(\Delta E)^2} = kT^2 C_y \qquad (2.2.1)$$

式中,k 为玻尔兹曼常量;C_y 表示外参量保持不变时的热容量(如 C_v).又因 C_y 不可能为无限大[10],而事实上由热力学第三定律可推出式(1.2.2),即 $\lim_{T\to +0} C_y = 0$.因此,当 $T\to +0K$时,系统能量的均方涨落等于零,即

$$\lim_{T\to +0}\overline{(\Delta E)^2} = 0 \qquad (2.2.2)$$

这个结论是很容易理解的,因为当 $T\to +0K$ 时,系统在所给条件下处于最小的可能能量(零点能)状态,无热激发,热运动的能量为零,系统的平均能量就是零点能,因而能量的均方涨落等于零.

但由于体系能级的分立性,当温度趋向于零时,能量的相对涨落迅速地增大.例如,固体在低温下的热运动能量(不计零点能,而我们所关心的是热运动能量的相对涨落)可写为

$$\bar{E} = \frac{3}{5}\pi^4 Nk\frac{T^4}{\Theta^3} \qquad (2.2.3)$$

式中,N 为系统的粒子数;Θ 为德拜温度.再按能量相对涨落的普遍表达式

$$\frac{\sqrt{\overline{(\Delta E)^2}}}{\bar{E}} = \sqrt{kC_y}\frac{T}{E} \qquad (2.2.4)$$

可得固体能量的相对涨落(即热运动能量的相对涨落)为

$$\frac{\sqrt{\overline{(\Delta E)^2}}}{\bar{E}} = \sqrt{\frac{20}{3N}}\frac{1}{\pi^2}\left(\frac{\Theta}{T}\right)^{3/2} \qquad (2.2.5)$$

由此清楚地看到,当温度趋向于零时,能量的相对涨落迅速地增大.

再如,费米电子气在低温下热运动的能量可表示为

$$\bar{E} = \frac{\pi^2}{4} \frac{Nk^2 T^2}{\mu_0} \tag{2.2.6}$$

式中，μ_0 为费米能量. 再应用式(2.2.4)，可得电子气能量的相对涨落为

$$\frac{\sqrt{\overline{(\Delta E)^2}}}{\bar{E}} = \frac{4 \sqrt{\mu_0}}{\pi \sqrt{2NkT}} \tag{2.2.7}$$

由式(2.2.7)同样清楚地看到，当温度趋向于零时，能量的相对涨落迅速地增大.

事实上，根据 $C_y = \left(\dfrac{\partial \bar{E}}{\partial T}\right)$ 和式(1.2.2)，由式(2.2.4)可直接得出当温度趋向于零时，能量的相对涨落迅速增大的结论. 可见，这个结论不仅适用于固体和费米电子气，而且具有普遍的意义.

计算表明，能量相对涨落的显著增大仅在极低温度下发生. 例如，金属中的自由电子气，$\mu_0 \approx 10^{-18}$ J，$N \approx 10^{23}$，由式(2.2.7)可得

$$\frac{\sqrt{\overline{(\Delta E)^2}}}{\bar{E}} \sim \frac{10^{-9}}{\sqrt{T}} \tag{2.2.8}$$

由此可见，只有当温度大约降到 10^{-18} K 时，电子气系统能量的相对涨落才比较显著. 虽然目前低温技术还远不能达到这个温度领域，然而上述结论具有原则性的重要意义. 它表明了在足够低的温度下，唯象热力学是建立在宏观量的相对涨落很微小的基础之上的，下面对其他热力学量涨落的讨论，同样可得到这个重要结论.

2.2.2　$T = +0$K 状态熵的涨落

已知熵的均方涨落表达式为

$$\overline{(\Delta S)^2} = kC_Y \tag{2.2.9}$$

式中，C_Y 表示系统的广义力 Y 保持不变时的热容量(如 C_p). 又由热力学第三定律可推知

$$\lim_{T \to +0} C_Y = 0 \tag{2.2.10}$$

将式(2.2.10)代入式(2.2.9)，可得

$$\lim_{T \to +0} \overline{(\Delta S)^2} = 0 \tag{2.2.11}$$

这指出了当 $T = +0$K 时，系统熵的均方涨落等于零. 这个结果也不难理解，因为在绝对零度时，物体的任何一部分必然处于一个确定的量子态(基态)，所有各部分的统计权重都等于 1，因而熵的均方涨落必然为零.

熵的相对涨落表达式为

$$\frac{\sqrt{\overline{(\Delta S)^2}}}{S} = \frac{\sqrt{kC_Y}}{S} \tag{2.2.12}$$

而由式(2.2.10)以及

$$C_Y = T \left(\frac{\partial S}{\partial T}\right)_Y \tag{2.2.13}$$

可知,熵 S 与 C_Y 同样快地随 T 趋于零. 于是根据式(2.2.12),当温度趋向于零时,熵的相对涨落迅速地增大. 这个结论也很值得注意,它也是由能级的分立性所引起的.

2.2.3 $T=+0\text{K}$ 状态温度的涨落

温度的均方涨落表达式为

$$\overline{(\Delta T)^2} = \frac{kT^2}{C_y} \qquad (2.2.14)$$

由此可见,$T\to+0\text{K}$ 时温度的均方涨落取决于系统的 C_y 随 T 趋于零的情况,而不能一概而论. 对于费米气体和非相对论性的玻色气体,在极低温度下的热容量 C_v 分别为

$$C_v \propto T \qquad (2.2.15)$$

和

$$C_v \propto T^{3/2} \qquad (2.2.16)$$

因此,由式(2.2.14)可知,这两种系统当 $T\to+0$ 时,温度的均方涨落等于零,即

$$\lim_{T\to+0} \overline{(\Delta T)^2} = 0 \qquad (2.2.17)$$

然而对于光子气体和声子气体等系统,在极低温度下的热容量 C_v 为

$$C_v \propto T^3 \qquad (2.2.18)$$

将式(2.2.18)代入式(2.2.14),可得

$$\overline{(\Delta T)^2} \propto \frac{1}{T} \qquad (2.2.19)$$

于是对于这样一类系统,当温度趋向于零时,温度的均方涨落并不趋于零. 而根据式(2.2.19),只要温度足够低时,这类系统的温度涨落已经不是小涨落,热平衡的概念对它已经不适用. 另外,当温度趋向于零时,这类系统的粒子数密度都随着 T^3 趋于零. 可见,在 $T=+0\text{K}$ 时,这类系统必然消失.

二能级核自旋系统也是温度的均方涨落不随 T 趋于零的一个重要例子. 这种系统在外磁场 H 保持不变时的热容量为[1, 11]

$$C_H = Nk \left(\frac{W}{2kT} \right)^2 \text{sech}^2 \frac{W}{2kT} \qquad (2.2.20)$$

式中,W 为二能级间的能量差,将式(2.2.20)代入式(2.2.14),得

$$\overline{(\Delta T)^2} = \frac{4k^2 T^4}{NW^2} \cosh^2 \frac{W}{2kT} \qquad (2.2.21)$$

由式(2.2.21)清楚地看到,当温度趋向于零时,这种系统的温度均方涨落并不趋于零,除非能级差也趋于零. 可见,当温度趋向于零时,涨落的迅速增大是与系统能级的分立性直接相关的.

总而言之,式(2.2.14)指出只要热容量比 T^2 更快地趋于零的系统,在足够低的温度下它的温度均方涨落就已经不是小涨落. 因为当系统的热容量非常微小时,小量的能量涨落就会导致较大的温度涨落.

关于 $T \to +0K$ 时温度的相对涨落，由温度的相对涨落公式

$$\frac{\sqrt{\overline{(\Delta T)^2}}}{T} = \sqrt{\frac{k}{C_y}} \qquad (2.2.22)$$

也不难推得与能量、熵等的相对涨落相一致的结论. 由于 C_y 随 T 趋于零，所以当温度趋于零时，由式(2.2.22)可知温度的相对涨落迅速地增大.

有趣的是，将式(2.2.4)、式(2.2.12)和式(2.2.22)进行比较不难看出，当温度趋向于零时，能量、熵和温度的相对涨落都与 $\sqrt{C_y}$ ($\sqrt{C_Y}$ 与 $\sqrt{C_y}$ 同样快地随 T 趋于零[10])成反比地迅速增大. 这就更清楚地看到了它们的共同原因是 C_y 随 T 趋于零，或者说是由于热力学第三定律的结果. 而热力学第三定律是量子统计物理学的结论，在其中起重要作用的是量子态不连续的概念[10]. 因此，当温度趋向于零时，能量、熵和温度的相对涨落迅速地增大，归根结底是由体系能级的分立性所造成的.

有关 $T = +0K$ 状态其他热力学量的涨落，亦可类似讨论之.

2.2.4　$T = -0K$ 状态的涨落特性

现在讨论 $T = -0K$ 状态的涨落. 由于 $\lim\limits_{T \to -0} C_y = 0$ 和 $\lim\limits_{T \to -0} C_Y = 0$ 以及负温系统的能量、熵和温度等的涨落表达式与正温系统的相同，因而有关 $T = -0K$ 状态的涨落特性，将与 $T = +0K$ 状态的相类似. 前面讨论所得的，关于 $T \to +0K$ 时能量、熵和温度等涨落的普遍结论，均可适用于 $T \to -0K$ 时相应量的涨落. 特别是，当温度趋向于负零时，这些量的相对涨落也要迅速地增大，这也是体系能级分立性的必然结果. 所以在负温领域中，当温度足够高时，唯象热力学同样要失去意义.

最后应指出，$T = \pm 0K$ 状态还可能存在其他形式运动(非热运动)所引起的涨落. 例如，当 $T = +0K$ 时，金属中自由电子气系统的能量均方涨落等于零，但个别电子的能量均方涨落并不等于零. 因为这时自由电子的平均能量和能量平方的平均值分别为

$$\bar{\varepsilon} = \frac{3}{5}\mu_0 \qquad (2.2.23)$$

$$\overline{\varepsilon^2} = \frac{3}{7}\mu_0^2 \qquad (2.2.24)$$

所以

$$\overline{(\Delta\varepsilon)^2} = \overline{\varepsilon^2} - \bar{\varepsilon}^2 = \frac{12}{175}\mu_0^2 \qquad (2.2.25)$$

这是由量子力学的描述本身所固有的不确定性所引起的[10].

2.3　$T = \pm\infty$ 状态的特性[①]

负绝对温度出现以来，有不少人对它进行了研究. 例如，Ramsey[1]最先对负温度情

---

① 严子浚. 物理，1981，10(7)：391-394.

况下的热力学及统计物理学作了扼要的阐述，并指出负温度比正的更高. 随后 Hecht[12]、Vysin[13] 及其他一些人又对负温度下的平衡和稳定的条件以及有关的一些问题进行了研究. 从这些研究的结果得出一个重要的结论：无论是 $T>0K$，还是 $T<0K$，都有式(2.1.2). 一些学者围绕着 Tykodi[14] 所提出的，似乎存在新的热力学定律的问题展开了讨论[15-18]，得到一个共同的重要结论是

$$\lim_{T\to\pm\infty}(\Delta S)_T = 0 \tag{2.3.1}$$

本节应用热力学理论，对 $T=\pm\infty$ 状态的几个主要特性进行讨论. 至于式(2.3.1)是否可算作一条新的热力学定律，则留在后面讨论.

2.3.1 $T=\pm\infty$ 状态

对于一般的热力学系统，$T=\infty$ 的状态是无意义的，它不可能出现，因为这类系统的熵 S 和内能 U 的关系曲线是单调上升的，如图 2.1.1(b)中的曲线 II 所示. $T=\infty$ 时，所对应的 S 和 U 都为无穷大. 显然，这类系统是不可能出现负温度的.

对于可出现负温度的热力学系统，其能量必须有上限，S 和 U 的关系曲线不是单调上升的，而是如图 2.1.1(b)中的曲线 I 所示，S 有个极大值 S_{max}. 当 $S=S_{max}$ 时，$(\partial S/\partial U)_y=0$，而根据式(1.3.3)可知，这时 $T=\pm\infty$. 可见，对于能量有上限的热力学系统，$T=\pm\infty$ 是有意义的，并且 $T=+\infty$ 和 $T=-\infty$ 在物理上具有完全相同的意义，代表同一物理状态，即所谓的 $T=\pm\infty$ 状态，也就是系统的熵为极大值的状态.

2.3.2 当 $T=\pm\infty$ 时几个热力学量的特性

上述指出，$T=\pm\infty$ 状态的熵为极大值，即 $S=S_{max}$. 又根据式(2.3.1)，S_{max} 与系统的外参量 y 无关. 换句话说，一个热力学系统，在 $T=\pm\infty$ 状态时，不论外参量 y 的数值如何，熵只有一个数值 S_{max}，它比 $T\neq\pm\infty$ 时任何状态的熵都大.

但 $T=\pm\infty$ 时的内能 U_m 一般说来是 y 的函数. 当系统的能级上、下对称时，$U_m=\frac{1}{2}U_{上限}$(设 $U_{下限}$ 为零)，而当系统的能级上、下不对称时，U_m 一般不等于 $\frac{1}{2}U_{上限}$，但都比相应的 $U_{上限}$ 小. 根据这类系统的能量有上限，可推出当 $T=\pm\infty$ 时 C_y 的特性.

由 $C_y=\left(\dfrac{\partial U}{\partial T}\right)_y$ 求积分得

$$U(T, y) = U(T_0, y) + \int_{T_0}^{T} C_y \mathrm{d}T \tag{2.3.2}$$

其中 T_0 表示某一个指定的正温度，并为了简单起见，已设系统自 T_0 后不再发生相变. 由于 $T=\pm\infty$ 时系统的内能必须小于 $U_{上限}$，所以要求 $T\to+\infty$ 时式(2.3.2)中的积分必须有限. 这就要求 C_y 不但满足

$$\lim_{T\to+\infty} C_y = 0 \tag{2.3.3}$$

而且要满足

$$\lim_{T \to +\infty} (TC_y) = 0 \tag{2.3.4}$$

否则，$T \to +\infty$ 时 $U \to +\infty$. 又因 $T = +\infty$ 和 $T = -\infty$ 代表同一个物理状态，故由式(2.3.3)和式(2.3.4)可得

$$\lim_{T \to \pm\infty} C_y = 0 \tag{2.3.3a}$$

$$\lim_{T \to \pm\infty} (TC_y) = 0 \tag{2.3.4a}$$

这就是说，在 $T = \pm\infty$ 时，不但 $C_y = 0$ 而且 $TC_y = 0$. 亦即 $T \to \pm\infty$ 时，不但 C_y 趋于零，而且要比 $1/T$ 更快趋于零. 朗道和栗弗席兹[10] 及 Ramsey[1] 对负温度的研究结果，都可证实这个结论. 他们的结果是，核自旋系统在 $T = \pm\infty$ 附近 C_y 正比于 $1/T^2$，或写成

$$C_y = \frac{C(y)}{T^2} \tag{2.3.5}$$

其中 $C(y)$ 仅是 y 的函数，并根据式(2.1.2)，它必须是正的. 显然，式(2.3.5)是满足式(2.3.4a)的. 式(2.3.4)是根据 U 必须有限而得到的，故可以认为它是系统可出现负温度及 $T = \pm\infty$ 状态的必要条件.

2.3.3　$T = \pm\infty$ 时热功转换的特性

Ramsey[1] 已指出，在不产生其他影响的条件下，对于正温系统，不可能从它取热使之完全转变为功，而对于负温系统，不可能做功把热传给它. 那么，$T = \pm\infty$ 的系统，热功转换的特性如何呢? 究竟是不可能从它取热使之完全转变为功，还是不可能做功把热传给它? 或是两者都不可能? 或是两者都可能?

为了讨论这个问题，令 $\beta = -\dfrac{1}{T}$，则

$$C_y = \left(\frac{\partial U}{\partial T}\right)_y = \frac{1}{T^2}\left(\frac{\partial U}{\partial \beta}\right)_y = \beta^2 \left(\frac{\partial U}{\partial \beta}\right)_y \tag{2.3.6}$$

$$\left(\frac{\partial U}{\partial \beta}\right)_y = \frac{C_y}{\beta^2}, \quad (\Delta U)_y = \int_0^\beta \left(\frac{\partial U}{\partial \beta}\right)_y \mathrm{d}\beta = \int_0^\beta \frac{C_y}{\beta^2} \mathrm{d}\beta \tag{2.3.7}$$

据此，当 $(\Delta U)_y$ 不等于零且有限时，β 也必须不等于零且有限. 这说明在 y 不变的情况下，对 $T = \pm\infty$ 的系统增加或减少能量时，必将使系统从 $T = \pm\infty$ 的状态变到 $T \neq \pm\infty$ 的状态. 另外，由于 $T = \pm\infty$ 时系统的熵最大，要使系统从 $T = \pm\infty$ 的状态变到 $T \neq \pm\infty$ 的状态，系统的熵必须减少. 那么，根据熵增加原理，在不产生其他影响的条件下，就不可能对 $T = \pm\infty$ 的系统增加或减少能量. 因此，对于 $T = \pm\infty$ 的系统，既不可能从它取热使之完全转变为功，又不可能做功把热传给它而不产生其他影响.

得到这个结论是不难理解的，因为 $T = \pm\infty$ 的状态是正、负温度的过渡状态，它必然会有这种过渡的性质. 当然，似乎还可能有另一种过渡情况，亦即既可以从它取热使之完全转变为功，又可以做功把热传给它而不产生其他影响. 然而，这只有在 $T = \pm\infty$ 状态的熵为极小时才有可能. 但根据式(2.1.2)，$S(U)$ 曲线只能是向下弯的，$T = \pm\infty$ 的熵必为极大，因此只能是前一种情况. 由此可见，$T = \pm\infty$ 状态具有上述的热功转换特性是与平衡的稳定性密切相关的.

2.3.4 不存在含有 $T = \pm\infty$ 的卡诺循环

已知热力学系统在 $T = \pm\infty$ 状态的熵比其他任何 $T \neq \pm\infty$ 状态的熵都大，所以在 $T = \pm\infty$ 与 $T \neq \pm\infty$ 状态之间不可能存在等熵过程，也就是不可能存在可逆绝热过程。甚至根据熵增加原理，不可逆绝热过程也只能是从 $T \neq \pm\infty$ 的状态到达 $T = \pm\infty$ 的状态，而不能从 $T = \pm\infty$ 状态到达 $T \neq \pm\infty$ 的状态。因此，由两个绝热过程（即使是不可逆的）和两个等温过程构成的循环过程，不可能经过 $T = \pm\infty$ 状态，所以不存在含有 $T = \pm\infty$ 的卡诺循环。

但是，从 $T = \pm\infty$ 状态出发，经过非绝热的不可逆过程可以到达 $T \neq \pm\infty$ 的状态，所以，含有 $T = \pm\infty$ 的不可逆循环过程是存在的。

总之，$T = \pm\infty$ 状态是正和负温度之间的过渡状态，它具有独特的性质，而这些特性是与平衡的稳定性密切相关的。负温度出现后，对正、负温度有关的一些问题的认识，都取决于对这种过渡状态特性的了解。例如，只有认识到该状态的熵比任何 $T \neq \pm\infty$ 状态的都大，才能肯定不可能在两个具有相反符号温度的热源之间构成准静态循环过程。可见，对 $T = \pm\infty$ 状态特性的深入研究是很有意义的。

2.4 $T = \pm\infty$ 状态的涨落特性[①]

2.3 节已指出，$T = \pm\infty$ 状态是正负绝对温度的过渡状态，具有独特的性质。本节继续分析它的涨落特性。

由于 $T \to \pm\infty$ 的系统在一定条件下仍满足正则分布或玻尔兹曼分布，因而 $T \to \pm\infty$ 时，系统的能量均方涨落仍可由式(2.2.1)表示，即 $\overline{(\Delta E)^2} = kT^2 C_y$。显然，有限的可出现负温度的系统，其能量涨落不可能为无限大，因此由式(2.2.1)可得

$$\lim_{T \to \pm\infty}(T^2 C_y) = 有限量 \tag{2.4.1}$$

式(2.4.1)表明，$T \to \pm\infty$ 时不但有

$$\lim_{T \to \pm\infty}(TC_y) = 0 \tag{2.4.2}$$

而且 $T^2 C_y$ 有限，亦即 $T \to \pm\infty$ 时，C_y 不但比 $1/T$ 更快地趋于零，而且至少要随 $1/T^2$ 同样快地趋于零。另外，由于我们考虑非孤立系统（正则分布），并且在 $T = \pm\infty$ 时系统内部仍存在热运动，因而能量涨落也不可能为零。这样在 $T \to \pm\infty$ 时，C_y 也不可能比 $1/T^2$ 更快地趋于零。因此，在 $T = \pm\infty$ 附近 C_y 应正比于 $1/T^2$，或写成

$$C_y = \frac{C(y)}{T^2} \tag{2.4.3}$$

其中 $C(y)$ 仅是 y 的函数。朗道和栗弗席兹[10]及 Ramsey[1]对负温度系统的研究，都导

① 严子浚. 自然杂志, 1983, 7:154.

出了与式(2.4.3)相一致的结论.

根据$\overline{(\Delta E)^2}$有限,以及y不变时$dE=TdS$,可得$T=\pm\infty$的系统在y固定时,熵的均方涨落为

$$\overline{(\Delta S)^2} = 0 \qquad (2.4.4)$$

这个结果是很自然的,因为$T=\pm\infty$状态是系统的熵为最大值的状态,因而熵偏离这个状态的小涨落自然为零.

再根据$\overline{(\Delta E)^2}$为不为零的有限值,以及y不变时$dE=C_y dT$和式(2.4.3),可推知$T=\pm\infty$的系统在y固定时,温度的均方涨落为

$$\overline{(\Delta T)^2} = \infty \qquad (2.4.5)$$

事实上,式(2.4.5)也可以这样推得:按玻尔兹曼分布,$T=\pm\infty$状态是系统中粒子在各能级均匀分布的状态.只要任何一个能级少了(或多出)一个粒子,系统就偏离$T=\pm\infty$状态进入正的或负的温度状态.在具有热运动的系统中,这种偏离总是经常发生的,因而$T=\pm\infty$的系统温度涨落必然为无限大.可见,$T=\pm\infty$状态是温度涨落不定时的状态.

$T=\pm\infty$状态有关的其他热力学量的涨落,亦不难求得.

2.5　$T=\pm\infty$时是否存在新的热力学定律[①]

关于$T\to\pm\infty$时是否存在新的热力学定律,仍有争论.Tykodi[14]于1975年提出,在$T\to\pm\infty$时似乎存在新的热力学定律.但Tremblay[15]、Danielian[16]、White[17]、Dunning-Davies[19]等都有不同的看法.然而他们均未直接指明是否可从宏观方面证明"无等熵面连接正负两种温度",所以问题没有最终解决.于是,Tykodi[18]反而根据Tremblay[15]的结果,明确指出,从宏观方面来考虑,$T\to\pm\infty$时应有新的热力学定律,形式如低温下的能斯特定理,即为式(2.3.1)所表示.

式(2.3.1)对某些满足一定条件的系统确实存在,但在它存在的条件下,可以证明它是已有热力学定律的直接推论,因而它不是一条新的独立的定律.因此,$T\to\pm\infty$时没有出现新的热力学定律.

本节从宏观方面推出式(2.3.1)存在的条件,并在此条件下,证明式(2.3.1)不是一条新的热力学定律.

2.5.1　式(2.3.1)存在的条件

Tremblay[15]和Tykodi[18]都从微观方面指明了式(2.3.1)存在的条件,这就是系统可出现负温度的条件——系统只具有有限数目的有限能级.这一条件在宏观上就是

---

①　严子浚. 厦门大学学报,1978,17(3):34-38.

系统的内能具有最大值. 或者说系统的内能是有限的, 于是系统与周围环境的相互作用也是有限的.

现在的问题是, 从宏观上应如何推出系统可出现负温度的条件. 为了弄清这个问题, 令 C_y 表示系统所有外参量 y 都不变时的热容量, 则根据热力学定律, 有

$$C_y = \left(\frac{\partial U}{\partial T}\right)_y = T\left(\frac{\partial S}{\partial T}\right)_y \tag{2.5.1}$$

求积分, 得

$$S(T, y) = S(T_0, y) + \int_{T_0}^{T} C_y \frac{\mathrm{d}T}{T} \tag{2.5.2}$$

$$U(T, y) = U(T_0, y) + \int_{T_0}^{T} C_y \mathrm{d}T \tag{2.5.3}$$

其中 T_0 表示某一个指定的温度, 为了简单起见, 已设系统自 T_0 后不再发生相变. 由式(2.5.2)和式(2.5.3)可见, 如果 $\lim\limits_{T\to+\infty} C_y \neq 0$, 则由平衡的稳定条件 $C_y > 0$, 可推出当积分上限 $T\to+\infty$ 时, 积分将变为无穷大, 因而 S 和 U 都不会趋于一个有限值. 显然, 在这种情形下式(2.3.1)是没有意义的. 因此, 从宏观方面来考虑, 只有当

$$\lim_{T\to+\infty} C_y = 0 \tag{2.5.4}$$

时, 式(2.3.1)才有可能存在.

但如果只有 $\lim\limits_{T\to+\infty} C_y = 0$, 而没有 $\lim\limits_{T\to+\infty} (TC_y) = 0$, 则根据式(2.5.2)和式(2.5.3), 虽然极限 $\lim\limits_{T\to+\infty} S$ 存在, 但 $\lim\limits_{T\to+\infty} U = \infty$. 这样, $T\to+\infty$ 的状态就不可能达到, 也就不可能有比 $T\to+\infty$ 更高的温度. 又已知极限低温时是 0, 所以这样系统的温度只能在 0 到 $+\infty$ 之间, 即只能具有正温度. 于是 $T\to-\infty$ 对这样的系统无意义, 这时也就不可能有式(2.3.1), 最多只能有

$$\lim_{T\to+\infty} (\Delta S)_T = 0 \tag{2.5.5}$$

但由于这时 $\lim\limits_{T\to+\infty} U = \infty$, 所以实际上式(2.5.5)也是不可能出现的.

而要 $\lim\limits_{T\to+\infty} U$ 有限, 根据式(2.5.3), 必须

$$\lim_{T\to+\infty} (TC_y) = 0 \tag{2.5.6}$$

这时极限 $\lim\limits_{T\to+\infty} S$ 和 $\lim\limits_{T\to+\infty} U$ 都存在. 那么, 我们要问, 到了 $T=+\infty$ 后, 当系统的内能 U 可继续增加时, 熵 S 将如何变化呢? 由于 $S=S(U)$ 的曲线应当是连续且光滑的, 因而可有三种情况:

(1) S 保持不变, 因而 T 也保持不变. 换句话说, 这时 U 既不是 S 的函数, 也不是 T 的函数. 这是热力学系统不可能存在的现象. 所以这种情况是不可能的.

(2) S 随 U 的增加而增加. 即到了 $T=+\infty$ 后, $\left(\frac{\partial S}{\partial U}\right)_y > 0$, 并且 $\left(\frac{\partial^2 S}{\partial U^2}\right) > 0$. 由此

推得 $\frac{1}{T}>0$ 和 $-\frac{1}{T^2C_y}>0$，亦即 $T>0$，$C_y<0$. 这种情况也是不容许的，因为它与平衡的稳定条件 $C_y>0$ 不符.

（3）S 随 U 的增加而减少，即到了 $T=+\infty$ 后，$\left(\frac{\partial S}{\partial U}\right)_y<0$，并且 $\left(\frac{\partial^2 S}{\partial U^2}\right)<0$. 由此推得 $\frac{1}{T}<0$ 和 $-\frac{1}{T^2C_y}<0$，亦即 T 是负的，而 C_y 是正的. 这种情况有可能出现，因为它不违背已有的热力学定律.

总之，当系统满足式(2.5.6)时，到了 $T=+\infty$ 后，如果内能可继续增加，系统将可从正温度过渡到负温度. 再根据 T 过了 $+\infty$ 后 C_y 仍然是正的，并且在负温度区域，只要认为熵增加原理仍然有效，则在整个负温度区域内稳定条件 $C_y>0$ 也仍然有效. 所以，应认为负温度是比正温度更高的温度，并且 $T=+\infty$ 与 $T=-\infty$ 在物理上是恒等的，绝对值小的负温度比绝对值大的高. 另外，如果 T 过了 $+\infty$ 后 U 继续增加，则 S 将继续减少，最后降到零，U 达最大值. 可见，热力学定律不但能推出正温度向负温度过渡的条件，而且还能对负温度区域的主要特征作一定的分析.

当系统满足式(2.5.6)，并且 $T=+\infty$ 时 U 可继续增加，则证明式(2.3.1)是存在的(见下文)，因而式(2.5.6)是式(2.3.1)存在的必要条件. 实际上可出现负温度的核自旋系统的热容量，正好满足了式(2.5.6)[10]，而以往人们只注意到出现负温度的系统 $\lim\limits_{T\to\infty}C_y=0$.

2.5.2　式(2.3.1)不是一条新的热力学定律

根据热力学定律，有

$$(\Delta S)_T = \frac{(\Delta U)_T}{T} - \frac{1}{T}\int_{y_1}^{y_2}Y\mathrm{d}y \tag{2.5.7}$$

式中，$(\Delta U)_T$ 表示一个可逆等温过程中内能的改变；Y 为对应于 y 的广义力，而 y_1 和 y_2 分别表示这一过程的初态和终态的 y. 根据上文的讨论，当系统出现负温度时，$\lim\limits_{T\to+\infty}U$ 和 $\lim\limits_{T\to+\infty}Y$ 都必须有限，因而极限 $\lim\limits_{T\to+\infty}(\Delta U)_T$ 和 $\lim\limits_{T\to+\infty}\int_{y_1}^{y_2}Y\mathrm{d}y$ 都存在. 故当系统满足式(2.5.6)时，由式(2.5.7)得 $\lim\limits_{T\to+\infty}(\Delta S)_T=0$. 又根据出现负温度时 $S=S(U)$ 的连续性，立即推出 $\lim\limits_{T\to-\infty}(\Delta S)_T=0$. 这就证明了式(2.3.1)不是一条新的热力学定律，而只不过是已有的热力学定律的一个推论.

2.6　$(\partial U/\partial p)_T\to\infty$ 的状态

除了 $T=+0\mathrm{K}$，$T=-0\mathrm{K}$ 和 $T=\pm\infty$ 三种极端状态外，$(\partial U/\partial p)_T\to\infty$ 的状态也引起了人们的关注，已有一些文献对此作了专门的分析讨论[20-22]. 本节指出 $(\partial U/\partial p)_T$

→∞ 的状态是客观存在的, 它与 $\Delta U \to \infty$ 有着本质的不同, 不违反热力学第一定律. 进而讨论玻意耳定律与焦耳定律的独立性.

2.6.1 $\left(\dfrac{\partial U}{\partial p}\right)_T \to \infty$ 是客观存在的

根据热力学关系

$$\left(\frac{\partial U}{\partial p}\right)_T = -\left[T\left(\frac{\partial V}{\partial T}\right)_p + p\left(\frac{\partial V}{\partial p}\right)_T\right] \tag{2.6.1}$$

当系统的 $\left(\dfrac{\partial V}{\partial T}\right)_p$ 有限而 $\left(\dfrac{\partial p}{\partial V}\right)_T = 0\left[\text{即}\left(\dfrac{\partial p}{\partial V}\right)_T \to -0\right]$ 时, 就有 $\left(\dfrac{\partial U}{\partial p}\right)_T \to \infty$. 客观上存在这样的系统, 例如, 实际气体在临界状态时, 正是 $\left(\dfrac{\partial V}{\partial T}\right)_p$ 有限而 $\left(\dfrac{\partial p}{\partial V}\right)_T = 0^{[23, 24]}$, 因而有 $\left(\dfrac{\partial U}{\partial p}\right)_T \to \infty$. 因此, 如果说 $\left(\dfrac{\partial U}{\partial p}\right)_T \to \infty$ 是热力学第一定律所不允许的[20], 那么实际气体存在临界状态就违反了热力学第一定律. 这显然是不正确的. 又如在英国物理学家安德鲁斯所做的气液等温相变实验中[22], 气液两相平衡共存状态有 $\left(\dfrac{\partial p}{\partial V}\right)_T = 0$, 可见, $\left(\dfrac{\partial U}{\partial p}\right)_T \to \infty$ 的状态是客观存在的. 如果说 $\left(\dfrac{\partial U}{\partial p}\right)_T \to \infty$ 违背热力学第一定律[20], 那么就不可能存在气液两相平衡共存状态, 而这是与实验事实相悖的.

某些物理量在一定条件下趋于无穷大, 在物理系统中并不少见[22]. 例如, 气液两相平衡共存时, 由于 $\left(\dfrac{\partial p}{\partial V}\right)_T = 0$, 两相系统的定压热容量

$$C_p = T\left(\frac{\partial S}{\partial T}\right)_p = T\left(\frac{\partial S}{\partial V}\right)_p\left(\frac{\partial V}{\partial T}\right)_p = -\frac{T\left(\frac{\partial S}{\partial V}\right)_p\left(\frac{\partial p}{\partial T}\right)_V}{\left(\frac{\partial p}{\partial V}\right)_T} \to \infty \tag{2.6.2}$$

定压膨胀系数

$$\alpha = \frac{1}{V}\left(\frac{\partial V}{\partial T}\right)_p = -\frac{1}{V}\left(\frac{\partial V}{\partial p}\right)_T\left(\frac{\partial p}{\partial T}\right)_V = -\frac{\left(\frac{\partial p}{\partial T}\right)_V}{V\left(\frac{\partial p}{\partial V}\right)_T} \to \infty \tag{2.6.3}$$

等温压缩系数

$$\kappa_T = -\frac{1}{V}\left(\frac{\partial V}{\partial p}\right)_T = -\frac{1}{V\left(\frac{\partial p}{\partial V}\right)_T} \to \infty \tag{2.6.4}$$

同样, 也不能因为 $C_p \to \infty$, $\alpha \to \infty$, $\kappa_T \to \infty$ 而否认气液两相平衡状态的存在.

2.6.2 为什么气体会有 $p \to 0$ 时 $\left(\dfrac{\partial U}{\partial p}\right)_T \to \infty$ [①]

首先,我们来看看满足玻意耳定律的气体的 $\left(\dfrac{\partial U}{\partial V}\right)_T$ 特性.为此,将玻意耳定律

$$pV = f(T) \qquad (2.6.5)$$

代入热力学关系

$$\left(\frac{\partial U}{\partial V}\right)_T = T\left(\frac{\partial p}{\partial T}\right)_V - p \qquad (2.6.6)$$

可得

$$\left(\frac{\partial U}{\partial V}\right)_T = \frac{Tf'(T) - f(T)}{V} = pg(T) \qquad (2.6.7)$$

式中,$f(T)$ 仅是热力学绝对温度 T 的函数;$f'(T) = \mathrm{d}f(T)/\mathrm{d}T$;$g(T) = Tf'(T)/f(T)$ -1 也仅是 T 的函数.由式(2.6.7)可见,满足玻意耳定律的气体,有

$$\lim_{p \to 0}\left(\frac{\partial U}{\partial V}\right)_T = 0 \qquad (2.6.8)$$

这就是说,满足玻意耳定律的气体,在 $p \to 0$ 时也满足焦耳定律.这符合压力趋于零时,实际气体趋于理想气体的要求.但当压力不趋于零时,$\left(\dfrac{\partial U}{\partial V}\right)_T$ 并不一定等于零,因为单从玻意耳定律和热力学关系还不能确定 $g(T)$ 是否等于零.

其次,由玻意耳定律可得

$$\left(\frac{\partial V}{\partial p}\right)_T = -\frac{f(T)}{p^2} \qquad (2.6.9)$$

式(2.6.9)表明,$\left(\dfrac{\partial V}{\partial p}\right)_T$ 随 p 趋于零而趋于二阶无穷大.即在 $p \to 0$ 的情况下,单位压力的变化将导致二阶无穷大的体积变化.将式(2.6.7)和式(2.6.9)代入微分关系

$$\left(\frac{\partial U}{\partial p}\right)_T = \left(\frac{\partial U}{\partial V}\right)_T\left(\frac{\partial V}{\partial p}\right)_T \qquad (2.6.10)$$

可得

$$\left(\frac{\partial U}{\partial p}\right)_T = -pg(T)\frac{f(T)}{p^2} = \frac{f(T) - Tf'(T)}{p} \qquad (2.6.11)$$

式(2.6.11)清楚地表明了当 $p \to 0$ 时,$\left(\dfrac{\partial U}{\partial p}\right)_T$ 趋于一阶无穷大是由于这时 $\left(\dfrac{\partial V}{\partial p}\right)_T$ 趋于二阶无穷大.虽然这时 $\left(\dfrac{\partial U}{\partial V}\right)_T$ 趋于一阶无穷小,但 $\left(\dfrac{\partial V}{\partial p}\right)_T$ 趋于二阶无穷大.这物理意义是很明确的,即有限的体积变化不会导致内能的无限大变化,甚至一阶无穷大的体积变化也不会导致内能的无限大变化.而要内能发生无限大变化,需要二阶无穷大的

---

① 严子浚.大学物理,2001,20(7):14.

体积变化. 但在压强 p 趋于零的条件下, 压强的变化 Δp 也必然趋于零, 它不可能导致二阶无穷大的体积变化, 因而也就不可能导致内能的无限大变化. 所以 $\left(\dfrac{\partial U}{\partial p}\right)_T \to \infty$ 并不违反热力学第一定律, 而只有内能变化 $\Delta U \to \infty$ 才可能导致能量不守恒. $\left(\dfrac{\partial U}{\partial p}\right)_T \to \infty$ 之所以可在临界状态出现, 也正是这个原因. 因为在临界状态下, 气体压强的变化 $\Delta p \to 0$, 尽管这时 $\left(\dfrac{\partial U}{\partial p}\right)_T \to \infty$, 但不会出现 $\Delta U \to \infty$, 仍然遵守能量守恒原理. 所以临界状态可在客观上存在. 由上分析可清楚地看到, 区分 $\left(\dfrac{\partial U}{\partial p}\right)_T \to \infty$ 与 $\Delta U \to \infty$ 的不同至关重要.

2.6.3 玻意耳定律与焦耳定律的独立性

玻意耳定律与焦耳定律为什么是相互独立的尚可作进一步分析. 为此, 考虑遵从焦耳定律

$$\left(\frac{\partial U}{\partial V}\right)_T = 0 \tag{2.6.12}$$

的气体, 由式(2.6.6)可得

$$T\left(\frac{\partial p}{\partial T}\right)_V - p = 0 \tag{2.6.13}$$

积分式(2.6.13), 可得这种气体的物态方程为

$$p = T\phi(V) \tag{2.6.14}$$

其中 $\phi(V)$ 是 V 的某一函数, 与 T 无关. 由式(2.6.5)和式(2.6.14)不难看出, 遵从玻意耳定律的气体和遵从焦耳定律的气体, 其物态方程有个共同的特征, 均可表示成

$$p = f(T)\phi(V) \tag{2.6.15}$$

的形式, 前者相当于式(2.6.15)中的 $\phi(V)=1/V$, 而后者相当于式(2.6.15)中的 $f(T)=T$. 这清楚地表明了这两条定律有各自独立的内涵, 因而是相互独立的, 尽管它们之间有一定的内在联系, 表现出某些共同的特征, 至今未有人能正确地从其中一条推出另一条.

此外, 还可以举出实例来说明这两条定律的独立性. 例如, 遵从 $p(V-b)=f(T)$ 的气体(如在 $0\,^\circ\mathrm{C}$, $10^5\,\mathrm{Pa}$ 附近的氦气[25], 压强的修正项 a/V^2 约为压强的 7×10^{-5}, 而体积的改正项 b 约为体积的 10^{-3}, 故在 10^{-4} 精度内, 可用此方程作近似描述), 它遵从焦耳定律而不遵从玻意耳定律; 而遵从 $pV=AT^3$ 的气体①, 遵从玻意耳定律而不遵从焦耳定律, 其中 A 为常数. 这一实例从气体偏离这两条定律的独立性具体地说明了这两条定律彼此独立, 各有自己独立的内涵, 不能从其中一条推出另一条.

---

① CUSPEA 试题. 大学物理, 1986, 5(1):46.

参 考 文 献

[1] Ramsey N F. Thermodynamics and statistical mechanics at negative absolute temperatures [J]. Phys. Rev. , 1956, 103(1):20-28.

[2] 王竹溪. 热力学[M]. 北京：高等教育出版社，1955.

[3] Zemansky M W. Heat and Thermodynamics[M]. 5th ed. New York:McGraw-Hill, 1968.

[4] Landsberg P T. Thermodynamics and Statistical Mechanics [M]. Oxford:Oxford University Press, 1978.

[5] 严子浚. 对热力学第三定律一些问题的探讨[J]. 厦门大学学报, 1981, 20(2):175-180.

[6] Loumasman O V. Towards the absolute zero [J]. Phys. Today, 1979, 32(12):32.

[7] Kestin J. A Course in Thermodynamics[M]. Vol. II. New York:McGraw-Hill, 1979.

[8] Danielian A. Absolute zero and its unattainability[J]. Phys. Lett. A, 1975, A51(2):61-62.

[9] 严子浚. $T = +0$ 及 $T = -0$ 状态的特性[J]. 厦门大学学报,1982,21(4):402-407.

[10] 朗道 ЛД，栗弗席兹 E M. 统计物理学[M]. 杨训恺，等译. 北京：人民教育出版社，1964.

[11] Mandl F. Statistical Physics [M]. New York:John Wiley & Sons, 1971.

[12] Hecht C E. Thermodynamic potentials for systems at negative absolute temperatures [J]. Phys. Rev. , 1960, 119(5):1443-1444.

[13] Vysin V. Conditions for stable equilibrium of systems at negative absolute temperatures [J]. Phys. Lett. , 1963, 7(2):120-122.

[14] Tykodi R J. Negative Kelvin temperatures:some auomalies and a speculation [J]. Am. J. Phys. , 1975, 43(3):271-273.

[15] Tremblay A. M. Comment on "Negative Kelvin temperatures:some auomalies and a speculation"[J]. Am. J. Phys. , 1976, 44(10):994-995.

[16] Danielian A. Remarks on Tykodi's note on negative Kelvin temperatures[J]. Am. J. Phys. , 1976, 44:995.

[17] White R H. Auomalies at negative temperatures [J]. Am. J. Phys. , 1976, 44(10):996.

[18] Tykodi R J. Negative Kelvin temperatures [J]. Am. J. Phys. , 1976, 44(10):997-998.

[19] Dunning-Davies J. Negative absolution temperatures and Carnot cycles [J]. J. Phys. A, 1976, 9(4):605-609.

[20] 童颜. 也谈理想气体定义——兼对"理想气体的定义"一文质疑[J]. 大学物理, 1999, 18(11):19-21.

[21] 严子浚. 关于$(\partial U/\partial p)_\theta \to \infty$的讨论[J]. 大学物理, 2001, 20(7):14-17.

[22] 张兰知. $(\partial U/\partial p)_T \to \infty$与热力学第一定律不相悖 [J]. 大学物理, 2001, 20(12):14-15.

[23] 汪志诚. 热力学·统计物理[M]. 2 版. 北京:高等教育出版社, 1993.

[24] 王竹溪. 热力学简程[M]. 北京:人民教育出版社, 1964.

[25] 李椿，章立源，钱尚武. 热学[M]. 北京:人民教育出版社, 1978.

第 3 章 理想气体

理想气体是物理学和工程热物理学中经常用到的一个重要的理论模型. 热力学把严格遵从玻意耳定律、焦耳定律和阿伏伽德罗定律的气体称为理想气体. 本章主要讨论理想气体的一些性质及其应用.

3.1 多方过程的基本特征[①]

这里提出功容 $C_W = \dfrac{\mathrm{d}W}{\mathrm{d}T}$ 的概念，指出理想气体多方过程的最基本特征是功容为常量，而非热功比为常量，也非热容为常量.

3.1.1 理想气体多方过程

在许多热力学教科书中，除了详细讨论理想气体的等温、等压、等容和绝热过程外，还讨论理想气体的多方过程[1-3]，并称满足如下方程：

$$pV^n = C_1 \tag{3.1.1}$$

的过程为理想气体的多方过程. 式中，p 和 V 分别为理想气体的压强和体积；C_1 和 n 均为常数；n 称为多方指数或多变指数.

文献[4]对理想气体准静态过程进行了研究，提出热功比的概念

$$b = \frac{\mathrm{d}Q}{\mathrm{d}W} \tag{3.1.2}$$

其中 $\mathrm{d}Q$ 和 $\mathrm{d}W$ 分别为系统从外界吸收的热量和系统对外界所做的功，并以热功比 b 是常数还是变数为分类依据，将理想气体准静态过程分为多方过程和非多方过程两类，同时还作些有新意的讨论.

引入热功比的概念有助于对多方过程进行深入研究和认识. 文献[4]认为"热功比为常数是多方过程的最基本特征"，其讨论仅限于理想气体的摩尔定容热容 C_V 为常量的情况，并应用式(3.1.2)和热力学基本关系式导出 b 与 n 之间的关系为[4]

$$\frac{C_p}{C_V} - b\left(\frac{C_p}{C_V} - 1\right) = n \tag{3.1.3}$$

即

$$b = n + \frac{C_p}{C_n - C_V} \tag{3.1.4}$$

① 严子浚. 大学物理，1995，14(12)：5-7.

式中，C_p 和 C_n 分别为理想气体的摩尔定压热容和所研究过程的摩尔热容. 而要探讨多方过程的最基本特征，必须研究 C_V 可为温度 T 的函数的一般情况. 事实上，在 C_V 可变的一般情况下，b 为常数还不能保证 n 为常数；反之，n 为常数时 b 也可为变数，两者并不一致；这可从式(3.1.4)清楚地看出. 由式(3.1.1)可知，$n=0$，是个常数，所对应的过程是一个多方过程，也是一个定压过程，无论 C_V 是常量还是变量. 而由式(3.1.4)可知，$n=0$ 时 $b=C_p/(C_p-C_V)=1+C_V/R$(其中 R 为普适气体常数)，当 C_V 为温度的函数时 b 就不是常数. 再如，当考虑一热功比为常数 2 的过程时，有[4]

$$b = \frac{C_n}{C_n - C_V} = 2 \tag{3.1.5}$$

从而有 $C_n = 2C_V$；再根据式(3.1.4)有 $n=1-R/C_V$，当 C_V 为温度的函数时，n 就不是常数，所研究的过程就不是多方过程. 可见，"热功比为常数"并非多方过程的最基本特征，从而在一般情况下不能以它作为区分多方过程和非多方过程的依据.

3.1.2　理想气体准静态过程的微分方程

对于 1mol 理想气体的准静态过程，热力学第一定律可写成

$$dQ = C_n dT = C_V dT + p dV \tag{3.1.6}$$

再应用理想气体的物态方程

$$pV = RT \tag{3.1.7}$$

以及摩尔定压热容 C_p 与摩尔定容热容 C_V 之间的关系

$$C_p - C_V = R \tag{3.1.8}$$

可将 dT 表示为

$$dT = \frac{1}{C_p - C_V}(p dV + V dp) \tag{3.1.9}$$

将式(3.1.9)代入式(3.1.6)，可得理想气体准静态过程的微分方程为

$$\frac{dp}{p} + n\frac{dV}{V} = 0 \tag{3.1.10}$$

其中[1-3]

$$n = \frac{C_n - C_p}{C_n - C_V} \tag{3.1.11}$$

当 $n=$ 常数时，式(3.1.10)的积分结果为多方方程(3.1.1)；当 n 不是常数时，就不能由式(3.1.10)导出式(3.1.1). 这就是说，由式(3.1.10)所描述的过程，当 $n=$ 常数时为多方过程，这时 n 称为多方指数；而当 n 不是常数时为非多方过程，n 就不是多方指数.

3.1.3　多方过程的最基本特征

对于多方过程，式(3.1.11)尚可写成

$$n = 1 - \frac{R}{C_n - C_V} = C_2 \qquad (3.1.12)$$

其中 C_2 是一个常量. 式(3.1.12)表明, $n = C_2$ 与 $C_n - C_V = C_3$(包括 ∞)是等价的, 其中 C_3 是另一个常量. 所以 $C_n - C_V =$ 常量, 即过程的摩尔热容与摩尔定容热容之差为常量是多方过程的最基本特征.

由于 $C_n = \dfrac{\mathrm{d}Q}{\mathrm{d}T}$, $C_V = \dfrac{\mathrm{d}U}{\mathrm{d}T}$($U$ 为内能), 故由热力学第一定律可得

$$C_n - C_V = \frac{\mathrm{d}W}{\mathrm{d}T} \qquad (3.1.13)$$

其中 $\mathrm{d}W/\mathrm{d}T$ 与热容 $\mathrm{d}Q/\mathrm{d}T$ 相对应, 可将它称为功容, 并记为 C_W. 引进功容概念后, 可把多方过程的最基本特征简述为"功容为常量". 这可给多方过程一个更具实质性的定义, 即"理想气体在某一过程中对外所做的功, 若与其温度的升高量成正比, 则这一过程称为多方过程, 可用多方过程方程(3.1.1)来描述". 多方指数 n 的取值决定于过程的功容, 功容值不同反映了给定系统各种多方过程间的差异. 这时热功比 b 可为常数, 也可为温度的函数(变数), 热容 C_n 亦可为常量或温度的函数(变数).

有些热力学教科书[5]把多方过程定义为"使热容 C_n 保持常量的过程". 但采用这样的定义时, 过程方程就不一定可由式(3.1.1)来描述. 文献[5]导出理想气体多方过程方程为式(3.1.1)的形式, 是以 C_V 为常量作为条件的. 而当 C_V 是温度的函数时, 一般不能由热容 C_n 为常量的条件导出式(3.1.1). 所以, 热容 C_n 为常量与热功比 b 为常数一样, 也并非由式(3.1.1)所描述的多方过程的最基本特征. 堪称多方过程最基本特征的属性应普遍存在于所有多方过程之中, 而不能在某些多方过程中不存在. "功容为常量"是所有可用式(3.1.1)描述的多方过程都存在, 且与多方指数 $n =$ 常数完全等价, 显示了多方过程与非多方过程的根本性区别, 反映出多方过程的实质性内容. 这才是多方过程的最基本特征. "热功比为常数"和"热容为常量"都只不过是"功容为常量"这个多方过程的最基本特征在 $C_V =$ 常量的情况下的一种反映而已. 当 C_V 为变量时, 它们都不是多方过程的一个属性, 与功容为常量或 $n =$ 常数都是不等价的, 无法反映多方过程的固有特性, 故不能视为多方过程的最基本特征.

3.1.4 讨论与结论

(1) 多方过程与非多方过程最基本的差异是前者功容为常量, 而后者功容是变化的. 热功比为常数的过程可以是非多方过程, 而多方过程的热功比也可以不是常数(如定压过程). 热功比为常数也就是热容 C_n 与功容 C_W 之比为常量[见式(3.1.5)], 尚未能保证功容 C_W 为常量, 因而还不足以成为多方过程的最基本特征.

(2) 热容是常量的过程与热功比是常数的过程相类似, 可以是多方过程, 也可以是非多方过程. 而多方过程的热容可以是常量, 也可以不是常量(如定压过程), 所以热容为常量也不是多方过程的最基本特征.

(3) 热容与热功比是两个不同的物理概念, 各有自己的物理内容和含义, 意义都

很明确. 在 C_V =常量的情况下, 热容为常量与热功比为常数是等价的; 而在 C_V 为变量的一般情况下, 两者并不等价, 对过程各有自己的约束和限制, 但都不能反映出"功容为常量"这个多方过程的最基本特征. 所以不能认为用"热功比为常数"比用"热容量为常量"定义多方过程, 可给出一个更具实质性的定义.

(4) 多方过程的温度随体积变化不存在极值点可以由式(3.1.1)直接得出, 它比用热功比来推导更为简捷, 且结论更为普遍, 不限于 C_V =常量的情况. 为了求出 $\mathrm{d}T/\mathrm{d}V$, 应用式(3.1.7)将式(3.1.1)变换成 T-V 的关系为

$$TV^{n-1} = C_4 \tag{3.1.14}$$

其中 C_4 也是一个常数. 再对式(3.1.14)求导即可得

$$\frac{\mathrm{d}T}{\mathrm{d}V} = \frac{(1-n)T}{V} \tag{3.1.15}$$

由于 T、V 都是正数, 因而式(3.1.15)仅在常数 $n=1$ 时等于零, 故多方过程 T-V 的变化关系不存在极值点.

至于多方过程在体积单调增大(或减小)时, 究竟是吸热还是放热, 对应的熵究竟是增大还是减小, 通过式(3.1.15), 可直接由过程的热容 C_n 作出判断. 而根据式(3.1.12), C_n 可由给定系统的 C_V 和给定多方过程的 n 确定.

(5) 多方指数 n 的数值(为明确起见, 设为 7/6)究竟说明了什么, 可通过"功容为常量"这个多方过程最基本特征作出完善的回答. 根据式(3.1.12), 当 $n=7/6$ 时, C_w $=-6R$, 所以对于 $C_V=(3/2)R$ 的单原子理想气体, 有 $C_n=-(9/2)R$. 这不但可说明在 $n=7/6$ 和 $C_V=(3/2)R$ 的单原子理想气体的多方过程中, 外界向气体(或气体向外界)提供的热量只能同步地达到气体对外界(或外界对气体)做的功的 3/4[4], 而且直接指明了气体的温度同步地下降(上升), 熵同步地增大(减小). 可见, 由"功容为常量"来阐明多方指数的物理意义, 比由"热功比为常数"所阐明的更为直接和完善. 这不难理解, 因为"功容为常量"既确切地反映了多方过程能量转化的规律, 又明确地表示了能量转化与温度变化间的关系. 而"热功比为常数"只不过反映了过程中热与功的变化关系, 并非多方过程的普遍特征, 从而不可能由它对多方过程的各种特性作出全面的分析研究.

3.2　理想气体任一过程的热容及其应用[①]

在热学和热力学的教科书中, 一般都讨论了理想气体摩尔定压热容 C_p 和多方过程摩尔热容 C_n 与摩尔定容热容 C_V 之间的关系, 但未见讨论理想气体任意一个给定过程 $p=f(V)$ 的摩尔热容 C_π 与 C_V 之间的关系, 其中 $f(V)$ 为 V 的某一函数. 其实, 这个关系同样存在, 且比式(3.1.8)和式(3.1.11)更为普遍和重要, 在理论分析中有许多应用.

① 严子浚. 物理通报, 1998, (2): 4-5.

3.2.1 理想气体任一过程的热容

对于 1mol 理想气体的准静态过程，热力学第一定律可写成

$$dQ = C_V dT + p dV \tag{3.2.1}$$

由式(3.2.1)，可将理想气体在任一给定的过程

$$p = f(V) \tag{3.2.2}$$

的热容 C_π 表示为

$$C_\pi = C_V + p \left(\frac{\partial V}{\partial T} \right)_\pi \tag{3.2.3}$$

其中 $(\partial V/\partial T)_\pi$ 表示气体在所给定的过程中，体积 V 随温度 T 的变化率，按式(3.2.3)，要求出 C_π，需先计算 $(\partial V/\partial T)_\pi$. 为此，利用微分关系

$$\left(\frac{\partial V}{\partial T} \right)_\pi = \left(\frac{\partial V}{\partial T} \right)_p + \left(\frac{\partial V}{\partial p} \right)_T \left(\frac{\partial p}{\partial T} \right)_\pi \tag{3.2.4}$$

以及 1mol 理想气体的状态方程(3.1.7)，可将 $(\partial V/\partial T)_\pi$ 表示为

$$\left(\frac{\partial V}{\partial T} \right)_\pi = \frac{R}{p} - \frac{RT}{p^2} f'(V) \left(\frac{\partial V}{\partial T} \right)_\pi \tag{3.2.5}$$

而由式(3.2.5)可解得

$$\left(\frac{\partial V}{\partial T} \right)_\pi = \frac{R}{f(V) + V f'(V)} \tag{3.2.6}$$

其中 $f'(V) = dp/dV$. 将式(3.2.6)代入式(3.2.3)，即可得理想气体任一过程的摩尔热容

$$C_\pi = C_V + \frac{R}{1 + V \dfrac{f'(V)}{f(V)}} \tag{3.2.7}$$

3.2.2 应用

1. 理想气体多方过程的热容

对于多方过程，过程方程由式(3.1.1)给出，即

$$f(V) = \frac{C_1}{V^n} \tag{3.2.8}$$

将式(3.2.8)代入式(3.2.7)，即得理想气体多方过程的热容表示式(3.1.11)，即

$$C_n = C_V + \frac{R}{1 - n} \tag{3.2.9}$$

对于定压过程，$p = f(V) =$ 常数，$f'(V) = 0$，由式(3.2.7)直接导出式(3.1.8). 这清楚地表明，式(3.2.7)包含了式(3.1.8)和式(3.1.11)，从而它比式(3.1.8)和式(3.1.11)都更为普遍和有用.

2. 理想气体直线过程的热容

　　曾有不少文献[6-12]研究了理想气体直线过程的热力学性质，得到了一些有意义的结果. 应用式(3.2.7)来推导理想气体直线过程的热容，并由此分析相关的性质，可使计算得到简化.

　　下面以理想气体直线过程

$$p = \alpha - \beta V \tag{3.2.10}$$

为例进行分析，其中 α 和 β 为两个正常数. 将式(3.2.10)代入式(3.2.7)，可得该直线过程的热容

$$C_\pi = C_V + \frac{\alpha - \beta V}{\alpha - 2\beta V} R \tag{3.2.11}$$

　　现在来讨论该直线过程的吸放热问题. 为了讨论方便，设理想气体的定容热容 $C_V = \frac{i}{2} R$，则式(3.2.11)可写成

$$C_\pi = \frac{\left(1 + \frac{i}{2}\right)\alpha - (1+i)\beta V}{\alpha - 2\beta V} R \tag{3.2.12}$$

其中 i 为自由度. 由式(3.2.12)可知，当 V 由 $\frac{\alpha}{2\beta} - \Delta$（$\Delta$ 接近于零）经过 $\frac{\alpha}{2\beta}$ 变为 $\frac{\alpha}{2\beta} + \Delta$ 时，C_π 由正值经 ∞ 变到负值. 这表明 $V = \frac{\alpha}{2\beta} \equiv V_T < \frac{\left(1+\frac{i}{2}\right)\alpha}{(1+i)\beta} \equiv V_Q$ 的点为该直线过程升降温的转折点. 而当 V 由 $V_Q - \Delta$ 经过 V_Q 变到 $V_Q + \Delta$ 时，C_π 由负值经过零变到正值. 这表明 $V = V_Q$ 的点为该直线方程吸放热的转折点. 显然，这两个点是不同的，一个是 $C_\pi \to \infty$，它意味着 $dT = 0$，所以该点是过程升降温的转折点. 而 $dT = 0$ 相当于式(3.2.12)中的分母为零，从而升降温的转折点与 i 无关，即与理想气体的性质无关. 另一个是 $C_\pi = 0$，它意味着 $dQ = 0$，所以该点是吸放热的转折点. 而 $dQ = 0$ 相当于式(3.2.12)中的分子为零，从而吸放热的转折点与 i 有关，即与理想气体的性质有关. 可见，应用 C_π 既简明又深刻地揭示了理想气体直线过程的特征.

3. 理想气体其他过程的热容

　　除了多方过程和直线过程外，式(3.2.7)对理想气体非多方过程的分析，也同样有重要应用. 如要计算理想气体圆形循环过程的效率时，只要写出圆过程的方程

$$\left(\frac{p}{p_c} - 1\right)^2 + \left(\frac{V}{V_c} - 1\right)^2 = r^2 \tag{3.2.13}$$

再应用式(3.2.7)和吸放热转折点的条件 $C_\pi = 0$，求出吸放热转折点的位置，即可计算圆形循环过程的效率，式(3.2.13)中 p_c 和 V_c 为圆心处的压强和体积，r 为圆半径.

总之,式(3.2.7)是对理想气体各种准静态过程作理论分析的一个重要和有用的关系式.

3.3 热力过程吸热与放热的简便判断方法[①]

众所周知,热容 $C>0$ 的过程升温时必吸热、降温时必放热,$C<0$ 的过程升温时必放热、降温时必吸热,而 $C=0$ 的过程为绝热过程,无论升温或降温都不与外界交换热量.于是,某一热力过程究竟是吸热还是放热,可由其热容的正负作出判断.据此,可给出一种基于热容判断热力过程吸热与放热的简便方法,并以理想气体过程为例进行讨论.

3.3.1 吸热与放热的判断规则

在 3.2 节中,我们求出了理想气体任一过程的摩尔热容的表示式(3.2.7).为了便于获得热力过程吸热与放热的判断规则,现将它改写为

$$C_\pi = C_V + \frac{R}{1+D} \tag{3.3.1}$$

式中,$D = \mathrm{dln}f(V)/\mathrm{dln}V$.

由式(3.3.1)可知,只要根据过程方程 $p=f(V)$ 求出 D,再根据 D 的数值,便可确定过程热容的正负,从而可判定所给过程究竟是吸热还是放热.而由 D 的数值和式(3.3.1),可得如下五条判断规则:

(1) 当 $-D<1$ 时,$C_\pi>0$,升温(膨胀)过程吸热,降温(压缩)过程放热;

(2) 当 $-D=1$ 时,$C_\pi \to \infty$,等温过程,膨胀时吸热,压缩时放热;

(3) 当 $1<-D<\gamma$ 时,$C_\pi<0$,升温(压缩)过程放热,降温(膨胀)过程吸热,其中 $\gamma=C_p/C_V$ 为比热比;

(4) 当 $-D=\gamma$ 时,$C_\pi=0$,绝热过程,既不吸热又不放热,过程方程为 $pV^\gamma=B$(常数);

(5) 当 $-D>\gamma$ 时,$C_\pi>0$,升温(压缩)过程吸热,降温(膨胀)过程放热.

3.3.2 规则的应用

应用上述规则,可对各种各样的热力过程的吸放热情况进行判断.

对于多方过程,由式(3.1.1)可算出 $D=-n$.于是按上述规则和 n 的数值,可容易进行判断得出结论.例如,对于定压过程,$n=0$,按规则(1)可知定压膨胀过程吸热,定压压缩过程放热;对于 $1<n<\gamma$ 的过程(即介于等温与绝热过程之间的过程),按规则(3)可知此类过程膨胀时吸热,压缩时放热.

对于非多方过程,按上述规则 D 的数值,也可容易进行判断得出结论.例如:

(1) 对于直线过程,由式(3.2.10)可求出

① 严子浚.物理与工程,2002,12(3):16-18.

$$D = -\left(\frac{\alpha}{\beta V} - 1\right)^{-1} < 0 \tag{3.3.2}$$

并可推知当

$$V = \frac{\alpha \gamma}{\beta(1+\gamma)} \equiv V_t \tag{3.3.3}$$

时，$-D=\gamma$，该直线与绝热线相切，其中 V_t 为切点体积. 而当 $V<V_t$ 时，$-D<\gamma$；$V>V_t$ 时，$-D>\gamma$. 再按上述规则，可知该直线过程从 $V<V_t$ 膨胀到 V_t 或从 $V>V_t$ 压缩到 V_t 时，即从绝热线下方(指 $pV^\gamma<B$ 的区域，而 $pV^\gamma>B$ 的区域为上方)趋向于切点的过程为吸热过程，反向的为放热过程. 因此，该直线过程单向进行时，$V=V_t$ 的点为其吸放热的转折点.

（2）对于抛物线热力过程

$$p = a + b(V - V_0)^2 \tag{3.3.4}$$

可求得

$$D = \frac{2bV(V-V_0)}{a+b(V-V_0)^2} \tag{3.3.5}$$

式中，a、b 和 V_0 为三个正常数. 而当

$$V = \frac{(1+\gamma)V_0 - \sqrt{V_0^2 - a\gamma(2+\gamma)/b}}{2+\gamma} \equiv V_t \tag{3.3.6}$$

时，$-D=\gamma$，抛物线与绝热线相切. 但若 $V_0 < \sqrt{a\gamma(2+\gamma)/b}$，则不存在切点，这时抛物线与绝热线只相交而不相切. 相切时，抛物线也同样穿过绝热线而不改变吸放热的情况. 于是，按上述规则，该抛物线过程无论是否与绝热线相切，膨胀过程(从绝热线下方通往绝热线上方)为吸热过程，压缩过程为放热过程，不存在吸放热的转折点.

（3）对于圆(或椭圆)热力过程

$$p = p_0 \pm \sqrt{\gamma - (V - V_0)^2} \tag{3.3.7}$$

其中 p_0 也是一个正常数，也可如上两例求出 D，并从 $-D=\gamma$ 求出该过程与绝热线相切的切点体积，计算结果有两绝热线与之相切，切点的体积分别为 V_{t1} 和 V_{t2}. 再按上述规则，同样可得从绝热线下方趋向于切点的热力过程为吸热过程，而从绝热线上方趋向于切点的热力过程为放热过程，相反的过程吸放热的情况相反.

3.3.3　吸热与放热的简便判断方法

上面应用基于过程的热容所得到的判断规则，对多方过程和三种不同的非多方过程的吸放热情况作了较全面的分析和判断. 但我们尚可从中归纳出一种简便的判断吸热与放热的方法. 即从 p-V 图上任一点出发的热力过程，通过该点的绝热线往上方的为吸热过程，往下方的为放热过程，仅当过程进行中与另一绝热线相切并被折回(不穿过绝热线)时，才改变吸放热的情况，出现吸放热的转折，否则吸放热情况保持不变.

按此简便方法,只要确定了给定的热力过程与绝热线相切的点(即−D=γ的点),便可直接对其吸放热的情况作出结论. 这样,文献[13]中所列举的所有热力过程的吸放热情况均可由图3.3.1直接判断得出. 例如,图3.3.1(a)所示的直线过程ACB,在绝热线的下方,并与绝热线相切于点C,按简便方法,可直接得出过程AC为吸热过程,CB为放热过程;如图3.3.1(b)所示的圆热力过程1234561,与两绝热线分别相切于点1和点4,按简便方法,可直接得出过程1234为吸热过程,4561为放热过程,点1和点4为吸放热的转折点;如图3.3.1(c)所示的过程AB,从绝热线AC上的点A出发,往绝热线下方,按简便方法应为放热过程;如图3.3.1(d)所示的过程AB,从绝热线AC上的点A出发,往绝热线上方,按简便方法应为吸热过程;如图3.3.1(e)所示的过程AB,从绝热线BC的下方出发,到达点B时与绝热线相交于点B,按简便方法应为吸热过程等.

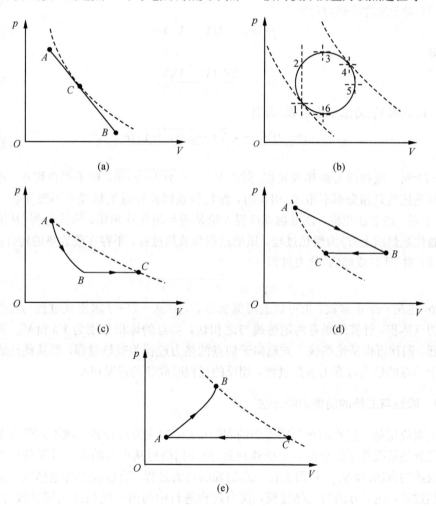

图 3.3.1　几种热力过程示意图

图中的斜虚线为绝热线

可见，此简便方法对判断一热力过程究竟是吸热还是放热是很有用的，既简单又明确，并可直接得到结论．因此，判断热力过程吸放热时，掌握好这种方法是很有裨益的．

3.4 强迫绝热等熵过程①

本节在 Menon 和 Agrawal 提出的强迫绝热过程[14]的基础上，引进强迫绝热等熵过程的概念，即该过程吸收的总热量和产生的总熵等于零，而热量和熵的微分不需要等于零；并讨论强迫绝热等熵过程中的一些特性，得到一些有意义的结论．

众所周知，在可逆热力学中，系统从一个初始状态 i 到一个终态 f 的绝热过程是一个等熵的过程．在该过程中，不仅吸收的总热量 Q_{if} 和总熵增 ΔS_{if} 等于零，而且 dQ 和 dS 也都等于零．显然，总的热量 Q_{if} 等于零但 dQ 不为零的过程不是绝热过程．然而，它与绝热过程存在着某些联系，是一个有意义的热力学过程．Menon 和 Agrawal 引进强迫绝热过程这个新概念来描述该过程，并得到一些有意义的结果．这里所要讨论的强迫绝热等熵过程是强迫绝热过程的直接推广，在该过程中不仅吸收的总热量为零而且产生的总熵也为零，与强迫绝热过程比较，它与绝热过程存在着更多的联系．

对于具有 1mol 纯物质的一般热力学系统，状态方程可写为

$$p = f(V, T) \tag{3.4.1}$$

沿路径 Z 的热容为

$$C \equiv T\frac{dS}{dT} = \frac{dq(T)}{dT} = C_v + T\left(\frac{\partial p}{\partial T}\right)_V \frac{dV}{dT} \tag{3.4.2}$$

其中 $q(T)$ 是在温度间隔 (T_i, T_f) 中 T 的单值可微函数，它包含指定路径 Z 和熵 S 的参量；dV/dT 是沿路径 Z 的体积对温度的导数；C_v 是摩尔定容热容．对于理想气体，上述方程可简化成

$$p = \frac{RT}{V}, \qquad \frac{dV}{dT} = \frac{\frac{dq}{dT} - C_v}{p} \tag{3.4.3}$$

由上述的一般体系，Menon 和 Agrawal 得到强迫绝热过程的特性．在此基础上，我们可讨论强迫绝热等熵过程的特性．

根据式(3.4.2)，可得存在一个强迫绝热等熵过程的数学判据为

$$Q_{if} = \int_i^f C dT = q(T_f) - q(T_i) = 0 \tag{3.4.4}$$

$$\Delta S_{if} = \int_i^f \frac{C}{T} dT = S_f - S_i = 0 \tag{3.4.5}$$

$$\left(\frac{dq}{dT}\right)_{T_0} = \left(T\frac{dS}{dT}\right)_{T_0} = 0, \quad T_i < T_0 < T_f \tag{3.4.6}$$

① Yan Z, Chen J. Phys. Lett. A, 1990, 150(1):8-10.

值得指出的是,式(3.3.4)和式(3.3.6)是存在强迫绝热过程的数学判据.文献[14]对式(3.3.4)和式(3.3.6)作了如下论述:

(1) dQ 一般不是全微分,其积分 Q_{if} 将依赖于从状态 i 到 f 的方式.不过,可寻找到满足式(3.3.4)和式(3.3.6)的一类特殊的路径.

(2) 按物理学观点,强迫绝热过程中的某些部分将吸热而其余的部分将放热,为此该给定系统和外部控制之间必须建立一个温度梯度以至于热传递可以发生.

(3) 满足式(3.3.4)的路径原则上仍然有无限多,式(3.3.6)取决于热容量在状态 i 和 f 之间变号多少次.

值得指出,根据论述(2),进行强迫绝热过程时,系统外部将产生新的熵增,因为该给定系统和外部控制之间存在一个温度梯度.因而,(2)应修改为:

(2*) 强迫绝热过程中的某些部分将吸热而其余的部分将放热,为此该给定系统的外部必须设有温度控制器使强迫绝热过程中的热传递是在热平衡条件下进行的,而不是在一个温度梯度下发生的.

文献[14]中的论述(1)、(3)和修正的(2*)也适用于强迫绝热等熵过程,不过由式(3.3.5)可知,在状态 i 和 f 的熵必须相同.在文献[14]中提到的热容量 C 仅一次通过零点的最简单强迫绝热过程并不是强迫绝热等熵过程,因为它的 ΔS_{if} 并不等于零.显然,根据式(3.3.4)～式(3.3.6),一个强迫绝热等熵过程必须是一个强迫绝热过程,但一个强迫绝热过程却不一定是一个强迫绝热等熵过程.

这里也考虑一个最简单的强迫绝热等熵过程,热容 C 仅有两次为零,对应的 $q(T)$ 为

$$q(T) = A + B\left(\frac{R}{T_i^3}\right)T^2\left[(T_f + T_i)^2 + 2T_f T_i - 4(T_f + T_i)T + 3T^2\right] \quad (3.4.7)$$

式中,A 和 B 是两个参量;因子 R/T_i^3 是为了方便而引入的.由式(3.4.7),可得

$$\Delta S = S - S_i = B\left(\frac{R}{T_i^3}\right)(T - T_i)\left[2(T_f + T_i)^2 + 4T_f T_i\right.$$
$$\left. - 6(T_f + T_i)(T + T_i) + 4(T^2 + TT_i + T_i^2)\right] \quad (3.4.8)$$

$$T_0 = \frac{1}{2}(T_f + T_i) \pm \frac{1}{2\sqrt{3}}(T_f - T_i) \quad (3.4.9)$$

由式(3.4.8)和理想气体所满足的基本关系式(3.4.3),可求得体积和压强分别为

$$\frac{V}{V_i} = \left(\frac{T}{T_i}\right)^{-C_V/R}\exp\left(\frac{\Delta S}{R}\right) \quad (3.4.10)$$

$$\frac{p}{p_i} = \left(\frac{T}{T_i}\right)^{C_p/R}\exp\left(\frac{-\Delta S}{R}\right) \quad (3.4.11)$$

式中,C_p 是摩尔定压热容.因此,由式(3.4.8)、式(3.4.10)和式(3.4.11)可得到在 S-T 和 p-V 平面中所要求的路径.必须强调的是,对于一个强迫绝热等熵过程中的 $\Delta S/R$、V/V_i 和 p/p_i 的公式,如同一个强迫绝热过程中的一样,在参量 B 和 T_f/T_i 任何给定值下,它们只是无量纲变量 T/T_i 的函数.

当 $B=0$ 时，一个强迫绝热等熵过程变成一个等熵过程. 在这种情况下，由式(3.4.8)、式(3.4.10)和式(3.4.11)容易得到绝热过程的标准公式为

$$S = S_i, \qquad \frac{V}{V_i} = \left(\frac{T}{T_i}\right)^{-C_V/R}, \qquad \frac{p}{p_i} = \left(\frac{T}{T_i}\right)^{C_p/R} \tag{3.4.12}$$

为了进一步阐明强迫绝热等熵过程的特性，我们绘制了单原子理想气体在绝热过程和强迫绝热等熵过程的 $\Delta S/R$ 随 T/T_i 变化和 p/p_i 随 V/V_i 变化的曲线，分别如图 3.4.1 和图 3.4.2 所示.

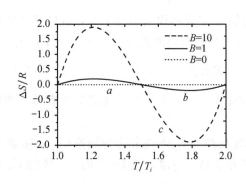

图 3.4.1　单原子理想气体在绝热过程和强迫绝热等熵过程的 $\Delta S/R$ 随 T/T_i 的变化曲线　曲线 a、b 和 c 分别对应于 $B=0$、1 和 10 的情况，其中 $T_f/T_i=2$

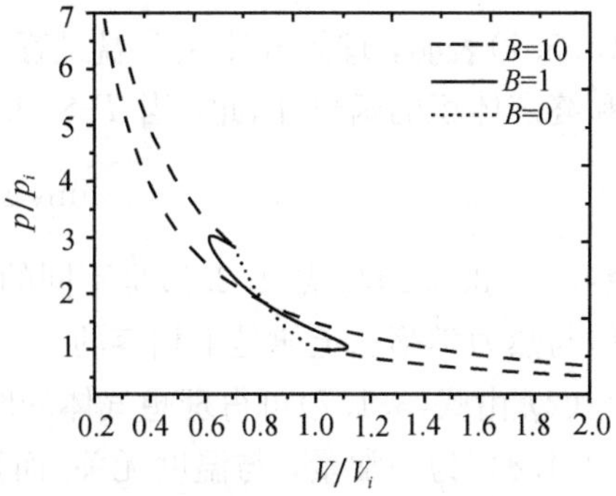

图 3.4.2　单原子理想气体在绝热过程和强迫绝热等熵过程的 p/p_i 随 V/V_i 的变化曲线　有关参数的取值与图 3.4.1 相同

关于强迫绝热等熵过程在物理上的实现和可能的应用，可参看文献[14]中的描述. 然而，应该指出的是，当一个卡诺循环的两个绝热过程由两个强迫绝热等熵过程替代时，卡诺循环的两个方程

$$W = Q_1 - Q_2 \tag{3.4.13}$$

和

$$\frac{Q_1}{T_1} - \frac{Q_2}{T_2} = 0 \tag{3.4.14}$$

保持不变，式中，Q_1、Q_2 和 W 分别是卡诺循环吸收的、放出的热量和输出功；T_1 和 T_2 分别是高温和低温热源的温度. 因此循环的效率与卡诺循环效率相同. 可见，强迫绝热等熵过程在热力学中比强迫绝热过程更有意义.

3.5　理想气体与热力学第三定律不相容[①]

满足玻意耳定律、焦耳定律和阿伏伽德罗定律的气体称为理想气体[1, 15]，其物态

①　严子浚. 大学物理，2004，23(7)：43-44.

方程由式(3.1.7)给出. 这种气体也叫经典理想气体,它不同于量子理想气体,与热力学第三定律不相容. 而在热力学教学中,常有学生对此有所误解,认为两者是相容的,同时有些热力学爱好者对此也未加注意. 为此,本节主要从气体的熵和热容两个方面来阐明理想气体与热力学第三定律是不相容的,并简述其原因.

(1) 根据热力学第三定律,当 $T \to 0$ 时,系统在等温过程中的熵变可表示为式(1.2.1),而根据式(3.1.7),理想气体在等温过程中体积由 V_1 变到 V_2 时的熵变为

$$(\Delta S)_T = \int_{V_1}^{V_2} R \frac{\mathrm{d}V}{V} = R\ln \frac{V_1}{V_2} \tag{3.5.1}$$

式(3.5.1)表明,理想气体在等温过程中的熵变与该过程的温度无关,而只是气体初态和终态体积的函数. 因此,当 $T \to 0$ 时,气体的熵变仍由式(3.5.1)所表示,即有

$$\lim_{T \to 0}(\Delta S)_T = R\ln \frac{V_1}{V_2} \tag{3.5.2}$$

显然,式(3.5.2)与式(1.2.1)是不同的,除非 $V_1 \to \infty$, $V_2 \to \infty$. 这清楚地表明了理想气体与热力学第三定律是不相容的.

(2) 由式(3.1.7)可得理想气体的摩尔定压热容 C_p 与摩尔定容热容 C_V 之差[参见式(3.1.8)]为一常量,与温度无关. 而按热力学第三定律,当 $T \to 0$ 时,气体的 C_p 和 C_V 都要趋于零[3],即

$$\lim_{T \to 0} C_p = 0, \qquad \lim_{T \to 0} C_V = 0 \tag{3.5.3}$$

从而有

$$\lim_{T \to 0}(C_p - C_V) = 0 \tag{3.5.4}$$

显然,不能由式(3.1.8)得到式(3.5.4). 这再次表明了理想气体与热力学第三定律是不相容的.

其实,并不难理解为什么经典理想气体与热力学第三定律不相容. 因为热力学第三定律是量子效应在宏观上的一种表现,因而它能揭示出气体在低温下的简并性,而满足物态方程式(3.1.7)的经典理想气体,忽略了量子效应,未能反映出气体的简并性. 这在低温下显得更为突出,因而当 $T \to 0$ 时,就不可避免地要出现种种较为显著的偏离. 例如,由于简并费米气体的能级结构不能忽略,且受泡利(Pauli)原理的限制,而能级结构的情况又与气体的体积有关,则必然导致低温下气体的内能和焓与体积紧密相关$\left($如 0K 时自由电子气体的内能 $U = \frac{3}{5} N \left(\frac{\hbar^2}{2m}\right) \left(3\pi^2 \frac{N}{V}\right)^{2/3}$ 就与体积有关$\right)$,从而出现了与焦耳定律较显著的偏离. 一些学者对量子理想气体的焦耳-汤姆孙系数所作的计算[16],证明了这一结论.

总之,满足式(3.1.7)的经典理想气体概念,只能在温度不太低、密度不太大,$\frac{N}{V}\left(\frac{2\pi\hbar^2}{mkT}\right)^{3/2} \ll 1$,而量子效应可忽略、简并现象不显著时适用. 而在低温下必须考虑热力学第三定律的影响时,就应该由量子理想气体所取代.

参 考 文 献

[1]　汪志诚. 热力学·统计物理[M]. 3 版. 北京：高等教育出版社，2003.

[2]　林宗涵. 热力学与统计物理学[M]. 北京：北京大学出版社，2007.

[3]　熊吟涛. 热力学[M]. 3 版. 北京：人民教育出版社，1979.

[4]　袁在中. 理想气体准静态过程的研究[J]. 大学物理，1994，13(8)：5-8.

[5]　萨莫洛维奇 A Γ. 热力学与统计物理[M]. 许国保，译. 北京：高等教育出版社，1958.

[6]　Dickerson R H，Mottmann J. On the thermodynamic efficiencies of reversible cycles with slop-ing，straight-line processes[J]. Am. J. Phys.，1994，62(6)：558-562.

[7]　Valentine D T. Temperature-entropy diagram of reversible cycles with sloping，straight-line，pressure-volume processes[J]. Am. J. Phys.，1995，63(3)：279-281.

[8]　Hernandez A C. Heat capacity in a negatively sloping，straight-line process[J]. Am. J. Phys.，1995，63(8)：756.

[9]　Kaufman R，Marcella T V，Sheldon E. Reflections on the pedagogic motive power of unconven-tional thermodynamic cycles[J]. Am. J. Phys.，1996，64(12)：1507-1517.

[10]　伍文宜. 理想气体直线过程的讨论[J]. 大学物理，1996，15(7)：46-47.

[11]　吴剑峰，朱琴. 理想气体任意过程最高和最低温度的计算方法[J]. 大学物理，2002，21(6)：24-25.

[12]　苏万春. 求解实际气体任意过程温度极值的一种方法[J]. 大学物理，2004，23(2)：32-33.

[13]　高德文，王继红. 判断热力过程吸热与放热的两种方法[J]. 物理与工程，2001，11(3)：26-28.

[14]　Menon V J，Agrawal D C. The concept of enforced adiabats[J]. Phys. Lett. A，1989，139(3-4)：130-132.

[15]　严子浚. 关于"气体的内能、焦耳-汤姆孙系数与理想气体"的讨论[J]. 大学物理，1986，5(11)：12-14.

[16]　Saygin H，Sisman A. Joule-Thomson coefficients of quantum ideal-gas[J]. Appl. Energy，2001，70(1)：49-57.

第 4 章　实际气体

为了更精确地描述气体的性质，人们在理想气体状态方程的基础上提出了许多描述实际气体的方程，范德瓦耳斯方程是最典型代表的方程之一. 本章将以范德瓦耳斯方程和其他常见的状态方程为例来讨论实际气体的热力学性质.

4.1　实际气体任意过程的热容[①]

气体热容量的测量和计算在实际技术应用和理论分析中是非常重要的. 几乎所有热力学教科书都计算了理想气体在等压、等容以及多方过程中的热容. 在 3.2 节中，我们推导出理想气体任意过程的热容，并讨论其应用. 本节将在此基础上，推出实际气体任意过程的热容的一般表达式，并由此分别求出遵从不同状态方程的一些实际气体在某些特殊过程中的热容. 所得结果不仅在热力学教学中具有重要的意义，而且在工程实际中具有一定的应用价值.

4.1.1　热容的一般表示式

根据热力学第一定律，可得 dQ 和 dU 的表达式分别为

$$dQ = dU + p dV \tag{4.1.1}$$

和

$$dU = C_V dT + \left[T \left(\frac{\partial p}{\partial T} \right)_V - p \right] dV \tag{4.1.2}$$

利用全微分条件，由式(4.1.2)可得

$$\left(\frac{\partial C_V}{\partial V} \right)_T = T \left(\frac{\partial^2 p}{\partial T^2} \right)_V \tag{4.1.3}$$

对式(4.1.3)积分，得

$$C_V = G(T) + T \int \left(\frac{\partial^2 p}{\partial T^2} \right)_V dV \tag{4.1.4}$$

其中 $G(T)$ 仅是温度 T 的函数，式(4.1.4)中的积分是沿着 $T =$ 常数进行的. 将式(4.1.2)和式(4.1.4)代入式(4.1.1)中，可得

$$dQ = G(T) dT + \left[T \int \left(\frac{\partial^2 p}{\partial T^2} \right)_V dV \right] dT + T \left(\frac{\partial p}{\partial T} \right)_V dV \tag{4.1.5}$$

---

① Chen J, Wu C. Int. J. Mech. Eng. Edu. , 2001, 29:227.

考虑 1mol 理想气体，其状态方程为 $pV=RT$，则式(4.1.5)可写为

$$dQ = C_V^0 dT + \frac{RT}{V} dV \qquad (4.1.6)$$

其中 C_V^0 为理想气体的摩尔定容热容，仍然可以是温度的函数，即 $C_V^0(T)$. 由于 $G(T)$ 不依赖于气体状态方程，这意味着 $G(T)$ 等于 $C_V^0(T)$.

由式(4.1.5)，可知任意过程 π 中气体的比热容为

$$C_\pi = \left(\frac{dQ}{dT}\right)_\pi = C_V^0 + T\int\left(\frac{\partial^2 p}{\partial T^2}\right)_V dV + T\left(\frac{\partial p}{\partial T}\right)_V\left(\frac{\partial V}{\partial T}\right)_\pi \qquad (4.1.7)$$

对于气体来说，任意过程中系统的压强可表示为

$$p = F(V) \qquad (4.1.8)$$

其中 F 是 V 的函数. 进而，我们可推出如下关系式：

$$\left(\frac{\partial V}{\partial T}\right)_\pi = \left(\frac{\partial V}{\partial T}\right)_p + \left(\frac{\partial V}{\partial p}\right)_T\left(\frac{\partial p}{\partial T}\right)_\pi = \left(\frac{\partial V}{\partial T}\right)_p + \left(\frac{\partial V}{\partial p}\right)_T\left(\frac{dF}{dV}\right)\left(\frac{\partial V}{\partial T}\right)_\pi \qquad (4.1.9)$$

解式(4.1.9)可得

$$\left(\frac{\partial V}{\partial T}\right)_\pi = \frac{\left(\frac{\partial V}{\partial T}\right)_p}{1 - \left(\frac{\partial V}{\partial p}\right)_T\left(\frac{dF}{dV}\right)} \qquad (4.1.10)$$

将式(4.1.10)代入式(4.1.7)，得

$$C_\pi = C_V^0 + T\int\left(\frac{\partial^2 p}{\partial T^2}\right)_V dV - \frac{T\left[\left(\frac{\partial p}{\partial T}\right)_V\right]^2}{\left(\frac{\partial p}{\partial V}\right)_T - \left(\frac{dF}{dV}\right)} \qquad (4.1.11)$$

其中 $\left(\frac{\partial^2 p}{\partial T^2}\right)_V$、$\left(\frac{\partial p}{\partial T}\right)_V$ 和 $\left(\frac{\partial p}{\partial V}\right)_T$ 可分别从气体的状态方程求出，而 $\frac{dF}{dV}$ 可从指定一个任意过程的方程(4.1.8)求出. 因此，式(4.1.11)就给出了任意过程中气体比热容的一般表达式，由它可推导出许多有意义的结果.

4.1.2 实际气体任意过程的热容

1873 年范德瓦耳斯对理想气体的状态方程进行了修正，提出一个能更好描述气体性质的状态方程，后来被称为范德瓦耳斯方程. 对于 1mol 范德瓦耳斯气体，其状态方程为[1-3]

$$\left(p + \frac{a}{V^2}\right)(V - b) = RT \qquad (4.1.12)$$

其中 a 和 b 为气体的两个常数. 该方程对于液体、气体以及靠近和高于临界点的区域都很吻合[4]. 由式(4.1.11)和式(4.1.12)，可得任意过程中范德瓦耳斯气体的比热容为

$$C_\pi = C_V^0 + \frac{T\left[\dfrac{R}{V-b}\right]^2}{\dfrac{RT}{(V-b)^2} - \dfrac{2a}{V^3} + \dfrac{\mathrm{d}F}{\mathrm{d}V}} \tag{4.1.13}$$

若将式(3.2.8)所描述的过程,即 $F(V) = \dfrac{C_1}{V^n}$,应用在范德瓦耳斯气体上,则可求得范德瓦耳斯气体在此过程中的比热容为

$$C_\pi = C_n = C_V^0 + \frac{R}{1 - \dfrac{2a(V-b)^2}{RTV^3} - \dfrac{np(V-b)^2}{RTV}} \tag{4.1.14}$$

当 $n=0$ 和 $n=\infty$ 时,该过程分别变为等压和等容过程. 由式(4.1.14),可直接求得范德瓦耳斯气体在这两个过程中的比热容分别为[1, 5]

$$C_\pi = C_p = C_V^0 + \frac{R}{1 - \dfrac{2a(V-b)^2}{RTV^3}} \tag{4.1.15}$$

和

$$C_\pi = C_V = C_V^0 \tag{4.1.16}$$

式(4.1.15)和式(4.1.16)表明,范德瓦耳斯气体的摩尔定容热容 C_V 与理想气体的相同,仅是温度的函数,而摩尔定压热容 C_p 是与 V 和 T 相关的. 范德瓦耳斯气体的 $(C_p - C_V)$ 显然不等于 R.

值得指出的是,对于范德瓦耳斯气体而言,当 $n=1$ 和 $n=\gamma$ 时,式(3.2.8)所描述的过程不会过渡到等温过程和绝热过程.

若范德瓦耳斯气体所经历的过程是一个具有负斜率的直线过程,即[6-9]

$$p = F(V) = mV + K \tag{4.1.17}$$

式中,m 为直线过程的斜率且 $m<0$;K 为截距. 则在此过程中范德瓦耳斯气体的比热容可由式(4.1.14)和式(4.1.17)求得

$$C_\pi = C_L = C_V^0 + R\frac{mV + K + \dfrac{a}{V^2}}{2mV + K - mb - \dfrac{a}{V^3}(V - 2b)} \tag{4.1.18}$$

式(4.1.18)可以用来描述在直线斜率为负值的过程中范德瓦耳斯气体的某些热力学性质,并由此得出一些有趣的结果.

除了范德瓦耳斯方程,还有很多描述实际气体的状态方程. 例如,一些学者提出一个更为精确的状态方程[10]

$$p = \frac{RT}{V-b} - \frac{a}{T^i V(V+b)} \tag{4.1.19}$$

来描述低温气体的性质,其中 i 为一个实参数. 式(4.1.19)的普遍性在于式中的参数 a,b 和 i 对于不同的气体可取不同的值. 特别地,当 $i=1/2$ 时,该方程将变为广泛应用于低温气体的雷德利希-邝方程(Redlich-Kwong 方程)[1, 3]. 由式(4.1.19)可得

$$\left(\frac{\partial p}{\partial T}\right)_V = \frac{R}{V-b} + \frac{ia}{T^{i+1}V(V+b)} \tag{4.1.20}$$

$$\left(\frac{\partial p}{\partial V}\right)_T = -\frac{RT}{(V-b)^2} + \frac{a(2V+b)}{T^iV^2(V+b)^2} \tag{4.1.21}$$

以及

$$T\int\left(\frac{\partial^2 p}{\partial T^2}\right)_V dV = -\frac{i(i+1)a}{bT^{i+1}}\ln\frac{V}{V+b} \tag{4.1.22}$$

将式(4.1.20)~式(4.1.22)代入式(4.1.11),可得出满足式(4.1.19)所描述的实际气体在任意过程中的比热容为

$$C_\pi = C_V^0 - \frac{i(i+1)a}{bT^{i+1}}\ln\frac{V}{V+b} + \frac{T\left[\dfrac{R}{V-b} + \dfrac{ia}{T^{i+1}V(V+b)}\right]^2}{\dfrac{RT}{(V-b)^2} - \dfrac{a(2V+b)}{T^iV^2(V+b)^2} + \dfrac{dF}{dV}} \tag{4.1.23}$$

当 $i=\dfrac{1}{2}$ 时,由式(4.1.23)可直接导出雷德利希-邝气体在任意过程中的比热容为

$$C_\pi = C_V^0 - \frac{3a}{4bT^{3/2}}\ln\frac{V}{V+b} + \frac{T\left[\dfrac{R}{V-b} + \dfrac{a}{2T^{3/2}V(V+b)}\right]^2}{\dfrac{RT}{(V-b)^2} - \dfrac{a(2V+b)}{T^{1/2}V^2(V+b)^2} + \dfrac{dF}{dV}} \tag{4.1.24}$$

对于实际气体来说,昂内斯方程是最一般的状态方程.昂内斯根据实际气体在压强趋于零的极限下趋于理想气体这一性质,提出一种按压强的级数展开形式或另一种按体积的负幂次展开形式作为实际气体的状态方程,即[3, 11, 12]

$$pV = A + Bp + Cp^2 + Dp^3 + \cdots \tag{4.1.24a}$$

或

$$pV = A + \frac{B'}{V} + \frac{C'}{V^2} + \frac{D'}{V^3} + \cdots \tag{4.1.24b}$$

式中,$A, B, C, D, \cdots$ 及 $A, B', C', D', \cdots$ 等都是温度的函数,分别称为第一、第二、第三、第四……位力系数.在压强趋于零(或体积趋于无穷大)时,式(4.1.24)过渡到理想气体的状态方程.因此,第一位力系数 $A=RT$,其他的位力系数可以由实验测定.在理论上,昂内斯方程包含无穷多项,在实际应用中,往往只需取昂内斯方程级数中的前两项或前三项就够了.为了讨论方便,将式(4.1.24b)改写为

$$p = \frac{RT}{V} + \sum_{i=1}^{\infty}\frac{B_i}{V^{i+1}} \tag{4.1.24c}$$

式中,$B_1=B'$,$B_2=C'$,$B_3=D'$ 等.由式(4.1.24c)可得

$$\left(\frac{\partial p}{\partial T}\right)_V = \frac{R}{V} + \sum_{i=1}^{\infty}\frac{1}{V^{i+1}}\frac{dB_i}{dT} \tag{4.1.25}$$

$$\left(\frac{\partial p}{\partial V}\right)_T = -\frac{RT}{V^2} - \sum_{i=1}^{\infty}\frac{(i+1)B_i}{V^{i+2}} \tag{4.1.26}$$

$$T\int\left(\frac{\partial^2 p}{\partial T^2}\right)_V \mathrm{d}V = -\sum_{i=1}^{\infty}\frac{T}{iV^i}\frac{\mathrm{d}^2 B_i}{\mathrm{d}T^2} \tag{4.1.27}$$

将式(4.1.25)~式(4.1.27)代入式(4.1.11),可得实际气体在任意过程中的比热容的一般表示式为

$$C_\pi = C_V^0 - \sum_{i=1}^{\infty}\frac{T}{iV^i}\frac{\mathrm{d}^2 B_i}{\mathrm{d}T^2} + \frac{T\left[\dfrac{R}{V} + \sum\limits_{i=1}^{\infty}\dfrac{1}{V^{i+1}}\dfrac{\mathrm{d}B_i}{\mathrm{d}T}\right]^2}{\dfrac{RT}{V^2} + \sum\limits_{i=1}^{\infty}\dfrac{(i+1)B_i}{V^{i+2}} + \left(\dfrac{\mathrm{d}F}{\mathrm{d}V}\right)} \tag{4.1.28}$$

对于理想气体,$B_i = 0$,式(4.1.28)简化为式(3.2.7).

总而言之,只要知道了气体的状态方程,确定了系统所经历的过程,就可以直接由式(4.1.11)计算出任意过程中气体的比热容,可节约很多实际测量所需要的时间和费用.

4.2 范德瓦耳斯气体的准静态绝热方程①

4.1节已证明对于在任意准静态过程 $p = F(V)$ 中,范德瓦耳斯气体的摩尔热容由式(4.1.13)给出.对于准静态绝热过程,$C_\pi = 0$,则由式(4.1.12)和式(4.1.13)可得

$$\frac{\mathrm{d}T}{T} + \frac{R}{C_V}\frac{\mathrm{d}V}{V-b} = 0 \tag{4.2.1}$$

式(4.2.1)是范德瓦耳斯气体在准静态绝热过程中的微分方程.

顺便指出,还可用其他方法推导出式(4.2.1).例如,将式(4.1.12)代入式(4.1.2)可得

$$\mathrm{d}U = C_V\mathrm{d}T + \frac{a}{V^2}\mathrm{d}V \tag{4.2.2}$$

由式(4.2.2)不难证明

$$\left(\frac{\partial C_V}{\partial V}\right)_T = 0 \tag{4.2.3}$$

可见,$C_V = C_V^0$ 仅是温度的函数.将式(4.2.2)和式(4.1.12)代入热力学第一定律的表示式 $\mathrm{d}Q = \mathrm{d}U + p\mathrm{d}V$,可得

$$\mathrm{d}Q = C_V\mathrm{d}T + \frac{RT}{V-b}\mathrm{d}V \tag{4.2.4}$$

对于准静态绝热过程,$\mathrm{d}Q = 0$,由式(4.2.4)直接得到式(4.2.1).

如果对摩尔定容热容 C_V 没有给附加的假设,不可能对式(4.2.1)进行积分.如果在所讨论的问题中温度的变化范围不大,可把 C_V 看作常数[3,4],则由式(4.2.1)可得范德瓦耳斯气体的绝热方程为

---

① 叶兴梅,陈金灿. 物理与工程,2007,17(5):17.

$$T(V-b)^{\frac{R}{C_V}} = 常数 \tag{4.2.5}$$

再利用式(4.1.12)，可将范德瓦耳斯气体的绝热方程表示为另一种形式

$$\left(p+\frac{a}{V^2}\right)(V-b)^{\frac{R}{C_V}+1} = 常数 \tag{4.2.6}$$

值得指出，范德瓦耳斯气体的比热比 $\gamma=C_p/C_V\neq(C_V+R)/C_V=R/C_V+1$. 当 $a=0$ 和 $b=0$ 时，范德瓦耳斯气体简化为理想气体，$\gamma=C_p/C_V=(C_V+R)/C_V=R/C_V+1$，式(4.2.5)和式(4.2.6)就分别简化为理想气体的绝热方程

$$TV^{\gamma-1} = 常数 \tag{4.2.7}$$

和

$$pV^\gamma = 常数 \tag{4.2.8}$$

如果在所讨论的问题中温度的变化范围较大，可把 C_V 看成是温度的线性函数，即

$$C_V(T) = C_{V0} + b_1 T \tag{4.2.9}$$

式中，C_{V0} 和 b_1 是常数，则由式(4.2.1)可得范德瓦耳斯气体的绝热方程为

$$T(V-b)^{\frac{R}{C_{V0}}} \exp\left(\frac{b_1}{C_{V0}}T\right) = 常数 \tag{4.2.10}$$

当 $a=0$ 和 $b=0$ 时，范德瓦耳斯气体简化为理想气体，但 $\gamma=C_p/C_V=R/C_V+1$ 不是常数，理想气体的绝热方程可直接由式(4.2.10)导出，即

$$TV^{\frac{R}{C_{V0}}} \exp\left(\frac{b_1}{C_{V0}}T\right) = 常数 \tag{4.2.11}$$

利用理想气体的状态方程，由式(4.2.11)可得理想气体的绝热方程的另两个表达式

$$T^{1+R/C_{V0}} p^{-R/C_{V0}} \exp\left(\frac{b_1}{C_{V0}}T\right) = 常数 \tag{4.2.12}$$

$$pV^{1+R/C_{V0}} \exp\left(\frac{b_1 pV}{RC_{V0}}\right) = 常数 \tag{4.2.13}$$

对于一般情况，C_V 是温度的函数，即

$$C_V(T) = C_{V0} + \sum_{n=1} b_n T^n \tag{4.2.14}$$

式中，b_n 是常数，则由式(4.2.1)可得

$$T(V-b)^{\frac{R}{C_{V0}}} \prod_{n=1} \exp\left(\frac{b_n}{nC_{V0}}T^n\right) = 常数 \tag{4.2.15}$$

式(4.2.15)是范德瓦耳斯气体的绝热方程的一般表示式，式(4.2.5)~式(4.2.8)和式(4.2.10)~式(4.2.13)均可直接从式(4.2.15)导出.

4.3 在任意过程中实际气体的特性[①]

国内外的热力学教科书一般只给出理想气体沿等温、等容、等压、绝热及多方等

[①] 郑世燕，陈金灿. 云南大学学报，2009，31(4):372-377.

特定过程的热力学性质,较少讨论气体沿任意过程的热力学性质. 然而, 在物理和工程热物理的许多实际应用中, 都直接涉及实际气体沿不同指定过程的热力学性质问题. 这意味着讨论气体沿任意过程的热力学性质不仅在教学上具有理论意义而且在实际中具有应用价值. 文献[13]在文献[14]的基础上, 导出了实际气体沿任意过程的摩尔热容量. 本节将在此基础上作进一步推广, 导出气体沿任意过程的膨胀系数、压强系数及压缩系数等, 并以范德瓦耳斯气体和一个推广的雷德利希-邝方程为例详细地讨论实际气体的热力学性质.

4.3.1 气体热力学参量的普遍表达式

对于由状态方程

$$p = p(V, T) \tag{4.3.1}$$

描述的气体系统, 人们可以选择压强 p、体积 V 和温度 T 这三个参量中的任意两个所构成的方程, 如

$$p = F_1(V) \tag{4.3.2}$$
$$V = F_2(p) \tag{4.3.3}$$

$$T = F_3(V) \tag{4.3.4}$$

来表示气体系统所进行的一个任意过程, 其中 F_1 和 F_3 仅是 V 的函数, F_2 仅是 p 的函数.

对于气体系统的一个任意过程 π, 应用式(4.3.2)~式(4.3.4)可得

$$\left(\frac{\partial V}{\partial T}\right)_{\pi} = \left(\frac{\partial V}{\partial T}\right)_p + \left(\frac{\partial V}{\partial p}\right)_T \left(\frac{\partial p}{\partial T}\right)_{\pi} = \left(\frac{\partial V}{\partial T}\right)_p + \left(\frac{\partial V}{\partial p}\right)_T \left(\frac{\mathrm{d}F_1}{\mathrm{d}V}\right)\left(\frac{\partial V}{\partial T}\right)_{\pi} \tag{4.3.5}$$

$$\left(\frac{\partial p}{\partial T}\right)_{\pi} = \left(\frac{\partial p}{\partial T}\right)_V + \left(\frac{\partial p}{\partial V}\right)_T \left(\frac{\partial V}{\partial T}\right)_{\pi} = \left(\frac{\partial p}{\partial T}\right)_V + \left(\frac{\partial p}{\partial V}\right)_T \left(\frac{\mathrm{d}F_2}{\mathrm{d}p}\right)\left(\frac{\partial p}{\partial T}\right)_{\pi} \tag{4.3.6}$$

$$\left(\frac{\partial V}{\partial p}\right)_{\pi} = \left(\frac{\partial V}{\partial p}\right)_T + \left(\frac{\partial V}{\partial T}\right)_p \left(\frac{\partial T}{\partial p}\right)_{\pi} = \left(\frac{\partial V}{\partial p}\right)_T + \left(\frac{\partial V}{\partial T}\right)_p \left(\frac{\mathrm{d}F_3}{\mathrm{d}V}\right)\left(\frac{\partial V}{\partial p}\right)_{\pi} \tag{4.3.7}$$

由式(4.3.5)~式(4.3.7)整理得

$$\left(\frac{\partial V}{\partial T}\right)_{\pi} = \frac{\left(\frac{\partial V}{\partial T}\right)_p}{1 - \left(\frac{\partial V}{\partial p}\right)_T \left(\frac{\mathrm{d}F_1}{\mathrm{d}V}\right)} \tag{4.3.8}$$

$$\left(\frac{\partial p}{\partial T}\right)_{\pi} = \frac{\left(\frac{\partial p}{\partial T}\right)_V}{1 - \left(\frac{\partial p}{\partial V}\right)_T \left(\frac{\mathrm{d}F_2}{\mathrm{d}p}\right)} \tag{4.3.9}$$

$$\left(\frac{\partial V}{\partial p}\right)_{\pi} = \frac{\left(\frac{\partial V}{\partial p}\right)_T}{1 - \left(\frac{\partial V}{\partial T}\right)_p \left(\frac{\mathrm{d}F_3}{\mathrm{d}V}\right)} \tag{4.3.10}$$

将式(4.3.8)～式(4.3.10)分别代入膨胀系数、压强系数及压缩系数的各自定义式
$\alpha_\pi = \frac{1}{V}\left(\frac{\partial V}{\partial T}\right)_\pi$，$\beta_\pi = \frac{1}{p}\left(\frac{\partial p}{\partial T}\right)_\pi$ 和 $\kappa_\pi = -\frac{1}{V}\left(\frac{\partial V}{\partial p}\right)_\pi$，可得

$$\alpha_\pi = \frac{\left(\frac{\partial V}{\partial T}\right)_p}{V - V\left(\frac{\partial V}{\partial p}\right)_T\left(\frac{dF_1}{dV}\right)} \tag{4.3.11}$$

$$\beta_\pi = \frac{\left(\frac{\partial p}{\partial T}\right)_V}{p - p\left(\frac{\partial p}{\partial V}\right)_T\left(\frac{dF_2}{dp}\right)} \tag{4.3.12}$$

$$\kappa_\pi = \frac{-\left(\frac{\partial V}{\partial p}\right)_T}{V - V\left(\frac{\partial V}{\partial T}\right)_p\left(\frac{dF_3}{dV}\right)} \tag{4.3.13}$$

至此，我们求出了实际气体沿任意过程的重要热力学参量(α_π，β_π，κ_π)的普遍表达式，其中 $(\partial p/\partial T)_V$，$(\partial p/\partial V)_T$ 和 $(\partial V/\partial T)_p$ 可由气体的状态方程求得，而 dF_1/dV，dF_2/dp 和 dF_3/dV 可直接由描述过程的方程式(4.3.2)～式(4.3.4)算出. 这清楚地表明，只要知道气体的状态方程和气体所进行的过程方程，便可算出气体沿任意过程的膨胀系数、压强系数及压缩系数等.应用这些表达式，不仅可以得到教科书和文献上已有的重要结果，而且还可推出一些新的有用结论.

4.3.2 应用举例

范德瓦耳斯方程和雷德利希-邝方程是描述一些实际气体的两个常用方程.由式(4.1.12)和式(4.3.11)～式(4.3.13)，可得范德瓦耳斯气体沿任意过程的膨胀系数、压强系数及压缩系数分别为

$$\alpha_\pi = \frac{R}{\frac{RTV}{V-b} - \frac{2a(V-b)}{V^2} + V(V-b)\frac{dF_1}{dV}} \tag{4.3.14}$$

$$\beta_\pi = \frac{R[p(V-b)]^{-1}}{1 - \left[\frac{2a}{V^3} - \frac{RT}{(V-b)^2}\right]\frac{dF_2}{dp}} \tag{4.3.15}$$

$$\kappa_\pi = \frac{1}{\frac{RTV^3 - 2a(V-b)^2}{V^2(V-b)^2} - \frac{RV}{V-b}\frac{dF_3}{dV}} \tag{4.3.16}$$

式(4.3.14)～式(4.3.16)给出了范德瓦耳斯气体沿任意过程的一些热力学参量.根据式(4.3.14)～式(4.3.16)及具体的过程方程就可以求得范德瓦耳斯气体沿该过程的热力学参量.

在许多实际应用中，经常涉及式(3.2.8)所描述的过程，结合范德瓦耳斯方程，式

式(4.3.2)~式(4.3.4)可分别写成

$$p = F_1(V) = \frac{D}{V^n} \tag{4.3.17}$$

$$V = F_2(p) = \left(\frac{D}{p}\right)^{1/n} \tag{4.3.18}$$

$$T = F_3(V) = \frac{V-b}{R}\left(\frac{D}{V^n} + \frac{a}{V^2}\right) \tag{4.3.19}$$

由式(4.3.14)~式(4.3.19)，可得范德瓦耳斯气体沿该过程的膨胀系数、压强系数和压缩系数分别为

$$\alpha_\pi = \alpha_n = \frac{R}{\left(p + \frac{a}{V^2}\right)V - (V-b)\left(\frac{2a}{V^2} + pn\right)} \tag{4.3.20}$$

$$\beta_\pi = \beta_n = \frac{R}{(V-b)\left(\frac{2a}{nV^2} + p\right) - \frac{V}{n}\left(p + \frac{a}{V^2}\right)} \tag{4.3.21}$$

$$\kappa_\pi = \kappa_n = \frac{1}{pn} \tag{4.3.22}$$

应用式(4.3.20)~式(4.3.22)，可直接求出教科书和文献中已有的一些重要结果. 例如，当 $n=0$ 时，由式(4.3.20)~式(4.3.22)可得范德瓦耳斯气体沿等压过程的膨胀系数、压强系数及压缩系数分别为

$$\alpha_\pi = \alpha_p = \frac{R}{pV - \frac{a}{V} + \frac{2ab}{V^2}} \tag{4.3.23}$$

$$\beta_\pi = \beta_p = 0 \tag{4.3.24}$$

$$\kappa_\pi = \kappa_p = \infty \tag{4.3.25}$$

当 $n \to \infty$ 时，由式(4.3.20)~式(4.3.22)可得范德瓦耳斯气体沿等容过程的膨胀系数、压强系数及压缩系数分别为 $\alpha_\pi = \alpha_V = 0$，$\beta_\pi = \beta_V = R/[p(V-b)]$ 和 $\kappa_\pi = \kappa_V = 0$.

当 $a=0$ 和 $b=0$ 时，范德瓦耳斯气体成为理想气体，由式(4.3.20)~式(4.3.22)可得理想气体沿多方过程的热力学参量分别为[3, 12]

$$\alpha_\pi = \alpha_n = \frac{1}{(1-n)T} \tag{4.3.26}$$

$$\beta_\pi = \beta_n = \frac{n}{(1-n)T} \tag{4.3.27}$$

$$\kappa_\pi = \kappa_n = \frac{1}{pn} \tag{4.3.28}$$

在热力学教学中曾引起人们兴趣的另一过程是具有负斜率的直线过程[6-9]，结合范德瓦耳斯方程，式(4.3.2)~式(4.3.4)可分别写成

$$p = F_1(V) = mV + K \tag{4.3.29}$$

$$V = F_2(p) = \frac{(p-K)}{m} \tag{4.3.30}$$

$$T = F_3(V) = \frac{(V-b)(mV+K+a/V^2)}{R} \tag{4.3.31}$$

由式(4.3.14)~式(4.3.16)和式(4.3.29)~式(4.3.31)，可得范德瓦耳斯气体沿负斜率直线过程的膨胀系数、压强系数及压缩系数分别为

$$\alpha_\pi = \alpha_L = \frac{R}{2mV^2 + V(K-mb) + a(2b/V-1)/V} \tag{4.3.32}$$

$$\beta_\pi = \beta_L = \frac{R}{(mV+K)(V-b)\{1 - [2a/V^3 - (mV+K+a/V^2)/(V-b)]/m\}} \tag{4.3.33}$$

$$\kappa_\pi = \kappa_L = -\frac{1}{mV} \tag{4.3.34}$$

应用式(4.3.32)~式(4.3.34)，可直接求出教科书和文献中已有的一些重要结果. 例如，当 $a=b=0$ 时，式(4.3.32)~式(4.3.34)可分别简化为

$$\alpha_\pi = \alpha_L = \frac{R}{V(2mV+K)} \tag{4.3.35}$$

$$\beta_\pi = \beta_L = \frac{R}{(mV+K)(2mV+K)/m} \tag{4.3.36}$$

$$\kappa_\pi = \kappa_L = -\frac{1}{mV} \tag{4.3.37}$$

在范德瓦耳斯方程的基础上，雷德利希-邝提出了另一个状态方程[1]，该方程可进一步被推广为

$$p = \frac{RT}{V-b} - a/[T^i V(V+B)] \tag{4.3.38}$$

式中，B 和 i 是两个参数. 式(4.3.38)是一个非常一般的状态方程，可称为推广的雷德利希-邝方程. 例如，当 $B=b$ 时，式(4.3.38)就成为文献[10]提出的能更精确描述低温气体性质的状态方程，即式(4.1.19)；当 $B=b$ 和 $i=1/2$ 时，式(4.3.38)就成为雷德利希-邝方程；当 $B=0$ 和 $i=0$ 时，式(4.3.38)就成为范德瓦耳斯方程；当 $a=0$ 和 $b=0$ 时，式(4.3.38)就成为理想气体的状态方程. 由式(4.3.38)容易求得

$$\left(\frac{\partial p}{\partial T}\right)_V = \frac{R}{V-b} + \frac{ia}{V(V+B)T^{i+1}} \tag{4.3.39}$$

$$\left(\frac{\partial p}{\partial V}\right)_T = -\frac{RT}{(V-b)^2} + \frac{a(2V+B)}{T^i V^2 (V+B)^2} \tag{4.3.40}$$

$$T \int \left(\frac{\partial^2 p}{\partial T^2}\right)_V \mathrm{d}V = -\frac{ai(i+1)}{BT^{i+1}} \ln\frac{V}{V+B} \tag{4.3.41}$$

$$\left(\frac{\partial V}{\partial T}\right)_p = \frac{V(V-b)(V+B)[RT^{i+1}V(V+B) + ai(V-b)]}{T[RT^{i+1}V^2(V+B)^2 - a(2V+B)(V-b)^2]} \tag{4.3.42}$$

应用式(4.3.11)~式(4.3.13)和式(4.3.39)~式(4.3.42),可求出式(4.3.38)所描述的实际气体沿任意过程的膨胀系数、压强系数和压缩系数,由此可进一步推出低温气体、范德瓦耳斯气体、理想气体沿任意过程的膨胀系数、压强系数及压缩系数.

4.4 关于焦耳实验和焦耳-汤姆孙实验结果的讨论[①]

根据热力学基本关系式可把焦耳-汤姆孙(焦-汤)系数和焦耳系数分别表示为

$$\mu = \left(\frac{\partial T}{\partial p}\right)_H = -\frac{1}{C_p}\left(\frac{\partial H}{\partial p}\right)_T = \frac{1}{C_p}\left[T\left(\frac{\partial V}{\partial T}\right)_p - V\right] = \frac{T^2}{C_p}\left(\frac{\partial}{\partial T}\frac{V}{T}\right)_p \quad (4.4.1)$$

$$J = \left(\frac{\partial T}{\partial V}\right)_U = -\frac{1}{C_V}\left(\frac{\partial U}{\partial V}\right)_T = -\frac{1}{C_V}\left[T\left(\frac{\partial p}{\partial T}\right)_V - p\right] = -\frac{T^2}{C_V}\left(\frac{\partial}{\partial T}\frac{p}{T}\right)_V \quad (4.4.2)$$

将式(4.1.24a)和式(4.1.24b)代入式(4.4.1)和式(4.4.2),可得焦-汤系数和焦耳系数的一般表示式分别为

$$\mu = \frac{T^2}{C_p}\left[\frac{\mathrm{d}}{\mathrm{d}T}\frac{B}{T} + \left(\frac{\mathrm{d}}{\mathrm{d}T}\frac{C}{T}\right)p + \left(\frac{\mathrm{d}}{\mathrm{d}T}\frac{D}{T}\right)p^2 + \cdots\right] \quad (4.4.3)$$

$$J = -\frac{T^2}{C_V V^2}\left[\left(\frac{\mathrm{d}}{\mathrm{d}T}\frac{B'}{T}\right) + \left(\frac{\mathrm{d}}{\mathrm{d}T}\frac{C'}{T}\right)\frac{1}{V} + \left(\frac{\mathrm{d}}{\mathrm{d}T}\frac{D'}{T}\right)\frac{1}{V^2} + \cdots\right] \quad (4.4.4)$$

当压力很小(或体积很大)时,昂内斯方程中的高阶项可略去,昂内斯方程可简化成[11]

$$pV = RT + \left(b - \frac{a}{RT}\right)p \quad (4.4.5a)$$

或

$$pV = RT + \frac{bRT - a}{V} \quad (4.4.5b)$$

式中,a 和 b 为范德瓦耳斯方程中的两个常数,$B = b - \frac{a}{RT}$ 和 $B' = RTB = bRT - a$,而焦-汤系数和焦耳系数可分别简化为

$$\mu = \frac{T^2}{C_p}\frac{\mathrm{d}}{\mathrm{d}T}\left(\frac{B}{T}\right) \quad (4.4.6)$$

$$J = -\frac{T^2}{C_V V^2}\frac{\mathrm{d}}{\mathrm{d}T}\left(\frac{B'}{T}\right) \quad (4.4.7)$$

无论是焦耳实验还是焦-汤实验,所要测量的都是气体从初态(p_1,V_1,T_1)膨胀到终态(p_2,V_2,T_2)时温度的变化.对于焦-汤实验,由式(4.4.6)可得温度的变化

$$(\Delta T)_H = \int_{p_1}^{p_2}\mu\mathrm{d}p \approx \frac{T^2}{C_p}(p_2 - p_1)\frac{\mathrm{d}}{\mathrm{d}T}\left(\frac{B}{T}\right) \quad (4.4.8)$$

① 严子浚. 大学物理, 2003, 22(6): 24-25.

而对于焦耳实验,由式(4.4.7)可得温度的变化

$$(\Delta T)_U = \int_{V_1}^{V_2} J \mathrm{d}V \approx \frac{T^2}{C_V}\left(\frac{1}{V_2} - \frac{1}{V_1}\right)\frac{\mathrm{d}}{\mathrm{d}T}\left(\frac{B'}{T}\right) \tag{4.4.9}$$

(由于在这两个实验中,温度的变化一般都比较小,故在上两式积分中均把 T 视为常量).将 B 和 B' 分别代入式(4.4.8)和式(4.4.9),可得

$$(\Delta T)_H = \frac{1}{C_p}\left(\frac{2a}{RT} - b\right)(p_2 - p_1) \tag{4.4.10}$$

$$(\Delta T)_U = \frac{a}{C_V}\left(\frac{1}{V_2} - \frac{1}{V_1}\right) \tag{4.4.11}$$

在焦耳实验中,常设 $V_2 = 2V_1$,并注意到压力很低时气体接近于理想气体,则可将式(4.4.11)写成

$$(\Delta T)_U = -\frac{a}{2V_1 C_V} \approx -\frac{ap_1}{2RTC_V} \tag{4.4.12}$$

在焦-汤实验中,相应地取 $p_2 = \frac{1}{2}p_1$,则式(4.4.10)可写成

$$(\Delta T)_H = -\frac{ap_1}{RTC_p} + \frac{bp_1}{2C_p} \tag{4.4.13}$$

由式(4.4.12)和式(4.4.13)容易看出,$(\Delta T)_U$ 和 $(\Delta T)_H$ 的量级是相同的.如对氮气,$a = 0.139\text{N}\cdot\text{m}^4\cdot\text{mol}^{-2}$,$b = 3.91\times10^{-5}\text{m}^3\cdot\text{mol}^{-1}$[11],则当 $T = 300\text{K}$ 时,$\frac{a}{RT} = 5.58\times10^{-5}\text{m}^3\cdot\text{mol}^{-1}$.这样,由式(4.4.12)和式(4.4.13)分别可得当 $p_1 = 10^5\text{N}\cdot\text{m}^{-2}$ 时,$(\Delta T)_U \approx -0.134\text{K}$,$(\Delta T)_H \approx -0.125\text{K}$,而两者之比为 1.07(计算中设 $C_V = 5/2R$,$C_p = 7/2R$).这个实例清楚地表明,即使在压力很低的情况下,J 的值很小而 μ 的值不一定很小,但只要取焦耳实验中体积的变化与焦-汤实验中压力的变化相对应(即 $V_2/V_1 \approx p_1/p_2$),两者便有相同量级的温度变化.因为压力 p_1 很小时,压力的变化(减小)Δp 也很小,不可能超过 p_1,而这时相应的体积变化 ΔV 却较大,从而造成了 $J\Delta V$ 与 $\mu\Delta p$ 有相同的量级.

可见,在焦耳实验中不易测到与理想气体有差别的结果,不是因为压力小时 J 小所致,而是实验条件的不同所引起的.如果取焦耳实验中的 V_2/V_1 等于焦-汤实验中的 p_1/p_2,并直接测量其温度变化,使之不受水热容量大的影响,则可像焦-汤实验那样测出温度的变化.因此,分析这两个实验时,不能只考虑 μ 和 J 而忽视 Δp 和 ΔV.μ 和 J 分别是温度对压力和体积的微商,并不直接表示温度的变化,而 $\mu\Delta p$ 和 $J\Delta V$ 才表示温度的变化.不区分这两者的不同就难免要导出不正确的结论.

还值得指出,对 μ 和 J 值的大小进行比较是没有意义的.因为 μ 和 J 是两个不同的物理量,两者单位不同,不好进行比较.例如,时间和体积是两种不同单位的量,我们绝不能说 100s 比 1m^3 大.进而我们也不好对质量流率 $\dot{m} = \mathrm{d}m/\mathrm{d}t$[15] 和密度 $\rho = \mathrm{d}m/\mathrm{d}V$ 的大小进行比较,说出谁大谁小.这是很值得注意的问题.这进一步说明了文献[16]基于比较 μ 和 J 的大小对焦耳实验和焦-汤实验的结果不同所作的解释是不妥的.

4.5　范德瓦耳斯气体与热力学第三定律不相容[①]

在 3.5 节中，讨论了经典理想气体与热力学第三定律不相容，澄清了一些有关的模糊认识. 然而，有人认为凝聚相是满足热力学第三定律的，而经典理想气体忽略了粒子间的相互作用，未能转变为凝聚相，故不满足热力学第三定律. 究竟凝聚相是否都满足热力学第三定律，是个很值得讨论的问题，特别有不少热力学教科书在能斯特定理的表述中都强调了凝聚相. 为此，本节以遵从范德瓦耳斯方程的体系为例来讨论这个问题.

从范德瓦耳斯气体在等温过程中体积由 V_1 变到 V_2 时的熵变

$$(\Delta S)_T = R\ln\frac{V_2-b}{V_1-b} \tag{4.5.1}$$

可直接证明这一点. 因为根据热力学第三定律，有

$$\lim_{T\to 0}(\Delta S)_T = 0 \tag{4.5.2}$$

而根据式(4.5.1)，应有

$$\lim_{T\to 0}(\Delta S)_T = R\ln\frac{V_2-b}{V_1-b} \tag{4.5.3}$$

显然，当 V_1 和 V_2 均为有限值时，式(4.5.3)和式(4.5.2)是相互矛盾的，因而范德瓦耳斯气体与热力学第三定律不相容.

当然，也可从范德瓦耳斯气体的其他性质来证明这一点，如从范德瓦耳斯气体的膨胀系数

$$\alpha = \frac{RV^2(V-b)}{RV^3T - 2a(V-b)^2} \tag{4.5.4}$$

或压力系数

$$\beta = \frac{RV^2}{RV^2T - a(V-b)} \tag{4.5.5}$$

都可以得到证明. 因为按热力学第三定律，当 $T\to 0$ 时，应有 $\alpha\to 0$，$\beta\to 0$[17]，而式(4.5.4)和式(4.5.5)显然不满足此要求. 其根本原因就在于未考虑系统的简并性.

量子理想气体满足热力学第三定律就在于考虑了系统的简并性，尽管它也与经典理想气体一样，忽略了粒子间的相互作用. 根据量子统计理论，其状态方程与经典理想气体的状态方程有很大的差别，费米和玻色气体可分别表示为[18]

$$\frac{pV}{RT} = \frac{f_{5/2}(Z)}{f_{3/2}(Z)} \tag{4.5.6}$$

和

————————

①　严子浚. 大学物理，2005，24(2):19-20.

$$\frac{pV}{RT} = \frac{g_{5/2}(Z) - \frac{\lambda^3}{V}\ln(1-Z)}{g_{3/2}(Z) + \frac{\lambda^3}{V}\frac{Z}{1-Z}} \tag{4.5.7}$$

式中，$\lambda = \sqrt{\frac{h^2}{2\pi m k T}}$ 为热波长[18, 19]，h 和 k 分别为普朗克常量和玻尔兹曼常量，m 为粒子质量；$Z = \exp\frac{\mu}{kT}$ 为逸度，μ 为化学势，而

$$f_l(Z) = \sum_{j=1}^{\infty}(-1)^{j-1}\frac{Z^j}{j^l} \tag{4.5.8}$$

和

$$g_l(Z) = \sum_{j=1}^{\infty}\frac{Z^j}{j^l} \tag{4.5.9}$$

分别为费米和玻色积分. 在弱简并时，式(4.5.6)和式(4.5.7)可统一表示为级数的形式，即昂内斯方程的形式[18]，即

$$\frac{pV}{RT} = 1 \pm \frac{1}{2^{3/2}}\frac{N\lambda^3}{V} + \cdots \tag{4.5.10}$$

式中，N 为粒子数；正负号分别对应于费米和玻色气体. 式(4.5.10)更明显地表示了量子理想气体由于量子效应对经典理想气体物态方程的修正，它由决定量子系统量子效应强弱的热波长所表征.

范德瓦耳斯气体的状态方程也可表示为昂内斯方程的形式，即式(4.4.5b). 虽然式(4.4.5b)的形式与式(4.5.10)的形式相同，但它对经典理想气体状态方程的修正是由于粒子间的相互作用，而不是由于量子效应，所以它不是由热波长 λ 所表征，而是由范德瓦耳斯方程中的两个决定相互作用强度的参数 a 和 b 所表征，与式(4.5.10)的修正有本质的差别. 当 $N\lambda^3/V \ll 1$ 而接近于零时，量子效应可忽略，量子理想气体便趋于经典理想气体，但这时范德瓦耳斯气体仍不同于经典理想气体. 而当 $a \to 0$ 和 $b \to 0$ 时，粒子间的相互作用可忽略，范德瓦耳斯气体便成了经典理想气体，但仍有别于量子理想气体.

总之，范德瓦耳斯气体虽然考虑了粒子间的相互作用，也可描述气液两相的转变，比经典理想气体更接近于实际，但仍未考虑系统的简并性，仍与热力学第三定律不相容. 由此指明了凝聚相并非都满足热力学第三定律. 热力学第三定律是量子效应在宏观上的一种表现，它揭示了物质系统在低温下的简并性. 而任何未考虑量子效应的经典体系，无论是气相还是凝聚相，也无论是否存在粒子间的相互作用，都不可能满足热力学第三定律. 范德瓦耳斯气体则是经典体系的一个典范.

参 考 文 献

[1]   Hsieh J S. Principle of Thermodynamics[M]. Washington DC：Scripta Book Co. ，1975.

［2］　Van Wylen G J，Sonntag R E. Fundamentals of Classical Thermodynamics［M］. 2nd ed. New York：John Wiley & Sons，1973.

［3］　汪志诚. 热力学·统计物理［M］. 3 版. 北京：高等教育出版社，2003.

［4］　Zemansky M W. Heat and Thermodynamics［M］. 5th ed. New York：McGraw-Hill，1968.

［5］　Landau L D，Lifshiz E M. Statistical Physics［M］. 3rd ed. Oxford：Pergamon Press，1980.

［6］　Dickerson R，Mottmann H J. On the thermodynamic efficiencies of reversible cycles with sloping，straight-line processes［J］. Am. J. Phys. ，1994，62(6)：558-562.

［7］　Valentine D T. Temperature-entropy diagram of reversible cycles with sloping，straight-line，pressure-volume processes［J］. Am. J. Phys. ，1995，63(3)：279-281.

［8］　Hernandez A C. Heat capacity in a negatively sloping，straight-line process［J］. Am. J. Phys. ，1995，63(8)：756.

［9］　Kaufman R，Marcella T V，Sheldon E. Reflections on the pedagogic motive power of unconventional thermodynamic cycles［J］. Am. J. Phys. ，1996，64(12)：1507-1517.

［10］　金新，陈建清. 精确的低温气体双参数物态方程［J］. 低温工程，1988，(1)：17.

［11］　李椿，章立源，钱尚武. 热学［M］. 北京：高等教育出版社，1978.

［12］　林宗涵. 热力学与统计物理学［M］. 北京：北京大学出版社，2007.

［13］　Chen J，Wu C. The specific heats of gases in an arbitrary process［J］. Int. J. Mech. Eng. Edu. ，2000，29：227.

［14］　严子浚. 理想气体任一过程的热容及其应用［J］. 物理通报，1998，(2)：4-5.

［15］　Wark K. Thermodynamics［M］. 3rd ed. New York：McGraw-Hill，1977.

［16］　孙亚辉，沈抗存. 为什么多孔塞实验容易得到与理想气体有差别的结果而焦耳实验却不容易得到这样的结果［J］. 大学物理，2001，20(7)：16-17.

［17］　熊吟涛. 热力学［M］. 3 版. 北京：人民教育出版社，1979.

［18］　Huang K. Statistical Mechanics［M］. New York：Willey，1963.

［19］　Yan Z. General thermal wavelength and its applications［J］. Eur. J. Phys. ，2000，21：625.

第 5 章　热力学特性函数

马休(Massieu)曾证明,在独立变量适当选择之下,只要一个热力学函数就可以把一个均匀系的平衡性质完全确定. 这个函数称为特征函数. 在本章中主要讨论热力学的一些特性函数及其应用.

5.1　余函数的特性函数[①]

本节指出余体焓也像内压能一样,是一个很有用的余函数的特性函数. 导出用余体焓和内压能所表示的全部余函数 $\Delta X(T, p)$ 和 $\Delta X(T, V)$ 的微分方程,以及余体焓与内压能之间的关系,为利用 $p = p(T, V)$ 或 $V = V(T, p)$ 型状态方程计算实际气体由 T、V 或 T、p 表示的各项热力学性质提供了简捷途径.

5.1.1　内压能

文献[1, 2]提出了一个新的状态函数内压能 $y(T, V)$,指出它是热力学余函数

$$\Delta X(T, p) = X(T, p) - X_0(T, p) \tag{5.1.1}$$

的特性函数. 式(5.1.1)中的 $X(T, p)$ 表示实际气体的各种状态函数,$X_0(T, p)$ 表示同温、同压下理想气体各相应的状态函数(以下标 0 表示理想气体的量). 并在此基础上导出用内压能表示的全部余函数 $\Delta X(T, p)$ 的微分方程,为利用 $p = p(T, V)$ 型的状态方程计算实际气体的各项热力学性质提供了简捷途径. 这可使余函数得到更广泛的应用.

5.1.2　余体焓

现在考虑另一个余函数的特性函数 $\psi(T, p)$,取名为余体焓,并在此基础上先导出用余体焓表示的全部余函数 $\Delta X(T, p)$ 的微分方程. 进而考虑同温、同容下实际气体各状态函数对理想气体各相应状态函数的偏差,即以 T、V 为自变量的热力学余函数

$$\Delta X(T, V) = X(T, V) - X_0(T, V) \tag{5.1.2}$$

同时导出用内压能和余体焓表示的全部余函数 $\Delta X(T, V)$ 的微分方程. 这样既可为利用 $p = p(T, V)$ 型的状态方程,又可为利用 $V = V(T, p)$ 型的状态方程来计算以 T、p 或 T、V 为自变量所表示的实际气体各项热力学性质提供简捷的途径,并讨论了内压能和余体焓这两个余函数的特性函数之间的关系及一些应用.

---

① 严子浚,陈金灿. 厦门大学学报, 1988, 27(5): 517-521.

实际气体与理想气体的差别在状态方程中可以用同温、同容下理想气体与实际气体的压力差,即所谓内压力

$$p_i = \frac{RT}{V} - p \tag{5.1.3}$$

来表示,也可以用同温、同压下实际气体与理想气体的比容差,即余比容

$$V_i = V - \frac{RT}{p} \tag{5.1.4}$$

来表示[3]. 由 p_i 可定义内压能[1, 2]

$$y = \int_V^\infty p_i \mathrm{d}V_T = \int_V^\infty \left(\frac{RT}{V} - p\right) \mathrm{d}V_T \tag{5.1.5}$$

式中,积分是沿着等温线从指定状态 (T, V) 积到理想气体状态 $(V \to \infty)$. 而由 V_i 可定义一个状态函数

$$\psi = \int_0^p V_i \mathrm{d}p_T = \int_0^p \left(V - \frac{RT}{p}\right) \mathrm{d}p_T \tag{5.1.6}$$

式中,积分是沿着等温线从理想气体状态 $(p \to 0)$ 积到指定的状态 (T, p). 显然, ψ 为有限值,并且它是从余比容直接定义的,为了与内压能相对应,暂取名为余体焓. 对于昂内斯方程

$$pV = RT + B(T)p + C(T)p^2 + D(T)p^3 + \cdots \tag{5.1.7}$$

余体焓可表示为

$$\psi = B(T)p + \frac{1}{2}C(T)p^2 + \frac{1}{3}D(T)p^3 + \cdots \tag{5.1.8}$$

它是 T、p 的状态函数.

余体焓也是个很有用的余函数的特性函数. 例如,对于状态方程为 $V = V(T, p)$ 形式的气体,不仅求余体焓比求内压能简便,而且以它作为特性函数来计算实际气体各热力学余函数也更简便. 此外,还可以用它来计算实际气体的逸度等.

5.1.3 余函数 $\Delta X(T, p)$ 的微分方程

已知由内压能所表示的各热力学余函数 $\Delta X(T, p)$ 的微分方程为[1, 2]

$$\Delta h(T, p) = T\left(\frac{\partial y}{\partial T}\right)_V - y + pV - RT \tag{5.1.9}$$

$$\Delta u(T, p) = T\left(\frac{\partial y}{\partial T}\right)_V - y \tag{5.1.10}$$

$$\Delta s(T, p) = \left(\frac{\partial y}{\partial T}\right)_V + R\ln\frac{pV}{RT} \tag{5.1.11}$$

$$\Delta g(T, p) = -y - RT\ln\frac{pV}{RT} + pV - RT \tag{5.1.12}$$

$$\Delta f(T, p) = y - RT\ln\frac{pV}{RT} \tag{5.1.13}$$

$$\Delta C_p(T,\, p) = T\left(\frac{\partial^2 y}{\partial T^2}\right)_V - R - T\left(\frac{\partial p}{\partial T}\right)_V^2 \bigg/ \left(\frac{\partial p}{\partial V}\right)_T \tag{5.1.14}$$

$$\Delta C_V(T,\, p) = T\left(\frac{\partial^2 y}{\partial T^2}\right)_V \tag{5.1.15}$$

现在推导出由余体焓所表示的各热力学函数 $\Delta X(T,\, p)$ 的微分方程. 由

$$\left(\frac{\partial g}{\partial p}\right)_T = V \tag{5.1.16}$$

和 $p \to 0$ 时实际气体趋于理想气体的特性,以及 ψ 的定义式(5.1.6),求得

$$\Delta g(T,\, p) = \psi \tag{5.1.17}$$

式(5.1.17)明确表示了余体焓就是余自由焓. 由此可得

$$\Delta s(T,\, p) = -\left(\frac{\partial \psi}{\partial T}\right)_p \tag{5.1.18}$$

$$\Delta h(T,\, p) = \psi - T\left(\frac{\partial \psi}{\partial T}\right)_p \tag{5.1.19}$$

$$\Delta f(T,\, p) = \psi - pV + RT \tag{5.1.20}$$

$$\Delta u(T,\, p) = \psi - T\left(\frac{\partial \psi}{\partial T}\right)_p - pV + RT \tag{5.1.21}$$

$$\Delta C_p(T,\, p) = -T\left(\frac{\partial^2 \psi}{\partial T^2}\right)_p \tag{5.1.22}$$

$$\Delta C_V(T,\, p) = -T\left(\frac{\partial^2 \psi}{\partial T^2}\right)_p + R + T\left(\frac{\partial V}{\partial T}\right)_p^2 \bigg/ \left(\frac{\partial V}{\partial p}\right)_T \tag{5.1.23}$$

由上两组微分方程可清楚地看到,由余体焓表示的余函数 $\Delta X(T,\, p)$ 比用内压能表示的式子更为简洁,这是因为 ψ 本身就是以 T、p 为自变量的余函数的特性函数.

5.1.4 余函数 $\Delta X(T,\, V)$ 的微分方程

先求由内压能表示的各热力学余函数 $\Delta X(T,\, V)$ 的微分方程. 由

$$\left(\frac{\partial f}{\partial V}\right)_T = -p \tag{5.1.24}$$

和 $V \to \infty$ 时实际气体趋于理想气体的特性,以及 y 的定义式(5.1.5),求得

$$\Delta f(T,\, V) = -y \tag{5.1.25}$$

式(5.1.25)明确表示了内压能就是负的余自由能. 由此可得

$$\Delta s(T,\, V) = \left(\frac{\partial y}{\partial T}\right)_V \tag{5.1.26}$$

$$\Delta u(T,\, V) = T\left(\frac{\partial y}{\partial T}\right)_V - y \tag{5.1.27}$$

$$\Delta g(T,\, V) = -y + pV - RT \tag{5.1.28}$$

$$\Delta h(T, V) = T\left(\frac{\partial y}{\partial T}\right)_V - y + pV - RT \tag{5.1.29}$$

$$\Delta C_V(T, V) = T\left(\frac{\partial^2 y}{\partial T^2}\right)_V \tag{5.1.30}$$

$$\Delta C_p(T, V) = T\left(\frac{\partial^2 y}{\partial T^2}\right)_V - R - T\left(\frac{\partial p}{\partial T}\right)_V^2 \Big/ \left(\frac{\partial p}{\partial V}\right)_T \tag{5.1.31}$$

比较式(5.1.25)~式(5.1.31)与式(5.1.9)~式(5.1.15)可知，无论是以 T、p 还是以 T、V 为自变量，余函数 Δu、Δh、ΔC_V 和 ΔC_p 的值不因自变量的不同而有所不同，而 Δs、Δf 和 Δg 的值却与自变量的选择有关. 这是因为理想气体的 u、h、C_V 和 C_p 都仅是温度的函数，而 s、f 和 g 不仅是温度的函数，还与 V 或 p 的数值有关.

另外，值得注意的是，以内压能 $y(T, V)$ 作为余函数的特性函数时，$\Delta s(T, V)$、$\Delta f(T, V)$ 和 $\Delta g(T, V)$ 的表达式比相应的 $\Delta s(T, p)$、$\Delta f(T, p)$ 和 $\Delta g(T, p)$ 的表达式更为简单. 这是很自然的，因为 y 本身就是以 T、V 为自变量的余函数的特性函数. 所以以内压能作为余函数的特性函数时，考虑同温、同容下的余函数 $\Delta X(T, V)$ 更为简便.

下面将导出以余体焓表示的各热力学余函数 $\Delta X(T, V)$ 的微分方程. 同样根据理想气体 u、h、C_V 和 C_p 都仅是温度的函数，可得

$$\Delta u(T, V) = \Delta u(T, p) = \psi - T\left(\frac{\partial \psi}{\partial T}\right)_p - pV + RT \tag{5.1.32}$$

$$\Delta h(T, V) = \Delta h(T, p) = \psi - T\left(\frac{\partial \psi}{\partial T}\right)_p \tag{5.1.33}$$

$$\Delta C_V(T, V) = \Delta C_V(T, p) = -T\left(\frac{\partial^2 \psi}{\partial T^2}\right)_p + R + T\left(\frac{\partial V}{\partial T}\right)_p^2 \Big/ \left(\frac{\partial V}{\partial p}\right)_T \tag{5.1.34}$$

$$\Delta C_p(T, V) = \Delta C_p(T, p) = -T\left(\frac{\partial^2 \psi}{\partial T^2}\right)_p \tag{5.1.35}$$

再根据实际气体在 (p, V, T) 状态时有

$$\Delta s(T, V) = s(T, V) - s_0(T, V) = \Delta s(T, p) + s_0(T, p) - s_0(T, p_0) \tag{5.1.36}$$

式中，p_0 表示理想气体处于 (T, V) 状态时的压力. 而由理想气体熵的表达式可得

$$s_0(T, p) - s_0(T, p_0) = -R\ln\frac{pV}{RT} \tag{5.1.37}$$

应用式(5.1.37)和式(5.1.18)，由式(5.1.36)得

$$\Delta s(T, V) = -\left(\frac{\delta \psi}{\delta T}\right)_p - R\ln\frac{pV}{RT} \tag{5.1.38}$$

再由式(5.1.38)和式(5.1.32)，以及式(5.1.38)和式(5.1.33)分别可得

$$\Delta f(T, V) = \psi + RT\ln\frac{pV}{RT} - pV + RT \tag{5.1.39}$$

$$\Delta g(T, V) = \psi + RT\ln\frac{pV}{RT} \tag{5.1.40}$$

将式(5.1.38)～式(5.1.40)分别与式(5.1.18)、式(5.1.20)和式(5.1.17)比较可知，前者较繁，而后者较简.这再次表明了因为余体焓本身就是以 T、p 为自变量的余函数的特性函数，所以它作为特性函数时，考虑同温、同压下的余函数 $\Delta X(T, p)$ 较为简便.总之，考虑余函数的特性函数时，同样需要考虑各自的特性变量，这样可使余函数的计算更为简捷.

5.1.5 y 和 ψ 的关系

由式(5.1.17)和式(5.1.12)，或式(5.1.30)和式(5.1.25)，可得

$$\psi = -y - RT\ln\frac{pV}{RT} + pV - RT \tag{5.1.41}$$

或

$$y = -\psi - RT\ln\frac{pV}{RT} + pV - RT \tag{5.1.42}$$

亦即 y 和 $-\psi$ 之差为

$$y + \psi = -RT\ln\frac{pV}{RT} + pV - RT \tag{5.1.43}$$

这些结果如图 5.1.1 所示(图中的点 3 实际上是在 $V \to \infty$ 处).

图 5.1.1 中面积 2342 的负值表示余体焓 ψ，面积 12341 表示内压能 y，而面积 1241 表示 y 和 $-\psi$ 的差值，即 $y + \psi$.由式(5.1.43)或图 5.1.1 均可看出，只有实际气体在某状态的压缩因子

$$Z = \frac{pV}{RT} = 1 \tag{5.1.44}$$

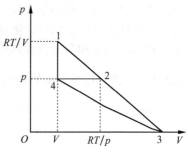

图 5.1.1　y 与 ψ 间关系的示意图

时，y 与 $-\psi$ 的值相同，一般情况下两者是有差别的.利用 y 和 ψ 的关系，可以由 y 求 ψ，或由 ψ 求 y.例如，对于满足 Beattie 方程[4]

$$V = \frac{RT}{p} + \frac{\beta}{RT} + \frac{\gamma}{R^2 T^2}p + \frac{\delta}{R^3 T^3}p^2 \tag{5.1.45}$$

的气体(式中 $\beta = RTB_0 - A_0 - Rc/T^2$，$\gamma = -RTB_0 b + A_0 a - RB_0 c/T^2$，$\delta = RB_0 bc/T^2$，而 A_0、B_0、a、b 和 c 都是常数)，可求得

$$\psi = \int_0^p \left(\frac{\beta}{RT} + \frac{\gamma}{R^2 T^2}p + \frac{\delta}{R^3 T^3}p^2\right)\mathrm{d}p_T = \frac{\beta}{RT}p + \frac{1}{2}\frac{\gamma}{R^2 T^2}p^2 + \frac{1}{3}\frac{\delta}{R^3 T^3}p^3 \tag{5.1.46}$$

再利用式(5.1.42)可得

$$y = -\frac{\beta}{RT}p - \frac{1}{2}\frac{\gamma}{R^2T^2}p^2 - \frac{1}{3}\frac{\delta}{R^3T^3}p^3 - RT\ln\frac{pV}{RT} + pV - RT$$

$$= \frac{1}{2}\frac{\gamma}{R^2T^2}p^2 + \frac{2}{3}\frac{\delta}{R^3T^3}p^3 - RT\ln\left(1 + \frac{\beta}{R^2T^2}p + \frac{\gamma}{R^3T^3}p^2 + \frac{\delta}{R^4T^4}p^3\right) \quad (5.1.47)$$

而直接应用式(5.1.5)计算满足 Beattie 方程的气体内压能 y 是不容易的. 可见, 有了 y 与 ψ 的关系式, 可使余函数的特性函数的计算更为简便.

综上所述, 无论是 $p = p(T, V)$ 或 $V = V(T, p)$ 型的状态方程, 都可以简便地应用余函数的特性函数来计算所需的余函数 $\Delta X(T, p)$ 或 $\Delta X(T, V)$. 从而可为计算实际气体由 T、V 或 T、p 表示的各项热力学性质提供方便, 避免一些不必要的积分和变量代换所遇到的困难.

5.2 由余函数的特性函数求范德瓦耳斯气体的性质[①]

在热力学中, 要求出可以完全确定一个均匀系的平衡性质的热力学特性函数, 一般需要通过测定体系的物态方程和热容量, 或者需要应用统计物理学的方法, 即从计算配分函数而求得热力学特性函数. 所以, 关于范德瓦耳斯气体的热力学性质, 在热力学教科书中, 一般是用前一种方法求出, 而在统计物理学教科书中, 则用后一种方法求之.

本节将利用 5.1 节给出的热力学余函数的特性函数内压能来计算范德瓦耳斯气体的热力学余函数和热力学性质. 在这个方法中, 只要知道实际气体的物态方程, 并应用相应的理想气体的特性, 便可求出气体的平衡性质. 过程上也较简便, 只要根据状态方程通过一次积分求出内压能, 然后直接应用求微商的过程即可达到目的.

5.2.1 范德瓦耳斯气体的内压能和热力学余函数

应用式(5.1.5)和范德瓦耳斯方程, 可求得范德瓦耳斯气体的内压能为

$$y = \int_V^\infty \left(\frac{RT}{V} - \frac{RT}{V-b} + \frac{a}{V^2}\right)\mathrm{d}V_T = -RT\ln\frac{V}{V-b} + \frac{a}{V} \quad (5.2.1)$$

再应用式(5.1.25)~式(5.1.31), 可求得范德瓦耳斯气体的各热力学余函数分别为

$$\Delta f = -RT\ln\left(1 - \frac{b}{V}\right) - \frac{a}{V} \quad (5.2.2)$$

$$\Delta s = R\ln\left(1 - \frac{b}{V}\right) \quad (5.2.3)$$

$$\Delta u = -\frac{a}{V} \quad (5.2.4)$$

$$\Delta g = -RT\ln\left(1 - \frac{b}{V}\right) + \frac{bRT}{V-b} - \frac{2a}{V} \quad (5.2.5)$$

---

① 严子浚, 陈金灿. 大学物理, 1990, (8): 20-22.

$$\Delta h = \frac{bRT}{V-b} - \frac{2a}{V} \tag{5.2.6}$$

$$\Delta C_V = 0 \tag{5.2.7}$$

$$\Delta C_p = -R + \frac{R}{1 - 2a(V-b)^2/(RTV^3)} \tag{5.2.8}$$

等.

5.2.2 范德瓦耳斯气体的热力学性质

下面将应用式(5.2.2)～式(5.2.8)的结果来求出范德瓦耳斯气体的各热力学函数. 这就需要知道相应的理想气体的热力学性质. 为了明确起见, 我们仅以单原子分子气体为例, 并设理想气体的比热容为常数, 至于双原子分子或多原子分子气体, 以及理想气体的比热容不为常数的情况, 可类似地加以推广, 并无实质上的差别. 对于单原子分子理想气体, 比热容为常数时各热力学函数可表示为

$$u_0 = \frac{3}{2}RT \tag{5.2.9}$$

$$h_0 = \frac{5}{2}RT \tag{5.2.10}$$

$$C_{V0} = \frac{3}{2}R \tag{5.2.11}$$

$$C_{p0} = \frac{5}{2}R \tag{5.2.12}$$

$$s_0 = \frac{3}{2}R\ln T + R\ln V + s_1 \tag{5.2.13}$$

$$f_0 = \frac{3}{2}RT - \frac{3}{2}RT\ln T - RT\ln V - Ts_1 \tag{5.2.14}$$

$$g_0 = \frac{5}{2}RT - \frac{3}{2}RT\ln T - RT\ln V - Ts_1 \tag{5.2.15}$$

式中, s_1 是由参考态确定的一个常数.

应用这些结果和式(5.2.2)～式(5.2.8), 可得单原子分子的范德瓦耳斯气体各热力学函数如下:

$$u = \frac{3}{2}RT - \frac{a}{V} \tag{5.2.16}$$

$$h = \frac{5}{2}RT + \frac{bRT}{V-b} - \frac{2a}{V} \tag{5.2.17}$$

$$C_V = \frac{3}{2}R \tag{5.2.18}$$

$$C_p = \frac{3}{2}R + \frac{R}{1 - 2a(V-b)^2/(RTV^3)} \tag{5.2.19}$$

$$s = \frac{3}{2}R\ln T + R\ln(V-b) + s_1 \tag{5.2.20}$$

$$f = \frac{3}{2}RT - \frac{3}{2}RT\ln T - RT\ln(V-b) - \frac{a}{V} - Ts_1 \tag{5.2.21}$$

$$g = \frac{5}{2}RT - \frac{3}{2}RT\ln T - RT\ln(V-b) - \frac{bRT}{(V-b)} - \frac{2a}{V} - Ts_1 \tag{5.2.22}$$

等. 以上结果与用统计物理学方法所求得的结果完全相同[5]. 这清楚地表明了应用热力学余函数的特性函数方法求实际气体的热力学性质确实有效.

最后应指出, 这种方法不仅适用于求范德瓦耳斯气体的热力学性质, 而且也适用于求其他气体的热力学性质, 事实上, 只要气体的物态方程 $p=p(T,V)$ 知道后, 原则上就可以应用. 所以这种方法不仅简便和有效, 而且具有普遍意义, 很值得进一步推广应用.

5.3 通用的热力学特征函数[①]

应用热力学特征函数(即特性函数)来计算热力学系统的性质, 是一种既简便又可靠的方法. 对于 N 个独立变量的热力学系统, 通过勒让德变换可引入 $2^N\Big(\leqslant \sum\limits_{M=0}^{N} C_N^M$, 这里 C_N^M 为组合数$\Big)$个特征函数[6]. 因此, 如何合理地引进一个通用的特征函数, 是热力学理论研究中一个有意义的问题. 它的建立可使热力学讨论大大简化. 文献[7]根据任意系统的热力学基本方程引入一个称为 M 级内能的通用特征函数, 由此引出一些有意义的结果. 然而这样引入的通用特征函数, 需要很多附加规则, 在本节中要作一些必要的改进, 使之进一步完善.

5.3.1 M 级内能作通用特征函数的不足之处

对于一个任意的热力学系统, 热力学基本方程为

$$\mathrm{d}U = \sum_{i=0}^{N} \omega_i \mathrm{d}\Omega_i \tag{5.3.1}$$

式中, U 为系统的内能; ω_i 和 Ω_i 分别为第 i 种广义力(包括温度 T)和广义坐标(包括熵 S). 根据式(5.3.1), 文献[7]引入一个称为 m 级内能的通用特征函数 $^{(m,\,l,\,g,\,\cdots)}U(\omega_i,\Omega_j)$, 定义为

$$\begin{cases} ^{(m,\,l,\,g,\,\cdots)}U(\omega_i,\,\Omega_j) = {}^{(l,\,g,\,\cdots)}U(\omega_i,\,\Omega_j) - \omega_m\Omega_m \\ m = -1,\,0,\,1,\,2,\,\cdots,\,n, \quad l = 0,\,1,\,2,\,\cdots,\,m-1 \\ g = 0,\,1,\,2,\,\cdots,\,l-1, \quad m > l > g \end{cases} \tag{5.3.2}$$

式中, $^{(l,\,g,\,\cdots)}U(\omega_i,\Omega_j)$ 称为 l 级内能. 左上角标表示该特征函数的级数序号, U 后面括号内表示该函数的独立变量, 其中下角标 i 的变化取与级数序号对应的全部序号, j

---

① 陈金灿, 严子浚. 厦门大学学报, 1991, 30(4): 365-368.

代表除去级数序号外的其他序号. 所有序号均由式(5.3.1)定义.

按式(5.3.2)定义的通用特征函数, 有三点不足, 分述如下:

(1) 要从通用特征函数的定义式(5.3.2)写出 m 级内能的 2^m 个特征函数时, 需要应用文献[7]中的五条附加规则. 这自然是很不方便. 而更重要的是, 只要引进更完善的通用特征函数, 便可获得较满意的理论结果, 可完全避免这种不必要的麻烦.

(2) 以 m 级内能作为通用特征函数, 所得到的 2^m 个特征函数的具体形式与式(5.3.1)右端各项的排列次序有关. 例如, 对于热力学基本方程为

$$dU = TdS - pdV + Xdx + Ydy \tag{5.3.3}$$

的热力学系统, 按式(5.3.2), 四个二级内能的形式为

$$^{(2, 1, 0)}U = U(T, p, X, y), \qquad ^{(2, 1)}U = U(S, p, X, y)$$
$$^{(2, 0)}U = U(T, V, X, y), \qquad ^{(2)}U = U(S, V, X, y)$$

但若把式(5.3.3)改写成

$$dU = TdS - pdV + Ydy + Xdx \tag{5.3.4}$$

则四个二级内能的形式变为

$$^{(2, 1, 0)}U = U(T, p, X, y), \qquad ^{(2, 1)}U = U(S, p, Y, x)$$
$$^{(2, 0)}U = U(T, V, Y, x), \qquad ^{(2)}U = U(S, V, Y, x)$$

这清楚地表明了当热力学基本方程右端各项的排列次序改变时, m 级内能的级数也随之改变, 这样级数的含义就难于统一, 应用中容易造成混乱.

(3) 同级内能中各特征函数缺乏明显的共同特征. 虽然它们各自所含有的变量数目相同, 但所含的同一类变量(广义坐标或广义力)的数目却不一样. 以上所指出的级数较难统一, 也与此有关, 很有必要改进.

5.3.2　M 级内能

为了克服文献[7]的通用特征函数的三点不足, 下文引进称为 M 级内能的通用特征函数. 为此, 将式(5.3.1)改写成

$$dU = \sum_{i=1}^{N} \omega_i d\Omega_i \tag{5.3.5}$$

再根据式(5.3.5), 定义 M 级内能通用特征函数 $U_{N, g_M, g_{M-1}, \cdots, g_1}^{M}(\omega_i, \Omega_j)$ (为了表示与文献[7]的 m 级内能不同, 此处用大写 U 表示内能)

$$\begin{cases} U_{N, g_M, g_{M-1}, \cdots, g_1}^{M}(\omega_i, \Omega_j) = U_{N, g_{M-1}, \cdots, g_1}^{M-1}(\omega_i, \Omega_j) - \omega_{g_M}\Omega_{g_M} \\ M = 0, 1, 2, \cdots, N, \quad N \geqslant g_M > g_{M-1} > \cdots > g_1 \geqslant 1 \end{cases} \tag{5.3.6}$$

式中, U 的右下角标 N 表示系统的独立变量的数目, 而 U 后面括号内的 ω_i 和 Ω_j 表示该函数的独立变量, 其中下角标 i 取 $g_1, g_2, \cdots, g_M$ 的全部序号, 下角标 j 取 1 至 N 中除去 $g_1, g_2, \cdots, g_M$ 以外的其他序号, 它表明了 U 后面括号内的 N 个独立变量中有 M 个广义力和 $N-M$ 个广义坐标.

由此定义可得, 零级内能 $U_N^0(\omega_i, \Omega_j)$ 即为以特征变量 $\Omega_1, \Omega_2, \cdots, \Omega_N$ 所表示的

系统的内能 U,表示式为

$$U_N^0(\omega_i, \Omega_j) = U(\Omega_j) = U(\Omega_1, \Omega_2, \cdots, \Omega_N), \quad C_N^0 \text{ 个} \tag{5.3.7}$$

而其他各级内能分别为

$$U_{N, g_1}^1(\omega_i, \Omega_j) = U(\Omega_j) - \omega_{g_1}\Omega_{g_1}, \quad g_1 = 1, 2, \cdots, N, \quad C_N^1 \text{ 个} \tag{5.3.8}$$

$$\cdots$$

$$\left.\begin{array}{l} U_{N, g_M, g_{M-1}, \cdots, g_1}^M(\omega_i, \Omega_j) = U(\Omega_j) - \omega_{g_1}\Omega_{g_1} - \omega_{g_2}\Omega_{g_2} - \cdots - \omega_{g_M}\Omega_{g_M} \\ 1 \leqslant g_1 < g_2 < \cdots < g_M \leqslant N \end{array}\right\}, \quad C_N^M \text{ 个}$$

$$\tag{5.3.9}$$

$$\cdots$$

$$U_{N, N, N-1, \cdots, 1}^M(\omega_i, \Omega_j) = U_N^N(\omega_1, \omega_2, \cdots, \omega_N), \quad C_N^N \text{ 个} \tag{5.3.10}$$

以上诸式都清楚地表明了级数 M 正与内能 U 经过勒让德彼变换的次数相对应.

由式(5.3.6)表示的通用特征函数比式(5.3.2)更明确,不附加任何规则,可克服式(5.3.2)中的不足之处.

5.3.3 M 级内能特征函数的三个特点

M 级内能除了具有一般特征函数的性质外,还具有三个特点,分述如下:

(1) 对具有 N 个独立变量的热力学系统,M 级内能的个数为 C_N^M. 因此,要写出 M 级内能中的 C_N^M 个不同的特征函数时,只要根据组合规则写组 $g_M, g_{M-1}, \cdots, g_1$ 便可得到. 这自然比应用式(5.3.2)需要附加其他规则方便. 又因 $\sum_{M=0}^{N} C_N^M = 2^N$,所以由式(5.3.6)容易证明 N 个独立变量的热力学系统,共有 2^N 个不同的特征函数.

(2) M 级内能 $U_{N, g_M, g_{M-1}, \cdots, g_1}^M(\omega_i, \Omega_j)$ 中的 C_N^M 个不同的特征函数具有一个明显的共同特征,它们都是以 M 个广义力和 $N-M$ 个广义坐标作为独立变量. 所以 M 级内能的级数 M 恰与其独立变量中广义力的数目相对应,也就是与内能 U 经过勒让德变换的次数相对应.

(3) M 级内能的级数不随热力学基本方程右端各项的排列次序改变而改变. 这样级数就有确定的意义,当热力学基本方程确定后,级数也就随之确定,而当热力学基本方程确定后,文献[7]的 m 级内能的级数 m 还不能完全确定,这显然是不够完善的.

下面再举个简例来说明,当系统的热力学基本方程为

$$dU = TdS - pdV \tag{5.3.11}$$

时,$N=2$,通过勒让德变换可引入 $2^2=4$ 个特征函数. 根据式(5.3.6),这 4 个特征函数分别为

$$U_2^0(\Omega_1, \Omega_2) = U(S, V)$$

$$U_{2,1}^1(\omega_1, \Omega_2) = F(T, V), \quad U_{2,2}^1(\Omega_1, \omega_2) = H(S, p)$$

$$U_{2,2,1}^2(\omega_1, \omega_2) = G(T, p)$$

这明确指出了该系统的内能 U 是零级内能,自由能 F 和焓 H 是一级内能,吉布斯函

数 G 是二级内能,而各自的级数与其独立变量中广义力的数目相对应.若用式(5.3.2)所定义的 m 级内能,情况就不是这样,自由能和焓究竟是几级内能不是确定的.当基本方程写成式(5.3.11)的形式时,自由能是零级内能,焓是一级内能;而基本方程写成

$$dU = -pdV + TdS \qquad (5.3.12)$$

的形式时,自由能是一级内能,焓是零级内能.这显然不太合理,因为方程(5.3.12)与方程(5.3.11)没有任何实质上的差别.因此,以 M 级内能表示通用特征函数较为优越.

5.3.4　由通用特征函数导得系统热力学性质

由式(5.3.5)和式(5.3.9)可得

$$dU^M_{N, g_M, g_{M-1}, \cdots, g_1}(\omega_i, \Omega_j) = -\sum_{i \neq j}^N \Omega_i d\omega_i + \sum_{j \neq i}^N \omega_j d\Omega_j \qquad (5.3.13)$$

式(5.3.13)清楚地表明,由式(5.3.6)定义的 M 级内能的全微分方程与文献[7]中所定义的 m 级内能的全微分方程满足相同的规则,即 M 级内能的全微分等于该函数独立变量的全微分与该独立变量的共轭量的乘积的线性组合.当独立变量为广义坐标 Ω_j 时,线性组合项 $\omega_j d\Omega_j$ 取正号,反之取负号.

由式(5.3.13)又可得

$$\frac{\partial U^M_{N, g_M, g_{M-1}, \cdots, g_1}(\omega_i, \Omega_j)}{\partial \omega_i} = -\Omega_i \qquad (5.3.14)$$

$$\frac{\partial U^M_{N, g_M, g_{M-1}, \cdots, g_1}(\omega_i, \Omega_j)}{\partial \Omega_j} = \omega_j \qquad (5.3.15)$$

再由全微分条件得

$$\left(\frac{\partial \Omega_i}{\partial \Omega_j}\right)_{j \neq i} = -\left(\frac{\partial \omega_j}{\partial \omega_i}\right)_{i \neq j} \qquad (5.3.16)$$

$$\left(\frac{\partial \Omega_i}{\partial \omega_j}\right)_{j \neq i} = \left(\frac{\partial \Omega_j}{\partial \omega_i}\right)_{i \neq j} \qquad (5.3.17)$$

将式(5.3.14)代入式(5.3.9),得

$$U(\Omega_j) = U^M_{N, g_M, g_{M-1}, \cdots, g_1}(\omega_i, \Omega_j) - \omega_{g_1} \frac{\partial U^M_{N, g_M, g_{M-1}, \cdots, g_1}(\omega_i, \Omega_j)}{\partial \omega_{g_1}}$$

$$- \omega_{g_2} \frac{\partial U^M_{N, g_M, g_{M-1}, \cdots, g_1}(\omega_i, \Omega_j)}{\partial \omega_{g_2}}$$

$$- \cdots - \omega_{g_M} \frac{\partial U^M_{N, g_M, g_{M-1}, \cdots, g_1}(\omega_i, \Omega_j)}{\partial \omega_{g_M}} \qquad (5.3.18)$$

这些式子表明了当 M 级内能给定后,系统的状态方程、熵、内能以及其他所有热力学函数和关系式均可导得.这正是表明了 M 级内能确具有通用特性函数应有的特征.

总之，由式(5.3.6)定义的 M 级内能是一个合乎理论要求和便于推广应用的通用特征函数. 它既克服了文献[7]中的不足之处，又保留了特征函数应有的特征. 应用它可使热力学系统的性能讨论大为简化.

参 考 文 献

[1] 严家騄,孙同范. 热力学余函数的特性函数——内压能[J]. 工程热物理学报,1983,4(3):217-219.

[2] 严家騄,孙同范. 热力学余函数的特性函数——内压能[J]. 自然杂志,1983,6(5):396.

[3] Kestin J. A Course in Thermodynamics [M]. Vol. 1. New York:McGraw-Hill,1979.

[4] Hsieh J S. Principle of Thermodynamics [M]. Washington DC:Scripta Book Co. ,1975.

[5] 朗道 ЛД,栗弗席兹 E M. 统计物理学[M]. 杨训恺,等译. 北京:人民教育出版社,1964.

[6] 龚昌德. 热力学与统计物理学[M]. 北京:高等教育出版社,1982.

[7] 许启明. 热力学特征函数[J]. 科学通报,1989,34(18):1379-1382.

第6章　广义卡诺循环

卡诺定理指出，所有工作于两个温度之间的热机，以可逆机的效率为最高[1]. 从卡诺定理可以推出，所有工作于两个温度之间的可逆热机，其效率相等，并与工质、热机形式以及循环组成无关[2].

卡诺循环是热力学循环中最基本的一个循环. 在热学和热力学的教科书中，通常以理想气体的可逆卡诺循环为例，计算出工作在温度分别为 T_H 和 T_L 的两个热源间的热机效率为 $\eta_C = 1 - T_L/T_H$. 根据卡诺定理可知，所有工作在温度分别为 T_H 和 T_L 的两个热源间的热机，其效率都不可能超过卡诺效率 η_C.

显然，工作在温度分别为 T_H 和 T_L 的两个热源间的热机，除了可逆卡诺循环的效率可达到卡诺效率外，还有其他的可逆循环的效率可达到卡诺效率. 例如，强迫卡诺循环[3]、类卡诺循环[4]、具有理想回热的斯特林循环[5]和埃里克森循环，其效率都可以达到卡诺效率. 另外，当两个热源的热容量有限时，即使循环是可逆的，热机的效率也不可能达到卡诺效率 η_C. 在本章中，将围绕上述问题讨论相关的热力学循环（即广义卡诺循环）的性质，从而得出一些有意义的结果.

6.1　理想气体卡诺循环[①]

由两个等温过程和两个绝热过程组成的卡诺循环是一种最简单而在理论上又最重要的循环. 当以气体为工质时，它的 p-V 图如图 6.1.1 所示，图中 T_H 和 T_L 分别为高低热源的温度，Q_1 和 Q_2 分别为循环的吸热量和放热量. 在热学和热力学的教科书中，基于图 6.1.1 计算理想气体卡诺循环的效率时，通常用到比热比 $\gamma = C_p/C_V$ 为常数这一近似条件. 如何做到不用比热比 $\gamma = C_p/C_V$ 为常数这一个条件，而严格证明理想气体卡诺循环的效率

$$\eta_C = 1 - \frac{T_L}{T_H} \qquad (6.1.1)$$

确实是普通物理热学教学过程中值得注意的一个问题.

如果可以用熵来证明卡诺循环的效率，那将是极

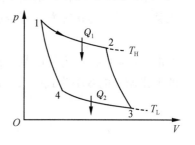

图 6.1.1　卡诺循环的 p-V 图

①　严子浚. 大学物理，1993，12(4)：18-19.

其简单又极为普遍的，只要根据可逆卡诺循环的总熵变 $Q_1/T_H - Q_2/T_L = 0$，一步就能得到对任意工质(不仅理想气体)的卡诺循环都适用的结果，根本用不着作繁长的证明. 然而在普通物理热学教学中，讲授理想气体卡诺循环的效率一般是在热力学第二定律之前，所以用熵来证明是不妥的，通常只能应用热力学第一定律及理想气体的性质. 如下给出一种较好的证明方法.

对于理想气体卡诺循环，根据理想气体的内能 U 仅是温度的函数[即 $U = U(T)$]和 $pV = nRT$，以及热力学第一定律，可求得其效率为

$$\eta_c = 1 - \frac{Q_2}{Q_1} = 1 - \frac{T_L \ln(V_3/V_4)}{T_H \ln(V_2/V_1)} \tag{6.1.2}$$

再根据理想气体准静态绝热过程的热力学第一定律 $dU = -pdV$，可得

$$\frac{dV}{V} = -\frac{dU(T)}{nRT} \tag{6.1.3}$$

将式(6.1.3)应用于循环中从状态 2 到 3 和 4 到 1 的两个绝热过程，可得

$$\ln \frac{V_3}{V_2} = \int_{T_L}^{T_H} \frac{dU(T)}{nRT} \tag{6.1.4}$$

$$\ln \frac{V_1}{V_4} = \int_{T_H}^{T_L} \frac{dU(T)}{nRT} \tag{6.1.5}$$

而由式(6.1.4)和式(6.1.5)，可得

$$\frac{V_3}{V_4} = \frac{V_2}{V_1} \tag{6.1.6}$$

再将式(6.1.6)代入式(6.1.2)，即得理想气体卡诺循环的效率，即式(6.1.1).

这种证明方法既简捷又严格；既不需要用到 γ 为常数的假定，又直接应用理想气体准静态绝热过程的热力学第一定律表达式. 所以，它是热学教学中可取的一种方法，思路清晰. 还值得指出，在这个证明中所用的 T，都是指理想气体绝对温度，而不是热力学温度，因为证明中不涉及热力学第二定律.

事实上，只要物质系统的内能仅是温度的函数而与系统做功项(Ydy)的外参量 y 无关，且系统的状态方程可表示为[6]

$$Y = T\varphi(y) \tag{6.1.7}$$

的形式(其中 $\varphi(y)$ 为 y 的某一函数)，应用热力学第一定律就能求出以该物质为工质的卡诺循环的效率为式(6.1.1)所表示. 因为在这种情况下，卡诺循环的效率可表示为

$$\eta_c = 1 - \frac{T_L}{T_H} \frac{\int_{y_4}^{y_3} \varphi(y)dy}{\int_{y_1}^{y_2} \varphi(y)dy} \tag{6.1.8}$$

而循环中两绝热过程方程分别为

$$\int_{y_2}^{y_3} \varphi(y)dy = \int_{T_L}^{T_H} \frac{dU(T)}{T} \tag{6.1.9}$$

$$\int_{y_4}^{y_1} \varphi(y)\mathrm{d}y = \int_{T_H}^{T_L} \frac{\mathrm{d}U(T)}{T} \tag{6.1.10}$$

由此可得

$$\int_{y_4}^{y_3} \varphi(y)\mathrm{d}y = \int_{y_1}^{y_2} \varphi(y)\mathrm{d}y \tag{6.1.11}$$

式中，$y_i(i=1,2,3,4)$为外参量 y 在状态点 i 的值. 现将式(6.1.11)代入式(6.1.8)即得理想气体卡诺循环的效率为式(6.1.1)所表示.

还值得指出，利用上述方法不仅可以简便地求出以理想气体为工质的卡诺循环的效率，而且可方便地计算出满足式(6.1.7)的物质为工质的卡诺循环的效率. 例如，当以满足居里定律

$$M = \frac{C_C}{T}H \tag{6.1.12}$$

的顺磁质为工质时(其中 M 和 H 分别为顺磁盐的磁化强度和磁场强度，C_C 为居里常数)，$\varphi(y)=M/C_C$ 和 $y=M$，应用式(6.1.8)~式(6.1.11)可直接证明以满足居里定律的顺磁质为工质卡诺循环的效率为式(6.1.1)所表示[6]. 因为满足居里定律的顺磁质和理想气体的状态方程都具有式(6.1.7)的形式，且内能都仅是温度的函数而与外参量 y 无关，所以应用热力学第一定律就能求出以满足居里定律的顺磁质和理想气体为工质的卡诺循环的效率为式(6.1.1)所表示，而不需要另加其他近似条件或其他定律.

6.2 非理想气体卡诺循环[①]

《非理想气体卡诺循环》一文[7]对理想气体卡诺循环效率为 $\eta_C = 1 - T_L/T_H$ 的证明提出如下两个问题：

(1) 由于理想气体绝热过程 $pV^\gamma =$ 常量是假定 $\gamma = \frac{C_p}{C_V}$ 为一与温度无关的常数而得到的一近似方程，故容易使人怀疑由绝热过程所得到的证明结果也同样具有近似性.

(2) 由于只是借助于理想气体为循环物质证明式(6.1.1)的成立，故容易使人怀疑用其他物质作为循环物质是否也能得到同样的证明结果.

这两个问题在热学和热力学教学中确实存在. 对于第 1 个问题，6.1 节作了专门的讨论，已经解决. 对于第 2 个问题，虽然卡诺定理已指出式(6.1.1)与循环的工作物质无关，但初学者常有怀疑，对于其他工作物质，是否也像理想气体卡诺循环那样直接证明式(6.1.1)[8]. 有些教科书还设有此类练习[9].

文献[9]为解决这个问题，基于热力学第一定律

$$\mathrm{d}Q = \mathrm{d}U + p\mathrm{d}V \tag{6.2.1}$$

① 严子浚，陈金灿. 物理通报，1994,(6):3-4.

和内能微分式

$$dU = C_V dT + \left[T\left(\frac{\partial p}{\partial T}\right)_V - p \right] dV \qquad (6.2.2)$$

对式(4.1.12)所表示的范德瓦耳斯气体作了具体计算,证明了式(6.1.1).但文献[9]认为,对于更复杂的气体物态方程,应用式(6.2.1)和式(6.2.2)来证明式(6.1.1)会遇到困难,以致未能使问题解决.

本节将证明,对于任意气体工质的卡诺循环,由式(6.2.1)和式(6.2.2)也能求出式(6.1.1).文献[8]所认为的困难事实上是不存在的,上述的第2个问题可获得解决.具体证明如下:

将式(6.2.2)代入式(6.2.1),可得

$$dQ = C_V dT + T\left(\frac{\partial p}{\partial T}\right)_V dV \qquad (6.2.3)$$

由于内能是态函数,故式(6.2.2)是全微分,因而由全微分条件可得

$$\left(\frac{\partial C_V}{\partial V}\right)_T = T\left(\frac{\partial^2 p}{\partial T^2}\right)_V \qquad (6.2.4)$$

应用式(6.2.4),可将 C_V 写成

$$C_V = C_V^0(T) + T\int \left(\frac{\partial^2 p}{\partial T^2}\right)_V dV \qquad (6.2.5)$$

式中,$C_V^0(T)$ 仅是温度的函数,而积分是沿着等温线进行的.将式(6.2.5)代入式(6.2.3),可得

$$\frac{dQ}{T} = \frac{C_V^0(T)dT}{T} + \left[\int \left(\frac{\partial^2 p}{\partial T^2}\right)_V dV\right]dT + \left(\frac{\partial p}{\partial T}\right)_V dV \qquad (6.2.6)$$

显然,式(6.2.6)右端的后两项是个全微分式,因为满足全微分条件

$$\frac{\partial}{\partial V}\left[\int \left(\frac{\partial^2 p}{\partial T^2}\right)_V dV\right] = \frac{\partial}{\partial T}\left(\frac{\partial p}{\partial T}\right)_V \qquad (6.2.7)$$

因此,可将式(6.2.6)写成

$$\frac{dQ}{T} = \frac{C_V^0(T)dT}{T} + dF(T, V) \qquad (6.2.8)$$

式中,$F(T, V)$ 是由工质的物态方程所确定的 T、V 的某一函数.当物态方程给定后,它的形式也就确定了.例如,对于范德瓦耳斯气体,$dF(T, V) = \left(\frac{R}{V-b}\right)dV$.

将式(6.2.8)用于任意气体工质卡诺循环中温度分别为 T_H 和 T_L 的 1→2 和 3→4 的两个等温过程,如图6.1.1所示,可得工质在这两个过程中吸收和放出的热量分别为

$$Q_1 = T_H[F(T_H, V_2) - F(T_H, V_1)] \qquad (6.2.9)$$

$$Q_2 = T_L[F(T_L, V_3) - F(T_L, V_4)] \qquad (6.2.10)$$

而将式(6.2.8)用于该卡诺循环中的 2→3 和 4→1 的两个绝热过程,可得

$$\int_{T_H}^{T_L} \frac{C_V^0(T)dT}{T} + F(T_L, V_3) - F(T_H, V_2) = 0 \qquad (6.2.11)$$

$$\int_{T_L}^{T_H} \frac{C_V^0(T)\mathrm{d}T}{T} + F(T_H, V_1) - F(T_L, V_4) = 0 \qquad (6.2.12)$$

而由式(6.2.11)和式(6.2.12)，可得

$$F(T_L, V_3) - F(T_L, V_4) = F(T_H, V_2) - F(T_H, V_1) \qquad (6.2.13)$$

再由热力学第一定律和式(6.2.9)、式(6.2.10)和式(6.2.13)，可得卡诺循环的效率为

$$\eta_C = 1 - \frac{Q_2}{Q_1} = 1 - \frac{T_L}{T_H}$$

这样就直接证明了任意气体工质的卡诺循环效率亦由式(6.1.1)所示.

　　这个证明方法既简捷又严格，同时思路清晰. 它比理想气体卡诺循环效率的证明更为普遍，所不同的就是用式(6.2.2)替代了理想气体的焦耳定律[8]. 而理想气体遵从焦耳定律，内能仅是温度的函数，所以证明过程较为简单. 对于范德瓦耳斯气体，虽然内能不仅是温度的函数，而且还与体积有关，但定容热容 C_V 仅是温度的函数，因而不必应用式(6.2.5)将 C_V 分解成两部分，证明过程也比较简单. 文献[8]正是基于范德瓦耳斯气体的 C_V 仅是温度的函数而对范德瓦耳斯气体作了证明. 对于一般气体和其他物质，C_V 不仅是温度的函数，而且还与其他参数有关，需要应用式(6.2.5)将它分解成两项后才能作出证明.

6.3　强迫卡诺循环[①]

　　3.4 节在 Agrawal 和 Menon 提出的强迫绝热过程[10]概念的基础上，引进另外一个新的概念，即吸收的净热量和产生的净熵增等于零的强迫绝热等熵过程，而在该过程中的微热量的传递和微熵增不需要等于零. 进而以强迫绝热过程概念为基础引入强迫卡诺循环概念，并由此讨论一些有意义的例子及其可能的应用.

　　众所周知，卡诺循环满足如下两个基本方程：

$$W = Q_1 - Q_2 \qquad (6.3.1)$$

和

$$\frac{Q_1}{T_H} - \frac{Q_2}{T_L} = 0 \qquad (6.3.2)$$

式中，Q_2、Q_1 和 W 分别是放出的、吸收的热量和卡诺循环的输出功. 当一个卡诺循环中的两个绝热过程是由两个强迫绝热等熵过程替代时，式(6.3.1)和式(6.3.2)保持不变，且循环效率与原来的卡诺循环效率相同. 这种由两个等温过程和两个强迫绝热等熵过程组成的循环可称为强迫卡诺循环. 由于此类循环的效率可等于卡诺循环效率，所以在理论上是一类重要的循环.

　　当一个卡诺循环中的两个绝热过程是由两个强迫绝热过程替代时，式(6.3.1)保持不变而式(6.3.2)并不总是成立. 显然，此类循环的效率与两个强迫绝热过程中的

　① 　Yan Z, Chen J. Phys. Lett. A, 1991，160(16)：515-517.

热容量 C 密切相关. 仅当两个强迫绝热过程中的热容量 C_1 和 C_2 作如此选取以至于两个强迫绝热过程的熵变

$$\Delta S_{LH} = \int_{T_L}^{T_H} \frac{C_1}{T} dT = \int_{T_L}^{T_H} \frac{C_2}{T} dT \tag{6.3.3}$$

时, 式(6.3.2)才是成立的, 且循环效率等于原来的卡诺循环效率. 由此表明, 在理论上由两个等温过程和两个强迫绝热过程组成的循环也是一类重要的循环, 其中两强迫绝热过程必须满足约束条件式(6.3.3). 因而这种循环也可称作强迫卡诺循环. 可见, 提出强迫绝热过程和强迫绝热等熵过程的重要性在于: 由这些过程和两个等温过程可组成一类重要的热力学循环, 即强迫卡诺循环.

由式(6.3.3)可知, 当所选取的热容量 C 使 $\Delta S_{LH}=0$ 得到满足时, 强迫绝热过程就成为强迫绝热等熵过程. 这意味着在上述两类强迫卡诺循环中, 后一类强迫卡诺循环可包含前一类强迫卡诺循环. 下面我们所要研究的强迫卡诺循环就是指后一类强迫卡诺循环, 即由两个等温过程和满足约束条件式(6.3.3)的两个强迫绝热过程组成的循环.

为了进一步探讨强迫卡诺循环的特性及其可能的应用, 我们讨论两种强迫卡诺循环分别以理想气体和顺磁盐物质作为工质且设该循环中的强迫绝热过程为最简单的情况. 根据文献[10], 最简单的强迫绝热过程的 $q(T)$ 可表示为

$$q(T) = \alpha - \frac{1}{2}\beta R \frac{(T-T_\circ)^2}{T_H - T_L} \tag{6.3.4}$$

而该过程的熵变为

$$\Delta S_{LH} = -\beta R \left[1 - \frac{T_\circ}{T_H - T_L} \ln\left(\frac{T_H}{T_L}\right) \right] \tag{6.3.5}$$

式中, $T_\circ = \frac{1}{2}(T_H + T_L)$; α 和 β 是两个参量. 这表明, 当由具有相同 β 的两个强迫绝热过程用于替代卡诺循环中的两绝热过程时, 可获得一个强迫卡诺循环.

对于以理想气体为工质的强迫卡诺循环中的强迫绝热过程, 终态与初态的体积比 V_f/V_i 与压强比 p_f/p_i 分别由

$$\frac{V_f}{V_i} = \left(\frac{T_H}{T_L}\right)^G e^{-\beta} \tag{6.3.6}$$

和

$$\frac{p_f}{p_i} = \left(\frac{T_H}{T_L}\right)^{1-G} e^{-\beta} \tag{6.3.7}$$

确定, 其中 $G = \beta T_\circ/(T_H - T_L) - C_V/R$. 式(6.3.6)和式(6.3.7)表明, 对于强迫卡诺循环中的两个强迫绝热过程, 要求具有相同的 β 对应于要求具有相同的体积比 V_f/V_i 或压强比 p_f/p_i. 因而, 由式(6.3.6)和式(6.3.7)可得

$$\beta = \frac{\ln\left[\left(\frac{V_f}{V_i}\right)\left(\frac{T_H}{T_L}\right)^{C_V/R}\right]}{\frac{T_\circ}{T_H - T_L}\ln\left(\frac{T_H}{T_L}\right) - 1} = \frac{\ln\left[\left(\frac{p_i}{p_f}\right)\left(\frac{T_H}{T_L}\right)^{C_p/R}\right]}{\frac{T_\circ}{T_H - T_L}\ln\left(\frac{T_H}{T_L}\right) - 1} \tag{6.3.8}$$

当 $V_f/V_i = 1$ 时

$$\beta = \frac{\dfrac{C_V}{R}\ln\left(\dfrac{T_H}{T_L}\right)}{\dfrac{T_o}{T_H - T_L}\ln\left(\dfrac{T_H}{T_L}\right) - 1} \tag{6.3.9}$$

在这种情况下,强迫卡诺循环由两个等温过程和两个强迫绝热等容过程组成,则可称其为强迫卡诺-斯特林循环. 此类循环同时兼有卡诺循环和斯特林循环的一些优点,以至于可以克服卡诺循环或斯特林循环中存在的某些缺陷.

当 $p_f/p_i = 1$ 时

$$\beta = \frac{\dfrac{C_p}{R}\ln\left(\dfrac{T_H}{T_L}\right)}{\dfrac{T_o}{T_H - T_L}\ln\left(\dfrac{T_H}{T_L}\right) - 1} \tag{6.3.10}$$

在这种情况下,强迫卡诺循环由两个等温过程和两个强迫绝热等压过程组成,则可称其为强迫卡诺-埃里克森循环. 此类循环同时兼有卡诺循环和埃里克森循环的一些优点,以至于可以克服卡诺循环或埃里克森循环中存在的某些缺陷.

当 $\beta = 0$ 时,可得理想气体的绝热方程为

$$\frac{V_f}{V_i} = \left(\frac{T_H}{T_L}\right)^{-C_V/R}, \qquad \frac{p_f}{p_i} = \left(\frac{T_H}{T_L}\right)^{C_p/R} \tag{6.3.11}$$

这时,强迫卡诺循环成为卡诺循环.

对于遵从居里定律[即式(6.1.12)]的顺磁盐物质,强迫卡诺循环中强迫绝热过程的顺磁盐磁化强度 M 与磁场强度 H 的变化可分别表示为

$$M_f^2 - M_i^2 = \frac{2C_C}{\mu_0}\left[\int_{T_L}^{T_H}\frac{C_M(T)}{T}dT + \beta R\left(1 - \frac{T_o}{T_H - T_L}\ln\frac{T_H}{T_L}\right)\right] \tag{6.3.12}$$

和

$$\frac{H_f^2}{T_H^2} - \frac{H_i^2}{T_L^2} = \frac{2}{\mu_0 C_C}\left[\int_{T_L}^{T_H}\frac{C_M(T)}{T}dT + \beta R\left(1 - \frac{T_o}{T_H - T_L}\ln\frac{T_H}{T_L}\right)\right] \tag{6.3.13}$$

式中,C_C 是居里常数;μ_0 为真空磁导率;M_i 和 M_f 分别为此过程中初态和末态的磁化强度;H_i 和 H_f 分别为此过程中初态和末态的磁场强度;$C_M(T)$ 是等磁化强度的热容量且仅为温度 T 的函数[11]. 式(6.3.12)和式(6.3.13)表明,对于以顺磁盐物质为工质的强迫卡诺循环中的两个强迫绝热过程,要求具有相同的 β 对应于要求具有相同的 $M_f^2 - M_i^2$ 或 $H_f^2/T_H^2 - H_i^2/T_L^2$. 因而,由式(6.3.12)和式(6.3.13)可得

$$\begin{aligned}
\beta &= \left(\int_{T_L}^{T_H}\frac{C_M(T)}{RT}dT - \frac{\mu_0}{2RC_C}(M_f^2 - M_i^2)\right)\left(\frac{T_o}{T_H - T_L}\ln\frac{T_H}{T_L} - 1\right)^{-1} \\
&= \left[\int_{T_L}^{T_H}\frac{C_M(T)}{RT}dT - \frac{\mu_0 C_C}{2R}\left(\frac{H_f^2}{T_H} - \frac{H_i^2}{T_L^2}\right)\right]\left(\frac{T_o}{T_H - T_L}\ln\frac{T_H}{T_L} - 1\right)^{-1}
\end{aligned} \tag{6.3.14}$$

当 $M_f = M_i$ 时

$$\beta = \int_{T_L}^{T_H} \frac{C_M(T)}{RT} dT \left(\frac{T_o}{T_H - T_L} \ln \frac{T_H}{T_L} - 1 \right)^{-1} \qquad (6.3.15)$$

在这种情况下,强迫卡诺循环由两个等温过程和两个强迫绝热等磁化强度过程组成,则可称其为强迫磁卡诺-斯特林循环. 此类循环同时兼有磁卡诺循环和磁斯特林循环的一些优点,以至于在某些情况下可用来替代磁卡诺循环或磁斯特林循环.

当 $\beta = 0$ 时,强迫卡诺循环成为卡诺循环,由此可得满足居里定律的顺磁盐物质的绝热方程为

$$\int_{T_L}^{T_H} \frac{C_M(T)}{T} dT = \frac{\mu_0}{2C_C}(M_f^2 - M_i^2) \qquad (6.3.16)$$

值得注意的是,我们不可能获得由两个等温过程和两个强迫绝热等磁场过程组成的强迫卡诺循环,因为对于顺磁盐工质,循环中的两个强迫绝热等磁场过程不可能满足式(6.3.3)的要求.

上述结果表明,如果用满足式(6.3.3)的强迫绝热过程替代卡诺循环中的绝热过程或替代具有理想回热的循环(如理想气体斯特林循环、磁斯特林循环、理想气体埃里克森循环等),我们可以得到一系列新的循环,其效率都等于卡诺循环效率.

总之,强迫卡诺循环在理论上和实际应用中都是非常重要的. 当然,如何制造出具有强迫卡诺循环的热机或制冷机,仍然是一个需要进一步研究的课题.

6.4 类卡诺循环

在 6.3 节中,讨论了由两个等温过程和满足约束条件式(6.3.3)的两个强迫绝热过程组成的强迫卡诺循环. 本节继续讨论由两个等温过程和两个广义多方过程组成的循环,即类卡诺循环.

6.4.1 广义多方过程[①]

多方过程是讨论理想气体性质时引进的一类很有用的理想可逆过程. 在 3.1 节中已经指出,理想气体多方过程的最基本特征是功容为常量,即过程的热容量与定容热容量之差为常量. 当热力学系统某一过程的热容量与定容热容量之差不是常数,而仍然仅是温度的函数时,该过程显然不是多方过程,但可将该过程称为广义多方过程. 可见,广义多方过程是多方过程的一种直接推广,它包含多方过程,其主要特征是过程的热容量 C_n 仅是温度的函数,即

$$C_n = C_n(T) \qquad (6.4.1)$$

由于实际系统的许多重要特定过程(如顺磁盐的等磁化强度过程、理想气体的定容过

---

① 严子浚,陈金灿. 江西大学学报,1991,15:197.

程和定压过程、范德瓦耳斯气体的定容过程等)的热容量都满足式(6.4.1),因而应用广义多方过程的概念可对它们作出普遍的描述,导出一些重要的普遍结论. 此外,广义多方过程的重要性还在于:由两个广义多方过程和两个等温过程可组成一类重要的热力学循环,其中可获得理想回热的循环被称为类卡诺循环.

6.4.2 类卡诺循环

当一个任意的热力学系统从初态 i 到终态 f 进行广义多方过程时,净吸热和净熵变分别为

$$Q_{if} = \int_{T_i}^{T_f} C_n(T) \mathrm{d}T \tag{6.4.2}$$

和

$$\Delta S_{if} = \int_{T_i}^{T_f} \frac{C_n(T)}{T} \mathrm{d}T \tag{6.4.3}$$

根据式(6.4.2)和式(6.4.3)可知,当类卡诺循环工作在温度分别为 T_H 和 T_L 的两个热源间时,热容量 $C_n(T)$ 相同的两个广义多方过程具有相同的 Q_{LH} 和 ΔS_{LH},循环可获得理想回热,式(6.3.1)和式(6.3.2)保持不变,以至于循环效率与原来的卡诺循环效率相同. 由于 $C_n(T)$ 可有无限多种选择的方式,所以类卡诺循环是一类很普遍的热力学循环. 当 $C_n(T)=0$ 时,类卡诺循环就成为卡诺循环.

类卡诺循环在工程上有着广泛的应用. 例如,常见的理想气体斯特林循环和埃里克森循环、范德瓦耳斯气体斯特林循环、顺磁盐的斯特林循环等都是类卡诺循环的具体形式. 此外,还可根据工质的不同特性构建出各种各样的类卡诺循环. 在第 3 章和第 4 章中,我们讨论了气体的热力学性质,下面将简要地讨论铁磁质和铁电质的热力学性质,这将有助于更深入地了解和应用类卡诺循环.

6.4.3 铁磁质的热力学性质

根据分子场理论,铁磁质的磁化强度 M 的一般表示式为[12]

$$M = N g \mu_B J B_J(x) \tag{6.4.4}$$

式中,$x = g \mu_B J \dfrac{H + \lambda M}{kT}$;$B_J(x) = \dfrac{2J+1}{2J} \coth\left(\dfrac{2J+1}{2J}x\right) - \dfrac{1}{2J} \coth\left(\dfrac{x}{2J}\right)$ 为布里渊函数;$\lambda = \dfrac{3kT_C}{Ng^2\mu_B^2 J(J+1)}$ 为分子场系数;μ_B 为玻尔磁子;g 为朗德因子;J 为角动量量子数;N 为单位体积内的原子数;T_C 为居里温度.

当忽略铁磁质的体积变化时,铁磁质的热力学基本方程为

$$\mathrm{d}U = T\mathrm{d}S + \mu_0(H + \lambda M)\mathrm{d}M \tag{6.4.5}$$

式中,μ_0 为真空中的磁导率. 由热力学关系 $\left(\dfrac{\partial S}{\partial M}\right)_T = -\mu_0\left(\dfrac{\partial H}{\partial T}\right)_M$ 和式(6.4.4)可以得到

$$\left(\frac{\partial S}{\partial M}\right)_T = -\mu_0\left(\frac{\partial H}{\partial T}\right)_M = -\mu_0 \frac{H + \lambda M}{T} \tag{6.4.6}$$

再利用式(6.4.5)和式(6.4.6)，可得

$$\left(\frac{\partial U}{\partial M}\right)_T = \mu_0(H + \lambda M) + T\left(\frac{\partial S}{\partial M}\right)_T = 0 \tag{6.4.7}$$

即内能

$$U = U(T) \tag{6.4.8}$$

仅是温度的函数. 因此铁磁质的等磁化强度热容

$$C_M = \left(\frac{\partial U}{\partial T}\right)_M = C_M(T) \tag{6.4.9}$$

也仅是温度的函数，与磁化强度 M 无关.

由热力学关系

$$C_H = C_M - \mu_0 T\left(\frac{\partial H}{\partial T}\right)_M \left(\frac{\partial M}{\partial T}\right)_H \tag{6.4.10}$$

可得铁磁质的等磁场强度热容为

$$C_H = C_M(T) - \mu_0(H + \lambda M)\left(\frac{\partial M}{\partial T}\right)_H \tag{6.4.11}$$

这表明等磁场强度热容 $C_H(T, H)$ 不仅是温度的函数，而且与磁场强度 H 有关.

由式(6.4.6)积分，并利用式(6.4.4)可得铁磁质的熵为

$$
\begin{aligned}
S &= S_0(T) - \mu_0 \int \frac{H + \lambda M}{T} \mathrm{d}M \\
&= S_0(T) - \frac{\mu_0(H + \lambda M)M}{T} + \int \frac{\mu_0 M}{T} \mathrm{d}(H + \lambda M) \\
&= S_0(T) - \frac{\mu_0(H + \lambda M)M}{T} + \mu_0 Nk \int B_J(x)\,\mathrm{d}x \\
&= S_0(T) - \mu_0 NkxB_J(x) + \mu_0 Nk\left[\mathrm{lnsinh}\left(\frac{2J+1}{2J}x\right) - \mathrm{lnsinh}\left(\frac{x}{2J}\right)\right] \tag{6.4.12}
\end{aligned}
$$

式中，$S_0(T)$ 是在磁化强度 $M=0$ 时的熵，它仅仅是温度的函数，其值与铁磁质的具体性质有关.

当 $\lambda = 0$ 时，式(6.4.4)就成为顺磁质的磁化强度 M 的一般表示式[13-15]

$$M = Ng\mu_\mathrm{B}JB_J(x) = Ng\mu_\mathrm{B}JB_J\left(g\mu_\mathrm{B}J\frac{H}{kT}\right) \tag{6.4.13}$$

式中，$x = g\mu_\mathrm{B}J\dfrac{H}{kT}$. 由式(6.4.13)可得

$$\left(\frac{\partial M}{\partial T}\right)_H = Ng^2\mu_\mathrm{B}^2 J^2\left(\frac{H}{kT^2}\right)\left[\left(\frac{2J+1}{2J}\right)^2\mathrm{csch}^2\left(\frac{2J+1}{2J}x\right) - \left(\frac{1}{2J}\right)^2\mathrm{csch}^2\left(\frac{x}{2J}\right)\right] \tag{6.4.14}$$

因此，顺磁质的等磁场强度热容为

$$C_H = C_M(T) - \mu_0 Ng^2\mu_\mathrm{B}^2 J^2\left(\frac{H^2}{kT^2}\right)\left[\left(\frac{2J+1}{2J}\right)^2\mathrm{csch}^2\left(\frac{2J+1}{2J}x\right) - \left(\frac{1}{2J}\right)^2\mathrm{csch}^2\left(\frac{x}{2J}\right)\right] \tag{6.4.15}$$

将 $\lambda=0$ 代入式(6.4.12),即可得到顺磁质的熵.

当 $x\ll1$ 时,式(6.4.4)转化为居里-外斯定律

$$M = \frac{C_{\mathrm{C}}H}{T - T_0} \tag{6.4.16}$$

式中,$C_{\mathrm{C}}=Ng^2\mu_{\mathrm{B}}^2 J(J+1)/3k$ 为居里常数. 这时铁磁质的等磁场强度热容和熵分别为

$$C_H(T,\,H) = C_M(T) + \frac{C_{\mathrm{C}}\mu_0 TH^2}{(T - T_0)^3} \tag{6.4.17}$$

和

$$S = S_0(T) - \frac{\mu_0 M^2}{2C_{\mathrm{C}}} = S_0(T) - \frac{C_{\mathrm{C}}\mu_0 H^2}{2(T - T_0)^2} \tag{6.4.18}$$

当 $x\ll1$ 时,式(6.4.13)转化为居里定律,即式(6.1.12). 这时,顺磁质的等磁场强度热容和熵分别为

$$C_H(T,\,H) = C_M(T) + \frac{C_{\mathrm{C}}\mu_0 H^2}{T^2} \tag{6.4.19}$$

和

$$S = S_0(T) - \frac{\mu_0 M^2}{2C_{\mathrm{C}}} = S_0(T) - \frac{C_{\mathrm{C}}\mu_0 H^2}{2T^2} \tag{6.4.20}$$

综上所述,磁工质的等磁化强度热容仅仅是温度的函数,而磁工质的等磁场强度热容不仅是温度的函数,而且与磁场强度有关. 根据磁工质的热力学性质可知,由两个等磁化强度过程和两个等温过程组成的磁斯特林制冷循环具有理想回热条件,是类卡诺循环;而由两个等磁场强度过程和两个等温过程组成的磁埃里克森制冷循环不具有理想回热条件,不是类卡诺循环,其性能总是低于卡诺循环的性能.

6.4.4　铁电质的热力学性质[①]

根据玻尔兹曼统计,铁电质的极化强度的普遍表达式为[16]

$$P = N\mu\tanh\frac{\mu(E + \beta P)}{kT} \tag{6.4.21}$$

式中,k 为玻尔兹曼常量;E 和 P 分别为电场强度和极化强度;N 为单位体积电偶极子的数目;μ 为电偶极矩;β 为比例系数.

当忽略铁电质的体积变化时,其热力学基本方程为[17-19]

$$\mathrm{d}U = T\mathrm{d}S + (E + \beta P)\mathrm{d}P \tag{6.4.22}$$

由式(6.4.22)可得

$$\left(\frac{\partial S}{\partial P}\right)_T = -\left(\frac{\partial E}{\partial T}\right)_P \tag{6.4.23}$$

$$\left(\frac{\partial S}{\partial E}\right)_T = \left(\frac{\partial P}{\partial T}\right)_E \tag{6.4.24}$$

---

① He J, Chen J, et al. Energy Convers. Manag. ,2002,43:2319.

$$\left(\frac{\partial U}{\partial P}\right)_T = (E+\beta P) + T\left(\frac{\partial S}{\partial P}\right)_T = (E+\beta P) - T\left(\frac{\partial E}{\partial T}\right)_P \tag{6.4.25}$$

$$\left(\frac{\partial U}{\partial E}\right)_T = T\left(\frac{\partial S}{\partial E}\right)_T + (E+\beta P)\left(\frac{\partial P}{\partial E}\right)_T = T\left(\frac{\partial P}{\partial T}\right)_E + (E+\beta P)\left(\frac{\partial P}{\partial E}\right)_T \tag{6.4.26}$$

而由式(6.4.21)可得

$$\left(\frac{\partial E}{\partial T}\right)_P = \frac{E+\beta P}{T} \tag{6.4.27}$$

$$\left(\frac{\partial P}{\partial T}\right)_E = \frac{\dfrac{N\mu^2(E+\beta P)}{kT^2}\operatorname{sech}^2\dfrac{\mu(E+\beta P)}{kT}}{\dfrac{N\mu^2\beta}{kT}\operatorname{sech}^2\dfrac{\mu(E+\beta P)}{kT} - 1} \tag{6.4.28}$$

$$\left(\frac{\partial P}{\partial E}\right)_T = \frac{\dfrac{N\mu^2}{kT}\operatorname{sech}^2\dfrac{\mu(E+\beta P)}{kT}}{1 - \dfrac{N\mu^2\beta}{kT}\operatorname{sech}^2\dfrac{\mu(E+\beta P)}{kT}} \tag{6.4.29}$$

将式(6.4.27)～式(6.4.29)分别代入式(6.4.25)和式(6.4.26)，可得

$$\left(\frac{\partial U}{\partial P}\right)_T = 0 \tag{6.4.30}$$

$$\left(\frac{\partial U}{\partial E}\right)_T = 0 \tag{6.4.31}$$

由式(6.4.30)和式(6.4.31)，可求得铁电质的内能

$$U = U(T) \tag{6.4.32}$$

和等极化强度热容

$$C_P = \left(\frac{\partial U}{\partial T}\right)_P = C_P(T) \tag{6.4.33}$$

它们都仅是温度的函数. 对式(6.4.23)直接积分并利用式(6.4.27)和式(6.4.21)，可得铁电质的熵

$$S = S_0(T) - \frac{P(E+\beta P)}{T} - \frac{1}{2}Nk\ln\left[1 - \left(\frac{P}{N\mu}\right)^2\right]$$

$$= S_0(T) - \frac{P(E+\beta P)}{T} + Nk\ln\operatorname{ch}\frac{\mu(E+\beta P)}{kT} \tag{6.4.34}$$

对式(6.4.34)求偏导数并利用式(6.4.28)，可得铁电质的等电场强度热容

$$C_E = T\left(\frac{\partial S}{\partial T}\right)_E = C_P(T) - \frac{\dfrac{N\mu^2}{kT^2}(E+\beta P)^2\operatorname{sech}^2\left[\dfrac{\mu(E+\beta P)}{kT}\right]}{\dfrac{N\mu^2\beta}{kT}\operatorname{sech}^2\left[\dfrac{\mu(E+\beta P)}{kT}\right] - 1} \tag{6.4.35}$$

式中，$C_P(T) = T\left(\dfrac{\partial S}{\partial T}\right)_P$. 实际上，式(6.4.35)也可直接利用如下热力学关系：

$$C_E = T\left(\frac{\partial S}{\partial T}\right)_E = T\left(\frac{\partial S}{\partial T}\right)_P + T\left(\frac{\partial S}{\partial P}\right)_T \left(\frac{\partial P}{\partial T}\right)_E$$

$$= C_P(T) - T\left(\frac{\partial E}{\partial T}\right)_P \left(\frac{\partial P}{\partial T}\right)_E = C_P(T) - T(E+\beta P)\left(\frac{\partial P}{\partial T}\right)_E \quad (6.4.36)$$

和式(6.4.28)方便地导出. 式(6.4.34)和式(6.4.35)表明，铁电质的熵 $S(E, T)$ 和等电场强度热容 $C_E(E, T)$ 不仅与温度有关，还与电场强度有关.

（1）当 $\beta = 0$ 时，式(6.4.21)、式(6.4.35)和式(6.4.36)分别简化为

$$P = N\mu \tanh \frac{\mu E}{kT} \quad (6.4.37)$$

$$S = S_0(T) - \frac{PE}{T} + Nk \ln\mathrm{ch} \frac{\mu E}{kT} \quad (6.4.38)$$

和

$$C_E = C_P(T) + \frac{N\mu^2}{kT^2} E^2 \mathrm{sech}^2\left(\frac{\mu E}{kT}\right) \quad (6.4.39)$$

（2）当温度足够高，即满足 $\dfrac{\mu(E+\beta P)}{kT} \ll 1$ 时，利用级数展开公式

$$\tanh x = x - \frac{x^3}{3} + \cdots$$

$$\mathrm{ch} x = \frac{1}{\mathrm{sech} x} = 1 + \frac{x^2}{2} + \cdots$$

和

$$\ln(1+x) = x - \frac{x^2}{2} + \cdots$$

在二级近似条件下，式(6.4.21)可以简化为居里-外斯定律[20-26]，即

$$P = \frac{C_C E}{T - T_0}, \quad T > T_0 \quad (6.4.40)$$

其中居里温度和居里常数分别为

$$T_0 = \frac{N\mu^2 \beta}{k} \quad (6.4.41)$$

和

$$C_C = \frac{N\mu^2}{k} \quad (6.4.42)$$

式(6.4.34)和式(6.4.35)可以分别简化为

$$S = S_0(T) - \frac{C_C E^2}{2(T - T_0)^2} \quad (6.4.43)$$

和

$$C_E = C_P(T) + \frac{C_C T E^2}{(T - T_0)^3} \tag{6.4.44}$$

(3) 当 $\dfrac{\mu E}{kT} \ll 1$ 时,式(6.4.37)就简化为电介质的居里定律,即

$$P = \frac{C_C E}{T} \tag{6.4.45}$$

式(6.4.38)和式(6.4.39)分别简化为

$$S = S_0(T) - \frac{P^2}{2C_C} = S_0(T) - \frac{C_C E^2}{2T^2} \tag{6.4.46}$$

和

$$C_E = C_P(T) + \frac{P^2}{C} = C_P(T) + \frac{CE^2}{T^2} = C_E(T, E) \tag{6.4.47}$$

(4) 当电介质的极化强度是 (E/T) 的任意函数时[27]

$$P = K f\left(\frac{E}{T}\right) \tag{6.4.48}$$

可得电介质的熵和等电场强度热容分别为

$$S = S_0(T) - \frac{PE}{T} + K \int f(E/T)\, \mathrm{d}(E/T) \tag{6.4.49}$$

和

$$C_E = C_P(T) + K f'(E/T) E^2 / T^2 \tag{6.4.50}$$

式中,K 是比例系数.

(5) 对于反铁电体,其极化强度可以表示为[21, 22]

$$P = \frac{C_C E}{T + T_0} \tag{6.4.51}$$

只要将式(6.4.43)和式(6.4.44)中 T_0 前的符号改为正号,即可得到这种铁电体的熵和等电场强度热容.

(6) 对另一类铁电体,它的极化强度满足[21, 22]

$$P = \frac{C_C E}{T_0 - T}, \quad T_0 > T \tag{6.4.52}$$

在这种情况下,只要将式(6.4.43)和式(6.4.44)中 C_C 前的符号改为负号,并注意 $T_0 > T$ 的条件,即可得到这种铁电体的熵和等电场强度热容,即

$$S = S_0(T) + \frac{C_C E^2}{2(T - T_0)^2} \tag{6.4.53}$$

和

$$C_E = C_P(T) - \frac{C_C T E^2}{(T - T_0)^3} \tag{6.4.54}$$

综上所述,铁电质或电介质的内能 $U(T)$ 和等极化满足强度热容 $C_P(T)$ 都仅是温度的函数;而熵 $S(E, T)$ 和等电场强度热容 $C_E(E, T)$ 不仅与温度有关,还与电场强

度有关. 根据铁电质或电介质的热力学性质可知, 由两个等极化强度过程和两个等温过程组成的铁电斯特林制冷循环具有理想回热条件, 是类卡诺循环; 而由两个等电场强度过程和两个等温过程组成的铁电埃里克森制冷循环不具有理想回热条件, 不是类卡诺循环, 其性能总是低于卡诺循环的性能.

6.4.5 理想气体类卡诺循环[①]

文献 [28] 在文献 [29] 讨论含有两个绝热过程的"参数循环"的基础上, 进一步讨论以理想气体为工质、由两个等温过程和两个广义多方过程组成的一类循环, 并称其为含有两个等温过程的"参数循环". 对此类循环, 一般需要实现回热, 如斯特林循环、埃里克森循环等都是这类循环, 都需要实现回热, 故又被称为回热式循环. 不实现回热的这类循环, 是没有多少实用价值的. 因此, 对此类循环, 计算其效率时必须考虑回热的问题, 否则将很难获得应有的正确结果.

现设这类循环在温度为 T_H 的等温过程中吸收热量 Q_1, 在温度为 T_L 的等温过程中放出热量 Q_2, 而在两个广义多方过程中的一个(多方指数为 m)放出热量 Q_m, 另一个(多方指数为 n)吸收热量 Q_n, 则根据热力学第一定律和理想气体的性质, 可得

$$Q_1 = RT_H \ln \frac{V_2}{V_1} \tag{6.4.55}$$

$$Q_2 = RT_L \ln \frac{V_3}{V_4} \tag{6.4.56}$$

$$Q_m = C_V \frac{(m-\gamma)(T_H - T_L)}{m-1} \tag{6.4.57}$$

和

$$Q_n = C_V \frac{(n-\gamma)(T_H - T_L)}{n-1} \tag{6.4.58}$$

式中, V_1、V_2 为等温膨胀前后气体的体积; V_3、V_4 为等温压缩前后气体的体积. 由式(6.4.57)和式(6.4.58), 可得在两个广义多方过程中进行回热时的热损失为

$$\Delta Q = Q_m - Q_n = C_V \frac{(n-m)(1-\gamma)(T_H - T_L)}{(n-1)(m-1)} \tag{6.4.59}$$

由式(6.4.59)可知, 当 $n \neq m$ 时(注意: 这里 $n \neq 1$, $m \neq 1$), $\Delta Q \neq 0$. 这时只能实现部分回热. 当 $\Delta Q > 0$ 时, 回热器中有多余的热量需要放到外界去; 而当 $\Delta Q < 0$ 时, 回热器中有不足的热量需从外界吸收热量来补充, 则循环的效率分别为

$$\eta = 1 - \frac{Q_2 + \Delta Q}{Q_1}, \quad \Delta Q > 0 \tag{6.4.60}$$

和

---

① 严子浚. 大学物理, 1994, 13(12):13-14.

$$\eta = 1 - \frac{Q_2}{Q_1 - \Delta Q}, \qquad \Delta Q < 0 \tag{6.4.61}$$

可见,当两个广义多方过程中的热容量不同时,在两个广义多方过程中无法实现理想回热,这样的循环不是类卡诺循环.不难证明,无论是 $\Delta Q > 0$ 还是 $\Delta Q < 0$,循环的性能总是比卡诺循环的差.

在上述循环中,实际有用的循环通常是类卡诺循环,其中 $m = n$ 是最常见的循环.当 $m = n \neq \gamma$ 时,$\Delta Q = 0$,Q_m 和 Q_n 可通过理想回热器来实现理想回热,例如,理想气体斯特林循环 $n = m \to \infty$、理想气体埃里克森循环 $n = m = 0$ 等都可实现理想回热.利用式(6.4.55)和式(6.4.56),以及多方过程方程 $TV^{n-1} =$ 常量,可证明实现了理想回热的循环效率

$$\eta = 1 - \frac{Q_2}{Q_1} = 1 - \frac{T_L}{T_H} \tag{6.4.62}$$

它与卡诺循环的效率一样.当 $m = n = \gamma$ 时,不仅 $\Delta Q = 0$ 而且 $Q_m = Q_n = 0$,两个广义多方过程成为两个绝热过程,类卡诺循环就成为卡诺循环.

6.5 类卡诺磁制冷循环[①]

磁制冷机的研制是近年来低温技术领域中十分活跃的一个课题.磁制冷循环的理论研究也受到了重视.虽然逆向卡诺循环是磁制冷机最理想的循环,由它可获得最大制冷系数

$$\varepsilon = \frac{T_L}{T_H - T_L} \equiv \varepsilon_C \tag{6.5.1}$$

式中,T_H 和 T_L 分别为制冷机工作的高低温热源的温度.但由于磁制冷机要实现逆向卡诺循环时,包含了绝热去磁和绝热磁化两个过程,它们一般进行得比较快.而当过程进行得比较快时,由于顺磁盐中原子或离子的弛豫过程,不可逆效应会增加,ε 迅速下降[30].因此,有必要寻求其他新的磁制冷循环.磁斯特林制冷循环是一种有实际应用的循环.它可获得理想回热,可达到卡诺制冷循环的制冷系数.但磁斯特林制冷循环并不是唯一的具有理想回热效果的磁制冷循环.本节将介绍类卡诺磁制冷循环.它是类卡诺循环的一种具体形式,包含了磁斯特林制冷循环和磁卡诺制冷循环.

6.5.1 顺磁盐的广义多方过程

对于顺磁盐,进行多方过程时,由热力学基本方程

$$dU = TdS + \mu_0 HdM \tag{6.5.2}$$

和式(6.1.12),可得

---

① 严子浚. 低温与超导,1989,17(4):8-12.

$$(C_n - C_M)\mathrm{d}T = -\frac{\mu_0 T}{C_C} M \mathrm{d}M \qquad (6.5.3)$$

式中，C_n 是顺磁盐进行多方过程的热容量. 多方过程的主要特征是 $C_n - C_M =$ 常数. 如果假定 C_n 和 C_M 均为常数，则由式(6.5.3)积分可得顺磁盐的多方过程方程为

$$T = T_0 \mathrm{e}^{-\frac{\mu_0 M^2}{2C_C(C_n - C_M)}} \qquad (6.5.4)$$

式中，T_0 为顺磁盐在 $M=0$ 时的温度.

将 C_M 视为常数仅是在某些情况下适用. 而在一般情况下，应把它看成是温度 T 的函数. 因此，仅考虑热容量为常数的过程是不够的. 但由于 C_M 仅是温度 T 的函数，所以由式(6.5.3)可知，考虑 C_n 仅是温度 T 的某一函数的过程是很有意义的，即广义多方过程. 它不仅比 C_n 为常数的过程更为普遍，而且能更精确地描述许多实际过程. 由式(6.5.3)积分可得顺磁盐的广义多方过程方程为

$$\int_{T_0}^{T} \frac{(C_n - C_M)}{T} \mathrm{d}T = \frac{\mu_0}{2C_C} M^2 \qquad (6.5.5)$$

广义多方过程的最主要特点是 $C_n(T)$ 的形式可以适当选择. 这使得我们可以选择较为理想并易于实现的广义多方过程来组成新的磁制冷循环，为工程设计提供更多的新循环的选择余地. 下面将应用广义多方过程来构成具有理想回热的磁制冷循环.

6.5.2 具有理想回热的磁制冷循环

由两个广义多方过程和两个温度分别为 T_H 和 T_L 的等温过程(等温磁化和等温去磁)所构成的磁制冷循环，可获得理想回热的效果，其制冷系数亦可由式(6.5.1)所表示. 证明如下.

考虑一个磁制冷循环，进行如下四个过程：

(1) 等温磁化过程，顺磁工质的磁化强度 M 由 M_1 变到 M_2，熵 S 由 S_1 变到 S_2，温度 T 保持 T_H 不变，同时向高温热源放出热量 Q_H，并有

$$Q_H = T_H(S_1 - S_2) \qquad (6.5.6)$$

(2) 广义多方过程，M 由 M_2 变到 M_3，S 由 S_2 变到 S_3，T 由 T_H 变到 T_L，同时放给回热器的热量为 Q_{23}，并有

$$Q_{23} = \int_{T_L}^{T_H} C_n \mathrm{d}T \qquad (6.5.7)$$

$$S_3 - S_2 = \int_{T_H}^{T_L} \frac{C_n}{T} \mathrm{d}T \qquad (6.5.8)$$

(3) 等温去磁过程，M 由 M_3 变到 M_4，S 由 S_3 变到 S_4，T 保持 T_L 不变，同时从低温 T_L 热源吸取热量 Q_L，并有

$$Q_L = T_L(S_4 - S_3) \qquad (6.5.9)$$

（4）广义多方过程，M 由 M_4 变到 M_1，S 由 S_4 变到 S_1，T 由 T_L 变到 T_H，同时从回热器吸取的热量为 Q_{41}，并有

$$Q_{41} = \int_{T_L}^{T_H} C_n \, \mathrm{d}T \qquad (6.5.10)$$

$$S_1 - S_4 = \int_{T_L}^{T_H} \frac{C_n}{T} \, \mathrm{d}T \qquad (6.5.11)$$

由于 C_n 仅是温度 T 的函数，则由式（6.5.7）和式（6.5.10），以及式（6.5.8）和式（6.5.11）可得

$$Q_{23} = Q_{41} \qquad (6.5.12)$$
$$S_3 - S_2 = S_4 - S_1 \qquad (6.5.13)$$

由式（6.5.6）、式（6.5.7）、式（6.5.9）和式（6.5.10）可得循环所需的输入功为

$$W = Q_H + Q_{23} - (Q_L + Q_{41}) = Q_H - Q_L \qquad (6.5.14)$$

因此，循环的制冷系数为

$$\varepsilon = \frac{Q_L}{W} = \frac{Q_L}{Q_H - Q_L} \qquad (6.5.15)$$

应用式（6.5.6）和式（6.5.9），可将式（6.5.15）写成

$$\varepsilon = \frac{T_L}{T_H \dfrac{S_1 - S_2}{S_4 - S_3} - T_L} \qquad (6.5.16)$$

再根据式（6.5.13），即可得 $\varepsilon = \varepsilon_C$，从而证明了由可实现理想回热的两个广义多方过程和两个等温过程所构成的磁制冷循环——类卡诺磁制冷循环，可达到卡诺制冷循环的制冷系数. 类卡诺制冷循环是一个很普遍的循环，其普遍性就在于 $C_n(T)$ 可取各种各样的具体形式. 例如，当 $C_n = C_M$ 时，类卡诺磁制冷循环就成为磁斯特林制冷循环；当 $C_n(T) = 0$ 时，类卡诺制冷循环就成为卡诺制冷循环.

6.6　最大输出功时广义卡诺热机的效率[①]

工作在两个热源间的热机要达到可逆卡诺热机的效率 η_C，不仅要求热机以可逆的循环方式进行，而且还要求两个热源的热容量均为无限大. 由于热源的有限性是实际能量转换系统中的一个共同特征[31]，因而即使不考虑循环过程中的传热、摩擦和热漏等各种不可逆效应，有限热源的影响也使热机的效率不可能达到 η_C.

本节将讨论工作在两个有限热源间的热机的循环性能. 其目的不仅仅是导出这类热机在最大输出功时的效率，而更重要的是阐明这一热机模型是一种普遍的循环模型，可将多种典型的热力学循环模型统一起来，获得一系列有意义的结论.

---

① 欧聪杰，陈金灿. 漳州师范学院学报，2003，16（增刊）：5.

6.6.1　广义卡诺热机模型

如图 6.6.1 所示，一个热机工作在两个有限热源之间，高温热源的热容量为 C_1，初始温度为 T_H，低温热源的热容量为 C_2，初始温度为 T_L，两个热源的热容量均为常数(包括无限大). Q_{in} 和 Q_{out} 分别为热机每循环从有限高温热源吸取的和放给有限低温热源的热量，W 为热机每循环所输出的功. 由于热源的热容量有限，当热机从高温热源吸热时，高温热源的温度将降低；而当热机放热给低温热源时，低温热源的温度将升高.

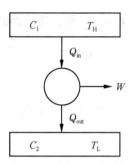

图 6.6.1　广义卡诺循环的示意图

一般说来，这类热机每完成一循环需经过两个可逆非等温热交换过程和两个可逆绝热过程，如图 6.6.2(a) 所示，其中 1→2：吸热过程，工质温度从 $T_H \rightarrow T_h$；2→3：绝热膨胀过程，工质温度从 $T_h \rightarrow T_L$；3→4：放热过程，工质温度从 $T_L \rightarrow T_l$；4→1：绝热压缩过程，工质温度从 $T_l \rightarrow T_H$. 因而，在两个热交换过程中交换的热量分别为

$$Q_{in} = C_1(T_H - T_h) \tag{6.6.1}$$

和

$$Q_{out} = C_2(T_l - T_L) \tag{6.6.2}$$

热机每循环的输出功和效率分别为

$$W = Q_{in} - Q_{out} = C_1(T_H - T_h) - C_2(T_l - T_L) \tag{6.6.3}$$

和

$$\eta = \frac{Q_{in} - Q_{out}}{Q_{in}} = 1 - \frac{C_2(T_l - T_L)}{C_1(T_H - T_h)} \tag{6.6.4}$$

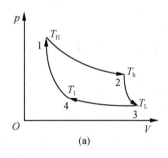

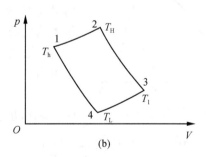

图 6.6.2　广义卡诺循环的 p-V 示意图

当热源的热容量都趋于无限大时，循环中的两个可逆非等温热交换过程就成为两个可逆等温热交换过程，循环就成为可逆卡诺循环. 所以，可将工作在两个有限热源间的热机称为广义卡诺热机.

值得指出的是，只要将式(6.6.1)和式(6.6.2)中的热源热容量 C_1 和 C_2 看成热机循环中两个热交换过程的热容量，则式(6.6.1)~式(6.6.4)便可直接用来描述由两个可逆绝热过程和两个具有常热容量的热交换过程组成的如图 6.6.2(b)所示的广义卡诺热机的性能. 在图 6.6.2(b)中，T_H 和 T_L 分别为循环工质的最高和最低温度.

6.6.2 最大输出功时的效率

由热力学第二定律和图 6.6.2，可得

$$\int_{T_H}^{T_h} \frac{C_1}{T} dT + \int_{T_L}^{T_l} \frac{C_2}{T} dT = 0 \tag{6.6.5}$$

式中，T 为工质的温度. 由式(6.6.5)可得

$$T_l = T_L \left(\frac{T_H}{T_h} \right)^{C_1/C_2} \tag{6.6.6}$$

将式(6.6.6)代入式(6.6.3)和式(6.6.4)，可得

$$W(T_h) = C_1 (T_H - T_h) - C_2 T_L \left[\left(\frac{T_H}{T_h} \right)^{C_1/C_2} - 1 \right] \tag{6.6.7}$$

和

$$\eta(T_h) = 1 - \frac{C_2 T_L \left[\left(\frac{T_H}{T_h} \right)^{C_1/C_2} - 1 \right]}{C_1 (T_H - T_h)} \tag{6.6.8}$$

式(6.6.7)表明在 C_1、C_2、T_H 和 T_L 给定的情况下，W 的大小取决于 T_h，当 T_h 满足方程

$$T_H - T_h = \frac{C_2}{C_1} T_L \left[\left(\frac{T_h}{T_H} \right)^{-C_1/C_2} - 1 \right] \tag{6.6.9}$$

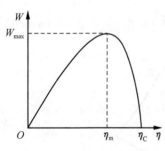

图 6.6.3 W-η 曲线

或者 $T_h = T_H$ 时，W 均等于零. 这表明 W 不是 T_h 的单调函数，有极值存在. 由式(6.6.7)和式(6.6.8)，可画出 W-η 曲线，如图 6.6.3 所示，其中 η_m 是热机工作在最大输出功时的效率.

应用式(6.6.7)和极值条件 $\partial W(T_h)/\partial T_h = 0$，不难求得当

$$T_h = T_L^{C_2/(C_1+C_2)} T_H^{C_1/(C_1+C_2)} = T_l \tag{6.6.10}$$

时，输出功达最大值，即

$$W_{max} = C_1 T_H \left[1 - \left(\frac{T_L}{T_H} \right)^{C_2/(C_1+C_2)} \right] - C_2 T_L \left[\left(\frac{T_H}{T_L} \right)^{C_1/(C_1+C_2)} - 1 \right] \tag{6.6.11}$$

这时，广义卡诺热机的效率为

$$\eta = 1 - \frac{C_2 T_L \left[\left(\frac{T_H}{T_L} \right)^{C_1/(C_1+C_2)} - 1 \right]}{C_1 T_H \left[1 - \left(\frac{T_L}{T_H} \right)^{C_2/(C_1+C_2)} \right]} \equiv \eta_m \tag{6.6.12}$$

式(6.6.11)和式(6.6.12)是广义卡诺热机的最大输出功及所对应效率的一般表达式.

应用它们可方便地讨论一些特殊情况下循环的最大输出功及其所对应的效率.

（1）当高、低温热源都是恒温热源时，即 $C_1 \to \infty$、$C_2 \to \infty$，广义卡诺热机的循环是由两个可逆等温过程和两个可逆绝热过程组成的，且有 $T_h = T_H$ 和 $T_l = T_L$. 这正是一个卡诺循环，其最大输出功和效率分别为 $W_{\max} = Q_{\mathrm{in}}(1-\tau)$ 和 $\eta_m = 1-\tau = \eta_C$，其中 $\tau = T_L/T_H$.

（2）当 $C_1 = C_2$ 时，由式（6.6.11）和式（6.6.12）可得

$$W_{\max} = C_1 T_H (1 - \tau^{1/2})^2 \qquad (6.6.13)$$

和

$$\eta_m = 1 - \tau^{1/2} \qquad (6.6.14)$$

这时，$T_h = T_l = \tau^{1/2}$. 在最大输出功时循环的 $T\text{-}S$ 图，如图 6.6.4 所示.

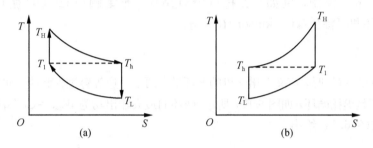

图 6.6.4　$C_1 = C_2$ 且输出功最大时循环的 $T\text{-}S$ 图

式（6.6.14）表明，当 $C_1 = C_2$ 时，循环在最大输出功时的效率 η_m 等于考虑传热不可逆性时工作在温度分别为 T_H 和 T_L 的两个恒温热源间的卡诺热机在最大输出功率时的 CA 效率 η_{CA}[32]. 顺便指出，在 $C_1 = C_2$ 的情况下，广义卡诺热机的最大输出功及所对应的效率也可直接利用改进的 Bejan-Bucher 图求出[33].

（3）当 $C_2 \to \infty$ 时，低温热源成为恒温热源，如环境热源. 这时，由式（6.6.11）和式（6.6.12）可求得循环的最大输出功及其所对应的效率分别为

$$W_{\max} = C_1 [T_H - T_L - T_L \ln(T_H/T_L)] \qquad (6.6.15)$$

和

$$\eta_m = 1 - \frac{T_L}{T_H - T_L} \ln \frac{T_H}{T_L} \qquad (6.6.16)$$

式（6.6.16）确定了一个初始温度为 T_H 的有限热源在环境温度 T_L 下所能做出的最大（可逆）功[34]. 循环的 $T\text{-}S$ 图，如图 6.6.5 所示.

（4）当 $C_1 \to \infty$ 时，高温热源成为恒温热源. 这时，由式（6.6.11）和式（6.6.12）可求得广义卡诺热机的最大输出功及其所对应的效率分别为

$$W_{\max} = C_2 [T_H \ln(T_H/T_L) - (T_H - T_L)] \qquad (6.6.17)$$

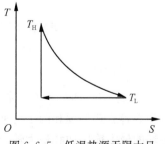

图 6.6.5　低温热源无限大且输出功最大时循环的 $T\text{-}S$ 图

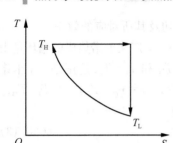

图 6.6.6 高温热源无限大且输出功最大时循环的 T-S 图

和

$$\eta_{\mathrm{m}} = 1 - (1 - T_{\mathrm{L}}/T_{\mathrm{H}})/\ln(T_{\mathrm{H}}/T_{\mathrm{L}}) \quad (6.6.18)$$

此时循环的 T-S 图,如图 6.6.6 所示.

还值得指出,应用式(6.6.11)和式(6.6.12),我们可进一步讨论几种典型的热力学循环[35, 36]的性能.

6.6.3 几种典型热机的性能

图 6.6.2(b)所示的循环不仅包含在理论上具有重要意义的卡诺循环,而且包含在工程中具有实际应用的许多重要循环模型,例如,奥托(Otto)循环、布雷顿(Brayton)循环、狄塞尔(Diesel)循环和阿特金森(Atkinson)循环等.

1. 奥托循环

当 $C_1 = C_2 = C_V$ 时,广义卡诺热机的循环是由两个可逆等容过程和两个可逆绝热过程组成的.这正是奥托循环,如图 6.6.7 所示.循环的最大输出功为 $W_{\max} = C_V T_{\mathrm{H}} [1 - \tau^{1/2}]^2$,而效率由式(6.6.14)给出.

2. 布雷顿循环

当 $C_1 = C_2 = C_p$ 时,广义卡诺热机的循环是由两个可逆等压过程和两个可逆绝热过程组成的.这正是布雷顿循环,如图 6.6.8 所示.循环的最大输出功为 $W_{\max} = C_p T_{\mathrm{H}} [1 - \tau^{1/2}]^2$,而效率仍由式(6.6.14)给出.

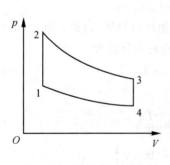

图 6.6.7 奥托循环示意图

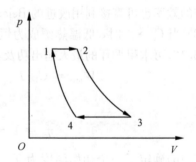

图 6.6.8 布雷顿循环示意图

3. 狄塞尔循环

当 $C_1 = C_p$ 和 $C_2 = C_V$ 时,广义卡诺热机的循环是由一个可逆等压吸热过程、一个可逆等容放热过程和两个可逆绝热过程组成的.这正是狄塞尔循环,如图 6.6.9 所示.循环的最大输出功和最大输出效率分别为

$$W_{\max} = C_V T_{\mathrm{H}} [\gamma(1 - \tau^f) - \tau^f(1 - \tau^{1-f})] \quad (6.6.19)$$

和

$$\eta_m = 1 - \frac{\tau^f[1 - \tau^{1-f}]}{\gamma(1 - \tau^f)} \qquad (6.6.20)$$

式中，$\gamma = C_p/C_v$ 和 $f = 1/(1+\gamma)$.

4. 阿特金森循环

当 $C_1 = C_V$ 和 $C_2 = C_p$ 时，广义卡诺热机的循环是由一个可逆等容吸热过程、一个可逆等压放热过程和两个可逆绝热过程组成的. 这正是阿特金森循环，如图 6.6.10 所示. 循环的最大输出功和最大输出效率分别为

$$W_{\max} = C_V T_H[(1 - \tau^{1-f}) - \gamma\tau^{1-f}(1 - \tau^f)] \qquad (6.6.21)$$

和

$$\eta_m = 1 - \frac{\gamma\tau^{1-f}(1 - \tau^f)}{1 - \tau^{1-f}} \qquad (6.6.22)$$

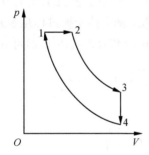

图 6.6.9 狄塞尔循环示意图

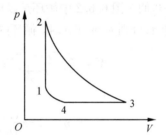

图 6.6.10 阿特金森循环示意图

6.6.4 η_m 的意义

上述结果表明，η_m 是广义卡诺热机的一个重要性能参数. 它的重要意义不仅是它确定了广义卡诺热机在最大输出功时的效率，而更重要的是它指出了广义卡诺热机的效率一般虽低于 η_C，但低于 η_m 是不合理的. 由图 6.6.3 可以直接看出，广义卡诺热机的效率 η 的合理取值范围应为

$$\eta_m \leqslant \eta < \eta_C \qquad (6.6.23)$$

因而，循环的吸热量 Q_{in} 的合理取值范围应为

$$0 < Q_{in} \leqslant C_1 T_H[1 - (T_L/T_H)^{C_2/(C_1+C_2)}] \qquad (6.6.24)$$

此外，式(6.6.14)表明，奥托循环和布雷顿循环在最大输出功时的效率与工质的性质无关. 它们均等于 CA 效率 η_{CA}. 而式(6.6.20)和式(6.6.22)表明，狄塞尔循环和阿特金森循环在最大输出功时的效率与工质的性质有关. 它们虽不等于 η_{CA}，但非常接近于 η_{CA}，见表 6.6.1. 由此可见，η_{CA} 像可逆卡诺热机效率 η_C 一样，也是热机的一个重要性能参数. 这已受到人们的重视.

表 6.6.1 最大输出功时几种典型循环的效率 η_{m}

T_L/T_H	循环类型			
	奥托循环 布雷顿循环	狄塞尔循环 $\gamma=C_p/C_V=1.4$	阿特金森循环 $\gamma=C_p/C_V=1.4$	卡诺循环
0.1	0.683772	0.672177	0.694957	0.9
0.2	0.552786	0.544758	0.560673	0.8
0.3	0.452277	0.446770	0.457730	0.7
0.4	0.367544	0.363859	0.371208	0.6
0.5	0.292893	0.290535	0.295244	0.5
0.6	0.225403	0.224000	0.226804	0.4
0.7	0.163340	0.163601	0.164078	0.3
0.8	0.105573	0.105264	0.105882	0.2
0.9	0.051317	0.051244	0.051390	0.1

6.6.5 含有两个绝热过程的参数循环

在上述讨论中,我们仅用到热容量为常数的假设,而不必涉及工质的其他具体性质. 当进一步假定图 6.6.2 中循环是以理想气体为工质,两个热交换过程是多方过程,对应的多方指数分别为 m 和 n 时,循环的输出功式(6.6.3)和效率式(6.6.4)可分别表示为

$$W = C_V\left[\frac{m-\gamma}{m-1}(T_H-T_h) - \frac{n-\gamma}{n-1}(T_1-T_L)\right] \tag{6.6.25}$$

和

$$\eta = 1 - \frac{(m-1)(n-\gamma)}{(n-1)(m-\gamma)}\frac{T_1-T_L}{T_H-T_h} \tag{6.6.26}$$

而循环的最大输出功式(6.6.11)和对应的效率式(6.6.12)可分别表示为

$$W_{\max} = C_V\left\{ \begin{array}{l} \dfrac{m-\gamma}{m-1}T_H\left[1-\left(\dfrac{T_L}{T_H}\right)^{\frac{(m-1)(n-\gamma)}{(m-1)(n-\gamma)+(n-1)(m-\gamma)}}\right] \\ -\dfrac{n-\gamma}{n-1}T_L\left[\left(\dfrac{T_H}{T_L}\right)^{\frac{(n-1)(m-\gamma)}{(m-1)(n-\gamma)+(n-1)(m-\gamma)}}-1\right] \end{array} \right\} \tag{6.6.27}$$

和

$$\eta_{\mathrm{m}} = 1 - \frac{(m-1)(n-\gamma)T_L\left[\left(\dfrac{T_H}{T_L}\right)^{\frac{(n-1)(m-\gamma)}{(m-1)(n-\gamma)+(n-1)(m-\gamma)}}-1\right]}{(n-1)(m-\gamma)T_H\left[1-\left(\dfrac{T_L}{T_H}\right)^{\frac{(m-1)(n-\gamma)}{(m-1)(n-\gamma)+(n-1)(m-\gamma)}}\right]} \tag{6.6.28}$$

式(6.6.26)正是文献 [29] 提出的以理想气体为工质、含有两个绝热过程和两个多方过程的参数循环的效率表示式. 这表明,文献 [29] 建立的参数循环仅是上述广义卡诺热机的一种特殊循环方式,所得到的有意义的结果可以直接由上述公式导出.

例如,选取 $m=n=1$,参数循环就成为卡诺循环[28],其效率为卡诺效率;选取 $m=n\to\infty$,循环就成为奥托循环,其效率为

$$\eta = 1 - \frac{T_1 - T_L}{T_H - T_h} \tag{6.6.29}$$

选取 $m=n=0$，循环就成为布雷顿循环，其效率仍然由式(6.6.29)确定；选取 $m=0$ 和 $n \to \infty$，循环就成为狄塞尔循环，其效率为

$$\eta = 1 - \frac{T_1 - T_L}{\gamma(T_H - T_h)} \tag{6.6.30}$$

选取 $n=0$ 和 $m \to \infty$，循环就成为阿特金森循环，其效率为

$$\eta = 1 - \gamma \frac{T_1 - T_L}{T_H - T_h} \tag{6.6.31}$$

6.7　包含负绝对温度的热力学循环[①]

本节将讨论工作在包含负绝对温度的不同温度领域中的热力学循环，阐明如何合理地定义这些机器的效率或性能系数，以便将卡诺定理推广到包含负绝对温度的情形，且定理的数学表达式保持不变.

6.7.1　可实现的十二种循环

自从发现负绝对温度状态后，许多人对负温度下系统的热力学特性进行了研究. Landsberg 等[37, 38]全面分析了正、负温度领域内，各种可能的循环方式，指出工作在两个热源间可设想的 24 种循环方式中，仅有 12 种是可能实现的，如图 6.7.1 和

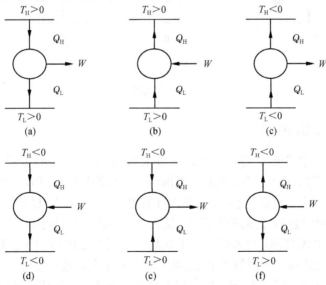

图 6.7.1　有用的循环

① 陈丽璇，陈天择，严子浚. 厦门大学学报，1983，22(2):183-191.

图 6.7.2 所示. 他们根据功的正负来定义热机和热泵, 并对热机的效率 η 和热泵的性能系数 COP 作了相应的定义, 得出负温下循环的 $\eta \geqslant 1 - \dfrac{T_H}{T_L}$, $\mathrm{COP} \geqslant \left(1 - \dfrac{T_H}{T_L}\right)^{-1}$. 按照他们的结论, 负温下不可逆循环的效率更高, 性能更好. 这是不合理的. 说明在负温的范围内, 他们所定义的热机、热泵以及 η、COP 等都不适用. 因此, 有必要根据循环的实际效用, 重新给出热功转换机和热泵等的定义, 从而可得到较合理的结论.

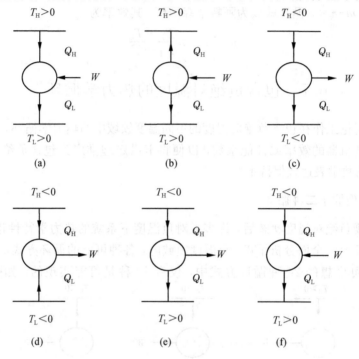

图 6.7.2　无用的循环

6.7.2　有用与无用的循环

　　热力学第二定律限制了自然界自发过程的方向. 要使这样的过程能够反向进行, 人们必须花费一定的代价. 例如, 在正温范围内, 为了使热转变为功, 人们设计了种种热机. 不管是哪种热机, 使热转变为功时都要付出代价, 这就是在其转变的同时必须伴随着一定的热量由高温热源传向低温热源. 反之, 如果我们的目的是要由低温热源抽取热量, 把它传给高温热源, 也就必须付出代价——对机器做功, 即把功转变成热传给高温热源. 这种机器就是所谓的热泵(或制冷机). 完全类似地, 在负温范围内, 为了把功转变成为热, 也必须花费代价, 把一定的热由高温热源传向低温热源. 实现这种功热转换的机器可称为"功机".

　　这样, 我们应从转换机(热机或功机)及热泵这两类机器动作的目的入手来分析图 6.7.1 和图 6.7.2 中的各种循环. 图中 T_H 是比 T_L 更高的温度.

图 6.7.1(a)是常见的热机，T_H 和 T_L 均为正，以 Q_L 的热量由高温热源传向低温热源为代价，达到从高温热源取热做功的目的. 图 6.7.1(b)为正温范围的热泵. 为了使 Q_L 的热量由低温热源传到高温热源，必须以外界对机器做功转换为热传给热源为代价. 图 6.7.1(a)和图 6.7.1(b)各作为热机和热泵，都是有用的循环.

图 6.7.2(a)这一类循环产生的效果就是外界对机器做功转变为热，并使 Q_H 的热量由高温热源流向低温热源. 后者只需让两个热源直接接触即可；而前者在正温范围内也可自发进行. 所以，实现这两种过程都无须设置任何"巧妙"的机器进行循环，故图 6.7.2(a)的循环是不必要的. 类似地，图 6.7.2(b)也是无用的循环，因为该循环唯一的效果就是功转变为正温热源的热.

图 6.7.1(c)是负温范围内的热泵. 在负温范围内，欲把功转变为热是无法自发进行的. 故在负温范围内热转变为功就是所花费的代价. 图 6.7.1(c)所示的循环以负的低温热源的热量转变为功 W 作为代价，达到使 Q_H 的热量由低温热源传向高温热源的目的. 所以为了从低温热源抽取热量送到高温热源，设置图 6.7.1(c)的循环方式是有必要的，属于有用的循环.

对于图 6.7.2(c)，可与正温下的图 6.7.2(a)对比进行分析. 该循环把 Q_H 的热量由高温热源传向低温热源，且低温热源有部分热转变为功. 这两个过程在负温范围内都是可自发进行的，无须付出什么代价，因而也无须据此循环去设置任何机器. 所以图 6.7.2(c)也是无用的循环. 同理，也可断定图 6.7.2(d)是无用的循环.

图 6.7.1(d)表明了负温范围内功机的循环方式. 它以 Q_H 的热量由高温热源流向低温热源为代价，达到把功 W 转变为热传给负温热源的目的. Zemansky[39] 误认为该循环中所花费的代价是做功，取得的效果是使热从高温热源传向低温热源，从而否定了这种循环的必要性. 事实上，在负温范围内功变热的过程需要花费代价来换取. 图 6.7.1(d)的循环正是以热量的自发传递为代价，换取了功转变为热传给负温热源的效果，因此它是有用的.

这里牵涉到在一个循环中究竟什么是代价、什么是目的的问题. 我们是这样判定的：如果某过程不可能自发地进行，使它在循环中由于产生其他变化而得以实现，那么它就是我们设置循环的目的. 而在这个循环中所产生的其他变化，就是我们所付出的代价，因为要使这个变化的效果自发地消除是不可能的.

需要强调的是，这里所说的代价和目的，是针对我们设置循环而言的. 如果不是为了这个目的，而是纯粹要达到其他某种目的，那就不需要设置这个循环. 例如，设置图 6.7.1(c)的循环，是为了要达到使 Q_H 的热量由低温热源传到高温热源的目的. 这里的"代价"，是使负温热源的热转变为功. 这个代价，有时正是我们所需要的，似乎也可以说是目的. 但如果仅是为了这样的目的，按热力学理论，大可不必去设置图 6.7.1(c)的循环. 因为在负温范围内，从单一热源取热做功是可以自发进行的. 可是要使热量连续不断地从低温热源输送到高温热源，是非设置循环不可的. 这才是我们所说的循环的目的.

图 6.7.1(e)、图 6.7.1(f)和图 6.7.2(e)、图 6.7.2(f)表示在正、负温度热源之间运转的循环.图 6.7.1(e)以负温热源的热量转变为功作代价,换取了从正温热源取热 Q_L,使之转变为功的效果.图 6.7.1(f)则相反,以 W 中一部分的功转变成正温热源的热 Q_L 为代价,换取了使另一部分的功变为负温热源的热 Q_H 的效果.所以,图 6.7.1(e)和图 6.7.1(f)都是正、负温热源之间的转换机,都是有用的循环.而图 6.7.2(e)和图 6.7.2(f)中,各种效果都可自发发生,都无须付出代价.因此,这两种循环都是无用的.

总之,在图 6.7.1 和图 6.7.2 所罗列的十二种可能的循环中,有用的仅有六种,各有其目.其中图 6.7.1(a)和(e)主要是以正温热源中的热转变成功为目的;图 6.7.1(d)和图 6.7.1(f)主要是以功转化为负温热源中的热为目的;而图 6.7.1(b)和图 6.7.1(c)主要的目的是要把热从低温热源抽取出来传到高温热源去.为了达到这些目的,各需付出必要的代价.

6.7.3 包含负绝对温度的卡诺定理

根据 Landsberg 等所得的结论[37, 38],在负温范围内,不可逆循环具有比可逆循环更大的效率和性能系数,这显然与正温范围内的卡诺定理不相容.其所以会得出如此结论,主要是由于不恰当地定义热机和热泵.

我们认为,正温下图 6.7.1(a)的循环,机器对外做功,称为热机;对于图 6.7.1(b),外界对机器做功,使热量由低温热源传向高温热源,称为热泵,这些都是合理的.但是,在负温下,对于图 6.7.1(c),虽然仍是机器对外做功,但称为热机已不恰当.因为这时我们关心的已不是如何使尽可能多的热转变为功的问题.在负温下热完全转变为功是可能的.此时此刻,我们感兴趣的是,如何利用图 6.7.1(c)的循环,使更多的热量从低温热源传递到高温热源,这才是我们的目的.所以这时把它称为热泵更合适.类似地,图 6.7.1(d)的循环虽然属外界做功,但并没有把热量由低温热源传向高温热源,所以称为热泵也不合适.

总之,根据功的正负来定义热机或热泵是不恰当的,应根据我们设置循环的目的来定义.对于上述六种有用的循环,有两种是要用来使热量由低温热源传到高温热源,它起到热泵的作用,应称此循环的机器为热泵.其余四种中,有两种是使正温热源的热转化为功,称为热机,另外两种是要使功转化为负温热源的热,称为功机.根据熵增加原理可以证明,只要合理地定义转换机(热机或功机)和热泵的效率或性能系数,则卡诺定理可推广到整个正负温度领域.

我们规定热源供热时 Q 为正,对机器做功时 W 为正;反之则为负.由热力学第一定律,在一循环中有

$$W + Q_H + Q_L = 0 \tag{6.7.1}$$

再由热力学第二定律,在一循环中有

$$\sigma = \Delta S_{\mathrm{H}} + \Delta S_{\mathrm{L}} = -\left(\frac{Q_{\mathrm{H}}}{T_{\mathrm{H}}} + \frac{Q_{\mathrm{L}}}{T_{\mathrm{L}}}\right) \geqslant 0 \tag{6.7.2}$$

式中，σ 为循环过程中的熵产生. 对于可逆循环，等号成立；不等号则对应于不可逆循环. 从式(6.7.1)和式(6.7.2)可得

$$W = -Q_{\mathrm{H}}\left(1 - \frac{T_{\mathrm{L}}}{T_{\mathrm{H}}}\right) + \sigma T_{\mathrm{L}} \tag{6.7.3}$$

式(6.7.3)是以下讨论的出发点.

(1) 两个正温热源之间的循环[图 6.7.1(a)和(b)].

对于图 6.7.1(a)，$W<0$，$Q_{\mathrm{H}}>0$，$T_{\mathrm{L}}>0$，而 $\sigma \geqslant 0$，由式(6.7.3)得

$$|W| \leqslant Q_{\mathrm{H}}\left(1 - \frac{T_{\mathrm{L}}}{T_{\mathrm{H}}}\right) \tag{6.7.4}$$

定义热机的效率 $\eta = \dfrac{|W|}{Q_{\mathrm{H}}}$，则

$$\eta \equiv \frac{|W|}{Q_{\mathrm{H}}} \leqslant 1 - \frac{T_{\mathrm{L}}}{T_{\mathrm{H}}} < 1 \tag{6.7.5}$$

式(6.7.5)表明了正温范围的卡诺定理，说明在两个正温热源之间工作的热机，以可逆机效率为最高.

对于图 6.7.1(b)，$W>0$，$Q_{\mathrm{H}}<0$，$T_{\mathrm{L}}>0$. 定义热泵的性能系数 $\mathrm{COP} \equiv \dfrac{|Q_{\mathrm{H}}|}{W}$，则从式(6.7.3)可得

$$\mathrm{COP} \equiv \frac{|Q_{\mathrm{H}}|}{W} \leqslant \frac{T_{\mathrm{H}}}{T_{\mathrm{H}} - T_{\mathrm{L}}} \tag{6.7.6}$$

可见，两个正温热源之间的热泵，亦以可逆机的性能系数为最大.

值得指出，当图 6.7.1(b)的循环被用来作为制冷机，并定义制冷机的性能系数 $\varepsilon = \dfrac{Q_{\mathrm{L}}}{W}$ 来描述其性能时，亦以可逆制冷机的性能系数为最大.

总之，在正温范围内，无论是热机、热泵或制冷机，均以可逆机效果为最好.

(2) 两个负温热源之间的循环[图 6.7.1(c)和图 6.7.1(d)].

图 6.7.1(c)是个工作在负温下的热泵，$W<0$，$Q_{\mathrm{H}}<0$，$T_{\mathrm{L}}<0$. 定义热泵的性能系数为 $\mathrm{COP} \equiv \dfrac{|Q_{\mathrm{H}}|}{|W|}$，由式(6.7.3)则有

$$\mathrm{COP} \equiv \frac{|Q_{\mathrm{H}}|}{|W|} \leqslant \frac{T_{\mathrm{H}}}{T_{\mathrm{L}} - T_{\mathrm{H}}} \tag{6.7.7}$$

同样，在负温范围内，亦可把热泵与制冷机加以区分，但结果形式相同.

图 6.7.1(d)是负温范围内的功热转换机，$W>0$，$Q_{\mathrm{H}}>0$，$T_{\mathrm{L}}<0$. 定义功热转换机的性能系数为 $\mathrm{COP} \equiv \dfrac{W}{Q_{\mathrm{H}}}$，则由式(6.7.3)有

$$\text{COP} \equiv \frac{W}{Q_{\text{H}}} \leqslant \frac{T_{\text{L}} - T_{\text{H}}}{T_{\text{H}}} \tag{6.7.8}$$

式(6.7.7)和式(6.7.8)表达了负温范围内的卡诺定理. 即在两个负温热源之间工作的功机或热泵, 以可逆机的性能系数为最大. 可见, 按我们所定义的循环效率或性能系数, 在负温度下仍然是循环中付出的代价越小, 机器的性能越好. Landsberg 等[37, 38] 所定义的效率和性能系数, 没有从机器动作的目的与代价来考虑, 因而得不到这样合理的结论. 按他们的考虑, 在负温范围内性能系数或效率越大, 不可逆效果越大, 机器的实际性能越差. 这显然不能确切地表达出 η 和 COP 这两个概念的原始含义. 这进一步说明了讨论包括负温度的热力学循环时, 应从循环的目的与代价来考虑.

(3) 正、负温热源之间的循环 [图 6.7.1(e)和图 6.7.1(f)].

文献[40-43]曾指出, 在正、负温热源之间, 不可能用一准静态的绝热过程来连接. 但 Dunning-Davies[43] 又指出, 似乎存在着连接两个等熵态的非准静态绝热过程. 所以在正、负两个温度热源之间的循环, 虽然不可能是准静态的, 但可逆循环并非理论上所不能容许的. 如以不可逆循环趋向于可逆循环时 $\sigma \to 0$, 则仍可用上面相同的方法进行讨论.

图 6.7.1(e)是以负温热源的热转变为功作为代价的热机. $W < 0$, $Q_{\text{H}} > 0$, $T_{\text{L}} > 0$. 定义这种热机的性能系数为 $\text{COP} \equiv \frac{|W|}{Q_{\text{H}}}$, 从式(6.7.3)有

$$\text{COP} \equiv \frac{|W|}{Q_{\text{H}}} \leqslant 1 - \frac{T_{\text{L}}}{T_{\text{H}}} \tag{6.7.9}$$

图 6.7.1(f)是以功转变为正温热源的热为代价的功机. $W > 0$, $Q_{\text{H}} < 0$, $T_{\text{L}} > 0$. 定义效率 $\eta \equiv \frac{|Q_{\text{H}}|}{W}$, 则由式(6.7.3)可得

$$\eta \equiv \frac{|Q_{\text{H}}|}{W} \leqslant \frac{T_{\text{H}}}{T_{\text{H}} - T_{\text{L}}} \tag{6.7.10}$$

式(6.7.9)和式(6.7.10)表述了两个热源温度符号不同情况下的卡诺定理.

进一步, 尚可将式(6.7.5)~式(6.7.10)分别写成如下的形式:

正温热机 $\quad \eta \equiv \left| \frac{W}{Q_{\text{H}}} \right| \leqslant 1 - \frac{T_{\text{L}}}{T_{\text{H}}} = \left| 1 - \frac{T_{\text{L}}}{T_{\text{H}}} \right| < 1 \tag{6.7.11}$

正温热泵 $\quad \text{COP} \equiv \left| \frac{Q_{\text{H}}}{W} \right| \leqslant \left(1 - \frac{T_{\text{L}}}{T_{\text{H}}} \right)^{-1} = \left| 1 - \frac{T_{\text{L}}}{T_{\text{H}}} \right|^{-1} \tag{6.7.12}$

负温热泵 $\quad \text{COP} \equiv \left| \frac{Q_{\text{H}}}{W} \right| \leqslant \left(\frac{T_{\text{L}}}{T_{\text{H}}} - 1 \right)^{-1} = \left| 1 - \frac{T_{\text{L}}}{T_{\text{H}}} \right|^{-1} \tag{6.7.13}$

负温功机 $\quad \text{COP} \equiv \left| \frac{W}{Q_{\text{H}}} \right| \leqslant \frac{T_{\text{L}}}{T_{\text{H}}} - 1 = \left| 1 - \frac{T_{\text{L}}}{T_{\text{H}}} \right| \tag{6.7.14}$

正、负温间热机 $\quad \text{COP} \equiv \left| \frac{W}{Q_{\text{H}}} \right| \leqslant 1 - \frac{T_{\text{L}}}{T_{\text{H}}} = \left| 1 - \frac{T_{\text{L}}}{T_{\text{H}}} \right| \tag{6.7.15}$

正、负温间功机 $\quad \eta \equiv \left| \frac{Q_{\text{H}}}{W} \right| \leqslant \left(1 - \frac{T_{\text{L}}}{T_{\text{H}}} \right)^{-1} = \left| 1 - \frac{T_{\text{L}}}{T_{\text{H}}} \right|^{-1} < 1 \tag{6.7.16}$

这样，无论两个热源的温度符号如何，其间工作的循环效率或性能系数，均有相同的形式. 若把它们统称为性能系数，则可表示为

$$\text{COP} \equiv \left| \frac{W}{Q_\text{H}} \right| \leqslant \left| 1 - \frac{T_\text{L}}{T_\text{H}} \right| \tag{6.7.17}$$

或

$$\text{COP} \equiv \left| \frac{Q_\text{H}}{W} \right| \leqslant \left| 1 - \frac{T_\text{L}}{T_\text{H}} \right|^{-1} \tag{6.7.18}$$

这就清楚地表明了正温度情况下的卡诺定理可推广到包含负温度的情况，并且有完全相同的数学表达式.

综上所述，包含负绝对温度的卡诺定理可表述为：所有工作于两个一定的温度热源之间的转换机或热泵，以可逆机的性能系数或效率为最大.

6.7.4 单一负温热源的机器不是永动机

负温度出现后，发现有可能从单一负温热源取热，使之完全转变为功而不引起其他变化. Landsberg 把这种动作的机器称为第三类永动机[37]，并认为从理论上说，第三类永动机是有可能造成的.

关于能否利用负温热源造成永动机的问题，结论是否定的. 另外，White 也注意到[44]，负温热源中的"热"是要付出代价来换取的，其中可用的能量是有限的.

从上述六种有用的循环分析可见，任一循环要达到某种目的，都需要付出足够的代价. 由于任何过程都不可能使总熵减少，所以在有限的孤立系统中必然要趋向于平衡，永动机必然不可能造成.

从单一负温热源取热做功的机器虽然有可能造成，然而它使总熵增加. 在任何有限系统(无论多大)中，这样机器的动作过程都不可能永远进行下去，因此它不是永动机. 欲使这类机器在负温下能够永动，必须构造一个逆过程——把消耗掉的功转化为热传给负温热源. 然而这样的过程是违背热力学第二定律的.

6.7.5 结论

(1) 在不违背热力学定律的十二种工作在两热源之间的循环方式中，只有六种是有用的.

(2) 在讨论包含负绝对温度在内的热力学循环时，不应形式地以机器对外做功或外界对机器做功来区分热机和热泵. 本质上应根据利用循环的目的和付出的代价来区分.

(3) 正确地根据各种有用循环的"目的"和"代价"来定义性能系数(或效率)，则包含负温度情况的卡诺定理与正温度情况下的形式完全相同，甚至数学表达式也完全一样.

(4) 第二类永动机的实质是要使总熵减少，因而不能笼统地认为从单一热源取热

做功而不产生其他影响的机器就是永动机. 负温热源虽然可以从它取热使之完全转变为功, 而不产生其他影响, 但这样的过程仍然使总熵增加, 不可能用来制造永动机.

参 考 文 献

[1] 汪志诚. 热力学·统计物理[M]. 3 版. 北京:高等教育出版社, 2003.

[2] 陈则韶. 高等工程热力学 [M]. 北京:高等教育出版社, 2008.

[3] Yan Z, Chen J. Enforced adiabatic processes and enforced Carnot cycles [J]. Phys. Lett. A, 1991, 160(6):515-517.

[4] 严子浚, 陈金灿. 强迫卡诺循环和类卡诺循环及其应用 [J]. 江西大学学报, 1991, 15:197.

[5] Chen J, Yan Z. Regenerative characteristics of magnetic or gas Stirling refrigeration cycle [J]. Cryogenics, 1993, 33(9):863-867.

[6] 严子浚. 关于磁卡诺循环的一点注记[J]. 大学物理, 1994, 13(5):45-46.

[7] 梁志强. 非理想气体卡诺循环[J]. 物理通报, 1992, (4):13.

[8] Agrawal D C, Menon V J. The Carnot cycle with the van der Waals equation of state [J]. Eur. J. Phys., 1990, 11:88.

[9] Reichl L E. A Modern Course in Statistical Physics [M]. Austin:University of Texas Press, 1980.

[10] Menon V J, Agrawal D C. The concept of enforced adiabats [J]. Phys. Lett. A, 1989, 139(3-4):130-132.

[11] Yan Z, Chen J. A note on the Ericsson refrigeration cycle of paramagnetic salt [J]. J. Appl. Phys., 1989, 66(5):2228-2229.

[12] Vonsovskii S V. Magnetics [M]. Vol. II. New York:John Wiley & Sons, 1974.

[13] Zemansky M W, Dittman R H. Heat and Thermodynamics[M]. 7th ed. New York:McGraw-Hill, 1996.

[14] Vonsovskii S V. Magnetics[M]. Vol. I. New York:John Wiley & Sons, 1974.

[15] 戴道生, 钱昆明. 铁磁学[M]. 北京:科学出版社, 1987.

[16] Zhang L, Zhang W. Order-disorder model in ferroelectrics[J]. Phys. Letter A, 1999, 260(3/4):279-285.

[17] Adkins C J. Equilibrium Thermodynamics [M]. 2nd ed. Maidenhead:McGraw-Hill, 1975.

[18] Bejan A. Advanced Engineering Thermodynamics [M]. New York:Wiley, 1988.

[19] Hsieh J S. Engineering Thermodynamics [M]. Englewood Cliff, NJ:Prentice-Hall, 1993.

[20] Mitsui T, Tatsuzaki I, Nakamura E. An Introduction to the Physics of Ferroelectrics [M]. New York:Gordon and Breach, 1976.

[21] Napijalo M L J. One application of thermodynamics to solid dielectrics [J]. J. Phys. Chem. Solids, 1998, 59(8):1251-1254.

[22] Napijalo M L, Nikolic Z, Dojcilovic Z J, et al. Temperature dependence of electric permittivity of linar dielectrics with ionic and polar covalent bonds [J]. J. Phys. Chem. Solids, 1998, 59:1255.

[23] Anderson J C. Dielectrics [M]. London:Chapman and Hall Ltd, 1963.

[24] Lines M E, Glass A M. Principles and Applications of Ferroelectrics and Related Materials

[M]. London：Clarendon Press，1977.

[25] Coelho R. Physics of Dielectrics for the Engineer [M]. Amsterdam：Elsevier Scientific Publishing Company，1979.

[26] 钟维烈. 铁电体物理学 [M]. 北京：科学出版社，1996.

[27] Bisio G，Rubatto G. Thermodynamics of dielectric systems depending upon three variables [J]. Energy Conv. & Mgmt. ，2000，41(14)：1467-1483.

[28] 严子浚. 对"理想气体的一种特殊循环及其效率的求解"的两点补充 [J]. 大学物理，1994，13 (12)：13-14.

[29] 梁志强. 理想气体的一种特殊循环及其效率的求解[J]. 大学物理，1993，12(8)：7-9.

[30] Hakuraku Y，Ogata H. Thermodynamic analysis of a magnetic refrigerator with static heat switches[J]. Cryogenics，1986，26(3)：171-176.

[31] Ondrechen M J，Rubin M H，Band Y B. The generalized Carnot cycle：a working fluid operating in finite time between finite heat sources and sinks [J]. J. Chem. Phys. ，1983，78(7)：4721-4727.

[32] Curron F L，Ahlborn B. Efficiency of a Carnot engine at maximum power output [J]. Am. J. Phys. ，1975，43：22.

[33] Yan Z，Chen J. Modified Bucher diagrams for heat flows and works in two classes of cycles [J]. Am. J. Phys. ，1990，58：404.

[34] Ondrechen M J，Andresen B，Mozurkewich M，et al. Maximum work from a finite reservoir by sequential Carnot cycles [J]. Am. J. Phys. ，1981，49(7)：681-685.

[35] Leff H S. Thermal efficiency at maximum work output：new results for old heat engines [J]. Am. J. Phys. ，1987，55(7)：602-610.

[36] Landsberg P T，Leff H S. Thermodynamic cycles with nearly universal maximum-work efficiencies [J]. J. Phys. A，1989，22(18)：4019-4026.

[37] Landsberg P T. Heat engines and heat pumps at positive and negative absolute temperatures [J]. J. Phys. A，1977，10(10)：1773-1780.

[38] Landsberg P T，Tykodi R J，Tremblay A M. Systematics of Carnot cycles at positive and negative Kelvin temperatures [J]. J. Phys. A，1980，13(3)：1063-1074.

[39] Zemansky M W. Heat and Thermodynamics [M]. 5th ed. New York：McGraw-Hill，1968.

[40] Landsberg P T. Negative temperatures [J]. Phys. Rev. ，1959，115：518.

[41] Tremblay A M. Comment on "Negative Kelvin temperatures：some anomalies and a speculation" [J]. Am. J. Phys. ，1976，44(10)：994-995.

[42] Tykodi R J. Negative Kelvin temperatures [J]. Am. J. Phys. ，1976，44：997.

[43] Dunning-Davies J. Negative absolute temperatures and Carnot cycles [J]. J. Phys. A，1976，9 (4)：605-609.

[44] White R H. Anomalies at negative Kelvin temperatures [J]. Am. J. Phys. ，1976，44(10)：996.

第7章 不可逆热力学循环

不可逆热力学循环是热力学理论与应用的重要研究内容之一. 有限时间热力学是经典热力学的延伸和推广, 是现代热力学理论的一个新分支, 主要研究非平衡系统在有限时间中能流和熵流的规律. 它既不同于 20 世纪 30 年代建立起来的不可逆热力学, 又不同于工程热力学, 它有自己鲜明的理论特征. 现已广泛地应用于物理、化学和工程热物理等许多学科领域, 建立了一系列相应的新理论. 本章将对有限时间热力学及其中一重要研究内容——不可逆热力学循环作简要的介绍和讨论.

7.1 有限时间热力学的特征[①]

有限时间热力学是现代热力学理论的一个新分支[1-10], 是当前工程热物理和能源利用学科的高深层次的研究内容[11], 主要研究非平衡系统在有限时间中能流和熵流的规律. 尤其在开发新能源和发展高新技术等方面有很大的应用潜力. 自 1975 年 Curzon 和 Ahlborn 工作之后[12], 有限时间热力学开始有了较大的发展. 近二十年来, 在前期广泛研究典型热力学循环优化性能的基础上, 开拓了许多新应用领域、建立了相应的新理论[8, 13, 14], 同时已深入到许多新技术领域和新学科分支, 例如, 在内可逆理论[15, 16]、化学反应[17-20]、流体系统[21, 22]、半导体热电器件[23-29]、太阳能热力系统[30-36]、磁制冷新技术[37-39]、生态学准则[40-45]、量子放大器[46, 47]、㶲分析和㶲经济分析[48-51]和热力学长度[52, 53]等许多方面都出现了应用有限时间热力学方法, 建立新的优化理论和循环理论. 而这些新理论在国防、工农业生产、能源技术、医疗、化工和交通等方面都有应用价值. 它的发展和广泛应用, 对开发新能源、发展新技术、高效利用能源、改善生态环境、保护自然资源、开拓交叉学科研究等都具有重要意义.

本节简要地介绍有限时间热力学理论的特征、内可逆卡诺循环模型、最大功率输出时的效率、基本优化关系、内可逆循环统一理论、不可逆循环理论等方面的研究在有限时间热力学的发展过程中所起的重要作用.

7.1.1 理论特征

有限时间热力学是经典热力学的延伸和推广, 是不可逆热力学的一个新分支. 虽然经典热力学的基本定律是用不可逆过程表达出来的, 但是该学科随后的发展离开不

---

① 陈金灿, 严子浚. 厦门大学学报, 2001, 40(2):232-241.

可逆过程，集中于研究平衡系统. 事实上，经典热力学是关于平衡态和过程变量由一个平衡态变换到另一个平衡态的一种极限理论. 今天，经典热力学对平衡态和可逆过程已给出相当完整的描述，提供了许多优化判据. 长期以来，这些判据已成为物理、化学和工程中热力学研究的通用货币或"公共财宝"[5]. 然而，时间是实际过程的一个重要参数，在经典热力学中却没有考虑，以致一些非常一般的问题尚未得到解决. 例如，在一给定时间内，由一台机器产生一定的功所需要的最少能量是多少，经典热力学就无法作出回答. 有限时间热力学能处理显含时间和与速率有关的变量的过程，可引进如输出功率、制冷率、泵热率、输入功率、熵产生率、可用性损失率、有限时间㶲和经济性能等许多更为重要的参量，同时可提供对实际过程更为有用的优化判据.

有限时间热力学不同于 20 世纪 30 年代建立起来的不可逆热力学. 不可逆热力学的中心点是建立一组与所研究的系统相关的热力学变量的动力学方程，然后在各种假设下求解这一组方程. 以动力学方程为中心的不可逆热力学自然导致用微分方程来表示和对系统局域微分行为的考查. 而以过程变量的净变化为中心的有限时间热力学导致了积分方程、变分原理和对系统的整体描述. 它是翁萨格微分观点的一种积分补充. 虽然拉格朗日或哈密顿形式使方程变成微分的，但至少一开始它的方程是积分方程而不是微分方程. 有限时间热力学的方法容易用来研究如热机、制冷机以及其他能量转换等一些实际系统的性能. 当然，不可逆热力学和有限时间热力学之间有许多内在联系[16]. 两者相辅相成，互为补充.

有限时间热力学也不同于工程热力学. 在工程热力学中采用的模型总是对工程师想要建造或应用的特殊系统采取尽可能详细的描述. 这无疑会导致一种复杂的特定模型. 有限时间热力学中采用的模型仍然是一类包含确定实际系统典型特征的理想化模型. 因而构造能表示大量实际过程普遍特征的模型是有限时间热力学的中心任务. 各个普遍模型一般应该包含所要研究的实际系统的全部重要参数，而不是所有的各个细节，否则将会使物理内容含糊不清，计算十分困难，甚至无法进行. 理想化的可逆模型已经广泛地应用在经典热力学中. 例如，著名的卡诺循环就是高度理想化的可逆热机模型. 而内可逆模型是可逆模型的直接推广，它是有限时间热力学中常用的典型模型. 所谓内可逆模型，指的是系统内部过程是可逆的，而所有的不可逆性都发生在系统与外部环境之间.

有限时间热力学的主要工具是最优控制理论. 它用来解由可用性分析、最小熵产生、不可逆运动方程的变分公式等所要求的最佳决策和最佳轨迹问题. 优化问题的复杂性直接与约束的种类和复杂性相联系. 对于各种不同的系统，约束方程可以是代数的、微分的、积分的或微积分的. 复杂模型的优化问题通常导致一组耦合的、非线性微分方程. 从这样一组方程出发，唯一的希望是进行定性分析和数值求解. 因此，人们总是努力寻找和建立具有解析解的简单而普遍的模型，如内可逆卡诺循环模型就是典型的一例.

有限时间热力学的主要目的是寻找热力学过程的有限时间运行方式的普适极限. 有限时间过程除了比经典热力学提供的过程更为实际和普遍外，还有助于人们更深刻地理解不可逆性如何影响热力学过程的性能. 有限时间热力学已经成功地应用于大量问题, 例如, 分析热机、制冷机、热泵、多热源循环、有限热源循环、分馏过程和化学反应系统的性能, 确定地球风能的上界、揭示量子系统特征、探讨广义势、有限时间可用性、热力学长度[52, 53]、计算机逻辑运算[15]和模拟退火[54]等重要问题. 特别地, 内可逆循环模型已广泛地用来分析受传热不可逆性影响的各种热机、制冷机和热泵的优化性能. 并在内可逆循环模型的基础上, 还建立了许多不同的不可逆循环模型. 这些模型包括各种损失机理, 如机械摩擦、热漏、热阻、非理想回热以及工质的内部耗散等[55-63]. 深入研究各种不可逆循环的优化性能, 将会不断地促进有限时间热力学的发展.

7.1.2 内可逆卡诺循环模型

经典热力学的建立和发展, 所起的作用是众所周知的. 其重要标志是由它可得到各种热力过程的可逆界限, 例如, 在给定的约束条件下, 一个热力系统从一个给定的状态可逆地变换到另一个给定的状态可做出最大功. 这个结论的重要性在于它的普适性, 因为可逆过程给出任意过程的优化判据的上界. 例如, 卡诺效率 $\eta_C = 1 - T_c/T_h$ 确定了工作在温度分别为 T_h 和 T_c 的两个热源间的所有热机效率的上界. 卡诺效率在理论上是极其重要的. 然而, 它不可避免地远高于实际热机的效率, 故其实际价值非常有限. 因为要达到卡诺效率, 循环过程必须是可逆的, 这要求循环无限缓慢地进行, 因而热机的输出功率为零. 任何人都不愿意设计或制造一台不产生输出功率的热机. 作为实际热机, 总是要求有功率输出, 因而循环必须在有限时间内进行. 有限时间热力学正是针对这一类问题而被提出的.

在有限时间热力学的建立和发展过程中, 应用最早和最多的模型是内可逆模型[12, 15, 18, 64-71]. 内可逆卡诺循环[12]正是内可逆模型的一个典型代表. 它不同于可逆卡诺循环, 考虑了循环中工质与热源间存在热阻, 传热需要时间, 并遵从一定的规律. 这就引进了时间参量和不可逆过程的演化规律. 因而研究内可逆卡诺循环, 不能归属于经典热力学的范畴.

在内可逆卡诺循环研究中, 因绝热过程无热交换而不受热阻影响, 通常假设其进行的时间相比热交换过程的可忽略[65, 67]. 这样做仅是为了突出热阻的影响, 使其结果既简单又清晰地表示出由热阻所导致的循环性能界限与经典热力学界限的差异, 而绝不意味着实际循环中的绝热过程时间可以忽略. 事实上, 这是理论研究的一种方法, 早已被人们所利用. 例如, 准静态可逆卡诺循环(以无限缓慢的速度进行)模型的引进, 在经典热力学的建立和发展过程中起过重要作用, 而它绝不意味着实际循环进行的时间为无限长. 在有限时间热力学研究中, 应用这种方法却有人不甚理解, 认为忽略循环中绝热过程进行的时间就不可能导出有用的结果.

7.1.3 最大功率输出时的效率

Curzon 和 Ahlborn 于 1975 年研究了热源与工质之间的有限速率热传递对卡诺热

机性能的影响，导出卡诺热机在最大功率输出时的效率[12]

$$\eta_{\mathrm{m}} = 1 - \sqrt{\frac{T_{\mathrm{c}}}{T_{\mathrm{h}}}} \equiv \eta_{\mathrm{CA}} \tag{7.1.1}$$

虽然这个效率不是他们最先导出的，但大量文献已将 η_{m} 称为 CA 效率，即 η_{CA}. 关于这个问题，已有不少文章作了专门的评述[8, 13]. 但无论这两个人是独立地导出 η_{CA} 还是参阅了前人的结果，他们的工作为有限时间热力学的创立和发展起了推动作用这一点是无可置疑的. 自 Curzon 和 Ahlborn 的论文[12]发表之后，一大批物理学、数学、化学专家学者在这个领域做了大量的研究工作，奠定了有限时间热力学理论的基础. 20 世纪 80 年代后期，许多工程热力学专家学者也参与这项研究，使有限时间热力学理论更有效地应用于工程实际. 有限时间热力学建立以来，所取得的成果充分显示出它是一个大有作为的研究新领域.

正如卡诺效率一样，CA 效率仅是热源温度的函数. 但这仅仅是因为 Curzon 和 Ahlborn 采用牛顿热传递规律的结果. 内可逆卡诺循环是一个不可逆循环. 它包含着传热不可逆性. 它的性质必将与传热的规律有关. 例如，当热传递遵从 $Q \propto \Delta T^n$ (n 为不等于 0 的实数)时，卡诺热机在最大功率输出时的效率一般不同于式(7.1.1)，应由如下方程：

$$T_{\mathrm{h}}^n \sqrt{(1-\eta_{\mathrm{m}})^{3n+1}} + n\sqrt{\frac{k_1}{k_2}} T_{\mathrm{h}}^n (1-\eta_{\mathrm{m}})^{n+1} - (1-n) T_{\mathrm{c}}^n \sqrt{(1-\eta_{\mathrm{m}})^{n+1}}$$

$$- \sqrt{(1-\eta_{\mathrm{m}})^{n-1}} \left[nT_{\mathrm{c}}^n - (1-n)\sqrt{\frac{k_1}{k_2}} T_{\mathrm{h}}^n \sqrt{(1-\eta_{\mathrm{m}})^{n+1}} \right] - \sqrt{\frac{k_1}{k_2}} T_{\mathrm{c}}^n = 0 \tag{7.1.2}$$

确定[68]，式中，k_1 和 k_2 分别为工质与高、低温热源间的热传递系数. 这种热传递规律具有普遍性就在于 n 取不同的值时它代表了不同的具体热传递规律，它包括牛顿热传递规律. 由式(7.1.2)可知，在一般情况下，η_{m} 不仅是热源温度的函数，还与热传递系数有关. 例如，当 $n=-1$ 时，由式(7.1.2)可得卡诺热机在最大功率输出时的效率

$$\eta_{\mathrm{m}} = \frac{\left(1+\sqrt{\frac{k_1}{k_2}}\right)\left(1-\frac{T_{\mathrm{c}}}{T_{\mathrm{h}}}\right)}{2+\sqrt{\frac{k_1}{k_2}}\left(1+\frac{T_{\mathrm{c}}}{T_{\mathrm{h}}}\right)} \tag{7.1.3}$$

另外，由于 Curzon 和 Ahlborn[12]对式(7.1.1)曾强调指出："这结果具有十分有趣的性质，它对实际热机的最好观测性能起了非常精确的指导." 长期以来，这使不少学者一直将 CA 效率误认为是热机效率的上界[72, 73]. 事实上，式(7.1.1)的重要意义是确定了仅受传热不可逆性影响的卡诺热机在最大功率输出时的效率. 当考虑热机中的其他不可逆性或其他约束条件时，卡诺热机在最大功率输出时的效率 η_{m} 一般小于 η_{CA}. 例如，当不可逆传热和热漏损失都考虑时[60, 74]

$$\eta_{\mathrm{m}} = \frac{\left(1-\sqrt{\frac{T_{\mathrm{c}}}{T_{\mathrm{h}}}}\right)^2}{1+\left(\frac{k_{\mathrm{L}}}{K}\right)\eta_{\mathrm{C}} - \sqrt{\frac{T_{\mathrm{c}}}{T_{\mathrm{h}}}}} < \eta_{\mathrm{CA}} \tag{7.1.4}$$

式中，k_L 为热漏损失系数；K 为热机的等效热传导系数. 当不可逆传热和工质的内不可逆性都考虑时[58, 59]

$$\eta_m = 1 - \sqrt{\frac{IT_c}{T_h}} < \eta_{CA} \qquad (7.1.5)$$

式中，$I > 1$ 描述工质的内不可逆性. 当考虑不可逆传热和有限热源的影响时[75]

$$\eta_m = 1 - \sqrt{\frac{C_1 T_c}{Q_h} \ln\left[1 - \frac{Q_h}{C_1 T_h}\right]} < \eta_{CA} \qquad (7.1.6)$$

式中，C_1 为有限热源的热容；Q_h 为工质每循环从有限热源吸取的热量；T_h 为有限热源的最高温度. 当同时考虑不可逆传热和流体流动不可逆性时[76, 77]，热机在最大功率输出时的效率也小于 η_{CA}. 然而，这绝不意味着 CA 效率是热机效率的上界. 例如，当内可逆卡诺热机工作在最佳生态学条件时，效率为[40, 41]

$$\eta_E = 1 - \frac{T_c}{T_h} \frac{\sqrt{1 - \frac{T_c}{T_h}}}{2} > \eta_{CA} \qquad (7.1.7)$$

式中，T_c 等于环境温度. 总之，CA 效率不是热机效率的上界，它不同于卡诺效率. 实际热机的效率虽然达不到卡诺效率，但大于各自在最大功率输出时的效率是可能的，也是通常所要求的. 实际上，在最大功率输出时的效率是热机所允许的最佳效率的下界. 应用有限时间热力学理论导出的基本优化关系可更清楚地来阐明这些重要结论[67, 77].

7.1.4 基本优化关系

内可逆卡诺循环引进了时间参量，那么对它就不光是研究效率，而且要对循环的输出功率、熵产率、可用性损失率等一类重要热力学量的"率"作出定量的描述. 文献[67]的研究成果表明，对于热机来说，仅研究循环的最大输出功率 P_{max} 和对应的效率 η_m 是不够的，而更重要的是探讨循环的基本优化关系，即循环的输出功率 P 和效率 η 间的优化关系. 因为有了这个关系，便可讨论循环的各种优化性能. 这正如量子力学中求出系统的波函数一样，通过它可求得人们感兴趣的一切有关物理内容. 例如，当内可逆卡诺循环中的传热过程遵从一般的热传递规律时，循环的输出功率 P 和效率 η 间的优化关系为[68]

$$P = \frac{k_1 \eta}{\left[1 + \sqrt{\left(\frac{k_1}{k_2}\right)(1-\eta)^{1-n}}\right]^2} \left[T_h^n - \frac{T_c^n}{(1-\eta)^n}\right] \qquad (7.1.8)$$

从式(7.1.8)出发，可容易地求出内可逆热机在给定输出功率或给定效率下循环的各种性能界限. 由于求系统的基本优化关系是有限时间热力学研究中更为本质和重要的内容，因而这种研究方法一经问世，就受到国内外学者的充分肯定，并得到广泛的应用. 至今，已有极其大量的论文研究了各种典型的热力学循环和系统的基本优化关系.

7.1.5　内可逆循环统一理论

有限时间热力学的研究,并非仅限于卡诺热机.许多学者已分别研究了二热源制冷机、二热源热泵、三热源制冷机、三热源热泵、有限热源循环等一系列循环的优化性能,得到了大量重要结论.然而,在有限时间热力学研究中,应如何建立更为一般的循环模型,建立更为普遍和系统的有限时间热力学循环理论,越来越显示出它的重要性和必要性.笔者在系统地研究了各种典型的内可逆热力学循环优化性能的基础上,建立了一个可用来描述多种内可逆循环优化性能的普遍循环模型,并以基本优化关系为核心建立了统一的内可逆循环理论[78, 79].当热传递遵从牛顿传热律时,循环的基本优化关系为[78]

$$\pi = K^* \frac{T_p(T_h^* - T_c) - \psi T_h^* (T_p - T_c)}{T_c + B^2(\psi - 1)T_h^* + (1 - B)^2(\psi^{-1} - 1)T_p} \tag{7.1.9}$$

式中,$K^* = \alpha\beta/(\sqrt{\alpha} + \sqrt{\beta})^2$;$B = \sqrt{\alpha/\gamma}(\sqrt{\gamma} \pm \sqrt{\beta})/(\sqrt{\alpha} + \sqrt{\beta})$;

$$T_h^* = \frac{T_h}{1 + \frac{1}{2}Q_h/(C_1 T_h) + \frac{1}{3}Q_h^2/(C_1 T_h)^2 + \cdots}$$

π 为循环的功能率(如泵热率、输出功率等);ψ 为循环的性能系数;T_p 和 T_c 分别为两个无限大热源的温度;α、β 和 γ 分别为工质与热源间的热传递系数;B 表达式中的正负号对应于 $\psi > 1$ 和 $\psi < 1$ 的情况.当 $\psi = 1$ 时,$\pi = K^*(T_h^* - T_p)$ 与 B 无关,并要求 $T_h^* > T_p$ 得到满足.从式(7.1.9)出发,可导出广义三热源热变换器、三热源热泵、三热源制冷机、广义二热源热机和二热源的各种内可逆热力学循环的基本优化关系.应用这些基本优化关系,可讨论上述各种内可逆循环的优化性能,并揭示不同内可逆循环之间的内在联系和固有差别.因而式(7.1.9)能起到统一描述的作用,使有限时间热力学理论趋向系统化.

7.1.6　不可逆循环理论

综合考虑热阻、热漏和工质内部不可逆性的不可逆卡诺循环理论的提出[58-60],使有限时间热力学理论的发展又向前推进了一步.它指明了应如何由内可逆理论推向综合考虑各种实际不可逆因素的不可逆理论.仅停留在内可逆理论是远远不够的,由它难以获得较为精确的结果和解决大量的实际问题.由于这个原因,同时由于有限时间热力学的前期研究,大量工作集中于内可逆理论,使得一些学者对有限时间热力学有所误解,似乎有限时间热力学等同于内可逆理论,因而其结果与实际系统的观测性能有较大的偏离,不能直接应用于实际.这种观点显然是不正确的,主要是对有限时间热力学的理论方法不甚理解,同时也不明确有限时间热力学的最终目的是要建立普遍的不可逆理论.虽然内可逆理论在许多实际场合不能直接应用,但它仍然具有重要的实际意义,由它可了解实际过程中由于系统与外界的传热不可逆性(如循环中工质与热源间的传热不可逆性)所产生的根本性影响及其界限.而传热不可逆性是一种最常见的主要不可逆因素,而且其演化规律又比较清楚.故在有限时间热力学发展的初期,大量的工作来研究内可逆理论是必然的,也是不可少的,它为有限时间热力学的建立和发展奠定了不可动摇的基础.没有这些工作,就不会有今天的综合考虑系统各主要不可逆因素的不可逆理论.考虑热阻、热漏和工质内部不可逆性综合影响的不可逆卡诺循环理论,正是在内可逆卡诺循环理论的基础上建立起来的,而且它包括了内可逆卡诺循环理论.因此,我们对内可逆理论应有正确的认识和评价,既不能贬低其重要意义和作用,又不能过分乐观地指望它能直接用于许多实际场合,而是应将它推向不可逆理论.不可逆卡诺循环理论正是为此而建立起来的.在它建立之后,近十年来许多学者考虑种种主要不可逆因素以及诸多不可逆过程的演化规律,对不同类型循环性能的综合影响,获得了大量有意义的结果,将有限时间热力学的研究推向一个新的高潮.

当然,这并不是说不可逆理论目前已较为完善,它仍然处于发展阶段.由于不可逆过程比可逆过程复杂得多,尤其演化规律更是复杂多样,以至于在目前的不可逆理论中,对一些具体的复杂不可逆效应只能用熵产生或㶲损率等作概括的描述,而未能较详细地考虑其演化规律.这样的理论虽可解决部分重要实际问题,但仍需进一步改进和发展.主要应继续探索实际不可逆过程的主要演化规律,构造能反映这种演化规律的不可逆系统的简单模型,建立较为普遍的不可逆理论,使有限时间热力学理论更趋于系统和完善.这就需要一大批物理学、化学、工程学等专家学者共同努力,继续作出新的贡献.

总之,有限时间热力学是一门既有理论深度,又有应用背景的新兴学科.内容新颖,方法独特,应用广泛,方兴未艾.它的建成不仅可丰富热力学基础理论的内容,而且可在广阔的科学技术领域中展现更加激动人心的应用前景,开拓新的边缘学科研究,推动有关学科发展.一句话,有限时间热力学是一门科学,它必然随着科学技术的进步不断地发展壮大.

7.2　内可逆广义卡诺循环[①]

内可逆循环不同于可逆循环,它考虑了实际过程中的某些主要不可逆效应,因而不可逆过程的演化规律在其中起了重要作用.例如,不同的热传递规律将使工作在两个恒温热源之间的最优内可逆循环具有不同的构型和特征[68, 80-83].本节将基于较一般的热传递规律,研究传热的不可逆性对一类工作在有限高温热源和无限低温热源间的循环,即广义卡诺循环性能的影响,导出循环的最优构型及基本优化公式.由此讨论了不同热传递规律下,广义卡诺循环所具有的共同特性和主要差别,尤其对三种常见的热传递规律下循环的最优构型作了较详细的讨论.

①　熊国华,陈金灿,严子浚.厦门大学学报,1989,28(5):489-494.

7.2.1 循环模型

这里所要讨论的内可逆广义卡诺循环，就是高温热源有限的内可逆二热源循环. 当循环进行时，低温热源的温度 T_L 保持不变，而高温热源被吸热时温度从 T_H 开始下降，在 t 时刻为 $T_x(t)$，并设其热容量为常数 C. 工质的温度 $T(t)$ 不同于热源的温度，因为内可逆循环中工质与热源的热传递是在有限温差下进行的.

为了讨论几种常见的热传递规律对内可逆广义卡诺循环优化性能的影响，假设工质与热源之间的热传递遵从 Vos 等所采用的较一般的热传递规律[68, 81, 82]. 据此，工质每循环从高温热源吸取的热量 Q_1 和放给低温热源的热量 Q_2 分别为

$$Q_1 = \int_0^\tau K_1(t)\left[T_x^n(t) - T^n(t)\right]\mathrm{d}t \tag{7.2.1}$$

$$Q_2 = \int_0^\tau K_2(t)\left[T^n(t) - T_L^n\right]\mathrm{d}t \tag{7.2.2}$$

式中，τ 为循环周期；n 为非零的整数；$K_1(t)$ 和 $K_2(t)$ 分别为工质与高、低温热源间的热传递系数，它们与时间 t 的关系分别为

$$K_1(t) = \begin{cases} K_1, & 0 \leqslant t < t_1 \\ 0, & t_1 \leqslant t < \tau \end{cases} \tag{7.2.3}$$

$$K_2(t) = \begin{cases} 0, & 0 \leqslant t < t_1 \\ K_2, & t_1 \leqslant t < \tau \end{cases} \tag{7.2.4}$$

式中，K_1 和 K_2 是两个常数，当 $n < 0$ 时为负值. t_1 和 $\tau - t_1$ 分别为工质与高、低温热源接触传热的时间，其中绝热过程所花费的时间已忽略不计[83]. 这种热传递规律的一般性，就在于 n 取不同的值时它代表了不同的具体热传递规律.

再根据热力学第一定律，循环的输出功为

$$W = \int_0^\tau \left\{K_1(t)\left[T_x^n(t) - T^n(t)\right] - K_2(t)\left[T^n(t) - T_L^n\right]\right\}\mathrm{d}t \tag{7.2.5}$$

而根据热力学第二定律，可得工质每循环的熵变为

$$\Delta S = \int_0^\tau \frac{\left\{K_1(t)\left[T_x^n(t) - T^n(t)\right] - K_2(t)\left[T^n(t) - T_L^n\right]\right\}}{T(t)}\mathrm{d}t \tag{7.2.6}$$

此外，由于高温热源的热容量 C 为常数，故有

$$\mathrm{d}Q_1 = -C\mathrm{d}T_x(t) \tag{7.2.7}$$

应用式(7.2.1)和式(7.2.7)，可得高温热源的温度随时间变化的微分方程为

$$C\dot{T}_x(t) + K_1(t)\left[T_x^n(t) - T^n(t)\right] = 0 \tag{7.2.8}$$

7.2.2 一般热传递规律下最优循环的构型

所谓最优的循环，就是在给定的循环周期 τ 和供热量 Q_1 下，输出功 W 为最大的循环，也就是放热量 Q_2 为最小的循环. 为求此循环，引进变更的拉格朗日函数

$$L = K_2(t)\left[T^n(t) - T_L^n\right] + \lambda_1 K_1(t)\left[T_x^n(t) - T^n(t)\right]$$
$$+ \lambda_2(t)\left\{K_1(t)\left[T_x^n(t) - T^n(t)\right] - K_2(t)\left[T^n(t) - T_L^n\right]\right\}/T(t)$$
$$+ \mu(t)\left\{C\dot{T}_x(t) + K_1(t)\left[T_x^n(t) - T^n(t)\right]\right\} \qquad (7.2.9)$$

则由欧拉方程 $\dfrac{\partial L}{\partial T(t)} = 0$ 和 $\dfrac{\partial L}{\partial T_x(t)} - \dfrac{d}{dt}\left[\dfrac{\partial L}{\partial \dot{T}_x(t)}\right] = 0$ 以及条件 $\delta^2 L > 0$ 存在,可得 Q_2 为最小的最优循环中,工质与有限高温热源和无限低温热源接触传热时两者间的温度关系分别满足如下方程:

$$\left[T_x^n(t) - T^n(t)\right]T^{-(n+1)/2} = a, \qquad 0 \leqslant t < t_1 \qquad (7.2.10)$$
$$nT^{n+1}(t) - \lambda_2\left[(n-1)T^n(t) + T_L^n\right] = 0, \qquad t_1 \leqslant t < \tau \qquad (7.2.11)$$

式中,a 是个待定常数,取值与 n 有关. 显然,它们都明显地依赖于 n,即与具体的热传递规律有关,但由于低温热源的温度是恒定的,因而由式(7.2.11)可知,工质与低温热源进行热交换的过程是个等温过程,只不过其温度(设为 T_2)与 n 有关. 循环的其余部分无热交换,应是进行的时间可以忽略的绝热过程,这种循环不同于内可逆卡诺循环,主要是工质与高温热源的热交换过程不是等温的.

7.2.3 $n=1$,-1 和 4 时优化循环的基本特征

当 $n=1$ 时,即为牛顿热传递规律的情形[84],这时由式(7.2.10)、式(7.2.8)和式(7.2.11)可得

$$T_x(t) = T_H \exp\left[-\frac{K_1(1-u)}{C}t\right], \qquad 0 \leqslant t < t_1 \qquad (7.2.12)$$

$$T(t) = \begin{cases} uT_H \exp\left[-\dfrac{K_1(1-u)}{C}t\right], & 0 \leqslant t < t_1 \\ vT_L(\text{常数}), & t_1 \leqslant t < \tau \end{cases} \qquad (7.2.13)$$

式中,u 和 v 是两个待定常数. 这一结果表明了在牛顿定律下优化循环的基本特征是:热交换过程中高温热源的温度随时间作指数衰减,而工质与热源的温度之比保持常数,因而工质在此过程中的温度也按同样的指数规律衰减.

当 $n=-1$ 时,即热传递规律为不可逆热力学中另一种线性传热律. 这时由式(7.2.10)、式(7.2.8)和式(7.2.11)可得

$$\begin{cases} \dfrac{1}{T_x(t)} - \dfrac{1}{T(t)} = a, & 0 \leqslant t < t_1 \\ \dfrac{1}{T(t)} - \dfrac{1}{T_L} = b, & t_1 \leqslant t < \tau \end{cases} \qquad (7.2.14)$$

并有

$$T_x(t) = T_H - \frac{K_1}{C}at, \qquad 0 \leqslant t < t_1 \qquad (7.2.15)$$

式中,a 和 b 是两个常数. 由此可得工质在此过程中温度与时间的关系为

$$T(t) = \begin{cases} \left(T_H - \dfrac{K_1}{C}at\right) \Big/ \left(1 - aT_H + \dfrac{K_1}{C}a^2t\right), & 0 \leqslant t < t_1 \\ \dfrac{T_L}{1 + bT_L}, & t_1 \leqslant t < \tau \end{cases} \tag{7.2.16}$$

这明确地表示了 $n = -1$ 时的最优循环构形与 $n = 1$ 时有很大的差别. 这时在两个热交换过程中工质与热源的温度倒数之差保持常数, 而不是温度之比保持常数. 因而它们是两个等热流过程. 另外, 高温热源在热交换过程中的温度是随时间线性下降, 而不是作指数衰减. 由此可见, 热传递规律对优化循环性能的影响, 很值得进一步研究.

当 $n = 4$ 时, 就是辐射换热的情形. 这时虽然低温传热过程仍然是个等温过程, 但循环的特征与前两种有明显的差别. 特别地, 在高温传热过程中, 工质和热源的温度变化都比较复杂, 应满足如下方程:

$$\begin{cases} C\dot{T}_x(t) = K_1\left[T^4(t) - T_x^4(t)\right] \\ \left[T_x^4(t) - T^4(t)\right]T^{-5/2}(t) = a \end{cases} \tag{7.2.17}$$

7.2.4 基本优化公式

现在要求出在给定的 Q_1 下, 循环的最佳效率与输出功率间的关系, 或循环的最大输出功率与效率间的关系, 即所谓的基本优化公式. 根据高温热源在放热过程中的熵变

$$\Delta S_x = C\ln\left[1 - \frac{Q_1}{CT_H}\right] \tag{7.2.18}$$

以及内可逆循环的条件, 分别引入高温热交换过程中高温热源的等效温度

$$T_H^* = -\frac{Q_1}{\Delta S_x} = -Q_1 \Big/ \left[C\ln\left(1 - \frac{Q_1}{CT_H}\right)\right] \tag{7.2.19}$$

和工质的等效温度

$$T_1^* = \frac{T_2 Q_1}{Q_2} \tag{7.2.20}$$

由此, 以及低温传热过程是等温的结论, 可得

$$Q_1 = K_1(T_H^{*n} - T_1^{*n})t_1 \tag{7.2.21}$$

$$Q_2 = K_2(T_2^n - T_L^n)(\tau - t_1) \tag{7.2.22}$$

以及循环的效率

$$\eta = 1 - \frac{T_2}{T_1^*} \tag{7.2.23}$$

利用这些结果, 可将循环的平均输出功率 P 表示为

$$P = \frac{Q_1 - Q_2}{\tau} = K_1\eta\left\{(T_H^{*n} - T_1^{*n})^{-1} + (1-\eta)\left(\frac{K_1}{K_2}\right)\left[T_1^{*n}(1-\eta)^n - T_L^n\right]^{-1}\right\}^{-1} \tag{7.2.24}$$

再根据极值条件 $(\partial P/\partial T_1^*)_\eta = 0$, 便可求得在给定的 Q_1 下, 最大输出功率与效率间的

关系为

$$P = \frac{K_1\eta\left[T_H^{*n} - \dfrac{T_L^n}{(1-\eta)^n}\right]}{\left[1 + \left(\dfrac{K_1}{K_2}\right)^{1/2}(1-\eta)^{(1-n)/2}\right]^2} \tag{7.2.25}$$

由于实际上条件$(\partial P/\partial T_1^*)_\eta = 0$ 与条件$(\partial\eta/\partial T_1^*)_P = 0$ 相当,因此式(7.2.25)同时也确定了在给定的Q_1 下,最佳效率与输出功率间的关系.将式(7.2.19)代入式(7.2.25),则有

$$P = K_1\eta\frac{Q_1^n\Big/\left[-C\ln\left(1 - \dfrac{Q_1}{CT_H}\right)\right]^n - \dfrac{T_L^n}{(1-\eta)^n}}{\left[1 + \left(\dfrac{K_1}{K_2}\right)^{1/2}(1-\eta)^{(1-n)/2}\right]^2} \tag{7.2.26}$$

式(7.2.26)更明确地表示出所求的基本优化公式是对给定的Q_1 而言的.

7.2.5 讨论

(1) 式(7.2.25)的形式与内可逆二热源循环的基本优化公式[68]完全相同,只不过是由T_H^* 代替了T_H.这说明了有限热源对内可逆循环优化性能的影响,可由等效温度T_H^* 集中地表示.并由式(7.2.19)可知,这种影响不受热传递规律的不同而有所改变.于是,讨论有限热源内可逆循环的优化性能时,无论采用哪种热传递规律,均可引入相同形式的等效温度把它转化为无限热源($C\to\infty$)循环来处理,使问题得到简化.但值得指出的是,这并不意味着循环的最优构型可视为卡诺型的,只不过它的优化性能等效于一个内可逆卡诺循环.而仅当$C\to\infty$时,循环的最优构型才是卡诺型的.

(2) 当$\tau\to\infty$时,$P=0$,循环成为可逆的.这时由式(7.2.26)可得

$$\eta_r = 1 + \frac{CT_L}{Q_1}\ln\left(1 - \frac{Q_1}{CT_H}\right) \tag{7.2.27}$$

式中,η_r 表示可逆循环的效率[85].若经一循环后高温热源的温度从T_H 降到$T_h(\geqslant T_L)$,则有$Q_1 = C(T_H - T_h)$,而式(7.2.27)可写成

$$\eta_r = 1 - \frac{T_L}{T_H - T_h}\ln\frac{T_H}{T_h} \tag{7.2.28}$$

显然,可逆循环的效率与热传递规律无关,因而它是任何热传递规律下都存在的一个零功率点.此外,式(7.2.26)还有一个零功率点是$\eta = 0$,$P = 0$.它是$Q_1 = Q_2$ 的结果,也是在任何热传递规律下都存在的.

(3) 由于有两个零功率点,所以无论采用哪种热传递规律,都存在最大功率点.但最大功率点的位置却明显地依赖于热传递规律.例如,当$n=1$ 时,由式(7.2.25)求得最大功率P_{max} 及其相应的效率η_m 分别为

$$P_{max} = \frac{K_1 K_2(\sqrt{T_H^*} - \sqrt{T_L})^2}{(\sqrt{K_1} + \sqrt{K_2})^2} \tag{7.2.29}$$

$$\eta_m = 1 - \sqrt{\frac{T_L}{T_H^*}} \tag{7.2.30}$$

而当 $n=-1$ 时，由式(7.2.25)求得 P_{max} 和 η_m 分别为

$$P_{max} = \frac{-[K_1/(4T_L)](1-T_L/T_H^*)^2}{(1+\sqrt{K_1/K_2})(1+\sqrt{K_1/K_2}\,T_L/T_H^*)} \tag{7.2.31}$$

$$\eta_m = \frac{(1+\sqrt{K_1/K_2})(1-T_L/T_H^*)}{\sqrt{K_1/K_2}(1+T_L/T_H^*)+2} \tag{7.2.32}$$

由此可见，两者差别较为显著，除非 $T_H^*-T_L\ll T_H^*$. 特别地，当 $n=-1$ 时，η_m 还依赖于热传递系数. 文献[80]和[81]曾忽视了这一点，以至于在同一热传递规律下导出了不同的结果.

（4）在给定的 τ 下，最优循环中两个热交换过程所需的时间之比 $x=t_1/(\tau-t_1)$ 也强烈地依赖于热传递规律. 并可证明，在 $K_1=K_2$ 的情况下，当 $n=1$ 时，$x=1$；当 $n<1$ 时，$x>1$；而当 $n>1$ 时，$x<1$.

（5）本节中既考虑了热源的有限性，又考虑了传热的不可逆性，同时还考虑了热传递规律和热传递系数的影响. 因而式(7.2.26)是一个相当普遍的基本优化公式，由它可推出许多文献中有关二热源循环的重要结论. 例如，当 $C\to\infty$，且 $n=4$ 和 $K_1/K_2\to 0$ 时，由式(7.2.26)可得最大功率输出时的效率 η_m 所满足的方程为

$$T_H^4(1-\eta_m)^5 - 3T_L^4\eta_m - T_L^4 = 0 \tag{7.2.33}$$

又因这时 $\eta_m=1-T_L/T_1$，因此式(7.2.33)又可写成

$$4T_1^5 - 3T_L T_1^4 - T_L T_H^4 = 0 \tag{7.2.34}$$

式中，T_1 为工质在高温等温过程中的温度. 式(7.2.34)是太阳能转化系统中一个很有用的公式[68,81,82]. 这说明了考虑较一般的热传递规律具有重要的实际意义.

7.3 内可逆循环理论在超导相变中的应用

本节应用内可逆循环理论导出一个新的描述超导相变时比热容跃变 ΔC 的 Rutgers 公式. 它反映了超导相变中的不可逆特征，从而可覆盖 ΔC 实验记录值的较宽范围，比原来的 Rutgers 公式优越.

7.3.1 比热容跃变的 Rutgers 公式①

在没有外磁场的情况下，金属导体从正常态 n 向超导态 S 的转变是二级相变，比热容发生跃变，由 C_n 变为 C_s，跃变量 $\Delta C=C_s-C_n$，应用可逆循环方法[86-89]可求得描述 ΔC 的 Rutgers 公式

① 严子浚，陈丽璇. 厦门大学学报，1997，36(2)：225-228.

$$\Delta C \mid_{T_C} = \frac{v T_C}{4\pi} \left(\frac{\mathrm{d} H_C}{\mathrm{d} T} \right)^2_{T_C} \tag{7.3.1}$$

式中，T_C 为转变温度；H_C 为临界磁场强度；v 为比容.

对一些 I 类超导金属实验的结果，式(7.3.1)与实验数据符合得很好[87, 88]. 但对其他超导体也存在不符的情况. 这被认为是因为纯超导态要用可逆的方法才能达到，而实际的过程是不可逆的，所以偏离式(7.3.1)的结果必然存在. 高 T_C 超导体的不可逆特征更为显著[90]. 例如，对 $Y_1 Ba_2 Cu_3 O_{8-\delta}$，$\Delta C$ 的实验值为 $(5.9 \pm 1.0)\,\mathrm{mJ/kg}$[91]，比由式(7.3.1)计算的 $\Delta C = 2.4\,\mathrm{mJ/kg}$ 大 1 倍以上，ΔC 的实验数据偏离式(7.3.1)而伸展，表明了在超导相变的热力学方法中应考虑不可逆特征的存在.

下面将应用有限时间热力学中内可逆卡诺循环理论方法，导出一个新的 Rutgers 公式. 在内可逆卡诺循环理论中，考虑了实际系统与外界热源的相互作用，过程在有限时间内进行，因而是不可逆的. 这与通常的实验条件较为接近. 应用这种方法导出的比热容跃变 ΔC 的新公式，与实际符合较好，能覆盖 ΔC 实验数据的较宽范围.

7.3.2 内可逆卡诺循环理论

对于只考虑工质与热源间传热的不可逆性，而工质本身仍进行可逆循环的内可逆卡诺循环，已有较成熟的理论. 当假定传热是遵从牛顿热传递规律时，工作在温度分别为 T_H 和 T_L 的高温和低温热源间的内可逆卡诺循环的基本优化关系，即功率 P 与效率 η 间的优化关系[67]，可直接由式(7.2.25)导出，即

$$P = K\eta \left[T_H - \frac{T_L}{(1-\eta)} \right] \tag{7.3.2}$$

式中，$K = K_1 K_2 / (\sqrt{K_1} + \sqrt{K_2})^2$. 根据式(7.3.2)，循环效率的最高界限 $\eta_{max} = 1 - T_L/T_H = \eta_C$(卡诺效率)，而这时功率 $P = 0$. 因此，实际循环的效率 η 都比 η_C 小. 这样，可将 η 表示为

$$\eta = 1 - \left(\frac{T_L}{T_H} \right)^r \tag{7.3.3}$$

式中，$r \leqslant 1$ 称为等熵温比指数[92]. 由式(7.3.2)和式(7.3.3)，可求得 P 与 r 间的优化关系为

$$P = K T_H \left[1 - \left(\frac{T_L}{T_H} \right)^r \right] \left[1 - \left(\frac{T_L}{T_H} \right)^{1-r} \right] \tag{7.3.4}$$

而由式(7.3.4)，可得最大功率时 $r = 1/2$. 因循环的熵产率 σ 与效率 η 间的优化关系为[67]

$$\sigma = K \frac{1-\eta}{1-\eta_C} \left(1 - \frac{1-\eta_C}{1-\eta} \right)^2 \tag{7.3.5}$$

将式(7.3.3)代入上式，可得 r 与熵产率 σ 间的优化关系为

$$r = 1 - \frac{2\ln\left[(\sqrt{\sigma/K} + \sqrt{\sigma/K + 4})/2 \right]}{\ln(T_H/T_L)} \tag{7.3.6}$$

式(7.3.6)明确表示了 r 随 σ 的增大而减小,即循环的不可逆性越大时,σ 越大 r 越小,从而 η 越低,与 η_c 的差别越大. 所以,参数 r 也像熵产率 σ 一样,可刻画循环的不可逆特征.

7.3.3 新的 Rutgers 公式

在超导体的 $H_C\text{-}T$ 空间中,考虑一个穿过正常态和超导态交界面的无限小内可逆卡诺循环,工作温度分别为 T 和 $T-\mathrm{d}T$,其中两绝热过程的磁场强度分别为 H 和 0,如图 7.3.1 所示. 而由式(7.3.3)可得,该循环的效率

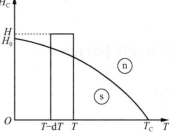

图 7.3.1 $H_C\text{-}T$ 空间中无限小的卡诺循环

$$\eta = \frac{\mathrm{d}A}{Q} = 1 - \left(\frac{T-\mathrm{d}T}{T}\right)^r \approx r\frac{\mathrm{d}T}{T} \qquad (7.3.7)$$

其中

$$Q = T(S_n - S_s) \qquad (7.3.8)$$

为循环在高温等温过程中所吸收的热量,S_n 和 S_s 分别为正常态和超导态的熵,而

$$\mathrm{d}A = -\left(\frac{V}{4\pi}\right)H_C\mathrm{d}H_C \qquad (7.3.9)$$

为循环所做出的功.

将式(7.3.8)和式(7.3.9)代入式(7.3.7),可得

$$S_n - S_s = -\frac{VH_C}{4r\pi}\frac{\mathrm{d}H_C}{\mathrm{d}T} \qquad (7.3.10)$$

而由式(7.3.10),可导出一个新的 Rutgers 公式,即

$$\Delta C\mid_{T_C} = T\frac{\partial}{\partial T}(S_s - S_n)\mid_{T_C} = \frac{VT_C}{4r\pi}\left(\frac{\mathrm{d}H_C}{\mathrm{d}T}\right)^2_{T_C} \qquad (7.3.11)$$

式(7.3.11)与式(7.3.1)不同的是在方程右端分母中多了一个参数 r,它反映了非纯超导态的不可逆特征. 不同的不可逆特征可由不同的 r 值来表征,它介于 0 与 1 之间. 因此,式(7.3.11)可覆盖较宽的 ΔC 实验数据,包括I类、II类,甚至一些高 T_C 超导体,如对上面所提到的 $Y_1Ba_2Cu_3O_{8-\delta}$,其 ΔC 的实验值相当于 $r \approx 2/5$. 这表明应用内可逆循环方法,可推出一个新的 Rutgers 公式. 它可更好地描述超导相变中比热容的跃变.

7.3.4 讨论

(1) 内可逆循环法的最主要特征在于它考虑了系统与环境热源的相互作用,过程是在有限时间内进行的,热交换是不可逆的. 这与一般实验条件较为符合,因而在不可逆性不能忽略的场合,由它可获得与实验观测数据较为一致的结果.

(2) 内可逆卡诺循环理论在超导相变中成功的应用,表明有限时间热力学有新的应用领域. 有限时间热力学不同于经典热力学在于它考虑了有限时间过程中存在不可避免的不可逆损失,因而它的结论对实际更有指导意义,同时可把经典热力学的结论

作为极限包括在其中. 例如, 当 $r=1$ 时, 式(7.3.11)即转化为式(7.3.1).

(3) 既然应用内可逆卡诺循环方法导出了一个比原 Rutgers 公式更符合实际的新 Rutgers 公式, 那么超导相变中与 ΔC 有关的其他一些关系式也应有相应的改变. 首先, 应用超导体的临界场与温度的关系

$$H_C = H_0 \left[1 - \left(\frac{T}{T_C} \right)^2 \right] \qquad (7.3.12)$$

和式(7.3.11), 可导得一个新的 Kok 公式[86]

$$\Delta C \mid_{T_C} = 2 \left(\frac{\gamma}{r} \right) T_C \qquad (7.3.13)$$

它不同于原来的 Kok 公式

$$\Delta C \mid_{T_C} = 2\gamma T_C \qquad (7.3.14)$$

其中

$$\gamma = \frac{V}{2\pi} \left(\frac{H_0}{T_C} \right)^2 \qquad (7.3.15)$$

称为电子比热系数, 它是超导电中一个重要的参数, 而 H_0 为 $T=0\text{K}$ 时的临界磁场强度. 其次, 由新的 Rutgers 公式可推得, 表示超导体特征的热力学参数

$$\beta = \frac{\Delta C}{\gamma T_C} = \frac{2}{r} \qquad (7.3.16)$$

并非恒等于 2, 而是可以大于 2, 其值随 r 的变化而变化. 实验观察结果对强耦合的超导体, β 介于 $2.5 \sim 3.0$, 甚至还有大于 3.0 的记录值[93]. 这些结果再次表明了有限时间热力学理论结果的重要意义, 它能反映出非纯超导体的固有特征及其在超导相变中所产生的影响. 这是由经典热力学理论所不可能得到的.

(4) 式(7.3.11)不同于文献[87]中所谓的广义 Rutgers 公式

$$\Delta C \mid_{T_C} = \frac{V T_C}{n\pi} \left(\frac{\mathrm{d} H_C}{\mathrm{d} T} \right)^2 \qquad (7.3.17)$$

因为式(7.3.17)中的 n 只是在 2、4 和 3 三个数值有意义, 分别对应于以最大效率、最大功率和最大生态学目标函数为目标, 而对其他数值的 n, 均无明确的物理意义. 文献[94]对此作了改进, 使得 n 在 $2 \sim 4$ 的任何数值都有明确的物理意义, 都对应于一个特定的目标. 本节再次作了推广, 使得 $n < 2$($r < 1/2$)时也有意义. 这样的结果更符合实验观察的数据. 如上述的 $Y_1 Ba_2 Cu_3 O_{8-\delta}$ 的 $r \approx 2/5$, 就是其中重要一例.

7.4 太阳能驱动热机

能源利用和开发新能源是国计民生的两个重大的问题. 随着经济的发展, 人类对能源的需求量将越来越大. 然而, 化石燃料或常规燃料储量有限, 不可能满足人类不断增长的能源需求. 更令人担忧的是, 大量使用化石燃料使全球环境产生了恶劣的影响, 对人类的生存也造成了极大的威胁. 我国由于以煤为主的能源结构和低效能源利

用方式,目前煤炭生产与消费量均居全球之首,CO_2 排放量居世界第二. 我国大城市的空气污染物有 60% 来自汽车尾气. 很显然,常规能源的利用严重影响人类社会与自然的可持续发展. 由此迫使人们必须遏制常规能源的消耗转向建立可再生能源或清洁能源等新型能源为主体的持久能源体系.

太阳能、风能和海洋能都是可再生能源,人们正越来越重视它们的开发利用,其中太阳能的应用前景十分广阔,已成为人们关注的一个热点问题[7, 13, 95]. 世界各国,特别是发达国家都越来越重视研究、开发和应用太阳能等清洁能源. 近年来,各种利用太阳能的装置应运而生,如太阳能热机、太阳能热泵、太阳能制冷机等.

本节将利用不可逆热机循环模型和太阳能集热器的一般热损失模型来构建一种太阳能驱动热机系统,探讨在不同的热传递规律下传热和工质内部不可逆性对太阳能热机循环性能的影响,并对一些特殊情况下的优化性能加以讨论.

7.4.1 循环模型[①]

太阳能驱动热机通常是由太阳能集热器和热机所组成的,其效率 $\eta = \eta_s \eta_h$,其中 η_s 和 η_h 分别为集热器的效率和热机的效率. 太阳能集热器的效率 η_s 和集热器所提供的有用热能 q_h 通常可分别表示为[96]

$$\eta_s = \frac{q_h}{q_s} = \eta_0 - \frac{A_{ab}}{I_s A_a}[k_1(T_h - T_c) + k_2(T_h^4 - T_c^4)] \tag{7.4.1}$$

和

$$q_h = \eta_0 q_s - q_l = \eta_0 I_s A_a - [k_1(T_h - T_c) + k_2(T_h^4 - T_c^4)]A_{ab} \tag{7.4.2}$$

式中,$q_s = I_s A_a$ 为入射到集热器的总太阳能;η_0 为光学效率;q_l 为集热器的热损失;A_a 和 A_{ab} 分别为集热器的开口面积和吸收面积;T_h 为集热器的工作温度;T_c 为环境温度;k_1 和 k_2 分别为对流(包括热传导)和辐射损失系数.

根据有限时间热力学理论,可证明工作在温度 T_h 和 T_c 之间,传热遵从一般的热传递规律,且循环工质内部存在不可逆性的热机的供热率 q_h 和效率 η_h 间的关系

$$q_h = \frac{T_h^n - \dfrac{I^n T_c^n}{(1 - \eta_h)^n}}{\dfrac{1}{U_h A_h} + \dfrac{I^n}{U_c A_c (1 - \eta_h)^{n-1}}} \tag{7.4.3}$$

式中,U_h 和 U_c 分别为热机的高、低温热交换器的导热系数;A_h 和 A_c 分别为高、低温热交换器的传热面积;I 表示循环工质内部的不可逆性;n 为不等于零的实数. 当 $I = 1$ 时,不可逆循环就转化成内可逆循环. 在热机的总传热面积 $A = A_h + A_c$ 给定下,由式(7.4.3)及其极值条件可证明,当

$$\frac{A_c}{A_h} = \sqrt{\frac{b}{(1 - \eta_h)^{n-1}}} \tag{7.4.4}$$

① 林比宏,林国星,陈金灿. 工程热物理学报,2001,22(1):28-30.

时，热机的供热率 q_h 和最佳效率 η_h 间的关系为

$$q_h = \frac{U_h A\left[T_h^n - \dfrac{I^n T_c^n}{(1-\eta_h)^n}\right]}{\left[1+\sqrt{\dfrac{b}{(1-\eta_h)^{n-1}}}\right]^2} \tag{7.4.5}$$

式中，$b = I^n U_h/U_c$.

值得指出，这种热传递规律的一般性就在于 n 取不同的值时它代表不同的热传递规律. 因此，应用上述方程可讨论在不同的热传递规律下太阳能热机受传热和内不可逆性影响的优化性能，可确定太阳能集热器的最佳工作温度、系统的最大效率以及热机中高、低温热交换器的传热面积最佳比等.

7.4.2 集热器的最佳工作温度与系统的优化特性

1. 牛顿热传递规律

当传热过程遵从牛顿热传递规律时，$n=1$. 在这种情况时，集热器的热损失主要是由对流(包括传导)引起的，而辐射损失是次要的，可略去不计. 解式(7.4.1)、式(7.4.2)和式(7.4.5)，可得太阳能热机的效率为

$$\eta = \eta_s \eta_h = \eta_0\left(1+M-\frac{MT_h}{T_c}\right)\left\{1 - \frac{IT_c}{T_h - B\left(1+M-\dfrac{MT_h}{T_c}\right)}\right\} \tag{7.4.6}$$

式中，$M = k_1 T_c A_{ab}/(\eta_0 I_s A_a)$；$B = \eta_0 I_s A_a(1+\sqrt{b})^2/(U_h A)$. 这时，热机中高、低温热交换器的传热面积比

$$\frac{A_h}{A_c} = \sqrt{\frac{U_c}{IU_h}} \tag{7.4.7}$$

与太阳能热机的效率无关.

从式(7.4.6)亦可求得太阳能集热器的最佳工作温度和系统的最大效率分别为

$$T_{h,\,opt} = \frac{T_c\left[\dfrac{\left(1+\dfrac{1}{M}\right)BM}{T_c} + \sqrt{I\left(1+\dfrac{1}{M}\right)}\right]}{1+\dfrac{BM}{T_c}} \tag{7.4.8}$$

和

$$\eta_{max} = \frac{\eta_0(\sqrt{1+M} - \sqrt{IM})^2}{1+BM/T_c} \tag{7.4.9}$$

2. 辐射换热律

当传热过程遵从辐射换热律时，$n=4$. 在这种情况时，集热器的热损失主要是由辐射引起的. 而对流(包括传导)损失是次要的，可略去不计. 解式(7.4.2)和式

(7.4.5)得

$$C(T_h^4 - T_h^4) = \frac{T_h^4 - \dfrac{I^4 T_c^4}{(1-\eta_h)^4}}{\left[1 + \sqrt{\dfrac{b}{(1-\eta_h)^3}}\right]^2} \qquad (7.4.10)$$

式中，$C = k_2 A_{ab}/(U_h A)$；$T_s = [\eta_0 I_s A_a/(k_2 A_{ab}) + T_c^4]^{1/4}$ 为 $q_h = 0$ 时集热器所能达到的最高工作温度. 一般地，由式(7.4.10)不可能求出热机效率的解析式，只能从式(7.4.1)和式(7.4.10)出发，用数值解求出太阳能热机循环的各个参数. 然而，在一些特殊情况下，由式(7.4.10)可得热机效率的解析式. 例如：

(1) 当 $U_c \to \infty$ 时，由式(7.4.10)可直接求出热机的效率

$$\eta_h = 1 - \frac{IT_c}{[T_h^4 - C(T_s^4 - T_h^4)]^{1/4}} \qquad (7.4.11)$$

由式(7.4.4)和式(7.4.11)可得热机中高、低温热交换器的传热面积比为

$$\frac{A_h}{A_c} = \sqrt{\frac{1}{b}\left\{\frac{IT_c}{[T_h^4 - C(T_s^4 - T_h^4)]^{1/4}}\right\}^3} \qquad (7.4.12)$$

再由式(7.4.1)和式(7.4.11)可得太阳能热机的效率为

$$\eta = \eta_s \eta_h = \frac{k_2 A_{ab}}{I_s A_a}(T_s^4 - T_h^4)\left\{1 - \frac{IT_c}{[T_h^4 - C(T_s^4 - T_h^4)]^{1/4}}\right\} \qquad (7.4.13)$$

应用式(7.4.13)，取 $C = 0.01$，$T_c/T_s = 0.1$，可得系统的效率随集热器的工作温度变化的曲线，如图 7.4.1 所示. 图中 $\eta_{sm} = k_2 A_{ab} T_s^4/(I_s A_a)$ 为太阳能集热器的最大效率，实线和虚线分别对应于 $I = 1.1$ 和 $I = 1$ 时的情况. 图中所示的太阳能集热器的最佳工作温度由下式确定：

$$4[(1+C)T_{h,opt}^4 - CT_s^4]^{5/4} - 3(1+C)T_{h,opt}^4 IT_c - (1-3C)T_s^4 IT_c = 0 \qquad (7.4.14)$$

当 $C = 0$ 时，热机中的不可逆传热的影响可忽略，式(7.4.14)则简化为 $4T_{h,opt}^5 - 3T_{h,opt}^4 \times IT_c - T_s^4 IT_c = 0$. 令式中的 $I = 1$，立即得到许多学者[97-100]在研究太阳能转换有关问题时各自独立导出的一个重要公式：$4T_{h,opt}^5 - 3T_{h,opt}^4 T_c - T_s^4 T_c = 0$. 将上述各式中 $T_{h,opt}$ 的值代入式(7.4.13)和式(7.4.12)，即可得到在不同情况下太阳能热机循环的最大效率和热机中高、低温热交换器的最佳传热面积比.

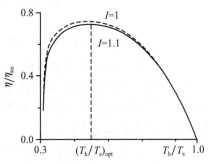

图 7.4.1　当 $U_c \to \infty$ 时，系统的效率随集热器的工作温度变化的曲线

(2) 当 T_c 很小时，$T_c/T_h \ll 1 - \eta_h$. 这时热机的效率可表示为

$$\eta_h = 1 - \left\{\frac{\sqrt{b}}{\sqrt{\dfrac{T_h^4}{[C(T_s^4 - T_h^4)]}} - 1}\right\}^{2/3} \qquad (7.4.15)$$

这是一种有实际意义的情况. 因为当太阳能热机工作在太空时, $T_c = 3K$. 由式(7.4.1)和式(7.4.15)可得太阳能热机的效率为

$$\eta = \eta_s \eta_h = \frac{k_2 A_{ab}}{I_s A_a}(T_s^4 - T_h^4)\left\{1 - \left\{\frac{\sqrt{b}}{\sqrt{\frac{T_h^4}{[C(T_s^4 - T_h^4)]}} - 1}\right\}^{2/3}\right\} \quad (7.4.16)$$

这时热机中高、低温热交换器的传热面积比为

$$\frac{A_h}{A_c} = \frac{\sqrt{C(T_s^4 - T_h^4)}}{T_h^2 - \sqrt{C(T_s^4 - T_h^4)}} \quad (7.4.17)$$

应用式(7.4.16), 并取 $C = 0.01$ 和 $U_h/U_c = 1$, 可得系统的效率随集热器的工作温度变化的曲线, 如图 7.4.2 所示. 图中所示的太阳能集热器的最佳工作温度由下式确定:

$$3b^{2/3}C^{1/3}T_{h,\,opt}^2(T_s^4 - T_{h,\,opt}^4)^{1/3}\left[T_{h,\,opt}^2 - \sqrt{C(T_s^4 - T_{h,\,opt}^4)}\right]$$
$$- 3T_{h,\,opt}^2\left[T_{h,\,opt}^2 - \sqrt{C(T_s^4 - T_h^4)}\right]^{5/3} + b^{2/3}C^{1/3}T_s^4(T_s^4 - T_{h,\,opt}^4)^{1/3} = 0$$

$$(7.4.18)$$

显然, 将式(7.4.18)中 $T_{h,\,opt}$ 的值代入式(7.4.16)和式(7.4.17), 即可得到太阳能热机的最大效率和热机的两个热交换器的最佳传热面积比.

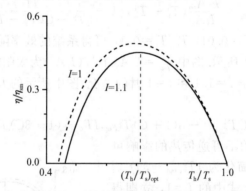

图 7.4.2 当 T_c 很小时, 系统的效率随集热器的工作温度变化的曲线

（3）太阳能驱动可逆卡诺热机.

当热机中的不可逆传热和内不可逆性同时可忽略时, $U_h \to \infty$, $U_c \to \infty$ 和 $I = 1$, 不可逆循环就成为可逆循环. 这时, 热机的效率 $\eta_h = 1 - T_c/T_h$ 等于卡诺效率, 与热传递规律无关, 系统的效率可表示为

$$\eta = \left\{\eta_0 - \frac{A_{ab}}{I_s A_a}[k_1(T_h - T_c) + k_2(T_h^4 - T_c^4)]\right\}\left(1 - \frac{T_c}{T_h}\right) \quad (7.4.19)$$

应用式(7.4.19), 可讨论太阳能驱动可逆卡诺热机系统的性能. 例如, 对于集热器的热损失主要是对流(包括传导)引起的太阳能热机系统, 式(7.4.6)、式(7.4.8)和式(7.4.9)可分别简化为

$$\eta = \eta_0\left(1 + M - \frac{MT_h}{T_c}\right)\left(1 - \frac{T_c}{T_h}\right) \quad (7.4.20)$$

$$T_{h,\,opt} = T_c \sqrt{1 + \frac{1}{M}} \qquad (7.4.21)$$

和

$$\eta_{\max} = \eta_0 (\sqrt{1+M} - \sqrt{M})^2 \qquad (7.4.22)$$

总之，本节应用的不可逆热机模型不仅可用来描述在不同热传递规律下的传热过程和存在内不可逆性的不可逆循环，而且可适用于内可逆和可逆循环. 因为当 $I=1$ 时，内不可逆性的影响可忽略，不可逆循环变成内可逆循环. 当不可逆传热和内不可逆性同时可忽略时，不可逆循环变成可逆循环. 因而本节所建立的不可逆太阳能热机循环模型是比较一般的. 文中详细讨论了在不同热传递规律下传热和存在内不可逆性对太阳能热机系统性能的影响，所得结果对太阳能热机系统的优化设计具有理论指导意义.

7.5 半导体温差发电器[①]

随着半导体技术的迅速发展和各种优质半导体材料的不断问世，半导体温差发电器的实际应用已引起人们的关注. 近年来，已有一些学者应用非平衡态热力学理论研究了半导体温差发电器的性能，取得一些有意义的结果. 本节将应用近年来新发展的有限时间热力学理论方法对半导体温差发电器进行优化分析，阐明导热、热漏和焦耳热三种主要不可逆因素对发电器性能的影响，导出发电器的输出功率和效率，由此讨论发电器的性能与其半导体材料、元件结构以及负载电阻等之间的关系，获得一系列重要结论，它对如何合理地选择发电器的负载电阻和优化半导体元件等提供了一些新的理论依据.

7.5.1 发电器的输出功率和效率

半导体温差发电器是利用半导体的独特性质将热直接转变为直流电的一种发电机. 它是由 p 型和 n 型半导体元件及负载电阻 R 所组成的，工作在温度分别为 T_H 和 T_L 的高、低温热源之间，如图 7.5.1 所示.

图 7.5.1 中的 Q_H 和 Q_L 分别为每单位时间发电器从高温热源吸取和放给低温热源的热量，即发电器与高、低温热源交换的热流. 其中，由于佩尔捷效应，发电器从高温热源吸取的热流 Q_1 和放给低温热源 Q_2 分别为

$$Q_1 = \alpha I T_1 \qquad (7.5.1)$$

$$Q_2 = \alpha I T_2 \qquad (7.5.2)$$

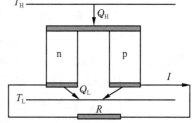

图 7.5.1　半导体温差发电器的工作原理示意图

① 陈金灿，严子浚. 半导体学报，1994，15(2):123-129.

式中，I 为发电器回路中的电流；T_1 和 T_2 分别为发电器高温端和低温端的温度；$\alpha = \alpha_p - \alpha_n$；而 α_p 和 α_n 分别为 p 型和 n 型半导体的温差电势率.

当电流 I 通过发电器时，半导体元件中产生焦耳热流

$$Q_J = rI^2 \qquad (7.5.3)$$

其中

$$r = \frac{l_p}{(\sigma_p A_p)} + \frac{l_n}{(\sigma_n A_n)} \qquad (7.5.4)$$

为发电器中半导体元件的总电阻，而 l_p、A_p、σ_p 和 l_n、A_n、σ_n 分别为其中 p 型和 n 型导体元件的长度、横截面积及电导率. 为了计算方便，通常假设半导体元件侧面绝热隔离.

由于发电器工作时，半导体元件两端存在一定的温差，根据牛顿传热定律有一热流

$$Q_K = K(T_1 - T_2) \qquad (7.5.5)$$

经元件内部由高温端传往低温端，其中

$$K = \frac{\lambda_p A_p}{l_p} + \frac{\lambda_n A_n}{l_n} \qquad (7.5.6)$$

为发电器中半导体元件的总热传导系数，而 λ_p 和 λ_n 分别为其中 p 型和 n 型半导体材料的热导率.

由于热源与发电器之间存在热阻，热交换速率是有限的. 同样，在牛顿传热定律下，应用以上结果，可将 Q_H 和 Q_L 分别表示为

$$Q_H = K_0(T_H - T_1) = Q_1 - \frac{1}{2}Q_J + Q_K = \alpha I T_1 - \frac{1}{2}rI^2 + K(T_1 - T_2) \qquad (7.5.7)$$

$$Q_L = K_0(T_2 - T_L) = Q_2 + \frac{1}{2}Q_J + Q_K = \alpha I T_2 + \frac{1}{2}rI^2 + K(T_1 - T_2) \qquad (7.5.8)$$

式中，K_0 为发电器中半导体元件与热源之间的热传导系数. 应用式（7.5.7）和式（7.5.8），可得

$$T_1 = \frac{(K_0 - \alpha I)\left(K_0 T_H + \frac{1}{2}rI^2\right) + K[K_0(T_H + T_L) + rI^2]}{2KK_0 + (K_0 + \alpha I)(K_0 - \alpha I)} \qquad (7.5.9)$$

$$T_2 = \frac{(K_0 + \alpha I)\left(K_0 T_L + \frac{1}{2}rI^2\right) + K[K_0(T_H + T_L) + rI^2]}{2KK_0 + (K_0 + \alpha I)(K_0 - \alpha I)} \qquad (7.5.10)$$

再应用式（7.5.9）和式（7.5.10），可得发电器的输出功率

$$P = Q_H - Q_L = \alpha I(T_1 - T_2) - rI^2$$

$$= K_0 I \frac{\alpha K_0(T_H - T_L) - [\alpha^2(T_H + T_L) + (K_0 + 2K)r]I}{2KK_0 + (K_0 + \alpha I)(K_0 - \alpha I)} \qquad (7.5.11)$$

效率

$$\eta = \frac{P}{Q_H} = I \frac{\alpha K_0(T_H - T_L) - [\alpha^2(T_H + T_L) + (K_0 + 2K)r]I}{\frac{1}{2}\alpha rI^3 - \left[\alpha^2 T_H + \left(\frac{1}{2}K_0 + K\right)r\right]I^2 + \alpha K_0 T_H I + KK_0(T_H - T_L)}$$

$$(7.5.12)$$

为了简便，令 $I = i\alpha/r$，则式(7.5.11)和式(7.5.12)可分别写成

$$P = K \frac{Z(T_H - T_L)i - [BZ^2(T_H + T_L) + (1 + 2B)Z]i^2}{2B + (1 + BZi)(1 - BZi)} \tag{7.5.13}$$

$$\eta = \frac{(T_H - T_L)i - [1 + 2B + BZ(T_H + T_L)]i^2}{\frac{1}{2}BZi^3 - \left(\frac{1}{2} + B + BZT_H\right)i^2 + T_H i + \frac{(T_H - T_L)}{Z}} \tag{7.5.14}$$

式中，$Z = \alpha^2/(Kr)$ 称为半导体元件的优值系数；$B = K/K_0$. 式(7.5.13)和式(7.5.14)是讨论半导体温差发电器性能的两个基本的重要关系式.

7.5.2 负载电阻与其他参数间的关系

显然，半导体温差发电器的输出功率 P 是由负载电阻 R 获得的，即

$$P = RI^2 \tag{7.5.15}$$

由式(7.5.13)和式(7.5.15)，可得负载电阻 R 与其他参数之间的关系为

$$R = r \frac{\frac{(T_H - T_L)}{i} - [1 + 2B + BZ(T_H + T_L)]}{2B + (1 + BZi)(1 - BZi)} \tag{7.5.16}$$

当 $K_0 \to \infty$，即发电器中半导体元件与热源间的热阻影响可忽略时，式(7.5.16)可写成

$$R = r\left[\frac{(T_H - T_L)}{i} - 1\right] \tag{7.5.17}$$

7.5.3 最大输出功率时的负载电阻

应用式(7.5.13)和极值条件 $\partial P/\partial i = 0$，不难求得当

$$i = \frac{(1 + 2B)C_1(1 - C_2)}{B^2 Z^2 (T_H - T_L)} \equiv i_P \tag{7.5.18}$$

时，功率 P 达最大值

$$P_{max} = K \frac{C_1(1 - C_2)}{2B^2 Z} \tag{7.5.19}$$

其中

$$C_1 = 1 + 2B + BZ(T_H + T_L), \quad C_2 = \sqrt{1 - \frac{B^2 Z^2 (T_H - T_L)^2}{(1 + 2B)C_1^2}}$$

将式(7.5.18)代入式(7.5.16)和式(7.5.14)，可得这时的负载电阻和效率分别为

$$R_P = \frac{r}{2} \frac{C_1(1 + C_2)}{1 + 2B} \tag{7.5.20}$$

$$\eta_P = \left[T_H - T_L - \frac{(1 + 2B)C_1^2(1 - C_2)}{B^2 Z^2 (T_H - T_L)}\right] \Big/ \Big[\frac{1}{2} \frac{(1 + 2B)^2 C_1^3 (1 - C_2)^2}{B^3 Z^3 (T_H - T_L)^2}$$

$$- \left(\frac{1}{2} + B + BZT_H\right) \frac{(1 + 2B)C_1^2(1 - C_2)}{B^2 Z^2 (T_H - T_L)} + T_H + \frac{C_1(1 + C_2)}{Z}\Big] \tag{7.5.21}$$

式(7.5.20)表明，在一般情况下，$R_P \neq r$. 这就是说，对半导体温差发电器，一般说来在最大输出功率时其负载电阻并不等于发电器内部半导体元件的总电阻. 这是有限时间热力学的一个新结论，它不同于通常的匹配条件 $R_P = r$，很值得注意. 只有当 $K_0 \to \infty$ 时，才有

$$R_P = r \tag{7.5.22}$$

而这时式(7.5.18)、式(7.5.19)和式(7.5.21)可分别写成

$$i_P = \frac{1}{2}(T_H - T_L) \tag{7.5.23}$$

$$P_{max} = \frac{K}{4} Z (T_H - T_L)^2 \tag{7.5.24}$$

$$\eta_P = \frac{1}{2} \frac{1 - \dfrac{T_L}{T_H}}{1 - \dfrac{1}{4}\left(1 - \dfrac{T_L}{T_H}\right) - \dfrac{2}{ZT_H}} \tag{7.5.25}$$

这个新结论的物理意义并不难理解，因为当 K_0 有限时，发电器中半导体元件与热源间的热阻影响不可忽略，存在着不可逆传热损失，从而使发电器的不可逆损失增大. 这等效于发电器中内阻增大，因而在最大输出功率时，R_P 大于 r 而不等于 r. 式(7.5.20)的右端在 K_0 有限时大于 r 是不难证明的.

7.5.4 最大效率时的负载电阻

由式(7.5.14)和极值条件 $\partial\eta/\partial i = 0$，不难求得当效率 η 最大时，i 必须满足如下方程：

$$\frac{1}{2}BZC_1 i^4 - BZ(T_H - T_L)i^3 + \left[\left(\frac{1}{2} + B\right)(T_H + T_L) + 2BZT_H T_L\right]i^2$$
$$- \frac{2}{Z}C_1(T_H - T_L)i + \frac{(T_H - T_L)^2}{Z} = 0 \tag{7.5.26}$$

式(7.5.26)的解析解 i_η 是存在的，但一般较烦琐，常用数值计算来求解. 当 i_η 求出后，所对应的输出功率 P_η 和负载电阻 R_η 也可求之.

而当 $K_0 \to \infty$ 时，由式(7.5.26)可解得

$$i_\eta = \frac{2}{Z} \frac{T_H - T_L}{T_H + T_L}\left[\sqrt{1 + \frac{1}{2}Z(T_H + T_L)} - 1\right] \tag{7.5.27}$$

再应用式(7.5.13)、式(7.5.14)和式(7.5.17)，可分别得

$$P_\eta = 2K \frac{(T_H - T_L)^2}{T_H + T_L}\left\{\left[1 + \frac{4}{Z(T_H + T_L)}\right]\left[\sqrt{1 + \frac{1}{2}Z(T_H + T_L)} - 1\right] - 1\right\} \tag{7.5.28}$$

$$\eta_{max} = \frac{T_H - T_L}{T_H} \frac{\sqrt{1 + \frac{1}{2}Z(T_H - T_L)} - 1}{\sqrt{1 + \frac{1}{2}Z(T_H + T_L)} + \dfrac{T_L}{T_H}} \tag{7.5.29}$$

$$R_\eta = r\sqrt{1 + \frac{1}{2}Z(T_H + T_L)} > r \qquad (7.5.30)$$

7.5.5 讨论

在给定的 T_H、T_L、Z 和 B 的情况下，由式(7.5.13)、式(7.5.14)和式(7.5.16)，可绘出 P 和 η 随 i 变化，P 随 η 变化，以及 P 和 η 随 R/r 变化的曲线，分别如图 7.5.2～图 7.5.4 所示。在图 7.5.2～图 7.5.4 中，取 $T_H=373\mathrm{K}$、$T_L=293\mathrm{K}$、$Z=3\times10^{-3}\mathrm{K}^{-1}$，而曲线 a、b 和 c 分别对应于 $B=0$、0.1 和 0.2，P 和 η 的最大值分别为式(7.5.24)和式(7.5.29)所确定的 P_{max} 和 η_{max}。

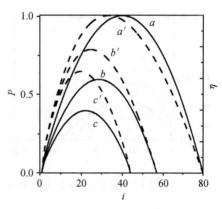

图 7.5.2～图 7.5.4 都清楚地表明，B 的数值，或给定 K 下，K_0 的数值对输出功率 P 和效率 η 的影响都较显著，P 和 η 均随着 K_0 的减小而迅速地下降。因此，应尽量设法提高 K_0 值，如可适当地增加发电器与热源间的传热面积等，使 $K_0 \gg K$，以便提高 P 和 η 的数值。

图 7.5.3 还表明，半导体发电器的合理工作区间应位于图中曲线的斜率为负值的部分。这样，减小功率时可提高效率，而减小效率时可增大功率。在这个区域之外，效率和功率都将下降，因而是不合理的工作区间。图 7.5.4 进一步表

图 7.5.2 P 随 i 的变化曲线（实线）
和 η 随 i 的变化曲线（虚线）

明，当负载电阻 R 小于最大输出功率所对应的负载电阻 R_P 时，输出功率和效率均随着 R 的减小而减小；而当负载电阻 R 大于最大效率所对应的负载电阻 R_η 时，输出功率和效率都随着 R 的增大而减小。因此，设计发电器时应使其负载电阻 R 位于 R_P 与 R_η 之间，即

$$R_P \leqslant R \leqslant R_\eta \qquad (7.5.31)$$

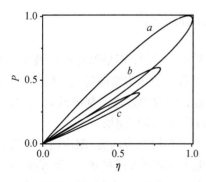

图 7.5.3 P 随 η 的变化曲线

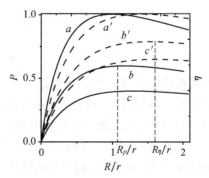

图 7.5.4 P 随 R/r 的变化曲线（实线）
和 η 随 R/r 的变化曲线（虚线）

这样才能保证输出功率 P 和效率 η 位于上述的合理工作区域内,即

$$P \geqslant P_\eta \tag{7.5.32}$$

$$\eta \geqslant \eta_P \tag{7.5.33}$$

以便使发电器运转于最佳工作状态. 在实际应用中,可根据式(7.5.31)并结合具体情况来选择负载电阻 R. 例如,主要应考虑能源利用率时,则要求有较高的效率,负载电阻可选择等于或稍小于 R_η,而要求有较大的输出功率时,负载电阻可选择等于或稍大于 R_P. 此外,图 7.5.4 也清楚地表明,R_P/r 和 R_η/r 均随着 B 值的增大而增大,而当 $B=0$ 时,$R_P/r=1$. 这表明传统的匹配条件 $R_P=r$ 是选择发电器负载电阻的下限,而一般应选择 $R>r$.

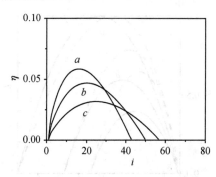

图 7.5.5 不同 Z 值下 η 随 i 的变化曲线

另外,式(7.5.29)清楚地表明,在 T_H 和 T_L 给定的情况下,η_max 是优值系统 Z 的单调增函数. 而在 $B\neq 0$ 的情况下,图 7.5.5(其中取 $B=0.1$,曲线 a、b 和 c 分别对应于 $Z=0.01$、0.006 和 0.003)也表明了最大效率随 Z 的增大而增大. 因此,发展半导体温差发电器的一个主要任务,是要寻找和研制可获得高 Z 值的半导体新材料. 当半导体材料选定后(热导率和电导率也就确定),合理地选择发电器中半导体元件的几何构型,可使 Z 达最大值. 不难证明,当 p 型和 n 型半导体元件的长度比 $l_\mathrm{p}/l_\mathrm{n}$ 和横截面积比 $A_\mathrm{p}/A_\mathrm{n}$ 满足方程

$$\frac{l_\mathrm{n}}{l_\mathrm{p}}\frac{A_\mathrm{p}}{A_\mathrm{n}}=\sqrt{\frac{\lambda_\mathrm{n}\sigma_\mathrm{n}}{\lambda_\mathrm{p}\sigma_\mathrm{p}}} \tag{7.5.34}$$

时,Z 值最大. 式(7.5.34)为半导体温差发电器的优化设计提供了一个理论依据.

最后值得指出,上文为了讨论方便,设发电器中半导体元件与高、低温热源间的热传导系数均为 K_0. 当这两个热传导系数分别为 K_1 和 K_2 时,可作类似的讨论[27, 29].

7.6 不可逆吸收式制冷机

前面讨论的热力学循环总是与功转换紧密联系在一起的,不是循环对外做功,就是外界对循环做功. 根据热力学理论,还可构建另一类重要的热力学循环. 它就是以热源代替功源的三热源循环,可利用低品位的热量取代高品位的功来达到制冷或泵热的目的,因而在节约高品位能源和开发利用新能源方面具有广阔的应用前景.

三热源循环因其目的不同可分为三热源泵热和三热源制冷两类. 制冷时,目的是从低温热源吸热;泵热时,目的是向制热空间供热. 但无论是制冷或供热,循环都必须以从第三热源吸热为代价,否则将违背热力学第二定律. 在本节中,将以三热源循环的一种具体形式——吸收式制冷机——为例来讨论三热源制冷机的优化性能.

7.6.1 吸收式制冷机简介

吸收式制冷机是利用溶液的特性来完成工作循环并制取冷量的制冷装置. 从本质上讲，吸收式制冷是一种蒸发制冷，它是依靠制冷机中制冷剂在蒸发器中的低压蒸发吸热的. 它与常见的压缩式制冷的不同之处在于它用吸收器和发生器来代替压缩机. 吸收式制冷机是靠消耗热能作为补偿的. 其热能可以是低温热源的低压蒸汽或大于 75℃ 的热水，也可以利用燃油、燃气、地热或直接利用太阳能.

吸收式制冷机具有许多优点. 例如，运动零件少，不需要润滑油，−40℃ 仅需单级制冷机就足够；它可装于室外，维护比较容易，以及可利用废热、废气等作为驱动热源等. 因此，吸收式制冷机可以大量利用工业余热，只需少量电力便可制冷，对于节约能源和减少环境污染意义重大. 它已越来越受到科技界和工业界的青睐. 诚然，吸收式制冷机也有其不足之处. 比如钢材耗量大，热力系数较低. 为此，进一步探索吸收式制冷机及寻求其优化性能显得必要和有意义.

7.6.2 不可逆循环模型[①]

单级吸收式制冷机主要由发生器(generator)、吸收器(absorber)、冷凝器(condenser)和蒸发器(evaporator)四部分组成，如图 7.6.1 所示. 图中 q_g 是发生器中的循环工质从温度为 T_g 热源中的吸热率，q_e 为蒸发器中的循环工质从温度为 T_e 制冷空间中的吸热率(或称为制冷率)，而 $q_2 = q_a + q_C$ 是吸收器和冷凝器中的循环工质传给温度为 T_o 环境的放热率.

必须指出的是，吸收式制冷机中的溶液泵的输入功与输入到发生器中的热量相比小得多，为简单起见，常将其忽略. 在三个热源 T_g、T_e 和 T_o 间的吸收式制冷循环热流方向如图 7.6.2 所示，$T_g > T_o > T_e$，而 T_1、T_2 和 T_3 分别为工质在三个等温过程的温度. 在这三个等温过程中，工质与 T_g、T_o 和 T_e 热源交换热量，热交换率分别 q_1、q_2 和 q_3. 设热交换满足线性律，这时三个热交换率可分别表示为

$$q_1 = K_g A_g (T_g - T_1) \tag{7.6.1}$$

$$q_2 = K_o A_o (T_2 - T_o) \tag{7.6.2}$$

$$q_3 = K_e A_e (T_e - T_3) \tag{7.6.3}$$

式中，K_g、K_o 和 K_e 分别为工质与 T_g、T_o 和 T_e 热源间的热传递系数；而 A_g、A_o 和 A_e 为相应的热交换面积.

另外，对于实际热力学系统，热漏总是不可避免. 对于一台实际吸收式制冷机，制冷空间的温度通常比环境来得低. 因此，考虑环境与制冷空间之间的热漏有其实际意义. 据此，令 T_o 与 T_e 热源间存在热漏，如图 7.6.2 所示，其热漏率为

$$q_l = K_l (T_o - T_e) \tag{7.6.4}$$

式中，K_l 为热漏系数.

---

① Lin G, Yan Z. J Phys. D., 1997, 30: 2006.

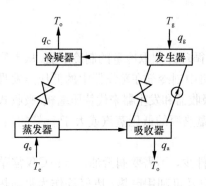

图 7.6.1　吸收式制冷机流程图

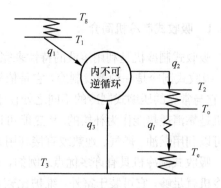

图 7.6.2　吸收式制冷机循环示意图

根据热力学第二定律,由循环工质内部的摩擦、涡流等不可逆效应所引起的不可逆性(简称为内不可逆性)的总效应可以用工质内部循环流出(out)和流进(in)的熵来表征[60, 101].现以 I 来表示这种内不可逆性,且定义为

$$I = \frac{\Delta S_{\text{out}}}{\Delta S_{\text{in}}} = \frac{\Delta S_2}{\Delta S_1 + \Delta S_3} = \frac{\dfrac{q_2}{T_2}}{\dfrac{q_1}{T_1} + \dfrac{q_3}{T_3}} \tag{7.6.5}$$

式中, ΔS_2、ΔS_1 和 ΔS_3 分别为从 T_2 等温过程流出和流进 T_1 和 T_3 等温过程的熵流率.显然,由于存在上述内不可逆性,ΔS_2 总是大于 ΔS_1 与 ΔS_3 之和,它们之间的差即为工质内部的熵产生率 ΔS_i,因而有

$$\Delta S_2 = \Delta S_1 + \Delta S_3 + \Delta S_i \tag{7.6.6}$$

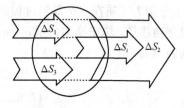

图 7.6.3　不可逆吸收式
制冷机熵流图

图 7.6.3 清楚地以熵流箭头及其宽度来表明它们流入或流出循环及其量值间的关系.

由式(7.6.5)和式(7.6.6)还可清楚地看出,内不可逆性 I 一般都比 1 大,唯有当工质内部不可逆性可忽略时(即 $\Delta S_i = 0$ 时),I 才等于 1.有关内不可逆性 I 的意义及影响其大小的相关因素将在后面作进一步的讨论.

7.6.3　最佳制冷系数与制冷率间的关系

从不可逆吸收式制冷循环模型可知,由于存在从 T_o 到 T_e 热源间的热漏 q_l,因而释放到环境热源 T_o 的放热率 q_o 比 q_2 小,即

$$q_o = q_2 - q_l \tag{7.6.7}$$

同理,制冷空间中的吸热率(或制冷率)q_e 应为

$$q_e = q_3 - q_l \tag{7.6.8}$$

根据热力学第一定律,有

$$q_1 + q_3 - q_2 = 0 \tag{7.6.9}$$

而从式(7.6.1)~式(7.6.5)和式(7.6.7)~式(7.6.9)及

$$A = A_g + A_o + A_e \tag{7.6.10}$$

可求得不可逆吸收式制冷机的性能系数和制冷率分别为

$$\varepsilon = \frac{q_e}{q_1} = \frac{(1 - IT_2/T_1)T_3}{IT_2 - T_3}\left[1 - \frac{IT_2(T_1 - T_3)q_l}{T_3(T_1 - IT_2)}\left(\frac{1}{K_o(T_2 - T_o)}\right.\right.$$

$$\left.\left. + \frac{T_1(IT_2 - T_3)}{K_g(T_g - T_1)(T_1 - T_3)IT_2} + \frac{T_3(T_1 - IT_2)}{K_e(T_e - T_3)(T_1 - T_3)IT_2}\right)\right] \tag{7.6.11}$$

$$R = q_e = \left[\frac{1}{K_e(T_e - T_3)} + \frac{\varepsilon^{-1}}{K_g(T_g - T_1)} + \frac{1 + \varepsilon^{-1}}{K_o(T_2 - T_o)}\right]^{-1}\left(A - \frac{q_l}{K_e(T_e - T_3)}\right)$$

$$\tag{7.6.12}$$

式中，A 为吸收式制冷机的总热传导面积.

为了求出吸收式制冷机在给定制冷率时的最佳性能系数，引入拉格朗日函数

$$L = \varepsilon + \lambda R \tag{7.6.13}$$

式中，λ 为拉格朗日乘子. 再从欧拉-拉格朗日方程

$$\frac{\partial L}{\partial T_1} = 0 \tag{7.6.14}$$

$$\frac{\partial L}{\partial T_2} = 0 \tag{7.6.15}$$

$$\frac{\partial L}{\partial T_3} = 0 \tag{7.6.16}$$

及式(7.6.11)~式(7.6.13)，可求得不可逆吸收式制冷机最佳性能系数与制冷率间的关系为

$$R = KA\varepsilon\left[(T_g - IT_o)T_e - \varepsilon\left(1 + \frac{q_l}{R}\right)T_g(IT_o - T_e)\right]$$

$$\times\left\{(1 + \varepsilon)T_e + (1 + B)^2(1 + \varepsilon)\varepsilon\left(1 + \frac{q_l}{R}\right)T_g\right.$$

$$\left. - B^2\varepsilon\left[\left(1 + \frac{q_l}{R}\right)\middle/\left(1 + \frac{\varepsilon q_l}{(1 + \varepsilon)R}\right)\right]IT_o\right\}^{-1} - q_l\frac{\varepsilon}{1 + \varepsilon} \tag{7.6.17}$$

以下令 $b_1 = K_g/K_o$，$b_2 = K_g/K_e$，$B = (\sqrt{b_2} - 1)/(1 + \sqrt{Ib_1})$，$K = K_g/(1 + \sqrt{Ib_1})$.
式(7.6.17)也被称为不可逆吸收式制冷机循环的基本优化关系. 它是综合考虑了传热不可逆性、工质内部不可逆性及热漏时的结果. 应用式(7.6.17)，可以进一步讨论以上多种不可逆因素对吸收式制冷机优化性能的影响.

7.6.4 几个重要的性能参数

1. 制冷系数和制冷率界限

根据基本优化关系式(7.6.17)，可得不可逆吸收式制冷机的特性曲线，如图 7.6.4 所

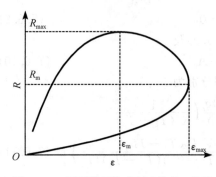

图 7.6.4　不可逆吸收式制冷机 R-ε 特性

示. 从图 7.6.4 可看出, 不可逆吸收式制冷机有一个最大性能系数点(即 $\varepsilon=\varepsilon_{\max}$ 和 $R=R_{\mathrm{m}}$ 所对应曲线上的点)和一个最大制冷率点(即 $R=R_{\max}$ 和 $\varepsilon=\varepsilon_{\mathrm{m}}$ 所对应曲线上的点). 显然, 吸收式制冷机的最佳工况点应位于以下区间, 即

$$\varepsilon_{\max} \geqslant \varepsilon \geqslant \varepsilon_{\mathrm{m}} \tag{7.6.18}$$

和

$$R_{\mathrm{m}} \leqslant R \leqslant R_{\max} \tag{7.6.19}$$

除了式(7.6.18)或式(7.6.19)所决定的区域外, 尚有其他两个区域, 但它们都不是最佳的区域. 因为在这两个区域, 制冷率和性能系数均可进一步增大. 而在优化区域内, 性能系数随制冷率的增大而减小. 可见 $\varepsilon_{\max}$、$R_{\max}$、ε_{m} 和 R_{m} 是吸收式制冷机的四个重要性能参数界限, 其中 $\varepsilon_{\max}$ 和 ε_{m} 决定了制冷系数的高和低限; $R_{\max}$ 和 R_{m} 为制冷率的高和低限. 这些性能界限的确定可为吸收式制冷机参数优化提供理论指导.

2. 等温过程的温度优化

从式(7.6.11)及极值条件 $\partial \varepsilon/\partial T_1=0$、$\partial \varepsilon/\partial T_2=0$ 和 $\partial \varepsilon/\partial T_3=0$, 可得当

$$T_1 = \frac{(1+B)\left[D(Ib_1)^{1/2}+b_2^{1/2}\right]}{\left[1+(b_2(Ib_1)^{-1})^{1/2}\right]\left\{\left[D(Ib_1)^{1/2}+b_2^{1/2}\right]-(1+B)\right\}} T_{\mathrm{g}} \equiv T_{1\varepsilon} \tag{7.6.20}$$

$$T_2 = \frac{\left[D+\left(\dfrac{b_2}{Ib_1}\right)^{-1}\right)^{1/2}}{1+\left(\dfrac{b_2}{Ib_1}\right)^{1/2}} T_{\circ} \equiv T_{2\varepsilon} \tag{7.6.21}$$

和

$$T_3 = \frac{\left\{1+\left[b_2(Ib)^{-1}\right]^{1/2}D^{-1}\right\} T_{\mathrm{e}}}{1+\left[b_2(Ib)^{-1}\right]^{1/2}} \equiv T_{3\varepsilon} \tag{7.6.22}$$

时, $\varepsilon=\varepsilon_{\max}$, 式中, $D=(1+a)/(1-d)$; $d=Iq_l\left[1+\sqrt{K_{\circ}/(Ike)}\right]^2/K_{\circ}T_{\mathrm{e}}$; $a=\{d[1-(1-d)T_{\mathrm{e}}/(IT_{\circ})]\}^{1/2}$. 类似地, 从式(7.6.12)和极值条件 $\partial R/\partial T_1=0$、$\partial R/\partial T_2=0$ 及 $\partial R/\partial T_3=0$, 亦可求得最大制冷率 $R_{\max}$ 所对应的三个等温过程的温度分别为 T_{1R}、T_{2R} 和 T_{3R}. 进一步结合式(7.6.18)和式(7.6.19)可知, 不可逆吸收式制冷循环三个等温过程温度的优化区域分别为

$$T_{1R} \leqslant T_1 \leqslant T_{1\varepsilon} \tag{7.6.23}$$

$$T_{2R} \geqslant T_2 \geqslant T_{2\varepsilon} \tag{7.6.24}$$

$$T_{3R} \leqslant T_3 \leqslant T_{3\varepsilon} \tag{7.6.25}$$

以上结论能为吸收式制冷机工作参数的优化选择提供理论依据.

3. 内不可逆参量 I

参量 I 概括描述了工质内部由摩擦、涡流、质量流阻及其他不可逆效应所引起的内不可逆性, 因此也称 I 为内不可逆参量. 显然, 不同工质物理性质的差异通常会引起同一循环工质内部熵产的不同. 因此可以说, 对于不同工质的吸收式制冷机, 其内不可逆参量一般是不同的. 换句话说, 参量 I 概括地体现了工质的特性对循环内不可逆性的影响.

进一步分析表明, 质量传递过程所引起的不可逆性(或质量流阻)随工质的比重、流速及工质流动的管长的增加而增大, 随工质流动的管内径的增大而减小. 质量流阻的增大将引起工质的比容和压降的增大, 而压降的增大又将导致制冷率的减小, 进而使 ΔS_3 减小而 ΔS_i 增大, 最终使 I 增大. 归根到底内不可逆参量 I 随质量流阻的增大而增大.

综上所述, 在吸收式制冷机的设计中, 我们应尽可能选择好适当的工质作为制冷剂, 同时应尽可能减小质量流阻. 只有这样, 才能最大限度地减小内不可逆性, 从而改善制冷机的性能. 实践证明, 氨在某些热力学特性方面优于吸收式制冷机的其他流行制冷剂, 如氨易溶于水, 在热传导性能方面氨亦比氟利昂(freon)好等. 因此, 氨水工质通常被用在吸收式制冷机和吸收式热泵中.

7.6.5 热漏可忽略时循环的优化性能

当环境与制冷空间之间的热漏与其他不可逆性相比较小以至于可忽略时, 式(7.6.17)则简化(即令 $q_l=0$)为

$$R = KA\varepsilon \frac{T_g(IT_o - T_e)(\varepsilon_I - \varepsilon)}{(1+\varepsilon)T_e - IB^2\varepsilon T_o + (1+B)^2(1+\varepsilon)\varepsilon T_g} \tag{7.6.26}$$

式(7.6.26)是受传热不可逆性(工质与三个热源间的传热不可逆性)及工质内部不可逆性影响的吸收式制冷机制冷率与性能系数间的优化关系, 式中, $\varepsilon_I = (1 - IT_o/T_g)/(IT_o/T_e - 1)$ 为吸收式制冷机性能系数的高限.

应用式(7.6.26), 可得热漏可忽略时吸收式制冷机在不同 I 时的 R-ε 特性曲线, 如图 7.6.5 所示. 图 7.6.5 清楚地表明, 当 $I>1$ 时(即存在工质内部不可逆性时), 最大制冷率 R_{max} 和最大性能系数 ε_I 都随内不可逆参量 I 的增大而迅速减小, 特别是 T_g 和 T_e 相对低时更为明显. 例如, 当 $I=1.05$ 时, $R_{max} \approx 0.62R_{1max}$, $\varepsilon_I \approx 0.49\varepsilon_r$, 其中 R_{1max} 和 ε_r 分别为 $I=1$ 时的 R_{max} 和制冷系数(即可逆制冷系数), 它们也是内可逆吸收式

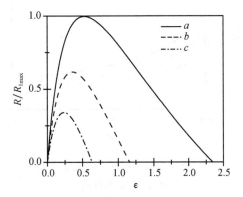

图 7.6.5 内不可逆吸收式制冷机 R-ε 特性曲线
其中 a、b、c 对应于 $I=1, 1.05, 1.1$

制冷机的最大制冷率和最大性能系数. 因此，充分考虑内不可逆性 I 对吸收式制冷机的影响对吸收式制冷机的优化设计是极其重要的.

1. 最大制冷率及其相应的制冷系数

显然，最大制冷率及其相应的制冷系数是制冷机的两个重要性能参量，因此有必要对其加以深入讨论.

应用式(7.6.26)及极值条件 $\partial R/\partial \varepsilon = 0$，可求得制冷机的最大制冷率

$$R_{\max} = KAT_e[\sqrt{T_g} - \sqrt{IT_o}]^2\{T_g - T_e + 2B[T_g - (IT_gT_o)^{1/2}]$$
$$+ B^2[\sqrt{T_g} - \sqrt{IT_o}]^2\}^{-1} \tag{7.6.27}$$

及其相应的制冷系数

$$\varepsilon_m = \left[1 - \left(\frac{IT_o}{T_g}\right)^{1/2}\right]\frac{T_e}{(IT_gT_o)^{1/2} - T_e + B[(IT_gT_o)^{1/2} - IT_o]} \tag{7.6.28}$$

$R_{\max}$ 和 ε_m 的重要意义在于，前者决定了吸收式制冷机在所给条件下制冷率的上限，而后者决定了吸收式制冷机在给定条件下制冷系数合理的低限. 式(7.6.27)和式(7.6.28)表明，最大制冷率 $R_{\max}$ 和相应的制冷系数 ε_m 不仅与热源的温度和热传递系数有关，而且还依赖于内不可逆参量 I，它们均随内不可逆参量 I 和与热传导系数相关的参量 B 的增大而减小，而 $R_{\max}$ 直接随 K 的增大而增大. 式(7.6.27)和式(7.6.28)还表明，减小 I、K_g/K_e 和 K_g/K_o 都有利于增大制冷机的最大制冷率，而减小 I、K_g/K_e 和增大 K_g/K_o(当 $K_g > K_e$ 时)或减小 K_g/K_o(当 $K_g < K_e$ 时)都有利于增大吸收式制冷机在最大制冷率下的性能系数. 图 7.6.6、图 7.6.7 和图 7.6.5 一样都充分地体现了这些特性，图中均取 $T_g = 120℃$、$T_e = 15℃$、$T_o = 40℃$. 这些结果表明，工质和三个热源间的热传导系数的选择与匹配将直接影响吸收式制冷机是否工作在最佳工况.

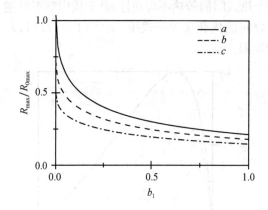

图 7.6.6 内不可逆吸收式制冷机
$R_{\max}$-b_1 关系曲线

其中 a、b、c 对应于 $b_2 = 0.5, 1, 2$，$R_{0\max}$ 为
$b_1 = 0$，$b_2 = 0.5$ 时的最大制冷率

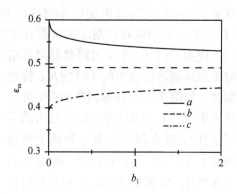

图 7.6.7 内不可逆吸收式制冷机
ε_m-b_1 关系曲线

其中 a、b 和 c 对应于 $b_2 = 0.5, 1, 2$

2. 优化性能系数

如前所知，ε_I 是不可逆吸收式制冷机制冷系数的上限. 从图 7.6.5 可清楚地看出，ε_I 随内不可逆参量 I 的增大而减小，且只要 $I>1$，它总比可逆性能系数 ε_r 小. 像在内可逆吸收式制冷机[102]中的最大制冷系数 ε_r 一样，ε_I 仍是不可逆吸收式制冷机实际性能系数的极限，因为 ε_I 所对应的制冷率为 0. 因此，实际吸收式制冷机的性能系数也不可能达到 ε_I 是不言而喻的. 另外，当 $R<R_{max}$ 时，由式(7.6.26)可知，给定一个 R 对应着两个性能系数，其中一个性能系数比 ε_m 大，另一个比 ε_m 小. 显然，比 ε_m 大的那个性能系数才是优化值. 以上分析表明，性能系数的优化区间应为

$$\varepsilon_m \leqslant \varepsilon < \varepsilon_I \tag{7.6.29}$$

这一结果较好地反映了实际吸收式制冷机的观测性能. 例如，对于一台工作在 $T_g=120℃$、$T_e=15℃$ 和 $T_o=40℃$ 的太阳能吸收式制冷机[103]，根据可逆热力学循环理论可得 $\varepsilon=\varepsilon_r=2.35$；而根据内可逆热力学循环理论可得 $\varepsilon_m=0.494$，其中已取 $K_g=K_e$. 据此，制冷系数的优化区间应为 $0.494\leqslant\varepsilon<2.35$. 注意到实际吸收式制冷机的性能系数通常在 $0.5\sim0.6$[94]. 可见，实际吸收式制冷机的制冷系数比 ε_r 小得多，但大于 ε_m. 因为实际吸收式制冷机一般不可能工作在最大制冷率的工况. 对实际吸收式制冷机，只要对内不可逆因子 I 作出合理的判断，则式(7.6.29)与实际吸收式制冷机性能系数吻合得较好. 这再次表明，在实际热力学循环中，内不可逆性必须得到充分地考虑，以便获得更为精确的热力学性能界限.

至于满足式(7.6.29)的哪一个性能系数值最适合，我们应该根据某一优化准则加以确定. 例如，如果要求制冷机的制冷率及制冷率损失有一个最佳的折中，则我们可根据生态学准则来确定它[40, 50]；而倘若对制冷率和制冷系数视为同等重要，则我们应根据联合目标函数 εR 进行优化[104]，以获得最恰当的制冷系数等. 一般地，只要制冷率能够与实际要求相一致，我们就应重点考虑制冷机的制冷系数，因为这有利于合理利用有限能源的要求.

3. 优化热传导面积

在热力循环设备中热传导面积是一个重要的设计参量，它将较大地影响设备的优化性能. 为此，我们以下将进一步讨论.

注意到满足式(7.6.26)的吸收式制冷循环，其三个等温过程的温度必须满足

$$T_1 = \frac{(Ib_1)^{1/2}(1+\varepsilon)T_gT_e + I\sqrt{b_2}\varepsilon T_gT_o + IT_eT_o}{[(Ib_1)^{1/2}+1](1+\varepsilon)T_e + I(\sqrt{b_2}-1)\varepsilon T_o} \tag{7.6.30}$$

$$T_2 = \frac{(Ib_1)^{1/2}(1+\varepsilon)T_gT_e + I\sqrt{b_2}\varepsilon T_gT_o + IT_eT_o}{[(Ib_1)^{1/2}+\sqrt{b_2}](1+\varepsilon)T_g - I(\sqrt{b_2}-1)T_o} \tag{7.6.31}$$

$$T_3 = \frac{(b_1I^{-1})^{1/2}(1+\varepsilon)T_gT_e + \sqrt{b_2}\varepsilon T_gT_o + T_eT_o}{[(Ib_1)^{1/2}+1]T_e + [(Ib_1)^{1/2}+\sqrt{b_2}]\varepsilon T_g} \tag{7.6.32}$$

联立式(7.6.1)~式(7.6.3),以及式(7.6.30)~式(7.6.32),可求得工质与三个热源间的三个热传导面积与总热传导面积间的关系为

$$A_g = \frac{(1+\varepsilon)T_e + IB\varepsilon T_o}{(1+\sqrt{Ib_1})[(1+\varepsilon)T_e - IB^2\varepsilon T_o + (1+B)^2(1+\varepsilon)\varepsilon T_g]}A \quad (7.6.33)$$

$$A_e = \frac{\sqrt{b_2}[(1+B)(1+\varepsilon)\varepsilon T_g - IBT_o\varepsilon]}{(1+\sqrt{Ib_1})[(1+\varepsilon)T_e - IB^2\varepsilon T_o + (1+B)^2(1+\varepsilon)\varepsilon T_g]}A \quad (7.6.34)$$

$$A_o = \frac{\sqrt{Ib_1}[(1+B)(1+\varepsilon)\varepsilon T_g + (1+\varepsilon)T_e]}{(1+\sqrt{Ib_1})[(1+\varepsilon)T_e - IB^2\varepsilon T_o + (1+B)^2(1+\varepsilon)\varepsilon T_g]}A \quad (7.6.35)$$

式(7.6.33)~式(7.6.35)清楚地表明,热传导面积 A_g 和 A_o 均是性能系数 ε 的单减函数,而 A_e 是性能系数 ε 的单增函数. 因此,由式(7.6.33)~式(7.6.35)可得三个热传导面积的新界限为

$$\frac{T_e + IB\varepsilon_I(1+\varepsilon_I)^{-1}T_o}{(1+\sqrt{Ib_1})[T_e - IB^2\varepsilon_I(1+\varepsilon_I)^{-1}T_o + (1+B)^2\varepsilon_I T_g]}A < A_g$$

$$\leqslant \frac{T_e + IB\varepsilon_m(1+\varepsilon_m)^{-1}T_o}{(1+\sqrt{Ib_1})[T_e - IB^2\varepsilon_m(1+\varepsilon_m)^{-1}T_o + (1+B)^2\varepsilon_m T_g]}A \quad (7.6.36)$$

$$\frac{\sqrt{b_2}[(1+B)T_g - IB(1+\varepsilon_I)^{-1}T_o]}{(1+\sqrt{Ib_1})[\varepsilon_I^{-1}T_e - IB^2(1+\varepsilon_I)^{-1}T_o + (1+B)^2 T_g]}A > A_e$$

$$\geqslant \frac{\sqrt{b_2}[(1+B)T_g - IB(1+\varepsilon_m)^{-1}T_o]}{(1+\sqrt{Ib_1})[\varepsilon_m^{-1}T_e - IB^2(1+\varepsilon_m)^{-1}T_o + (1+B)^2 T_g]}A \quad (7.6.37)$$

$$\frac{\sqrt{Ib_1}[(1+B)T_g + \varepsilon_I^{-1}T_e]}{(1+\sqrt{Ib_1})[\varepsilon_I^{-1}T_e - IB^2(1+\varepsilon_I)^{-1}T_o + (1+B)^2 T_g]}A < A_o$$

$$\leqslant \frac{\sqrt{Ib_1}[(1+B)T_g + \varepsilon_m^{-1}T_e]}{(1+\sqrt{Ib_1})[\varepsilon_m^{-1}T_e - IB^2(1+\varepsilon_m)^{-1}T_o + (1+B)^2 T_g]}A \quad (7.6.38)$$

特别当 $K_g = K_e = K_o$ 时,式(7.6.33)~式(7.6.35)可分别简化为

$$A_g = \frac{T_e}{(1+\sqrt{I})(T_e + \varepsilon T_g)}A \quad (7.6.39)$$

$$A_e = \frac{\varepsilon T_g}{(1+\sqrt{I})(T_e + \varepsilon T_g)}A \quad (7.6.40)$$

$$A_o = \frac{\sqrt{I}}{1+\sqrt{I}}A \quad (7.6.41)$$

这时,三个热传导面积满足下列关系:

$$A_g + A_e = \frac{A_o}{\sqrt{I}} \quad (7.6.42)$$

进一步忽略工质内部不可逆性时，

$$A_g + A_e = A_o = \frac{A}{2} \tag{7.6.43}$$

式(7.6.43)即为内可逆吸收式制冷机三个热传导面积与总热传导面积间的关系[102].

以上热传导面积关系式能在实际吸收式制冷机热交换器的优化设计中起到理论指导作用.

7.6.6 小结

吸收式制冷机可利用废热废气，只需少量的电力，对节约能源和减少环境污染意义重大. 本节所建立的不可逆吸收式制冷循环模型是一个较为普遍的吸收式制冷循环模型，它综合考虑了工质与发生器、蒸发器、冷凝器和吸收器间的传热不可逆性，工质内部不可逆性以及热漏对吸收式制冷机循环性能的影响，由它所得的式(7.6.17)是一个普遍而又重要的基本优化关系式. 从基本优化关系式出发，不仅可以得到吸收式制冷机的许多重要新性能界限，而且一些文献中的相关结论都能从式(7.6.17)推得. 换句话说，本节所建立的不可逆吸收式制冷循环模型包括了内不可逆[103]、内可逆[102]、可逆[105]吸收式制冷机循环模型，甚至不可逆二热源制冷机循环模型也可被包括其中[101]. 这只要令 $T_g \rightarrow \infty$ 便可获得存在热阻、热漏及内不可逆性的二源制冷机模型及其相关结论.

本节所建立的不可逆吸收式制冷机循环模型考虑了多种不可逆因素的影响，因此它比内不可逆、内可逆、可逆吸收式制冷机循环模型更接近于实际，由它所得的新结论和新性能界限能更好地指导实际吸收式制冷机的优化设计和热力学性能的改善.

7.7 不可逆化学机

前面所探讨的热力循环及其应用均涉及不可逆传热过程. 在本节中，我们将研究涉及不可逆传质过程的化学机，探讨有限速率质量传递，质量漏及工质内部不可逆性对化学机循环性能的综合影响，导出输出功率与效率间的优化关系，并由此进一步讨论化学机的其他优化性能.

众所周知，热总是自发地从高温物体流向低温物体，热机必须工作于具有温差的不同热源间而对外做功. 类似地，质量流动(如粒子流等)也总是自发地从高化学势区域流向低化学势区域，化学机必须在具有化学势差的不同物质源间工作才能对外做功. 化学势和质量传递所处的地位与温度和熵类似[18].

7.7.1 不可逆化学机的循环模型①

不可逆化学机工作于温度为 T，化学势分别为 μ_H 和 μ_L (均设为常数)的两物质库

---

① 林国星，陈金灿. 南京大学学报，1997，33：216.

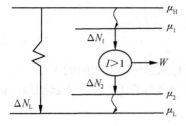

图 7.7.1 不可逆化学机
循环示意图

间，传质是在有限化学势差间进行的，工质与化学势为 μ_H 和 μ_L 的物质库交换质量的过程分别是 μ_1 和 μ_2 的等化学势过程，且它们之间满足 $\mu_H > \mu_1 > \mu_2 > \mu_L$[18]，如图 7.7.1 所示. 工质每循环在等化学势 μ_1 过程中从 μ_H 物质库获得质量 ΔN_1，相应的质量交换时间为 t_1；而在等化学势 μ_2 过程中，工质将 ΔN_2 质量释放给物质库 μ_L，所经历的时间为 t_2. 设质量传递满足线性不可逆热力学中的质量传递律[17, 18, 106-114]，即有

$$\Delta N_1 = h_1(\mu_H - \mu_1)t_1 \tag{7.7.1}$$
$$\Delta N_2 = h_2(\mu_2 - \mu_L)t_2 \tag{7.7.2}$$

式中，h_1、h_2 分别为工质与高、低化学势库间的质量传递系数.

由于循环工质内部存在不可避免的不可逆因素，因而内循环是不可逆的. 分析图 7.7.1 可知，流出 μ_2 过程的熵总是比流进 μ_1 过程的熵来得大. 根据熵的定义，有[70, 115, 116]

$$\frac{\Delta U_2 - \mu_2 \Delta N_2}{T} - \frac{\Delta U_1 - \mu_1 \Delta N_1}{T} > 0 \tag{7.7.3}$$

式中，ΔU_1 和 ΔU_2 分别为循环工质在等化学势 μ_1 和等化学势 μ_2 过程中流入和流出的内能，均取正值.

另外，由于循环中连接两个质量交换过程的另外两个过程无质量交换，这两个过程所进行的时间与质量交换过程时间相比小得多，因而循环周期可近似写为

$$\tau = t_1 + t_2 \tag{7.7.4}$$

此外，由于化学机系统中盛工质的容器并非理想封闭，因而总存在不可避免的质量漏. 为便于分析，设质量漏存在于 μ_H 物质库与 μ_L 物质库之间，且满足

$$\Delta N_L = h_L(\mu_H - \mu_L)\tau \tag{7.7.5}$$

式中，ΔN_L 为质漏量；h_L 为质漏系数.

7.7.2 输出功率与效率间的优化关系

根据以上循环模型以及能量和质量守恒律，由图 7.7.1 可知，

$$\Delta U_2 = \Delta U_1 - W \tag{7.7.6}$$
$$\Delta N_1 = \Delta N_2 \equiv \Delta N^* \tag{7.7.7}$$

结合式(7.7.6)和式(7.7.7)，式(7.7.3)可进一步写为

$$\mu_1 \Delta N^* - (W + \mu_2 \Delta N^*) > 0 \tag{7.7.8}$$

对于化学机循环系统，令内不可逆因子

$$I = \mu_1 \Delta N^* / (\mu_2 \Delta N^* + W) > 1 \tag{7.7.9}$$

内不可逆因子 I 同样能概括描述循环工质内部由摩擦、涡流等引起的不可逆性，一般 I 总比 1 大，只有忽略工质内部不可逆性时，I 才等于 1，这显然是一种特殊情况.

由式(7.7.9)可得不可逆化学机的输出功

$$W = (I^{-1}\mu_1 - \mu_2)\Delta N^* \tag{7.7.10}$$

因而输出功率

$$P = \frac{W}{\tau} = \frac{(I^{-1}\mu_1 - \mu_2)\Delta N^*}{\tau} \tag{7.7.11}$$

另外，化学机的效率

$$\eta = \frac{W}{\mu_{\mathrm{H}}(\Delta N_1 + \Delta N_{\mathrm{L}})} \tag{7.7.12}$$

为计算方便起见，令 $\lambda = t_2/t_1$，$\beta = I^{-1}\mu_1 - \mu_2$，结合式(7.7.1)、式(7.7.2)和式(7.7.5)可求得

$$\eta = \left\{ \frac{\mu_{\mathrm{H}}}{\beta} + \frac{\mu_{\mathrm{H}}^2 h_{\mathrm{L}}\eta_{\mathrm{r}}}{\beta(\mu_{\mathrm{H}}\eta_1 - \beta)}\left[I^{-1}h_1^{-1}(1+\lambda) + h_2^{-1}(1+\lambda^{-1}) \right] \right\}^{-1} \tag{7.7.13}$$

$$P = \frac{\beta(\mu_{\mathrm{H}}\eta_1 - \beta)}{I^{-1}h_1^{-1}(1+\lambda) + h_2^{-1}(1+\lambda^{-1})} \tag{7.7.14}$$

式中，$\eta_1 = I^{-1}(1 - I\mu_{\mathrm{L}}/\mu_{\mathrm{H}})$；$\eta_{\mathrm{r}} = 1 - \mu_{\mathrm{L}}/\mu_{\mathrm{H}}$ 为可逆化学机循环效率.

将式(7.7.14)代入极值条件 $\partial P/\partial \lambda = 0$，得

$$\lambda = \sqrt{\frac{Ih_1}{h_2}} \tag{7.7.15}$$

这表明不可逆化学机两个传质时间比满足式(7.7.15)时，其输出功率达最大值. 这时，式(7.7.13)式(7.7.14)可分别表示为

$$\eta = \left[\frac{\mu_{\mathrm{H}}}{\beta} + \frac{\mu_{\mathrm{H}}^2 h_{\mathrm{L}}\eta_{\mathrm{r}}}{Ih_1\beta(\mu_{\mathrm{H}}\eta_1 - \beta)} \right]^{-1} \tag{7.7.16}$$

$$P = Ih_1\beta(\mu_{\mathrm{H}}\eta_1 - \beta) \tag{7.7.17}$$

式中，$h_1 = h_1 / \left(1 + \sqrt{\dfrac{Ih_1}{h_2}} \right)$ 是具有传质系数量纲的物理量，它与工质内部不可逆性 I 紧密相关.

联立式(7.7.16)和式(7.7.17)，可求得不可逆化学机输出功率和效率满足下列方程，即

$$P^2 + \mu_{\mathrm{H}}^2 \eta [Ih_1(\eta - \eta_1) - 2h_{\mathrm{L}}\eta_{\mathrm{r}}]P + \mu_{\mathrm{H}}^4 \eta^2 \left[\left(h_{\mathrm{L}}\eta_{\mathrm{r}} + \frac{1}{2} Ih_1\eta_1 \right)^2 - \frac{1}{4} I^2 h_1^2 \eta_1^2 \right] = 0 \tag{7.7.18}$$

由式(7.7.18)原则上可求得不可逆化学机输出功率与效率间的优化关系，然而式(7.7.18)中 P 是 η 的双值函数. 实际应用时，常以数值解或图解法求其 P-η 特性. 例如，设 $\mu_{\mathrm{L}}/\mu_{\mathrm{H}} = 0.25$，$h_1 = h_2$，$h_{\mathrm{L}}/h_1 = 0.01$，则由式(7.7.18)可得 P'-η 关系曲线，如图 7.7.2 所示. 其中 $P' = P/(h_1\mu_{\mathrm{H}}^2)$ 为无量纲的输出功率. 由图 7.7.2 可看出，在相同不可逆因子 I 下，对应于一个效率 η，存在两个输出功率 P' 值. 而随着 I 的增大，对应于同一效率 η，P'(或 P)在一些区域变小(如曲线的上半部分)，而在另一些区域基本

不变(如曲线的下半部分). 然而, 这些区域不都是化学机优化工作区域, 至于哪些区域是最优工作区域, 将在下面作详细的讨论.

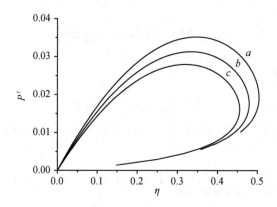

图 7.7.2　不可逆化学机输出功率与效率间的关系曲线

其中 $h_L/h_1 = 0.01$, 曲线 a、b 和 c 对应于 $I = 1, 1.1, 1.2$

7.7.3　最大输出功率、最大效率及优化工作区域

分析式 (7.7.16) 和式 (7.7.17) 及图 7.7.2 均可知, 不可逆化学机存在一最大输出功率和最大效率. 将式 (7.7.17) 代入极值条件 $dP/d\beta = 0$, 可求得当 $\beta = \mu_H \eta_1/2$ 时,

$$P = P_{max} = \frac{h_1 \mu_H^2}{1 + \sqrt{I h_1/h_2}} \frac{\eta_I^2}{4} \tag{7.7.19}$$

而将式 (7.7.16) 代入极值条件 $d\eta/d\beta = 0$, 同理可求得

$$\eta = \eta_{max} = \eta_1 + 2\eta_r h_L I^{-1} h_1^{-1} [1 - (1 + I h_1 h_L^{-1} \eta_1 \eta_r^{-1})^{1/2}] \tag{7.7.20}$$

P_{max} 和 η_{max} 是不可逆化学机的两个重要性能界限. 由这两个界限便可获得不可逆化学机的优化工作区域. 事实上, 只要将 P_{max} 代入式 (7.7.18) 则可求得最大输出功率时化学机的效率, 即 $\eta_{P_{max}}$. 类似地, 将 η_{max} 代入式 (7.7.18) 可得化学机在最大效率时所对应的输出功率, 即 P_m. 化学机的效率应位于以下优化工作区域, 即

$$\eta_{P_{max}} \leqslant \eta \leqslant \eta_{max}, \qquad P_m \leqslant P \leqslant P_{max} \tag{7.7.21}$$

在非优化工作区域, P 是 η 的单调上升函数, 化学机的输出功率和效率尚未达最佳值, 图 7.7.2 也可清楚地看出这一点.

在图 7.7.2 所设参数下, 对于不同的内不可逆因子 I, 通过数值计算可得 P'_{max} [$= P_{max}/(h_1 \mu_H^2)$], η_{max} 及 $\eta_{max} - \eta_{P_{max}}$ 的数值, 如表 7.7.1 所示. 在其他参数不变的情况下, 当 $h_L/h_1 = 0.2$ 时, 同理可得相关量的数值如表 7.7.2 所示. 相应的 P'-η 曲线如图 7.7.3 所示. 从表 7.7.2 和图 7.7.3 均可清楚地看出, 两物质库间的质量漏并不影响最大输出功率, 然而它对 $\eta_{P_{max}}$、η_{max} 及 η 的影响较大. 此外, 当质量漏相当大时, 不但化学机的效率很小, 而且化学机的优化效率区域也非常小, 图 7.7.3 便可清楚地看出这一点. 可见, 在实际应用时, 尽可能减少化学机的质量漏是很有价值的.

表 7.7.1 不可逆化学机有关性能界限随内不可逆因子变化的数值($h_L/h_1 = 0.01$)

内不可逆因子 I	无量纲最大输出功率 P'_{max}	最大输出功率下的效率 $\eta_{P_{max}}$	最大效率 η_{max}	优化工作区域效率差 $\eta_{max} - \eta_{P_{max}}$
1	0.035	0.326	0.750	0.424
1.1	0.031	0.304	0.725	0.421
1.2	0.028	0.305	0.700	0.395

表 7.7.2 不可逆化学机有关性能界限随内不可逆因子变化的数值($h_L/h_1 = 0.2$)

内不可逆因子 I	无量纲最大输出功率 P'_{max}	最大输出功率下的效率 $\eta_{P_{max}}$	最大效率 η_{max}	优化工作区域效率差 $\eta_{max} - \eta_{P_{max}}$
1	0.035	0.140	0.150	0.010
1.1	0.031	0.127	0.136	0.009
1.2	0.028	0.120	0.125	0.005

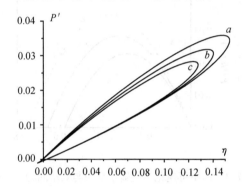

图 7.7.3 不可逆化学机输出功率与效率间的关系曲线
其中 $h_L/h_1 = 0.2$,曲线 a、b、c 中 I 的值与图 7.7.2 相同

7.7.4 内不可逆化学机的优化性能

现考虑另一种化学机循环模型. 当化学机的质漏较小,以至于质漏系数与传质系数相比小得多时,我们可视不可逆化学机为内不可逆化学机. 以下讨论内不可逆化学机的优化性能.

注意到当 $h_L/h_1 \to 0$ 时,从式(7.7.16)和式(7.7.17)可求得

$$P = \frac{Ih_1}{(1 + \sqrt{Ir^{-1}})^2} \eta \mu_H^2 (\eta_1 - \eta) \tag{7.7.22}$$

式中,$r = h_2/h_1$ 为与两个质量传递系数相关的无量纲参数. 式(7.7.22)即为内不可逆化学机输出功率与效率间的优化关系,由它可进一步探讨内不可逆化学机的其他优化性能.

由式(7.7.22)可知,当 $\eta = 0$ 和 η_1 时,输出功率均为 0. 这清楚地表明了内不可逆化学机的输出功率存在一个极大值. 将式(7.7.22)代入 $dP/d\eta = 0$,可求得当

$$\eta = \eta_{\mathrm{m}} = \frac{\eta_{\mathrm{I}}}{2} \tag{7.7.23}$$

时

$$P = P_{\max} = \frac{Ih_1}{4(1 + \sqrt{Ir^{-1}})^2}\mu_{\mathrm{H}}^2\eta_{\mathrm{I}}^2 \tag{7.7.24}$$

显然,随着内不可逆因子 I 的增大,化学机的输出功率和效率都将变小. 例如,设 $\mu_{\mathrm{L}}/\mu_{\mathrm{H}}=$ 0.25,当 $I=1.1$ 时,$P_{\max}/P_{\max}^0=0.85$,$\eta_{\mathrm{m}}=0.37$,$\eta_{\mathrm{I}}=0.66=0.88\eta_{\mathrm{r}}$;而当 $I=1.2$ 时,$P_{\max}/P_{\max}^0=0.71$,$\eta_{\mathrm{m}}=0.35$,$\eta_{\mathrm{I}}=0.58=0.77\eta_{\mathrm{r}}$,如图 7.7.4 所示,其中 $P_{\max}^0$ 为 $I=1$(即忽略内不可逆性)时化学机的最大输出功率. 从图 7.7.4 可看出,当 $P<P_{\max}$ 时,对于一个给定的输出功率 P,有两个对应的效率,其中一个大于 η_{m},另一个小于 η_{m}. 这表明化学机应工作在 $\eta \geqslant \eta_{\mathrm{m}}$ 的区域. 否则,化学机未能工作在最佳工况. 可见,这里的 η_{m} 是存在传质不可逆性和工质内部不可逆性时化学机优化效率所允许的最小值.

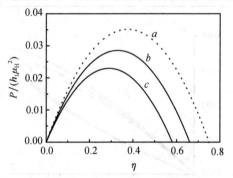

图 7.7.4 内不可逆化学机输出功率与效率间的关系曲线
其中已设 $h_1=h_2$,$\mu_{\mathrm{L}}/\mu_{\mathrm{H}}=0.25$,而曲线 a、b、c 对应于 $I=1, 1.1, 1.2$

为了使化学机运行于最佳工况,工质与两物质库间的质量交换时间比值应满足一定的条件. 利用式(7.7.1)、式(7.7.2)、式(7.7.6)、式(7.7.10)和式(7.7.12),可得化学机循环的两个最佳传质时间比值为

$$\frac{t_2}{t_1} = \sqrt{Ir^{-1}} \tag{7.7.25}$$

可见,这两者的比值与两传质系数和内不可逆因子紧密相关. 特别在传质系数一定时,随着内不可逆程度的增大,工质与低化学势库间的质量交换时间也要相应变长.

应用可用性损失率与输出功率和效率间的关系

$$R_{\mathrm{A}} = p(\eta_{\mathrm{r}}\eta^{-1} - 1) \tag{7.7.26}$$

结合式(7.7.13)便可求得最小可用性损失率 R_{A} 与效率 η 间的关系为

$$R_{\mathrm{A}} = \frac{Ih_1\mu_{\mathrm{H}}^2}{(1 + \sqrt{Ir^{-1}})^2}(\eta_{\mathrm{I}} - \eta)(\eta_{\mathrm{r}} - \eta) \tag{7.7.27}$$

式(7.7.27)定量地表征了受传质和工质内部不可逆性影响的化学机所不可避免的最小可用性损失率,它除了与两个物质库的化学势和传质系数有关外,还与化学机的效率和内不可逆因子有关. 图 7.7.5 给出了在内不可逆因子 $I=1$, 1.1, 1.2 时化学机的最小可用性损失率与效率间的变化关系曲线, 其中已设 $h_1=h_2$、$\mu_L/\mu_H=0.25$, 而 $R_A^*=R_A/(h_1\mu_H^2)$ 为无量纲的最小可用性损失率. 由于可用性损失率能揭示系统用能过程的主要特征, 因而对化学机可用性损失率的优化分析有其重要意义. 式(7.7.27)和图 7.7.5 都表明不可逆化学机最小可用性损失率随效率的增大而单调下降, 当 η 达到最大效率界限时, 最小可用性损失率为 0. 另外, 根据前面的分析, 化学机的优化效率 η 的最小值应是 η_m, 因此从图 7.7.5 知, η_m 所对应的最小可用性损失率是其上限, 比这个值大的可用性损失率不是优化值, 是不可取的.

只要令内不可逆因子 $I=1$, 本节的所有结论均与内可逆化学机的相关结论完全一致[117]. 可见, 本节所得的结论更为普遍, 对质量交换器, 电化学、光化学和固态设备等的优化设计和性能改善可提供新理论指导.

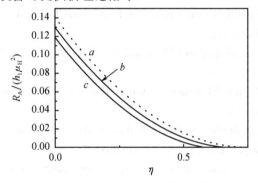

图 7.7.5 内不可逆化学机最小可用性损失率与效率间的关系曲线

其中已设 $h_1=h_2$, $\mu_L/\mu_H=0.25$, 而曲线 a、b、c 对应于 $I=1$, 1.1, 1.2

本节建立了不可逆化学机循环模型, 探索传质、工质内部不可逆性及质量漏对化学机性能的影响. 基于新循环模型, 导出了化学机在多种不同情况下的输出功率与效率间的优化关系, 并获得化学机的最大输出功率及其效率、最大效率、优化工作区域等重要性能界限, 进一步详细讨论了内不可逆因子 I 对这些性能界限的影响. 为减小内不可逆性、提高化学机的优化性能指明了方向. 同时, 不可逆化学机模型是一个较为普遍的循环模型. 由式(7.7.16)和式(7.7.17)不仅可得到不可逆化学机的基本优化关系, 还可得到内不可逆、内可逆、可逆化学机的各种优化性能. 因此, 从这个意义上讲, 式(7.7.16)和式(7.7.17)具有普遍意义. 由此得到的一系列结论不仅使现代热力学理论获得进展, 而且有其重要的应用价值, 其相关结论能为化学机等设备的优化设计和性能改善提供新理论指导.

参 考 文 献

[1] Andresen B, Salamon P, Berry R S. Thermodynamics in finite time[J]. Phys. Today, 1984, 37 (9):62-70.

[2] Andresen B. Finite-Time Thermodynamics[M]. Copenhagen: Physics Laboratory II, University of Copenhagen, 1983.

[3] 陈丽璇, 严子浚. 有限时间热力学: 现代热力学理论的一个新分支[J]. 自然杂志, 1987, 10 (11): 825-829.

[4] Bejan A. Advanced Engineering Thermodynamics[M]. Wiley: New York, 1988.

[5] Sieniutycz S, Salamon P. Advances in Thermodynamics, Vol. 4: Finite Time Thermodynamics and Thermoeconomics[M]. New York: Taylor & Francis, 1990.

[6] 严子浚. 发展中的有限时间热力学[J]. 物理通报, 1992, (1): 1.

[7] De Vos A. Endoreversible Thermodynamics of Solar Energy Conversion [M]. Oxford: Oxford University Press, 1992.

[8] 严子浚. 关于 CA 效率与有限时间热力学的发展[J]. 大自然探索, 1995, 14(52): 42-47.

[9] Bejan A, Tsatsaronis G, Moran M. Thermal Design & Optimization[M]. New York: Wiley, 1995.

[10] Wu C, Chen L, Chen J. Recent Advances in Finite-Time Thermodynamics[M]. New York: Nova Science Publishers, 1999.

[11] 国家自然科学基金委员会. 1999 年度国家自然科学基金项目指南[M]. 北京: 高等教育出版社, 1998.

[12] Curzon F L, Ahlborn B. Efficiency of a Carnot heat engine at maximum power output[J]. Am. J. Phys. , 1975, 43: 22.

[13] Bejan A. Entropy generation minimization: the new thermodynamics of finite-size and finite-time processes[J]. J. Appl. Phys. , 1996, 79(3): 1191-1218.

[14] Chen L, Wu C, Sun F. Finite time thermodynamic optimization for entropy generation minimization of energy systems[J]. J. Non-Equilib. Thermodyn. , 1999, 24: 327.

[15] De Vos A. Reversible and endoreversible computing[J]. Int. J. Theor. Phys. , 1995, 34(11): 2251-2266.

[16] Verhas J, De Vos A. How endoreversible thermodynamics relates to Onsager's nonequilibrium thermodynamics[J]. J. Appl. Phys. , 1997, 82(1): 40-42.

[17] Gordon J M. Maximum work from isothermal chemical engines[J]. J. Appl. Phys. , 1993, 73 (1): 8-11.

[18] Gordon J M, Orlov V N. Performance characteristics of endoreversible chemical engines[J]. J. Appl. Phys. , 1993, 74(9): 5303-5309.

[19] Angulo-Brown F, Santillan M, Calleja-Quevedo E. Thermodynamic optimality in some biochemical reactions[J]. Nuovo Cimeno D, 1995, 17(1): 87-90.

[20] Badescu V, Andresen B. Probabilistic finite time thermodynamics: a chemically driven engine [J]. J. Non-Equilib. Thermodyn. , 1996, 21(4): 291-306.

[21] Tsirlin A M. Optimum control of irreversible thermal and mass-transfer processes[J]. Sov. J. Comput. Syst. Sci. , 1992, 30(3): 23-31.

[22] Bejan A. Maximum power from fluid flow [J]. Int. J. Heat Mass Transfer, 1996, 39(6): 1175-1181.

[23] Yan Z, Chen J. Generalized power versus efficiency characteristics of heat engines: the thermoe-

lectric generator as an instructive illustration[J]. Am. J. Phys. ，1993，61(4):381.

[24]　陈金灿，严子浚.半导体温差发电器性能的优化分析[J].半导体学报，1994，15(2):123-129.

[25]　Chen J C. Thermodynamic analysis of a solar-driven thermoelectric generator [J]. J. Appl. Phys. ，1996，79(5):2717-2721.

[26]　Chen J，Andresen B. The maximum coefficient of performance of thermoelectric heat pumps [J]. Int. J. Ambient Energy，1996，17:22.

[27]　Chen J，Andresen B. New bounds on the performance parameters of a thermoelectric generator [J]. Int. J. Power & Energy Syst. ，1997，17:23.

[28]　Chen J C，Schouten J A. Comment on "A new approach to optimum design in thermoelectric cooling systems"[J]. J. Appl. Phys. ，1997，82(12):6368-6369.

[29]　Chen J C，Lin B H，Wang H J，et al. Optimal design of a multi-couple thermoelectric generator [J]. Semicond. Sci. Technol. ，2000，15(2):184-188.

[30]　严子浚. 对"太阳能动力装置集热器最佳工作温度"一文的讨论[J]. 太阳能学报，1992，13(2):207-210.

[31]　Chen J. Optimization of a solar-driven heat engine[J]. J. Appl. Phys. ，1992，72(8):3778-3780.

[32]　De Vos A，Van der Wel P. The efficiency of the conversion of solar energy into wind energy by means of Hadley cells[J]. Theor. Appl. Climatol. ，1993，46(4):193-202.

[33]　Yan Z，Chen J. The maximum overall coefficient of performance of a solar-driven heat pump system[J]. J. Appl. Phys. ，1994，76(12):8129-8134.

[34]　Yan Z，Chen J. Optimal performance of a solar-driven heat engine system at maximum overall efficiency[J]. Int. J. Power & Energy Syst. ，1997，17:103.

[35]　Chen J，Yan Z，Chen L，et al. The efficiency bound of a solar-driven Stirling heat engine system [J]. Int. J. Energy Res. ，1998，22:805.

[36]　Lin G，Yan Z. The optimal operating temperature of the collector of an irreversible solar-driven refrigerator[J]. J. Phys. D:Appl. Phys. ，1999，32(2):94-98.

[37]　林国星，严子浚.铁磁质斯特林制冷循环的优化分析[J].工程热物理学报，1994，15(4):357-360.

[38]　严子浚.顺磁质埃里克森制冷循环的优化性能[J].低温与超导，1996，24(4):56-61.

[39]　Chen J，Yan Z. The effect of thermal resistances and regenerative losses on the performance characteristics of a magnetic Ericsson refrigeration cycle[J]. J. Appl. Phys. ，1998，84(4):1791-1795.

[40]　Angulo-Brown F. An ecological optimization criterion for finite-time heat engines[J]. J. Appl. Phys. ，1991，69(11):7465-7469.

[41]　Yan Z. Comment on "An ecological optimization criterion for finite-time heat engines"[J]. J. Appl. Phys. ，1993，73(7):3583.

[42]　Chen T Z，Yan Z J. An ecological optimization criterion for a class of irreversible absorption heat transformers[J]. J. Phys. D:Appl. Phys. ，1998，31(9):1078-1082.

[43]　Cheng C Y，Chen C K. Ecological optimization of an irreversible Brayton heat engine[J]. J. Phys. D:Appl. Phys. ，1999，32(3):350-357.

[44] Yan Z, Lin G. Ecological optimization criterion for an irreversible three-heat-source refrigeraor [J]. Appl. Energy, 2000, 66:213.

[45] Yan Z. Comment on "A general property of non-endoreversible thermal cycles"[J]. J. Phys. D: Appl. Phys. , 2000, 33(7):876.

[46] Geva E, Kosloff R. Three-level quantum amplifier as a heat engine: a study in finite-time thermodynamics[J]. Phys. Rev. E, 1994, 49(5):3903-3918.

[47] Geva E, Kosloff R. The quantum heat engine and heat pump: an irreversible thermodynamic analysis of the three-level amplifier[J]. J. Chem. Phys. , 1996, 104(19):7681-7699.

[48] 严子浚. 关于三热源制冷机的有限时间㶲经济优化性能[J]. 低温与超导, 1992, 20(2):1-5.

[49] Mironova V A, Tsirlin A M, Kazakov V A, et al. Finite-time thermodynamics: exergy and optimization of time-constrained processes[J]. J. Appl. Phys. , 1994, 76:629.

[50] Yan Z, Chen L. Optimization of the rate of exergy output for an endoreversible Carnot refrigerator[J]. J. Phys. D: Appl. Phys. , 1996, 29(12):3017-3021.

[51] Sahin B, Kodal A, Ekmekci I, et al. Exergy optimization for an endoreversible cogeneration cycle[J]. Energy, 1997, 22(5):551-557.

[52] Andresen A. Finite-time thermodynamics and thermodynamic length[J]. Rev. Gen. Therm. , 1996, 35:647.

[53] Diosi L, Kulacsy K, Lukacs B, et al. Thermodynamic length, time, speed, and optimum path to minimize entropy production [J]. J. Chem. Phys. , 1996, 105(24):11220-11225.

[54] Andresen A. Finite-time thermodynamics and simulated annealing//Shiner J. Entropy and Entropy Generation[M]. Amsterdam: Kluwer Academic Publishers, 1996.

[55] Yan Z, Chen J. Optimal performance of an irreversible Carnot heat pump[J]. Int. J. Energy Environment & Economics, 1992, 2:63.

[56] Wu C, Kiang R L. Finite-time thermodynamic analysis of a Carnot engine with internal irreversibility[J]. Energy, 1992, 17(12):1173-1178.

[57] Gordon J M, Huleihil M. General performance characteristics of real heat engines[J]. J. Appl. Phys. , 1992, 72(3):829-837.

[58] 严子浚. 有限时间热力学中不可逆卡诺热机[J]. 热能动力工程, 1994, 9(6):369-373.

[59] Chen J. The maximum power output and maximum efficiency of an irreversible Carnot heat engine[J]. J. Phys. D: Appl. Phys. , 1994, 27(6):1144-1149.

[60] Yan Z, Chen L. The fundamental optimal relation and the bounds of power output and efficiency for an irreversible Carnot engine[J]. J. Phys. A: Math. Gen. , 1995, 28(21):6167-6175.

[61] Chen J, Yan Z. The general performance characteristics of a Stirling refrigerator with regenerative losses[J]. J. Phys. D: Appl. Phys. , 1996, 29(4):987-990.

[62] Chen J, Schouten J A. Optimum performance characteristics of an irreversible absorption refrigeration system[J]. Energy Convers. Manage. , 1998, 39(10):999-1007.

[63] Chen J, Schouten J A. The comprehensive influence of several irreversibilities on the performance of an Ericsson heat engine[J]. Appl. Thermal Eng. , 1999, 19(5):555-564.

[64] Rubin M H. Optimal configuration of a class of irreversible heat engines. I[J]. Phys. Rev. A,

1979，19(3):1272-1276.

[65] Salamen P，Nitzan A. Finite time optimization of a Newton's law Carnot cycle[J]. J. Chem. Phys. ，1981，74(6):3546-3560.

[66] Rubin M H，Andresen B. Optimal staging of endoreversible heat engines[J]. J. Appl. Phys. ，1982，53(1):1-7.

[67] 严子浚. 卡诺热机的最佳效率与功率间的关系[J]. 工程热物理学报，1985，6(1):1-6.

[68] Chen L，Yan Z. The effect of heat-transfer law on performance of a two-heat-source endoreversible cycle[J]. J. Chem. Phys. ，1989，90:3740.

[69] Spirkl W，Ries H. Optimal finite-time endoreversible processes[J]. Phys. Rev. E，1995，52(4):3485-3489.

[70] De Vos A. Endoreversible thermodynamics and chemical reations[J]. J. Phys. Chem. ，1991，95:4534.

[71] De Vos A. Endoreversible economics[J]. Energy Convers. Manage. ，1997，38(4):311-317.

[72] Sekulic D P. A fallacious argument in the finite time thermodynamics concept of endoreversibility[J]. J. Appl. Phys. ，1998，83(9):4561-4565.

[73] Gyftopoulos E P. Fundamentals of analyses of processes[J]. Energy Convers. Manage. ，1997，38(15-17):1525-1533.

[74] Chen J. A universal model of an irreversible combined Carnot cycle system and its general performance characteristics[J]. J. Phys. A:Math. Gen. ，1998，31(15):3383-3394.

[75] Yan Z，Chen L. Optimal performance of an endoreversible cycle operating between a heat source and sink of finite capacities[J]. J. Phys. A:Math. Gen. ，1997，30(23):8119-8127.

[76] Ikegami Y，Bejan A. On the thermodynamic optimization of power plants with heat transfer and fluid flow irreversibilities[J]. J. Sol. Energy Eng. ，1998，120:139.

[77] Chen J，Yan Z，Lin G，et al. On the Carnot-Ahlborn efficiency and its connection with the efficiencies of real heat engines[J]. Energy Convers. Manage. ，2001，42:173.

[78] Chen J，Yan Z. Unified description of endoreversible cycles [J]. Phys. Rev. A，1989，39(8):4140-4147.

[79] Chen J，Yan Z. Optimal performance of endoreversible cycles for another linear heat transfer law [J]. J. Phys. D:Appl. Phys. ，1993，26(10):1581-1586.

[80] Orlov V N. Optimum irreversible Carnot cycle containing three isotherms [J]. Sov. Phys. Dokl. ，1985，30:500.

[81] Vos A D. Efficiency of some heat engines at maximum power conditions [J]. Am. J. Phys. ，1985，53(6):570-573.

[82] Vos A D. Reflections on the power delivered by endoreversible engines [J]. J. Phys. D，1987，20(2):232-236.

[83] 严子浚，陈丽璇. 导热规律为 $q \propto \Delta(1/T)$ 时的 η_m[J]. 科学通报，1988，33(20):1543-1545.

[84] Ondrechen M，Rubin M，Band Y. The generalized Carnot cycles:a working fluid operating in finite-time between finite heat sources and sinks [J]. J. Chem. Phys. ，1983，78(7):4721-4727.

[85] Ondrechen M，Andresen B，Mozurkewich M，et al. Maximum work from a finite reservoir by

sequential Carnot cycles [J]. Am. J. Phys. , 1981, 49(7):681-685.

[86] Becker R. Theory of Heat [M]. Berlin:Springer, 1967.

[87] Angulo-Brown F, Yepez E, Zamorano-Ulloa R. Finite-time thermodynamics approach to the superconducting transition [J]. Phys. Lett. A, 1993, 183(5-6):431-436.

[88] Баоарв И П. 热力学[M]. 沙振舜, 张毓昌, 译. 北京:高等教育出版社, 1988.

[89] Jeffrey W L. High Temperature Superconductivity [M]. New York:Springer-Verlag, 1990.

[90] Yeshurun Y, Malozemoff A P. Giant flux creep and irreversibility in an Y-Ba-Cu-O crystal:an alternative to the superconducting-glass model [J]. Phys. Rev. Lett. , 1988, 60 (21): 2202-2205.

[91] Shaviv R, Westrum E F, Sayer M, et al. Specific heat of a high T_c perovskite superconductor $YBa_2 Cu_3 O_{8-\delta}$[J]. J. Chem. Phys. , 1987, 87(8):5040-5041.

[92] 严子浚, 陈金灿. 关于两有限热源间热机工作参数选择的有限时间热力学准则 [J]. 应用科学学报, 1994, 12(1): 41-45.

[93] Dunlap B D, Slashi M, Sungaila Z, et al. Magnetic ordering of Gd and Cu in superconducting and nonsuperconducting $GdBa_2 Cu_3 O_{7-\delta}$[J]. Phys. Rev. B, 1988, 37(1):592-594.

[94] Yan Z, Chen J. A generalized Rutgers formula derived from the theory of endoreversible cycles [J]. Phys. Lett. A, 1996, 217(2-3):137-140.

[95] Navarrete-Gonzalez T D, Rocha-Martinez J A, Angulo-Brown F. A Muser-Curzon-Ahlborn engine model for photothermal conversion [J]. J. Phys. D:Appl. Phys. 1997, 30(17):2490-2496.

[96] Kandpal T C, Singhal A K, Mathur S S. Optimum power from a solar thermal power plant using solar concentrators [J]. Energy Convers. & Manag. , 1983, 23(2):103-106.

[97] Muser H. Thermodynamicsche behandlung von electronenprozessen in Halbleiter-randschichten [J]. Z. Phys. , 1957, 148(3):380-390.

[98] Castans M. Bases fisicas del approvechamiento de la energia solar [J]. Rev. Geofis. , 1976, 35:227.

[99] Jeter S J. Maximum conversion efficiency for the utilization of direct solar radiation [J]. Sol. Energy, 1981, 26(3):231-236.

[100] De Vos A, Pauwels H. On the thermodynamic limit of photovoltaic energy conversion [J]. Appl. Phys. , 1981, 25(2):119-125.

[101] Chlou J, Liu C, Chen C. The performance of an irreversible Carnot refrigeration cycle[J]. J. Phys. D:Appl. Phys. , 1995, 28(7):1314-1318.

[102] Yan Z, Chen J. An optimal endoreversible three-heat-source refrigerator [J]. J. Appl. Phys. , 1989, 65(1):1-4.

[103] Lin G, Yan Z. The optimal performance of an irreversible absorption refrigerator [J]. J. Phys. D:Appl. Phys. , 1997, 30(14):2006-2011.

[104] Yan Z, Chen J. A class of irreversible Carnot refrigeration cycles with a general heat transfer law[J]. J. Phys. D:Appl. Phys. , 1990, 23(2):136-141.

[105] Huang F. Engineering Thermodynamics [M]. New York:Macmillan, 1976.

[106] Chen L, Sun F, Wu C, et al. Performance characteristics of isothermal chemical engines [J]. Energy Convers. Mgmt. , 1997, 38(18):1841-1846.

[107] Chen L，Sun F，Wu C，et al. Maximum power of a combined-cycle isothermal chemical engine [J]. Appl. Thermal Engng. ，1997，17(7):629-637.

[108] Chen L，Sun F，Wu C. Performance of chemical engines with mass leak [J]. J. Phys. D: Appl. Phys. ，1998，31(13):1595-1600.

[109] Lin G，Chen J. Optimal analysis on the cyclic performance of a class of chemical pumps[J]. Appl. Energy，2001，70(1):35-47.

[110] Lin G，Chen J，Hua B. Optimal analysis on the performance of a chemical engine-driven chemical pump [J]. Appl. Energy，2002，72(1):359-370.

[111] Lin G，Chen J，Hua B. General performance characteristics of an irreversible three source chemical pump [J]. Energy Convers. Mgmt. ，2003，44(10):1719-1731.

[112] Lin G，Chen J，Wu C. The equivalent combined cycle of an irreversible chemical potential transformer and its optimal performance [J]. Exergy，2002，2(2):119-124.

[113] Lin G，Chen J，Wu C，et al. The equivalent combined cycle of an irreversible chemical pump and its performance analysis [J]. Int. J. Ambient Energy，2002，23:97.

[114] 林国星，陈金灿. 一类化学泵的最佳性能系数与泵能率间的关系 [J]. 科技通报，2001，17(4):1-5.

[115] De Vos A. The endoreversible theory of solar energy conversion: a tutorial [J]. Solar Energy Materials and Solar Cells，1993，31(1):75-93.

[116] De Vos A. Is a solar cell an endoreversible engine [J]. Solar Cells，1991，31(2):181-196.

[117] 林国星，陈金灿. 质量传递不可逆时化学转换器的优化特性[J]. 南京大学学报，1997，33: 216.

第 8 章 弱耗散热力学循环

实际的热力学循环都是不可逆的. 在最近的几十年, 许多学者采用不同的不可逆循环模型[1-7], 研究了热机工作在最大输出功率时的效率, 取得了一些更有实际意义的结果[8-26]. 例如, 基于文献[2, 3, 8-16]中所取得的研究成果, Esposito 等学者[1]将弱耗散假设直接用于卡诺热机, 建立了一种新的不可逆卡诺热机循环模型, 证明弱耗散卡诺热机的效率界限是卡诺效率 η_C, 在最大输出功率时的效率介于 $\eta_C/2$ 和 $\eta_C/(2-\eta_C)$ 之间, 同时 CA 效率 $\eta_{CA} = 1 - \sqrt{1-\eta_C}$ [24]可以在对称耗散情况下得到. 受到文献[1]的启发, 一些学者继续利用弱耗散假设, 研究了一些热力学循环的性能, 也得到一些重要结果[4-7, 27-35]. 本章将对弱耗散热力学循环作简要的介绍和讨论.

8.1 弱耗散卡诺循环[①]

弱耗散卡诺热机模型[1, 5, 7]是最典型的弱耗散热力学循环模型, 应用这个模型可简便地求出卡诺热机的输出功率和效率的表示式, 进而导出输出功率与效率间的优化关系, 由此讨论不可逆卡诺热机的一般性能特性, 获得文献中的一些重要结果.

8.1.1 弱耗散卡诺循环模型

根据弱耗散假设[1], 一个工作在温度分别为 T_H 和 T_L 的高低温热源间的卡诺热机从高温热源吸收的和放给低温热源的热量可分别表示为

$$Q_H = T_H \Delta S \left(1 - \frac{\sigma_H}{t_H}\right) \tag{8.1.1}$$

和

$$Q_L = T_L \Delta S \left(1 + \frac{\sigma_L}{t_L}\right) \tag{8.1.2}$$

式中, t_H 和 t_L 分别为在一个循环中热机工质与高低温热源接触的时间; σ_H 和 σ_L 为两个包含了具体不可逆信息的参数; ΔS 为可逆卡诺热机在等温过程时工质(或热源)的熵变. 这个假设意味着热机工质的弛豫时间与等温过程的时间 t_H 和 t_L 相比快得多, 沿着高低温过程的能量耗散是与 σ_H/t_H 和 σ_L/t_L 成正比的, 而工质与热源间的非平衡引起的复杂时间依赖关系的附加项是可忽略的. 从式(8.1.1)和式(8.1.2)可以看出, 当

---

① 郭君诚, 黄传昆, 陈金灿. 大学物理, 2013, 32(11): 1-3.

$t_H \to \infty$ 和 $t_L \to \infty$ 时，循环是可逆的. 因为绝热过程不受有限时间传热的限制，可快速进行，故可合理地进一步假设该循环中的绝热过程所花费的时间与 t_H 和 t_L 相比是可忽略的[20]，则完成一个循环所花费的总时间可近似表示为 $\tau = t_H + t_L$. 因此，不可逆卡诺热机的输出功率和效率可分别表示为

$$P = \frac{Q_H - Q_L}{\tau} = T_H \Delta S \frac{\left(1 - \frac{\sigma_H}{t_H}\right) - (1 - \eta_C)\left(1 + \frac{\sigma_L}{t_L}\right)}{t_H + t_L} \qquad (8.1.3)$$

和

$$\eta = 1 - \frac{Q_L}{Q_H} = 1 - (1 - \eta_C)\frac{1 + \frac{\sigma_L}{t_L}}{1 - \frac{\sigma_H}{t_H}} \qquad (8.1.4)$$

应用式(8.1.3)和式(8.1.4)，可讨论不可逆卡诺热机的性能特性.

8.1.2 优化特性曲线

应用式(8.1.3)和式(8.1.4)消去 t_L/σ_L，可得

$$P(x, \eta) = \frac{T_H \Delta S}{\sigma_H} \frac{\eta(1 - \eta)(x-1)^2 - x(x-1)\eta(1 - \eta_C)}{(1-\eta)x^2(x-1) + x^2(a-x)(1-\eta_C)} \qquad (8.1.5)$$

式中，$x = t_H/\sigma_H$；$a = \sigma_L/\sigma_H$. 由式(8.1.4)可知，$x \geqslant (1-\eta)/(\eta_C - \eta)$. 而由式(8.1.5)可知，当 $x = (1-\eta)/(\eta_C - \eta)$ 或 $x \to \infty$ 时，$P = 0$；当 $(1-\eta)/(\eta_C - \eta) < x < \infty$ 时，$P > 0$. 这表明在 $x > (1-\eta)/(\eta_C - \eta)$ 的区域中选取某个适合的值，可使 P 达到最大值. 应用式(8.1.5)和它的极值条件 $\left(\frac{\partial P}{\partial x}\right)_\eta = 0$，可得

$$(A-1)^2 x^3 + 2(2-A)(A-1)x^2 + (5 - 4A + A^2 a - 2Aa)x + 2Aa - 2 = 0$$
$$(8.1.6)$$

式中，$A = (1-\eta_C)/(1-\eta)$. 由式(8.1.6)求出满足 $x > (1-\eta)/(\eta_C - \eta)$ 的解，代入式(8.1.5)可直接得到给定效率时卡诺热机最大输出功率 $P_{max,\eta}$ 的表示式. 当 a 为任意值时，表示式较冗长. 然而，利用式(8.1.5)和式(8.1.6)，通过数值计算可简便地画出卡诺热机最大输出功率 $P_{max,\eta}$ 随效率变化的特性曲线，如图 8.1.1 所示. 图中 η_m 是最大输出功率 P_{max} 所对应的效率，η_m^∞、η_m^{CA} 和 η_m^H 分别为 $a \to \infty$、$a = 1$ 和 $a = 0$ 时最大输出功率所对应的效率. 从图 8.1.1 可清楚看出，对于 a 的不同取值，始终存在一个最大的输出功率 P_{max} 及其对应的效率 η_m. 当输出功率小于 P_{max} 时，一个给定的输出功率对应两个不同的效率，其中一个大于 η_m，另一个小于 η_m. 当热机工作在 $0 < \eta < \eta_m$ 区域时，输出功率随着效率的增长而增大，这意味着热机的性能可以进一步提高. 而当热机工作在区间 $\eta_m \leqslant \eta < \eta_C$ 区域时，输出功率随着效率的增长而减小，卡诺热机应工作在这个区域，并根据实际需要来选择热机的不同工作状态，因此该区间为不可逆卡诺热机效率的最佳工作区间. η_m 的重要物理意义在于它确定了卡诺热机最佳工作区域的下限.

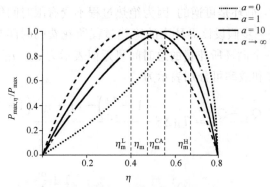

图 8.1.1 输出功率与效率间的优化特性曲线，其中 $\eta_C = 0.8$

当 $a = 0$、$a = 1$ 和 $a \to \infty$ 时，由式(8.1.6)可得到 x 的简洁表示式，代入式(8.1.5)可得输出功率与效率间的优化关系分别为

$$P_{\max,\eta} = \frac{T_H \Delta S}{\sigma_H} \frac{(1 - \eta_C)(\eta_C - \eta)\eta}{(1 - \eta)^2} \tag{8.1.7}$$

$$P_{\max,\eta} = \frac{T_H \Delta S}{\sigma_H} \eta \frac{\eta_C - \eta}{4(1 - \eta)} \tag{8.1.8}$$

和

$$P_{\max,\eta} = \frac{T_H \Delta S}{\sigma_L} \eta \frac{\eta_C - \eta}{1 - \eta_C} \tag{8.1.9}$$

图 8.1.1 已给出了式(8.1.7)~式(8.1.9)所对应的曲线.

8.1.3 最大输出功率时的效率

从图 8.1.1 看出，对于 a 的不同值，η_m 是不同的. 应用式(8.1.3)和式(8.1.4)及极值条件 $\partial P / \partial t_i = 0$（$i = H$、$L$），可证明当

$$\eta_m = \frac{\eta_C}{2 - \eta_C / [1 + \sqrt{(1 - \eta_C)a}]} \tag{8.1.10}$$

时，弱耗散卡诺热机输出功率达到最大值，即[1]

$$P_{\max} = \frac{T_H \Delta S}{4\sigma_H} \left[\frac{\eta_C}{1 + \sqrt{(1 - \eta_C)a}} \right]^2 \tag{8.1.11}$$

当 $a = 1$ 时，由式(8.1.10)可得

$$\eta_m = 1 - \sqrt{T_L / T_H} \equiv \eta_m^{CA} \tag{8.1.12}$$

式中，η_m^{CA} 正是著名的 CA 效率，已出现在大量的文献[1, 14, 16, 20, 24]中. 当 $a = k_L T_H / (k_H T_L)$ 时，式(8.1.10)可简化为[14, 15]

$$\eta_m = \frac{\eta_C}{2 - \eta_C / (1 + \sqrt{k_L / k_H})} \tag{8.1.13}$$

式中，k_H 和 k_L 分别为热机工质与高低温热源间的热传导系数. 式(8.1.13)正是假设热

机工质与高低温热源间的热传递满足不可逆热力学线性唯象律时输出功率达到最大值时的效率[14, 15]. 当 $k_H/k_L = 1$ 时, 式(8.1.13)可简化为 $\eta_m = 2\eta_C/(4-\eta_C) = 1-(1+3T_L/T_H)/(3+T_L/T_H)$, 这是文献[25]的一个主要结果. 当 $k_H/k_L \to 0$ 时, 式(8.1.13)可简化为 $\eta_m = \eta_C/2 \equiv \eta_m^L$, 这是文献[26]的一个主要结果. 当 $k_H/k_L \to \infty$ 时, 式(8.1.13)可简化为 $\eta_m = \eta_C/(2-\eta_C) \equiv \eta_m^H$.

由式(8.1.10)可进一步证明, η_m 是 a 的单调减函数[34]. 当 $a \to \infty$ 时, $\eta_m = \eta_m^L$ 是弱耗散卡诺热机最大输出功率时效率的下限; 当 $a \to 0$ 时, $\eta_m = \eta_m^H$ 是弱耗散卡诺热机最大输出功率时效率的上限. 因而, 弱耗散卡诺热机最大输出功率时效率的范围为

$$\eta_m^L = \frac{\eta_C}{2} \leqslant \eta_m \leqslant \frac{\eta_C}{2-\eta_C} = \eta_m^H \tag{8.1.14}$$

如图 8.1.1 所示, 许多热发电厂的发电效率 η_{obs} 也是在式(8.1.14)所确定的范围内[24, 36, 37], 表 8.1.1 仅列出其中几个. 值得指出, 式(8.1.14)给出了不可逆卡诺热机最大输出功率时的效率界限, 但它不是普适的, 仅是在弱耗散假设条件成立时得到的一个重要结果.

表 8.1.1 几个热发电厂的理论效率和实际发电效率[36, 37]

发电厂	T_H/K	T_L/K	η_C	η_m^L	η_m^H	η_{obs}
英国 Heysham 核电厂	727	288	0.60	0.30	0.43	0.40
西班牙 Almaraz 核电厂	600	290	0.52	0.26	0.35	0.34
英国 West Thurrock 火电厂	838	298	0.64	0.32	0.48	0.36
意大利 Larderello 地热发电厂	523	353	0.32	0.16	0.19	0.16
美国蒸汽机发电厂	783	298	0.62	0.31	0.45	0.34
法国燃气轮机发电厂	953	298	0.69	0.34	0.52	0.34

总之, 基于弱耗散假设, 可建立不可逆卡诺热机的理想化模型, 可用简洁的方法讨论不可逆卡诺热机的性能特性, 可使学生迅速了解最新的研究成果.

8.2 弱耗散广义卡诺循环①

在 8.1 节中, 应用弱耗散假设[1]讨论了卡诺循环的优化性能, 得到了许多重要结果. 在本节中, 将应用弱耗散假设讨论由两个热容为常数的多方过程和两个绝热过程组成广义卡诺热机循环的性能特性. 这类循环包括卡诺循环、布雷顿循环、奥托循环、狄塞尔循环、阿特金森循环等. 通过本节的讨论, 可拓展弱耗散假设的应用范围, 从而得到许多有意义的新结果.

8.2.1 循环模型

所谓的广义卡诺循环是指由两个绝热过程和两个多方过程组成的循环[38-40], 其中

---

① 郭君诚, 陈金灿. 大学物理, 2014, 33(12): 1-3.

多方过程可包括等温过程、等压过程、等容过程等. 因而, 广义卡诺循环可包括由两个绝热过程和两个等温过程组成的卡诺循环、由两个绝热过程和两个等压过程组成的布雷顿循环[41, 42]、由两个绝热过程和两个等容过程组成的奥托循环[43]、由两个绝热过程和一个等压过程及一个等容过程组成的狄塞尔循环[44]和阿特金森循环[45]等.

根据弱耗散假设, 工作于温度分别为 T_H 和 T_L 的两个热库之间的热机, 每个循环从高温热库吸收和放到低温热库的热量可分别表示为

$$Q_H = Q_{Hr}\left(1 - \frac{\sigma_H}{t_H}\right) = C_1(T_H - T_1)\left(1 - \frac{\sigma_H}{t_H}\right) \tag{8.2.1}$$

和

$$Q_L = Q_{Lr}\left(1 + \frac{\sigma_L}{t_L}\right) = C_2(T_2 - T_L)\left(1 + \frac{\sigma_L}{t_L}\right) \tag{8.2.2}$$

式中, t_H、t_L、σ_H 和 σ_L 对应于 8.1 节中的相同符号; $Q_{Hr} = C_1(T_H - T_1)$ 和 $Q_{Lr} = C_2(T_2 - T_L)$ 分别为热机的工质进行可逆循环时在两个多方过程中的吸热量和放热量; T_1 和 T_2 是工质进行两个多方过程时的初始温度; C_1 和 C_2 分别为两个多方过程中工质的热容量. C_1 和 C_2 的不同取值代表不同类型的循环. 表 8.2.1 列出了一些典型的循环类型, 其中 C_p 和 C_V 分别为工质的定压热容量和定容热容量. 当循环工质沿着多方过程加热时, 工质温度从 T_1 变化到 T_H; 当循环工质沿着多方过程冷却时, 温度从 T_2 变化到 T_L; 同时应满足 $0 \leqslant \sigma_H/t_H \leqslant 1 - (1 - \eta_r)(1 + \sigma_L/t_L)$ 的条件, 其中 η_r 为可逆广义卡诺循环的效率. 从式 (8.2.1) 和式 (8.2.2) 可看出, 当 $t_H \to \infty$ 和 $t_L \to \infty$ 时, 热机的工质循环是可逆的. 当 $C_1 \to \infty$ 和 $C_2 \to \infty$ 时, $T_1 \to T_H$, $T_2 \to T_L$, 广义卡诺循环为传统的卡诺循环.

表 8.2.1 广义卡诺循环包含的一些典型循环类型

C_1	∞	C_p	C_V	C_p	C_V	C_p	∞
C_2	∞	C_p	C_V	C_V	C_p	∞	C_p
循环类型	卡诺循环	布雷顿循环	奥托循环	狄塞尔循环	阿特金森循环	布莱森循环	未命名循环

8.2.2 循环的一般性能特性

当热机的工质进行可逆循环时, 由热力学第二定律可导出如下关系[38, 39]:

$$T_2 = T_L(T_H/T_1)^\lambda \tag{8.2.3}$$

式中, $\lambda = C_1/C_2$. 应用式 (8.2.3), 可求出可逆广义卡诺循环的输出功和效率的表示式分别为

$$W = Q_{Hr} - Q_{Lr} = C_1(T_H - T_1) - C_2 T_L\left[\left(\frac{T_H}{T_1}\right)^\lambda - 1\right] \tag{8.2.4}$$

和

$$\eta_r = 1 - \frac{Q_{Lr}}{Q_{Hr}} = 1 - \frac{T_L\left[\left(\frac{T_H}{T_1}\right)^\lambda - 1\right]}{\lambda(T_H - T_1)} \leqslant \eta_C \tag{8.2.5}$$

由式(8.2.4)和式(8.2.5)可证明，当循环的输出功达到最大值时，$T_1 = T_{\mathrm{L}}^{\frac{1}{1+\lambda}} T_{\mathrm{H}}^{\frac{\lambda}{1+\lambda}}$，最大输出功和对应的效率分别为

$$W_{\max} = C_1 T_{\mathrm{H}}\left[1 - \tau^{1/(1+\lambda)}\right] - C_2 T_{\mathrm{L}}\left[\tau^{-\lambda/(1+\lambda)} - 1\right] \tag{8.2.6}$$

和

$$\eta_{\mathrm{r,m}} = 1 - \frac{\tau\left[\tau^{-\lambda/(1+\lambda)} - 1\right]}{\lambda\left[1 - \tau^{1/(1+\lambda)}\right]} \tag{8.2.7}$$

式中，$\tau = T_{\mathrm{L}}/T_{\mathrm{H}}$. 对于不同的 λ 值，可得 $\eta_{\mathrm{r,m}}$ 的不同表达式. $\eta_{\mathrm{r,m}}$ 的具体表达式列在表 8.2.2 中，其中 $\gamma = C_p/C_V$，$f = 1/(1+\gamma)$.

表 8.2.2　对于不同的 λ 值，循环在最大输出功时效率 $\pmb{\eta_{\mathrm{r,m}}}$ 的表示式

循环类型	卡诺循环	布雷顿循环 奥托循环	狄塞尔循环	阿特金森循环	布莱森循环	未命名循环
λ	1	1	γ	$1/\gamma$	0	∞
$\eta_{\mathrm{r,m}}$	$1-\tau$	$1-\sqrt{\tau}$	$1-\dfrac{\tau^f - \tau}{\gamma(1-\tau^f)}$	$1-\dfrac{\gamma(\tau^{1-f}-\tau)}{1-\tau^{1-f}}$	$1+\dfrac{\tau}{1-\tau}\ln\tau$	$1+\dfrac{1-\tau}{\ln\tau}$

由式(8.2.7)可进一步证明，循环在最大输出功时效率的下界限和上界限分别为

$$\eta_{\mathrm{r,m}}^- = 1 + \frac{1-\tau}{\ln\tau} \tag{8.2.8}$$

和

$$\eta_{\mathrm{r,m}}^+ = 1 + \frac{\tau}{1-\tau}\ln\tau \tag{8.2.9}$$

这分别对应于表 8.2.2 中的未命名循环[38-40] 和布莱森循环[46, 47]. 应用式(8.2.7)，可画出一类广义卡诺热机的 η_{C}-$\eta_{\mathrm{r,m}}$ 曲线，如图 8.2.1 所示.

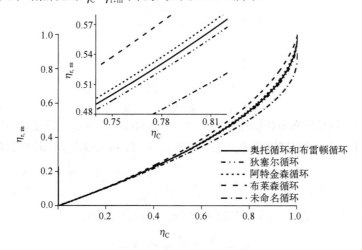

图 8.2.1　广义卡诺热机在最大输出功时效率 $\eta_{\mathrm{r,m}}$ 随 η_{C} 变化的曲线

若进一步假设两个绝热过程的时间与 t_H 和 t_L 相比可忽略，则完成一个循环所花的时间可近似表示为 $t = t_H + t_L$. 因此，弱耗散广义卡诺热机的输出功率和效率可分别表示为 $P = (Q_H - Q_L)/t$ 和 $\eta = 1 - Q_L/Q_H$. 利用 P 和 η 的表达式以及极值条件 $\partial P/\partial t_i = 0$（$i = $ H, L），可求出弱耗散广义卡诺热机的最大输出功率和对应的效率分别为[48]

$$P_{\max} = \frac{Q_{Hr}}{4\sigma_H} \left[\frac{\eta_r}{1 + \sqrt{(1-\eta_r)a}} \right]^2 \tag{8.2.10}$$

和

$$\eta_m = \frac{\eta_r}{2 - \eta_r/[1 + \sqrt{(1-\eta_r)a}]} \tag{8.2.11}$$

式中，$a = \sigma_L/\sigma_H$. 由式(8.2.11)，可确定广义卡诺热机循环在最大输出功率时的效率的取值范围为

$$\eta_m^- = \frac{\eta_r}{2} \leqslant \eta_m \leqslant \frac{\eta_r}{2 - \eta_r} = \eta_m^+ \tag{8.2.12}$$

由式(8.2.10)可看出，在一般情况下 $P_{\max}$ 与 λ、a 和 T_1 之间存在复杂的函数关系. 仅当 λ 和 a 取某些特定值时，才能导出输出功率为最大值 $P_{\max}$ 时的 T_1 表示式. 例如，当 $\lambda = 1$ 时，由式(8.2.10)和极值条件 $\partial P_{\max}/\partial T_1 = 0$ 可证明，当 T_1 满足以下条件时

$$T_1 = \begin{cases} \dfrac{1}{4} T_H(1 + \sqrt{1 + 8\tau}) \equiv T_{1m}^- & (a \to \infty) \\[2mm] T_H \tau^{\frac{1}{3}} \equiv T_1^{SD} & (a = 1) \\[2mm] \dfrac{1}{2} T_L(\sqrt{8/\tau + 1} - 1) \equiv T_{1m}^+ & (a = 0) \end{cases} \tag{8.2.13}$$

输出功率达到最大值，对应的效率为

$$\eta_m = \begin{cases} \dfrac{1}{2} - \dfrac{2(1 - \eta_C)}{1 + \sqrt{9 - 8\eta_C}} \equiv \eta_m^- \\[3mm] 1 - (1 - \eta_C)^{\frac{1}{3}} \equiv \eta_m^{SD} \\[3mm] \dfrac{\sqrt{9 - \eta_C} - 3\sqrt{1 - \eta_C}}{\sqrt{9 - \eta_C} + \sqrt{1 - \eta_C}} \equiv \eta_m^+ \end{cases} \tag{8.2.14}$$

式中，η_m^{SD} 为布雷顿循环和奥托循环的弱耗散是对称的（即 $\sigma_H = \sigma_L$）、输出功率达最大值时的效率. 因此，对于弱耗散布雷顿循环和奥托循环（$\lambda = 1$），最大输出功率时效率的取值范围为

$$\frac{1}{2} - \frac{2(1 - \eta_C)}{1 + \sqrt{9 - 8\eta_C}} \leqslant \eta_m \leqslant \frac{\sqrt{9 - \eta_C} - 3\sqrt{1 - \eta_C}}{\sqrt{9 - \eta_C} + \sqrt{1 - \eta_C}} \leqslant \frac{\eta_C}{2 - \eta_C} \tag{8.2.15}$$

为了方便比较，式(8.2.14)中的 η_m^- 和 η_m^+ 可分别展开为

$$\eta_m^- = \frac{\eta_C}{3} + \frac{2}{27}\eta_C^2 + O(\eta_C^3) \tag{8.2.16}$$

和

$$\eta_{\mathrm{m}}^{+} = \frac{\eta_{\mathrm{C}}}{3} + \frac{4}{27}\eta_{\mathrm{C}}^{2} + O(\eta_{\mathrm{C}}^{3}) \tag{8.2.17}$$

由式(8.2.16)和式(8.2.17)可看出,弱耗散布雷顿循环和奥托循环在最大输出功率时效率的上下界限都分别小于弱耗散卡诺循环在最大输出功率时效率的上下界限,如图 8.2.2(a)所示.

对于任意的 λ 和 a 值,可通过数值计算讨论循环在最大输出功率时的效率,所得结果如图 8.2.2(b)所示.图 8.2.2(b)中所示的弱耗散热机在最大输出功率时效率的下、上界限分别对应于 $a \to \infty$ 和 $a \to 0$ 的情况.从图 8.2.2(b)可看出,这些弱耗散热机循环在最大输出功率时效率的下、上界限也都分别小于弱耗散卡诺循环在最大输出功率时效率的下、上界限.弱耗散广义卡诺热机循环最大输出功率时效率随着 λ 的增加而减小.图 8.2.2(b)中最下方的虚线对应于参数为 $\lambda \to \infty$ 和 $a \to \infty$ 的未命名循环,而最上方的实线对应于参数为 $\lambda \to 0$ 和 $a \to 0$ 的布莱森循环,这两条线分别确定了弱耗散广义卡诺热机循环在最大输出功率时效率的下、上界限.这表明,对于有着不同 λ 取值的广义卡诺热机循环,如布雷顿、奥托、狄塞尔、阿特金森循环等,在最大输出功率时效率的下、上界限都位于上述两条线所确定的范围之中.

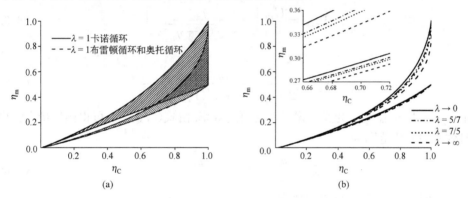

图 8.2.2　对于不同的 λ 值,循环最大输出功率时的效率 η_{m} 随 η_{C} 变化的关系曲线

对于 λ 值相同的曲线,上方曲线对应于 $a \to 0$,下方曲线对应于 $a \to \infty$

上述结果表明,通过应用弱耗散假设可方便地求出由两个绝热过程和两个多方过程组成的一类不可逆广义卡诺热机循环在最大输出功率时的效率表达式,讨论了热机中的一些重要参数 λ 和 a 对循环性能的影响,确定了循环在最大输出功率时效率的上、下界限.

8.3　弱耗散类卡诺循环[①]

在这一节中,将进一步考虑工作在任意类型(如压强库、化学势库、重力势能库

① Guo J, Wang J Y, Wang Y, et al. Phys. Rev. E, 2013, 87: 012133.

等)的两个能库间的热力学系统,其循环是由两个等参量过程(如等压过程、等化学势过程等)和循环工质与能库间没有能量交换的两个过程组成的. 这样的循环被称为类卡诺循环. 利用弱耗散假设,可简便地讨论这一类循环的性能特性.

现假设两个能库可分别用两个参量 X_H 和 X_L ($X_H > X_L$)描述,如温度 T_j ($j =$ H、L)、化学势 μ_j、压强 P_j 等,则类卡诺循环的工质从参量为 X_H 的能库吸收和放到参量为 X_L 的能库的能量可分别表示为

$$U_H^{ir} = U_{Hr}\left(1 - \frac{\sigma_H}{t_H}\right) \tag{8.3.1}$$

和

$$U_L^{ir} = U_{Lr}\left(1 + \frac{\sigma_L}{t_L}\right) \tag{8.3.2}$$

式中,U_{Hr} 和 U_{Lr} 分别为对应的两个可逆过程中循环与两个能库交换的能量.

将式(8.3.1)和式(8.3.2)与式(8.2.1)和式(8.2.2)作比较,可发现只要将式(8.2.1)和式(8.2.2)中的 Q_{Hr} 和 Q_{Lr} 替换成 U_{Hr} 和 U_{Lr},则可得工作于其他类型的两个能库间的热力学循环最大输出功率及其对应的效率

$$P_{max} = \frac{U_{Hr}}{4\sigma_H}\left[\frac{\eta_{rg}}{1 + \sqrt{(1 - \eta_{rg})a}}\right]^2 \tag{8.3.3}$$

和

$$\eta_m = \frac{\eta_{rg}}{2 - \eta_{rg}/[1 + \sqrt{(1 - \eta_{rg})a}]} \tag{8.3.4}$$

式中,$\eta_{rg} = 1 - U_{Lr}/U_{Hr}$ 为类卡诺循环的可逆效率. 由式(8.3.4),可得循环最大输出功率时效率的取值范围为

$$\eta_m^- = \frac{\eta_{rg}}{2} \leqslant \eta_m \leqslant \frac{\eta_{rg}}{2 - \eta_{rg}} = \eta_m^+ \tag{8.3.5}$$

当 $a = 1$ 时,式(8.3.4)可以简化为

$$\eta_m = 1 - \sqrt{(1 - \eta_{rg})} \tag{8.3.6}$$

式(8.3.4)~式(8.3.6)可以直接用于讨论一些热力学循环在最大输出功率时的效率及其界限,如压力机、重力机、量子卡诺热机等.

对于由两个等压过程和两个与压强库没有能量交换的过程组成的压力机循环,可以利用在高压库 P_1 及低压库 P_2 之间流动的流体系统对外输出功率. 利用弱耗散假设,可以求得该循环在最大输出功率时效率的界限,由式(8.3.5)给出. 相关结果列在表8.3.1中,表中 A 为活塞截面面积,l 为在流体推动下活塞的位移. 从表8.3.1可以看出所得压力机最大输出功率时效率的下限 $\eta_m^- = \eta_{rg}/2$ 即为文献[49-51]中所得结果.

重力机循环由两个等重力势能过程和两个与重力势能库没有能量交换的过程组成. 重力机可以把重力势能转换为有用功,可以认为是水电站以及潮汐发电站的抽象模型. 利用弱耗散假设,可以求得该循环在最大输出功率时效率的界限,它也由

式(8.3.5)确定. 相关结果列在表 8.3.1 中, 表中 m 为工质的质量, h_i 为工质的高度, g 为重力加速度.

表 8.3.1 不同类卡诺热力学循环, $X_i(i=H,L)$, $U_{ir}(i=H,L)$ 和 η_{rg} 的表达式

循环类型	$X_i(i=H,L)$	$U_{ir}(i=H,L)$	η_{rg}
压力机	P_i	$P_i Al$	$1-P_L/P_H$
重力机	h_i	mgh_i	$1-h_L/h_H$
量子热机	T_i	$T_i F(S_1,S_2)$	$1-T_L/T_H$

接着考虑一个工作于温度分别为 T_H 和 T_L 的热库间的量子卡诺热机循环. 该循环以许多无相互作用的自旋为 $1/2$ 的系统为工质, 磁场沿 z 轴正向. 在循环的两个绝热过程中, 工质与热库没有能量接触, 因此自旋角动量 $S_i = \langle S_z \rangle (i=1,2)$ 保持恒定. $F(S_1,S_2)$ 为在可逆情况下等温过程中的熵变. 相关结果列在表 8.3.1 中, 从表中可以看出式(8.3.6)正是文献[52, 53]在高温情况下的结果. 而且, 在文献[54]中通过数值计算所得结果也在由式(8.3.5)所确定的区间中. 此外, 对于以许多无相互作用的谐振子为工质的不可逆量子卡诺循环[53], 最大输出功率时效率有相同的上、下界限.

8.4 弱耗散化学热机[①]

与热机相对应的, 可将化学势差中的部分能量转化为有用输出功的化学机[55-66]也是一类重要的热力学循环装置. 化学机的研究对于许多化学、电化学、光化学设备具有重要的实际意义[58, 59]. 本节基于弱耗散假设, 介绍一个考虑有限时间传热与传质的不可逆化学机循环模型. 该模型包括了等温化学机、非等温化学机[64-66]等一系列循环模型. 由此得到该循环系统的输出功率及效率表达式、在给定效率下的最大输出功率, 给出对应的功率效率曲线, 确定该循环系统在最大输出功率时的效率界限. 所得结果可以直接被用来讨论非等温化学机、等温化学机和热机的优化性能. 进而, 若令模型中的两个耗散系数取不同的值, 则所得结果可以得到传统卡诺热机及量子热机、随机热机等一些新颖热力学循环的优化性能.

8.4.1 弱耗散化学机模型

考虑一类工作于温度分别为 T_H 和 T_L ($T_H > T_L$), 化学势分别为 μ_H 和 μ_L ($\mu_H > \mu_L$)的两个库之间的化学机, 如图 8.4.1 所示.

在图 8.4.1(a)中的循环为可逆循环, 图中 U_1^r、U_2^r, ΔN_1、ΔN_2, Q_1、Q_2 分别为从高温库(T_H, μ_H)吸收和释放到低温库(T_L, μ_L)的总能量、质量和热量, W^r 为每个循环的输出功. 由热力学第二定律可得

---

① Guo J, Wang Y, Chen J. J. Appl. Phys., 2012, 112: 103504.

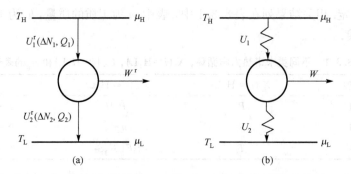

图 8.4.1 （a）可逆化学机循环和（b）不可逆传热传质化学机循环的示意图

$$\frac{Q_1}{T_H} = \frac{Q_2}{T_L} = \Delta S \tag{8.4.1}$$

式中，ΔS 为在两个等温过程中由热传递引起的工质熵变. 根据能量和质量守恒定律，可得

$$\Delta N_1 = \Delta N_2 = \Delta N \tag{8.4.2}$$

$$U_1^r = Q_1 + \mu_H \Delta N = T_H \Delta S + \mu_H \Delta N \tag{8.4.3}$$

$$U_2^r = Q_2 + \mu_L \Delta N = T_L \Delta S + \mu_L \Delta N \tag{8.4.4}$$

和

$$W^r = U_1^r - U_2^r = T_H \Delta S + \mu_H \Delta N - (T_L \Delta S + \mu_L \Delta N) \tag{8.4.5}$$

因此，循环的可逆效率可以表示为

$$\eta^r = 1 - U_2^r / U_1^r = 1 - (T_L \Delta S + \mu_L \Delta N)/(T_H \Delta S + \mu_H \Delta N) \tag{8.4.6}$$

η^r 确定了化学机的效率上限.

图 8.4.1(b) 中的循环为不可逆循环，图中 U_1 和 U_2 分别为循环从高温库（T_H，μ_H）吸收和放到低温库（T_L，μ_L）的总能量，W 为每个循环的输出功. 利用弱耗散假设，U_1 和 U_2 可分别表示为

$$U_1 = (\mu_H \Delta N + T_H \Delta S)\left(1 - \frac{\sigma_H}{t_H}\right) = U_1^r\left(1 - \frac{\sigma_H}{t_H}\right) \tag{8.4.7}$$

和

$$U_2 = (\mu_L \Delta N + T_L \Delta S)\left(1 + \frac{\sigma_L}{t_L}\right) = U_2^r\left(1 + \frac{\sigma_L}{t_L}\right) \tag{8.4.8}$$

式中，t_H 和 t_L 分别为在每次循环中工质与高温库和低温库接触的时间；σ_H 和 σ_L 为两个包含了具体不可逆信息的参数. 该假设意味着循环工质的弛豫时间远小于能量的传输时间 t_H 和 t_L，并且忽略了由循环工质与库之间的不平衡而引起的与时间复杂相关的耗散项. 从式(8.4.7)与式(8.4.8)可以看出，当 $t_H \to \infty$ 和 $t_L \to \infty$ 时，该模型变为可逆循环. 若进一步假设两个与库没有接触的过程时间相比 t_H 和 t_L 可以忽略，则一个循环所用时间可以近似表示为 $\tau = t_H + t_L$. 因此，可导出不可逆化学机输出功率和效率的表达式为

$$P = \frac{W}{t_H + t_L} = U_1^r \frac{1 - \frac{\sigma_H}{t_H} - (1 - \eta^r)\left(1 + \frac{\sigma_L}{t_L}\right)}{t_H + t_L} \tag{8.4.9}$$

和

$$\eta = \frac{W}{U_1} = 1 - (1 - \eta^r)\frac{1 + \frac{\sigma_L}{t_L}}{1 - \frac{\sigma_H}{t_H}} \tag{8.4.10}$$

8.4.2　输出功率与效率间的优化关系

为了求得不可逆化学机循环在给定效率下的最大输出功率,引入拉格朗日函数

$$L = P + \xi\eta = U_1^r \frac{1 - \frac{\sigma_H}{t_H} - (1 - \eta^r)\left(1 + \frac{\sigma_L}{t_L}\right)}{t_H + t_L} + \xi\left[1 - (1 - \eta^r)\frac{1 + \frac{\sigma_L}{t_L}}{1 - \frac{\sigma_H}{t_H}}\right]$$
$$\tag{8.4.11}$$

式中,ξ 为拉格朗日不定乘子.由欧拉-拉格朗日方程 $\partial L/\partial t_H = 0$ 和 $\partial L/\partial t_L = 0$,可得一个重要的关系式

$$y = a\left(\sqrt{1 - 2\frac{x}{a} + \frac{x^2}{a}} - 1\right) \tag{8.4.12}$$

式中,$x = t_H/\sigma_H$;$y = t_L/\sigma_H$;$a = \sigma_L/\sigma_H$.考虑到 y 的非负性,可从式(8.4.12)得到 $x \geqslant 2$.利用式(8.4.12),可以绘出在不同 a 值下的 x-y 曲线,如图 8.4.2 所示.从图 8.4.2 可以看出,当 $\sigma_H = \sigma_L$,即 $a = 1$,对应于对称耗散情况,y 为 x 的线性函数.当 $a \neq 1$ 时,y 不是 x 的线性函数.把式(8.4.12)代入式(8.4.9)和式(8.4.10)可得

$$P = \frac{U_1^r}{\sigma_H} \frac{\left(1 - \frac{1}{x}\right) - \frac{(1 - \eta^r)\sqrt{1 - 2x/a + x^2/a}}{\sqrt{1 - 2x/a + x^2/a} - 1}}{x + a(\sqrt{1 - 2x/a + x^2/a} - 1)} \tag{8.4.13}$$

和

$$\eta = 1 - \frac{1 - \eta^r}{1 - 1/x}\frac{\sqrt{1 - 2x/a + x^2/a}}{\sqrt{1 - 2x/a + x^2/a} - 1} \tag{8.4.14}$$

利用式(8.4.13)和式(8.4.14),可以画出不可逆化学机输出功率随效率变化的一般特性曲线,如图 8.4.3 所示,图中 $P^* = P\sigma_H/U_1^r$.当 $a = 0$,由式(8.4.13)和式(8.4.14)可得输出功率与效率间的优化关系为

$$P^* = (1 - \eta^r)\frac{\eta}{1 - \eta}\left(1 - \frac{1 - \eta^r}{1 - \eta}\right) \tag{8.4.15}$$

由式(8.4.15)可以画出 η-P^* 的关系曲线,由图 8.4.3 中的短虚线表示.当 $a = 1$ 时,即 $\sigma_L = \sigma_H$,输出功率与效率间的优化关系可表示为

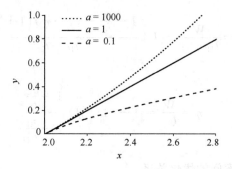

图 8.4.2 对于不同的 a 值，y 随 x 的变化曲线

$$P^* = \eta \frac{\eta^{\mathrm{r}} - \eta}{4(1-\eta)} \qquad (8.4.16)$$

由式(8.4.16)确定的 η-P^* 关系曲线在图 8.4.3 中用虚点线表示. 当 $a \to \infty$ 时，输出功率与效率间的优化关系可表示为

$$P' = \eta \frac{\eta^{\mathrm{r}} - \eta}{1 - \eta^{\mathrm{r}}} \qquad (8.4.17)$$

式中，$P' = P \sigma_{\mathrm{L}}/U_{\mathrm{1}}^{\mathrm{r}}$，由式(8.4.17)确定的 η-P' 关系曲线在图 8.4.3 中用虚线表示.

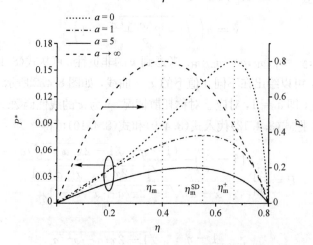

图 8.4.3 无量纲输出功率 P^* 和 P' 随 η 变化的关系曲线，其中参数为 $\eta^{\mathrm{r}} = 0.8$

从图 8.4.3 可以清楚地看出，对于不可逆化学机，始终存在一个输出功率最大值 $P_{\max}$ 及其对应效率 η_{m}. 当输出功率小于 $P_{\max}$，一个给定的功率对应两个不同的效率，一个大于 η_{m}，一个小于 η_{m}. 对于在 $0 < \eta < \eta_{\mathrm{m}}$ 的区间，曲线的斜率为正，输出功率随着效率的增加而增加. 显然这不是一个最优的工作区域. 因此，循环效率的最优工作区间应为

$$\eta_{\mathrm{m}} \leqslant \eta < \eta^{\mathrm{r}} \qquad (8.4.18)$$

8.4.3 最大输出功率时的性能特性

利用式(8.4.9)和式(8.4.10)可证明,当满足如下关系:

$$\frac{t_{\mathrm{L}}}{t_{\mathrm{H}}} = \sqrt{(1-\eta^{\mathrm{r}})a} \tag{8.4.19}$$

时,循环的输出功率达到最大值,即

$$P_{\max} = \frac{U_1^{\mathrm{r}}}{4\sigma_{\mathrm{H}}}\left[\frac{\eta^{\mathrm{r}}}{1+\sqrt{(1-\eta^{\mathrm{r}})a}}\right]^2 \tag{8.4.20}$$

其对应的效率为

$$\eta = \frac{\eta^{\mathrm{r}}}{2-\eta^{\mathrm{r}}/\left[1+\sqrt{(1-\eta^{\mathrm{r}})a}\right]} \equiv \eta_{\mathrm{m}} \tag{8.4.21}$$

当 $a=1$ 时,即满足对称耗散条件,式(8.4.21)可化简为

$$\eta_{\mathrm{m}} = 1-\sqrt{1-\eta^{\mathrm{r}}} \equiv \eta_{\mathrm{m}}^{\mathrm{SD}} \tag{8.4.22}$$

当 $a=0$ 和 $a \to \infty$ 时,式(8.4.21)可分别化简为

$$\eta_{\mathrm{m}} = \frac{\eta^{\mathrm{r}}}{2-\eta^{\mathrm{r}}} \equiv \eta_{\mathrm{m}}^{+} \tag{8.4.23}$$

和

$$\eta_{\mathrm{m}} = \frac{\eta^{\mathrm{r}}}{2} \equiv \eta_{\mathrm{m}}^{-} \tag{8.4.24}$$

对于 a 的其他取值,将在后面作详细讨论.

从式(8.4.21)还可看出 η_{m} 随着 a 和 $(1-\eta^{\mathrm{r}})$ 的增加而减小,如图 8.4.4 所示. 由图 8.4.3、图 8.4.4 和上述分析可确定,对应于 $a \to \infty$ 和 $a=0$ 两种情况的最大输出功率时效率 η_{m}^{-} 和 η_{m}^{+} 分别为该不可逆化学机循环最大输出功率时效率的下界和上界,即

$$\eta_{\mathrm{m}}^{-} \leqslant \eta_{\mathrm{m}} \leqslant \eta_{\mathrm{m}}^{+} \tag{8.4.25}$$

利用式(8.4.12)和式(8.4.19),还可画出对于一些给定的 η^{r} 值的 x-y 曲线,如图 8.4.5所示.图中实线对应于式(8.4.12),虚线和短虚线分别对应于给定不同 η^{r} 值时的式(8.4.19).点 $(x_{\mathrm{m}}, y_{\mathrm{m}})$ 为实线与另外两条曲线的交点.两个交点 $(x_{\mathrm{m1}}, y_{\mathrm{m1}})$ 和 $(x_{\mathrm{m2}}, y_{\mathrm{m2}})$ 分别对应于给定不同的 η^{r} 时最大输出功率状态.根据式(8.4.18),可得 x 和 y 的优化取值区间为

$$\begin{cases} x \geqslant x_{\mathrm{m}} = \dfrac{2\left[1+\sqrt{a(1-\eta^{\mathrm{r}})}\right]}{\eta^{\mathrm{r}}} \\[3mm] y \geqslant y_{\mathrm{m}} = \dfrac{2\left[a(1-\eta^{\mathrm{r}})+\sqrt{a(1-\eta^{\mathrm{r}})}\right]}{\eta^{\mathrm{r}}} \end{cases} \tag{8.4.26}$$

由式(8.4.26),则可进一步确定 t_{H} 和 t_{L} 的优化取值区间.

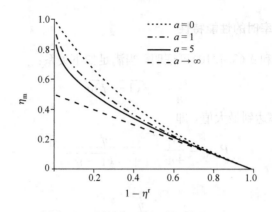

图 8.4.4 对不同的 a 值, 最大输出功率时的效率 η_{m} 随 $1-\eta^{\mathrm{r}}$ 变化的曲线

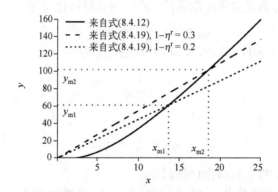

图 8.4.5 在 $a=100$ 时, 由式(8.4.12)和式(8.4.19)确定的 y 随 x 变化的关系曲线

8.4.4 一些重要推论

利用上述结果可得到一些有意义的推论. 这些推论包括了一些文献中的重要结论, 以及一些新的结果.

1. 等温化学机

当 $T_{\mathrm{H}}=T_{\mathrm{L}}$ 时, 不可逆非等温化学机将简化为不可逆等温化学机. 在这种情况下有 $\Delta S=0$, $U_1^{\mathrm{r}}=\mu_{\mathrm{H}}\Delta N$, $U_2^{\mathrm{r}}=\mu_{\mathrm{L}}\Delta N$ 以及 $\eta^{\mathrm{r}}=1-\mu_{\mathrm{L}}/\mu_{\mathrm{H}}\equiv\eta_{\mathrm{C}}^{\mathrm{m}}$, 其中 $\eta_{\mathrm{C}}^{\mathrm{m}}$ 为等温化学机的可逆效率. 上述结果可直接用于揭示不可逆等温化学机[60-63]的优化性能特性. 例如, 不可逆等温化学机最大输出功率时的效率及其界限可以直接从式(8.4.21)~式(8.4.25)推导出, 它们分别为

$$\eta=\frac{\eta_{\mathrm{C}}^{\mathrm{m}}}{2-\dfrac{\eta_{\mathrm{C}}^{\mathrm{m}}}{1+\sqrt{(1-\eta_{\mathrm{C}}^{\mathrm{m}})a}}}\equiv\eta_{\mathrm{m}} \tag{8.4.27}$$

和

$$\eta_{\mathrm{C}}^{\mathrm{m}}/2 = \eta_{\mathrm{m}}^{-} \leqslant \eta_{\mathrm{m}} \leqslant \eta_{\mathrm{m}}^{+} = \eta_{\mathrm{C}}^{\mathrm{m}}/(1+\mu_{\mathrm{L}}/\mu_{\mathrm{H}}) \tag{8.4.28}$$

式(8.4.28)中第一个等式正是文献[57,61]所得到的重要结果. 式(8.4.28)中第二个等号为从弱耗散模型所得的新结果. 对于对称耗散情况, 即 $a=1$, 不可逆等温化学机最大输出功率时的效率可表示为

$$\eta_{\mathrm{m}}^{\mathrm{SD}} = 1 - \sqrt{\mu_{\mathrm{L}}/\mu_{\mathrm{H}}} \tag{8.4.29}$$

式(8.4.29)类似于不可逆卡诺热机中的 CA 效率. 该结果不同于文献[56,57,60-63]中所得结果. 在文献[56,57,60-63]中仅假设质量交换满足线性传质率, 由此可知, 弱耗散模型比起文献[56,57,60-63]中的模型更具有一般性.

值得注意的是, 当 $T_{\mathrm{L}}/T_{\mathrm{H}} = \mu_{\mathrm{L}}/\mu_{\mathrm{H}}$ 时, 有

$$\eta^{\mathrm{r}} = \eta_{\mathrm{C}}^{\mathrm{m}} = \eta_{\mathrm{C}} \tag{8.4.30}$$

在这种情况下, 不可逆非等温化学机的效率可以从不可逆等温化学机或热机模型直接得到.

2. 卡诺热机

当 $\mu_{\mathrm{H}} = \mu_{\mathrm{L}}$ 时, 不可逆非等温化学机模型变为传统的卡诺热机模型. 在这种情况下, $\Delta N = 0$, $U_1^{\mathrm{r}} = T_{\mathrm{H}}\Delta S$, $U_2^{\mathrm{r}} = T_{\mathrm{L}}\Delta S$, $\eta^{\mathrm{r}} = 1 - T_{\mathrm{L}}/T_{\mathrm{H}} = \eta_{\mathrm{C}}$. 利用 8.4.1~8.4.3 节中的结果可直接导出 8.1 节中讨论的弱耗散卡诺热机的优化性能特性.

3. 随机热机

对于工作于两个温度分别为 T_{H} 和 T_{L} ($T_{\mathrm{H}} > T_{\mathrm{L}}$)的热库之间的卡诺随机热机[10], 粒子位置 x 在时间 t 的概率分布函数 $p(x,t)$ 随时间的演化满足福克-普朗克方程

$$\partial_t p(x,t) = -\nabla \cdot j = -\nabla \cdot \xi[-(\nabla V) - k_{\mathrm{B}} T \nabla]p(x,t) \tag{8.4.31}$$

式中, $V(x,t)$ 为外势; j 为概率流; ξ 为拖曳矩阵; k_{B} 为玻尔兹曼常量; T 为系统温度. 若采用一维谐振势来表征外势的作用, 即 $V(x,t) = \lambda(t)x^2/2$, 并令 $\mu_{\mathrm{H}} = \mu_{\mathrm{L}}$,

$$\sigma_{\mathrm{H}} = \frac{1}{T_{\mathrm{H}}\Delta S\xi}(\sqrt{\omega_{\mathrm{b}}} - \sqrt{\omega_{\mathrm{a}}}) \tag{8.4.32}$$

和

$$\sigma_{\mathrm{L}} = \frac{1}{T_{\mathrm{L}}\Delta S\xi}(\sqrt{\omega_{\mathrm{b}}} - \sqrt{\omega_{\mathrm{a}}}) \tag{8.4.33}$$

式中, $\omega_{\mathrm{a}} \equiv \omega(0) = \omega(t_{\mathrm{H}}+t_{\mathrm{L}})$; $\omega_{\mathrm{b}} \equiv \omega(t_{\mathrm{H}})$; $\omega(t) \equiv \langle x^2(t)\rangle$. 则可用上述一般化模型来描述该随机热机. 由式(8.4.32)和式(8.4.33)可推出 $a = T_{\mathrm{H}}/T_{\mathrm{L}}$. 因此, 该随机热机在最大输出功率时的效率为

$$\eta_{\mathrm{m}} = \frac{2\eta_{\mathrm{C}}}{4 - \eta_{\mathrm{C}}} \tag{8.4.34}$$

式(8.4.34)即为文献[10]中所得的结果.

4. 量子点卡诺热机

对于以单能级量子点为工质，温度分别为 T_H 和 T_L，化学势分别为 μ_H 和 μ_L 的两个金属作为库组成的量子点卡诺热机，在弱耗散极限下，若令 $\mu_H = \mu_L$，且

$$\sigma_H = \frac{(\phi_1 - \phi_0)^2}{\Delta S C_H} \tag{8.4.35}$$

和

$$\sigma_L = \frac{(\phi_1 - \phi_0)^2}{\Delta S C_L} \tag{8.4.36}$$

式中，$\phi_i = \arcsin(1 - 2p_i)$（$i = 0, 1$），$p_i$ 为在等温过程初态、末态时量子点中电子的占据概率；C_H 和 C_L 为在跃迁概率中的两个常数；$\Delta S = S(p_0) - S(p_1)$ 为可逆熵变，则该量子点卡诺热机可用上述模型描述. 由式(8.4.35)和式(8.4.36)可得

$$a = \frac{C_H}{C_L} \tag{8.4.37}$$

因而，量子点卡诺热机在最大输出功率时的效率可表示为[9]

$$\eta_m = \frac{\eta_C}{2 - \dfrac{\eta_C}{1 + \sqrt{(1 - \eta_C)C_H/C_L}}} \tag{8.4.38}$$

当 $C_H/C_L \to \infty$ 和 $C_H/C_L \to 0$ 时，由式(8.4.38)可得式(8.1.14). 当 $C_H/C_L = 1$ 时，可得 $\eta_m = \eta_{CA}$.

5. 最小非线性不可逆热机

在文献[5]中，Izumida 和 Okuda 通过在昂萨格关系中引入一个表征能量耗散的非线性项来研究稳态热机和循环热机. 若令 $\sigma_H = A\gamma_H^2/T_H$ 和 $\sigma_L = A\gamma_L^2/T_L$，则可得

$$a = T_H \gamma_L^2 / (T_L \gamma_H^2) \tag{8.4.39}$$

式中，γ_H 和 γ_L 分别为在拓展昂萨格关系中的非线性项系数；A 为比例常数. 由式(8.1.10)和式(8.4.39)可得该最小非线性不可逆热机最大输出功率时效率[5]为

$$\eta_m = \frac{\eta_C}{2 - \dfrac{\eta_C}{(1 + \gamma_C/\gamma_H)}} \tag{8.4.40}$$

上述结果表明利用弱耗散假设建立的不可逆非等温化学机循环模型具有一般性，可直接用来讨论许多热力学循环的优化性能特性，方便地导出许多文献所得到的重要结果.

参 考 文 献

[1] Esposito M, Kawai R, Lindenberg K, et al. Efficiency at maximum power of low-dissipation Carnot engines [J]. Phys. Rev. Lett., 2010, 105(15): 150603.

[2] Van den Broeck C. Thermodynamic efficiency at maximum power [J]. Phys. Rev. Lett., 2005,

95(19): 190602.

[3] Esposito M, Lindenberg K, Van den Broeck C. Universality of Efficiency at Maximum Power [J]. Phys. Rev. Lett., 2009, 102(13): 130602.

[4] Wang J, He J. Efficiency at maximum power output of an irreversible Carnot-like cycle with internally dissipative friction [J]. Phys. Rev. E, 2012, 86(5): 051112.

[5] Izumida Y, Okuda K. Efficiency at maximum power of minimally nonlinear irreversible heat engines [J]. Europhys. Lett., 2012, 97(1): 10004.

[6] Beretta G P. Quantum thermodynamic Carnot and Otto-like cycles for a two-level system [J]. Europhys. Lett., 2012, 99(2): 20005.

[7] Wang Y, Tu Z. Efficiency at maximum power output of linear irreversible Carnot-like heat engines [J]. Phys. Rev. E, 2012, 85(1): 011127.

[8] Esposito M, Lindenberg K, Van den Broeck C. Thermoelectric efficiency at maximum power in a quantum dot [J]. Europhys. Lett., 2009, 85(6): 60010.

[9] Esposito M, Kawai R, Lindenberg K, et al. Quantum-dot Carnot engine at maximum power [J]. Phys. Rev. E, 2010, 81(4): 041106.

[10] Schmiedl T, Seifert U. Efficiency at maximum power: an analytically solvable model for stochastic heat engines [J]. Europhys. Lett., 2008, 81(2): 20003.

[11] Tu Z. Efficiency at maximum power of Feynman's ratchet as a heat engine [J]. J. Phys. A: Math. Theor., 2008, 41(31): 312003.

[12] Velasco S, Roco J M M, Medina A, et al. Feynman's ratchet optimization: maximum power and maximum efficiency regimes [J]. J. Phys. D: Appl. Phys., 2001, 34(16): 1000-1006.

[13] Gaveau B, Moreau M, Schulman L S. Stochastic thermodynamics and sustainable efficiency in work production [J]. Phys. Rev. Lett., 2010, 105(6): 060601.

[14] Chen L, Yan Z. The effect of heat-transfer law on performance of a two-heat-source endoreversible cycle [J]. J. Chem. Phys., 1989, 90: 3740.

[15] Yan Z, Chen J. Optimal performance of a generalized Carnot cycle for another linear heat transfer law [J]. J. Chem. Phys., 1990, 92(2): 1994-1998.

[16] Chen J. The maximum power output and maximum efficiency of an irreversible Carnot heat engine [J]. J. Phys. D: Appl. Phys., 1994, 27(6): 1144-1149.

[17] Izumida Y, Okuda K. Molecular kinetic analysis of a finite-time Carnot cycle [J]. Europhys. Lett., 2008, 83(6): 60003.

[18] Izumida Y, Okuda K. Onsager coefficients of a finite-time Carnot cycle [J]. Phys. Rev. E, 2009, 80(2): 021121.

[19] Izumida Y, Okuda K. Onsager coefficients of a Brownian Carnot cycle [J]. Eur. phys. J. B, 2010, 77(4): 499-504.

[20] Rubin M H. Optimal configuration of a class of irreversible heat engines [J]. Phys. Rev. A, 1979, 19(3): 1272-1276.

[21] Rubin M H, Andresen B. Optimal staging of endoreversible heat engines [J]. J. Appl. Phys., 1982, 53(1): 1-7.

［22］ Salamon P, Nitzan A. Finite time optimizations of a Newton's law Carnot cycle ［J］. J. Chem. Phys., 1981, 74(6): 3546-3560.

［23］ Andresen B, Salamon P, Berry R S. Thermodynamics in finite time: extremals for imperfect heat engines ［J］. J. Chem. Phys., 1977, 66(4): 1571-1577.

［24］ Curzon F L, Ahlborn B. Efficiency of a Carnot engine at maximum power output ［J］. Am. J. Phys., 1975, 43(1): 22-24.

［25］ Orlov V N. Optimum irreversible Carnot cycle containing three isotherms ［J］. Sov. Phys. Dokl., 1985, 30: 506.

［26］ De Vos A. Efficiency of some heat engines at maximum power conditions ［J］. Am. J. Phys., 1985, 53(6): 570-573.

［27］ Wang Y, Tu Z. Bounds of efficiency at maximum power for linear, superlinear and sublinear irreversible Carnot-like heat engines ［J］. Europhys. Lett., 2012, 98(4): 40001.

［28］ Van den Broeck C. Efficiency at maximum power in the low-dissipation limit ［J］. Europhys. Lett., 2013, 101(1): 10006.

［29］ Wang J, Wu Z, He J. Quantum Otto engine of a two-level atom with single-mode fields ［J］. Phys. Rev. E, 2012, 85(4): 041148.

［30］ de Tomás C, Calvo Hernández A, Roco J M M. Optimal low symmetric dissipation Carnot engines and refrigerators ［J］. Phys. Rev. E, 2012, 85(1): 010104.

［31］ Wang Y, Li M, Tu Z, et al. Coefficient of performance at maximum figure of merit and its bounds for low-dissipation Carnot-like refrigerators ［J］. Phys. Rev. E, 2012, 86(1): 011127.

［32］ Sánchez-Salas N, López-Palacios L, Velasco S, et al. Optimization criteria, bounds, and efficiencies of heat engines ［J］. Phys. Rev. E, 2010, 82(5): 051101.

［33］ Tu Z. Recent advance on the efficiency at maximum power of heat engines ［J］. Chin. Phys. B, 2012, 21(2): 020513.

［34］ Guo J, Wang Y, Chen J. General performance characteristics and parametric optimum bounds of irreversible chemical engines ［J］. J. Appl. Phys., 2012, 112(10): 103504.

［35］ Izumida Y, Okuda K, Calvo Hernández A, et al. Coefficient of performance under optimized figure of merit in minimally nonlinear irreversible refrigerator ［J］. Europhys. Lett., 2013, 101(1): 10005.

［36］ Callen H B. Thermodynamics and an Introduction to Thermostatistics ［M］. 2nd ed. New York: Wiley, 1985.

［37］ Bejan A. Advanced Engineering Thermodynamics ［M］. New York: Wiley, 1997.

［38］ Leff H S. Thermal efficiency at maximum work output: new results for old heat engines ［J］. Am. J. Phys., 1987, 55(7): 602-610.

［39］ Landsberg P T, Leff H S. Thermodynamic cycles with nearly universal maximum-work efficiencies ［J］. J. Phys. A: Math. Gen., 1989, 22(18): 4019-4026.

［40］ Zhang Y, Lin B, Chen J. The unified cycle model of a class of solar-driven heat engines and their optimum performance characteristics ［J］. J. Appl. Phys., 2005, 97(8): 084905.

［41］ Wu C, Kiang R L. Work and power optimization of a finite-time Brayton cycle ［J］. Int. J.

Ambient Energy, 1990, 11: 129.

[42] Zhang Y, Ou C, Lin B, et al. The regenerative criteria of an irreversible Brayton heat engine and its general optimum performance characteristics [J]. J. Energy Res. Technol., 2006, 128 (3): 216-222.

[43] Ge Y, Chen L, Sun F. Finite-time thermodynamic modelling and analysis of an irreversible Otto-cycle [J]. Appl. Energy, 2008, 85(7): 618-624.

[44] Chen L, Lin J, Luo J, et al. Friction effect on the characteristic performance of Diesel engines [J]. Int. J. Energy Res., 2002, 26(11): 965-971.

[45] Zhao Y, Chen J. Performance analysis and parametric optimum criteria of an irreversible Atkinson heat-engine [J]. Appl. Energy, 2006, 83(8): 789-800.

[46] Zhou Y, Tyagi S K, Chen J. Performance analysis and optimum criteria of an irreversible Braysson heat engine [J]. Int. J. Therm. Sci., 2004, 43(11): 1101-1106.

[47] Zheng S, Chen J, Lin G. Performance characteristics of an irreversible solar-driven Braysson heat engine at maximum efficiency [J]. Renewable Energy, 2005, 30(4): 601-610.

[48] Guo J, Wang J, Wang Y, et al. Universal efficiency bounds of weak-dissipative thermodynamic cycles at the maximum power output [J]. Phys. Rev. E, 2013, 87(1): 012133.

[49] Bejan A. Maximum power from fluid flow [J]. Int. J. Heat Mass Transfer, 1996, 39(6): 1175-1181.

[50] Chen L, Bi Y, Wu C. The influence of nonlinear flow resistance relations on the power and efficiency from fluid flow [J]. J. Phys. D: Appl. Phys., 1999, 32(12): 1346-1349.

[51] Hu W, Chen J. General performance characteristics and optimum criteria of an irreversible fluid flow system [J]. J. Phys. D: Appl. Phys., 2006, 39(5): 993-997.

[52] Geva E, Kosloff R. A quantum-mechanical heat engine operating in finite time. A model consisting of spin 1/2 systems as the working fluid [J]. J. Chem. Phys., 1992, 96 (4): 3054-3067.

[53] Geva E, Kosloff R. On the classical limit of quantum thermodynamics in finite time [J]. J. Chem. Phys., 1992, 97(6): 4398-4412.

[54] Wu F, Chen L, Wu S, et al. Performance of an irreversible quantum Carnot engine with spin 1/2 [J]. J. Chem. Phys., 2006, 124(21): 214702.

[55] De Vos A. Endoreversible thermodynamics and chemical reactions [J]. J. Phys. Chem., 1991, 95(11): 4534-4540.

[56] Gordon J M, Orlov V N. Performance characteristics of endoreversible chemical engines [J]. J. Appl. Phys., 1993, 74(9): 5303-5309.

[57] Lin G, Chen J. Optimal performance of chemical converter with the irreversibility of mass transfer [J]. J. Nanjing Univ., 1997, 33: 216.

[58] Sieniutycz S, Poswiata A. Thermodynamic aspects of power production in thermal, chemical and electrochemical systems [J]. Energy, 2012, 45(1): 62-70.

[59] Takeda Y, Ito T, Motohiro T, et al. Hot carrier solar cells operating under practical conditions[J]. J. Appl. Phys., 2009, 105(7): 074905.

[60] Chen L, Sun F, Wu C. Performance of chemical engines with a mass leak [J]. J. Phys. D: Appl. Phys., 1998, 31(13): 1595-1600.

[61] Lin G, Chen J, Brück E. Irreversible chemical-engines and their optimal performance analysis [J]. Appl. Energy, 2004, 78(2): 123-136.

[62] Lin G, Chen J, Hua B. Optimal analysis on the performance of a chemical engine-driven chemical pump [J]. Appl. Energy, 2002, 72(1): 359-370.

[63] Xia S, Chen L, Sun F. Maximum power configuration for multireservoir chemical engines [J]. J. Appl. Phys., 2009, 105(12): 124905.

[64] Sieniutycz S. Analysis of power and entropy generation in a chemical engine [J]. Int. J. Heat Mass Transfer, 2008, 51(25-26): 5859-5871.

[65] Sieniutycz S. Complex chemical systems with power production driven by heat and mass transfer [J]. Int. J. Heat Mass Transfer, 2009, 52(11-12): 2453-2465.

[66] Cai Y, Su G, Chen J. Influence of heat- and mass-transfer coupling on the optimal performance of a non-isothermal chemical engine [J]. Rev. Mex. Fis., 2010, 56(5): 356-362.

第 9 章　热力学循环的 BB 图

热力学循环是热力学的重要内容之一. 如何直观简要地揭示热力学循环的性能特性, 一直是人们关注的一个问题. Bejan 首先提出一些简单的图形表示可逆和不可逆卡诺循环的性能[1, 2]. Bucher 利用一个类似的图形表示一个可逆卡诺循环的热流、功流、效率和其他性能参数, 并作了详细的讨论[3]. 这种图形曾分别被称为 Bucher 图[4] 和 Bejan 图[5], 更合理的应被称为 Bejan-Bucher 图, 简称为 BB 图. 这些图形是非常直观的, 在教学上是非常有意义的, 已被不断地推广应用.

9.1　卡诺循环的 BB 图

在热学和热力学的教科书中, 经常可见到如图 9.1.1 所示的卡诺循环图, 其中 Q_2 和 Q_1 分别表示温度为 T_2 和 T_1 的高温和低温热源与循环系统交换的热量, W 是循环系统与外界交换的功. 当图 9.1.1 中所有的箭头反向时, 系统进行逆向卡诺循环.

图 9.1.1(a) 仅是卡诺循环的一个示意图, 无法与卡诺循环中的能量守恒和熵守恒直接联系起来. 图 9.1.1(b) 所示的管道图[6], 通过与流体流量守恒的类比, 可清楚地表示出卡诺循环中的能量守恒, 即

$$Q_2 = Q_1 + W \tag{9.1.1}$$

但由于管道与热源之间没有明确的联系, 故无法表示出卡诺循环中的熵守恒.

Bucher[3] 在 Bejan 图形[1, 2] 的基础上, 应用图 9.1.2 示意卡诺循环, 其中温度、热量和功的大小分别由图中不同的线段表示, 即 $\overline{Oa} = T_2$, $\overline{Od} = T_1$, $\overline{ab} = Q_2$, $\overline{de} = Q_1$ 和 $\overline{ec} = W$. 图 9.1.2 中的箭头朝下时表示正向卡诺循环, 箭头朝上时表示逆向卡诺循环. 因此, 图 9.1.2 给出卡诺热机、卡诺制冷机和卡诺热泵的示意图. 由图 9.1.2 中的相似三角形, 不仅可直接得到卡诺循环中的能量守恒

$$Q_2 = \overline{ab} = \overline{de} + \overline{ec} = Q_1 + W \tag{9.1.2}$$

而且可直接得到卡诺循环中的熵守恒

$$\frac{Q_2}{T_2} = \frac{\overline{ab}}{\overline{Oa}} = \frac{\overline{de}}{\overline{Od}} = \frac{Q_1}{T_1} \tag{9.1.3}$$

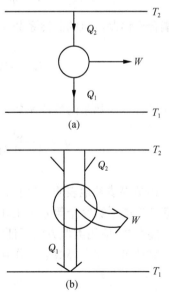

图 9.1.1　卡诺循环示意图

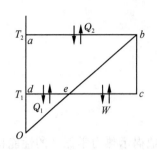

图 9.1.2 卡诺循环的 BB 图

不仅如此，由图 9.1.2 中的相似三角形，还可直接得到卡诺热机的效率

$$\eta = \frac{W}{Q_2} = \frac{\overline{ec}}{\overline{ab}} = 1 - \frac{\overline{de}}{\overline{ab}} = 1 - \frac{\overline{Od}}{\overline{Oa}} = 1 - \frac{T_1}{T_2} \quad (9.1.4)$$

卡诺制冷机的制冷系数

$$\varepsilon = \frac{Q_1}{W} = \frac{\overline{de}}{ec} = \frac{\overline{de}}{\overline{ab} - \overline{de}} = \frac{T_1}{T_2 - T_1} \quad (9.1.5)$$

和卡诺热泵的性能系数

$$\psi = \frac{Q_2}{W} = \frac{\overline{ab}}{ec} = \frac{\overline{ab}}{\overline{ab} - \overline{de}} = \frac{T_2}{T_2 - T_1} \quad (9.1.6)$$

值得指出，在图 9.1.2 中，我们未涉及循环工质. 这清楚地表明卡诺热机的效率、卡诺制冷机的制冷系数和卡诺热泵的性能系数是与工质的性质无关的.

对于工作在温度为 T_2 和 T_1 两热源间的二级耦合卡诺循环，如图 9.1.3 所示. 由图 9.1.3 中的相似三角形，可得到卡诺循环中的能量守恒和熵守恒，还可直接得到耦合卡诺热机的效率

$$\eta = \frac{W}{Q_2} = \frac{W_1 + W_2}{Q_2} = \frac{W_1}{Q_2} + \frac{Q_{12}}{Q_2} \frac{W_2}{Q_{12}}$$

$$= \frac{T_2 - T_{12}}{T_2} + \frac{T_{12}}{T_2} \frac{T_{12} - T_1}{T_{12}}$$

$$= \eta_1 + (1 - \eta_1)\eta_2 = 1 - \frac{T_1}{T_2} \quad (9.1.7)$$

图 9.1.3 二级耦合卡诺循环的 BB 图

耦合卡诺制冷机的制冷系数

$$\varepsilon = \frac{Q_1}{W_1 + W_2} = \frac{1}{\dfrac{T_2 - T_{12}}{T_1} + \dfrac{T_{12} - T_1}{T_1}} = \frac{T_1}{T_2 - T_1} \quad (9.1.8)$$

和耦合卡诺热泵的性能系数

$$\psi = \frac{Q_2}{W_1 + W_2} = \frac{1}{\dfrac{T_2 - T_{12}}{T_2} + \dfrac{T_{12} - T_1}{T_2}} = \frac{T_2}{T_2 - T_1} \quad (9.1.9)$$

上述结果清楚地表明，对于工作在温度为 T_2 和 T_1 两热源间的二级耦合卡诺循环的效率和性能系数完全等效于工作在温度为 T_2 和 T_1 两热源间的一个卡诺循环的效率和性能系数. 应用类似方法可证明，对于工作在温度为 T_2 和 T_1 两热源间的 N 级耦合卡诺循环可以完全等效于工作在温度为 T_2 和 T_1 两热源间的一个卡诺循环.

9.2　两类循环的 BB 图[①]

　　显然，用图 9.1.2 来表示卡诺循环中的热流、功、效率、制冷系数、泵热系数及其他特性，比传统的管道图[6]更为优越. 文献[4]和[7]又分别对它作了改进和推广. 使它可用来表示不可逆卡诺循环和两类比卡诺循环更为普遍的可逆循环的特性. 本节将介绍这两类循环的 BB 图，并把它再次推广到这两类循环的不可逆情况.

　　本节所要讨论的两类可逆循环中的第一类循环，是指由两个绝热过程和两个具有相同常值热容量的多方过程所构成的循环，如可逆的奥托循环和布雷顿循环等. 第二类循环是指由两个等温过程和两个具有相同常值热容量且在其间具有理想回热（即其中一个过程所放出的热量恰好为另一个过程所吸收）的多方过程所构成的循环，如可逆的斯特林循环和埃里克森循环等.

9.2.1　第一类循环

　　对于第一类循环，如图 9.2.1 所示，与卡诺循环不同的就是工质在吸热过程中的温度不是常数，而是从 T_2 变到 T_3；同时，工质在放热过程中的温度也不是常数，而是从 T_4 变到 T_1. 对于这类循环，只要用两条平行斜线代替卡诺循环的 BB 图中的两条平行水平线即可，这两条平行斜线在水平线上的投影长度分别表示 Q_2 和 Q_1+W. 由于投影长度正比于斜线长度，所以可直接用斜线长度来表示 Q_2 和 Q_1+W［实际上它们为 γQ_2 和 $\gamma(Q_1+W)$，其中 $\gamma=1/\sin\varphi$］. 图 9.2.1 中 $\tan\varphi$ 表示多方过程的热容量 $C=Q_2/(T_3-T_2)$，容易看出，当热交换过程变为等温时，图 9.2.1 就成为卡诺循环的 BB 图[1, 3].

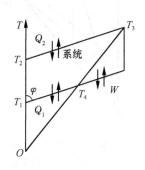

图 9.2.1　第一类循环的 BB 图
图中箭头向下的对应于热机，
箭头向上的对应于制冷机或热泵

　　图 9.2.1 清楚地表示了能量守恒 $Q_2=Q_1+W$，此外，由于两个可逆多方过程的熵变分别为 $\Delta S_{23}=\int(C/T)\mathrm{d}T=C\ln(T_3/T_2)$ 和 $\Delta S_{41}=C\ln(T_1/T_4)$，于是由图 9.2.1 中的相似三角形所存在的温度关系 $T_3/T_2=T_4/T_1$ 直接得出了熵守恒. 但应注意的是，T_4 位于较低的那条斜线（表示较低温度的多方过程）与从 $T=0$ 到 T_3 斜度较陡的那条斜线的交点，而不是位于表示循环的平行四边形的右下角.

　　循环的效率、制冷系数和泵热系数等也可由图 9.2.1 中的相似三角形求得，分别为

$$\eta=\frac{W}{Q_2}=1-\frac{Q_1}{Q_2}=1-\frac{T_1}{T_2}=1-\frac{T_4}{T_3}=1-\frac{T_4-T_1}{T_3-T_2} \tag{9.2.1}$$

---

① Yan Z, Chen J. Am. J. Phys., 1990, 58:404.

$$\varepsilon = \frac{Q_1}{W} = \frac{Q_1}{Q_2 - Q_1} = \frac{T_1}{T_2 - T_1} = \frac{T_4}{T_3 - T_4} \tag{9.2.2}$$

$$\psi = \frac{Q_2}{W} = \frac{Q_2}{Q_2 - Q_1} = \frac{T_2}{T_2 - T_1} = \frac{T_3}{T_3 - T_4} \tag{9.2.3}$$

这些结果与卡诺循环的相应表达式形式相同. 当以理想气体为工质时, 可利用理想气体的特性将它们表示成其他的形式. 例如, 可逆奥托循环和布雷顿循环的效率 η_O 和 η_B 可分别表示为

$$\eta_O = 1 - \frac{T_4 - T_1}{T_3 - T_2} = 1 - \frac{1}{\gamma_V^{k-1}} \tag{9.2.4}$$

$$\eta_B = 1 - \frac{T_4 - T_1}{T_3 - T_2} = 1 - \frac{1}{\gamma_P^{(k-1)/k}} \tag{9.2.5}$$

式中, k 为比热比, 而 γ_V 和 γ_P 分别为压缩比和压力比.

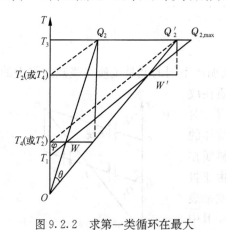

图 9.2.2 求第一类循环在最大输出功时的效率图

图中表示了两个不同的循环 $T_2 T_3 T_4 T_1 T_2$ 和 $T_2' T_3 T_4' T_1 T_2'$. 斜的破折线表示 T_2 和 T_2' 与 T_3 间的多方过程

此外, 图 9.2.1 还可以用来导出最大输出功时循环的效率. 为此, 设 T_2 可变, 而 T_1 和 T_3 固定, 然后确定 T_4, 如图 9.2.2 所示, T_2(或 T_2') 从 T_3 变到 T_1 时, 效率从卡诺效率 η_C 变到 0, 而所做的功从 0 变到最大值 W_{max} 后又回到 0. 当 $T_2 \to T_3$ 时, 图 9.2.2 趋近于卡诺循环的 BB 图的极限情况, 于是 $Q_2 \to 0, W \to 0, \eta \to \eta_C$. 另外, 当 $T_2 \to T_1$ 时, $Q_2 \to Q_{2,max} = C(T_3 - T_2), W \to 0, \eta \to 0$.

由图 9.2.2 中与循环 $T_2 T_3 T_4 T_1 T_2$ 有关的相似三角形求得 $\dfrac{W}{C(T_4 - T_1)} = \dfrac{T_2 - T_1}{T_1}$, 即

$$W = \frac{C(T_4 - T_1)(T_2 - T_1)}{T_1} \tag{9.2.6}$$

以及 $T_3/T_2 = T_4/T_1$, 即

$$T_2 T_4 = T_1 T_3 \tag{9.2.7}$$

式(9.2.6)和式(9.2.7)对于 T_2 和 T_4 是对称的. 这样, 考虑一个有关 $T_2' = T_4$ 的循环 $T_2' T_3 T_4' T_1 T_2'$, 便有 $T_4' = T_2, W' = W$, 如图 9.2.2 所示. 显然, 当 $T_2 = T_4$ 时, 图 9.2.2 中的 $\theta \to 0, W \to W_{max}$. 应用条件 $T_2 = T_4$ 以及式(9.2.6)和式(9.2.7), 可得最大输出功时循环的效率为[8, 9]

$$\eta_m = \left(\frac{W}{Q_2}\right)_m = \frac{(T_2 - T_1)^2}{T_1(T_3 - T_2)} = \frac{(\sqrt{T_1 T_3} - T_1)^2}{T_1(T_3 - \sqrt{T_1 T_3})} = 1 - \sqrt{\frac{T_1}{T_3}} \tag{9.2.8}$$

9.2.2 第二类循环

对于第二类循环, 与卡诺循环不同的就是两个多方过程有热交换. 所以, 其 BB 图就是卡诺循环的 BB 图中表示两个绝热过程的两条平行垂直线改为由表示两个多方过

程的两条平行斜线所替代而已，如图 9.2.3 所示，其中这两条平行斜线在水平线上投影的长度表示多方过程的热交换量（即回热量）$Q_3(=Q_4)$，而表示循环的平行四边形则向右边移动，致使左斜线（与 Q_3 有关）的延长（虚）线与温度轴上 $T=0$ 的点相交.如图 9.2.3 所示，$\tan\varphi$ 表示多方过程的热容量.显然，当 $C\to 0$（即 $\varphi \to 0$）时，$Q_3=Q_4=0$，图 9.2.3 就成为卡诺循环的 BB 图.

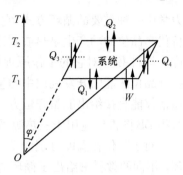

图 9.2.3　第二类循环的 BB 图

图中箭头向下的对应于热机，
箭头向上的对应于制冷机或热泵

图 9.2.3 清楚地表明了能量守恒 $Q_2+Q_3=Q_1+W+Q_4$.此外，由于循环中四个过程的熵变分别为 $\Delta S_1=-Q_1/T_1$，$\Delta S_2=Q_2/T_2$，$\Delta S_3=C\ln(T_2/T_1)$ 和 ΔS_4 $=C\ln(T_1/T_2)$，所以熵守恒可由图 9.2.3 所求得的关系 $Q_2/T_2=Q_1/T_1$ 直接得出.因为这类循环具有理想回热的条件，理论上可通过利用可逆回热器实现理想的回热[8].应该指出，并不是所有的工质都可具备理想回热的条件[10, 11].所以这类循环在实现理想回热时，与工作在 T_2 和 T_1 间的卡诺循环有相同的效率、制冷系数和泵热系数.

当考虑不可逆性对上述两类循环性能的影响时，可按文献[4]的类似方法，将图 9.2.1和图 9.2.3 加以推广.例如，对于第一类循环，当考虑不可逆性的影响时，BB 图可由图 9.2.4 表示，但值得提出，在这种情况下，正向循环与逆向循环中的温度 T_4' 是不同的，图形也是不同的，分别由图 9.2.4(a)和(b)表示.对于第二类循环，亦可类似推广之，不赘述.

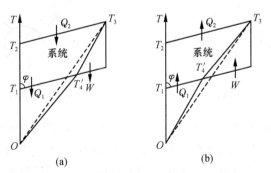

(a)　　　　　　　(b)

图 9.2.4　不可逆性影响时第一类循环的 BB 图

(a)和(b)分别对应于正向循环和逆向循环

9.3　三热源循环的 BB 图[①]

三热源循环是化学热泵、吸收式制冷机和吸附式制冷机等装置的理论模型，是热力学中一种重要的循环方式. 它可利用太阳能、地热以及工业废热等一类低品位热能替代高品位的功产生泵热或制冷, 达到提高能源利用率和减少环境污染的目的. 已有许多教科书[12]对它的工作原理作了介绍, 并指出它在工程热力学中的重要地位以及在低品位热能的开发利用中的重要作用. 然而, 在教科书中给出的三热源循环示意图, 通常仅能直接给出能量守恒方程, 而不能直接给出熵守恒方程及循环的其他特性. 本节将 BB 图推广应用于三热源循环, 可弥补这方面的不足.

对于工作在温度分别为 T_H、T_P 和 T_L 且 $T_H > T_P > T_L$ 的三个热源间的热力学循环, 不同的教科书给出了循环的不同示意图, 归纳起来可由图 9.3.1 所示, 其中 Q_H、Q_P 和 Q_L 为工质每循环与温度为 T_H、T_P 和 T_L 的热源交换的热量. 当可利用的低品位热源的温度为 T_H 时, 热量 Q_H、Q_P 和 Q_L 的流动方向如图 9.3.1 中的实线箭头所示, 三热源循环可用来泵热(环境温度为 T_L)或制冷(环境温度为 T_P). 当可利用的低品位热源的温度为 T_P 时, 热量 Q_H、Q_P 和 Q_L 的流动方向如图 9.3.1 中的虚线箭头表示, 三热源循环只能用来泵热. 这样的循环通常被称为热变换器, 它将从温度为 T_P 的热源吸收的热量 Q_P 部分传到温度为 T_H 的高温热源, 部分放给温度为 T_L 的低温热源. 无论是泵热或制冷循环, 三热源循环都满足如下关系:

$$Q_H + Q_L = Q_P \tag{9.3.1}$$

这正是三热源循环的能量守恒方程, 如图 9.3.2 所示.

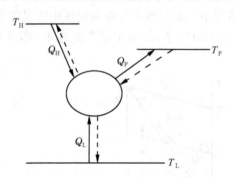

图 9.3.1 三热源循环示意图

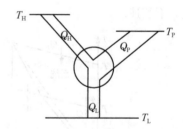

图 9.3.2 三热源循环能量守恒方程示意图

已经证明, 对于如图 9.3.1 所示的一个三热源循环, 可视为两个卡诺循环联合的三种等效系统[12-14], 即一个工作于 T_H 和 T_L 热源间的卡诺循环与另一个工作于 T_P 和 T_L 热源间的卡诺循环的联合系统; 一个工作于 T_H 和 T_P 热源间的卡诺循环与另一个工作于 T_P 和 T_L 热源间的卡诺循环的联合系统; 一个工作于 T_H 和 T_P 热源间的卡诺循环与另一个工作于 T_H 和 T_L 热源间的卡诺循环的联合系统, 如图 9.3.3 所示. 因此, 可用两个卡诺循环的 BB 图形象直观地表示出三热源循环, 如图 9.3.4 所示, 其中 $Q_{LP} - Q_{LH}$ $= Q_L$, $Q_{PH} + Q_{PL} = Q_P$, $Q_{HP} - Q_{HL} = Q_H$, 热量和温度由图中的线段表示. 例如, 在图 9.3.4(a) 中, 热量 Q_H、Q_P、Q_{LP}、Q_{LH} 和温度 T_H、T_P、T_L 分别由图中的线段 $\overline{ab}$、$\overline{gj}$、$\overline{fd}$、$\overline{ed}$ 和 $\overline{Oh}$、$\overline{Og}$、$\overline{Of}$ 表示. 由图 9.3.4(a) 可得

$$Q_P = \overline{gj} = \overline{ab} + \overline{fe} = \overline{ab} + (\overline{fd} - \overline{ed}) = Q_H + (Q_{LP} - Q_{LH}) = Q_H + Q_L \quad (9.3.2)$$

$$\frac{Q_H}{T_H} = \frac{\overline{ab}}{\overline{Oh}} = \frac{\overline{ed}}{\overline{Of}} = \frac{Q_{LH}}{T_L} \quad\quad\quad\quad (9.3.3)$$

$$\frac{Q_P}{T_P} = \frac{\overline{gj}}{\overline{Og}} = \frac{\overline{fd}}{\overline{Of}} = \frac{Q_{LP}}{T_L} \quad\quad\quad\quad (9.3.4)$$

由式(9.3.3)和式(9.3.4)，可得

$$\frac{Q_P}{T_P} = \frac{Q_{LP} - Q_{LH}}{T_L} + \frac{Q_H}{T_H} = \frac{Q_L}{T_L} + \frac{Q_H}{T_H} \quad\quad (9.3.5)$$

可见，由图 9.3.4(a)不仅可得能量守恒方程(9.3.2)，而且可得熵守恒方程(9.3.5).
此外，由图 9.3.4(a)中的相似三角形还可直接算出三热源循环的泵热系数

$$\psi = \frac{Q_P}{Q_H} = \frac{Q_H - Q_{LH}}{Q_H}\frac{Q_P}{Q_P - Q_{LP}} = \frac{\left(1 - \dfrac{T_L}{T_H}\right)T_P}{T_P - T_L} > 1 \quad (9.3.6)$$

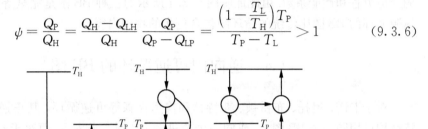

图 9.3.3　三热源循环的等效联合循环系统

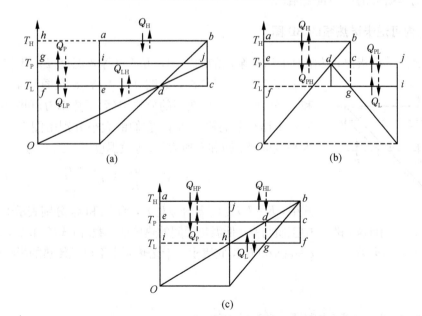

图 9.3.4　三热源循环的三种等效 BB 图

制冷系数

$$\varepsilon = \frac{Q_{\mathrm{L}}}{Q_{\mathrm{H}}} = \frac{Q_{\mathrm{P}} - Q_{\mathrm{H}}}{Q_{\mathrm{H}}} = \frac{\dfrac{Q_{\mathrm{H}} - Q_{\mathrm{LH}}}{Q_{\mathrm{H}}} Q_{\mathrm{P}}}{Q_{\mathrm{P}} - Q_{\mathrm{LP}}} - 1$$

$$= \frac{(1 - T_{\mathrm{L}}/T_{\mathrm{H}}) T_{\mathrm{P}}}{T_{\mathrm{P}} - T_{\mathrm{L}}} - 1 = \frac{(1 - T_{\mathrm{P}}/T_{\mathrm{H}}) T_{\mathrm{L}}}{T_{\mathrm{P}} - T_{\mathrm{L}}} \tag{9.3.7}$$

热变换器的余热利用率[10]

$$\varphi = \frac{Q_{\mathrm{H}}}{Q_{\mathrm{P}}} = \frac{\dfrac{Q_{\mathrm{P}} - Q_{\mathrm{LP}}}{Q_{\mathrm{P}}} Q_{\mathrm{H}}}{Q_{\mathrm{H}} - Q_{\mathrm{LH}}} = \frac{\left(1 - \dfrac{T_{\mathrm{L}}}{T_{\mathrm{P}}}\right) T_{\mathrm{H}}}{T_{\mathrm{H}} - T_{\mathrm{L}}} < 1 \tag{9.3.8}$$

应用图 9.3.4(b)或图 9.3.4(c)，同样可简便地得到三热源循环的能量守恒方程、熵守恒方程和性能系数. 由此证明图 9.3.4 所示的三种 BB 图是完全等效的. 可见，三热源循环的 BB 图比传统的循环图包含更多的物理内容.

9.4 逆向内可逆循环的 BB 图①

对于卡诺、奥托、布雷顿、斯特林和埃里克森等可逆循环，其正逆两方向循环的特性均可用同一个 BB 图[1-3]或同一个改进的 BB 图[7]来表示. 而对于不可逆循环，其正逆两方向循环的路径一般不重合，通常需要应用不同的改进 BB 图来分别表示正向和逆向循环的特性[4,7,15]. 本节将对 BB 图再作推广，使它可定量地表示逆向内可逆卡诺循环的特性，主要由图给出关于内可逆卡诺热泵[16]和内可逆卡诺制冷机[17]的有限时间热力学研究的一些重要结论.

9.4.1 内可逆卡诺热泵的 BB 图

文献[16]已指出，热阻对卡诺热泵性能的影响，可通过等效温度 T_2^* 代替高温热

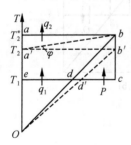

图 9.4.1 内可逆卡诺
热泵的 BB 图

源温度 T_2 作出 BB 图，如图 9.4.1 所示. 在图 9.4.1 中，q_2 和 q_1 分别表示卡诺热泵的放热率(即泵热率 Π)和吸热率，P 表示卡诺热泵的输入功率. 它们的大小分别由图 9.4.1 中的水平线段 $\overline{ab}$、$\overline{ed}$ 和 $\overline{dc}$ 所表示. 等效温度 T_2^* 定义为

$$T_2^* = T_2 + \frac{q_2}{K} = T_2 + \frac{\Pi}{K} \tag{9.4.1}$$

式中，$K = k_1 k_2 / (\sqrt{k_1} + \sqrt{k_2})^2$，而 k_1 和 k_2 分别表示卡诺热泵中工质与高、低温热源间的热传递系数. 由式(9.4.1)，显然有 $\varphi = \mathrm{arccot}(K)$，它表示了卡诺热泵中不可逆传热的影响程度.

---

① 陈金灿，严子浚. 集美大学学报，2000，5(5):50.

图 9.4.1 清楚地表示了能量守恒，即

$$q_2 = q_1 + P \tag{9.4.2}$$

另外，由于 T_2^* 表示内可逆卡诺热泵的等效可逆卡诺热泵的高温热源的温度，所以由等效温度 T_2^* 所表示的形式上的熵守恒

$$\frac{q_2}{T_2^*} = \frac{q_1}{T_1} \tag{9.4.3}$$

可由图 9.4.1 中的相似三角形直接表示出来. 从而内可逆卡诺热泵的性能系数 ψ 与泵热率 Π 间的关系

$$\psi = \frac{q_2}{P} = \frac{q_2}{q_2 - q_1} = \frac{T_2^*}{T_2^* - T_1} = \frac{T_2 + \Pi/K}{T_2 + \Pi/K - T_1} \tag{9.4.4}$$

也就直接由图 9.4.1 求得. 式(9.4.4)表明了内可逆卡诺热泵的性能系数 ψ 是泵热率 Π 的单调减函数. 当热阻的影响不能忽略时，只有在 $\Pi=0$ 的情况下，ψ 才有可能达到可逆卡诺热泵的性能系数 $\psi_c = T_2/(T_2 - T_1)$. 显然，实际热泵不能工作在这种状况. 因此，实际热泵的性能系数都不可能达到经典热力学的界限 ψ_c，而有限时间热力学的结论式(9.4.4)对实际更有指导意义，它是内可逆卡诺热泵的一个基本优化关系式，由它可讨论热泵的各种优化性能[16].

图 9.4.1 也清楚地表示了一个工作于温度 T_2 和 T_1 之间的内可逆卡诺热泵的熵不守恒，而它等效于一个工作于温度 T_2^* 和 T_1 之间的可逆卡诺热泵加上一个在温度 T_2^* 和 T_2 之间热流率为 q_2 的不可逆传热过程. 这个过程的等效热传递系数为 K，熵产生率为

$$\sigma = q_2 \left(\frac{1}{T_2} - \frac{1}{T_2^*} \right) = \frac{q_{1c} - q_1}{T_1} \tag{9.4.5}$$

式中，q_{1c} 为可逆卡诺热泵的吸热率，它的大小由图 9.4.1 中的线段 $\overline{ed'}$ 表示. 因而，图 9.4.1 中的线段 $\overline{dd'}$ 表示了 $T_1\sigma$. 当 T_1 为环境温度时，$T_1\sigma$ 即为热泵在给定泵热率 Π 下可用性的损失率.

9.4.2 内可逆卡诺制冷机的 BB 图

内可逆卡诺制冷机[17]的 BB 图可由等效温度 T_1^* 代替可逆卡诺制冷机的 BB 图中的低温热源温度 T_1 来构成，如图 9.4.2 所示. 它可定量地表示出传热的不可逆性对制冷机性能的影响. 在图 9.4.2 中，q_2、q_1 和 P 的大小由水平线段 $\overline{ab}$、$\overline{ed}$ 和 $\overline{dc}$ 所表示. 等效温度 T_1^* 的定义为

$$T_1^* = T_1 - \frac{q_1}{K} = T_1 - \frac{R}{K} \tag{9.4.6}$$

式中，$R = q_1$ 为制冷率.

图 9.4.2 清楚地表示了能量守恒 $q_2 = q_1 + P$ 以及由等效温度 T_1^* 所表示的形式上的熵守恒 $q_2/T_2 = q_1/T_1^*$，

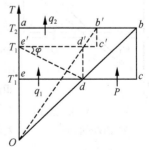

图 9.4.2 内可逆卡诺制冷机的 BB 图

从而可直接得制冷系数为

$$\varepsilon = \frac{q_1}{P} = \frac{q_1}{q_2 - q_1} = \frac{T_1^*}{T_2 - T_1^*} = \frac{T_1 - R/K}{T_2 - (T_1 - R/K)} \tag{9.4.7}$$

式(9.4.7)是内可逆卡诺制冷机的一个基本优化关系式,由它可讨论制冷机的各种优化性能[12].例如,由式(9.4.7)可知,ε 是 R 的单调减函数.当 $R = 0$ 时,ε 达最大值 $\varepsilon_c = T_1/(T_2 - T_1)$,即可逆卡诺制冷机的制冷系数.而当 $\varepsilon = 0$ 时,制冷率达最大值 $R_{max} = KT_1$.当 T_1 很低时,不仅 ε_c 很小,R_{max} 也很小.这就造成了极低温度下降温的双重困难[8].这些结论也可从图 9.4.2 直接得出.例如,当 $R = KT_1$ 时,$T_1^* = 0$,由图 9.4.2 得 $p \to \infty$,从而 $\varepsilon = 0$ 等.

图 9.4.2 也清楚地表示了一个工作于温度 T_2 和 T_1 之间的内可逆卡诺制冷机的熵不守恒,而它等效于一个工作于温度 T_2 和 T_1^* 之间的可逆卡诺制冷机加上一个在温度 T_1 和 T_1^* 之间热流率为 q_1 的不可逆传热过程.这个传热过程的等效传递系数等于 K,熵产生率为

$$\sigma = q_1 \left(\frac{1}{T_1^*} - \frac{1}{T_1} \right) = \frac{q_2 - q_{2c}}{T_2} \tag{9.4.8}$$

式中,q_{2c} 为可逆卡诺制冷机的放热率,它的大小由图 9.4.2 中的线段 $\overline{ab'}$ 所表示.因而,图 9.4.2 中的线段 $\overline{b'b}$ 表示 $T_2\sigma$.当 T_2 为环境温度时,$T_2\sigma$ 即为制冷机在给定制冷率 R 下可用性的损失率.

以上结果表明,扩展 BB 图的应用对于扩大学生的视野是很有意义的.特别是将它与有限时间热力学的研究结果结合起来,可使学生迅速地了解有限时间热力学理论的部分内容.

9.5 不可逆卡诺循环的 BB 图[①]

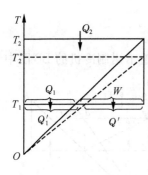

图 9.5.1 Wallingford
对 BB 图的推广

Wallingford[4] 将 BB 图[1-3]作了推广,从而可定性地描述卡诺循环的不可逆性,如图 9.5.1 所示,其中引入的等效温度 T_2^* 低于热源的温度 T_2.这意味着由于循环不可逆性的存在,相当于热源的温度从 T_2 降低到 T_2^*,循环放热量从 Q_1 增加到 Q_1',输出功从 W 减小到 W',从而导致循环效率的减小.非常有意义的是,对于一类内可逆卡诺循环[18],可以给出等效温度 T_2^* 的具体表示式,从而可构造一个新的 BB 图,如图 9.5.2 所示.由图 9.5.2 不仅可定量地分析不可逆性对卡诺循环性能的影响,而且可由图形直接导出卡诺循环在最大输出功率的效率,即 Curzon-Ahlborn 效率[19].

在图 9.5.2 中，$q_2 = Q_2/\tau$、$q_1 = Q_1/\tau$ 和 $P = W/\tau$ 分别表示循环的热流输入率、输出率和输出功率，它们的大小分别由图中的线段 $\overline{ab}$、$\overline{ce}$ 和 $\overline{ef}$ 表示，τ 是循环周期. 并定义等效温度

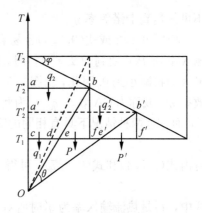

图 9.5.2　内可逆卡诺循环的 BB 图

$$T_2^* = T_2 - \frac{q_2}{k} \qquad (9.5.1)$$

式中，$k = K_1 K_2 / (\sqrt{K_1} + \sqrt{K_2})^2$，$K_1$ 和 K_2 分别表示循环工质和温度为 T_1 和 T_2 的热源间的热传导系数. 不可逆热传导的影响通过图中的一条斜线表示，该斜线与温度轴相交于 T_2，与水平线成夹角 $\varphi = \mathrm{arccot}(k)$.

由图 9.5.2 可直接表示能量守恒，$q_2 = q_1 + P$，即 $\overline{ab} = \overline{ce} + \overline{ef}$. 因为在内可逆卡诺热机中的工质循环已假设是可逆的[18]，唯一的不可逆过程是热源与工质间的热传导. 根据图中的相似三角形可得

$$\frac{q_2}{T_2^*} = \frac{q_1}{T_1} \qquad (9.5.2)$$

这正是内可逆卡诺循环中的熵守恒方程. 由式(9.5.2)，可得循环的熵产率为

$$\sigma = \frac{q_1}{T_1} - \frac{q_2}{T_2} = q_2 \left(\frac{1}{T_2^*} - \frac{1}{T_2} \right) \qquad (9.5.3)$$

式(9.5.3)清楚地表明，循环中的不可逆过程相当于两个温度分别是 T_2 和 T_2^* 的热源间的一个热流率为 q_2 的传热过程. 由式(9.5.1)可看出，该等效传热过程的等效热传导系数为 k. 如果假设环境的温度为 T_1，图 9.5.2 中的线段 $\overline{de}$ 就定量地表示在给定热流输入率 q_2 的情况下循环可用性的损失率.

由图 9.5.2 中的相似三角形和式(9.5.1)，可得循环的效率 η 和热流输入率 q_2 间的关系式为

$$\eta = \frac{P}{q_2} = 1 - \frac{q_1}{q_2} = 1 - \frac{T_1}{T_2^*} = 1 - \frac{T_1}{T_2 - q_2/k} \qquad (9.5.4)$$

由此可得

$$P = q_2 \eta = k\eta \left[T_2 - \frac{T_1}{(1-\eta)} \right] \qquad (9.5.5)$$

式(9.5.5)是内可逆卡诺循环的输出功率与效率间的关系[20,21]. 图 9.5.2 或式(9.5.4)都表明一个卡诺热机受到不可逆传热影响时，其效率 η 只有当 $q_2 = 0$ 时，才可能达到卡诺效率，即

$$\eta_C = 1 - \frac{T_1}{T_2} \qquad (9.5.6)$$

但这时输出功率为 0. 显然，实际的热机总是需要一定的输出功率. 因此，它们的效率

不可能达到卡诺效率 η_C.

由图 9.5.2 或式(9.5.4)容易看出,效率是热流输入率 q_2 的单调减函数. 当热流输入率 q_2 从 0 变到 $k(T_2-T_1)$ 时,相应的效率从 η_C 变到 0,而输出功率 P 由 0 增加到最大值再减小到 0. 因此,由图 9.5.2 也可直接导出循环的最大输出功率 $P_{\max}$ 和相应的效率 η_m(或称为 CA 效率 η_{CA}). 为此,先假设热流输入率从 q_2 改变到 q_2',效率从 η 变到 η',而在这两种情况下具有相同的输出功率,如图 9.5.2 所示. 利用条件 $P=P'$,可得

$$q_2\eta = q_2'\eta' \tag{9.5.7}$$

再由式(9.5.4)和式(9.5.7),可得

$$T_2^* T_2' = T_1 T_2 \tag{9.5.8}$$

式中,T_2' 是热流输入率为 q_2' 时所对应的等效温度. 由图 9.5.2 可看出,当 P 和 P' 同时增加时,斜线 $\overline{Ob}$ 和 $\overline{Ob'}$ 将重合,角度 $\theta \to 0$. 显然,当 $\theta = 0$ 时,$T_2^* = T_2'$,则 $P=P'=P_{\max}$. 利用条件 $T_2^* = T_2'$ 和式(9.5.8),由式(9.5.5)式(9.5.4)可导出循环的最大输出功率

$$P_{\max} = k(\sqrt{T_2} - \sqrt{T_1})^2 = kT_2\eta_m^2 \tag{9.5.9}$$

和所对应的效率

$$\eta_m = 1 - \sqrt{\frac{T_1}{T_2}} \tag{9.5.10}$$

式(9.5.9)和式(9.5.10)是内可逆卡诺热机的两个重要结果,它们也可由式(9.5.5)和极值条件 $dP/d\eta = 0$ 直接求得[20].

图 9.5.2 还表明,当功率 $P < P_{\max}$ 时,对于一个给定的输出功率,对应着两个不同的效率,其中一个大于 η_m,一个小于 η_m. 显然,较大的那个效率才是卡诺循环的最佳效率. 受传热不可逆性影响的卡诺热机的效率虽然不可能达到 η_C,但其效率若低于 η_m,卡诺热机就没有工作在最佳区域. 换言之,对此类热机,应该控制热流输入率 q_2 不大于 $k(T_2 - \sqrt{T_1 T_2})$,以至于效率处在 η_m 和 η_C 之间的最佳区域.

由图 9.5.2 以及式(9.5.4)和式(9.5.6),可直接定量地给出卡诺热机的第二定律效率[4, 18]为

$$\in = \frac{\overline{ef}}{\overline{df}} = \frac{\eta}{\eta_C} = \frac{1 - T_1/T_2^*}{1 - T_1/T_2} = \frac{1 - T_1/(T_2 - q_2/k)}{1 - T_1/T_2} \tag{9.5.11}$$

式(9.5.11)表明,仅当 $q_2 = 0$ 或 $k \to \infty$ 时,卡诺热机的第二定律效率才能达到 1.

参 考 文 献

[1] Bejan A. Graphic techniques for teaching engineering thermodynamics [J]. Mech. Engng. News, 1977,(1):26.

[2] Bejan A. Entropy Generation through Heat and Fluid Flow [M]. New York: Wiley, 1982.

[3] Bucher M. New diagram for heat flows and work in a Carnot cycle [J]. Am. J. Phys., 1986, 54 (9):850.

[4]　Wallingford J. Inefficiency and irreversibility in the Bucher diagram [J]. Am. J. Phys. , 1989, 57 (4):379-381.

[5]　Chen J, Andresen B. Diagrammatic representation of the optimal performance of an endoreversible arnot engine at maximum power output [J]. Eur. J. Phys. , 1999, 20:21.

[6]　Sesrs F W, Zemansky M W, Young H D. 大学物理学. 第二册 [M]. 郭泰运, 刘聚成, 译. 北京: 人民教育出版社, 1979.

[7]　Yan Z, Chen J. Modified Bucher diagram for heat flows and works in 2 classes of cycles [J]. Am. J. Phys. , 1990, 58(4):404-405.

[8]　Leff H S. Thermal efficiency at maximum work output:new results for old heat engines [J]. Am. J. Phys. , 1987, 55(7):602-610.

[9]　Landsberg P T, Leff H S. Thermodynamic cycles with nearly universal maximum-work efficiencies [J]. J. Phys. A, 1989, 22(18):4019-4026.

[10]　Yan Z, Chen J. A note on the Ericsson refrigeration cycle of paramagnetic salt [J]. J. Appl. Phys. , 1989, 66(5):2228-2229.

[11]　Chen J, Yan Z. The effect of field-dependent heat capacity on regeneration in magnetic Ericsson cycles [J]. J. Appl. Phys. , 1991, 69(9):6245-6247.

[12]　Huang F. Engineering Thermodynamics, Foundamentals and Applications [M]. New York: Macmillan, 1976.

[13]　Chen J, Yan Z. Equivalent combined systems of 3-heat-source heat pumps [J]. J. Chem. Phys. , 1989, 90(9):4951-4955.

[14]　朱明善, 刘颖, 史琳. 工程热力学题型分析[M]. 2 版. 北京: 清华大学出版社, 2000.

[15]　Yan Z, Chen J. New Bucher diagrams for a class of irreversible Carnot cycles [J]. Am. J. Phys. , 1992, 60(5):475-476.

[16]　严子浚. 内可逆卡诺热泵的最优性能 [J]. 厦门大学学报, 1984, 23(4):414-419.

[17]　严子浚. 卡诺制冷机的最佳制冷系数与制冷率间的关系[J]. 物理, 1984, 13(12):768-770.

[18]　Rubin M H. Optimal configuration of a class of irreversible heat engines. I[J]. Phys. Rev. A, 1979, 19(3):1272-1276.

[19]　Curzon F L, Ahlborn B. Efficiency of a Carnot engine at maximum power output [J]. Am. J. Phys. , 1975, 43(1):22-24.

[20]　Chen L, Yan Z. The effect of heat-transfer law on performance of a two-heat-source endoreversible cycle [J]. J. Chem. Phys. , 1989, 90(7):3740-3743.

[21]　Chen J, Yan Z. Unified description of endoreversible cycles [J]. Phys. Rev. A, 1989, 39(8):4140-4147.

第 10 章　量子工质

当一个系统处在比较低的温度或具有比较高的粒子数密度时，粒子的平均热波长比粒子间的平均距离大得多，系统内部的量子统计效应十分显著，而且，粒子质量越小，其量子效应越大. 因此，研究工作在低温(液氮温区、液氦温区乃至更低)环境下的热力学系统的性能时，必须考虑工质的量子效应.

在量子力学中粒子具有不可分辨性. 这些粒子按自旋情况可以分为两大类型，具有整数倍(包括零)自旋的玻色子和具有半整数倍(或奇数倍)自旋的费米子. 玻色子的波函数是对称的，容许不同粒子占据同一状态，遵循玻色-爱因斯坦统计，而费米子波函数是反对称的，不容许不同粒子占据同一状态(泡利不相容原理)，遵循费米-狄拉克统计. 由于它们遵循不同的统计规律，因此，理想玻色气体和费米气体的性质也完全不同，它们呈现各自的量子特征. 在玻色气体中大量粒子在一定的条件下，会聚集到最低能态——基态中去，即发生玻色-爱因斯坦凝聚(BEC)现象，这是玻色气体的量子特征. 在费米气体中，由于泡利原理的限制，不会发生大量粒子聚集到单粒子基态中去，即不会出现凝聚现象. 但由于泡利原理的限制，其会对强简并费米气体的热力学性质产生十分重要的影响.

谐振子和自旋系统是量子物理中两个典型的力学系统. 自从量子理论出现以来，它们已被广泛应用于各类粒子物理问题. 近年来，量子热力学循环已经成为现代热力学研究中的一个热点问题. 在量子热力学循环中的工质可以是玻色气体、费米气体、谐振子和自旋系统等. 量子循环的性能特性依赖于循环工质的热力学性质.

本章将基于理想量子气体的状态方程、量子主方程和半群逼近方法，分别研究理想玻色气体、费米气体、自旋-1/2 系统和谐振子的热力学性质，探讨由玻色-爱因斯坦凝聚现象导致的对一些热力学循环的限制.

10.1　理想玻色气体

10.1.1　理想玻色气体的热力学性质

虽然许多作者已经研究了理想玻色气体的热力学性质，获得了大量重要结论[1, 2]. 然而，为了继续讨论一些重要热力学过程的性质，必须给出理想玻色气体一些热力学性质的表达式. 根据量子统计理论[3-5]，三维空间的非相对论理想玻色气体的压强和粒子数分别为

$$p = \frac{kT}{\lambda^3} g_{5/2}(z) \tag{10.1.1}$$

$$N - N_0 = \frac{V}{\lambda^3} g_{3/2}(z) \tag{10.1.2}$$

式中，$\lambda = h/(2\pi m k T)^{1/2}$ 为粒子的平均热波长，h 为普朗克常量，k 为玻尔兹曼常量，m 为一个粒子的静止质量，T 为气体温度；N 为总粒子数；N_0 为基态粒子数；V 为气体的体积；$z = \exp(\mu/kT)$ 为气体的逸度，μ 为化学势，函数 $g_n(z)$ 称为玻色积分，其定义为

$$g_n(z) = \frac{1}{\Gamma(n)} \int_0^\infty \frac{x^{n-1} \mathrm{d}x}{z^{-1} \mathrm{e}^x - 1} = \sum_{j=1}^\infty z^j / j^n \tag{10.1.3}$$

$\Gamma(n)$ 是伽马函数. 玻色积分的导数满足以下关系：

$$g_{n-1}(z) = z \frac{\partial}{\partial z} [g_n(z)] \tag{10.1.4}$$

$$\frac{\partial g_n(z)}{\partial T} = \frac{\partial g_n(z)}{\partial z} \frac{\partial z}{\partial T} \tag{10.1.5}$$

当 $T \geqslant T_c$（T_c 是玻色系统的 BEC 临界温度）时，玻色气体系统的基态粒子数与系统的总粒子数相比可宏观忽略[3, 4, 6]. 利用式(10.1.1)和式(10.1.2)可以得到理想玻色气体的状态方程、内能、熵和焓分别为

$$p = nkTF(z) \tag{10.1.6}$$

$$U = \frac{3}{2} pV = \begin{cases} \dfrac{3}{2} NkTF(z), & T \geqslant T_c \\ \dfrac{3}{2}(N - N_0)kT \dfrac{\zeta(5/2)}{\zeta(3/2)} = \dfrac{3}{2} \dfrac{\zeta(5/2)}{\zeta(3/2)} NkT \left(\dfrac{T}{T_c}\right)^{3/2}, & T < T_c \end{cases} \tag{10.1.7}$$

$$S = \begin{cases} \dfrac{5}{2} NkF(z) - Nk \ln z, & T \geqslant T_c \\ \dfrac{5}{2}(N - N_0)k \dfrac{\zeta(5/2)}{\zeta(3/2)} = \dfrac{5}{2} \dfrac{\zeta(5/2)}{\zeta(3/2)} Nk \left(\dfrac{T}{T_c}\right)^{3/2}, & T < T_c \end{cases} \tag{10.1.8}$$

$$H = U + pV = \begin{cases} \dfrac{5}{2} NkTF(z), & T \geqslant T_c \\ \dfrac{5}{2}(N - N_0)kT \dfrac{\zeta(5/2)}{\zeta(3/2)} = \dfrac{5}{2} N \dfrac{\lambda_c^3}{\zeta(3/2)} p, & T < T_c \end{cases} \tag{10.1.9}$$

式中，$F(z) = g_{5/2}(z)/g_{3/2}(z)$ 称为玻色修正函数；$\zeta(5/2) = 1.341$；$\zeta(3/2) = 2.612$；$N - N_0 = N(T/T_c)^{3/2}$；$\lambda_c = h/(2\pi m k T_c)^{1/2}$；$T_c = \dfrac{h^2}{2\pi m k}\left[\dfrac{N}{V\zeta(3/2)}\right]^{2/3} = \dfrac{1}{k}\left[\dfrac{h^3 p}{(2\pi m)^{3/2} \zeta(5/2)}\right]^{2/5}$，而 V 和 p 分别是玻色系统的体积和压强.

利用式(10.1.4)、式(10.1.5)、式(10.1.7)和定容热容量的定义，可以得到玻色气体的定容热容量的表达式为

$$C_V = \begin{cases} \dfrac{15}{4} Nk \left[\dfrac{g_{5/2}(z)}{g_{3/2}(z)} - \dfrac{3}{5} \dfrac{g_{3/2}(z)}{g_{1/2}(z)}\right], & T \geqslant T_c \\ \dfrac{15}{4} Nk \dfrac{\zeta(5/2)}{\zeta(3/2)} \left(\dfrac{T}{T_c}\right)^{3/2}, & T < T_c \end{cases} \tag{10.1.10}$$

同理，根据定压热容量的定义和式(10.1.9)，可得

$$C_p = \left(\frac{\partial H}{\partial T}\right)_p = \frac{5}{2} Nk \frac{\partial}{\partial T}\left(T\frac{g_{5/2}(z)}{g_{3/2}(z)}\right)_p \tag{10.1.11}$$

当 $T \geqslant T_c$ 时，从式(10.1.1)和式(10.1.2)容易导出下列关系：

$$\left[\frac{\partial}{\partial T} g_{3/2}(z)\right]_V = -\frac{3}{2}\frac{N}{V}\frac{\lambda^3}{T} = -\frac{3}{2T}g_{3/2}(z) \tag{10.1.12}$$

$$\left[\frac{\partial}{\partial V} g_{3/2}(z)\right]_T = -\frac{N}{V^2}\lambda^3 = -\frac{1}{V}g_{3/2}(z) \tag{10.1.13}$$

$$V = \frac{NkT}{p}\frac{g_{5/2}(z)}{g_{3/2}(z)} \tag{10.1.14}$$

利用式(10.1.12)~式(10.1.14)和玻色函数，可得如下重要关系式：

$$g_{n-1}(z) = z\frac{\partial}{\partial z}g_n(z) = \frac{\partial}{\partial(\ln z)}g_n(z) \tag{10.1.15}$$

$$\left(\frac{\partial g_{5/2}(z)}{\partial T}\right)_p = \left(\frac{\partial g_{5/2}(z)}{\partial \ln z}\right)_p\left(\frac{\partial \ln z}{\partial z}\right)_p\left(\frac{\partial z}{\partial T}\right)_p = g_{3/2}(z)\frac{1}{z}\left(\frac{\partial z}{\partial T}\right)_p \tag{10.1.16}$$

$$\left(\frac{\partial g_{3/2}(z)}{\partial T}\right)_p = \left(\frac{\partial g_{3/2}(z)}{\partial \ln z}\right)_p\left(\frac{\partial \ln z}{\partial z}\right)_p\left(\frac{\partial z}{\partial T}\right)_p = g_{1/2}(z)\frac{1}{z}\left(\frac{\partial z}{\partial T}\right)_p \tag{10.1.17}$$

$$\left(\frac{\partial z}{\partial T}\right)_V = \left[\frac{\partial z}{\partial g_{3/2}(z)}\frac{\partial g_{3/2}(z)}{\partial T}\right]_V = -\frac{3z}{2T}\frac{g_{3/2}(z)}{g_{1/2}(z)} \tag{10.1.18}$$

$$\left(\frac{\partial z}{\partial V}\right)_T = \left[\frac{\partial z}{\partial g_{3/2}(z)}\frac{\partial g_{3/2}(z)}{\partial V}\right]_T = -\frac{z}{V}\frac{g_{3/2}(z)}{g_{1/2}(z)} \tag{10.1.19}$$

利用式(10.1.14)、式(10.1.16)~式(10.1.19)和热力学关系式

$$\left(\frac{\partial z}{\partial T}\right)_p = \left(\frac{\partial z}{\partial T}\right)_V + \left(\frac{\partial z}{\partial V}\right)_T\left(\frac{\partial V}{\partial T}\right)_p \tag{10.1.20}$$

可得

$$\left(\frac{\partial g_{5/2}(z)}{\partial T}\right)_p = -\frac{g_{3/2}^2(z)}{g_{1/2}(z)}\left[\frac{3}{2}\frac{1}{T} + \frac{1}{V}\left(\frac{\partial V}{\partial T}\right)_p\right] \tag{10.1.21}$$

$$\left(\frac{\partial g_{3/2}(z)}{\partial T}\right)_p = -g_{3/2}(z)\left[\frac{3}{2}\frac{1}{T} + \frac{1}{V}\left(\frac{\partial V}{\partial T}\right)_p\right] \tag{10.1.22}$$

$$\left(\frac{\partial V}{\partial T}\right)_p = \frac{Nk}{p}\left[\frac{5}{2}\frac{g_{1/2}(z)g_{5/2}^2(z)}{g_{3/2}^3(z)} - \frac{3}{2}\frac{g_{5/2}(z)}{g_{3/2}(z)}\right] \tag{10.1.23}$$

将式(10.1.21)~式(10.1.23)代入式(10.1.11)，并利用式(10.1.9)，可得玻色气体的定压热容量为

$$C_p = \begin{cases} \frac{25}{4}Nk\left[\frac{g_{1/2}(z)g_{5/2}^2(z)}{g_{3/2}^3(z)} - \frac{3}{5}\frac{g_{5/2}(z)}{g_{3/2}(z)}\right] = \frac{\partial}{\partial T}[TF(T, p)], & T \geqslant T_c \\ 0, & T < T_c \end{cases} \tag{10.1.24}$$

从式(10.1.10)和式(10.1.24)可以看出，当 $T \to 0$ 时，$C_V \to 0$ 和 $C_p \to 0$. 这表明式(10.1.10)和式(10.1.24)不违背能斯特定理.

10.1.2　等压和绝热过程[①]

根据式(10.1.10)和式(10.1.24)，可以分别画出定容热容量和定压热容量随温度变

化的关系曲线，如图 10.1.1 所示. 从图中可以看出定容热容量随温度变化的曲线在凝聚温度 T_c 点是连续的，而定压热容量随温度变化的曲线在凝聚温度 T_c 点则是不连续的. 当 $T \to T_c^+$ 时，$C_p \to \infty$，而当 $T < T_c$ 时，$C_p = 0$. 因此，定压热容量在玻色气体的 BEC 温度处存在无限阶跃. 这一点从方程(10.1.24)也可看出. 当 $T \to T_c^+$ 时，$z = 1$[7]，并且

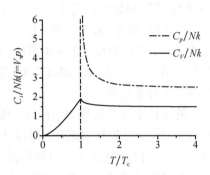

$$g_l(1) = \sum_{i=1}^{\infty} \frac{1}{i^l} = \zeta(l) \qquad (10.1.25)$$

式中，$\zeta(l)$ 为称黎曼 ζ(Riemann zeta)函数.

从式(10.1.25)可以看出，当 $l \leqslant 1$ 时，$\zeta(l)$

图 10.1.1　定容热容量和定压热容量
随温度变化的关系曲线
T_c 为 BEC 温度

发散. 这表明当 $T \to T_c^+$ 时，式(10.1.24)中的

$g_{1/2}(1)$ 趋于无限大，也就是，$g_{1/2}(1) \to \infty$，$C_p \to \infty$. 所以，从 $T > T_c$ 的区域到 $T < T_c$ 的区域的等压过程将不会发生. 因此，对于理想玻色气体，等压过程的最低温度为玻色系统的 BEC 温度.

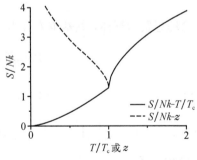

图 10.1.2　理想玻色气体的
熵-温和熵-逸度曲线

利用方程(10.1.8)，可以分别画出熵随温度或逸度变化的曲线，如图 10.1.2 所示，图中的实线代表熵-温曲线，而虚线则代表熵-逸度曲线. 从图中的曲线可以清楚地看出，熵是温度的单调递增函数，但是逸度的单调递减函数. 当 $T \leqslant T_c$ 时，$z = 1$. 它是逸度的最大值，所以逸度的取值范围是 0 到 1 之间.

对于给定的玻色系统，S 和 N 在绝热过程中保持不变，以至于逸度 z 在绝热过程中也保持不变. 玻色气体的这个性质从图 10.1.2 或式(10.1.8)可以直接看出，事实上在教科书里也有解释[4]. 例如，正像文献[4]所描述：玻色系统的熵和总粒子数的比值是化学势和温度比值的零阶齐次函数，即 $S/N = \varphi(\mu/T)$. 因为 S 和 N 在可逆绝热过程中保持不变，所以 μ/T 和 z 也保持不变. 正是由于这种原因，从 $z < 1$ 状态开始的过程不能通过可逆绝热过程到达 $z = 1$ 的状态. 这表明从 $T > T_c$ 区域

开始的可逆绝热过程到达 $T < T_c$ 区域是不可能的.

10.1.3　一些禁止的热力学过程

众所周知,卡诺循环、奥托循环、布雷顿循环、爱立信循环、狄塞尔循环和阿特金森循环是一些重要的典型热力学循环模型[8,9]. 在热力学的研究中,常常应用这些循环模型. 当以理想玻色气体为工质的这些循环在很低的温度下运行时,必须考虑循环工质的 BEC 现象. 由于上述所提及的原因,包含有绝热或等压过程及其他过程组成的卡诺循环、奥托循环、布雷顿循环、爱立信循环、狄塞尔循环和阿特金森循环不可能运行到玻色系统的 BEC 温度以下. 显然,在研究相关的量子热力学循环中,注意这个问题是十分重要的.

除了以上提及的热力学循环,斯特林循环也是一种重要的典型热力学循环模型. 然而,不像上述提及的循环,斯特林循环不包含绝热或等压过程. 从图 10.1.1 或方程 (10.1.10)可知,无论玻色气体的温度是大于、等于,还是小于玻色系统的 BEC 温度,其定容热容量总是有限的. 这隐含着等容过程可以从 $T > T_c$ 的区域运行到 $T < T_c$ 的区域. 因此,以理想玻色气体为工质由两个等容和两个等温过程组成的斯特林循环可以穿越玻色系统的 BEC 温度运行到 $T < T_c$ 区域.

10.2　理想费米气体

10.2.1　理想费米气体的热力学量

根据统计力学理论[3-6],对于三维空间的非相对论理想费米气体,其基本方程为

$$\frac{p}{kT} = g\lambda^{-3}f_{5/2}(z) \tag{10.2.1}$$

$$\frac{N}{V} = n = g\lambda^{-3}f_{3/2}(z) \tag{10.2.2}$$

式中,g 为权重因子,与气体的内部结构有关,如自旋;$f_l(z) = \dfrac{1}{\Gamma(l)}\displaystyle\int_0^\infty \dfrac{x^{l-1}}{z^{-1}e^x + 1}\mathrm{d}x$ 称为费米积分,$\Gamma(l)$ 为伽马函数. 费米积分满足如下导数关系:

$$f_{l-1}(z) = z\frac{\partial}{\partial z}[f_l(z)] \tag{10.2.3}$$

$$\frac{\partial f_l(z)}{\partial T} = \frac{\partial f_l(z)}{\partial z}\frac{\partial z}{\partial T} \tag{10.2.4}$$

根据式(10.2.1)和式(10.2.2),可得理想费米气体的物态方程为

$$p = nkTF(z) \tag{10.2.5}$$

式中,n 为粒子数密度,$F(z) = f_{5/2}(z)/f_{3/2}(z)$ 称为费米修正函数. 由式(10.2.1)和式(10.2.2),还可得理想费米气体的内能、熵和焓分别为

$$U = \frac{3}{2} NkT \frac{f_{5/2}(z)}{f_{3/2}(z)} = \frac{3}{2} NkTF(z) \tag{10.2.6}$$

$$S = Nk\left[\frac{5}{2} \frac{f_{5/2}(z)}{f_{3/2}(z)} - \ln z\right] = Nk\left[\frac{5}{2}F(z) - \ln(z)\right] \tag{10.2.7}$$

$$H = U + pV = \frac{5}{2}pV = \frac{5}{2}NkT \frac{f_{5/2}(z)}{f_{3/2}(z)} = \frac{5}{2}NkTF(z) \tag{10.2.8}$$

利用式(10.2.3)、式(10.2.4)和式(10.2.6)可得定容热容量为

$$C_V = \left(\frac{\partial U}{\partial T}\right)_{N,V} = \frac{15}{4}Nk\frac{f_{5/2}(z)}{f_{3/2}(z)} - \frac{9}{4}Nk\frac{f_{3/2}(z)}{f_{1/2}(z)} = \frac{3}{2}Nk\frac{\partial}{\partial T}[TF(T,V)] \tag{10.2.9}$$

式中,$F(T,V)$是温度和体积的函数.

根据热力学关系

$$\left(\frac{\partial z}{\partial T}\right)_p = \left(\frac{\partial z}{\partial T}\right)_V + \left(\frac{\partial z}{\partial V}\right)_T\left(\frac{\partial V}{\partial T}\right)_p \tag{10.2.10}$$

费米积分的偏导数关系

$$\frac{\partial f_l(z)}{\partial \ln z} = f_{l-1}(z) \tag{10.2.11}$$

和逸度的偏导数[10]

$$\left(\frac{\partial z}{\partial T}\right)_V = -\frac{3}{2}\frac{z}{T}\frac{f_{3/2}(z)}{f_{1/2}(z)} \tag{10.2.12}$$

$$\left(\frac{\partial z}{\partial T}\right)_V = -\frac{z}{V}\frac{f_{3/2}(z)}{f_{1/2}(z)} \tag{10.2.13}$$

可得

$$\left(\frac{\partial f_{5/2}(z)}{\partial T}\right)_p = -\frac{f_{3/2}^2(z)}{f_{1/2}(z)}\left[\frac{3}{2T} + \frac{1}{V}\left(\frac{\partial V}{\partial T}\right)_p\right] \tag{10.2.14}$$

同理可求得

$$\left(\frac{\partial f_{3/2}(z)}{\partial T}\right)_p = -f_{3/2}(z)\left[\frac{3}{2T} + \frac{1}{V}\left(\frac{\partial V}{\partial T}\right)_p\right] \tag{10.2.15}$$

由式(10.2.1)式(10.2.2)消去 λ 可得

$$V = \frac{NkTf_{5/2}(z)}{pf_{3/2}(z)} \tag{10.2.16}$$

利用式(10.2.14)~式(10.2.16)可求得

$$\left(\frac{\partial V}{\partial T}\right)_p = \frac{Nk}{p}\left[\frac{5}{2}\frac{f_{1/2}(z)f_{5/2}^2(z)}{f_{3/2}^3(z)} - \frac{3}{2}\frac{f_{5/2}(z)}{f_{3/2}(z)}\right] \tag{10.2.17}$$

由式(10.2.8)和式(10.2.17),则定压热容量可表示为

$$C_p = \left(\frac{\partial H}{\partial T}\right)_p = Nk\left[\frac{25}{4}\frac{f_{1/2}(z)f_{5/2}^2(z)}{f_{3/2}^3(z)} - \frac{15}{4}\frac{f_{5/2}(z)}{f_{3/2}(z)}\right] = \frac{5}{2}Nk\frac{\partial}{\partial T}[TF(T,p)] \tag{10.2.18}$$

式中,$F(T,p)$是温度和压强的函数.

10.2.2 绝热过程的热力学性质

对于理想费米气体，系统的熵 S 和总粒子数 N 的比值是化学势 μ 和温度 T 的比值的零阶齐次函数，即 $S/N = \varphi(\mu/T)$[4]. 因此，在绝热过程中，由于 S 和 N 保持不变，则 μ/T 保持不变. 根据逸度的定义式可知，z 也保持不变. 由式(10.2.7)可知，在可逆绝热过程中修正函数 $F(z)$ 保持不变，即有

$$F(p_1, T_1) = F(p_2, T_2) = \text{const.} \tag{10.2.19}$$

由式(10.2.1)可得

$$\frac{T_2}{T_1} = \left(\frac{p_2}{p_1}\right)^{2/5} = r_p^{2/5} \tag{10.2.20}$$

式中，r_p 为压强比. 式(10.2.20)虽然与经典理想气体的绝热方程 $p^{1-1/\gamma}T^{-1} = $ 常数 $[\gamma = C_p/C_V = 5/3, l-1/\gamma = (C_p - C_V)/C_p = 2/5]$ 是相同的，但式(10.2.20)中的 2/5 的倒数 5/2 并非总是理想费米系统的 $C_p/(C_p - C_V)$ 值，因为理想费米系统的 C_p/C_V 一般不是常数.

10.2.3 等温、等容和等压过程中的热量

应用式(10.2.7)、式(10.2.9)和式(10.2.18)，可得理想费米气体在等温、等容和等压过程中的热量分别为

$$Q_{if}^T = T(S_f - S_i) = NkT\left\{\frac{5}{2}[F(z_f) - F(z_i)] - (\ln z_f - \ln z_i)\right\} \tag{10.2.21}$$

$$Q_{if}^V = \int_{T_i}^{T_f} C_V(T, V)\mathrm{d}T = \frac{3}{2}Nk[T_f F(T_f, V) - T_i F(T_i, V)] \tag{10.2.22}$$

$$Q_{if}^p = \int_{T_i}^{T_f} C_p\mathrm{d}T = \frac{5}{2}Nk[T_f F(T_f, p) - T_i F(T_i, p)] \tag{10.2.23}$$

10.2.4 强简并理想费米气体的热力学特征

众所周知，当温度很低或密度很高时，即简并判据 $n\lambda^3 \gg 1$ 时，费米体系将大大地偏离经典体系，这时体系将明显地显示它的量子特征，我们说体系是简并的. 当 $n\lambda^3 \to \infty$ 时，体系完全显示出它的量子特征，则称体系是完全简并的. 对于完全简并情况，即低温极限 $T \to 0$，这时粒子按能级的分布是一个阶跃函数[3, 10]

$$\langle n_\varepsilon \rangle = \frac{1}{\exp[\beta(\varepsilon - \mu_0)] + 1} = \begin{cases} 1, & \varepsilon \leqslant \mu_0 \\ 0, & \varepsilon > \mu_0 \end{cases} \tag{10.2.24}$$

式中，μ_0 是 $T=0\text{K}$ 时费米气体的化学势. 由上式可见，受泡利不相容原理限制，在 $T=0\text{K}$ 时，费米体系由 $\varepsilon=0$ 到 $\varepsilon=\mu_0$ 的区间内的全部单粒子量子态皆被粒子占据，即每个量子态一个粒子（$\langle n_\varepsilon \rangle = 1$），而在 $\varepsilon > \mu_0$ 的全部单粒子态是空的，或者说 $T=0\text{K}$

时，所有费米粒子全部进入 $\varepsilon \leqslant \mu_0$ 的费米球内并填满其中的全部单粒子态. $T=0\mathrm{K}$ 时的化学势 μ_0 也就是绝对零度时费米气体中粒子按泡利原理填充到最高能级的能量，称为费米能，以 $\varepsilon_\mathrm{F}(\equiv \mu_0)$ 表示. 与费米能 ε_F 相应的单粒子态的费米动量 p_F 和费米能 ε_F 可分别表示为[3, 10]

$$p_\mathrm{F} = \left(\frac{3N}{4\pi g V}\right)^{1/3} h = \left(\frac{3n}{4\pi g}\right)^{1/3} h \tag{10.2.25}$$

$$\varepsilon_\mathrm{F} \equiv \mu_0 = \left(\frac{3N}{4\pi g V}\right)^{2/3} \frac{h^2}{2m} = \left(\frac{6\pi^2 n}{g}\right) \frac{\hbar^2}{2m} \tag{10.2.26}$$

于是体系的基态能或零点能为

$$E_0 = \frac{4\pi g V}{h^3} \int_0^{p_\mathrm{F}} (p^2/2m) p^2 \,\mathrm{d}p = \frac{2\pi g V}{5 m h^3} p_\mathrm{F}^5 \tag{10.2.27}$$

每个粒子的平均零点能为

$$\frac{E_0}{N} = \frac{2}{5}\varepsilon_\mathrm{F} \tag{10.2.28}$$

由基态压强公式[3, 10]，可以求得基态的物态方程为

$$p_0 V^{5/3} = \frac{\hbar^2}{5m}\left(\frac{6\pi^2}{g}\right)^{2/3} N^{5/3} \tag{10.2.29}$$

可见绝对零度时，$p\text{-}V$ 曲线很像通常气体的绝热曲线.

由以上的结果可知，理想费米气体的基态性质与理想玻色气体完全不同. 由于泡利不相容原理的作用，即使在绝对零度，系统的基态能量不为零，粒子的平均能量不为零，粒子仍在不停的运动中，但这种运动不是热运动，而是由泡利不相容原理引起的零点运动. 正是这种零点运动，使费米气体产生零点压强. 这是理想费米气体典型的量子特征.

对于有限的低温，$T>0$，z 值虽不会达到无限大，但仍比 1 大得多. 在这种情况下，对于费米积分可采用大变量展开式[3]，即

$$f_n(z) = \frac{(\ln z)^n}{\Gamma(n+1)}\left\{1 + n(n-1)\frac{\pi^2}{6}\left(\frac{1}{\ln z}\right)^2 + n(n-1)(n-2)(n-3)\frac{7\pi^4}{360}\left(\frac{1}{\ln z}\right)^4 + \cdots\right\} \tag{10.2.30}$$

对于 $T \to 0$ 的情况，可用上式和一级修正形式，得到上述讨论的理想费米气体的热力学性质.

10.3 自旋-1/2 系统

10.3.1 自旋-1/2 系统与磁场间的相互作用能

考虑一个由许多无相互作用的自旋-1/2 系统组成的量子体系. 对于单自旋量子系统，磁矩 $\boldsymbol{M}$ 正比于自旋角动量 $\boldsymbol{S}$. 因此，当具有磁矩 $\boldsymbol{M}$ 的自旋系统置于磁场 $\boldsymbol{B}$ 中时，

磁场的方向恒定且假定沿 z 轴正方向，其大小可以随时间变化，但不能为零，则磁矩 $\boldsymbol{M}$ 与磁场 $\boldsymbol{B}$ 间相互作用的哈密顿量为[11-13]

$$\hat{H}(t) = -\hat{\boldsymbol{M}} \cdot \boldsymbol{B} = 2\mu_{\mathrm{B}}\hat{\boldsymbol{S}} \cdot \boldsymbol{B} = 2\mu_{\mathrm{B}}B_z(t)\hat{S}_z \tag{10.3.1}$$

式中，μ_{B} 为玻尔磁子；t 为时间. 为书写方便起见，定义 $\omega(t) = 2\mu_{\mathrm{B}}B_z(t)$，并且选择适当的参量单位，令 $\hbar=1$，$k=1$. 因为 $B_z(t)>0$，所以 ω 为正值. 通常为叙述方便，称 ω 为"磁场". 这样，一个孤立的单自旋-1/2 系统在磁场中的哈密顿量为

$$\hat{H}(t) = \omega(t)\hat{S}_z \tag{10.3.2}$$

利用上式，可得自旋-1/2 粒子与外磁场之间的平均相互作用能为

$$E = \langle\hat{H}\rangle = \omega(t)\langle\hat{S}_z\rangle = \omega S \tag{10.3.3}$$

根据统计力学理论[14]，自旋-1/2 角动量 $\hat{S}_z$ 的期望值为

$$S = \langle\hat{S}_z\rangle = -\frac{1}{2}\tanh(\beta'\omega/2) \tag{10.3.4}$$

式中，$-1/2 < S < 0$；$\beta' = 1/T'$，T' 为自旋系统的温度，它的单位为能量单位.

将式(10.3.4)代入式(10.3.3)中，可得

$$E = -\frac{1}{2}\omega\tanh\left(\frac{1}{2}\beta'\omega\right) \tag{10.3.5}$$

10.3.2 量子主方程和热力学第一定律

为了获得粒子的相互作用能随时间的变化率，必须求解算符的运动方程. 在海森伯(Heisenberg)表象中，采用半群方法，算符的运动方程，即量子主方程[13-16]

$$\frac{\mathrm{d}\hat{\boldsymbol{X}}}{\mathrm{d}t} = \mathrm{i}[\hat{H}, \hat{\boldsymbol{X}}] + \frac{\partial\hat{\boldsymbol{X}}}{\partial t} + L_{\mathrm{D}}(\hat{\boldsymbol{X}}) \tag{10.3.6}$$

其中

$$L_{\mathrm{D}}(\hat{\boldsymbol{X}}) = \sum_{\alpha}\gamma_{\alpha}(\hat{\boldsymbol{V}}_{\alpha}^{+}[\hat{\boldsymbol{X}}, \hat{\boldsymbol{V}}_{\alpha}] + [\hat{\boldsymbol{V}}_{\alpha}^{+}, \hat{\boldsymbol{X}}]\hat{\boldsymbol{V}}_{\alpha}) \tag{10.3.7}$$

是耗散项，源于自旋系统与外热源的热耦合，γ_{α} 是正唯象系数，$\hat{\boldsymbol{V}}_{\alpha}$ 和 $\hat{\boldsymbol{V}}_{\alpha}^{+}$ 分别是系统在希尔伯特空间中的算符和对应的厄米共轭算符.

当单一自旋-1/2 粒子系统不仅处在"外磁场" $\omega(t)$ 中，而且与温度为 T 的外热源相耦合时，根据量子主方程，即式(10.3.6)，用哈密顿算符 $\hat{H}$ 替代主方程中的任一算符 $\hat{\boldsymbol{X}}$，则可以得到哈密顿算符的运动方程为[17, 18]

$$\frac{\mathrm{d}\hat{H}}{\mathrm{d}t} = \mathrm{i}[\hat{H}, \hat{H}] + \frac{\partial\hat{H}}{\partial t} + L_{\mathrm{D}}(\hat{H}) = \frac{\partial\hat{H}}{\partial t} + L_{\mathrm{D}}(\hat{H}) \tag{10.3.8}$$

利用式(10.3.3)和式(10.3.8)，可以获得单一自旋-1/2 粒子系统相互作用能随时间的变化率为

$$\frac{\mathrm{d}E}{\mathrm{d}t} = \frac{\mathrm{d}}{\mathrm{d}t}\langle\hat{H}\rangle = \left\langle\frac{\partial\hat{H}}{\partial t}\right\rangle + \langle L_{\mathrm{D}}(\hat{H})\rangle = \frac{\mathrm{d}\omega}{\mathrm{d}t}S + \omega\frac{\mathrm{d}S}{\mathrm{d}t} \tag{10.3.9}$$

显然，式(10.3.9)就是单一自旋-1/2 粒子系统中的热力学第一定律的微分形式. 当研

究的系统是由许多无相互作用的自旋-1/2粒子组成时,只要在相应的物理量上乘以系统的粒子总数即可.所以式(10.3.9)也是自旋-1/2系统中的热力学第一定律的微分形式.

功和热量是热力学中的两个重要物理量.根据功率和热流的物理意义,将式(10.3.9)和热力学第一定律的微分形式

$$\frac{\mathrm{d}E}{\mathrm{d}t} = \frac{\mathrm{d}W}{\mathrm{d}t} + \frac{\mathrm{d}Q}{\mathrm{d}t} \qquad (10.3.10)$$

相比较,可以得到在磁场中与热源耦合的自旋-1/2系统的瞬时功率和瞬时热流[13, 16-18]的表达式分别为

$$P = \frac{\mathrm{d}W}{\mathrm{d}t} = \left\langle \frac{\partial \hat{H}}{\partial t} \right\rangle = S\frac{\mathrm{d}\omega}{\mathrm{d}t} \qquad (10.3.11)$$

$$\frac{\mathrm{d}Q}{\mathrm{d}t} = \langle L_{\mathrm{D}}(\hat{H}) \rangle = \omega\frac{\mathrm{d}S}{\mathrm{d}t} \qquad (10.3.12)$$

10.3.3　自旋角动量的时间演化

为了获得自旋角动量随时间的演化规律,必须求解角动量的运动方程.对于处在外磁场中并与热源相耦合的自旋-1/2系统,采用半群方法分析[15],根据量子主方程,对于自旋-1/2系统,算符 $\hat{V}_\alpha$ 选择为自旋产生和湮没算符:$\hat{S}_+ = \hat{S}_x + \mathrm{i}\hat{S}_y$ 和 $\hat{S}_- = \hat{S}_x - \mathrm{i}\hat{S}_y$,并且 $\hat{H} = \omega\hat{S}_z$.将 $\hat{S}_+$、$\hat{S}_-$ 和 $\hat{H}$ 代入量子主方程,即式(10.3.6),可得

$$\frac{\mathrm{d}\hat{X}}{\mathrm{d}t} = \mathrm{i}\omega[\hat{S}_z, \hat{X}] + \frac{\partial \hat{X}}{\partial t} + \gamma_+ \{\hat{S}_- [\hat{X}, \hat{S}_+] + [\hat{S}_-, \hat{X}]\hat{S}_+\}$$
$$+ \gamma_- \{\hat{S}_+ [\hat{X}, \hat{S}_-] + [\hat{S}_+, \hat{X}]\hat{S}_-\} \qquad (10.3.13)$$

利用 $\hat{S}_z$ 替代上式中的 $\hat{X}$,即令 $\hat{X} = \hat{S}_z$,并利用角动量的对易关系

$$[\hat{S}_x, \hat{S}_y] = \mathrm{i}\hat{S}_z, \quad [\hat{S}_y, \hat{S}_z] = \mathrm{i}\hat{S}_x, \quad [\hat{S}_z, \hat{S}_x] = \mathrm{i}\hat{S}_y$$

$$[\hat{S}_z, \hat{S}_+] = \hat{S}_+, \quad [\hat{S}_z, \hat{S}_-] = -\hat{S}_-, \quad [\hat{S}_+, \hat{S}_-] = 2\hat{S}_z$$

及关系式

$$\hat{S}_- \hat{S}_+ = \hat{S}^2 - \hat{S}_z^2 - \hat{S}_z, \quad \hat{S}_+ \hat{S}_- = \hat{S}^2 - \hat{S}_z^2 + \hat{S}_z$$

$$\hat{S}_x^2 = \hat{S}_y^2 = \hat{S}_z^2 = 1/4, \quad \hat{S}^2 = \hat{S}_x^2 + \hat{S}_y^2 + \hat{S}_z^2 = 3/4$$

则自旋角动量算符的运动方程为

$$\frac{\mathrm{d}\hat{S}_z}{\mathrm{d}t} = -2(\gamma_+ + \gamma_-)\hat{S}_z - 2(\gamma_- - \gamma_+)(\hat{S}_x^2 + \hat{S}_y^2) \qquad (10.3.14)$$

自旋角动量算符运动方程的期望值,也就是自旋角动量 S 的时间演化方程

$$\frac{\mathrm{d}S}{\mathrm{d}t} = \left\langle \frac{\mathrm{d}\hat{S}_z}{\mathrm{d}t} \right\rangle = \langle L_{\mathrm{D}}(\hat{S}_z) \rangle = -[2(\gamma_+ + \gamma_-)S + (\gamma_- - \gamma_+)] \qquad (10.3.15)$$

解上式可得

$$S(t) = [S(0) - S_{\mathrm{eq}}]\exp[-2(\gamma_+ + \gamma_-)t] + S_{\mathrm{eq}} \qquad (10.3.16)$$

其中

$$S_{\text{eq}} = -\frac{1}{2}\frac{\gamma_- - \gamma_+}{\gamma_- + \gamma_+} \tag{10.3.17}$$

是自旋角动量 S 的渐近值,它对应于达到热平衡($\beta' = \beta$)时自旋角动量的热平衡值

$$S_{\text{eq}} = -\frac{1}{2}\tanh(\beta\omega/2) \tag{10.3.18}$$

比较式(10.3.17)和式(10.3.18),可得

$$\frac{\gamma_-}{\gamma_+} = \exp(\beta\omega) \tag{10.3.19}$$

为了使系统到达正确的渐近平衡态,γ_- 与 γ_+ 必须满足上述方程. 满足上式的最简单的形式为

$$\gamma_+ = a\exp(q\beta\omega) \tag{10.3.20}$$
$$\gamma_- = a\exp[(1+q)\beta\omega] \tag{10.3.21}$$

式中,a 和 q 为常数,它们取决于详细的热源模型和热源与自旋系统的耦合方式[13, 16]. 由于 γ_- 与 γ_+ 是正唯象系数,所以 $a > 0$. 同时,由于当 $\beta \to \infty$ 时,$\gamma_+ \to 0$ 和 $\gamma_- \to \infty$,所以 $-1 < q < 0$.

将式(10.3.20)和式(10.3.21)代入式(10.3.15),可得自旋角动量随时间变化率的一般方程为

$$\frac{\mathrm{d}S}{\mathrm{d}t} = -a\exp(q\beta\omega)\{2[1+\exp(\beta\omega)]S + [\exp(\beta\omega)-1]\} \tag{10.3.22}$$

解上式可以得到,与热源和外磁场耦合的自旋-1/2 系统角动量随时间演化的一般表达式为[17, 18]

$$t = -\frac{1}{a}\int_{S_i}^{S_f}\{\exp(q\beta\omega)\{2[1+\exp(\beta\omega)]S + \exp(\beta\omega)-1\}\}^{-1}\mathrm{d}S \tag{10.3.23}$$

式中,S_i 和 S_f 是沿着给定路径 $S(\beta', \omega)$ 的初态角动量值和末态角动量值.

10.4 谐振子系统

10.4.1 谐振子系统的哈密顿量

海森伯表象特别适合于显示量子系统和它的经典类比之间在形式上的类似. 对于有经典对应的量子体系,海森伯算符的运动方程和经典哈密顿方程在形式上完全相同. 在海森伯表象中,谐振子的哈密顿算符可表示为如下形式[19, 20]:

$$\hat{H}(t) = \omega(t)\hat{N} = \omega(t)\hat{a}^+\hat{a} \tag{10.4.1}$$

式中,$\omega > 0$ 为谐振子的频率;$\hat{N} = \hat{a}^+\hat{a}$ 是粒子数算符;而 $\hat{a}^+$ 和 $\hat{a}$ 分别是产生算符和湮灭算符,它们满足对易关系 $[\hat{a}, \hat{a}^+] = 1$,因此谐振子是玻色子. 为讨论问题简单起见,我们采纳 $\hbar = 1$,$k = 1$.

谐振子系统的内能是其哈密顿量的期望值,即

$$E = \langle \hat{H} \rangle = \omega(t)\langle \hat{N} \rangle = \omega(t)n \tag{10.4.2}$$

式中，$n = \langle \hat{N} \rangle$ 是谐振子数. 根据统计力学理论[3]，从玻色-爱因斯坦分布可知，谐振子数可表示为

$$n = \frac{1}{\exp(\beta'\omega) - 1} \tag{10.4.3}$$

式中，$\beta' = 1/T$ 为谐振子系统的"温度"，而 T 是能量单位中的绝对温度.

10.4.2 谐振子系统的功和热

当谐振子系统被作为量子热力学循环，如动力循环或制冷循环的工质时[20-26]，通过改变谐振子的频率或谐振子数可以改变工质的内能. 因此，从方程(10.4.2)可以获得[22]

$$dE = n d\omega + \omega dn \tag{10.4.4}$$

将上式与根据热力学第一定律

$$dE = dW + dQ \tag{10.4.5}$$

相比较，显然，系统的功和热可以分别表示为

$$dW = n d\omega \tag{10.4.6}$$
$$dQ = \omega dn \tag{10.4.7}$$

因此，对于谐振子系统，方程(10.4.4)是热力学第一定律的微分形式.

采用 10.3 节的方法，利用量子主方程，也可获得与式(10.4.6)和式(10.4.7)一样的谐振子系统的功和热的表达式.

10.4.3 系统的时间演化关系

为了导出谐振子工质与热源热交换过程的时间，必须求解谐振子数的运动方程，以便确定谐振子数的时间演化关系. 对于谐振子系统，在量子主方程中，即式(10.3.6)，算符 $\hat{X}$ 代表和恒定温度热源热耦合的谐振子的可观测算符，而算符 $\hat{V}_a$ 和 $\hat{V}_a^+$ 分别选为玻色产生算符 $\hat{a}^+$ 和湮灭算符 $\hat{a}$(暗示着跃迁仅在邻近的能级之间发生). 将谐振子哈密顿算符 $\hat{H}(t) = \omega(t)\hat{a}^+\hat{a}$ 和谐振子数算符 $\hat{N} = \hat{a}^+\hat{a}$ 代入量子主方程式(10.3.6)中，可得谐振子数运动方程

$$\frac{d\hat{N}}{dt} = i\omega[\hat{a}^+\hat{a}, \hat{N}] + \frac{\partial \hat{N}}{\partial t} + \gamma_+ \{\hat{a}[\hat{N}, \hat{a}^+] + [\hat{a}, \hat{N}]\hat{a}^+\} + \gamma_- \{\hat{a}^+[\hat{N}, \hat{a}] + [\hat{a}^+, \hat{N}]\hat{a}\} \tag{10.4.8}$$

利用玻色产生算符、湮灭算符和粒子数算符之间的对易关系 $[\hat{a}, \hat{a}^+] = 1$，$[\hat{a}, \hat{N}] = \hat{a}$，$[\hat{a}^+, \hat{N}] = -\hat{a}^+$，谐振子数运动方程的期望值为

$$\frac{dn}{dt} = \langle \gamma_+ (\hat{a}[\hat{N}, \hat{a}^+] + [\hat{a}, \hat{N}]\hat{a}^+) \rangle + \langle \gamma_- (\hat{a}^+[\hat{N}, \hat{a}] + [\hat{a}^+, \hat{N}]\hat{a}) \rangle$$
$$= -2(\gamma_- - \gamma_+)n + 2\gamma_+ \tag{10.4.9}$$

求解微分方程(10.4.9)，可得

$$n(t) = \frac{\gamma_+}{\gamma_- - \gamma_+} + \left[n(0) - \frac{\gamma_+}{\gamma_- - \gamma_+} \right] e^{-2(\gamma_- - \gamma_+)t} \tag{10.4.10}$$

式中，$n(0) = n(t)|_{t=0}$. 令

$$n_{eq} = \frac{\gamma_+}{\gamma_- - \gamma_+} \tag{10.4.11}$$

则上式为

$$n(t) = n_{eq} + \left[n(0) - n_{eq} \right] e^{-2(\gamma_- - \gamma_+)t} \tag{10.4.12}$$

显然，$n(t)|_{t \to \infty} = n_{eq}$. 当 $t \to \infty$ 时，系统趋于热平衡. 所以有

$$n_{eq} = n = \frac{1}{e^{\beta\omega} - 1} \tag{10.4.13}$$

利用式(10.4.11)和式(10.4.13)，可得

$$\frac{\gamma_-}{\gamma_+} = e^{\beta\omega} \tag{10.4.14}$$

根据式(10.4.14)，可设

$$\gamma_+ = a e^{q\beta\omega}$$
$$\gamma_- = a e^{(1+q)\beta\omega} \tag{10.4.15}$$

式中，q 和 a 为常数参数，且 $a > 0$（因为 γ_+, $\gamma_- > 0$）和 $-1 < q < 0$（因为 $\beta\omega \to \infty$ 时，$\gamma_+ \to 0$，$\gamma_- \to \infty$）. 它们的取值可以从更加详细的热源模型中获得. 将式(10.4.15)代入式(10.4.9)，可得谐振子数随时间变化率的一般方程为

$$\frac{dn}{dt} = -2a e^{q\beta\omega} \left[(e^{\beta\omega} - 1)n - 1 \right] \tag{10.4.16}$$

由上式可得，沿给定的路径 $n(\beta', \omega)$，从 $n_i \to n_f$，谐振子工质与热源热交换过程的持续时间为

$$t = -\frac{1}{2a} \int_{n_i}^{n_f} \frac{dn}{e^{q\beta\omega} \left[(e^{\beta\omega} - 1)n - 1 \right]} \tag{10.4.17}$$

式中，n_i 和 n_f 分别是谐振子系统粒子数的初始值和终值.

参 考 文 献

[1] Shopova D V, Uzunov D I. Some basic aspects of quantum phase transitions [J]. Phys. Rep. , 2003，379(1):1-67.

[2] Busiello G, De Cesare L, Uzunov D I. Thermodynamic properties of the low-dimensional perfect Bose gas[J]. Physica A, 1985，132(1):199-206.

[3] Pathria P K. Statistical Mechanics [M]. London:Pergamon Press Ltd, 1992.

[4] Landau L D, Lifshitz E M. Statistical Physics [M]. London:Pergamon Press Ltd, 1958.

[5] 林宗涵. 热力学与统计物理[M]. 北京：北京大学出版社,2007.

[6] Huang K. Statistical Mechanics [M]. New York:Wiley, 1963.

[7] Yan Z J, Li M Z, Chen C H, et al. Density of states and thermodynamic properties of an ideal system trapped in any dimension [J]. J. Phys. A, 1999, 32(22):4069-4078.

[8] Leff H S. Thermal efficiency at maximum work output: new results for old heat engines [J]. J. Am. Phys. , 1987, 55(7):602-610.

[9] Landsberg P T, Leff H S. Thermodynamic cycles with nearly universal maximum-work effieiencies [J]. J. Phys. A, 1989, 22(18):4019-4026.

[10] 邓昭镜. 经典的和量子的理想体系[M]. 重庆：科学技术文献出版社重庆分社，1983.

[11] 周世勋. 量子力学教程[M]. 北京：人民教育出版社，1979.

[12] 北京大学物理系. 量子统计物理学[M]. 北京：北京大学出版社，1987.

[13] Geva E, Kosioff R. A quantum-mechanical heat engine operating in finite time. Amodel consisting of spin-1/2 systems as the working fluid [J]. J. Chem. Phys. , 1992, 96(4):3054-3067.

[14] 霍裕平，郑久仁. 非平衡统计理论[M]. 北京：科学出版社，1987.

[15] Alicki R, Leudi K. Quantum Dynamical Semi-groups and Applications [M]. Berlin: Springer-Verlag，1987.

[16] Geva E. On the irreversible performance of a quantum heat-engine [J]. J. Mod. Opt. , 2002, 49 (3-4):635-644.

[17] Chen J C, Lin B H, Hua B. The performance of a quantum heat engine working with spin systems [J]. J. Phys. D, 2002, 35(16):2051-2057.

[18] Lin B H, Chen J C. Performance analysis of a quantum heat-pump using spin systems as the working substance [J]. Appl. Energy, 2004, 78(1):75-93.

[19] Louisell W H. Quantum Statistical Properties of Radiation [M]. New York: Wiley, 1973.

[20] Geva E, Kosloff R. On the classical limit of quantum thermodynamics in finite time [J]. J. Chem. Phys. , 1992, 97(6):4398-4412.

[21] Arnaud J, Chusseau L, Philipe F. Carnot cycle for an oscillator [J]. Eur. J. Phys. , 2002, 23 (5):489-500.

[22] Lin B H, Chen J C. Performance analysis of an irreversible quantum heat engine working with harmonic oscillators [J]. Phys. Rev. E, 2003, 67(4):046105.

[23] Lin B H, Chen J C. Optimal analysis on the performance of an irreversible harmonic quantum Brayton refrigeration cycle [J]. Phys. Rev. E, 2003, 68(5):056117.

[24] Lin B H, Chen J C. Optimization on the performance of a harmonic quantum Brayton heat engine [J]. J. Appl. Phys. , 2003, 94(9):6185-6191.

[25] Lin B H, Chen J C, Hua B. The optimal performance of a quantum refrigeration cycle working with harmonic oscillators [J]. J. Phys. D, 2003, 36(4):406-413.

[26] Lin B H, Chen J C. General performance characteristics of a quantum heat pump cycle using harmonic oscillators as the working substance [J]. Physica Scripta，2005，71(10):12-19.

第 11 章　热力学基本定律的量子表述

　　热力学第一和第二定律是物理学的基本定律. 热力学第一定律是能量守恒定律，表示不同形式的能量在传递与转换过程中守恒的定律，对于无限小过程，热力学第一定律的微分表达式为 $dU = \delta Q + \delta W$，其中 U 是内能的状态函数，dU 表示内能的全微分，Q 和 W 分别表示热力学过程中系统从热源吸取的热量和外界对系统所做的功. Q 和 W 是过程量，因此 δQ 和 δW 只表示微小量并非全微分，用符号 δ 以示区别. 在平衡态热力学中，热力学第二定律表述热力学过程的不可逆性，其数学表述存在两种等效表达式. 第一个是克劳修斯不等式，它指出在热力学过程中，系统熵 S 的增量 ΔS 和环境熵 S_e 的增量 ΔS_e 之和是非负的，即 $\Delta S + \Delta S_e \geqslant 0$. 环境熵的变化可进一步表示为 $\Delta S_e = -Q/T$，Q 是从温度为 T 的热源流入系统的热量. 另一个是自由能不等式，该不等式指出系统在等温等容过程中对外所做的功 $-W$ 不大于其自由能的减小，即 $-W \leqslant -\Delta F$，其中 $F = U - TS$ 是系统的自由能. 结合热力学第一定律，可从克劳修斯不等式推导自由能不等式.

　　热力学第一和第二定律的这些标准定义适用于平衡状态之间的转换，在过去几十年中将它们推广到远离平衡的经典和量子系统方面取得了重大进展，尤其是涉及研究与能源利用有关的量子器件，例如，人工光合作用[1]、量子信息驱动的热机[2-5]、量子热力学循环[6, 7]和光伏电池[8-10]等. 为了改进器件能量转换的性能，迫切需要从微观机制理解功、热、熵和自由能等重要概念，并准确给出热力学基本定律的量子表述. 因此，围绕具体的量子热力学过程，本章将结合一些典型的热力学过程给出热力学第一和第二定律的量子表述.

11.1　热力学第一定律的量子表述[①]

　　本节将首先在热力学绝热过程、等容过程、准静态等温过程和慢驱动热化过程中，阐释热力学第一定律的量子表述，同时给出这些热力学过程单位时间外界对系统做功和系统从热源吸收的热量的统一表述形式. 对于一般的量子系统，外部驱动导致系统的哈密顿量 $H(t)$ 随时间变化. 系统的内能 $U = \text{Tr}\{H(t)\rho(t)\}$，其中 ρ 表示系统对应的密度算符. 该内能对时间的导数可分为两部分，即

---

①　Su S, Chen J, Ma Y, et al. Chin. Phys. B, 2018, 27: 060502.

$$\dot{U} = \text{Tr}\{\dot{\rho}H\} + \text{Tr}\{\rho\dot{H}\} \tag{11.1.1}$$

这里省略时间 t 的符号. 用 $\{|m(t)\rangle, m=1,2,\cdots\}$ 表示 $H(t)$ 的瞬时正交完备基矢的集合. 因而, 密度算符和哈密顿量的矩阵形式分别为

$$\rho = \sum_{nm} \rho_{nm} |n\rangle\langle m| \tag{11.1.2}$$

和

$$H = \sum_m E_m |m\rangle\langle m| \tag{11.1.3}$$

式中, E_m 是瞬时本征态 $|m\rangle$ 的特征值; $\rho_{nm} = \langle n|\rho|m\rangle$ 表示密度算符的矩阵元. 注意, ρ 和 H 一般不对易, 哈密顿量的本征基矢不一定是密度算符的本征基矢, 所以非对角元素 $\rho_{nm}(n \neq m)$ 一般不为零. 由式 (11.1.2) 可得, ρ 对时间的导数为

$$\dot{\rho} = \sum_{nm} (\dot{\rho}_{nm} |n\rangle\langle m| + \rho_{nm} |\dot{n}\rangle\langle m| + \rho_{nm} |n\rangle\langle \dot{m}|) \tag{11.1.4}$$

因此,

$$
\begin{aligned}
\text{Tr}\{\dot{\rho}H\} &= \sum_{m'} \langle m'|\dot{\rho}E_{m'}|m'\rangle \\
&= \sum_n E_n \dot{\rho}_{nn} + \sum_{nm} E_m \rho_{nm}\langle m|\dot{n}\rangle + \sum_{nm} E_n \rho_{nm}\langle \dot{m}|n\rangle \\
&= \sum_n \dot{\rho}_{nn} E_n - \sum_{n \neq m} \rho_{nm} \left\langle m \left| \frac{\partial H}{\partial t} \right| n \right\rangle
\end{aligned}
\tag{11.1.5}
$$

上式的最后一步利用了以下等式[11]:

$$\langle m|\dot{n}\rangle = -\langle \dot{m}|n\rangle = \left\langle m \left| \frac{\partial H}{\partial t} \right| n \right\rangle \Big/ (E_n - E_m) \quad (n \neq m) \tag{11.1.6}$$

由式 (11.1.3) 可得, H 对时间的导数为

$$\dot{H} = \sum_m \dot{E}_m |m\rangle\langle m| + \sum_m E_m |\dot{m}\rangle\langle m| + \sum_m E_m |m\rangle\langle \dot{m}| \tag{11.1.7}$$

由式 (11.1.6) 和式 (11.1.7), 可得

$$
\begin{aligned}
\text{Tr}\{\rho\dot{H}\} &= \sum_{nm} \rho_{nm}\langle m|\dot{H}|n\rangle \\
&= \sum_n \rho_{nn}\dot{E}_n + \sum_{nm} \rho_{nm} E_n \langle m|\dot{n}\rangle + \sum_{nm} \rho_{nm} E_m \langle \dot{m}|n\rangle \\
&= \sum_n \rho_{nn}\dot{E}_n + \sum_{n \neq m} \rho_{nm} \left\langle m \left| \frac{\partial H}{\partial t} \right| n \right\rangle
\end{aligned}
\tag{11.1.8}
$$

将式 (11.1.5) 和式 (11.1.8) 代入式 (11.1.1), 可得[12]

$$\dot{U} = \sum_n \dot{\rho}_{nn} E_n - \sum_{n \neq m} \rho_{nm} \left\langle m \left| \frac{\partial H}{\partial t} \right| n \right\rangle + \sum_n \rho_{nn}\dot{E}_n + \sum_{n \neq m} \rho_{nm} \left\langle m \left| \frac{\partial H}{\partial t} \right| n \right\rangle \tag{11.1.9}$$

在哈密顿量的本征基矢下展开, 内能对时间的导数可分为四部分, 其中第二项和第四项绝对值相同, 但是符号相反, 由密度算符的非对角元引起, 代表量子相干对内能变化的贡献.

另一方面，根据热力学第一定律

$$\dot{U} = \dot{Q} + \dot{W} \tag{11.1.10}$$

$\dot{Q}$ 和 $\dot{W}$ 分别表示单位时间系统从热源吸取的热量和外界对系统所做的功.

如果量子系统经历热力学绝热过程，那么密度算符的演化是幺正的，满足刘维尔-冯·诺依曼(Liouville-von Neumann)方程[13]

$$\dot{\rho} = -\frac{\mathrm{i}}{\hbar}[H, \rho] \tag{11.1.11}$$

式中，$\hbar$ 是约化普朗克常量. 由式(11.1.11)和求迹的循环置换可知 $\mathrm{Tr}\{\dot{\rho}H\} = 0$. 因为热力学绝热过程中系统与热源不存在热量交换 $\dot{Q} = 0$，系统的内能变化率完全由单位时间外界对系统做功决定. 由式(11.1.8)~式(11.1.10)可得，单位时间外界对系统做功为

$$\dot{W} = \mathrm{Tr}\{\rho\dot{H}\} = \sum_n \rho_{nn}\dot{E}_n + \sum_{n\neq m}\rho_{nm}\left\langle m\left|\frac{\partial H}{\partial t}\right|n\right\rangle \tag{11.1.12}$$

等式右边第二项表明，哈密顿量含时的热力学绝热过程，需要考虑量子相干部分对功的贡献.

等容过程中保持外场恒定，系统哈密顿量 H 将与时间无关，系统的本征能级也不随时间变化，由式(11.1.8)可知 $\mathrm{Tr}\{\rho\dot{H}\} = 0$. 同时，等容变化过程中，外界不对系统做功 $\dot{W} = 0$，系统的内能变化率完全由单位时间系统从外界所吸收的热量决定. 由式(11.1.5)、式(11.1.9)和式(11.1.10)可得，单位时间系统从热源吸收的热量为

$$\dot{Q} = \mathrm{Tr}\{\dot{\rho}H\} = \sum_n \dot{\rho}_{nn}E_n - \sum_{n\neq m}\rho_{nm}\left\langle m\left|\frac{\partial H}{\partial t}\right|n\right\rangle \tag{11.1.13}$$

因为系统哈密顿量 H 不含时，所以第二个等式右边第二项等于零.

当量子系统哈密顿量 H 显含时间，同时与热库耦合时，功和热的表达式依赖于具体的热力学过程. 下面将具体列举式(11.1.12)和式(11.1.13)适用的两种情况.

一种情况是准静态等温过程，外场调控使得系统的哈密顿量随时间变化足够缓慢，导致系统每时每刻与温度为 T 的热源保持热平衡. 在这样的准静态过程中，单位时间系统从热源吸取的热量和外界对系统所做的功通常分别表示为[14, 15]

$$\dot{W} = \sum_n P_n\dot{E}_n \tag{11.1.14}$$

$$\dot{Q} = \sum_n \dot{P}_n E_n \tag{11.1.15}$$

式中，$P_n = \exp[-E_n/(k_\mathrm{B}T)]/\sum_n \exp[-E_n/(k_\mathrm{B}T)]$ 表示系统处在本征态的概率，k_B 是玻尔兹曼常量. 式(11.1.14)和式(11.1.15)表明本征能级的变化引起外界对系统做功，而各能级概率分布的重新排列导致系统与热库之间的热交换. 由于系统始终保持瞬时的热平衡状态，哈密顿算子和密度算符可写成 $H = \sum_n E_n|n\rangle\langle n|$ 和 $\rho = \sum_n P_n|n\rangle\langle n|$. 显然，准静态

等温过程中,式(11.1.14)和式(11.1.15)分别与式(11.1.12)和式(11.1.13)等价.

另一种情况,对慢驱动量子开系统,哈密顿量随时间变化极其缓慢,已有文献指出由式(11.1.12)和式(11.1.13)定义的功和热适用于慢驱动量子开系统[16-18]. 根据量子绝热定理[19, 20]和玻恩-马尔可夫近似[21, 22],慢驱动开系统的演化满足量子主方程

$$\frac{\partial \rho}{\partial t} = -\frac{\mathrm{i}}{\hbar}[H(t), \rho] + \sum_{\alpha} \mathcal{D}_{\alpha}[\rho] \qquad (11.1.16)$$

其中

$$\mathcal{D}_{\alpha}[\rho] := \sum_{\beta, \omega_t} \gamma_{\alpha, \beta}(\omega_t) \left[L_{\alpha, \beta, \omega_t} \rho L_{\alpha, \beta, \omega_t}^{\dagger} - \frac{1}{2} \{ L_{\alpha, \beta, \omega_t}^{\dagger} L_{\alpha, \beta, \omega_t}, \rho \} \right] \qquad (11.1.17)$$

是由量子系统与热库 α 引起的耗散算符. 林德布拉德(Lindblad)算符 $L_{\alpha, \beta, \omega_t}$ 表示热库 α 引起的能量差为 ω_t 的量子态之间的第 β 种跃迁算符,存在关系式 $[L_{\alpha, \beta, \omega_t}, H(t)] = \hbar \omega_t L_{\alpha, \beta, \omega_t}$, $[L_{\alpha, \beta, \omega_t}^{\dagger} L_{\alpha, \beta, \omega_t}, H(t)] = 0$ 和 $L_{\alpha, \beta, \omega_t} = L_{\alpha, \beta, -\omega_t}^{\dagger}$. 系数 $\gamma_{\alpha, \beta}(\omega_t)$ 满足细致平衡关系 $\gamma_{\alpha, \beta}(\omega_t)/\gamma_{\alpha, \beta}(-\omega_t) = \mathrm{e}^{\beta_{\alpha} \hbar \omega_t}$,其中 $\beta_{\alpha} = 1/(k_{\mathrm{B}} T_{\alpha})$, k_{B} 是玻尔兹曼常量, T_{α} 是热库 α 的温度. 由式(11.1.13)和式(11.1.16)可得,单位时间系统从热源 α 吸收的热量为

$$\dot{Q}_{\alpha} = \mathrm{Tr}\{ H(t) \mathcal{D}_{\alpha}[\rho] \}$$

$$= \mathrm{Tr}\left\{ H(t) \sum_{\beta, \omega_t} \gamma_{\alpha, \beta}(\omega_t) \left[L_{\alpha, \beta, \omega_t} \rho L_{\alpha, \beta, \omega_t}^{\dagger} - \frac{1}{2} \{ L_{\alpha, \beta, \omega_t}^{\dagger} L_{\alpha, \beta, \omega_t}, \rho \} \right] \right\}$$

$$= -\sum_{\beta, \omega_t} \omega_t \gamma_{\alpha, \beta}(\omega_t) \mathrm{Tr}\{ L_{\alpha, \beta, \omega_t}^{\dagger} L_{\alpha, \beta, \omega_t} \rho \} \qquad (11.1.18)$$

这里第一个等式利用了式(11.1.16)和求迹的循环置换,第三个等式利用了关系式 $[L_{\alpha, \beta, \omega_t}, H(t)] = \hbar \omega_t L_{\alpha, \beta, \omega_t}$. 文献[20]中,基于对环境的两次能量投影测量给出了与式(11.1.18)一致的随机热的平均值表达式,并认为其具有唯一的形式,因此由随机热的平均值和量子系统内能的变化给出的随机功的平均值也具有唯一性.

以上给出一些典型的热力学过程功和热的表达式. 然而,在某些情况下,功和热的表达式须结合热力学第一定律和实际情况做适当的修正. 例如,对于受到周期性外场驱动的量子开系统,基于弗洛凯(Floquet)理论,热的交换通道依赖于弗洛凯基的玻尔(Bohr)频率[23-25]. 而在量子开系统与热库强相互作用的情况下,相互作用哈密顿量对应的能量大小不可忽略,因此,热和功的定义仍是一个有争议的问题.

11.2　不同表象下的功和热的表达式

当式(11.1.12)和式(11.1.13)应用到海森伯绘景和相互作用绘景中时,需要重新审视功和热形式上是否是一致的. 以下根据文献[26]的讨论,分别在三种绘景下探讨含时量子系统功和热的定义.

11.2.1　薛定谔绘景下热力学过程的功和热

在薛定谔绘景下,算符的平均值随时间演化可表示为

$$\frac{\mathrm{d}\langle A^{\mathrm{S}}\rangle}{\mathrm{d}t} = \frac{\mathrm{d}(\mathrm{Tr}\{\rho^{\mathrm{S}}A^{\mathrm{S}}\})}{\mathrm{d}t}$$

$$= \mathrm{Tr}\left\{\rho^{\mathrm{S}}\frac{\mathrm{d}A^{\mathrm{S}}}{\mathrm{d}t}\right\} + \mathrm{Tr}\left\{\frac{\mathrm{d}\rho^{\mathrm{S}}}{\mathrm{d}t}A^{\mathrm{S}}\right\}$$

$$= \mathrm{Tr}\left\{\rho^{\mathrm{S}}\frac{\partial A^{\mathrm{S}}}{\partial t}\right\} + \mathrm{Tr}\left\{\frac{\partial \rho^{\mathrm{S}}}{\partial t}A^{\mathrm{S}}\right\} \tag{11.2.1}$$

其中第三个等式利用该绘景下, $\mathrm{d}\rho^{\mathrm{S}}/\mathrm{d}t = \partial\rho^{\mathrm{S}}/\partial t$, $\mathrm{d}A^{\mathrm{S}}/\mathrm{d}t = \partial A^{\mathrm{S}}/\partial t$. 当算符 A^{S} 是系统的哈密顿量 H^{S} 时, $\mathrm{d}\langle H^{\mathrm{S}}\rangle/\mathrm{d}t$ 表示 t 时刻系统内能随时间的变化率. 由式(11.1.12)和式(11.2.1)中第三个等式的第一项可得, 单位时间外界对系统做功为

$$\dot{W} = \mathrm{Tr}\left\{\rho^{\mathrm{S}}\frac{\mathrm{d}H^{\mathrm{S}}}{\mathrm{d}t}\right\} = \mathrm{Tr}\left\{\rho^{\mathrm{S}}\frac{\partial H^{\mathrm{S}}}{\partial t}\right\} \tag{11.2.2}$$

当系统的演化可用式(11.1.16)的形式描述时, 式(11.2.1)中第三个等式的第二项可改写为

$$\mathrm{Tr}\left\{\frac{\partial\rho^{\mathrm{S}}}{\partial t}A^{\mathrm{S}}\right\} = -\frac{\mathrm{i}}{\hbar}\mathrm{Tr}\{[H^{\mathrm{S}},\rho^{\mathrm{S}}]A^{\mathrm{S}}\} + \sum_{\alpha}\mathrm{Tr}\{\mathcal{D}_{\alpha}[\rho^{\mathrm{S}}]A^{\mathrm{S}}\} \tag{11.2.3}$$

利用式(11.1.13)和式(11.2.3), 在薛定谔绘景中, 单位时间系统从热源吸收的净热量为

$$\dot{Q} = \mathrm{Tr}\left\{\frac{\mathrm{d}\rho^{\mathrm{S}}}{\mathrm{d}t}H^{\mathrm{S}}\right\} = \mathrm{Tr}\left\{\frac{\partial\rho^{\mathrm{S}}}{\partial t}H^{\mathrm{S}}\right\} = \sum_{\alpha}\mathrm{Tr}\{\mathcal{D}_{\alpha}[\rho^{\mathrm{S}}]H^{\mathrm{S}}\} \tag{11.2.4}$$

在式(11.2.4)的推导中, 利用了 $\mathrm{Tr}\{[H^{\mathrm{S}},\rho^{\mathrm{S}}]H^{\mathrm{S}}\} = 0$.

11.2.2 海森伯绘景下热力学过程的功和热

在薛定谔绘景下, 孤立系统的演化可用刘维尔方程表示

$$\dot{\rho}^{\mathrm{S}}(t) = -\frac{\mathrm{i}}{\hbar}[H^{\mathrm{S}}(t),\rho^{\mathrm{S}}(t)] \tag{11.2.5}$$

式(11.2.5)的解为

$$\rho^{\mathrm{S}}(t) = U(t)\rho^{\mathrm{S}}(0)U^{\dagger}(t) \tag{11.2.6}$$

式中, $U(t)$ 是孤立系统的幺正演化算符. 在海森伯绘景下, 态是不随时间变化的, 而任意算符 A^{H} 的演化方程为

$$A^{\mathrm{H}} = U^{\dagger}(t)A^{\mathrm{S}}U(t) \tag{11.2.7}$$

在海森伯绘景下, 孤立系统在演化时, 密度算符 ρ^{H} 不含时, 因为

$$\dot{\rho}^{\mathrm{H}} = \frac{\mathrm{i}}{\hbar}U^{\dagger}[H^{\mathrm{S}},\rho^{\mathrm{S}}]U + U^{\dagger}\dot{\rho}^{\mathrm{S}}U = \frac{\mathrm{i}}{\hbar}([H^{\mathrm{H}},\rho^{\mathrm{H}}] - [H^{\mathrm{H}},\rho^{\mathrm{H}}]) = 0 \tag{11.2.8}$$

另外, 可证明任意算符的平均值在薛定谔绘景和海森伯绘景下是一致的,

$$\langle A^{\mathrm{S}}\rangle = \mathrm{Tr}\{\rho^{\mathrm{S}}A^{\mathrm{S}}\} = \mathrm{Tr}\{U^{\dagger}(t)\rho^{\mathrm{S}}U(t)U^{\dagger}(t)A^{\mathrm{S}}U(t)\} = \mathrm{Tr}\{\rho^{\mathrm{H}}A^{\mathrm{H}}\} = \langle A^{\mathrm{H}}\rangle$$

$$\tag{11.2.9}$$

现在考虑一个开放量子系统, 其演化形式满足式(11.1.16), 也就是说演化过程存在耗散. 这种情况下, 由式(11.1.16)和式(11.2.7), 密度算符 ρ^{H} 对时间的导数为

$$\dot{\rho}^{H} = \frac{i}{\hbar}U^{\dagger}[H^{S},\rho^{S}]U + U^{\dagger}\dot{\rho}^{S}U = \sum_{\alpha}U^{\dagger}D_{\alpha}[\rho]U = \sum_{\alpha}D_{\alpha}^{H}[\rho^{H}] \quad (11.2.10)$$

显然，密度算符依赖于时间，这是由量子主方程中的耗散部分造成的. 因此，在海森伯绘景下，密度算符和任意算符随时间变化都将影响算符的平均值. 这可通过以下式子：

$$\frac{d\langle A^{H}\rangle}{dt} = \frac{d(Tr\{\rho^{H}A^{H}\})}{dt} = Tr\left\{\frac{d\rho^{H}}{dt}A^{H}\right\} + Tr\left\{\rho^{H}\frac{dA^{H}}{dt}\right\} \quad (11.2.11)$$

表示. 由式(11.2.10)，第二个等式右边第一项可写成

$$Tr\left\{\frac{d\rho^{H}}{dt}A^{H}\right\} = \sum_{\alpha}Tr\{\mathcal{D}_{\alpha}^{H}[\rho^{H}]A^{H}\} \quad (11.2.12)$$

利用 $\frac{dA^{H}}{dt} = \frac{i}{\hbar}[H^{H},A^{H}] + \left(\frac{\partial A}{\partial t}\right)^{H}$，式(11.2.11)右边第二项可写成

$$Tr\left\{\rho^{H}\frac{dA^{H}}{dt}\right\} = \frac{i}{\hbar}Tr\{\rho^{H}[H^{H},A^{H}]\} + Tr\left\{\rho^{H}\left(\frac{\partial A}{\partial t}\right)^{H}\right\} \quad (11.2.13)$$

把 H^{H} 代入式(11.2.12)和式(11.2.13)，由于与耗散算符有关的项都包含在式(11.2.12)中，因此，可发现单位时间外界对系统所做的功和系统从热源吸收的净热量，形式上与薛定谔绘景中的定义相同，即

$$\dot{W} = Tr\left\{\rho^{H}\frac{dH^{H}}{dt}\right\} = Tr\left\{\rho^{H}\left(\frac{\partial H}{\partial t}\right)^{H}\right\} = Tr\left\{\rho^{S}\left(\frac{\partial H}{\partial t}\right)^{S}\right\} \quad (11.2.14)$$

$$\dot{Q} = Tr\left\{\frac{d\rho^{H}}{dt}H^{H}\right\} = \sum_{\alpha}Tr\{\mathcal{D}_{\alpha}^{H}[\rho^{H}]H^{H}\} = \sum_{\alpha}Tr\{\mathcal{D}_{\alpha}^{S}[\rho^{S}]H^{S}\} \quad (11.2.15)$$

11.2.3 相互作用绘景下热力学过程的功和热

相互作用绘景一般考虑这样的哈密顿量

$$H(t) = H_0 + V(t) \quad (11.2.16)$$

式中，H_0 是自由哈密顿量；$V(t)$ 是系统与含时外场耦合的哈密顿量. 算符 A^{S} 在相互作用绘景下被定义为

$$A^{I} = U_0^{\dagger}(t)A^{S}U_0(t) \quad (11.2.17)$$

式中，U_0 是只有 H_0 存在时系统的演化算符. 在相互作用绘景下，算符的平均值 $\langle A^{I}\rangle$ 依然等同于薛定谔绘景下算符的平均值 $\langle A^{S}\rangle$，因为

$$\langle A^{S}\rangle = Tr\{\rho^{S}A^{S}\} = Tr\{U_0^{\dagger}(t)\rho^{S}U_0(t)U_0^{\dagger}(t)A^{S}U_0(t)\} = Tr\{\rho^{I}A^{I}\} = \langle A^{I}\rangle \quad (11.2.18)$$

$\langle A^{I}\rangle$ 的全微分形式可写成

$$\frac{d\langle A^{I}\rangle}{dt} = \frac{d(Tr\{\rho^{I}A^{I}\})}{dt} = Tr\left\{\frac{d\rho^{I}}{dt}A^{I}\right\} + Tr\left\{\rho^{I}\frac{dA^{I}}{dt}\right\} \quad (11.2.19)$$

由式(11.1.16)、式(11.2.17)和 $\dot{U}_0 = -(i/\hbar)H_0U_0$，式(11.2.19)中第二个等式左边两项可分别写成

$$Tr\left\{\frac{d\rho^{I}}{dt}A^{I}\right\} = -\frac{i}{\hbar}Tr\{\rho^{I}[A^{I},V^{I}]\} + \sum_{\alpha}Tr\{\mathcal{D}_{\alpha}^{I}[\rho^{I}]A^{I}\} \quad (11.2.20)$$

$$\text{Tr}\left\{\rho^{\text{I}}\frac{dA^{\text{I}}}{dt}\right\} = \frac{\text{i}}{\hbar}\text{Tr}\{\rho^{\text{I}}[H_0^{\text{I}},A^{\text{I}}]\} + \text{Tr}\left\{\rho^{\text{I}}\left(\frac{\partial A}{\partial t}\right)^{\text{I}}\right\} \quad (11.2.21)$$

式中，$\mathcal{D}_\alpha[\rho^{\text{I}}]$ 是相互作用绘景下的耗散算符. 将相互作用绘景下的系统哈密顿量 H^{I} 代入式(11.2.20)和式(11.2.21)，可得

$$\text{Tr}\left\{\frac{d\rho^{\text{I}}}{dt}H^{\text{I}}\right\} = -\frac{\text{i}}{\hbar}\text{Tr}\{\rho^{\text{I}}[H_0^{\text{I}},V^{\text{I}}]\} + \sum_\alpha \text{Tr}\{\mathcal{D}_\alpha[\rho^{\text{I}}]H^{\text{I}}\}$$

$$= -\frac{\text{i}}{\hbar}\text{Tr}\{\rho^{\text{S}}[H_0^{\text{S}},V^{\text{S}}]\} + \sum_\alpha \text{Tr}\{\mathcal{D}_\alpha^{\text{S}}[\rho^{\text{S}}]H^{\text{S}}\} \quad (11.2.22)$$

$$\text{Tr}\left\{\rho^{\text{I}}\frac{dH^{\text{I}}}{dt}\right\} = \frac{\text{i}}{\hbar}\text{Tr}\{\rho^{\text{I}}[H_0^{\text{I}},V^{\text{I}}]\} + \text{Tr}\left\{\rho^{\text{I}}\left(\frac{\partial H}{\partial t}\right)^{\text{I}}\right\}$$

$$= \frac{\text{i}}{\hbar}\text{Tr}\{\rho^{\text{S}}[H_0^{\text{S}},V^{\text{S}}]\} + \text{Tr}\left\{\rho^{\text{S}}\left(\frac{\partial H}{\partial t}\right)^{\text{S}}\right\} \quad (11.2.23)$$

式(11.2.22)和式(11.2.23)之和可得系统内能变化的时间导数 dE^{S}/dt. 但是，由于额外项 $\mp \text{i}/\hbar\text{Tr}\{\rho^{\text{S}}[H_0^{\text{S}},V^{\text{S}}]\}$ 的出现导致式(11.2.22)和式(11.2.23)与薛定谔绘景中功和热的定义并不对应[见式(11.2.2)和式(11.2.4)]. 可发现扣除额外项 $\mp \text{i}/\hbar\text{Tr}\{\rho^{\text{S}}[H_0^{\text{S}},V^{\text{S}}]\}$ 后，在相互作用绘景中，单位时间外界对系统所做的功和系统从热源吸收的净热量与薛定谔绘景中的定义等价，即

$$\dot{Q} = \sum_\alpha \text{Tr}\{\mathcal{D}_\alpha^{\text{I}}[\rho^{\text{I}}]A^{\text{I}}\} = \sum_\alpha \text{Tr}\{\mathcal{D}_\alpha^{\text{S}}[\rho^{\text{S}}]H^{\text{S}}\} \quad (11.2.24)$$

$$\dot{W} = \text{Tr}\left\{\rho^{\text{I}}\left(\frac{\partial H}{\partial t}\right)^{\text{I}}\right\} = \text{Tr}\left\{\rho^{\text{S}}\left(\frac{\partial H}{\partial t}\right)^{\text{S}}\right\} \quad (11.2.25)$$

11.3　热力学第二定律的量子表述

本节基于与多个热库耦合的非平衡量子开系统，根据玻恩-马尔可夫近似下开系统密度矩阵演化的主方程，推导非平衡克劳修斯不等式和非平衡自由能不等式，并阐明两类不等式的等价关系.

11.3.1　非平衡克劳修斯不等式

设量子开系统的哈密顿量与时间无关，与多个热库弱耦合. 处在热平衡态的热库 α 的温度和化学势分别为 T_α 和 μ_α. 总系统的哈密顿量可表示为

$$H = H_{\text{S}} + H_{\text{B}} + H_{\text{I}} \quad (11.3.1)$$

式中，H_{S}、H_{B} 和 H_{I} 分别是系统、热库和系统与热库的相互作用的哈密顿量，并假设是不含时的. 在玻恩-马尔可夫近似的条件下，系统密度矩阵 ρ 的演化依赖于主方程

$$\frac{\partial \rho}{\partial t} = -\text{i}[H_{\text{eff}},\rho] + \mathcal{D}[\rho] \quad (11.3.2)$$

式中，H_{eff} 是系统的有效哈密顿量，由于系统与环境的耦合，H_{eff} 可能与 H_{S} 不同，一般

情况下 H_{eff} 与 H_S 是对易的. $\mathcal{D}$ 是描述耗散动力学的超算符,在马尔可夫近似下, 耗散具有可加性, 超算符可表示为与每个热库相关的耗散算符 $\mathcal{D}_\alpha$ 之和, 即 $\mathcal{D} = \sum_\alpha \mathcal{D}_\alpha$. 在本节中, 取 $\hbar = k_B = 1$. 以下的推导, 需进一步假设耗散算符 $\mathcal{D}_\alpha$ 具有 Lindblad 形式, 从而确保系统的演化是正定保迹的.

当系统只与热库 α 相互作用, $\mathcal{D}_\alpha$ 确保在时间足够长的极限下, 系统自发弛豫到一个和热库 α 热平衡的吉布斯态, 对应一个巨正则分布, 密度算符可表示为

$$\rho_\alpha^{\text{eq}} = Z_{\beta_\alpha, \mu_\alpha}^{-1} \, e^{-\beta_\alpha (H_S - \mu_\alpha N)} \tag{11.3.3}$$

式中, $Z_{\beta_\alpha, \mu_\alpha} = \text{Tr}\{e^{-\beta_\alpha (N_S - \mu_\alpha N)}\}$ 是配分函数; N 是系统的粒子数算符. 式(11.3.3)是与 $\mathcal{D}_\alpha$ 相应的一个定态, 即 $\mathcal{D}_\alpha[\rho^{\text{eq}}] = 0$.

具有 Lindblad 形式的耗散算符 $\mathcal{D}_\alpha$ 满足 Spohn 不等式[27]

$$-\text{Tr}\{\mathcal{D}_\alpha[\rho](\ln\rho - \ln\rho_\alpha^{\text{eq}})\} \geqslant 0 \tag{11.3.4}$$

由此可得与每个耗散项有关的局域克劳修斯不等式

$$\dot{\sigma}_\alpha = \dot{S}_\alpha - \beta_\alpha \dot{Q}_\alpha \geqslant 0 \tag{11.3.5}$$

式中, $\dot{\sigma}_\alpha$ 可理解为系统与热库 α 相互作用引起的熵产生率, 由两个部分组成.

$$\dot{S}_\alpha = -\text{Tr}\{\mathcal{D}_\alpha[\rho]\ln\rho\} \tag{11.3.6}$$

是耗散算符 $\mathcal{D}_\alpha$ 所贡献的系统熵[由冯·诺依曼熵 $S = -\text{Tr}\{\rho\ln\rho\}$ 定义]的变化率.

$$\dot{Q}_\alpha = \text{Tr}\{\mathcal{D}_\alpha[\rho](H_S - \mu_\alpha N)\} \tag{11.3.7}$$

表示单位时间系统从热库 α 吸取的热量. 将所有的 $\dot{S}_\alpha$ 求和, 可得系统熵的变化率 $\dot{S} = \sum_\alpha \dot{S}_\alpha$. 因此, 将式(11.3.5)对 α 求和可得标准的克劳修斯不等式[28]

$$\dot{\sigma} \equiv \sum_\alpha \dot{\sigma}_\alpha = \dot{S} - \sum_\alpha \beta_\alpha \dot{Q}_\alpha \geqslant 0 \tag{11.3.8}$$

$\dot{\sigma}$ 是总熵产生率. 系统达到稳态时, $\dot{S} = 0$, $\dot{\sigma}$ 完全由热流决定.

11.3.2　非平衡自由能不等式

定义与热库 α 有关的能流和功流

$$\dot{E}_\alpha = \text{Tr}\{\mathcal{D}_\alpha[\rho]H_S\} \tag{11.3.9}$$

$$\dot{W}_\alpha = \mu_\alpha \text{Tr}\{\mathcal{D}_\alpha[\rho]N\} \tag{11.3.10}$$

由式(11.3.7)、式(11.3.9)和式(11.3.10)可知, $\dot{E}_\alpha = \dot{Q}_\alpha + \dot{W}_\alpha$. 由于哈密顿量与时间无关, 这里只有化学功而没有机械功. 式(11.3.9)对所有热库 α 求和可得系统内能的变化率, 即 $\sum_\alpha \dot{E}_\alpha = \dot{E}$, 其中系统的内能为 $E = \text{Tr}\{\rho H_S\}$. 将式(11.3.5)左右两边乘以 T_α 并做替换 $\dot{Q}_\alpha \rightarrow \dot{E}_\alpha - \dot{W}_\alpha$, 可得

$$T_\alpha \dot{\sigma}_\alpha = \dot{W}_\alpha - \dot{F}_\alpha \geqslant 0 \tag{11.3.11}$$

式中, $\dot{F}_\alpha \equiv \dot{E}_\alpha - T_\alpha \dot{S}_\alpha$ 可定义为局域非平衡自由能的变化率. 式(11.3.11)对 α 求和, 可得非平衡自由能不等式

$$\sum_\alpha T_\alpha \dot{\sigma}_\alpha = \dot{W} - \dot{F} \geqslant 0 \tag{11.3.12}$$

式中, $\dot{W} \equiv \sum_\alpha \dot{W}_\alpha$ 是单位时间外界对系统做的总功.

$$\dot{F} \equiv \sum_\alpha \dot{F}_\alpha = \dot{E} - \sum_\alpha T_\alpha \dot{S}_\alpha \tag{11.3.13}$$

是总的非平衡自由能的变化率. 式(11.3.12)是热力学第二定律的另一种数学表述, 将自由能不等式推广到与多个热库耦合的马尔可夫开放量子系统, 给出了最大输出功率的上限. 系统达到稳态时, $\dot{E} = 0$, $\dot{S} = 0$. 因此, 只有当热库之间存在温差时, 系统才能对外做功($\dot{W} < 0$).

需要强调的是式(11.3.8)和式(11.3.12)虽然都是热力学第二定律的数学表述, 但是它们通常是不等价的. 前者是对局域克劳修斯不等式[式(11.3.5)]的求和, 而后者是加权求和, 即由式(11.3.5)乘以相应热源的温度. 只有当所有热源的温度相同时, 要求 $T = T_\alpha$, 这两个公式才是等价的. 这时可定义系统的自由能 F, 其变化率 $\dot{F} = \dot{E} - T\dot{S}$. 系统达到稳态时, $\dot{F} = 0$, 因此 $\dot{W} > 0$. 符合热力学第二定律的开尔文-普朗克表述: 不可能从单一热源吸取热量, 并将这热量完全变为功而不产生其他影响.

11.4 局域量子系统的热力学不等式

本节将建立由两个子系统构成的复合系统, 阐述获得子系统的局域熵产生率和局域克劳修斯不等式的一般方法, 给出局域熵产生率与子系统间的互信息流的关系. 在此基础上, 分析局域子系统的非平衡自由能和局域非平衡自由能不等式, 获得互信息流与非平衡自由能变化率. 最后探讨与子系统有关的两类不等式的等价关系.

11.4.1 局域克劳修斯不等式

现在考虑由两个子系统构成的复合系统, 系统的哈密顿量为

$$H_S \equiv H_1 + H_2 + H_{12} \tag{11.4.1}$$

式中, H_i 是子系统 $i (= 1,2)$ 的哈密顿量; H_{12} 是子系统之间相互作用的哈密顿量. 假设热库 α 只与其中某个子系统接触, 与子系统 i 有相互作用的热库用符号 α_i 表示. 将式(11.3.5)对 α_i 求和, 可得

$$\dot{\sigma}_i = \sum_{\alpha_i} \dot{\sigma}_{\alpha_i} = \sum_{\alpha_i} \dot{S}_{\alpha_i} - \sum_{\alpha_i} \beta_{\alpha_i} \dot{Q}_{\alpha_i} \geqslant 0 \tag{11.4.2}$$

式中, $\dot{\sigma}_i = \sum_{\alpha_i} \dot{\sigma}_{\alpha_i}$ 代表子系统 i 的局域熵产生率. 式(11.3.8)定义的总熵产生率是各子系统的局域熵产生率之和, 即 $\dot{\sigma} = \dot{\sigma}_1 + \dot{\sigma}_2$.

将式(11.4.2)进一步拆分可获得子系统 i 的局域熵产生率与子系统间的互信息流的关系. 此处, 量子系统间的互信息定义为 $I_{12} = S_1 + S_2 - S$, 其中子系统 i 的冯·诺依曼熵 $S_i = -\mathrm{Tr}\{\rho_i \ln \rho_i\}$, 由其约化密度矩阵 ρ_i 决定. I_{12} 的变化率可分为两部分

$$\dot{I}_{12} = \dot{I}_1 + \dot{I}_2 \tag{11.4.3}$$

其中

$$\dot{I}_i = \dot{S}_i - \sum_{\alpha_i} \dot{S}_{\alpha_i} \tag{11.4.4}$$

拆分过程中利用了等式 $\dot{S} = \sum_{\alpha} \dot{S}_{\alpha} = \sum_{\alpha_1} \dot{S}_{\alpha_1} + \sum_{\alpha_2} \dot{S}_{\alpha_2}$. 推广到由 M 个子系统组成的多体复合系统, 互信息流可表示为 $\dot{I}_{1,\cdots,M} = \sum_{i=1}^{M} \dot{I}_i$, 其中 $I_{1,\cdots,M} \equiv \sum_{i=1}^{M} S_i - S$.

由式(11.3.2)、式(11.3.6)和式(11.4.4), 互信息流 $\dot{I}_i$ 可表示为

$$\dot{I}_i = -\mathrm{Tr}\{\dot{\rho}_i \ln \rho_i\} + \mathrm{Tr}[\mathcal{D}_i[\rho] \ln \rho] \tag{11.4.5}$$

式中, $\mathcal{D}_i[\rho] = \sum_{\alpha_i} \mathcal{D}_{\alpha_i}[\rho]$ 是与子系统 i 相关的耗散算符的求和.

由式(11.4.2)和式(11.4.4), 可得与互信息流相关的局域克劳修斯不等式

$$\dot{\sigma}_i = \dot{S}_i - \sum_{\alpha_i} \beta_{\alpha_i} \dot{Q}_{\alpha_i} - \dot{I}_i \geqslant 0 \tag{11.4.6}$$

该式成立要求耗散算符具有可加性. 可发现信息熵只有在子系统的局域熵产生率中起作用, 而不出现在总系统熵产生率中. 这是因为信息熵是由两个子系统的相互作用而产生的, 当研究其中一个子系统时, 互信息流的影响就体现出来, 而且考虑互信息流后, 子系统的局域熵产生率大于零, 符合熵增加原理的基本规律. 对于两体系统, 当 $\dot{I}_1 > 0$, 子系统 1 作为探测器, 测量子系统 2 的状态, 并生成信息. 信息将被反馈到子系统 2, 作为资源, 推动热力学过程.

11.4.2 局域非平衡自由能不等式

同样地, 式(11.3.11)对与子系统 i 有相互作用的热库 α_i 求和, 可得子系统 i 的非平衡自由能不等式

$$\sum_{\alpha_i} T_{\alpha_i} \dot{\sigma}_{\alpha_i} = \dot{W}_i - \dot{F}_i \geqslant 0 \tag{11.4.7}$$

式中, 子系统 i 的非平衡自由能的变化率 $\dot{F}_i = \sum_{\alpha_i} \dot{F}_{\alpha_i}$. $\dot{W}_i = \sum_{\alpha_i} \dot{W}_{\alpha_i}$ 表示单位时间外界对子系统 i 所做的功.

式(11.4.6)和式(11.4.7)虽然都是局域子系统热力学第二定律的数学表述, 但是对多热源环境下的非平衡子系统它们也是不等价的. 只有当子系统 i 与温度都为 T_i 的热源耦合时, 这两个不等式是等价的. 这时, 如果系统达到稳态, 由 $\dot{S}_i = 0$ 和式(11.4.4), 可知

$$T_i \dot{I}_i = -T_i \sum_{\alpha_i} \dot{S}^{\alpha_i} \tag{11.4.8}$$

从而发现

$$\dot{F}_i = \dot{E}_i + T_i \dot{I}_i \tag{11.4.9}$$

局域非平衡自由能的变化率包含子系统 i 内能的变化率 $\dot{E}_i$ 和互信息流 $\dot{I}_i$ 这两部分. 式 (11.4.9)给出互信息流与非平衡自由能变化率之间的关系,可指导设计信息驱动的热力学器件.

11.5　热力学第二定律的量子表述与经典表述的对应关系

本节将探讨式(11.3.8)和式(11.4.6)给出的总系统和局域克劳修斯不等式,适用于经典的随机热力学系统的情况. 用 $|z\rangle$ 表示一个两体系统的能量本征态, $|x\rangle$ 和 $|y\rangle$ 分别表示子系统 X 和 Y 的能量本征态. 假设总系统的能量本征态可表示为子系统的能量本征态的直积,即 $|z\rangle = |x\rangle \otimes |y\rangle$. 同时,假设总系统的密度算符的本征态与能量本征态一致,那么总系统的密度算符可表示为

$$\rho = \sum_{x,y} p(x,y) |x\rangle |y\rangle \langle y| \langle x| \tag{11.5.1}$$

式中, $p(x,y)$ 是状态 $|z\rangle = |x\rangle \otimes |y\rangle$ 出现的概率. 子系统 X 和 Y 的约化密度算符可表示为

$$\rho_X = \text{Tr}_Y\{\rho\} = \sum_x p(x) |x\rangle\langle x| \tag{11.5.2}$$

$$\rho_Y = \text{Tr}_X\{\rho\} = \sum_y p(y) |y\rangle\langle y| \tag{11.5.3}$$

式中, $p(x) = \sum_y p(x,y)$ 和 $p(y) = \sum_x p(x,y)$ 分别表示子系统 X 和 Y 的边缘概率. 假设式(11.3.2)的耗散算符 $\mathcal{D}$ 导致总系统概率分布 $p(x,y)$ 的演化具有泡利主方程的形式

$$\dot{p}(x,y) = \sum_{x',y'} \left[W^{y;y'}_{x;x'} p(x',y') - W^{y';y}_{x';x} p(x,y) \right] \tag{11.5.4}$$

式中, $W^{y;y'}_{x;x'}$ 是总系统从状态 $|x'\rangle \otimes |y'\rangle$ 到状态 $|x\rangle \otimes |y\rangle$ 的跃迁系数.

现在假设子系统 X 和 Y 不会同时发生跃迁,意味着跃迁系数满足

$$W^{y;y'}_{x;x'} = \begin{cases} w^y_{x,x'}, & x \neq x'; y = y' \\ w^{y;y'}_x, & x = x'; y \neq y' \\ 0, & \text{其他} \end{cases} \tag{11.5.5}$$

这里 $w^y_{x,x'}$ 和 $w^{y;y'}_x$ 分别对应与子系统相关的耗散算符 $\mathcal{D}_X$ 和 $\mathcal{D}_Y$ 作用后导致的跃迁系数. 子系统 X 状态的概率分布 $p(x)$ 的演化也具有泡利主方程的形式

$$\dot{p}(x) = \sum_{x',y} \left[w^y_{x,x'} p(x',y) - w^y_{x',x} p(x,y) \right] \tag{11.5.6}$$

同理,可给出子系统 Y 状态的概率分布 $p(y)$ 的演化方程. 由式(11.4.5),稳态时,与子系统 X 有关的互信息流可作如下变换:

$$\dot{I}_X = - \operatorname{Tr}\{\dot{\rho}_X \ln \rho_X\} + \operatorname{Tr}\{\mathcal{D}_X[\rho]\ln \rho\} \tag{11.5.7}$$

$$= - \sum_x \dot{p}(x)\ln p(x)$$

$$+ \sum_{x,x',y} [w_{x,x'}^y p(x',y) - w_{x',x}^y p(x,y)]\ln p(x,y) \tag{11.5.8}$$

$$= \sum_{x,x',y} [w_{x,x'}^y p(x',y) - w_{x',x}^y p(x,y)]\ln \frac{p(x,y)}{p(x)} \tag{11.5.9}$$

$$= \frac{1}{2} \sum_{x,x',y} J_{x,x'}^y \ln \frac{p(x,y)p(x')}{p(x)p(x',y)} \tag{11.5.10}$$

$$= \frac{1}{2} \sum_{x,x',y} J_{x,x'}^y \ln \frac{p(y\mid x)}{p(y\mid x')} \tag{11.5.11}$$

式中，$J_{x,x'}^y = w_{x,x'}^y p(x',y) - w_{x',x}^y p(x,y)$，并定义条件概率 $p(y\mid x) = p(x,y)/p(x)$.

由式(11.5.4)，可计算总系统的冯·诺依曼熵随时间的变化率为

$$\dot{S} = - \operatorname{Tr}\{\dot{\rho}\ln \rho\}$$

$$= - \sum_{x,y} \dot{p}(x,y)\ln p(x,y) \tag{11.5.12}$$

$$= - \sum_{x,x',y,y'} J_{x,x'}^{y,y'} \ln p(x,y) \tag{11.5.13}$$

$$= \frac{1}{2} \sum_{x,x',y,y'} J_{x,x'}^{y,y'} \ln \frac{p(x',y')}{p(x,y)} \tag{11.5.14}$$

$$= \frac{1}{2} \sum_{x,x',y,y'} J_{x,x'}^{y,y'} \ln \frac{W_{x,x}^{y,y'} p(x',y')}{W_{x',x}^{y',y} p(x,y)} - \frac{1}{2} \sum_{x,x',y,y'} J_{x,x'}^{y,y'} \ln \frac{W_{x,x}^{y,y'}}{W_{x',x}^{y',y}} \tag{11.5.15}$$

$$= \dot{\sigma} - \dot{S}_r \tag{11.5.16}$$

式中，$J_{x,x'}^{y,y'} = W_{x,x}^{y,y'} p(x',y') - W_{x',x}^{y',y} p(x,y)$.

$$\dot{S}_r = \frac{1}{2} \sum_{x,x',y,y'} J_{x,x'}^{y,y'} \ln \frac{W_{x,x}^{y,y'}}{W_{x',x}^{y',y}} \tag{11.5.17}$$

表示环境熵的变化率，由系统到环境的热流引起，其具体形式依赖于环境的性质. 例如，当环境是一个温度为 T 的单一热源，根据细致平衡原理，跃迁系数满足 $\ln W_{x,x}^{y,y'}/W_{x',x}^{y',y} = -(\varepsilon_{x,y} - \varepsilon_{x',y'})/T$. 等式右边括号表示系统从能态 (x',y') 跃迁到能态 (x,y) 内能的变化. 因此，$\dot{S}_r$ 将正比于从热源进入系统的热流 $\dot{Q} = \frac{1}{2} \sum_{x,x',y,y'} J_{x,x'}^{y,y'} (\varepsilon_{x,y} - \varepsilon_{x',y'})$，即 $\dot{S}_r = -\dot{Q}/T$. 总熵产生率 $\dot{\sigma}$ 是系统熵变和环境熵变之和，因此，由式(11.5.16)和式(11.5.17)，总熵产生率 $\dot{\sigma}$ 可表示为

$$\dot{\sigma} = \frac{1}{2} \sum_{x,x',y,y'} J_{x,x'}^{y,y'} \ln \frac{W_{x,x}^{y,y'} p(x',y')}{W_{x',x}^{y',y} p(x,y)} \tag{11.5.18}$$

并且考虑到 $W_{x',x}^{y',y} p(x,y) \geqslant 0$，$J_{x,x'}^{y,y'} \ln \frac{W_{x,x}^{y,y'} p(x',y')}{W_{x',x}^{y',y} p(x,y)} \geqslant 0$ 总是成立，$\dot{\sigma}$ 总大于零，符合热力学第二定律的基本要求.

由式(11.4.4)和式(11.5.6)，可计算子系统 X 的冯·诺依曼熵随时间的变化率为

$$\dot{S}_X = -\operatorname{Tr}\{\dot{\rho}_X \ln\rho_X\}$$

$$= -\sum_x \dot{p}(x)\ln p(x) \tag{11.5.19}$$

$$= -\sum_{x,x',y} J_{x,x'}^y \ln p(x) \tag{11.5.20}$$

$$= \frac{1}{2}\sum_{x,x',y} J_{x,x'}^y \ln \frac{p(x')}{p(x)} \tag{11.5.21}$$

$$= \frac{1}{2}\sum_{x,x',y} J_{x,x'}^y \ln \frac{w_{x,x'}^y p(x',y)}{w_{x',x}^y p(x,y)} - \frac{1}{2}\sum_{x,x',y} J_{x,x'}^y \ln \frac{w_{x,x'}^y}{w_{x',x}^y}$$

$$+ \frac{1}{2}\sum_{x,x',y} J_{x,x'}^y \ln \frac{p(x')p(x,y)}{p(x)p(x',y)} \tag{11.5.22}$$

$$= \dot{\sigma}_X - \dot{S}_{r,X} + \dot{I}_X \tag{11.5.23}$$

与式(11.5.17)类似，

$$\dot{S}_{r,X} = \frac{1}{2}\sum_{x,x',y} J_{x,x'}^y \ln \frac{w_{x,x'}^y}{w_{x',x}^y} \tag{11.5.24}$$

表示所有从子系统 X 到环境的能流引起的环境的熵的变化率. 子系统 X 的熵产生率 $\dot{\sigma}_X$ 可表示为

$$\dot{\sigma}_X = \frac{1}{2}\sum_{x,x',y} J_{x,x'}^y \ln \frac{w_{x,x'}^y p(x',y)}{w_{x',x}^y p(x,y)} \tag{11.5.25}$$

$$= \dot{S}_X + \dot{S}_{r,X} - \dot{I}_X \tag{11.5.26}$$

这表明 $\dot{\sigma}_X$ 是由子系统 X 的熵变，与其有相互作用的环境的熵变和互信息流 $-\dot{I}_X$ 三部分组成的. 同样地，考虑到 $w_{x,x'}^y p(x',y) \geqslant 0$，$J_{x,x'}^y \ln \frac{w_{x,x'}^y p(x',y)}{w_{x',x}^y p(x,y)} \geqslant 0$ 总是成立，子系统 X 的熵产生率 $\dot{\sigma}_X$ 总大于零，符合热力学第二定律的基本要求. 同理，可给出子系统 Y 的熵产生率 $\dot{\sigma}_Y$. 式(11.5.16)、式(11.5.18)、式(11.5.25)和式(11.5.26)的结果适用于经典随机热力学系统，并在细胞传感模型中被广泛应用[4, 29].

参 考 文 献

[1] Qin M, Shen H Z, Zhao X L, et al. Effects of system-bath coupling on a photosynthetic heat engine: a polaron master-equation approach [J]. Phys. Rev. A, 2017, 96(1): 012125.

[2] Boyd A B, Crutchfield J P. Maxwell demon dynamics: deterministic chaos, the Szilard map, and the intelligence of thermodynamic Systems [J]. Phys. Rev. Lett., 2016, 116 (19): 190601.

[3] Zwick A, Álvarez G A, Kurizki G. Maximizing information on the environment by dynamically controlled qubit probes [J]. Phys. Rev. Appl., 2016, 5(1): 014007.

[4] Horowitz J M, Esposito M. Thermodynamics with continuous information flow [J]. Phys. Rev. X, 2014, 4(3): 031015.

[5] Xu D, Wang C, Zhao Y, et al. Polaron effects on the performance of light-harvesting systems: a quantum heat engine perspective [J]. New. J. Phys. , 2016, 18: 023003.

[6] Lin B H, Chen J C. Optimal analysis on the performance of an irreversible harmonic quantum Brayton refrigeration cycle [J]. Phys. Rev. E, 2003, 68(5): 056117.

[7] Lin Z, Su S, Chen J, et al. Suppressing coherence effects in quantum-measurement-based engines [J], Phys. Rev. A, 2021, 104(6): 062210.

[8] Svidzinsky A A, Dorfman K E, Scully M O. Enhancing photovoltaic power by Fano-induced coherence [J]. Phys. Rev. A, 2011, 84(5): 053818.

[9] Su S H, Sun C P, Li S W, et al. Photoelectric converters with quantum coherence [J]. Phys. Rev. E, 2016, 93(5): 052103.

[10] Chen J, Fu T, Su S, et al. Quantum photocells as nonequilibrium systems [J]. Phys. Rev. E, 2021, 103(6): 062136.

[11] Griffiths D J. Introduction to Quantum Mechanics [M]. 2nd ed. New Jersey: Prentice Hall, 2005.

[12] Su S, Chen J, Ma Y, et al. The heat and work of quantum thermodynamic processes with quantum coherence [J]. Chin. Phys. B, 2018, 27(6): 060502.

[13] Neumann J V. Mathematical Foundations of Quantum Mechanics [M]. Princeton: Princeton University Press, 1955.

[14] Pathria R K, Beale P D. Statistical Mechanics[M]. 3rd ed. Oxford: Academic Press, 2011.

[15] Wang Z C. Thermodynamics, Statistical Physics[M]. 4th ed. China: Higher Education Press Pub, 1991.

[16] Liu F. Heat and work in Markovian quantum master equations: concepts, fluctuation theorems, and computations [J]. Prog. Phys. , 2018, 38(1): 1-63.

[17] Alicki R, Gelbwaser-Klimovsky D, Szczygielski K. Solar cell as a self-oscillating heat engine [J]. J. Phys. A: Math. Theor. , 2016, 49(1): 015002.

[18] Alicki R. Thermoelectric generators as self-oscillating heat engines [J]. J. Phys. A: Math. Theor. , 2016, 49(8): 085001.

[19] 曾谨言. 量子力学[M]. 4 版. 北京: 科学出版社, 2007.

[20] 柳飞. 量子轨迹的功和热[M]. 北京: 科学出版社, 2019.

[21] Breuer H P, Petruccione F. The Theory of Open Quantum Systems [M]. Oxford: Oxford University Press, 2002.

[22] Tajima H, Funo K. Superconducting-like heat current: effective cancellation of current-dissipation trade-off by quantum coherence [J]. Phys. Rev. Lett. , 2021, 127(19): 190604.

[23] Alicki R, Gelbwaser-Klimovsky D. Non-equilibrium quantum heat machines [J]. New J. Phys. , 2015, 17: 115012.

[24] Szczygielski K, Gelbwaser-Klimovsky D, Alicki R. Markovian master equation and thermodynamics of a two-level system in a strong laser field [J]. Phys. Rev. E, 2013, 87(1): 012120.

[25] Liu F, Xi J. Characteristic functions based on a quantum jump trajectory [J]. Phys. Rev. E, 2016, 94(6): 062133.

［26］ Boukobza E, Tannor D J. Thermodynamics of bipartite system: application to light-matter interactions ［J］. Phys. Rev. A, 2006, 74: 063823.

［27］ Spohn H. Entropy production for quantum dynamical semigroups ［J］. J. Math. Phys. , 1978, 19(5): 1227-1230.

［28］ Ptaszyński K, Esposito M. Thermodynamics of Quantum Information Flows ［J］. Phys. Rev. Lett. , 2019, 122(15): 150603.

［29］ Barato A C, Hartich D, Seifert U. Efficiency of cellular information processing ［J］. New J. Phys. , 2014, 16: 103024.

第12章　量子热力学循环

目前，低温技术广泛应用于科学技术的不同领域和工农业生产的各个方面，形成了多学科交叉的边缘学科，如低温电子学、低温物理、低温医学和低温生物学等，因此低温科学技术的发展将会有力地促进其他科学技术的发展.

众所周知，常见的低温系统一般可分为被动式制冷系统和主动式制冷系统（低温制冷机）两大类[1-8]. 常用的低温制冷机主要有斯特林制冷（由两个等温和两个等容过程组成，是目前应用最多的一种空间机械制冷机，其制冷温度已达到液氦温区）、G-M 制冷机（Gifford-McMahon 循环制冷机，它是利用绝热放气制冷，一般是由充气、冷却、膨胀和排气四个过程组成的一种制冷机，主要技术指标有 4.2K/1.5W、4.2K/2.2W、50K/20W、主要以 4.2K 机为主）、脉管制冷（利用高低压气体对脉管腔充放气过程而制冷，是西蒙膨胀制冷的一种形式，是目前国际上研究得最活跃的一种制冷机，有多种型式. 美国 TRW 公司研制的空间用脉管制冷机，65K/410mW，总功耗 32W，60K/2W，35K/300mW，功耗分别为 76W 和 82W，效率超过普通型式的斯特林制冷机）、绝热去磁制冷（约 65mK）、^{3}He-^{4}He 稀释制冷机（它是基于在 0.87K 以下，^{3}He、^{4}He 分成了互不相溶的两相，当 ^{3}He 原子从 ^{3}He 浓相中等温地溶解到稀释相中时熵增加的原理，约 15mK）、H_2J-T 吸附制冷（10~30K）、^{3}He 减压蒸发制冷（利用 ^{3}He 的饱和压力随饱和温度的变化相差很大及在 0.0026K 才会产生超流的特性，减压制冷，一般可达 0.2~0.3K，用于微重力下制冷系统）等.

氦制冷属于空间低温制冷的新领域. 氦是最通用的低温制冷工质，其适用温度范围相当宽广. 气体氦的熵值较大，在等温膨胀时可得到较大的熵差，因而具有较大的制冷能力. 同样，氦在气液相变过程中的熵差也较大，这对于制冷也很有用. 近年来，以氦气为工质，采用回热循环方式工作的小型气体制冷机具有热效率高、结构简单、运行可靠及工作寿命长的优良性能，已经广泛用于低温电子学、冷凝真空、低温物理及材料低温性能测试等领域. 中国科学院理化技术研究所低温与制冷研究中心的制冷机达到了 2.6K，4.2K 时的制冷量为 0.6W，工作稳定，降温速度快. 在机械制冷机中，斯特林制冷机（采用氦制冷的方法）已经能够达到 4K 的低温条件[9].

近年来，量子热力学循环的分析已经成为在热力学、工程热力学、统计物理、量子物理和激光等领域工作的人们感兴趣的研究项目之一. 许多学者分别研究了以理想量子气体、谐振子、自旋系统、光子、声子和处于势阱中的微观粒子等为工质的量子热力学循环的性能特性和优化性能，获得了一系列重要的结论[10-21]. 在以理想量子气体为工质的热力学循环性能研究方面，有些学者分析了以理想玻色气体和费米气体为工质的卡诺、埃里克森、斯特林和奥托动力循环的效率和输出功率[10-14]；而有些学者则研究了以理想费米气体为工质的斯特林和埃里克森制冷循环的性能[15, 16]. 可以看出这些循环的热力学行为不同于经典循环，这是由气体量子简并性的影响所引起的.

本章将基于第 10 章中所分析的量子工质的热力学性质，简要地分析几种量子热力学循环的性能.

12.1　玻色埃里克森制冷循环[①]

12.1.1　循环模型

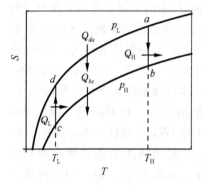

以理想玻色气体为工质，由两个等温过程和两个等压过程组成的埃里克森制冷循环，通常简称为玻色埃里克森制冷循环. 该制冷循环运行于温度为 T_H 的高温热源和温度为 T_L 的制冷空间之间，其熵-温图如图 12.1.1 所示.

根据第 10 章所给出的玻色气体定压热容量的性质可知，制冷空间的温度 T_L 应大于玻色-爱因斯坦凝聚温度 T_c. 这表明玻色气体的玻色-爱因斯坦凝聚温度 T_c 是玻色埃里克森制冷循环制冷温度的低限，即 $T_L > T_c$. 在埃里克森循环中常使用回热器，以改善循环的性能. 回热器主要应用于两个等压过程中. 在图 12.1.1 中，Q_L 和 Q_H 分别是在两个等温过程中工质与温度为 T_L 和 T_H 的两个

图 12.1.1　玻色埃里克森制冷
循环的熵-温图

热源之间交换的热量，而 Q_{bc} 和 Q_{da} 分别是在压强为 p_H 的高等压过程和压强为 p_L 的低等压过程中工质和回热器之间交换的热量. 为分析方便起见，以上所有热量均取正值.

由式(10.1.8)和式(10.1.24)，可得在循环的两个等温过程和两个等压过程中工质与外界交换的热量分别为

$$Q_L = \frac{5}{2} Nk T_L [F(z_d) - F(z_c)] - Nk T_L (\ln z_d - \ln z_c) \tag{12.1.1}$$

$$Q_H = \frac{5}{2} Nk T_H [F(z_a) - F(z_b)] - Nk T_H (\ln z_a - \ln z_b) \tag{12.1.2}$$

$$Q_{da} = \int_d^a C_p(T, p_L) dT = \frac{5}{2} Nk [T_H F(z_a) - T_L F(z_d)] \tag{12.1.3}$$

$$Q_{bc} = \int_c^b C_p(T, p_H) dT = \frac{5}{2} Nk [T_H F(z_b) - T_L F(z_c)] \tag{12.1.4}$$

---

① Lin B, He J, Chen J. J. Non-Equilib. Thermodyn., 2003, 28:221.

式中，z_a、z_b、z_c 和 z_d 分别是图 12.1.1 中工质在状态 a、b、c 和 d 时的逸度. 使用方程 (12.1.1)~方程(12.1.4)，可以分析循环的固有回热特性，讨论量子简并对玻色埃里克森制冷循环的影响.

12.1.2 回热特性

从式(12.1.3)和式(12.1.4)，可以导出循环的固有回热损失量为

$$\Delta Q = Q_{bc} - Q_{da} = \frac{5}{2}Nk\{T_H[F(z_b) - F(z_a)] + T_L[F(z_d) - F(z_c)]\}$$

$$(12.1.5)$$

为了揭示固有回热损失对循环性能的影响，绘出函数 $f(T, p) = TF(T, p)$ 随温度 T 变化的关系曲线，如图 12.1.2 所示. 根据式 (10.1.24)，并比较图 12.1.2 中两条曲线的斜率，可以发现下列关系:

$$C_p(T, p_H) > C_p(T, p_L) \quad (12.1.6)$$

从式(12.1.3)~式(12.1.6)可清楚看出 $\Delta Q > 0$. 这表明，在高等压(p_H)回热过程中流入回热器的热量 Q_{bc} 大于在低等压(p_L)回热过程中流出回热器的热量 Q_{da}. 因此，每循环在回热器中多余的热量必须及时地排放到低温热源，即制冷空间，否则，回热器的温度将改变，以至于回热器将不能正常工作. 循环的这种固有的非理

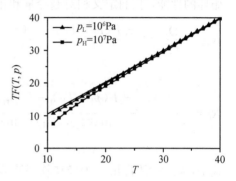

图 12.1.2 函数 $TF(T, p)$ 随温度变化的关系曲线

想回热，造成循环的制冷量将发生变化，从 Q_L 减小到 Q'_L. 利用式(12.1.1)和式(12.1.5)，可得循环的制冷量为

$$Q'_L = Q_L - \Delta Q = \frac{5}{2}NkT_H[F(z_a) - F(z_b)] + NkT_L(\ln z_c - \ln z_d) \quad (12.1.7)$$

根据理想气体状态方程，可以知道以理想气体为工质的埃里克森和斯特林循环通过使用可逆回热器可以具有理想回热条件. 因此，这些制冷循环通过使用可逆回热器可获得卡诺制冷循环的性能系数 COP(或称为制冷系数)[17-19]. 而以理想量子气体(玻色气体和费米气体)为工质的埃里克森循环[20, 21]，由于量子气体的量子简并性的影响，循环存在固有的非理想回热，导致循环不具备理想回热条件. 因此，它的性能系数将小于卡诺制冷循环的性能系数.

12.1.3 性能参数

除制冷量外，循环的性能系数和输入功也是制冷循环的重要性能参数. 利用式(12.1.1)~式(12.1.4)和式(12.1.7)，可以导出每循环的输入功和性能系数分别为

$$W = Q_{H} - Q_{L} + Q_{bx} - Q_{da} = NkT_{H}(\ln z_{b} - \ln z_{a}) + NkT_{L}(\ln z_{d} - \ln z_{c})$$

$$\tag{12.1.8}$$

$$\varepsilon = \frac{Q_{L}'}{W} = \frac{\frac{5}{2}T_{H}[F(z_{a}) - F(z_{b})] + T_{L}(\ln z_{c} - \ln z_{d})}{T_{H}(\ln z_{b} - \ln z_{a}) + T_{L}(\ln z_{d} - \ln z_{c})} < \frac{T_{L}}{T_{H} - T_{L}} = \varepsilon_{c}$$

$$\tag{12.1.9}$$

式中，ε_{c} 是运行于相同温度区间的卡诺制冷循环或以理想气体为工质的埃里克森循环的性能系数. 可见，玻色埃里克森制冷循环的性能系数小于卡诺性能系数.

应用方程(12.1.7)～方程(12.1.9)，可以详细分析玻色埃里克森制冷循环的性能特性. 为了方便比较玻色埃里克森制冷循环与以理想气体为工质的经典埃里克森制冷循环的性能，我们定义相对制冷量和相对性能系数如下：

$$R_{QL} = \frac{Q_{L}'}{Q_{L}^{c}} = \frac{5\tau[F(p_{L}, T_{H}) - F(p_{H}, T_{H})] + [\ln z(p_{H}, T_{L}) - \ln z(p_{L}, T_{L})]}{2\ln r_{p}}$$

$$\tag{12.1.10}$$

$$R_{\varepsilon} = \frac{\varepsilon}{\varepsilon_{c}} = \frac{\left\{\frac{5}{2}\tau[F(p_{L}, T_{H}) - F(p_{H}, T_{H})] + \ln z(p_{H}, T_{L}) - \ln z(p_{L}, T_{L})\right\}(\tau - 1)}{\tau[\ln z(p_{H}, T_{H}) - \ln z(p_{L}, T_{H})] + \ln z(p_{L}, T_{L}) - \ln z(p_{H}, T_{L})}$$

$$\tag{12.1.11}$$

式中，$Q_{L}^{c} = NkT_{L}\ln r_{p}$ 为经典埃里克森制冷循环的制冷量；$r_{p} = p_{H}/p_{L}$ 是两等压过程的压强比；$\tau = T_{H}/T_{L}$ 是两等温过程的温比.

从式(12.1.7)～式(12.1.11)可以清楚看出，玻色埃里克森制冷循环的制冷量、性能系数、R_{QL} 和 R_{ε} 通常依赖于温度、压强和其他参数. 这一点不同于经典的埃里克森循环，在相同的运行条件下，经典循环的性能系数仅依赖于热源的温度，而制冷量与两等压过程的压强比和制冷空间的温度有关.

12.1.4 循环的性能特性

根据第 10 章的式(10.1.1)、式(10.1.3)、式(10.1.6)和本章的式(12.1.10)，选择 ^{4}He 气体作为玻色气体，我们可以绘出：对于给定的高等压过程的压强 p_{H}、制冷空间温度 T_{L} 和两热源的温度比 τ，相对制冷量 R_{QL} 随两等压过程的压强比 r_{p} 变化的关系曲线；对于给定的 p_{H}、r_{p} 和 τ，R_{QL} 随 T_{L} 变化的关系曲线；分别如图 12.1.3 和图 12.1.4 所示，其中各参数的取值标在图中.

从上述两图中的曲线可以清楚看出，相对制冷量 R_{QL} 总是比 1 小，并且压强越大或温度越低，R_{QL} 越小. 这表明由于玻色气体量子简并的影响，循环的制冷量总是比经典循环的制冷量小，并且简并性越强，循环的制冷量越小.

另外，从图 12.1.3 和图 12.1.4 可知，对于给定的 p_{H}、T_{L} 和 τ，R_{QL} 是 r_{p} 的单调递增函数；对于给定的 p_{H}、r_{p} 和 τ，R_{QL} 也是 T_{L} 的单调递增函数. 这再次表明，循环制

冷量随工质量子简并性的增强而变小,同时,通过增加循环两个等压过程的压强比值,可提高循环的制冷量. 此外,从图中的曲线也可看出,两热源的温度相差越大,相对制冷量越小,并且当低温热源的温度较高时,相对制冷量趋于 1. 这正是我们期望的结果,因为在这种情况下,气体粒子的量子特性可以忽略.

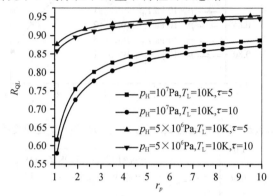

图 12.1.3 对于给定的 p_H、T_L 和 τ,R_{QL} 随 r_p 变化的关系曲线

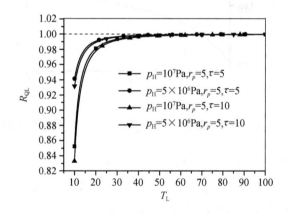

图 12.1.4 对于给定的 p_H、r_p 和 τ,R_{QL} 随 T_L 变化的关系曲线

同样地,应用第 10 章的式(10.1.1)、式(10.1.3)、式(10.1.6)和本章的式(12.1.11),选择 ^{4}He 气体作为玻色气体,我们也可以分别绘出:R_ε 随 τ(对于给定的 p_H、T_H 和 r_p)和 R_ε 随 r_p(对于给定的 p_H、T_H 和 T_L 或 p_L、T_H 和 T_L)变化的关系曲线,分别如图 12.1.5 和图 12.1.6 所示,其中各参数的取值标在图中. 从图中各曲线可以看出,对于给定的 p_H、T_H 和 r_p 值,相对性能系数随温度比的增加而单调减小;在同样条件下,压强比越大,则相对性能系数也越大. 这表明,气体的量子简并性越强,则制冷循环的性能系数越小. 这些结论也可从图 12.1.6 的曲线直接看出. 因此,通过减小温度比 τ 和增加压强比 r_p 的方式,可以改善制冷循环的性能.

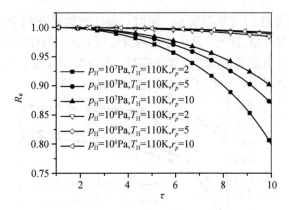

图 12.1.5　对于给定的 p_H、T_H 和 r_p，R_ϵ 随 τ 变化的关系曲线

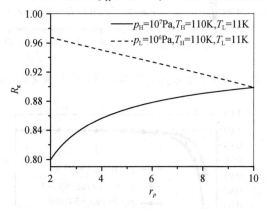

图 12.1.6　对于一些给定的 p_H 或 p_L、T_H 和 T_L，R_ϵ 随 r_p 变化的关系曲线

下面讨论两种特殊情况下制冷循环的性能特性：

(1) 当玻色气体的温度比较高或气体密度比较低时，也就是在弱简并条件下，式(10.1.6)的玻色积分 $g_n(z)$ 可以展开为 z 的级数

$$g_{5/2}(z) = z + \frac{z^2}{2^{5/2}} + \frac{z^3}{3^{5/2}} + \cdots \tag{12.1.12}$$

$$g_{3/2}(z) = z + \frac{z^2}{2^{3/2}} + \frac{z^3}{3^{3/2}} + \cdots \tag{12.1.13}$$

此时修正函数为

$$F(z) = \frac{g_{5/2}(z)}{g_{3/2}(z)} = 1 - \frac{\sqrt{2}}{8}z + \cdots \tag{12.1.14}$$

应用式(10.1.1)和式(12.1.12)，可得

$$y = g_{5/2}(z) = z + \frac{z^2}{2^{5/2}} + \frac{z^3}{3^{5/2}} + \cdots \tag{12.1.15}$$

式中，$y = \lambda^3 p/kT$. 令

$$z = a_1 y + a_2 y^2 + \cdots \tag{12.1.16}$$

将式(12.1.16)代入式(12.1.15)，并比较 y 的同次幂的系数，可得 a_1，a_2，$\cdots$ 的值分别为

$$a_1 = 1, \quad a_2 = -\frac{1}{2^{5/2}}, \quad \cdots$$

这些系数代入式(12.1.16)，则玻色气体的逸度可以表示为

$$z = \frac{\lambda^3 p}{kT} - \frac{1}{2^{5/2}} \left(\frac{\lambda^3 p}{kT} \right)^2 + \cdots \tag{12.1.17}$$

利用式(12.1.17)，并将式(12.1.17)代入式(12.1.14)，取一级近似，可得一级近似下的逸度和修正函数为

$$z(T, p) = 4\sqrt{2} \left(\frac{Dp}{T^{5/2}} \right) \left(1 - \frac{Dp}{T^{5/2}} \right) \tag{12.1.18}$$

$$F(T, p) = 1 - \frac{Dp}{T^{5/2}} \tag{12.1.19}$$

式中，$D = (2\pi\hbar^2/m)^{3/2}/(4\sqrt{2}\,k^{5/2})$ 是常数. 在这种情况下，量子效应是小的. 使用式(12.1.18)和式(12.1.19)，则式(12.1.5)、式(12.1.9)、式(12.1.10)和式(12.1.11)可简化为

$$\Delta Q = Q_{bc} - Q_{da} = \frac{5}{2} NkD(p_H - p_L) \left(\frac{1}{T_L^{3/2}} - \frac{1}{T_H^{3/2}} \right) > 0 \tag{12.1.20}$$

$$\varepsilon = \frac{Q'_L}{W} = \frac{T_L \ln(p_H/p_L) + D(p_H - p_L) \left(\frac{5}{(2T_H^{3/2})} - \frac{1}{T_L^{3/2}} \right)}{(T_H - T_L)\ln(p_H/p_L) + D(p_H - p_L) \left(\frac{1}{T_L^{3/2}} - \frac{1}{T_H^{3/2}} \right)} \tag{12.1.21}$$

$$R_{QL} = 1 - \frac{Dp_L(r_p - 1) \left[1 - \frac{5}{(2\tau^{3/2})} \right]}{T_L^{5/2} \ln r_p} \tag{12.1.22}$$

$$R_{\varepsilon} = \frac{\{ T_L^{5/2} \ln r_p + Dp_L(r_p - 1)[5/(2\tau^{3/2}) - 1] \}(\tau - 1)}{T_L^{5/2}(\tau - 1)\ln r_p + Dp_L(r_p - 1)(1 - \tau^{-3/2})} \tag{12.1.23}$$

显然，在这种情况下，循环的性能系数是温度和压强的显函数形式，它依赖于四个过程的参数，这一点与经典的埃里克森循环有本质的不同.

(2) 当玻色气体的温度足够高或密度足够低时，它的逸度将比 1 小得多. 在这种情况下，$g_l(z) = z$，$F(z) = 1$，并且理想玻色气体变为理想经典气体. 因此，式(12.1.5)、式(12.1.7)、式(12.1.9)、式(12.1.10)和式(12.1.11)可进一步简化为

$$\Delta Q = 0 \tag{12.1.24}$$

$$Q'_L = NkT_L \ln(p_H/p_L) = Q_L^c \tag{12.1.25}$$

$$\varepsilon = \frac{T_L}{T_H - T_L} = \varepsilon_c \tag{12.1.26}$$

$$R_{\text{QL}} = 1 \tag{12.1.27}$$

$$R_{\varepsilon} = 1 \tag{12.1.28}$$

式(12.1.24)~式(12.1.28)正好是经典埃里克森制冷循环的结果.这清楚地表明,在高温下玻色埃里克森制冷循环变为经典埃里克森制冷循环.

12.2 费米布雷顿制冷循环[①]

布雷顿制冷机是重要的制冷机之一,也是空间应用领域内热力学循环性能系数最好的制冷机之一.美国的 NASA 与 Creare 公司已研究出制冷温度 4.2~70K,冷量 1~5W,寿命大于 5 年的布雷顿制冷机,而且在工程应用方面也获得了一定的成功,已将其应用到哈勃望远镜装置上[22].本节将基于理想费米气体的状态方程和热力学性质,研究以理想费米气体为工质的布雷顿制冷循环的性能特性,对几种有趣的情况作了详细的讨论,得到一些有意义的结果.

12.2.1 循环模型

以理想费米气体为工质的布雷顿制冷循环可简称为费米气体布雷顿制冷循环[21, 23].它是由两个绝热过程(1—2 和 3—4)和两个等压过程(2—3 和 4—1)组成的,其 T-S 图如图 12.2.1所示.图中的 T_H 和 T_L 分别为高低热源的温度,p_H 和 p_L 分别为两个等压过程的压强,Q_L 和 Q_H 分别是工质在两个等压过程从低温热源吸收的和放给高温热源的热量.

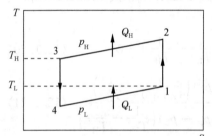

图 12.2.1 布雷顿制冷循环温熵图

由式(10.2.18),可得在两个等压过程中从低温热源吸收的和放给高温热源的热量分别为

$$Q_L = Q_{41} = \int_{T_4}^{T_L} C_p \mathrm{d}T = \frac{5}{2} Nk \left[T_L F(p_L, T_L) - T_4 F(p_L, T_4) \right] \tag{12.2.1}$$

$$Q_H = Q_{23} = \int_{T_H}^{T_2} C_p \mathrm{d}T = \frac{5}{2} Nk \left[T_2 F(p_H, T_2) - T_H F(p_H, T_H) \right] \tag{12.2.2}$$

对于理想费米气体,由式(10.2.19)可得

$$F(p_L, T_L) = F(p_H, T_2) \tag{12.2.3}$$

$$F(p_L, T_4) = F(p_H, T_H) \tag{12.2.4}$$

利用式(10.2.5),可得循环中四个状态点的温度与两等压过程压强间的关系为

$$\frac{T_2}{T_L} = \frac{T_H}{T_4} = \left(\frac{p_H}{p_L} \right)^{2/5} = r_p^{2/5} \tag{12.2.5}$$

① 刘静宜,林比宏,陈金灿.低温工程,2003,131(1):1.

式中，r_p 为两等压过程的压强比.

利用式(12.2.3)～式(12.2.5)，则式(12.2.1)和式(12.2.2)可进一步表示为

$$Q_L = \frac{5}{2} N k T_H [\tau F(p_L, T_L) - r_p^{-2/5} F(p_H, T_H)] \tag{12.2.6}$$

$$Q_H = \frac{5}{2} N k T_H [\tau r_p^{2/5} F(p_L, T_L) - F(p_H, T_H)] = Q_L r_p^{2/5} \tag{12.2.7}$$

式中，$\tau = T_L / T_H$.

12.2.2 几种特殊情况的性能特性

由式(12.2.6)和式(12.2.7)，可得费米气体布雷顿制冷循环的输入功和制冷系数分别为

$$W = Q_H - Q_L = \frac{5}{2} N k T_H F(p_H, T_H) \left[\tau r_p^{2/5} \frac{F(p_L, T_L)}{F(p_H, T_H)} - 1 \right] (1 - r_p^{-2/5}) \tag{12.2.8}$$

$$\varepsilon = \frac{Q_L}{W} = \frac{Q_L}{Q_H - Q_L} = \frac{1}{r_p^{2/5} - 1} \tag{12.2.9}$$

由式(12.2.9)可见，理想费米气体布雷顿制冷循环(简称为量子循环)的制冷系数与经典理想气体布雷顿制冷循环(简称为经典循环)的制冷系数的表示式 $\varepsilon = \frac{1}{r_p^{(\gamma-1)/\gamma} - 1}$ 是相同的，其中 $\gamma = 5/3$.

由式(12.2.6)，还可引入量子循环的制冷量与经典循环的制冷量 Q_L^C 的比值为

$$R_{QL} = \frac{Q_L}{Q_L^C} = \frac{\tau r_p^{2/5} F(p_L, T_L) - F(p_H, T_H)}{\tau r_p^{2/5} - 1} \tag{12.2.10}$$

式(12.2.8)～式(12.2.10)是本节的一些主要结果. 它们可用来讨论费米气体布雷顿制冷循环的性能特性.

1. 简并条件下的性能特性

在低温或高密度情况下，即气体简并条件下，满足简并判据 $n\lambda^3 \gg 1$ 时，费米积分 $f_n(z)$ 可以展开为式(10.2.30)，即

$$f_n(z) = \frac{(\ln z)^n}{\Gamma(n+1)} \left\{ 1 + n(n-1) \frac{\pi^2}{6} \left(\frac{1}{\ln z} \right)^2 + n(n-1)(n-2)(n-3) \frac{7\pi^4}{360} \left(\frac{1}{\ln z} \right)^4 + \cdots \right\} \tag{12.2.11}$$

由式(10.2.5)、式(12.2.10)和式(12.2.11)，可以得到在气体简并条件下的量子循环与经典循环的制冷量之比 R_{QL} 随温度 T_L 和压强 p_L 变化的关系曲线，如图 12.2.2 和图 12.2.3所示.

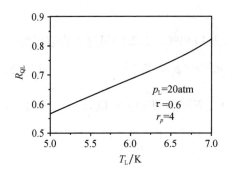

图 12.2.2　制冷量比随温度变化的关系曲线　　图 12.2.3　制冷量比随压强变化的关系曲线
1atm$=$1.01325$\times10^5$Pa

从图 12.2.2 和图 12.2.3 可以看出，制冷量之比 R_{QL} 随温度 T_{L} 增加而单调递增，而随压强 p_{L} 的增加而单调递减.这表明气体的简并性越强，则循环的制冷量越小.在气体简并条件下，利用式(10.2.1)、式(10.2.5)、式(12.2.8)、式(12.2.10)和式(12.2.11)，并取一级近似，则量子循环与经典循环的制冷量之比 R_{QL} 和输入功可分别表示为

$$R_{\text{QL}} = \frac{\pi^2(1+\tau r_p^{2/5})T_{\text{L}}}{10C_2\tau r_p^{2/5}p_{\text{L}}^{2/5}} \tag{12.2.12}$$

$$W = \frac{5\pi^2}{20C_2}NkT_{\text{H}}(\tau r_p^{2/5}T_{\text{L}}/p_{\text{L}}^{2/5}-T_{\text{H}}/p_{\text{H}}^{2/5})(1-r_p^{-2/5}) \tag{12.2.13}$$

式中，$C_2 = (15\pi^2\hbar^3)^{2/5}/(2km^{3/5})$.

2. 弱简并条件下的性能特性

在温度较高或密度较低的情况下，即气体弱简并条件下，$0<z<1$，费米积分 $f_n(z)$ 可以展开为

$$f_n(z) = \sum_{l=1}^{\infty}(-1)^{l-1}\frac{z^l}{l^n} \tag{12.2.14}$$

由式(10.2.5)、式(12.2.10)和式(12.2.14)，可得量子循环与经典循环的制冷量之比 R_{QL} 随温度 T_{L} 和压强 p_{L} 变化的关系曲线，如图 12.2.4 和图 12.2.5 所示.

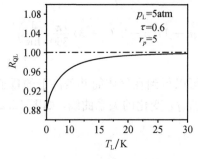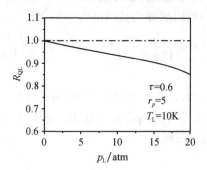

图 12.2.4　制冷量比随温度变化的关系曲线　　图 12.2.5　制冷量比随压强变化的关系曲线

由图 12.2.4 可见，R_{QL} 总是小于 1. 这表明，在弱简并条件下，量子循环的制冷量总比经典循环的小. 由图 12.2.5 可见，当压强逐渐增强时，气体的量子简并越来越明显，R_{QL} 越来越小. 这再次表明，在弱简并条件下，量子循环的制冷量总是比对应的经典循环的小.

在气体弱简并条件下，由式(10.2.1)、式(10.2.5)、式(12.2.8)、式(12.2.10)和式(12.2.14)，并取一级近似，则量子循环与经典循环的制冷量之比和输入功可分别表示为

$$R_{QL} = 1 - \frac{C_1 \tau r_p^{2/5} (r_p^{3/5} \tau^{3/2} - 1) p_L}{(\tau r_p^{2/5} - 1) T_L^{5/2}} \tag{12.2.15}$$

$$W = \frac{5}{2} Nk T_H \left[\tau r_p^{2/5} \left(1 + \frac{C_1 p_L}{T_L^{5/2}} \right) - \left(1 + \frac{C_1 p_H}{T_H^{5/2}} \right) \right] (1 - r_p^{-2/5}) \tag{12.2.16}$$

式中，$C_1 = \dfrac{h^3}{4\sqrt{2}\, k^{5/2} (2\pi m)^{3/2}}$.

3. 高温极限下的性能特性

在高温极限下，$z \to 0$，$F(z) = 1$. 由式(10.2.5)可知，这时理想费米气体已成为理想经典气体. 式(12.2.6)、式(12.2.8)和式(12.2.10)可分别简化为

$$Q_L = \frac{5}{2} Nk T_H (\tau - r_p^{-2/5}) \tag{12.2.17}$$

$$W = \frac{5}{2} Nk T_H (\tau r_p^{2/5} - 1)(1 - r_p^{-2/5}) \tag{12.2.18}$$

$$R_{QL} = 1 \tag{12.2.19}$$

式(12.2.17)和式(12.2.18)正是经典循环的结果. 这清楚地表明，在高温极限下，量子循环已成为经典循环.

12.2.3　两等压过程压比的界限

实际的制冷系统总是需要输入一定的功才能正常工作，这表明式(12.2.8)中的 W 应大于零. 由这一条件可知，循环的两个等压过程的压强比必须满足以下关系：

$$r_p > (r_p)_{\min} = \left(\frac{f}{\tau} \right)^{5/2} \tag{12.2.20}$$

式中，$(r_p)_{\min}$ 为两个等压过程的最小压强比，

$$f = \frac{F(p_H, T_H)}{F(p_L, T_L)} \tag{12.2.21}$$

为循环状态 3 和循环状态 1 的修正函数比值.

在高温极限下，循环的两个等压过程的最小压强比可以表示为

$$(r_p)_{\min} = (r_p^c)_{\min} = \tau^{-5/2} \tag{12.2.22}$$

应用式(12.2.21)和式(12.2.22)可证明：当 $r_p = (r_p)_{\min}$ 时，$f = 1$ 不随 τ 变化，如

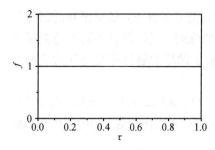

图 12.2.6 f 随 τ 变化的关系曲线

图 12.2.6 所示，作图时取 $p_L=5\text{atm}$、$T_L=10\text{K}$. 图 12.2.6 表明，量子简并性也不影响两等压过程的最小压强比，与经典循环的相同，即由式 (12.2.22) 确定.

由式 (12.2.8)，还可画出循环的输入功随压强比变化的关系曲线，如图 12.2.7 所示. 图中 $W^*=2W/(5NkT_H)$ 为无量纲的输入功，$\tau=0.6$.

曲线 I、II 和 III 分别代表上述的简并（$p_L=20\text{atm}$，$T_L=5\text{K}$）、弱简并（$p_L=5\text{atm}$，$T_L=10\text{K}$）和高温极限时的 W^* 与 r_p 的关系. 可见，在相同的压强比下，量子循环所需的输入功比经典循环所需的小. 因而，在相同的制冷系数下，量子循环的制冷量比经典循环的小，并且简并性越强，制冷量将越小. 图 12.2.7 再次表明，循环的两个等压过程的最小压强比 $(r_p)_{\min}$ 在不同条件下具有相同的值.

由式 (12.2.9)，可画出制冷系数随压强比变化的关系曲线，如图 12.2.8 所示. 图 12.2.8 中的实线部分代表压强比的合理取值范围.

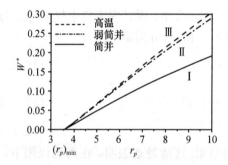
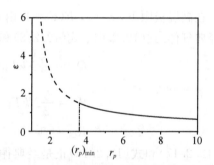

图 12.2.7 输入功随压强比变化的关系曲线　图 12.2.8 制冷系数随压强比变化的关系曲线

12.2.4 压强比和简并性对循环性能的影响

由式 (12.2.10)，可画出在不同简并情况下的制冷量比随压强比变化的关系曲线，如图 12.2.9 所示，实线、点画线和虚线分别对应于简并、弱简并和高温极限下的情况. 从图中的曲线可以看出，压强比越大，则制冷量越小；量子简并性越强，则制冷量越小.

上述结果表明，无论是在高温或低密度还是在低温或高密度条件下，费米气体布雷顿制冷循环的制冷系数总是与对应的经典循环的相同，而量子循环的制冷量总是比对应的经典循环的小. 气体的量子简并性并不影响循环的压强比界限，

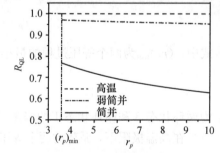

图 12.2.9 制冷系数随压强比变化的关系曲线

量子循环的最小压强界限与对应的经典循环的相一致. 循环必须在大于最小的压强比下才能正常工作. 在高温极限下, 理想费米气体成为理想经典气体, 量子循环成为经典循环.

12.3 自旋布雷顿制冷循环[①]

类似于经典热力学循环, 量子热力学循环也可以有不同类型的循环模型. 例如, 以自旋系统为工质的量子热力学循环可以有由两个等温和两个绝热(即等极化)过程组成的量子卡诺循环、由两个等温和两个等磁场过程组成的量子埃里克森循环和由两个绝热(即等极化)过程和两个等磁场过程组成的量子布雷顿循环等不同类型的循环模型. 众所周知, 卡诺循环的效率与工质无关, 而其他类型的循环效率一般与工质的性质有关, 这一结论对量子热力学循环也成立. 本节将分析以自旋系统为工质的量子布雷顿循环的性能特性, 导出循环中一些重要性能参数的一般表达式. 分析循环的优化性能, 得出循环的优化参数及循环的最优运行区域. 同时将所获得的结果与同类型经典循环的性能进行比较, 获得一些有意义的结果.

12.3.1 不可逆量子制冷循环模型

图 12.3.1 是以自旋-1/2 系统为工质的量子布雷顿制冷机的 ω-S 循环示意图. 它由两个绝热过程和两个等磁场过程组成, 循环构型类似于气体布雷顿制冷循环. 在 ω-S 循环图中, ω 是"磁场", 单位是焦耳, 而 S 为自旋系统的极化量, 它是无量纲的量. 在循环中, 自旋系统不仅与给定的"磁场" $\omega(t)$ 机械地耦合, 而且还与热源热耦合. 在两个等磁场过程中, 工质分别与"温度"为 $\beta=\beta_h$ 的高温热源和"温度"为 $\beta=\beta_c$ 的低温热源进行热耦合, 并且在此期间工质与热源间交换的热量分别为 Q_h 和 Q_c. 由于工质和热源之间的有限速率热交换, 因此工质的"温度" β' 不同于热源的"温度" β, 工质在状态

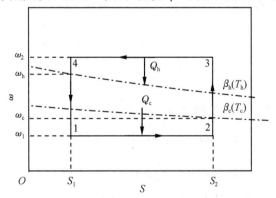

图 12.3.1 不可逆量子布雷顿制冷机的 ω-S 循环示意图

---

① Lin B, Chen J. Chinese Phys. , 2005, 14: 293.

点 1、2、3 和 4 的"温度"β_1、β_2、β_3 和 β_4 与热源的"温度"β_h 和 β_c 之间存在如下关系，$\beta_c \geqslant \beta_1 > \beta_3 \geqslant \beta_h$. 利用式(10.3.4)，可得绝热过程的初态和末态的"温度"和场量间存在的重要关系为

$$\beta_3 \omega_2 = \beta_2 \omega_1 \tag{12.3.1}$$

$$\beta_4 \omega_2 = \beta_1 \omega_1 \tag{12.3.2}$$

12.3.2 一些重要的性能参数

性能系数、制冷率和输入功率是制冷机的优化设计和理论分析中常常需要考虑的三个重要的性能参数. 为了获得这些性能参数的一般表达式，首先需计算热交换过程历经的时间. 因此，必须求解自旋角动量的量子主方程以确定自旋角动量的时间演化规律. 根据 10.3 节中的自旋角动量的时间演化规律式(10.3.23)和自旋角动量的期望值式(10.2.4)，将 $S_i = S_1$、$S_f = S_2$、$\beta = \beta_c$ 和 $\omega = \omega_1$ 代入式(10.3.23)，可得场量 $\omega = \omega_1$ 的等磁场过程所历经的时间为

$$t_{12} = \frac{1}{2a e^{q\beta_c \omega_1}(1+e^{\beta_c \omega_1})} \ln\left[\frac{2(1+e^{\beta_c \omega_1})S_1 + e^{\beta_c \omega_1} - 1}{2(1+e^{\beta_c \omega_1})S_2 + e^{\beta_c \omega_1} - 1}\right] \tag{12.3.3}$$

式中，a 和 q 是恒量参数，它们用于描述自旋系统和热源间的相互作用，其取值范围分别是 $a > 0$ 和 $-1 < q < 0$，具体大小需要从更加详细的热源模型描述中获得，如谐振子型热源和 Ising 型热源[24, 25]，而 ω 和 S 一般是依赖于时间的.

同理，将 $S_i = S_2$、$S_f = S_1$、$\beta = \beta_h$ 和 $\omega = \omega_2$ 代入式(10.3.23)，可得场量 $\omega = \omega_2$ 的等磁场过程所历经的时间为

$$t_{34} = \frac{1}{2a e^{q\beta_h \omega_2}(1+e^{\beta_h \omega_2})} \ln\left[\frac{2(1+e^{\beta_h \omega_2})S_2 + e^{\beta_h \omega_2} - 1}{2(1+e^{\beta_h \omega_2})S_1 + e^{\beta_h \omega_2} - 1}\right] \tag{12.3.4}$$

制冷循环的两个绝热过程无热交换，理论上可快速进行，过程所需的时间与等磁场过程所历经的时间相比可忽略不计. 因此，循环周期可近似为

$$t = t_{12} + t_{34} = \frac{1}{2a e^{q\beta_c \omega_1}(1+e^{\beta_c \omega_1})} \ln\left[\frac{2(1+e^{\beta_c \omega_1})S_1 + e^{\beta_c \omega_1} - 1}{2(1+e^{\beta_c \omega_1})S_2 + e^{\beta_c \omega_1} - 1}\right]$$
$$+ \frac{1}{2a e^{q\beta_h \omega_2}(1+e^{\beta_h \omega_2})} \ln\left[\frac{2(1+e^{\beta_h \omega_2})S_2 + e^{\beta_h \omega_2} - 1}{2(1+e^{\beta_h \omega_2})S_1 + e^{\beta_h \omega_2} - 1}\right] \tag{12.3.5}$$

利用式(10.3.12)可得，在两个等磁场过程中工质与热源交换的热量为

$$Q_c = Q_{12} = \int_{S_1}^{S_2} \omega_1 dS = \omega_1(S_2 - S_1) \tag{12.3.6}$$

$$Q_h = Q_{34} = \int_{S_2}^{S_1} \omega_2 dS = \omega_2(S_1 - S_2) \tag{12.3.7}$$

从式(12.3.6)和式(12.3.7)可得，每循环的输入功为

$$W = |Q_h + Q_c| = (\omega_2 - \omega_1)(S_2 - S_1) \tag{12.3.8}$$

利用式(12.3.5)和式(12.3.6)~式(12.3.8)，可以导出自旋量子布雷顿制冷循环的性能系数、制冷率和输入功率的一般表达式，它们分别为

$$\varepsilon = \frac{Q_c}{W} = \frac{\omega_1}{\omega_2 - \omega_1} = \frac{\beta_4 \tanh^{-1}(2S_2)}{\beta_2 \tanh^{-1}(2S_1) - \beta_4 \tanh^{-1}(2S_2)} \tag{12.3.9}$$

$$R = 2a\omega_1(S_2 - S_1)\left[\frac{1}{e^{q\beta_c\omega_1}C_1}\ln\left(\frac{2C_1S_1 + C_2}{2C_1S_2 + C_2}\right) + \frac{1}{e^{q\beta_h\omega_2}D_1}\ln\left(\frac{2D_1S_2 + D_2}{2D_1S_1 + D_2}\right)\right]^{-1} \tag{12.3.10}$$

$$P = 2a(\omega_2 - \omega_1)(S_2 - S_1)\left[\frac{1}{e^{q\beta_c\omega_1}C_1}\ln\left(\frac{2C_1S_1 + C_2}{2C_1S_2 + C_2}\right) + \frac{1}{e^{q\beta_h\omega_2}D_1}\ln\left(\frac{2D_1S_2 + D_2}{2D_1S_1 + D_2}\right)\right]^{-1} \tag{12.3.11}$$

式中，$C_1 = 1 + e^{\beta_c\omega_1}$；$C_2 = e^{\beta_c\omega_1} - 1$；$D_1 = 1 + e^{\beta_h\omega_2}$；$D_2 = e^{\beta_h\omega_2} - 1$. 基于这些参数的表达式，可以讨论不可逆自旋量子布雷顿制冷循环的优化性能.

12.3.3 优化性能特性

应用式(12.3.11)，对于给定的参数 q、β_c、β_h、ω_h（ω_h 是高等磁场过程中 ω 的下限）和 ω_c（ω_c 是低等磁场过程中 ω 的上限），可得 R^* 与 ω_1 和 ω_2 之间关系的三维图，如图 12.3.2 所示，其中 $R^* = R/(2a\omega_c)$ 是无量纲的制冷率. 从图 12.3.2 可以清楚地看出对于给定参数，循环存在最大制冷率. 根据式(12.3.11)和极值条件 $\partial R^*/\omega_1 = 0$，可得一个重要的优化关系方程

$$\frac{t_{12} + t_{34}}{\beta_c C_1^{-1} e^{-q\beta_c\omega_1}} - \omega_1\left\{\frac{4\beta_c(S_2 - S_1)e^{\beta_c\omega_1}}{(2C_1S_1 + C_2)(2C_1S_2 + C_2)} - \frac{[(q+1)e^{\beta_c\omega_1} + q]}{C_1}\ln\left(\frac{2C_1S_1 + C_2}{2C_1S_2 + C_2}\right)\right\} = 0 \tag{12.3.12}$$

可见，对于给定的 q、β_c、β_h、ω_h 和 ω_c 参数，式(12.3.12)给出了 $\beta_2(\omega_1)$ 和 $\beta_4(\omega_2)$ 间的优化关系. 只要场量 ω_1 和 ω_2 的值满足优化方程，则循环可获得最大制冷量. 利用式(12.3.9)~式(12.3.12)，对于给定的参数（q、β_c、β_h、ω_h 和 ω_c），可以画出制冷率和性能系数间的基本优化关系曲线（R^*-ε 曲线）和其他优化特性曲线（P^*-ε、R^*-ω_1、ε-ω_1 和 ω_i/ω_j-ε 曲线），如图 12.3.3~图 12.3.5 所示，其中 $P^* = P/(2a\omega_c)$ 是无量纲的输入功率，各参数的大小如下：$kT_h = 4.0J$，$kT_c = 2.0J$，$\omega_h = 6.0J$，$\omega_c = 2.0J$ 和 $q = -0.3$ 或 $q = -0.5$[26].

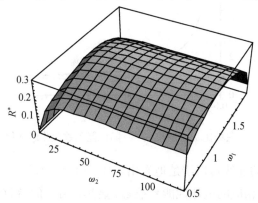

图 12.3.2 无量纲的制冷率随磁场 ω_1 和 ω_2 变化的三维图

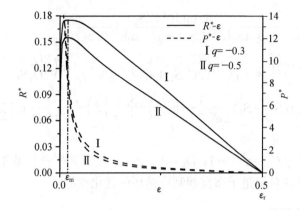

图 12.3.3　无量纲制冷率和输入功率随性能系数变化的优化关系曲线

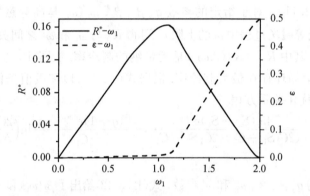

图 12.3.4　无量纲制冷率和性能系数随磁场 ω_1 变化的优化关系曲线

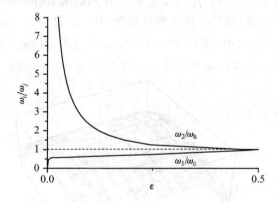

图 12.3.5　磁场比 ω_2/ω_h 和 ω_1/ω_c 随性能系数变化的优化关系曲线

　　从图 12.3.3 中的曲线可以清楚地看出,对于给定的参数(q、β_c、β_h、ω_h 和 ω_c),存在最大制冷率 $R_{\max}$ 和相应的最佳性能系数 ε_m. 显然,给定的参数值不同,$R_{\max}$ 和 ε_m 的大小也不一样. 表 12.3.1 给出了一些不同参数值时的最大制冷率和相应的优化参数值. 从表 12.3.1 可知, 对于给定的 ω_c/ω_h, T_c/T_h 越大, 则 R_{max} 越大, 而相应的 ε_m 则越小; 对于给定的 T_c/T_h, ω_c/ω_h 越小, 则 R_{max} 越大, 而相应的 ε_m 则越小.

表 12.3.1 给定参数下的最大制冷率及相应的最佳参数($q=-0.5$)

T_c/T_h	ω_c/ω_h	R_{max}^*	ε_m	P_m	T_{2m}/T_{4m}
0.48	0.3	0.1623	0.01249	12.998	0.0191
	0.4	0.1309	0.01514	8.642	0.0179
0.50	0.3	0.1668	0.01211	13.777	0.0200
	0.4	0.1354	0.01476	9.170	0.0181
0.52	0.3	0.1692	0.01186	14.103	0.0201
	0.4	0.1365	0.01456	9.531	0.0186

从图 12.3.3 还可看出当 $R<R_{max}$ 时, 对于给定的制冷率存在两个性能系数, 一个小于 ε_m, 另一个大于 ε_m. 当 $\varepsilon<\varepsilon_m$ 时, 制冷率随着性能系数的减小而减小. 很明显, 循环运行在 $\varepsilon<\varepsilon_m$ 的区域是不合理的, 因此性能系数的优化区域为

$$\varepsilon_m \leqslant \varepsilon < \varepsilon_r \tag{12.3.13}$$

式中, $\varepsilon_r=\omega_c/(\omega_h-\omega_c)$ 是量子布雷顿制冷循环的最大性能系数. 当量子布雷顿制冷机运行在这个区域时, 制冷率随性能系数的减小而增大, 反之亦然. 这表明 ε_m 和 R_{max} 是循环的两个重要参数, ε_m 决定了最佳性能系数的下限, 而 R_{max} 决定了制冷率的上限.

利用以上结论, 我们可以进一步得到输入功率、工质在四个状态点的"温度"和两等磁场过程的时间的优化范围

$$P \leqslant P_m \tag{12.3.14}$$

$$\beta_{2m} \geqslant \beta_2 > \beta_c \tag{12.3.15}$$

$$\beta_{4m} \leqslant \beta_4 < \beta_h \tag{12.3.16}$$

$$\beta_{1m} = \beta_{4m}\omega_{2m}/\omega_{1m} \leqslant \beta_1 < \beta_h\omega_2/\omega_1 \tag{12.3.17}$$

$$\beta_{3m} = \beta_{2m}\omega_{1m}/\omega_{2m} \geqslant \beta_3 > \beta_c\omega_1/\omega_2 \tag{12.3.18}$$

$$t_{12} \geqslant (t_{12})_m = \frac{1}{2ae^{q\beta_c\omega_{1m}}(1+e^{\beta_c\omega_{1m}})}\ln\left[\frac{2(1+e^{\beta_c\omega_{1m}})S_1+e^{\beta_c\omega_{1m}}-1}{2(1+e^{\beta_c\omega_{1m}})S_2+e^{\beta_c\omega_{1m}}-1}\right] \tag{12.3.19}$$

$$t_{34} \geqslant (t_{34})_m = \frac{1}{2ae^{q\beta_h\omega_{2m}}(1+e^{\beta_h\omega_{2m}})}\ln\left[\frac{2(1+e^{\beta_h\omega_{2m}})S_2+e^{\beta_h\omega_{2m}}-1}{2(1+e^{\beta_h\omega_{2m}})S_1+e^{\beta_h\omega_{2m}}-1}\right] \tag{12.3.20}$$

式中, P_m、β_{2m} 和 β_{4m} 的值可以从式(12.3.10)~式(12.3.12)中计算, 如表 12.3.1 所示. 因此, 参数 P_m、β_{1m}、β_{2m}、β_{3m}、β_{4m}、$(t_{12})_m$ 和 $(t_{34})_m$ 也是量子布雷顿制冷循环的重要性能参数. 假如这些性能参数不满足以上约束关系, 循环就不能运行在合理区域.

从图 12.3.3~图 12.3.5 的其他优化特性曲线可知, P 和 ω_2/ω_h 是 ε 的单调递减函数, 而 ω_1/ω_c 是 ε 的单调递增函数. 当 $\beta_2=\beta_c$ 和 $\beta_4=\beta_h$ 时, $\varepsilon=\varepsilon_r$, $R=0$ 和 $P=0$. 在这种情况下, 制冷循环获得最大性能系数, 但制冷率为零, 以至于循环失去它的作用.

12.3.4　高温情况下的性能特性

当两热源的温度足够高时，即 $\beta\omega \ll 1$，自旋角动量的期望值和量子布雷顿制冷循环性能参数的一般表达式可进一步简化，即式(10.3.4)、式(12.3.5)和式(12.3.9)～式(12.3.12)可简化为

$$S = -\frac{1}{4}\beta'\omega \tag{12.3.21}$$

$$t = \frac{1}{4a}\ln\left[\frac{(4S_1 + \beta_c\omega_1)(4S_2 + \beta_h\omega_2)}{(4S_2 + \beta_c\omega_1)(4S_1 + \beta_h\omega_2)}\right] \tag{12.3.22}$$

$$\varepsilon = \frac{Q_c}{W} = \frac{\omega_1}{\omega_2 - \omega_1} = \frac{S_2\beta_4}{S_1\beta_2 - S_2\beta_4} \tag{12.3.23}$$

$$R = \frac{Q_c}{t} = 4a\omega_1(S_2 - S_1)\ln\left[\frac{(4S_1 + \beta_c\omega_1)(4S_2 + \beta_h\omega_2)}{(4S_2 + \beta_c\omega_1)(4S_1 + \beta_h\omega_2)}\right]^{-1} \tag{12.3.24}$$

$$P = \frac{W}{t} = 4a(\omega_2 - \omega_1)(S_2 - S_1)\ln\left[\frac{(4S_1 + \beta_c\omega_1)(4S_2 + \beta_h\omega_2)}{(4S_2 + \beta_c\omega_1)(4S_1 + \beta_h\omega_2)}\right]^{-1} \tag{12.3.25}$$

$$\ln\left[\frac{(4S_1 + \beta_c\omega_1)(4S_2 + \beta_h\omega_2)}{(4S_2 + \beta_c\omega_1)(4S_1 + \beta_h\omega_2)}\right] - \frac{4(S_2 - S_1)\beta_c\omega_1}{(4S_1 + \beta_c\omega_1)(4S_2 + \beta_c\omega_1)} = 0 \tag{12.3.26}$$

利用式(12.3.23)、式(12.3.24)和式(12.3.26)，对于给定的参数 β_h、β_c、ω_h 和 ω_c，可画出参数取不同值时的一些基本优化关系曲线 R^*-ε，如图 12.3.6 所示，其中给定参数的取值是 $kT_h = 200\text{J}$，$kT_c = 150\text{J}$，$\omega_h = 6.0\text{J}$(虚线)、$\omega_h = 4.0\text{J}$(点虚线)、$\omega_h = 3.0\text{J}$(实线)和 $\omega_c = 2.0\text{J}$。从图中曲线可以看出运行于高温情况下的不可逆量子布雷顿制冷循环的 R^*-ε 基本优化关系曲线不同于低温情况，制冷率随性能系数的增加而单调减小。当 $\varepsilon_r \approx 1$ 时，R^*-ε 曲线类似于一条直线，也就是制冷率与性能系数在高温下近似为线性关系，制冷率随性能系数的增加而线性减小。当 $\varepsilon_r \approx 1$ 条件不满足时，对于 $\varepsilon_r > 1$ 的情况，R^*-ε 曲线为下凹型，而对于 $\varepsilon_r < 1$ 的情况，R^*-ε 曲线是上凸型。当 $\varepsilon \to 0$ 时，制冷率获得它的最大值。由式(12.3.24)和式(12.3.26)，可得最大制冷率为

$$R_{max} = \frac{4a(S_2 - S_1)\omega_{1m}}{\ln[(4S_1 + \beta_c\omega_{1m})/(4S_2 + \beta_c\omega_{1m})]} \tag{12.3.27}$$

式中，$\omega_{1m} = (4S_1 + \beta_c\omega_{1m})(4S_2 + \beta_c\omega_{1m})\ln[(4S_1 + \beta_c\omega_{1m})/(4S_2 + \beta_c\omega_{1m})]/[4(S_2 - S_1)\beta_c]$。在这种情况下，需要输入无限大的功率。这表明实际制冷机的制冷率不可能逼近 R_{max}。因此，状态 $R = R_{max}$ 和 $\varepsilon = \varepsilon_r$ 是两个极限状态，实际制冷机不可能运行于这两个状态，对制冷率和性能系数必须综合考虑。式(12.3.24)和式(12.3.26)正好提供了怎么样合理选择这两个参数的理论基础。例如，当我们同等考虑性能系数和制冷率这两者时，可选两者的乘积作为目标函数。我们可以计算乘积 εR 最大情况下的最佳制冷率 $(R_m)_h$ 和最佳性能系数 $(\varepsilon_m)_h$，如图 12.3.6 所示。从图 12.3.6 中的曲线可清楚看出对于 $\varepsilon_r = 1$ 的情况，存在一个重要关系：$(\varepsilon_m)_h/\varepsilon_r \approx (R_m)_h/R_{max} \approx 1/2$。

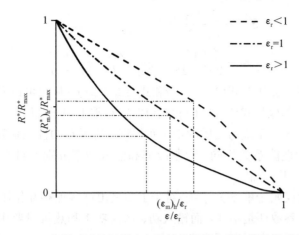

图 12.3.6　高温下无量纲制冷率随性能系数变化的优化关系曲线

12.3.5　参数 a 和 q 的影响

从式(12.3.5)、式(12.3.10)和式(12.3.11)可知，循环周期是参数 a 和 q 的单调递减函数，而制冷率和输入功率是参数 a 和 q 的单调递增函数. 这表明参数 a 和 q 越大，则制冷量和输入功率也越大. 然而，无量纲的制冷量和输入功率不依赖于参数 a. 因此，图 12.3.3、图 12.3.4 和图 12.3.6 对于参数的任意值都是正确的.

12.3.6　推广与讨论

(1) 当工质是由 S-J 系统组成时($J=1/2$，1，$3/2$，2，$\cdots$)，自旋角动量的平均值为[27, 28]

$$S = \langle \hat{S}_z \rangle = -JB_J(\beta'\omega J) \tag{12.3.28}$$

式中，$B_J(x) = [(2J+1)/(2J)]\coth[(2J+1)x/(2J)] - (1/2J)\coth[x/(2J)]$ 是布里渊函数，而 $-J \leqslant S \leqslant J$. 基于量子主方程和半群逼近可以证明 S-J 系统的自旋角动量的运动方程为

$$\frac{\mathrm{d}S}{\mathrm{d}t} = -2a\mathrm{e}^{q\beta\omega}\{(1+\mathrm{e}^{\beta\omega})S + (\mathrm{e}^{\beta\omega}-1)[J(J+1)-M]\} \tag{12.3.29}$$

式中，$M = \langle \hat{S}_z^2 \rangle$，而 $\langle \hat{S}^2 \rangle = J(J+1)$. 解上述自旋角动量运动方程，可获得与热源和外磁场相耦合的 S-J 系统的自旋角动量随时间演化的一般表达式为

$$t = -\frac{1}{a}\int_{S_i}^{S_f} \frac{\mathrm{d}S}{\mathrm{e}^{q\beta\omega}\{2(1+\mathrm{e}^{\beta\omega})S + 2[J(J+1)-M](\mathrm{e}^{\beta\omega}-1)\}} \tag{12.3.30}$$

使用以上提及的类似方法和式(12.3.30)及式(12.3.10)～式(12.3.12)，可以分析以 S-J 系统为工质的不可逆量子布雷顿制冷循环的性能特性及其优化性能. 在高温极限下，式(12.3.28)和式(12.3.30)可简化为

$$S=-\frac{J(J+1)}{3}\beta'\omega \tag{12.3.31}$$

$$t=-\frac{1}{2a}\int_{S_i}^{S_f}\frac{dS}{2S+\beta\omega[J(J+1)-M]} \tag{12.3.32}$$

式中，$M=J(J+1)/3$. 比较式(12.3.31)和式(12.3.21)，从中可以发现两等磁场过程的热交换量可以简单地从式(12.3.6)和式(12.3.7)乘上因子 $4J(J+1)/3$ 获得. 因此，在高温极限下，以 S-J 系统为工质的量子布雷顿制冷循环的性能系数与自旋-1/2量子布雷顿制冷循环的性能系数相同，而制冷率和输入功率分别是自旋-1/2量子布雷顿制冷循环的 $4J(J+1)/3$ 倍.

（2）以上讨论仅属于单 S-J 系统. 对于工质是由许多无相互作用的 S-J 系统组成的，则循环的性能系数还是不变，而输入功、输入功率和热量只要由以上的结果相应的物理量乘以自旋系统的总粒子数即可.

12.4　谐振子系统制冷循环[①]

在本章前面三节中，分别研究了以理想玻色气体、费米气体和自旋系统为工质的一些量子制冷循环的性能特性. 类似于上述循环，以谐振子系统为工质的量子热力学循环中同样也可以有由两个等温和两个绝热（即等极化）过程组成的量子卡诺循环、由两个等温和两个等磁场过程组成的量子埃里克森循环和由两个绝热（即等极化）过程和两个等磁场过程组成的量子布雷顿循环等不同类型的循环模型. 在本节中，将分析以谐振子系统为工质的回热式量子埃里克森制冷机的性能特性，特别是对谐振子系统制冷循环在高温条件下的性能及其优化性能进行了详细的讨论，同时将所获得的结果与同类型经典循环的性能进行比较.

12.4.1　谐振子回热式制冷循环模型

考虑运行于温度分别为 T_h 和 T_c 的两个恒温热源之间的量子制冷循环，循环工质由许多无相互作用的谐振子组成[19]. 根据统计力学理论，谐振子数可由玻色-爱因斯坦分布获得，即式(10.4.3)给出. 为方便起见，文中的温度用 $\beta(\beta=1/T)$ 表示. 利用式(10.4.3)可以绘出由两个等温和两个等频率过程组成的谐振子制冷循环的 n-ω 循环示意图，如图 12.4.1 所示. 图中 β_c 是低温热源的"温度"，受玻色-爱因斯坦凝聚现象制约，低温热源的温度 T_c 必须高于谐振子系统的玻色-爱因斯坦凝聚温度，而 β_h 为高温热源的"温度"，β_1 和 β_2 分别是两等温过程中工质的"温度". 在循环中两个等温过程与两个频率分别为 ω_1 和 $\omega_2(\omega_1>\omega_2)$ 的等频率过程相连接，而工质在两个等温过程中分别与两个恒温热源相耦合. 由于工质和热源间的有限速率热传递，在两个等温过程

① Lin B, Chen J, Hua B. J. Phys. D, 2003, 36:406.

中工质的温度不同于热源的温度，并且它们之间存在
如下关系，$\beta_2 > \beta_c > \beta_h > \beta_1$. 在两个等频率过程中（即
两个回热过程），通常使用回热器改善循环的性能. 在
图 12.4.1 中，Q_1 和 Q_2 分别表示在两个等温过程期
间工质与热源之间交换的热量，而 Q_{bc} 和 Q_{da} 则分别代
表在两个等频率过程期间工质与回热器之间交换的
热量.

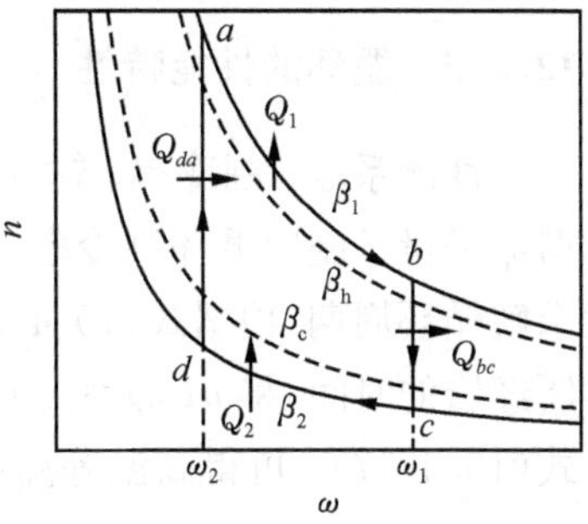

图 12.4.1　回热式谐振子量子
制冷循环的 n-ω 循环示意图

12.4.2　输入功和循环制冷量

根据第 10 章所描述的谐振子热力学性质，由
式(10.4.3)和式(10.4.7)可得循环的 4 个过程中工质与热源和回热器交换的热量 Q_1、
Q_2、Q_{bc} 和 Q_{da} 分别为

$$Q_1 = \int_a^b \omega\, dn = \frac{\omega_1}{e^{\beta_1\omega_1}-1} - \frac{\omega_2}{e^{\beta_1\omega_2}-1} + \frac{1}{\beta_1}\ln\left(\frac{1-e^{-\beta_1\omega_2}}{1-e^{-\beta_1\omega_1}}\right) \tag{12.4.1}$$

$$Q_2 = \int_c^d \omega\, dn = \frac{\omega_2}{e^{\beta_2\omega_2}-1} - \frac{\omega_1}{e^{\beta_2\omega_1}-1} + \frac{1}{\beta_2}\ln\left(\frac{1-e^{-\beta_2\omega_1}}{1-e^{-\beta_2\omega_2}}\right) \tag{12.4.2}$$

$$Q_{bc} = \int_b^c \omega\, dn = \omega_1(n_c - n_b) = \omega_1\left(\frac{1}{e^{\beta_2\omega_1}-1} - \frac{1}{e^{\beta_1\omega_1}-1}\right) \tag{12.4.3}$$

$$Q_{da} = \int_d^a \omega\, dn = \omega_2(n_a - n_d) = \omega_2\left(\frac{1}{e^{\beta_1\omega_2}-1} - \frac{1}{e^{\beta_2\omega_2}-1}\right) \tag{12.4.4}$$

式中，n_a、n_b、n_c 和 n_d 分别是在状态点 a、b、c 和 d 中的平均谐振子数.

当完成一次循环时，工质回到初始态，内能的改变为零，即 $\oint dE = 0$，则每循环的
输入功为 $W = \oint n\, d\omega = -\oint dQ = -\oint \omega\, dn$. 因此，利用式(12.4.1)～式(12.4.4)，每循环
的输入功可表示为

$$W = |\,Q_1 + Q_2 + Q_{bc} + Q_{da}\,| = \frac{1}{\beta_1}\ln\left(\frac{1-e^{\beta_1\omega_1}}{1-e^{\beta_1\omega_2}}\right) + \frac{1}{\beta_2}\ln\left(\frac{1-e^{\beta_2\omega_2}}{1-e^{\beta_2\omega_1}}\right) \tag{12.4.5}$$

由式(12.4.3)和式(12.4.4)可得两回热过程中工质与回热器交换的净热量为

$$\Delta Q = Q_{bc} + Q_{da} = \omega_1\left(\frac{1}{1-e^{\beta_1\omega_1}} - \frac{1}{1-e^{\beta_2\omega_1}}\right) + \omega_2\left(\frac{1}{1-e^{\beta_2\omega_2}} - \frac{1}{1-e^{\beta_1\omega_2}}\right) \tag{12.4.6}$$

从式(12.4.6)可以看出，由于函数 $F(\omega) = \omega[1/(1-e^{\beta_1\omega}) - 1/(1-e^{\beta_2\omega})]$ 是 ω 的单调递
增函数，所以净热量大于零，即 $\Delta Q > 0$. 这表明在一个回热过程中从工质流入回热器
的热量 Q_{bc} 小于在另一个回热过程中从回热器流向工质的热量[29]. 在回热器中每循环
不足的热量必须从高温热源即时地进行补偿，否则，回热器的温度将改变，以至于回
热器将不能正常工作，而循环制冷量不受影响，保持 Q_2 不变.

12.4.3 循环的性能特性

性能系数、制冷率、输入功率和熵产率是衡量制冷机性能的重要参数. 为了获得谐振子量子制冷循环制冷率、输入功率和熵产率等性能参数的一般表达式，必须首先求解循环周期. 根据式(10.4.3)和式(10.4.17)，我们可以分别计算循环的每一个过程所经历的时间. 将 $n(\omega)=1/(e^{\beta_1\omega}-1)$、$\beta=\beta_h$、$n_i=n_i(\beta_1,\omega_2)$ 和 $n_f=n_f(\beta_1,\omega_1)$ 代入式(10.4.17)，可得高温等温过程的时间为

$$t_1 = -\frac{\beta_1}{2a}\int_{\omega_2}^{\omega_1}\left[e^{q\beta_h\omega}(e^{\beta_1\omega}-e^{\beta_h\omega})(1-e^{-\beta_1\omega})\right]^{-1}d\omega \tag{12.4.7}$$

类似地，将 $n(\omega)=1/(e^{\beta_2\omega}-1)$、$\beta=\beta_c$、$n_i=n_i(\beta_2,\omega_1)$ 和 $n_f=n_f(\beta_2,\omega_2)$ 代入式(10.4.17)，可得低温等温过程所经历的时间为

$$t_2 = -\frac{\beta_2}{2a}\int_{\omega_1}^{\omega_2}\left[e^{q\beta_c\omega}(e^{\beta_2\omega}-e^{\beta_c\omega})(1-e^{-\beta_2\omega})\right]^{-1}d\omega \tag{12.4.8}$$

在两个等频率过程中，工质的"温度"从 β_1 变化到 β_2 或从 β_2 变到 β_1，故与等温过程相比，等频率过程的时间不可忽略. 同理，将 $n(\beta)=1/(e^{\beta\omega_1}-1)$、$\beta=\beta_{1r}$、$n_i=n_i(\beta_1,\omega_1)$ 和 $n_f=n_f(\beta_2,\omega_1)$ 代入式(10.4.17)，可得频率为 ω_1 的等频率过程的时间为

$$t_3 = -\frac{\omega_1}{2a}\int_{\beta_1}^{\beta_2}\left[e^{q\beta_{1r}\omega_1}(e^{\beta\omega_1}-e^{\beta_{1r}\omega_1})(1-e^{-\beta\omega_1})\right]^{-1}d\beta \tag{12.4.9}$$

式中，β_{1r} 是在该回热过程中回热器的"温度"，且由于热量在该过程是从工质流向回热器，故 $\beta_{1r}>\beta$. 类似地，将 $n(\beta)=1/(e^{\beta\omega_2}-1)$、$\beta=\beta_{2r}$、$n_i=n_i(\beta_2,\omega_2)$ 和 $n_f=n_f(\beta_1,\omega_2)$ 代入式(10.4.17)，可得频率为 ω_2 的等频率过程所经历的时间为

$$t_4 = -\frac{\omega_2}{2a}\int_{\beta_2}^{\beta_1}\left[e^{q\beta_{2r}\omega_2}(e^{\beta\omega_2}-e^{\beta_{2r}\omega_2})(1-e^{-\beta\omega_2})\right]^{-1}d\beta \tag{12.4.10}$$

式中，β_{2r} 为该回热过程回热器的温度. 由于在该回热过程中热量从回热器流入工质，故 $\beta_{2r}<\beta$. 至此我们已计算了两个等温和两个等频率过程的时间. 因此，循环的周期为

$$\tau = t_1 + t_2 + t_3 + t_4 \tag{12.4.11}$$

利用式(12.4.2)、式(12.4.5)和式(12.4.11)，可以导出循环的性能系数、制冷率、输入功率和熵产率的一般表达式为

$$\varepsilon = \frac{Q_2}{W} = \frac{\frac{1}{\beta_2}\ln\left(\frac{1-e^{\beta_2\omega_1}}{1-e^{\beta_2\omega_2}}\right)+(\omega_2-\omega_1)+\left(\frac{\omega_1}{1-e^{\beta_2\omega_1}}-\frac{\omega_2}{1-e^{\beta_2\omega_2}}\right)}{\frac{1}{\beta_1}\ln\left(\frac{1-e^{\beta_1\omega_1}}{1-e^{\beta_1\omega_2}}\right)+\frac{1}{\beta_2}\ln\left(\frac{1-e^{\beta_2\omega_2}}{1-e^{\beta_2\omega_1}}\right)} \tag{12.4.12}$$

$$R = \frac{Q_2}{\tau} = \frac{\frac{1}{\beta_2}\ln\left(\frac{1-e^{\beta_2\omega_1}}{1-e^{\beta_2\omega_2}}\right)+(\omega_2-\omega_1)+\left(\frac{\omega_1}{1-e^{\beta_2\omega_1}}-\frac{\omega_2}{1-e^{\beta_2\omega_2}}\right)}{t_1+t_2+t_3+t_4} \tag{12.4.13}$$

$$P = \frac{W}{\tau} = \frac{\frac{1}{\beta_1}\ln\left(\frac{1-e^{\beta_1\omega_1}}{1-e^{\beta_1\omega_2}}\right)+\frac{1}{\beta_2}\ln\left(\frac{1-e^{\beta_2\omega_2}}{1-e^{\beta_2\omega_1}}\right)}{t_1+t_2+t_3+t_4} \tag{12.4.14}$$

$$\sigma = \frac{\Delta S}{\tau} = \frac{\beta_h(Q_1+\Delta Q)-\beta_c Q_2}{t_1+t_2+t_3+t_4} \tag{12.4.15}$$

显然，性能系数、制冷率、输入功率和熵产率是制冷机优化设计和理论分析中常常考虑的重要参数. 基于上述参数的一般表达式，我们可以讨论谐振子量子制冷循环的优化性能.

12.4.4 两种特殊情况下的循环性能特性

（1）当低温热源的温度很低时，$e^{\beta_2\omega_2}\gg1$ 和 $e^{\beta_2\omega_1}\gg1$. 这时式（12.4.12）～式（12.4.14）可表示为更加简单的形式

$$\varepsilon = \frac{\frac{\omega_2}{e^{\beta_2\omega_2}}-\frac{\omega_1}{e^{\beta_2\omega_1}}}{\frac{1}{\beta_1}\ln\left(\frac{1-e^{\beta_1\omega_1}}{1-e^{\beta_1\omega_2}}\right)+(\omega_2-\omega_1)} \tag{12.4.16}$$

$$R = \frac{\omega_2/e^{\beta_2\omega_2}-\omega_1/e^{\beta_2\omega_1}}{t_1+t_2+t_3+t_4} \tag{12.4.17}$$

$$P = \frac{\frac{1}{\beta_1}\ln\left(\frac{1-e^{\beta_1\omega_1}}{1-e^{\beta_1\omega_2}}\right)+(\omega_2-\omega_1)}{t_1+t_2+t_3+t_4} \tag{12.4.18}$$

（2）当两热源的温度足够低时，$e^{\beta_1\omega}\gg1$ 和 $e^{\beta_2\omega}\gg1$. 这时式（12.4.12）～式（12.4.14）可进一步表示为

$$\varepsilon = \frac{\omega_2 e^{-\beta_2\omega_2}-\omega_1 e^{-\beta_2\omega_1}+(e^{-\beta_2\omega_2}-e^{-\beta_2\omega_1})/\beta_2}{(e^{-\beta_1\omega_2}-e^{-\beta_1\omega_1})/\beta_1+(e^{-\beta_2\omega_1}-e^{-\beta_2\omega_2})/\beta_2} \tag{12.4.19}$$

$$R = \frac{(e^{-\beta_2\omega_2}-e^{-\beta_2\omega_1})/\beta_2+\omega_2 e^{-\beta_2\omega_2}-\omega_1 e^{-\beta_2\omega_1}}{t_1+t_2+t_3+t_4} \tag{12.4.20}$$

$$P = \frac{(e^{-\beta_1\omega_2}-e^{-\beta_1\omega_1})/\beta_1+(e^{-\beta_2\omega_1}-e^{-\beta_2\omega_2})/\beta_2}{t_1+t_2+t_3+t_4} \tag{12.4.21}$$

12.4.5 高温极限下的性能优化

当两热源的温度足够高时，$\beta\omega\ll1$，以上获得的结果可进一步简化. 例如，式（12.4.1）～式（12.4.5）、式（12.4.7）～式（12.4.10）和式（12.4.12）可简化为

$$Q_1 = \frac{1}{\beta_1}\ln\left(\frac{\omega_2}{\omega_1}\right) \tag{12.4.22}$$

$$Q_2 = \frac{1}{\beta_2}\ln\left(\frac{\omega_1}{\omega_2}\right) \tag{12.4.23}$$

$$Q_{bc} = \frac{1}{\beta_2} - \frac{1}{\beta_1} \tag{12.4.24}$$

$$Q_{da} = \frac{1}{\beta_1} - \frac{1}{\beta_2} \tag{12.4.25}$$

$$W = \frac{1}{\beta_1}\ln\left(\frac{\omega_1}{\omega_2}\right) + \frac{1}{\beta_2}\ln\left(\frac{\omega_2}{\omega_1}\right) \tag{12.4.26}$$

$$\Delta Q = 0 \tag{12.4.27}$$

$$t_1 = \frac{\omega_1 - \omega_2}{2a\omega_1\omega_2(\beta_h - \beta_1)} \tag{12.4.28}$$

$$t_2 = \frac{\omega_1 - \omega_2}{2a\omega_1\omega_2(\beta_2 - \beta_c)} \tag{12.4.29}$$

$$t_3 = \frac{1}{2a\omega_1}\int_{\beta_1}^{\beta_2}\frac{\mathrm{d}\beta}{\beta(\beta_{1r} - \beta)} \tag{12.4.30}$$

$$t_4 = \frac{1}{2a\omega_2}\int_{\beta_2}^{\beta_1}\frac{\mathrm{d}\beta}{\beta(\beta_{2r} - \beta)} \tag{12.4.31}$$

$$\varepsilon = \frac{\beta_1}{\beta_2 - \beta_1} \tag{12.4.32}$$

以上获得的结果清楚地显示了两等频率过程中回热器的温度一般来说是与时间有关的. 假如没有附加的假设, 就不能进一步简化式(12.4.30)和式(12.4.31). 为了计算回热过程的时间, 最简单的假设之一是设 β_{1r} 与 β 呈线性关系, 同时 β_{2r} 与 β 也呈线性关系, 即 $\beta_{1r} \propto \beta$ 和 $\beta_{2r} \propto \beta$. 因此, 两回热过程的时间可表示为

$$t_3 + t_4 = \gamma\left(\frac{1}{\beta_1} - \frac{1}{\beta_2}\right) \tag{12.4.33}$$

式中, γ 为与时间无关的比例常数. 从下列给出的其他假设可以看出这一简单的假设是合理的.

一般来说, 两等温过程中工质的温差越大, 则回热量也越大, 而且回热过程的时间也越长. 假设回热过程的时间正比于回热量[30], 则两回热过程的时间可表示为

$$t_3 + t_4 = \alpha(|Q_{bc}| + Q_{da}) = 2\alpha\left(\frac{1}{\beta_1} - \frac{1}{\beta_2}\right) = \gamma\left(\frac{1}{\beta_1} - \frac{1}{\beta_2}\right) \tag{12.4.34}$$

式中, α 也是不依赖于温度的比例常数. 从式(12.4.33)和式(12.4.34)可以看出, 以上提及的两种假设是相互等效的.

注意到在许多文献中采纳了另一种假设是有意义的, 即在回热过程中工质的温度随时间的变化由下式给出[17, 31]:

$$\frac{\mathrm{d}T}{\mathrm{d}t} = \pm\kappa \tag{12.4.35}$$

式中，κ 是不依赖于温度的常数，但它依赖于工质的性质，并且正负号分别代表加热回热和制冷回热过程. 只要令 $2/\kappa=\gamma$，很容易从式(12.4.35)导出式(12.4.33). 这再一次表明了这里的假设是合理的.

将式(12.4.28)、式(12.4.29)和式(12.4.33)代入式(12.4.11)，则循环周期为

$$\tau = d\left(\frac{1}{\beta_h-\beta_1}+\frac{1}{\beta_2-\beta_c}\right)+\gamma\left(\frac{1}{\beta_1}-\frac{1}{\beta_2}\right) \tag{12.4.36}$$

式中，$d=\dfrac{\omega_1-\omega_2}{2a\omega_1\omega_2}$. 在这种情况下，制冷率和输入功率可表示为

$$R = b\beta_2^{-1}\left[d\left(\frac{1}{\beta_h-\beta_1}+\frac{1}{\beta_2-\beta_c}\right)+\gamma\left(\frac{1}{\beta_1}-\frac{1}{\beta_2}\right)\right]^{-1} \tag{12.4.37}$$

$$P = \frac{b(1/\beta_1-1/\beta_2)}{d[1/(\beta_h-\beta_1)+1/(\beta_2-\beta_c)]+\gamma(1/\beta_1-1/\beta_2)} \tag{12.4.38}$$

式中，$b=\ln(\omega_1/\omega_2)$.

使用制冷机，对于给定的输入功率，人们总希望尽可能获得更大的制冷率. 为了这个目的，我们引入拉格朗日函数

$$L = R+\lambda P = \frac{b[1+\lambda(y-1)]}{d[1/(\beta_h-\beta_1)+1/(y\beta_1-\beta_c)]y\beta_1+\gamma(y-1)} \tag{12.4.39}$$

式中，λ 是拉格朗日乘子；$y=\beta_2/\beta_1$. 利用式(12.4.39)和极值条件 $\partial L/\partial\beta_1=0$，可得重要的优化关系

$$\beta_1 = \frac{\beta_c+\theta\beta_h}{y+\theta} \tag{12.4.40}$$

式中，$\theta=\sqrt{\beta_c/\beta_h}$. 将式(12.4.40)代入式(12.4.32)、式(12.4.37)和式(12.4.38)，并求解这些方程，可以获得如下一些重要参数和性能系数之间的基本优化关系：

$$\beta_1 = \beta_h\left[1-\frac{1-\varepsilon/\varepsilon_c}{1+(1+\theta)\varepsilon}\right] \tag{12.4.41}$$

$$\beta_2 = \beta_c\left[1+\theta\frac{(1+\varepsilon)/\theta^2-\varepsilon}{1+(1+\theta)\varepsilon}\right] \tag{12.4.42}$$

$$R = \frac{\varepsilon(\varepsilon_c-\varepsilon)}{D(1+\theta)^2\varepsilon_c\varepsilon(1+\varepsilon)+B(\varepsilon_c-\varepsilon)} \tag{12.4.43}$$

$$P = \frac{(\varepsilon_c-\varepsilon)}{D(1+\theta)^2\varepsilon_c\varepsilon(1+\varepsilon)+B(\varepsilon_c-\varepsilon)} \tag{12.4.44}$$

式中，$D=d/b$，$B=\gamma/b$，$\varepsilon_c=\beta_h/(\beta_c-\beta_h)$ 是可逆卡诺制冷机的性能系数.

从式(12.4.43)可以清楚地看出，当 $\varepsilon=0$ 或 $\varepsilon=\varepsilon_c$ 时，制冷率等于零. 这表明当性能系数等于某个值时，制冷率可达到最大，如图 12.4.2 所示，图中 $R^*=DR$ 是无量纲的制冷率，各参数取值如图所示.

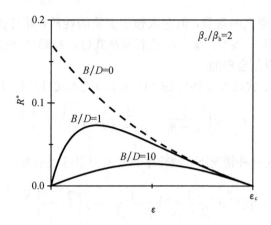

图 12.4.2　无量纲制冷率与性能系数之间的优化关系曲线

利用式(12.4.43)可以证明当性能系数

$$\varepsilon = \frac{\varepsilon_c}{1 + A(1+\theta)} \equiv \varepsilon_m \tag{12.4.45}$$

时，制冷率达到最大，其值为

$$R_{\max} = \frac{A\varepsilon_c}{D(1+\theta)\varepsilon_c[1+A(1+\theta)+\varepsilon_c] + AB[1+A(1+\theta)]} \tag{12.4.46}$$

式中，$A = \sqrt{(1+\varepsilon_c)\varepsilon_c D/B}$. 将式(12.4.45)代入式(12.4.41)、式(12.4.42)和式(12.4.44)，可得制冷率最大时所对应的等温过程的"温度"和输入功率分别为

$$\beta_{1m} = \beta_h \left[1 - \frac{A(1+\theta)}{1 + (1+\theta)(A+\varepsilon_c)} \right] \tag{12.4.47}$$

$$\beta_{2m} = \beta_c \left[1 + \frac{A\theta(1+\theta)\varepsilon_c}{(1+\varepsilon_c)[1+(1+\theta)(A+\varepsilon_c)]} \right] \tag{12.4.48}$$

$$P_m = \frac{A[1+A(1+\theta)]}{D(1+\theta)\varepsilon_c[1+A(1+\theta)+\varepsilon_c] + AB[1+A(1+\theta)]} \tag{12.4.49}$$

利用式(12.4.41)~式(12.4.44)，可以获得 P^*-ε, R^*-P^* 和 β_i/β_j-ε ($i=1,2$ 和 $j=$h,c)特性曲线，如图 12.4.3~图 12.4.5 所示，图中各参数取值同图 12.4.2，$P^* = DP$ 是无量纲的输入功率. 从图 12.4.2~图 12.4.5 可清楚看出当 $\beta_1 = \beta_h$ 和 $\beta_2 = \beta_c$ 时，$\varepsilon = \varepsilon_c$, $R = 0$ 和 $P = 0$.

图 12.4.2 和图 12.4.4 中的曲线也清楚显示了当制冷率 $R < R_{\max}$时，对于给定的制冷率 R 存在两个不同的性能系数，其中一个小于 ε_m，而另一个大于 ε_m. 显然，谐振子量子制冷循环的性能系数不可能选择在小于 ε_m 的区域，因为在 $\varepsilon < \varepsilon_m$ 区域内，制冷率 R 将随性能系数 ε 的减小而减小. 因此，比 ε_m 小的不是性能系数的优化值，性能系数的优化值必须位于 ε_m 和 ε_c 之间，即

$$\varepsilon_m \leqslant \varepsilon < \varepsilon_c \tag{12.4.50}$$

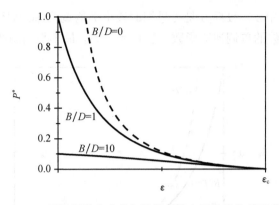

图 12.4.3 无量纲输入功率与性能系数之间的优化关系曲线

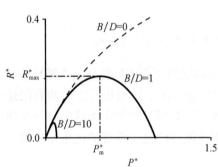

图 12.4.4 无量纲制冷率与输入功率
之间的优化关系曲线

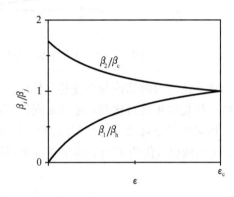

图 12.4.5 β_2/β_c 和 β_1/β_h 与性能系数之间的
优化关系曲线

当量子制冷机运行在该区域时,制冷率将随性能系数的减小而增加,反之亦然.为了使性能系数落在以上描述的合理区域内,必须尽量控制输入功率和等温过程中工质的温度.分析式(12.4.50)和图 12.4.2~图 12.4.5,可知输入功率的优化范围为

$$P \leqslant P_m \tag{12.4.51}$$

而等温过程中的温度必须合理地控制以满足下列条件:

$$\beta_1 \geqslant \beta_{1m}, \quad \beta_2 \leqslant \beta_{2m} \tag{12.4.52}$$

以上结果清楚地显示了,R_{max}、ε_m 和 P_m 是量子制冷循环的三个重要参数,R_{max} 和 P_m 确定了制冷率的优化输入功率的上限,而 ε_m 则确定了优化性能系数所允许的低限.

从式(12.4.15)、式(12.4.22)、式(12.4.23)、式(12.4.27)、式(12.4.36)、式(12.4.41)和式(12.4.42)也可导出循环的最小平均熵产率与性能系数间的优化关系

$$\sigma = \frac{\beta_h(\varepsilon_c - \varepsilon)^2}{D(1+1/\theta)[1+(1+\theta)\varepsilon_c]\varepsilon_c\varepsilon(1+\varepsilon) + B\varepsilon_c(\varepsilon_c - \varepsilon)} \tag{12.4.53}$$

利用式(12.4.53)可画出最小平均熵产率随性能系数变化的优化关系曲线,如

图 12.4.6所示,其中 $\sigma^* = DT_h\sigma$ 是无量纲的最小平均熵产率. 从图中可以看出最小平均熵产率是性能系数的单调递减函数. 仅当 $\varepsilon = \varepsilon_c$ 时,最小平均熵产率才等于零.

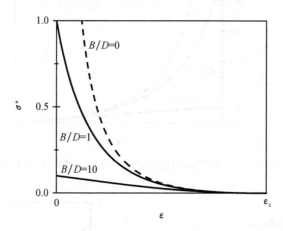

图 12.4.6　无量纲熵产率与性能系数之间的优化关系曲线

　　将上述获得的结论与以理想气体为工质的经典埃里克森或斯特林制冷循环中导出的性能优化结果进行比较,可以发现许多类似性. 当考虑工质和热源之间的有限速率热传递对埃里克森或斯特林制冷循环性能的影响,同时假设热传递服从牛顿热传递律时,则以理想气体为工质的埃里克森或斯特林制冷循环的几个重要的优化关系为[17]

$$\beta_1 = \beta_h\left[1 - \frac{1-\varepsilon/\varepsilon_c}{1+(1+u\theta^2)\varepsilon}\right] \qquad (12.4.54)$$

$$\beta_2 = \beta_c\left[1 + u\theta^2\frac{(1+\varepsilon)/\theta^2 - \varepsilon}{1+(1+u\theta^2)\varepsilon}\right] \qquad (12.4.55)$$

$$R = \frac{K\varepsilon(\varepsilon_c - \varepsilon)}{\beta_c\varepsilon_c\varepsilon(1+\varepsilon) + a_1K(\varepsilon_c - \varepsilon)} \qquad (12.4.56)$$

式中,$K = k_1/(1+u)^2$;$u = \sqrt{k_1/k_2}$;k_1 和 k_2 分别是工质与温度为 T_h 的高温热源和温度为 T_c 的低温热源间的热传导系数;而 a_1 是与温度无关的参数. 对于埃里克森循环,$a_1 = \gamma/[mR_0\ln(P_2/P_1)]$,其中 P_1 和 P_2 是埃里克森循环的两个等压过程中工质的压强,m 是工质的摩尔数,R_0 是普适气体常数. 对于斯特林循环,在 a_1 表达式中的 P_2/P_1 用 V_2/V_1 代替,其中 V_1 和 V_2 是斯特林循环的两个等容过程中工质的容积[18, 32]. 显然,从式(12.4.41)～式(12.4.43)和式(12.4.54)～式(12.4.56)可以看出在高温情况下,由两个等温和两个等频率组成的谐振子量子制冷循环的基本优化关系与以理想气体为工质的埃里克森或斯特林制冷循环的基本优化关系十分类似. 假如选择 $u\theta = 1$、$K/\beta_c = 1/[D(1+\theta)^2]$ 和 $a_1 = B$,则式(12.4.41)～式(12.4.43)就分别与式(12.4.54)～式(12.4.56)相同. 这说明,在高温极限下由两个等温和两个等频率过程组成的谐振子量子制冷循环等价于以理想气体为工质的埃里克森或斯特林制冷循环.

12.4.6 几点讨论

(1) 当回热时间可忽略时，$B=0$. 式(12.4.36)～式(12.4.38)、式(12.4.44)、式(12.4.45)和式(12.4.53)可分别简化为

$$\tau = d\left(\frac{1}{\beta_h - \beta_1} + \frac{1}{\beta_2 - \beta_c}\right) \tag{12.4.57}$$

$$R = \frac{b}{\beta_2 d[1/(\beta_h - \beta_1) + 1/(\beta_2 - \beta)]} \tag{12.4.58}$$

$$P = \frac{b(1/\beta_1 - 1/\beta_2)}{d[1/(\beta_h - \beta_1) + 1/(\beta_2 - \beta_c)]} \tag{12.4.59}$$

$$R = \frac{(\varepsilon_c - \varepsilon)}{D(1+\theta)^2 \varepsilon_c (1+\varepsilon)} \tag{12.4.60}$$

$$P = \frac{(\varepsilon_c - \varepsilon)}{D(1+\theta)^2 \varepsilon_c \varepsilon (1+\varepsilon)} \tag{12.4.61}$$

$$\sigma = \frac{\beta_h(\varepsilon_c - \varepsilon)^2}{D(1+1/\theta)[1+(1+\theta)\varepsilon_c]\varepsilon_c \varepsilon (1+\varepsilon)} \tag{12.4.62}$$

而式(12.4.41)和式(12.4.42)还保持不变. 在这种情况下，制冷率、输入功率和最小平均熵产率随性能系数变化的关系曲线分别如图 12.4.2、图 12.4.3 和图 12.4.6 中的虚线曲线所示.

(2) 当循环中的两个等频率过程用两个绝热过程代替时，循环就成为谐振子量子卡诺制冷循环. 在循环的两个绝热过程中，工质与外界热源没有热交换，因此，与等温过程相比，绝热过程的时间常常可以忽略不计. 在这种情况下，$B=0$、$Q_{cc}=0$、$Q_{da}=0$、$n_b=n_c=n_1$ 和 $n_d=n_a=n_2$，其中 n_1 和 n_2 分别是在两个绝热过程中的谐振子数. 根据式(10.4.3)可知，由于 $\omega_1 > \omega_2$，所以 $n_2 > n_1$. 利用式(10.4.7)和式(10.4.17)，可以计算 Q_1、Q_2、t_1、t_2 和导出其他参数的表达式. 在高温极限下，从式(12.4.22)、式(12.4.23)、式(12.4.28)、式(12.4.29)和高温极限下的式(10.4.3)，可以解出 Q_1、Q_2、t_1 和 t_2 为

$$Q_1 = -\beta_1^{-1}\ln(n_2/n_1) \tag{12.4.63}$$

$$Q_2 = \beta_2^{-1}\ln(n_2/n_1) \tag{12.4.64}$$

$$t_1 = \frac{\beta_1(n_2 - n_1)}{\beta_1(n_2 - n_1)} \tag{12.4.65}$$

$$t_2 = \frac{\beta_2(n_2 - n_1)}{2a(\beta_2 - \beta_c)} \tag{12.4.66}$$

从上述四个方程可清楚看出，性能系数还是由式(12.4.32)给出，而制冷率、输入功率和熵产率分别为

$$R = \frac{2a\ln(n_2/n_1)}{(n_2 - n_1)} \cdot \frac{(\beta_h - \beta_1)(\beta_2 - \beta_c)}{\beta_2(\beta_2\beta_h - \beta_1\beta_c)} \tag{12.4.67}$$

$$P = \frac{2a\ln(n_2/n_1)}{(n_2 - n_1)} \cdot \frac{(\beta_2 - \beta_1)(\beta_h - \beta_1)(\beta_2 - \beta_c)}{\beta_1\beta_2^2\beta_h - \beta_1^2\beta_2\beta_c} \tag{12.4.68}$$

$$\sigma = \frac{2a\ln(n_2/n_1)}{(n_2 - n_1)} \cdot \frac{(\beta_h - \beta_1)(\beta_2 - \beta_c)}{\beta_1\beta_2} \tag{12.4.69}$$

对于谐振子量子卡诺制冷机,采用与以上相同的方法可得循环的重要优化关系式

$$R = \frac{a\ln(n_2/n_1)}{(n_2 - n_1)} \cdot \frac{\varepsilon_c - \varepsilon}{2\beta_c\varepsilon_c(1 + \varepsilon)} \tag{12.4.70}$$

$$P = \frac{a\ln(n_2/n_1)}{(n_2 - n_1)} \cdot \frac{\varepsilon_c - \varepsilon}{2\beta_c\varepsilon_c\varepsilon(1 + \varepsilon)} \tag{12.4.71}$$

$$\sigma = \frac{2a\ln(n_2/n_1)}{(n_2 - n_1)} \cdot \frac{(\varepsilon_c - \varepsilon)^2}{4\varepsilon_c(1 + \varepsilon_c)\varepsilon(1 + \varepsilon)} \tag{12.4.72}$$

利用以上几个基本优化关系,可以进一步讨论谐振子量子卡诺制冷机的各种优化性能特性.

这时有趣地说明一点,利用式(10.4.3)的高温条件表达式,从式(12.4.58)~式(12.4.62)可分别直接导出式(12.4.67)、式(12.4.68)和式(12.4.70)~式(12.4.72).这表明在高温极限下,谐振子量子卡诺制冷机的优化性能可以直接从由两个等温和两个等频率过程组成的谐振子量子制冷机的优化性能中导出.

(3) 在高温情况下,谐振子系统与热源间的热传递可简单表示为

$$\dot{Q}_i = F(1/\beta_j - 1/\beta_i), \quad i = 1, 2; j = h, c \tag{12.4.73}$$

式中,$F = 2a\omega\beta_j$,它不依赖于工质的温度和工质与热源间的温差.显然,式(12.4.73)可以被认为是牛顿传热定律.这不同于以自旋系统为工质的量子埃里克森循环的情况.在高温极限下,热源与被作为工质的自旋系统间热传递属于不可逆热力学的线性律[33].

参 考 文 献

[1] Uhlig K, Hehn W. ^{3}He-^{4}He dilution refrigerator precooler by Gifford-McMahon refrigerator [J]. Cryogenic, 1997, 37:279.

[2] Bowman R C, Karlmann P B Jr, Bard S. Post-flight analysis of a 10K sorption cryocooler [J]. Advances in Cryogenic Engineering, 1998, 43:1017.

[3] Graziani A, Dall'Oglio G, Martinis L, et al. A new generation of ^{3}He refrigerators [J]. Cryogenic, 2003, 43(12):659-662.

[4] 张敏, 王如竹. 空间低温技术的新进展[J]. 低温工程, 2000, 114(2):1-6.

[5] 肖福根, 刘国青, 胡朝斌. 低温技术在航天领域应用的国外发展情况[J]. 低温工程, 2002, 129(5):54-64.

[6] 徐烈, 熊炜, 张涛, 等. 氦制冷在空间制冷技术中的应用[J]. 低温工程, 1998, 101(1):1-6.

[7] Lu G Q, Chen P. On cycle-averaged pressure in a G-M type pulse tube refrigerator [J]. Cryogenic, 2002, 42(5):287-293.

[8] Devlin M J, Dicker S R, Klein J, et al. A high capacity completely closed-cycle 250mK ^{3}He refrigeration system based on a pulse tube cooler [J]. Cryogenic, 2004, 44:611.

[9] 陈隆智. 航天器上的氦制冷[J]. 低温工程, 1994, 77(1):6-11.

[10] Sisman A, Saygin H. On the power cycles working with ideal quantum gases. I. The Ericsson cycle [J]. J. Phys. D:Appl. Phys. , 1999, 32(6):664-670.

[11] Saygin H, Sisman A. Quantum degeneracy effect on the work output from a Stirling cycle [J]. J. Appl. Phys. , 2001, 90(6):3086-3089.

[12] Sisman A, Saygin H. The improvement effect of quantum degeneracy on the work from a Carnot cycle [J]. Appl. Energy, 2001, 68(4):367-376.

[13] Sisman A, Saygin H. Re-optimisation of Otto power cycles working with ideal quantum gases [J]. Physica Scripta, 2001, 64(2):108-112.

[14] Sisman A, Saygin H. Efficiency analysis of a stirling power cycle under quantum degeneracy conditions [J]. Physica Scripta, 2001, 63(4): 263-267.

[15] He J, Chen J, Hua B. Influence of quantum degeneracy on the performance of a Stirling refrigerator working with an ideal Fermi gas [J]. Appl. Energy, 2002, 72(3-4):541-554.

[16] Chen J, He J, Hua B. The influence of regenerative losses on the performance of a Fermi Ericsson refrigeration cycle [J]. J. Phys. A, 2002, 35(38):7995-8004.

[17] Chen J, Yan Z. The general performance characteristics of a Stirling refrigerator with regenerative losses [J]. J. Phys. D:Appl. Phys. , 1996, 29(4):987-990.

[18] Chen J. Minimum power input of irreversible Stirling refrigerator for given cooling rate [J]. Energy Conv. & Mgmt. , 1998, 39(12):1255-1263.

[19] Chen J, Yan Z. Regenerative characteristics of magnetic or gas Stirling refrigeration cycle [J]. Cryogenics, 1993, 33(9):863-867.

[20] Lin B, He J, Chen J. Quantum degeneracy effect on the performance of a bose ericsson refrigeration cycle [J]. J. Non-Equilib Thermodyn. , 2003, 28(3):221-232.

[21] Lin B, Chen J. The performance analysis of a quantum brayton refrigeration cycle with an ideal bose gas [J]. Open Sys. & Information Dyn. , 2003, 10(2):147-157.

[22] 孙烨, 侯予, 黑丽民, 等. 空间逆布雷顿循环制冷机浅析[J]. 低温与超导, 2004, 32(1):48-51.

[23] Zhang Y, Lin B, Chen J. The influence of quantum degeneracy and irreversibility on the performance of a Fermi quantum refrigeration cycle [J]. J. Phys. A, 2004, 37(30):7485-7497.

[24] Louisell W H. Quantum Statistical Properties of Radiation [M]. New York:Wiley, 1990.

[25] Lin B, Chen J. Parametric optimum design of an irreversible spin quantum refrigeration cycle [J]. Chinese Physics, 2005, 14(2):293-300.

[26] Geva E, Kosloff R. A quantum-mechanical heat engine operating in finite time: a model consisting of spin-1/2 systems as working fluid[J]. J. Chem. Phys. , 1992, 96(4):3054-3067.

[27] Kubo R. Statistical Mechanics [M]. Amsterdam:North-Holland, 1965.

[28] Chen J, Yan Z. The effect of field-dependent heat capacity on regenerative in magnetic Ericsson cycles [J]. J. Appl. Phys. , 1991, 69:6245.

[29] Yan Z, Chen J. The effect of field-dependent heat capacity on the characteristics of the ferro-magnetic Ericsson refrigeration cycle [J]. J. Appl. Phys. , 1992, 72(1):1-5.

[30] Chen J, Yan Z. The effect of thermal resistances and regenerative losses on the performance characteristics of magnetic Ericsson refrigeration cycle [J]. J. Appl. Phys. , 1998, 84 (4): 1791-1795.

[31] Kaushik S C, Kumar S. Finite time thermodynamic evaluation of irreversible Ericsson and Stirling heat engines [J]. Energy Convers. Manage. , 2001, 42(3):295-312.

[32] Chen J, Schouten J A. The comprehensive influence of several irreversibilities on the perform-ance of an Ericsson heat engine [J]. Appl. Thermal. Eng. , 1999, 19(5):555-564.

[33] He J, Chen J, Hua B. Quantum refrigeration cycles using spin-1/2 systems as the working sub-stance [J]. Phys. Rev. E, 2002, 65(3):036145.

第13章 玻色-爱因斯坦凝聚

低温下的物质系统，其性质受量子统计规律支配. 对于玻色系统，当温度低于某一临界温度 T_c 时，将出现大量的粒子在基态上凝聚，这种现象称为玻色-爱因斯坦凝聚(BEC).

自 1925 年爱因斯坦预言 BEC 现象以来，科学家一直致力于寻找 BEC 的实验证据. 1995 年 7 月，美国国家标准技术研究所的康奈尔(E. A. Cornell)和科罗拉多大学的威曼 (C. E. Wieman)所带领的美国天体物理联合实验室(Joint Institute Laboratory Astrophysics，JILA)研究小组应用外势约束、激光冷却和蒸发冷却等技术率先在铷(^{87}Rb)原子蒸气中观测到玻色-爱因斯坦凝聚(图 13.0.1)[1]；同年的 8 月和 11 月，莱斯大学和麻省理工学院(Massachusetts Institute of Technology，MIT)的研究小组分别在锂(^{7}Li)原子和钠 (^{23}Na)原子气体中成功实现了 BEC[2, 3].

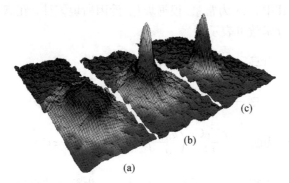

图 13.0.1　JILA 研究小组在实验中拍摄的铷(^{87}Rb)原子的速度分布图像
(a)、(b)和(c)分别对应 $T > T_c$，$T = T_c$ 和 $T \to 0$ 时的分布

BEC 的实现具有重要的意义. 首先，BEC 是量子统计力学所预言的一种独特现象，其在实验中的实现，是对量子统计理论的一个有力证明. 其次，BEC 是一种量子简并现象，在 BEC 凝聚体内，量子力学规律支配着一个宏观系统的行为，因此，BEC 的出现开辟了研究宏观量子现象的新天地. 再次，BEC 是一种非常普遍的物理现象，在凝聚态、原子核、基本粒子和天体物理等领域中都可能发生 BEC 现象，BEC 的实现对进一步深入物理学各个领域的研究具有极大的促进作用. 除此之外，BEC 凝聚体所具有的奇特性质，可望在原子激光、芯片技术、精密测量和纳米技术等领域有广阔的应用前景. 科学界对 BEC 的实现给予了很高的评价，称 BEC 为"物理学家在创纪录的低温下产生的新物态". 三位科学家康奈尔、克特勒(W. Ketterle)和威曼也因实现 BEC 而获得 2001 年诺贝尔物理学奖.

玻色-爱因斯坦凝聚在实验上获得的成功实现, 也在理论物理学界兴起了研究 BEC 的热潮. 自 1995 年起有大量的文章从多个方面对 BEC 及其相关理论作了深入的探讨和研究. 这些研究成果不但从理论上解释了实验中观察到的各种现象, 并且预言了许多尚未被实验所观测的结果. 本章将结合 BEC 的最新研究成果, 对 BEC 相关知识在统计物理教科书的基础上作进一步拓展.

13.1 自由理想玻色系统性质的统一描述

统计物理教科书中讨论玻色气体性质时, 大多数只涉及三维空间中非相对论玻色气体. 本节将把教科书中的内容进一步延伸, 探讨任意维空间中满足较一般能谱关系的理想玻色气体的性质特征.

13.1.1 巨配分函数的表达式

考虑一约束在边长为 $L_i(i=1, 2, \cdots, D)$ 的 D 维盒子中, 满足较一般能谱关系

$$\varepsilon = ap^s \tag{13.1.1}$$

的理想玻色气体, 其中 a、s 为常量. 根据玻色-爱因斯坦统计, 在满足热力学极限的条件下, 系统的巨配分函数可表示为

$$
\begin{aligned}
\ln \Xi &= \ln \Xi_0 - \frac{g}{h^D} \int \ln(1 - z e^{-\beta a p^s}) \mathrm{d}^D p \, \mathrm{d}^D r \\
&= \ln \Xi_0 - \frac{g V_D D C_D}{h^D} \int_0^\infty \ln(1 - z e^{-\beta a p^s}) p^{D-1} \mathrm{d}p \\
&= \ln \Xi_0 - \frac{g V_D C_D}{h^D} \left(\frac{k_B T}{a}\right)^{D/s} \frac{D}{s} \int_0^\infty \ln(1 - z e^{-x}) x^{D/s-1} \mathrm{d}x
\end{aligned}
\tag{13.1.2}
$$

式中, $z = e^{\beta \mu}$ 为系统的逸度; μ 为系统的化学势; g 为粒子的自旋简并度; $V_D = \prod_{i=1}^{D} L_i$ 为 D 维盒子的体积; $C_D = \pi^{D/2} / \Gamma(D/2 + 1)$ 为 D 维单位球的体积.

$$\ln \Xi_0 = -\ln(1 - z) \tag{13.1.3}$$

为基态对巨配分函数的贡献. 注意到

$$
\begin{aligned}
\frac{D}{s} \int_0^\infty \ln(1 - z e^{-x}) x^{D/s-1} \mathrm{d}x &= \int_0^\infty \ln(1 - z e^{-x}) \mathrm{d}x^{D/s} \\
&= x^{D/s} \ln(1 - z e^{-x}) \Big|_0^\infty - \int_0^\infty \frac{x^{D/s} \mathrm{d}x}{z^{-1} e^x - 1} \\
&= -\int_0^\infty \frac{x^{D/s} \mathrm{d}x}{z^{-1} e^x - 1}
\end{aligned}
\tag{13.1.4}
$$

式 (13.1.2) 可表示为

$$\ln \Xi = \ln \Xi_0 + \frac{g V_D C_D}{h^D} \left(\frac{k_B T}{a}\right)^{D/s} \int_0^\infty \frac{x^{D/s} \mathrm{d}x}{z^{-1} e^x - 1}$$

$$= \ln\Xi_0 + \frac{g V_D \pi^{D/2}}{h^D} \left(\frac{k_B T}{a}\right)^{D/s} \frac{\Gamma(D/s+1)}{\Gamma(D/2+1)} g_{D/s+1}(z) \tag{13.1.5}$$

式中，$g_l(z)$ 为式(10.1.3)所定义的玻色积分[4, 5].

另外，对于约束在三维盒子中的非相对论理想玻色气体，其配分函数为[4, 5]

$$\ln\Xi = \ln\Xi_0 + \frac{g V}{\lambda^3} g_{5/2}(z) \tag{13.1.6}$$

式中，$\lambda = h/\sqrt{2\pi m k_B T}$ 为三维空间非相对论热波长；V 为三维盒子的体积. 比较式(13.1.5)和式(13.1.6)，我们引入 D 维空间的广义热波长[6]

$$\tilde{\lambda} = \frac{h}{\pi^{1/2}} \left(\frac{a}{k_B T}\right)^{1/s} \left[\frac{\Gamma(D/2+1)}{\Gamma(D/s+1)}\right]^{1/D} \tag{13.1.7}$$

根据式(13.1.7)，式(13.1.5)可简化为

$$\ln\Xi = \ln\Xi_0 + \frac{g V_D}{\tilde{\lambda}^D} g_{D/s+1}(z) \tag{13.1.8}$$

13.1.2 BEC 临界温度

根据式(13.1.8)给出的巨配分函数，可得系统的总粒子数

$$N = z\left(\frac{\partial \ln\Xi}{\partial z}\right)_{\beta, V_D} = N_0 + \frac{g V_D}{\tilde{\lambda}^D} g_{D/s}(z) \tag{13.1.9}$$

其中

$$N_0 = \frac{z}{1-z} \tag{13.1.10}$$

为分布在基态上的粒子数.

当 $\mu \to 0$ 或 $z \to 1$，且 $N_0/N \ll 1$ 时，系统所对应的温度定义为 BEC 临界温度. 根据式(13.1.7)和式(13.1.9)可求得临界温度 T_c 为

$$T_c = \frac{a h^s}{\pi^{s/2} k_B} \left[\frac{N\Gamma(D/2+1)}{g V_D \Gamma(D/s+1)\zeta(D/s)}\right]^{s/D} \tag{13.1.11}$$

式中，$\zeta(l)$ 为黎曼 ζ 函数. 由于 $\zeta(l)$ 在 $l \leqslant 1$ 时发散，从式(13.1.11)可知，系统能够产生 BEC 的条件为

$$\frac{D}{s} > 1 \tag{13.1.12}$$

当 $T < T_c$ 时，系统将出现宏观数量的粒子在基态上凝聚($N_0 \sim N$)，即产生 BEC. 根据式(13.1.9)和式(13.1.11)，可得到 $T < T_c$ 时基态粒子占有率

$$\frac{N_0}{N} = 1 - \left(\frac{T}{T_c}\right)^{D/s} \tag{13.1.13}$$

13.1.3 其他热力学量的表达式

从式(13.1.8)给出的巨配分函数出发，可进一步求得系统其他热力学量的表达

式，其中压强、内能和熵的表达式分别为

$$p = \frac{1}{\beta}\left(\frac{\partial \ln\Xi}{\partial V_D}\right)_{\beta, z} = \frac{g k_B T}{\tilde{\lambda}^D} g_{D/s+1}(z) \tag{13.1.14}$$

$$E = -\left(\frac{\partial \ln\Xi}{\partial \beta}\right)_z = \frac{D}{s}\frac{g V_D k_B T}{\tilde{\lambda}^D} g_{D/s+1}(z) \tag{13.1.15}$$

$$S = k_B(\ln\Xi - N\ln z + \beta E) = \frac{g V_D k_B}{\tilde{\lambda}^D}\left[\left(\frac{D}{s}+1\right)g_{D/s+1}(z) - g_{D/s}(z)\ln z\right] \tag{13.1.16}$$

在 S 的表达式中，我们忽略了基态的贡献 $S_0 = \ln\Xi_0 - N_0\ln z$，因为根据式 (13.1.3) 和式 (13.1.10)，

$$S_0 = k_B\left[-\ln(1-z) - \frac{z\ln z}{1-z}\right] = k_B[(N_0+1)\ln(N_0+1) - N_0\ln N_0]$$

$$\xrightarrow{N_0 \gg 1} k_B\ln N_0 \tag{13.1.17}$$

与 S 本身的数量级（$\sim k_B N$）相比，该项可以忽略不计. 比较式 (13.1.14) 和式 (13.1.15) 可以看出，系统压强和内能满足以下关系：

$$E = \frac{D}{s}p V_D \tag{13.1.18}$$

根据系统内能和总粒子数的表达式可进一步求得系统的定容热容. 当 $T > T_c$ 时，注意到 $N_0 \approx 0$，由式 (13.1.9) 和式 (13.1.15) 可得

$$C_{V, T>T_c} = \left(\frac{\partial E}{\partial T}\right)_{V_D} = \left(\frac{\partial E}{\partial T}\right)_{z, V_D} + \left(\frac{\partial E}{\partial z}\right)_{T, V_D}\left(\frac{\partial z}{\partial T}\right)_{V_D}$$

$$= \frac{g V_D k_B}{\tilde{\lambda}^D}\left[\frac{D}{s}\left(\frac{D}{s}+1\right)g_{D/s+1}(z) - \frac{D^2}{s^2}\frac{g_{D/s}^2(z)}{g_{D/s-1}(z)}\right] \tag{13.1.19}$$

当 $T \leqslant T_c$ 时，注意到 $z \to 1$，由式 (13.1.15) 对 T 求导得到

$$C_{V, T \leqslant T_c} = \left(\frac{\partial E}{\partial T}\right)_{V_D} = \frac{g V_D k_B}{\tilde{\lambda}^D}\frac{D}{s}\left(\frac{D}{s}+1\right)\zeta\left(\frac{D}{s}+1\right) \tag{13.1.20}$$

根据式 (13.1.19) 和式 (13.1.20)，不难发现定容热容在临界点的跃变

$$\Delta C_V = C_{V, T=T_c^-} - C_{V, T=T_c^+} = \frac{g V_D k_B}{\tilde{\lambda}_c^D}\frac{D^2}{s^2}\frac{\zeta^2(D/s)}{\zeta(D/s-1)} \tag{13.1.21}$$

从式 (13.1.21) 可以看出，当

$$\frac{D}{s} > 2 \tag{13.1.22}$$

时，定容热容在临界点出现不连续.

以上我们讨论了任意维空间中满足较一般能谱关系的理想玻色气体的性质特征. 由于参数 a 和 s 可以选择不同的值，因此所得结论更具有普遍性. 特别地，若选择 $s=2$、$a=1/2m$，根据上述结果可得到非相对论理想玻色气体的性质. 例如，在式 (13.1.11) 中令 $s=2$、$a=1/2m$，可得 D 维非相对论理想玻色系统的 BEC 临界温度

$$T_c = \frac{h^2}{2\pi m k_B} \left[\frac{N}{g V_D \zeta(D/2)} \right]^{2/D} \tag{13.1.23}$$

由式(13.1.23)可以推断，对于非相对论理想玻色气体，在一维和二维空间中不可能产生 BEC. 若选择 $s=1$、$a=c$，则由以上结果可得到极端相对论理想玻色气体的性质. 例如，由式(13.1.11)可知 D 维极端相对论理想玻色系统的 BEC 临界温度为

$$T_c = \frac{hc}{\pi^{1/2} k_B} \left[\frac{N\Gamma(D/2+1)}{g V_D \Gamma(D+1)\zeta(D)} \right]^{1/D} \tag{13.1.24}$$

由此可知，对极端相对论理想玻色气体，BEC 不可能在一维系统中产生.

13.2 有限尺度玻色系统[①]

统计物理教科书对自由理想的粒子系统的性质有较详尽的讨论[4, 5]，然而，这些讨论都是针对满足热力学极限条件，即

$$N \to \infty, \quad V \to \infty, \quad n = N/V = \text{有限} \tag{13.2.1}$$

的系统. 对于这种含有大量粒子数、具有宏观尺度的系统，边界对系统性质的影响可忽略不计，只要粒子数密度 $n=N/V$ 保持不变，描述系统性质的任一强度量与系统的尺度及边界无关. 然而，对于不满足热力学极限条件的有限尺度系统，情况则有所不同，此时系统的性质取决于系统的能级结构，而能级结构与系统大小、形状及边界条件密切相关.

为了便于计算，统计物理在研究粒子系统的性质时，通常把粒子的能量近似看成是连续的，从而把对量子态的求和用对相空间的积分代替. 对满足热力学极限条件的系统，这种处理方法是有效的. 然而，对偏离热力学极限条件的有限系统，这一近似将产生较大的误差.

如果对量子态的求和不能用对相空间的积分代替，通过严格的解析方法来研究系统的性质，在数学上是有困难的. 本节将通过数值计算的方法来研究有限尺度理想玻色气体的性质，探讨有限系统玻色–爱因斯坦凝聚的特性以及系统尺度及边界对其性质的影响.

考虑一约束在边长为 $L_i (i=1, 2, 3)$ 的方形盒中的理想玻色气体. 根据量子力学，其单粒子能级

$$\varepsilon_s = \sum_{i=1}^{3} \frac{n_i^2 h^2}{8m L_i^2} \quad (n_i = 1, 2, 3, \cdots) \tag{13.2.2}$$

如果不考虑粒子自旋（自旋简并度 $g=1$），根据式(13.2.2)可得系统的巨配分函数

$$\ln \Xi = -\sum_s \ln(1 - z e^{-\beta\varepsilon_s}) = \sum_{j=1}^{\infty} \frac{z^j}{j} \sum_s e^{-j\beta\varepsilon_s}$$

$$= \sum_{j=1}^{\infty} \frac{z^j}{j} \sum_{(n_i)} \exp\left(-j\beta \sum_{i=1}^{3} \frac{n_i^2 h^2}{8m L_i^2}\right) = \sum_{j=1}^{\infty} \frac{z^j}{j} \prod_{i=1}^{3} \left[\sum_{n_i=1}^{\infty} \exp\left(-\frac{j\beta n_i^2 h^2}{8m L_i^2}\right) \right]$$

① 苏国珍，陈丽璇. 中国科学技术大学学报，2001, 31: 257.

$$= \frac{1}{8} \sum_{j=1}^{\infty} \frac{z^j}{j} \prod_{i=1}^{3} \left[\vartheta(j\chi_i) - 1 \right] \tag{13.2.3}$$

式中，$\chi_i = [\lambda/(2L_i)]^2$；$\lambda = h/\sqrt{2\pi m k_B T}$；$\vartheta(t) = \sum_{k=-\infty}^{\infty} e^{-\pi t k^2}$ 为雅可比 ϑ（Jacobi theta）函数.

根据式（13.2.3），可得系统的总粒子数和内能分别为

$$N = z \left(\frac{\partial \ln \Xi}{\partial z} \right)_{\beta, L_i} = \frac{1}{8} \sum_{j=1}^{\infty} z^j \prod_{i=1}^{3} \left[\vartheta(j\chi_i) - 1 \right] \tag{13.2.4}$$

$$E = - \left(\frac{\partial \ln \Xi}{\partial \beta} \right)_{z, L_i} = - \frac{k_B T}{8} \left(\prod_{i=1}^{3} \chi_i \right)^{1/3} \sum_{j=1}^{\infty} z^j \left\{ \sum_{i=1}^{3} \frac{\gamma_i^2 \vartheta'(j\chi_i)}{\vartheta(j\chi_i) - 1} \prod_{i=1}^{3} \left[\vartheta(j\chi_i) - 1 \right] \right\} \tag{13.2.5}$$

式中，$\gamma_i = V^{1/3}/L_i$；$V = \prod_{i=1}^{3} L_i$. 由式（13.2.4）和式（13.2.5）可得系统的定容热容

$$C_{L_i} = \left(\frac{\partial E}{\partial T} \right)_{L_i} = \left(\frac{\partial E}{\partial T} \right)_{z, L_i} + \left(\frac{\partial E}{\partial z} \right)_{T, L_i} \left(\frac{\partial z}{\partial T} \right)_{L_i} = \frac{k_B}{8} \left(\prod_{i=1}^{3} \chi_i \right)^{2/3} \left(A_1 - \frac{A_2^2}{A_3} \right) \tag{13.2.6a}$$

其中

$$A_1 = \sum_{j=1}^{\infty} j z^j \left[\left[\sum_{i=1}^{3} \frac{\gamma_i^2 \vartheta'(j\chi_i)}{\vartheta(j\chi_i) - 1} \right]^2 + \sum_{i=1}^{3} \frac{\gamma_i^4 \{ \vartheta''(j\chi_i) [\vartheta(j\chi_i) - 1] - \vartheta'^2(j\chi_i) \}}{[\vartheta(j\chi_i) - 1]^2} \right]$$
$$\times \prod_{i=1}^{3} \left[\vartheta(j\chi_i) - 1 \right] \tag{13.2.6b}$$

$$A_2 = \sum_{j=1}^{\infty} j z^j \sum_{i=1}^{3} \frac{\gamma_i^2 \vartheta'(j\chi_i)}{\vartheta(j\chi_i) - 1} \prod_{i=1}^{3} \left[\vartheta(j\chi_i) - 1 \right] \tag{13.2.6c}$$

$$A_3 = \sum_{j=1}^{\infty} j z^j \prod_{i=1}^{3} \left[\vartheta(j\chi_i) - 1 \right] \tag{13.2.6d}$$

根据式（13.2.3）还可进一步计算系统的压强. 气体系统的压强为气体分子对单位面积容器壁的平均作用力. 对于满足热力学极限条件的宏观系统，压强是各向同性的，即气体对各处容器壁的压强都相同. 然而，对有限尺度的系统，这一结论不再成立. 一般地，对于约束在长方体容器中的理想气体，作用在不同方向的容器壁上的压强是不相同的. 根据压强的定义，可知作用在垂直于第 $i(i=1, 2, 3)$ 个坐标轴的容器壁上的压强为

$$p_{ii} = \frac{1}{\beta} \frac{L_i}{V} \left(\frac{\partial \ln \Xi}{\partial L_i} \right)_{z, \beta, L_{i' \neq i}} = - \frac{k_B T}{4V} \left(\prod_{i'=1}^{3} \chi_{i'} \right)^{1/3} \sum_{j=1}^{\infty} z^j \left\{ \gamma_i^2 \vartheta'(j\chi_i) \prod_{i' \neq i} \left[\vartheta(j\chi_{i'}) - 1 \right] \right\} \tag{13.2.7}$$

比较式（13.2.5）和式（13.2.7）可知，压强和内能之间存在如下关系：

$$E = \frac{V}{2} \sum_{i=1}^{3} p_{ii} \qquad (13.2.8)$$

为研究系统的 BEC 特性，需要计算的一个重要物理量，即基态粒子占有数. 根据玻色–爱因斯坦统计可知基态粒子占有数

$$N_0 = \frac{1}{z^{-1} e^{\beta \varepsilon_0} - 1} = \frac{1}{z^{-1} \prod\limits_{i=1}^{3} e^{\pi \chi_i} - 1} \qquad (13.2.9)$$

式中，$\varepsilon_0 = (h^2/8m) \sum_{i=1}^{3} 1/L_i^2$ 为单粒子基态能量.

式(13.2.4)～式(13.2.7)和式(13.2.9)分别给出系统的总粒子数、内能、定容热容、压强和基态粒子占有数的表达式. 若已知粒子的质量 m，盒子的边长 L_i，系统的总粒子数 N 和温度 T，则由式(13.2.4)通过数值计算可求得逸度 z，将其代入式(13.2.5)～式(13.2.7)和式(13.2.9)可分别得到内能、定容热容、压强和基态粒子占有数.

13.2.1　有限系统的 BEC 特征

图 13.2.1 和图 13.2.2 分别给出约束在正方体($L_1 = L_2 = L_3$)盒子中的理想玻色气体的基态粒子占有率和定容热容与温度的关系曲线. 图中点线、虚线和实线分别对应具有相同粒子数密度 $n = N/V$，但总粒子数分别为 $N = 1000$、$N = 10000$ 和 $N \to \infty$ (满足热力学极限条件)的情况.

$$T_{c0} = \frac{h^2}{2\pi m k_B} \left[\frac{n}{\zeta(3/2)} \right]^{2/3} \qquad (13.2.10)$$

为热力学极限下的 BEC 临界温度[4,5].

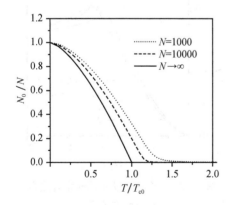

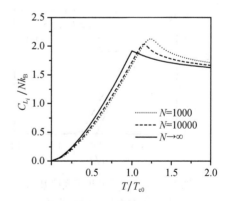

图 13.2.1　总粒子数不同时基态
粒子占有率与温度的关系

图 13.2.2　总粒子数不同时定容
热容与温度的关系

从图 13.2.1 可看出，对满足热力学极限条件的系统($N \to \infty$)，基态粒子占有率与温度的关系曲线有一明确的转折点，即 BEC 表现为一种相变，其临界温度由式(13.2.10)

给出. 然而, 对有限尺度的玻色系统, 虽然在低温下也出现大量(与总粒子数 N 同数量级)的粒子占据基态, 即产生玻色-爱因斯坦凝聚, 但基态粒子占有率随温度的降低而平滑上升, BEC 没有呈现相变的特征, 也不存在严格的临界温度. 为了与热力学极限下的临界温度比较, 我们把使 $|d^2 N_0/dT^2|$ 达到极大值的温度称为凝聚温度, 并记为 $\hat{T}_c$. 通过数值计算可以求得粒子数 $N=1000$ 和 10000 的系统对应的 $\hat{T}_c$ 分别为 $1.26 T_{c0}$ 和 $1.15 T_{c0}$, 显然 $\hat{T}_c \neq T_{c0}$. 从图 13.2.2 可看出, 对于有限尺度的系统, 定容热容随温度的变化曲线也是连续而且光滑的, 在某一温度值 T_m 时出现一极大值. 可以求得粒子数 $N=1000$ 和 10000 的系统对应的 T_m 分别为 $1.24 T_{c0}$ 和 $1.14 T_{c0}$, 可以看出, $T_m \approx \hat{T}_c \neq T_{c0}$.

13.2.2 系统尺度的影响

从图 13.2.1 和图 13.2.2 还可以看出, 有限玻色系统的性质与系统尺度有关. 对于约束在正方体盒子中的理想玻色气体, 在粒子数密度给定的情况下, 系统的尺度越小, 基态粒子占有率和定容热容与温度的关系曲线越光滑, BEC 温度 $\hat{T}_c$ 和定容热容极值点的温度 T_m 越高. 随着尺度的增大, 系统的性质逐渐靠近热力学极限下的结果.

13.2.3 边界形状的影响

图 13.2.3 和图 13.2.4 分别表示约束在边长比 $L_1:L_2:L_3$ 分别为 $1:1:1$(正方体), $5:5:1$(扁平长方体)和 $10:1:1$(条形长方体)的三个不同形状方形盒中, 具有相同粒子数 $N=5000$, 相同体积的理想玻色气体的 N_0/N-T/T_{c0} 和 C_{L_i}/Nk_B-T/T_{c0} 曲线. 从图中可以看出, 对于有限尺度的玻色系统, 其边界形状对系统性质的影响是不可忽略的. 在各种边长比的盒子中, 处于正方体盒子中的玻色系统, 其 BEC 温度最高, 热容的极大值最大.

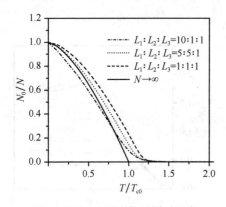

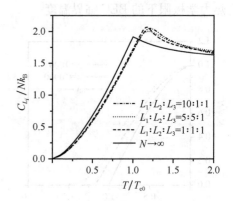

图 13.2.3　盒子形状不同时基态　　　　图 13.2.4　盒子形状不同时定容热容
粒子占有率与温度的关系　　　　　　　　与温度的关系

13.2.4 有限系统的非广延性

对于含有大量粒子数、具有宏观尺度的系统, 描述系统性质的热力学量可分为强度量和广延量. 强度量与系统的尺度无关, 对于一定量的简单系统, 独立的强度量只有两个. 如只要系统的粒子数密度和温度确定, 其他强度量如压强、化学势等也唯一确定. 广延量则与系统的大小成正比, 当两个或多个具有相同强度量的系统合并时, 复合系统的强度量与各子系统的相同, 广延量等于各子系统的广延量之和. 这些都是大家熟悉的结论. 那么, 这些结论在系统尺度有限条件下是否成立?

图 13.2.5 给出约束在正方体盒子中的理想玻色气体, 在粒子数密度和温度保持一定的条件下, 系统的约化内能 E/E_0 与粒子数的关系曲线, 其中 E_0 为热力学极限近似下系统的内能. 从图中可以看出, E/E_0 与粒子数有关. 由于热力学极限条件下内能 E_0 是一个广延量, 所以不难理解 E 不是广延量. 这说明在尺度有限的条件下, 系统不再具有广延性. 从图中还可以看出, 有限系统的非广延性与系统的大小和温度有关, 系统尺度越大 (粒子数也越大), 其非广延性越小, 或广延性越好; 在同样粒子数条件下, 一般低温下的非广延性比高温下更为突出.

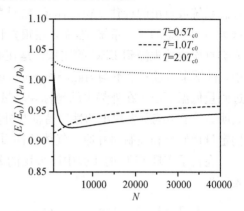

图 13.2.5　不同温度下系统约化内能
（压强）与总粒子数的关系

与非广延性相对应的是, 有限系统也不存在真正意义上的强度量. 图 13.2.5 同时给出约化压强 p_{ii}/p_0 与粒子数的关系曲线, 其中 p_0 为热力学极限近似下系统的压强 (根据式 (13.2.8), 当盒子为正方体时, $p_{11}=p_{22}=p_{33}$, 因而 $E/E_0=p_{ii}/p_0$). 由于 p_{ii}/p_0 与粒子数有关, 所以, 即使在给定粒子数密度和温度的情况下, 系统压强也不能唯一确定, 它还与系统的尺度或总粒子数有关.

13.2.5　压强的各向异性

有限系统的另一重要特性是压强的各向异性. 从式 (13.2.7) 可知, 约束在边长不

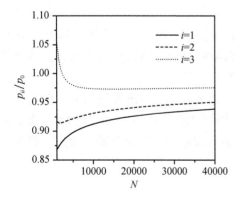

图 13.2.6　沿不同方向的容器壁上的
约化压强与总粒子数的关系

相同的长方体盒子中的理想玻色气体, 对不同方向的容器壁的压强是不相同的. 图 13.2.6 表示当边长比 $L_1 : L_2 : L_3$ 为 $4 : 2 : 1$ 时气体作用在垂直于第 i 个坐标轴的容器壁的约化压强 $p_{ii}/p_0 (i=1, 2, 3)$ 与总粒子数 N 的关系, 其中温度取 $T=T_{c0}$. 从图中不难看出, $p_{11} \neq p_{22} \neq p_{33}$. 系统尺度越小, 即粒子数越少, p_{11}、p_{22} 和 p_{33} 的差异越大, 而随着粒子数的增大, 它们之间的差异逐渐消失, 并趋近于热力学极限下的压强值 p_0.

13.3 外势约束下的玻色气体

当系统内粒子不受外势作用,且粒子间的相互作用可忽略时,这种系统常称自由理想系统或自由的近独立粒子体系.统计物理教科书中所研究的量子系统,大部分是这类自由理想的粒子系统.然而,在很多情况下,粒子要受到各种外势的作用.例如,人类首次成功观测到 BEC 的实验,是在有磁外势约束的玻色气体上实现的.在实验中,科学家通过一个不均匀磁场所形成的磁陷阱将原子约束在一定的空间范围内,通过测量低温下原子在外势中的坐标和动量分布,从而获得实现 BEC 的实验证据.研究表明,量子系统所表现出的性质特征与外势的形状有密切的联系,可以说外势阱为我们定量地研究和控制简并原子气体的性质创造了条件.

在较早实现 BEC 的实验中所采用的磁约束势可近似地视为简谐势,其势函数可表示为

$$V(\boldsymbol{r}) = \frac{1}{2} m \sum_{i=1}^{3} \omega_i^2 x_i^2 \qquad (13.3.1)$$

式中,$x_i (i=1, 2, 3)$为粒子的第 i 个直角坐标;ω_i 为沿第 i 个坐标轴方向的角频率.在各种形状的外势中,简谐势具有特殊的意义.首先,简谐势是一种最简单的外势,理论上可以解析地研究简谐势约束下粒子的运动.更重要的是,在很多实际问题中,粒子所受的外势可近似用简谐势模拟.

随着技术的发展,其他非简谐外势也在实验中逐渐被采用.为了实现 BEC 所需的低温,一个关键的技术是蒸发冷却,然而,就其实质而言,蒸发冷却是一个不可逆过程.一种可逆的冷却原子的方法是绝热冷却,它是在绝热条件下连续缓慢地改变外势的形状而达到冷却的目的[7].在绝热冷却过程中所采用的一类典型的外势可用以下的幂函数型势(power function type potential)来表达

$$V(\boldsymbol{r}) = \sum_{i=1}^{3} \varepsilon_i \left| \frac{x_i}{L_i} \right|^{t_i} \qquad (13.3.2)$$

式中,ε_i、L_i 和 t_i 均为正的常数;ε_i 反映外势的强度;L_i 和 t_i 反映外势的形状.幂函数型势也是较为简单的外势,且较简谐势更具普遍性(显然,简谐势可视为幂函数型势的一种特例),因此,在理论研究过程中也被许多学者广泛采用[8, 9].

本节讲述存在外势时玻色气体的性质.主要内容包括:导出外势约束下理想玻色气体基本热力学量的表达式,研究外势形状对 BEC 相变特征的影响,探讨平衡态下粒子在坐标空间和动量空间的分布等.为使结果更具普遍性,讨论中采用较为一般的幂函数型势,而把简谐势作为其中的一个特例.

13.3.1 基本热力学量的表达式

考虑一约束在三维幂函数型外势中的非相对论理想玻色气体,其单粒子能量可表示为

$$\varepsilon(\boldsymbol{p},\,\boldsymbol{r}) = \frac{p^2}{2m} + \sum_{i=1}^{3}\varepsilon_i\left|\frac{x_i}{L_i}\right|^{t_i} \tag{13.3.3}$$

在热力学极限近似下，系统的巨配分函数可表示为

$$
\begin{aligned}
\ln\Xi &= \ln\Xi_0 - \frac{g}{h^3}\int\ln\left\{1-z\exp\left[-\beta\left(\frac{p^2}{2m}+\sum_{i=1}^{3}\varepsilon_i\left|\frac{x_i}{L_i}\right|^{t_i}\right)\right]\right\}\prod_{i=1}^{3}\mathrm{d}p_i\mathrm{d}x_i \\
&= \ln\Xi_0 + \frac{g}{h^3}\sum_{j=1}^{\infty}\frac{z^j}{j}\int\exp\left[-j\beta\left(\frac{p^2}{2m}+\sum_{i=1}^{3}\varepsilon_i\left|\frac{x_i}{L_i}\right|^{t_i}\right)\right]\prod_{i=1}^{3}\mathrm{d}p_i\mathrm{d}x_i \\
&= \ln\Xi_0 + \frac{4\pi g}{h^3}\sum_{j=1}^{\infty}\frac{z^j}{j}\int_0^{\infty}\exp\left(-\frac{j\beta p^2}{2m}\right)p^2\mathrm{d}p\prod_{i=1}^{3}\int_{-\infty}^{\infty}\exp\left(-j\beta\sum_{i=1}^{3}\varepsilon_i\left|\frac{x_i}{L_i}\right|^{t_i}\right)\mathrm{d}x_i \\
&= \ln\Xi_0 + \frac{g\widetilde{V}}{\lambda^3}g_{\eta+5/2}(z) \tag{13.3.4}
\end{aligned}
$$

式中，$\eta \equiv \sum_{i=1}^{3}1/t_i$

$$\widetilde{V} \equiv \prod_{i=1}^{3}\frac{(2L_i)\Gamma(1/t_i+1)}{(\beta\varepsilon_i)^{1/t_i}} \tag{13.3.5}$$

式(13.3.4)给出外势约束下理想玻色气体巨配分函数的表达式. 比较式(13.3.5)和自由理想玻色气体的巨配分函数的表达式(式(13.1.6))，不难发现两者有相似之处. 只要将式(13.1.6)中 V 换成 $\widetilde{V}$，$g_{5/2}(z)$ 换成 $g_{\eta+5/2}(z)$，则式(13.1.6)就变成式(13.3.4). 由此可见，由式(13.3.5)定义的 $\widetilde{V}$ 也有体积的含义，我们称它为"赝体积"[6]. 从式(13.3.5)可以看出，"赝体积" $\widetilde{V}$ 与系统温度和外势参数有关. 温度越高，$\widetilde{V}$ 越大；外势越强，即 ε_i 越大，$\widetilde{V}$ 越小. 实际上，在这里，幂函数型外势所起的作用与储存气体的盒子的作用类似，其结果都是对粒子起约束作用. 外势的强或弱，即"赝体积"的小或大与盒子体积的小或大相对应.

根据式(13.3.4)给出的巨配分函数，可求得到系统的总粒子数、内能和熵的表达式分别为

$$N = z\left(\frac{\partial\ln\Xi}{\partial z}\right)_{\beta} = N_0 + \frac{g\widetilde{V}}{\lambda^3}g_{\eta+3/2}(z) \tag{13.3.6}$$

$$E = -\left(\frac{\partial\ln\Xi}{\partial\beta}\right)_z = \left(\eta+\frac{3}{2}\right)\frac{g\widetilde{V}k_{\mathrm{B}}T}{\lambda^3}g_{\eta+5/2}(z) \tag{13.3.7}$$

$$S = k_{\mathrm{B}}(\ln\Xi - N\ln z + \beta E) = \frac{g\widetilde{V}k_{\mathrm{B}}}{\lambda^3}\left[\left(\eta+\frac{5}{2}\right)g_{\eta+5/2}(z) - g_{\eta+3/2}(z)\ln z\right] \tag{13.3.8}$$

其中熵的表达式中忽略了基态的贡献.

式(13.3.6)中令 $z\to1$，$N_0\to0$，我们得到系统的 BEC 临界温度

$$T_{\mathrm{c}} = \frac{1}{k_{\mathrm{B}}}\left[\left(\frac{h^2}{2\pi m}\right)^{3/2}\frac{N}{\zeta(\eta+3/2)}\prod_{i=1}^{3}\frac{\varepsilon_i^{1/t_i}}{(2L_i)\Gamma(1/t_i+1)}\right]^{1/(\eta+3/2)} \tag{13.3.9}$$

根据式(13.3.6)和式(13.3.9)，当 $T<T_{\mathrm{c}}$ 时，基态粒子占有率

$$\frac{N_0}{N} = 1 - \left(\frac{T}{T_c}\right)^{\eta+3/2} \tag{13.3.10}$$

从系统内能和总粒子数的表达式(13.3.6)和式(13.3.7)可进一步求得系统在给定粒子数和外势条件下的热容, 其结果为

$$C = \begin{cases} \dfrac{g\widetilde{V}k_B}{\lambda^3}\left[\left(\eta+\dfrac{3}{2}\right)\left(\eta+\dfrac{5}{2}\right)g_{\eta+5/2}(z) - \left(\eta+\dfrac{3}{2}\right)^2 \dfrac{g_{\eta+3/2}^2(z)}{g_{\eta+1/2}(z)}\right], & T > T_c \\ \dfrac{g\widetilde{V}k_B}{\lambda^3}\left(\eta+\dfrac{3}{2}\right)\left(\eta+\dfrac{5}{2}\right)\zeta(\eta+5/2), & T \leqslant T_c \end{cases} \tag{13.3.11}$$

根据式(13.3.11)可得

$$\Delta C = C_{T=T_c^-} - C_{T=T_c^+} = \frac{g\widetilde{V}_c k_B}{\lambda_c^3}\left(\eta+\frac{3}{2}\right)^2 \frac{\zeta^2(\eta+3/2)}{\zeta(\eta+1/2)} \tag{13.3.12}$$

式中, $\widetilde{V}_c = \prod_{i=1}^{3}(2L_i)\Gamma(1/t_i+1)/(\beta_c\varepsilon_i)^{1/t_i}$; $\beta_c = 1/k_B T_c$, $\lambda_c = h/\sqrt{2\pi m k_B T_c}$. 从式 (13.3.12)可以看出, 对于约束在幂次型外势中的理想玻色气体, 热容在临界点是否连续与外势的形状有关. 根据黎曼 ζ 函数的性质, 当表示势形状的参数 t_i 满足

$$\sum_{i=1}^{3}\frac{1}{t_i} + \frac{1}{2} > 1 \tag{13.3.13}$$

时, $\Delta C \neq 0$, 热容在临界点不连续; 当 t_i 满足

$$\sum_{i=1}^{3}\frac{1}{t_i} + \frac{1}{2} \leqslant 1 \tag{13.3.14}$$

时, $\Delta C = 0$, 热容在临界点连续.

以上给出了约束在幂函数型外势中理想玻色气体基本热力学量的一般表达式. 若令 $t_i=2$、$\varepsilon_i/L_i^{t_i}=m\omega_i^2/2$, 由上述结果可直接得到约束在简谐势中理想玻色气体基本热力学量的表达式, 如

$$N = N_0 + g\left(\frac{k_B T}{\hbar\bar{\omega}}\right)^3 g_3(z) \tag{13.3.15}$$

$$E = 3g k_B T\left(\frac{k_B T}{\hbar\bar{\omega}}\right)^3 g_4(z) \tag{13.3.16}$$

$$S = g k_B\left(\frac{k_B T}{\hbar\bar{\omega}}\right)^3\left[4g_4(z) - g_3(z)\ln z\right] \tag{13.3.17}$$

$$T_c = \frac{\hbar\bar{\omega}}{k_B}\left[\frac{N}{g\zeta(3)}\right]^{1/3} \tag{13.3.18}$$

$$\frac{N_0}{N} = 1 - \left(\frac{T}{T_c}\right)^3 \tag{13.3.19}$$

$$C = \begin{cases} g k_B\left(\dfrac{k_B T}{\hbar\bar{\omega}}\right)^3\left[12g_4(z) - \dfrac{9g_3^2(z)}{g_2(z)}\right], & T > T_c \\ 12g k_B\left(\dfrac{k_B T}{\hbar\bar{\omega}}\right)^3\zeta(4), & T \leqslant T_c \end{cases} \tag{13.3.20}$$

$$\Delta C = 9gk_{\mathrm{B}}\left(\frac{k_{\mathrm{B}}T}{\hbar\bar{\omega}}\right)^3 \frac{\zeta^2(3)}{\zeta(2)} \tag{13.3.21}$$

式中，$\hbar = h/2\pi$；$\bar{\omega} \equiv \left(\prod_{i=1}^{3}\omega_i\right)^{1/3}$ 为三个方向角频率的几何平均值.

若令 $t_i \to 0$，则以上结果将过渡到体积 $V = \prod_{i=1}^{3}(2L_i)$ 的自由理想玻色气体的热力学量表达式. 因大部分统计物理教科书上都有，这里不再列出.

13.3.2 BEC 特性讨论

式(13.3.9)给出约束在幂次型外势中理想玻色气体临界温度的表达式. 从式(13.3.9)可以看出，系统的临界温度与粒子质量、粒子数和外势参数有关. 对于粒子质量和粒子数一定的系统，表示外势强度的参量 ε_i 越大，临界温度越高. 从物理意义上，这一结果也是容易理解的. 对于幂次型外势，粒子处于势中心（$r=0$）时其势能最低，因此，外势有聚集粒子的作用，外势强度越大，在势中心附近的粒子密度就越高，系统越容易产生 BEC. 特别地，对于简谐外势，临界温度与角频率的几何平均值 $\bar{\omega}$ 成正比，$\bar{\omega}$ 越大，临界温度越高.

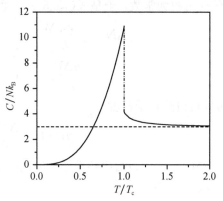

根据式(13.3.6)和式(13.3.11)，通过数值计算可得到系统热容与温度的关系. 图13.3.1给出约束在简谐外势中理想玻色气体的热容与温度的关系曲线. 从图中可以看出，在 $T \leqslant T_c$ 和 $T > T_c$ 的温度区，热容随温度的变化规律明显不同. 当 $T \leqslant T_c$ 时，热容随温度升高按照 $C \propto T^3$（式(13.3.20)）单调增大，而在 $T > T_c$ 的区域，热容随温度的升高而减小，当 $T \gg T_c$ 时，热容 $C \to 3Nk_{\mathrm{B}}$，与玻尔兹曼统计结果一致.

图 13.3.1 简谐势约束下理想玻色气体的热容 C/Nk_{B} 与约化温度 T/T_c 的关系曲线

从图 13.3.1 还可以看出，对于约束在简谐势中的理想玻色气体，热容在临界点是不连续的，这一结果与自由理想玻色气体不一致（对自由理想的玻色气体，定容热容在临界点是连续的，但其对温度的一阶导数在临界点不连续）.

13.3.3 粒子在坐标空间的分布

当不存在外势时，平衡态下粒子将均匀地分布在一定体积的空间内. 然而，当存在外势时，粒子在空间的分布一般是不均匀的. 下面我们来讨论存在外势时粒子数密度 n 与空间位置 r 的函数关系 $n = n(r)$.

为了计算密度分布函数，我们将粒子分为两部分：在基态上的凝聚粒子和分布在各激发态上的热粒子. 设两部分的密度分别为 $n_0(r)$ 和 $n_T(r)$，则 $n(r) = n_0(r) + n_T(r)$.

对于凝聚在基态上的粒子，各粒子具有相同的状态. 设单粒子基态波函数为 $\psi_0(\boldsymbol{r})$，则这部分粒子的密度 $n_0(\boldsymbol{r})=N_0|\psi_0(\boldsymbol{r})|^2$. 对于热粒子，原则上也可以通过各激发态的波函数和粒子在各激发态的分布来求 $n_T(\boldsymbol{r})$，但计算较为复杂. 下面我们采用局域密度近似(local-density approximation)来计算热粒子密度 $n_T(\boldsymbol{r})$.

若系统的粒子数足够大，粒子的能级间隔远小于粒子本身的平均能量，我们可以将空间分成许多小格，同一格中外势 $V(\boldsymbol{r})$ 和粒子数密度 $n(\boldsymbol{r})$ 均可视为常数，因而每个小格可视为一个含有大量粒子数的均匀子系统，这样的理论处理方法称为局域密度近似. 只要外势随空间位置变化的梯度不是很大，在精度要求不高的情况下，应用局域密度近似计算宏观体系热粒子密度 $n_T(\boldsymbol{r})$ 是合理的.

考虑约束在一般外势 $V(\boldsymbol{r})$ 中的理想玻色系统. 在位置 $\boldsymbol{r}$ 附近取一体积为 ΔV 的子系统，根据玻色-爱因斯坦分布不难得到分布在 ΔV 中的热粒子数

$$\Delta N_T = \frac{g}{h^3}\int_{\Delta V}\frac{\prod_{i=1}^{\infty}\mathrm{d}p_i\mathrm{d}x_i}{z^{-1}\exp\{\beta[p^2/2m+V(\boldsymbol{r})]\}-1} \tag{13.3.22}$$

式中，$\int_{\Delta V}$ 表示对相空间积分时坐标空间的积分区域为体积 ΔV 的范围. 当 ΔV 很小时，$V(\boldsymbol{r})$ 可视为常数，于是式(13.3.22)可表示为

$$\begin{aligned}\Delta N_T &= \frac{4\pi g\Delta V}{h^3}\int_0^\infty\frac{p^2\mathrm{d}p}{z^{-1}\exp[\beta V(\boldsymbol{r})]\exp(\beta p^2/2m)-1}\\&=\frac{g\Delta V}{\lambda^3}g_{3/2}[ze^{-\beta V(\boldsymbol{r})}]\end{aligned} \tag{13.3.23}$$

由此可得热粒子密度

$$n_T(\boldsymbol{r})=\frac{\Delta N_T}{\Delta V}=\frac{g}{\lambda^3}g_{3/2}[ze^{-\beta V(\boldsymbol{r})}] \tag{13.3.24}$$

式(13.3.24)给出热粒子在空间的密度分布，其中 $T\leqslant T_c$ 时逸度 $z=1$，$T>T_c$ 时 z 由总粒子数的表达式

$$N=\int\frac{g}{\lambda^3}g_{3/2}[ze^{-\beta V(\boldsymbol{r})}]\mathrm{d}^3\boldsymbol{r} \tag{13.3.25}$$

决定. 根据式(13.3.24)和式(13.3.25)，只要已知势函数，则可得到热粒子在空间的密度分布.

特别地，在高温下，$ze^{-\beta V(\boldsymbol{r})}\ll 1$，$g_{3/2}[ze^{-\beta V(\boldsymbol{r})}]\approx ze^{-\beta V(\boldsymbol{r})}$，于是式(13.3.24)简化为

$$n_T(\boldsymbol{r})=\frac{gz}{\lambda^3}e^{-\beta V(\boldsymbol{r})}=n_T(0)e^{-\beta V(\boldsymbol{r})} \tag{13.3.26}$$

式中，$n_T(0)$ 为 $\boldsymbol{r}=0$(取 $V(0)=0$)处的粒子数密度. 式(13.3.26)为熟悉的玻尔兹曼分布.

作为例子，下面来分析在简谐势约束下理想玻色气体的粒子密度分布. 先分析凝聚态粒子的密度分布. 根据量子力学，约束在简谐势中的粒子的基态波函数为

$$\psi_0(\boldsymbol{r})=\prod_{i=1}^3\frac{1}{\pi^{1/4}a_{\mathrm{h}i}^{1/2}}\exp\left(-\frac{x_i^2}{2a_{\mathrm{h}i}^2}\right) \tag{13.3.27}$$

式中，$a_{hi} = (\hbar/m\omega_i)^{1/2}$ 为简谐势沿第 i 个坐标轴方向的特征长度. 根据式（13.3.27）可得凝聚态粒子密度

$$n_0(\boldsymbol{r}) = N_0 \mid \psi_0(\boldsymbol{r}) \mid^2 = \frac{N}{\pi^{3/2} \prod\limits_{i=1}^{3} a_{hi}} \Big[1 - \Big(\frac{T}{T_c}\Big)^3 \Big] \prod_{i=1}^{3} \exp\Big(-\frac{x_i^2}{a_{hi}^2}\Big) \qquad (13.3.28)$$

根据式（13.3.1）、式（13.3.18）和式（13.3.24），可得简谐势约束下的热粒子密度

$$n_T(\boldsymbol{r}) = \frac{\gamma_1(N)}{\pi^{3/2} \prod\limits_{i=1}^{3} a_{hi}} \Big(\frac{T}{T_c}\Big)^{3/2} g_{3/2}\Big\{ z\exp\Big[-\gamma_2(N) \Big(\frac{T}{T_c}\Big)^{-1} \sum_{i=1}^{3} \frac{x_i^2}{a_{hi}^2}\Big(\frac{\omega_i}{\bar{\omega}}\Big)\Big]\Big\}$$

$$(13.3.29)$$

式中，$\gamma_1(N) = \{gN/[8\zeta(3)]\}^{1/2}$；$\gamma_2(N) = [g\zeta(3)/(8N)]^{1/3}$；逸度 z 由式（13.3.15）确定.

根据式（13.3.28）和式（13.3.29）可分别求得 $n_0(\boldsymbol{r})$ 和 $n_T(\boldsymbol{r})$ 与空间位置 $\boldsymbol{r}$ 的关系，进而可得到 $n(\boldsymbol{r})$ 与 $\boldsymbol{r}$ 的关系. 图 13.3.2 给出粒子数密度在 x_3 坐标轴上的分布曲线，即 $n_3(x_3) = n(0, 0, x_3)$ 与 x_3 的关系曲线，其中相关数据选择 Ensher 等实验中的数据[10]：$\omega_3 = 2343.63(\text{s}^{-1})$，$\omega_1 = \omega_2 = \omega_3/\sqrt{8}$，$m = 87(\text{a.u.})$，$N = 40000$，$g = 1$. 从图中可以看出，由于外势的作用，粒子在空间的分布是不均匀的. 在 $T > T_c$ 和 $T < T_c$ 两种不同情况下，粒子在空间的密度分布截然不同. 当 $T > T_c$ 时，粒子在空间呈现较平稳的分布，随着温度的降低，势中心（$x_3 = 0$）的粒子密度逐渐增大. 当 $T < T_c$ 时，在中心出现一个突出的密度分布尖峰（注意(a)图纵坐标的标度与(b)图的不同），且随着温度的进一步降低，尖峰的高度越来越大.

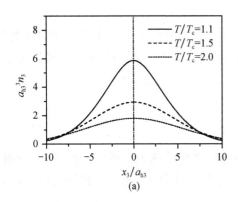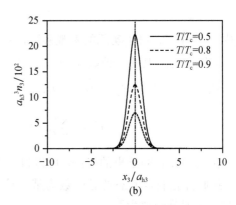

图 13.3.2　简谐势约束下理想玻色气体的粒子密度在 x_3 坐标轴上的分布曲线

13.4　非理想玻色气体

当气体系统的密度较低，粒子之间距离较大时，在研究其性质时通常把系统视为由无相互作用的粒子组成，这一假设使得所研究的问题得到了极大的简化. 统计物理

所研究的很大部分内容是针对这种理想体系. 然而对于实际系统, 粒子间都存在相互作用, 随着密度的增加, 相互作用对系统性质的影响将不可忽略. 事实上, 对于大部分的实际系统, 粒子间的相互作用是影响系统性质的一个重要因素, 因此, 处理粒子间的相互作用问题也是统计物理中的重要方面.

原则上, 应用统计物理中的系综理论可以处理粒子间存在相互作用的问题, 然而, 在数学分析上常遇到严重的困难. 为此, 人们发展了多种处理相互作用多粒子体系的近似方法, 其中之一是杨振宁 (C. N. Yang)、黄克逊 (K. Huang)、李政道 (T. D. Lee) 和 Luttinger 等在 20 世纪 50 年代后期发展起来的硬球模型[11-14]. 该模型将 1936 年费米提出的"赝势法"应用于研究弱相互作用量子气体, 获得了一些重要的结论. 本节将简要介绍杨振宁等的研究成果, 并将所得结果用于进一步讨论非理想玻色气体的低温特性.

考虑由 N 个彼此间存在弱相互作用的玻色子组成的系统. 假设粒子间通过硬球势产生相互作用, 且只考虑 s 波散射, 则通过二体赝势法可求出系统的能谱为[4, 5]

$$E_s = \sum_p n_p \frac{p^2}{2m} + \frac{ah^2}{\pi mV}\Big[N^2 - \frac{N}{2} - \frac{1}{2}\sum_p n_p^2\Big] \tag{13.4.1}$$

式中, n_p 为动量 p 的状态上的粒子数; a 表示粒子间相互作用的 s 波散射长度. 为简单起见, 本节只讨论 $a>0$, 即粒子间存在排斥相互作用的情况. 式 (13.4.1) 成立的条件是低温、低密度, 具体要求为

$$\frac{a}{\lambda} \ll 1, \qquad \frac{a}{v^{\frac{1}{3}}} \ll 1 \tag{13.4.2}$$

式中, $v = V/N$. 对于实际的宏观系统, $N \ll N^2$, 因而式 (13.4.1) 中 $N/2$ 项可以忽略. 此外, 除了基态上的粒子数 $N_0 \equiv n_{p=0}$ 可望达到与 N 相同的数量级外, 各激发态上的粒子数 $n_{p\neq0} \ll N$, 即 $\sum_p n_p^2 \approx N_0^2$. 由此, 式 (13.4.1) 可表示为

$$E_s = \sum_p n_p \frac{p^2}{2m} + \frac{ah^2}{\pi mV}\Big(N^2 - \frac{1}{2}N_0^2\Big) \tag{13.4.3}$$

由式 (13.4.3) 给出的能谱, 可以进一步分析系统的热力学特性. 为了讨论问题方便, 我们首先假定基态的粒子数为某一给定的 N_0, 并设 $\xi = N_0/N$. 根据式 (13.4.3), 此时系统配分函数为

$$Z(\xi) = \sum_{\{n_{p\neq0}\}} \exp\Big\{-\beta\Big[\sum_p n_p \frac{p^2}{2m} + \frac{ah^2}{\pi mV}\Big(N^2 - \frac{1}{2}N_0^2\Big)\Big]\Big\}$$

$$= Z_0(\xi)\exp\Big[-\frac{a\lambda^2 N}{v}(2 - \xi^2)\Big] \tag{13.4.4}$$

式中, $\sum_{\{n_{p\neq0}\}}$ 表示对所有满足 $\sum_{p\neq0} n_p = N_e = N(1-\xi)$ 的分布 $\{n_{p\neq0}\}$ 求和.

$$Z_0(\xi) = \sum_{\langle n_{p\neq 0}\rangle} \exp\left(-\beta \sum_p n_p \frac{p^2}{2m}\right) \tag{13.4.5}$$

表示由 N_e 个无相互作用的玻色子组成的"虚构"系统的配分函数. 需要指出的是, 该"虚构"系统的粒子数 N_e 是可变的, 无论任何温度($T > T_c$ 或 $T \leqslant T_c$), N_e 个粒子全部处于激发态.

根据式(13.4.4)可得当基态粒子占有率为 ξ 时系统的自由能

$$F(\xi) = -k_B T \ln Z(\xi) = F_0(\xi) + \frac{a\lambda^2 N k_B T}{v}(2 - \xi^2) \tag{13.4.6}$$

式中, $F_0(\xi) = -k_B T \ln Z_0(\xi)$ 为"虚构"系统的自由能. 根据理想玻色气体的自由能表达式[4,5], 可知

$$F_0(\xi) = N k_B T \left[(1-\xi)\ln z_0 - \frac{v}{\lambda^3} g_{5/2}(z_0)\right] \tag{13.4.7}$$

式中, z_0 为"虚构"系统的逸度, 满足

$$1 - \xi = \frac{v}{\lambda^3} g_{3/2}(z_0) \tag{13.4.8}$$

根据热力学平衡判据, 在给定体积、温度和粒子数条件下, 系统达到平衡状态时, 其自由能有最小值. 设平衡状态基态粒子占有率为 $\xi = \bar{\xi}$, 对应的"虚构"系统的逸度 $z_0 = \bar{z}_0$, 则有

$$\left.\frac{\partial F(\xi)}{\partial \xi}\right|_{\substack{\xi = \bar{\xi} \\ z_0 = \bar{z}_0}} = 0 \tag{13.4.9}$$

由此可得

$$\left.\frac{\partial F_0(\xi)}{\partial \xi}\right|_{\substack{\xi = \bar{\xi} \\ z_0 = \bar{z}_0}} - \frac{2a\lambda^2 \bar{\xi} N k_B T}{v}$$

$$= -N k_B T \ln \bar{z}_0 + N k_B T \left[(1-\bar{\xi}) - \frac{v}{\lambda^3} g_{3/2}(\bar{z}_0)\right]\left(\frac{\partial \ln z_0}{\partial \xi}\right)_{\substack{\xi = \bar{\xi} \\ z_0 = \bar{z}_0}} - \frac{2a\lambda^2 \bar{\xi} N k_B T}{v} = 0 \tag{13.4.10}$$

注意到

$$1 - \bar{\xi} = \frac{v}{\lambda^3} g_{3/2}(\bar{z}_0) \tag{13.4.11}$$

式(13.4.10)可简化为

$$\frac{2a\lambda^2 \bar{\xi}}{v} + \ln \bar{z}_0 = 0 \tag{13.4.12}$$

式(13.4.11)和式(13.4.12)为 $\bar{\xi}$ 和 $\bar{z}_0$ 所满足的方程式. 根据式(13.4.11)和式(13.4.12), 只要已知系统的粒子数密度和温度, 则可确定 $\bar{\xi}$ 和 $\bar{z}_0$. 当 $\lambda^3/v > \zeta(3/2)$,

即 $T < T_c$ 时，根据式(13.4.11)和式(13.4.12)，在一级近似下可得

$$\bar{\xi} = 1 - \frac{v}{\lambda^3} g_{3/2}(\bar{z}_0) = 1 - \frac{v}{\lambda^3} g_{3/2}(e^{-2a\lambda^2\bar{\xi}/v}) \approx 1 - \frac{v}{\lambda^3} \left[\zeta(3/2) - \left(\frac{8\pi a\lambda^2\bar{\xi}}{v} \right)^{1/2} \right]$$

$$\approx 1 - \frac{v}{\lambda^3}\zeta(3/2) + \left\{ \frac{8\pi av}{\lambda^4} \left[1 - \frac{1}{\lambda^3}\zeta(3/2) \right] \right\}^{1/2} \tag{13.4.13}$$

$$\bar{z}_0 = e^{-2a\lambda^2\bar{\xi}/v} \approx 1 - \frac{2a\lambda^2\bar{\xi}}{v} \approx 1 - \frac{2a\lambda^2}{v}\left[1 - \frac{v}{\lambda^3}\zeta(3/2) \right] \tag{13.4.14}$$

这里我们用到玻色积分的展开式[5]

$$g_{3/2}(e^{-\alpha}) = \zeta(3/2) - 2\pi^{1/2}\alpha^{1/2} + 1.46\alpha - 0.104\alpha^2 + \cdots \tag{13.4.15}$$

当 $\lambda^3/v = \zeta(3/2)$，即 $T = T_c$ 时，$\bar{\xi} = 0$，$\bar{z}_0 = 1$. 当 $\lambda^3/v < \zeta(3/2)$，即 $T > T_c$ 时，$\bar{\xi} = 0$，式(13.4.12)不再满足，此时 $\bar{z}_0$ 由

$$1 = \frac{v}{\lambda^3} g_{3/2}(\bar{z}_0) \tag{13.4.16}$$

确定.

综合上述结果，我们可得当系统达到平衡态时自由能的表达式. 当 $T > T_c$ 时，$\bar{\xi} = 0$，由式(13.4.6)和式(13.4.7)可知

$$F = Nk_B T \left[\ln\bar{z}_0 - \frac{v}{\lambda^3} g_{5/2}(\bar{z}_0) + \frac{2a\lambda^2}{v} \right] \tag{13.4.17}$$

式中，$\bar{z}_0$ 由式(13.4.16)确定. 当 $T \leqslant T_c$ 时，根据式(13.4.6)、式(13.4.7)、式(13.4.13)和式(13.4.14)，在一级近似条件下可得

$$F = Nk_B T \left\{ -\frac{v}{\lambda^3}\zeta(5/2) + \frac{a\lambda^2}{v}\left[1 + \frac{2v}{\lambda^3}\zeta(3/2) - \frac{v^2}{\lambda^6}\zeta^2(3/2) \right] \right\} \tag{13.4.18}$$

从式(13.4.16)~式(13.4.18)，可进一步求得系统的其他热力学量. 例如，由式(13.4.16)和式(13.4.17)可得到 $T > T_c$ 时系统的化学势、压强、熵、内能和定容热容分别为

$$\mu = \left(\frac{\partial F}{\partial N} \right)_{T,V} = \left(\frac{\partial F}{\partial N} \right)_{T,V,\bar{z}_0} + \left(\frac{\partial F}{\partial \bar{z}_0} \right)_{T,V,N} \left(\frac{\partial \bar{z}_0}{\partial N} \right)_{T,V} = k_B T \left[\ln\bar{z}_0 + \frac{4a\lambda^2}{v} \right] \tag{13.4.19}$$

$$p = -\left(\frac{\partial F}{\partial V} \right)_{T,N} = -\left[\left(\frac{\partial F}{\partial V} \right)_{T,N,\bar{z}_0} + \left(\frac{\partial F}{\partial \bar{z}_0} \right)_{T,N,V} \left(\frac{\partial \bar{z}_0}{\partial V} \right)_{T,N} \right] = \frac{k_B T}{v}\left[\frac{v}{\lambda^3} g_{5/2}(\bar{z}_0) + \frac{2a\lambda^2}{v} \right]$$

$$\tag{13.4.20}$$

$$S = -\left(\frac{\partial F}{\partial T} \right)_{V,N} = -\left[\left(\frac{\partial F}{\partial T} \right)_{V,N,\bar{z}_0} + \left(\frac{\partial F}{\partial \bar{z}_0} \right)_{V,N,T} \left(\frac{\partial \bar{z}_0}{\partial T} \right)_{V,N} \right]$$

$$= Nk_B\left[\frac{5}{2}\frac{v}{\lambda^3} g_{5/2}(\bar{z}_0) - \ln\bar{z}_0 \right] \tag{13.4.21}$$

$$E = F + TS = Nk_B T\left[\frac{3}{2}\frac{v}{\lambda^3} g_{5/2}(\bar{z}_0) + \frac{2a\lambda^2}{v} \right] \tag{13.4.22}$$

$$C_V = \left(\frac{\partial E}{\partial T} \right)_{V,N} = \left(\frac{\partial E}{\partial T} \right)_{V,N,\bar{z}_0} + \left(\frac{\partial E}{\partial \bar{z}_0} \right)_{V,N,T} \left(\frac{\partial \bar{z}_0}{\partial T} \right)_{V,N}$$

$$= Nk_B\left[\frac{15}{4}\frac{v}{\lambda^3}g_{5/2}(\bar{z}_0) - \frac{9}{4}\frac{g_{3/2}(\bar{z}_0)}{g_{1/2}(\bar{z}_0)}\right] \tag{13.4.23}$$

以上结果表明,当 $T>T_c$ 时,粒子间的排斥相互作用使得玻色系统的化学势、压强和内能增大,但不改变系统的熵与定容热容.注意到 $a\lambda^2 k_B T = ah^2/2\pi m$,我们发现,相互作用所引起的化学势、压强和内能的增量与温度无关,它仿佛使得每个粒子本身浮在一均匀势的平台上.

类似地,由式(13.4.18)可得到 $T\leq T_c$ 时系统的化学势、压强、熵、内能和定容热容分别为

$$\mu = \frac{2a\lambda^2 k_B T}{v}\left[1 + \frac{v}{\lambda^3}\zeta(3/2)\right] \tag{13.4.24}$$

$$p = \frac{k_B T}{v}\left\{\frac{v}{\lambda^3}\zeta(5/2) + \frac{a\lambda^2}{v}\left[1 + \frac{v^2}{\lambda^6}\zeta^2(3/2)\right]\right\} \tag{13.4.25}$$

$$S = Nk_B\left\{\frac{5}{2}\frac{v}{\lambda^3}\zeta(5/2) - \frac{3a}{\lambda}\zeta(3/2)\left[1 - \frac{v}{\lambda^3}\zeta(3/2)\right]\right\} \tag{13.4.26}$$

$$E = Nk_B T\left\{\frac{3}{2}\frac{v}{\lambda^3}\zeta(5/2) + \frac{a\lambda^2}{v}\left[1 - \frac{v}{\lambda^3}\zeta(3/2) + \frac{2v^2}{\lambda^6}\zeta^2(3/2)\right]\right\} \tag{13.4.27}$$

$$C_V = Nk_B\left\{\frac{15}{4}\frac{v}{\lambda^3}\zeta(5/2) - \frac{3a}{2\lambda}\zeta(3/2)\left[1 - \frac{4v}{\lambda^3}\zeta(3/2)\right]\right\} \tag{13.4.28}$$

与 $T>T_c$ 不同的是,当 $T\leq T_c$ 时,相互作用不但使得玻色系统的化学势、压强和内能发生变化,同时也改变系统的熵与定容热容,而且,粒子间的相互作用所引起的化学势、压强、内能、熵与定容热容的改变量均与温度有关.排斥作用使得系统的化学势、压强和内能增大,使得系统的熵减小,而对热容的影响与温度有关:当 $\zeta(3/2)/\lambda^3<1/4$,即 $T<T_c/2^{4/3}$ 时,排斥作用使得定容热容减小,当 $1/4<\zeta(3/2)/\lambda^3<1$,即 $T_c/2^{4/3}<T<T_c$ 时,排斥作用使得定容热容增大.

图 13.4.1 给出玻色系统在准静态等温过程中压强与比容的关系曲线,其中 v_c 为给定温度下 BEC 临界比容,满足 $\lambda^3/v_c = \zeta(3/2)$,即 $v_c = \lambda^3/\zeta(3/2)$.从图中可以看出,粒子间的相互作用使得玻色气体在 BEC 临界点以下($v<v_c$)的等温线发生显著的变化.对于理想玻色气体($a/v^{1/3}=0$),当 $v<v_c$ 时,压强保持一恒定值

$$p = \frac{k_B T}{\lambda^3}\zeta(5/2) \tag{13.4.29}$$

而对于非理想玻色气体($a/v^{1/3}\neq 0$),即使在临界点以下,压强也随着体积的减小而继续增大.

图 13.4.2 表示给定比容下系统的压强与温度的关系曲线.我们知道,对于理想气体,当温度 $T\to 0K$ 时,压强 $p\to 0$.然而,从图中我们发现,对于粒子间存在排斥相互作用的玻色系统,即使 $T\to 0K$,压强也不为零.由式(13.4.25)可求得

$$p\mid_{T\to 0K} = \frac{ah^2}{2\pi mv^2} \tag{13.4.30}$$

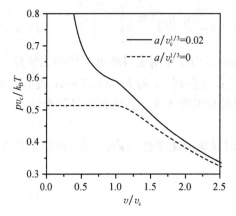

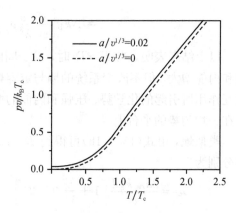

图 13.4.1　给定温度下非理想玻色气体
的压强与比容的关系曲线

图 13.4.2　给定比容下非理想玻色气体
的压强与温度的关系曲线

图 13.4.3 给出系统的化学势与温度的关系曲线. 对于理想玻色气体, 在临界温度以下, 化学势恒为零, 而对粒子间存在排斥作用的玻色气体, 在临界温度以下, 化学势 $\mu > 0$, 且随着温度的不同而变化, 特别地, 从式 (13.4.24) 可得

$$\mu \mid_{T \to 0 \mathrm{K}} = \frac{ah^2}{\pi m v} \qquad (13.4.31)$$

$$\mu \mid_{T = T_c} = \frac{2ah^2}{\pi m v} \qquad (13.4.32)$$

图 13.4.4 为定容热容与温度的关系曲线. 我们发现, 与理想系统不同的是, 在考虑粒子间存在相互作用的情况下, 定容热容在临界点是不连续的. 比较式 (13.4.23) 和式 (13.4.28) 可得热容在临界点的跃变值

$$\Delta C_V = C_{V, T = T_c^-} - C_{V, T = T_c^+} = \frac{9a}{2\lambda_c} \zeta(3/2) N k_\mathrm{B} \qquad (13.4.33)$$

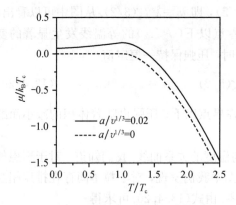

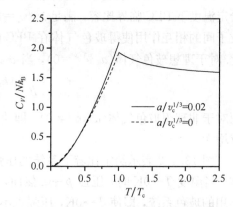

图 13.4.3　给定比容下非理想玻色气体
的化学势与温度的关系曲线

图 13.4.4　给定比容下非理想玻色气体
的定容热容与温度的关系曲线

13.5 相对论玻色气体

粒子的能量-动量色散关系是影响粒子系统性质的一个重要因素. 大多数统计物理教科书主要讨论满足非相对论($\varepsilon = p^2/2m$) 和极端相对论($\varepsilon = pc$) 能量-动量色散关系的粒子系统的性质[4,5]. 本节将进一步讨论满足一般相对论能量-动量色散关系, 即

$$\varepsilon = \sqrt{p^2 c^2 + m^2 c^4} \tag{13.5.1}$$

的粒子系统的热力学性质.

研究相对论粒子系统的热力学性质, 除了采用相对论能量色散关系外, 还必须考虑另一个影响系统性质的重要因素, 即正-反粒子对的产生. 在常温下, 粒子热运动的能量一般远小于粒子的静能, 即 $k_B T \ll mc^2$, 此时正-反粒子对的产生可以忽略不计. 然而, 当系统的温度很高, 使得 $k_B T \sim mc^2$ 时, 正-反粒子对的产生将对系统的性质产生重要的影响. 对于近独立量子气体, 在考虑对产生的情况下, 系统总能量可表示为

$$E = \sum_k (n_k + \bar{n}_k) \varepsilon_k \tag{13.5.2}$$

式中, ε_k 为第 k 个单粒子态的能量; n_k 和 $\bar{n}_k$ 分别为第 k 个单粒子态上的正、反粒子数; $\sum_k$ 表示对所有可能的单粒子态求和. 由于正-反粒子对的产生, 系统的总粒子数 N 不再是守恒量, 取而代之的守恒量是系统的总"电荷数", 定义为

$$Q = N - \bar{N} = \sum_k (n_k - \bar{n}_k) \tag{13.5.3}$$

式中, $\bar{N} = \sum_k \bar{n}_k$ 为系统的总反粒子数.

考虑对产生的情况下, 巨正则配分函数为

$$\begin{aligned}
\Xi &= \sum_Q \sum_E e^{-\alpha Q - \beta E} = \sum_{\langle n_k, \bar{n}_k \rangle} \prod_k e^{(-\alpha - \beta \varepsilon_k) n_k + (\alpha - \beta \varepsilon_k) \bar{n}_k} \\
&= \prod_k \left[\sum_{n_k} e^{(-\alpha - \beta \varepsilon_k) n_k} \sum_{\bar{n}_k} e^{(\alpha - \beta \varepsilon_k) \bar{n}_k} \right]
\end{aligned} \tag{13.5.4}$$

即

$$\ln \Xi = \sum_k \left[\ln \sum_{n_k} e^{(-\alpha - \beta \varepsilon_k) n_k} + \ln \sum_{\bar{n}_k} e^{(\alpha - \beta \varepsilon_k) \bar{n}_k} \right] \tag{13.5.5}$$

式中, $\alpha = -\beta \mu$.

对于玻色系统, n_k 和 $\bar{n}_k$ 的取值可以从 0 到 ∞, 即 $\sum_{n_k} \to \sum_{n_k=0}^{\infty}$. 根据式(13.5.5) 可得玻色系统配分函数

$$\ln \Xi = -\sum_k \left[\ln(1 - e^{-\alpha - \beta \varepsilon_k}) + \ln(1 - e^{\alpha - \beta \varepsilon_k}) \right] \tag{13.5.6}$$

由此可得系统的总"电荷数"

$$Q = -\left(\frac{\partial \ln\Xi}{\partial \alpha}\right)_{\beta,\,\varepsilon_k} = \sum_k \left(\frac{1}{e^{\alpha+\beta\varepsilon_k}-1} - \frac{1}{e^{-\alpha+\beta\varepsilon_k}-1}\right) = \sum_k q_k \tag{13.5.7}$$

式中,

$$q_k = \frac{1}{e^{\alpha+\beta\varepsilon_k}-1} - \frac{1}{e^{-\alpha+\beta\varepsilon_k}-1} \tag{13.5.8}$$

给出考虑对产生时理想玻色系统的"电荷数"分布.

根据式(13.5.8),为使所有态上的平均正、反粒子数都大于零,对任意的 ε_k、α、β 必须满足 $\alpha+\beta\varepsilon_k>0$ 且 $-\alpha+\beta\varepsilon_k>0$. 设基态能量为 ε_0,则这一条件可表示为 $\alpha+\beta\varepsilon_0>0$ 且 $-\alpha+\beta\varepsilon_0>0$. 注意到 $\alpha=-\beta\mu$ 可得系统的化学势必须满足 $-\varepsilon_0<\mu<\varepsilon_0$. 若假设系统的总"电荷数"$Q>0$,则进一步可得 $0<\mu<\varepsilon_0$.

13.5.1 基本热力学量的表达式

考虑一约束在体积为 V 的刚性盒子中,总"电荷数"Q 保持恒定的理想玻色气体. 在系统满足热力学极限的条件下,粒子的能量可看成是连续的,于是式(13.5.6)中求和 $\sum\limits_k$ 可用对相空间的积分 $(g/h^3)\int d^3\boldsymbol{p}\,d^3\boldsymbol{r}$ 代替(g 为自旋简并度),相应地,其中的 ε_k 可由能量-动量色散关系 $\varepsilon=\sqrt{p^2c^2+m^2c^4}$ 给出. 于是

$$
\begin{aligned}
\ln\Xi &= \ln\Xi_0 - \frac{g}{h^3}\int\{\ln[1-\exp(-\alpha-\beta\sqrt{p^2c^2+m^2c^4})]\\
&\quad + \ln[1-\exp(\alpha-\beta\sqrt{p^2c^2+m^2c^4})]\}d^3\boldsymbol{p}\,d^3\boldsymbol{r}\\
&= \ln\Xi_0 - \frac{4\pi gV}{h^3}\int_0^\infty\{\ln[1-\exp(-\alpha-\beta\sqrt{p^2c^2+m^2c^4})]\\
&\quad + \ln[1-\exp(\alpha-\beta\sqrt{p^2c^2+m^2c^4})]\}p^2\,dp
\end{aligned}
\tag{13.5.9}
$$

其中

$$\ln\Xi_0 = -\ln(1-e^{-\alpha-\beta mc^2}) - \ln(1-e^{\alpha-\beta mc^2}) \tag{13.5.10}$$

为能量 $\varepsilon_0=mc^2$ 的单粒子基态对 $\ln\Xi$ 的贡献. 由于玻色系统的化学势满足 $0<\mu<mc^2$,即 α 满足 $-\beta mc^2<\alpha<0$,式(13.5.9)可表示为收敛级数的形式

$$\ln\Xi = \ln\Xi_0 + \frac{8\pi gV}{h^3}\sum_{j=1}^\infty \frac{\cosh(-j\alpha)}{j}\int_0^\infty \exp(-j\beta\sqrt{p^2c^2+m^2c^4})p^2\,dp \tag{13.5.11}$$

令 $p=mc\sinh\theta$,则可得

$$
\begin{aligned}
\ln\Xi &= \ln\Xi_0 + \frac{8\pi gV\beta m^4c^5}{3h^3}\sum_{j=1}^\infty \cosh(-j\alpha)\int_0^\infty \exp(-j\beta mc^2\cosh\theta)\sinh^4\theta\,d\theta\\
&= \ln\Xi_0 + \frac{8\pi gV}{\lambda_0^3 u}\sum_j \frac{\cosh(-j\alpha)}{j^2}K_2(ju)
\end{aligned}
\tag{13.5.12}
$$

式中, $u = \beta mc^2$; $\lambda_0 = h/mc$ 为康普顿波长.

$$K_l(x) = \frac{\sqrt{\pi}}{\Gamma(l+1/2)}\left(\frac{x}{2}\right)^l \int_0^\infty e^{-x\cosh\theta}\sinh^{2l}\theta \, d\theta \tag{13.5.13}$$

为 l 阶修正贝塞尔(modified Bessel)函数[15]. 可以证明, $K_l(x)$ 满足以下性质:

$$x\frac{dK_l(x)}{dx} = lK_l(x) - xK_{l+1}(x) \tag{13.5.14}$$

根据式(13.5.12)可得系统的总"电荷数"、压强、总能和熵分别为

$$Q = -\left(\frac{\partial \ln\Xi}{\partial\alpha}\right)_{\beta,V} = Q_0 + \frac{8\pi gV}{\lambda_0^3 u}\sum_j \frac{\sinh(-j\alpha)K_2(ju)}{j} \tag{13.5.15}$$

$$p = \frac{1}{\beta}\left(\frac{\partial \ln\Xi}{\partial V}\right)_{\alpha,\beta} = \frac{8\pi gk_B T}{\lambda_0^3 u}\sum_j \frac{\cosh(-j\alpha)K_2(ju)}{j^2} \tag{13.5.16}$$

$$E = -\left(\frac{\partial \ln\Xi}{\partial\beta}\right)_{\alpha,V} = E_0 + \frac{8\pi gVk_B T}{\lambda_0^3 u}\sum_{j=1}^\infty \frac{\cosh(-j\alpha)[-K_2(ju)+juK_3(ju)]}{j^2} \tag{13.5.17}$$

$$S = \frac{E+pV-\mu Q}{T} = \frac{8\pi gVk_B}{\lambda_0^3 u}\sum_{j=1}^\infty \left[\frac{-(\beta\mu)\sinh(-j\alpha)K_2(ju)+u\cosh(-j\alpha)K_3(ju)}{j}\right] \tag{13.5.18}$$

其中

$$Q_0 = \frac{1}{e^{\alpha+u}-1} - \frac{1}{e^{-\alpha+u}-1} \tag{13.5.19}$$

为基态"电荷占有数".

$$E_0 = \frac{mc^2}{e^{\alpha+u}-1} + \frac{mc^2}{e^{-\alpha+u}-1} \tag{13.5.20}$$

为基态上的正、反粒子对总能的贡献. 可以证明基态对熵的贡献可以忽略不计.

当 $\mu \to mc^2$ 或 $\alpha \to -\beta mc^2$, 且 $Q_0/Q \ll 1$ 时, 系统所对应的温度为 BEC 临界温度. 根据式(13.5.15), 可得 T_c 满足

$$\rho\lambda_0^3 = \frac{8\pi g}{u_c}\sum_j \frac{\sinh(ju_c)}{j}K_2(ju_c) \tag{13.5.21}$$

式中, $u_c = \beta_c mc^2$; $\rho = Q/V$ 为"电荷数"密度.

当 $T < T_c$ 时, 系统将出现宏观数量的"电荷数"在基态上凝聚($Q_0 \sim Q$), 即产生 BEC. 根据式(13.5.15)和式(13.5.21), 注意到 $\alpha = -\beta mc^2$, 可得

$$\frac{Q_0}{Q} = 1 - \left(\frac{T}{T_c}\right)\frac{\displaystyle\sum_{j=1}^\infty \frac{\sinh(ju)K_2(ju)}{j}}{\displaystyle\sum_{j=1}^\infty \frac{\sinh(ju_c)K_2(ju_c)}{j}} \tag{13.5.22}$$

此时基态上的正、反粒子对总能的贡献

$$E_0 = \frac{mc^2}{e^{\alpha+u}-1} + \frac{mc^2}{e^{-\alpha+u}-1} \approx Q_0 mc^2 \qquad (13.5.23)$$

根据总能的表达式和 $C_V = (\partial E/\partial T)_V$，可进一步求得系统的定容热容. 当 $T > T_c$ 时，$Q_0 \approx 0$，$E_0 \approx 0$，由式(13.5.15)和式(13.5.17)可得

$$C_{V,\,T>T_c} = \left(\frac{\partial E}{\partial T}\right)_V = \left(\frac{\partial E}{\partial T}\right)_{\alpha,V} + \left(\frac{\partial E}{\partial \alpha}\right)_{T,V}\left(\frac{\partial \alpha}{\partial T}\right)_V$$

$$= \frac{8\pi g V k_B}{\lambda_0^3 u}\left\{ \sum_{j=1}^{\infty} \frac{\cosh(-j\alpha)[-3juK_3(ju) + j^2u^2K_4(ju)]}{j^2} \right.$$

$$\left. - \frac{\left\{\sum_{j=1}^{\infty} \dfrac{\sinh(-j\alpha)[-K_2(ju) + juK_3(ju)]}{j}\right\}^2}{\sum_{j=1}^{\infty} \cosh(-j\alpha)K_2(ju)} \right\} \qquad (13.5.24)$$

当 $T \leqslant T_c$ 时，根据式(13.5.15)、式(13.5.17)和式(13.5.23)，同时注意到 $\alpha = -\beta mc^2$，系统总能可表示为

$$E_{T\leqslant T_c} = Qmc^2 + \frac{8\pi g V k_B T}{\lambda_0^3 u}\sum_{j=1}^{\infty} \frac{[-K_2(ju) + juK_3(ju)]\cosh(ju) - juK_2(ju)\sinh(ju)}{j^2}$$

$$\qquad (13.5.25)$$

由式(13.5.25)可得此时定容热容

$$C_{V,\,T\leqslant T_c} = \left(\frac{\partial E}{\partial T}\right)_V = \frac{8\pi g V k_B}{\lambda_c^3 u}\left\{ \sum_{j=1}^{\infty} \frac{\cosh(ju)\{j^2u^2K_2(ju) - 3juK_3(ju) + j^2u^2K_4(ju)\}}{j^2} \right.$$

$$\left. - 2u\sum_{j=1}^{\infty} \frac{\sinh(ju)[-K_2(ju) + juK_3(ju)]}{j} \right\} \qquad (13.5.26)$$

以上给出了相对论玻色气体热力学量的一般表达式. 从这些表达式出发，在特定条件下可得到非相对论和极端相对论理想玻色气体的热力学性质. 例如，当 $u = \beta mc \gg 1$ 时，$-j\alpha = j\beta\mu \gg 1$，$\sinh(-j\alpha) \approx \cosh(-j\alpha) \approx e^{-j\alpha}/2$，$K_2(ju)$ 可对大宗量 ju 作渐近展开[15]

$$K_2(ju) = \sqrt{\frac{\pi}{2ju}}\, e^{-ju}\left(1 + \frac{15}{8}\frac{1}{ju} + \cdots\right) \qquad (13.5.27)$$

于是系统的巨配分函数表达式(13.5.12)可简化为

$$\ln \Xi = \ln \Xi_0 + \frac{gV}{\lambda_{nr}^3}\left[g_{5/2}(z) + \frac{15}{8}g_{7/2}(z)\frac{1}{u} + \cdots\right] \qquad (13.5.28)$$

式中，$\lambda_{nr} = h/\sqrt{2\pi m k_B T}$ 为非相对论热波长；$z = e^{-\alpha-u}$ 为系统的逸度. 根据式(13.5.28)，在零级近似下可得非相对论玻色气体各热力学量的表达式，这里不再罗列.

当 $u = \beta mc^2 \ll 1$ 时，在 j 不是很大的情况下，有 $ju \ll 1$，$-j\alpha = j\beta\mu \ll 1$，$\cosh(-j\alpha) \approx 1 + j^2\alpha^2/2$，$K_2(ju)$ 可近似表示为[15]

$$K_2(ju) = \frac{2}{j^2u^2}\left\{1 - \frac{1}{4}j^2u^2 + \cdots\right\} \qquad (13.5.29)$$

由于式(13.5.12)对 j 求和收敛很快, j 较大的项对 $\ln\Xi$ 的贡献很小, 因此, 即使 j 较大时上述近似对 $\ln\Xi$ 计算结果的影响也很小. 由此可得, 当 $u=\beta mc^2\ll1$ 时,

$$\ln\Xi=\ln\Xi_0+\frac{2gV}{\lambda_{ur}^3}\left[\zeta(4)+\frac{1}{2}\zeta(2)\alpha^2-\frac{1}{4}\zeta(2)u^2+\cdots\right] \quad (13.5.30)$$

式中, $\lambda_{ur}=hc/(2\pi^{1/3}k_BT)$ 为极端相对论热波长[6]. 根据式(13.5.30), 在零级近似下可求得极端相对论玻色气体各热力学量的表达式, 结果分别为

$$Q=Q_0-\frac{2gV\alpha}{\lambda_{ur}^3}\zeta(2) \quad (13.5.31)$$

$$p=\frac{2gk_BT}{\lambda_{ur}^3}\zeta(4) \quad (13.5.32)$$

$$E=\frac{6gVk_BT}{\lambda_{ur}^3}\zeta(4) \quad (13.5.33)$$

$$C_{V,\,T>T_c}=C_{V,\,T\leqslant T_c}=\frac{24gVk_B}{\lambda_{ur}^3}\zeta(4) \quad (13.5.34)$$

式(13.5.32)~式(13.5.34)正是统计物理教科书中所讨论的光子气体的压强、内能和定容热容公式. 根据式(13.5.31), 可得 $T>T_c$ 时化学势与温度的关系

$$\mu=\frac{\rho\lambda_0^3m^3c^6}{16\pi g\zeta(2)k_B^2T^2} \quad (13.5.35)$$

令 $\mu=mc^2$, 可得 BEC 临界温度

$$T_c=\frac{mc^2}{k_B}\sqrt{\frac{\rho\lambda_0^3}{16\pi g\zeta(2)}} \quad (13.5.36)$$

由式(13.5.31)和式(13.5.36)可得, 当 $T<T_c$ 时的基态"电荷数"占有率

$$\frac{Q_0}{Q}=1-\left(\frac{T}{T_c}\right)^2 \quad (13.5.37)$$

13.5.2 热力学性质分析

1. 临界温度

式(13.5.21)给出相对论玻色气体的 BEC 临界温度所满足的方程式. 从式(13.5.21)可以看出, 系统的临界温度与"电荷数"密度和粒子的静止质量有关. 通过数值计算可以得到给定"电荷数"密度和粒子静止质量时系统的临界温度. 图 13.5.1 给出了约化临界温度 k_BT_c/mc^2 与参数 $\rho^{1/3}\lambda_0$ 的关系曲线. 作为比较, 图中同时绘出考虑相对论能量色散但忽略对产生时的曲线(不难理解, 只要将 $\sinh(x)$ 和 $\cosh(x)$ 替换成 $e^x/2$, 上述各表达式即表示忽略对产生时的结果)以及非相对论近似下的曲线.

从图 13.5.1 可以看出, 当 $\rho^{1/3}\lambda_0$ 较大时, 相对论效应对临界温度产生重要的影响, 同时对于相对论性玻色气体, 计入正-反粒子对产生使得系统的临界温度明显升

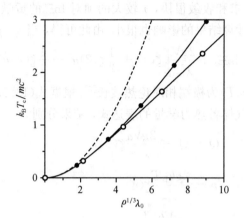

图 13.5.1 约化临界温度 $k_B T_c/mc^2$ 与参数 $\rho^{1/3}\lambda_0$ 的关系曲线

"实线＋实心点"和"实线＋空心点"分别对应考虑和不考虑对产生时的结果, 虚线对应非相对论

近似下的结果

高. 特别地, 当 $\rho^{1/3}\lambda_0 \gg 1$ 时, 根据式(13.5.21), 必然有 $u_c = \beta_c mc^2 \ll 1$, 此时玻色系统可在极高的温度($k_B T_c \gg mc^2$)下产生 BEC!

2. 化学势

根据式(13.5.15)通过数值计算可求得系统化学势与温度的关系. 图 13.5.2(a)、(b)和(c)分别绘出 $\rho^{1/3}\lambda_0 = 0.5$、$1.0$ 和 4.0 时化学势 μ/mc^2 与约化温度 $k_B T/mc^2$ 的关系曲线.

图 13.5.2 表明, 正-反粒子对的产生使得高温下系统的化学势与不考虑对产生时相比有显著的差别: 当不考虑对产生时, $T > T_c$ 时化学势随温度的升高而单调减小, 当 $T \to \infty$ 时, $\mu/mc^2 \to -\infty$; 而若考虑到正-反粒子对的产生, 高温下化学势随温度的变化曲线逐渐趋于水平, 当 $T \to \infty$ 时, $\mu/mc^2 \to 0$.

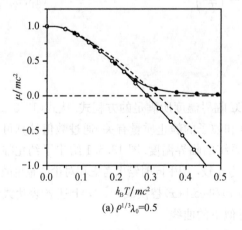

(a) $\rho^{1/3}\lambda_0 = 0.5$

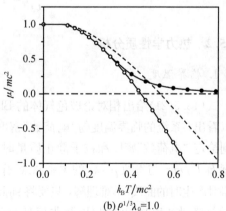

(b) $\rho^{1/3}\lambda_0 = 1.0$

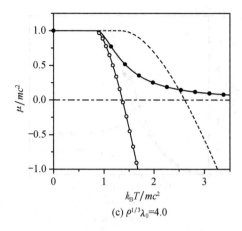

(c) $\rho^{1/3}\lambda_0 = 4.0$

图 13.5.2　参数 $\rho^{1/3}\lambda_0$ 不同时化学势 μ/mc^2 与约化温度 $k_B T/mc^2$ 的关系曲线

"实线＋实心点"和"实线＋空心点"分别对应考虑和不考虑对产生时的结果，

虚线对应非相对论近似下的结果

通过比较图 13.5.2(a)、(b)和(c)可以看出，对于参数 $\rho^{1/3}\lambda_0$ 较小的系统(图 13.5.2(a))，相对论效应及正-反粒子对的产生只有在远离临界温度的区域才产生较大的影响；而对于 $\rho^{1/3}\lambda_0$ 较大的系统(图 13.5.2(c))，即使在临界温度附近，相对论效应及正-反粒子对产生的影响也是不能忽略的.

3. 定容热容

系统的定容热容可由式(13.5.15)、式(13.5.24)和式(13.5.26)确定. 图 13.5.3 (a)、(b)和(c)分别绘出 $\rho^{1/3}\lambda_0 = 0.5$、1.0 和 4.0 时定容热容 $C_V/Q k_B$ 与约化温度 $k_B T/mc^2$ 的关系.

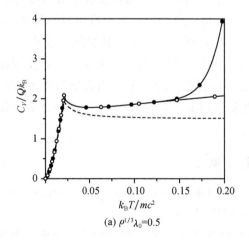

(a) $\rho^{1/3}\lambda_0 = 0.5$

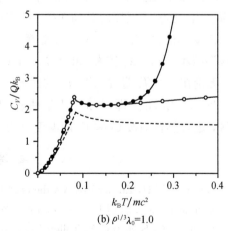

(b) $\rho^{1/3}\lambda_0 = 1.0$

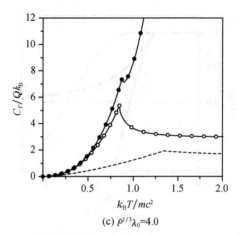

(c) $\rho^{1/3}\lambda_0 = 4.0$

图 13.5.3　参数 $\rho^{1/3}\lambda_0$ 不同时玻色系统的定容热容 C_V/Qk_B 与约化温度 k_BT/mc^2 的关系曲线
"实线＋实心点"和"实线＋空心点"分别对应考虑和不考虑对产生时的结果,
虚线对应非相对论近似下的结果

　　根据图 13.5.3,相对论理想玻色气体的定容热容在临界点是连续的,但其对温度的一阶导数不连续,这一特点与非相对论玻色系统类似.

　　从图 13.5.3 中还可以看到,正-反粒子对的产生显著地改变定容热容的高温特性.例如,当忽略对产生时,在高温区热容随温度的变化较为平缓,并随着温度的升高逐渐趋于一定值;而当考虑对产生时,热容在高温区出现随温度升高而迅速增大的奇特现象.

　　比较 $\rho^{1/3}\lambda_0$ 不同值所对应的 C_V/Qk_B-k_BT/mc^2 曲线,我们发现,参数 $\rho^{1/3}\lambda_0$ 较小(如 $\rho^{1/3}\lambda_0 = 0.5$)时,在 $T > T_c$ 和 $T \leqslant T_c$ 的温区,定容热容随温度的变化明显不同:在 $T \leqslant T_c$ 的区域,定容热容随温度的升高而单调增大;在 $T > T_c$ 的区域,在靠近 T_c 的一段温区内,热容随温度的升高而减小,在远离临界点的高温区才出现热容随温度迅速增大的变化过程(图 13.5.3(a)).随着参数 $\rho^{1/3}\lambda_0$ 的增大,热容随温度升高而减小的区域逐渐减小.当 $\rho^{1/3}\lambda_0$ 较大(如 $\rho^{1/3}\lambda_0 = 4.0$)时,除了临界点附近大于 T_c 的小范围温区外,无论在 $T \leqslant T_c$ 还是 $T > T_c$ 的区域,定容热容都随温度的升高而单调增大.特别地,在极端相对论,即 $\rho^{1/3}\lambda_0 \gg 1$ 条件下,根据式(13.5.34),在 $T \leqslant T_c$ 和 $T > T_c$ 两温度区,定容热容均按 $C_V \propto T^3$ 随温度单调增大.

参 考 文 献

[1]　Anderson M H, Ensher J R, Matthews M R, et al. Observation of Bose-Einstein condensation in a dilute atomic vapor [J]. Science, 1995, 269(5221):198-201.

[2]　Bradley C C, Sackett C A, Tollett J J, et al. Evidence of Bose-Einstein condensation in an atomic gas with attractive interactions [J]. Phys. Rev. Lett., 1995, 75(9):1687-1690.

[3]　Davis K B, Mewes M O, Andrew M R, et al. Bose-Einstein condensation in a gas of sodium at-

oms [J]. Phys. Rev. Lett. , 1995, 75(22):3969-3973.

[4] Huang K. Statistical Mechanics [M]. New York:Wiley, 1963.

[5] Pathria P K. Statistical Mechanics [M]. London:Pergamon Press Ltd, 1992.

[6] Yan Z. Pseudovolume and equation of state for an ideal trapped Bose gas in n dimensions [J]. Phys. Rev. A, 2000, 61(6):063607.

[7] Stamper-Kurn D M, Miesner H J, Chikkatur A P, et al. Reversible formation of a Bose-Einstein condensate [J]. Phys. Rev. Lett. , 1998, 81(11):2194-2197.

[8] Bagnato V, Pritchard D E,Kleppner D. Bose-Einstein condensation in an external potential [J]. Phys. Rev. A, 1987, 35(10):4354-4358.

[9] Yan Z. Bose-Einstein condensation of a trapped gas in n dimensions [J]. Phys. Rev. A, 1999, 59(6):4657-4659.

[10] Ensher J R, Jin D S, Matthews M R, et al. Bose-Einstein condensation in a dilute gas: measurement of energy and Ground-State occupation [J]. Phys. Rev. Lett. , 1996, 77(25): 4984-4987.

[11] Huang K,Yang C N. Quantum-mechanical many-body problem with hard-sphere interaction [J]. Phys. Rev. , 1957, 105(3):767-775.

[12] Huang K,Yang C N, Luttinger J M. Imperfect Bose gas with hard-sphere interaction [J]. Phys. Rev. , 1957, 105(3):776-784.

[13] Lee T D, Huang K,Yang C N. Eigenvalues and eigenfunctions of a Bose system of hard spheres and its low-temperature properties [J]. Phys. Rev. , 1957, 106(6):1135-1145.

[14] Lee T D,Yang C N. Low-temperature behavior of a dilute Bose system of hard spheres. I. Equilibrium properties [J]. Phys. Rev. , 1958, 112(5):1419-1429.

[15] 奚定平. 贝塞尔函数 [M]. 北京:高等教育出版社, 1998.

第 14 章 简并费米气体

科学家在对超冷玻色气体的研究取得一系列重大成就的同时,对另一类量子气体——费米气体的研究也产生了浓厚的兴趣. 与玻色子不同,由于泡利原理的限制,即使温度趋于绝对零度,费米子也不能凝聚到单一的量子态,而只能以"一个萝卜一个坑"的方式尽可能地占满能量较低的量子态,产生费米简并现象. 通常费米简并现象可在常温下实现. 例如,固体中的电子,其费米能级约为几个电子伏特(eV),对应的费米温度 $T_F \sim 10^4 \mathrm{K}$,此时室温所产生的热骚动对电子的能态分布影响极小,所以,大部分室温下的金属或半导体,其电子都处于高度简并的状态. 然而,对于稀薄的费米气体,情况则有所不同. 此时系统的费米能级要比固体中电子系统的低十几个数量级,因而要实现费米简并,也需要极低的温度. 1999 年,JILA 研究小组的两位物理学家 DeMarco 和 Jin 将约 7×10^5 个40K 费米子冷却至低于 300nK(约为系统费米温度的一半)[1],使得费米能以下的量子态约有 60% 为费米子所占据,出现明显的量子简并特征. 通过测量能量和动量分布,他们获得了与费米-狄拉克(Fermi-Dirac)统计相吻合的实验结果.

超冷简并费米气在实验上的实现,使得对低温下费米气体简并特性的研究也成为理论物理学界关注的热门问题. 与玻色气体类似,费米气体的性质也受到诸多因素的影响. 本章将进一步讨论有限粒子数、外势、粒子间相互作用及相对论效应对费米气体低温特性的影响.

14.1 有限尺度费米系统

在 13.2 节中,我们讨论了有限尺度玻色系统的性质. 我们发现,对于粒子数有限的小系统,系统的尺度和边界形状及对其性质的影响是不可忽略的,有限尺度效应使得玻色系统出现与热力学极限条件下有显著差异的性质特征,例如,热力学量在 BEC 临界点的非奇异性、系统的非广延性以及压强的各向异性等. 本节将进一步探讨有限尺度对费米系统性质的影响.

通过严格解析求解的方法来研究有限系统的性质,在数学上是有困难的,因此在研究有限尺度玻色气体的性质时,我们采用数值计算的方法. 这种方法的优点是原理上不作任何近似,其结果的精确度只受到计算过程中精度的限制,其缺点是所得结果不具有普遍性. 本节试图通过解析的方法来分析有限尺度费米系统性质. 由于数学上的困难,在解析运算过程中只计入尺度效应的一级修正.

14.1.1　有限尺度费米系统基本热力学量的表达式

考虑一约束在边长为 $L_i(i=1,2,3)$ 的方形盒中的理想费米气体. 根据费米-狄拉克分布规律, 系统的巨配分函数为

$$\ln\varXi = \sum_s \ln(1+ze^{-\beta\varepsilon_s}) \tag{14.1.1}$$

式中, ε_s 为单粒子能级, 由式(13.2.2)给出. 在热力学极限条件下, 上式求和可用以下积分替代:

$$\ln\varXi = \int_0^\infty \ln(1+ze^{-\beta\varepsilon})D(\varepsilon)d\varepsilon \tag{14.1.2}$$

式中, $D(\varepsilon)$ 为态密度, 对满足非相对论能量色散关系($\varepsilon=p^2/2m$)的自由理想系统, 其表达式为[2]

$$D(\varepsilon) = \frac{2\pi gV}{h^3}(2m)^{3/2}\varepsilon^{1/2} \tag{14.1.3}$$

若系统不满足热力学极限条件, 式(14.1.2)和式(14.1.3)一般不能成立. 此时为严格计算巨配分函数, 须先将 ε_s 的表达式代入式(14.1.1), 再对所有可能的单粒子态求和. 显然, 要将式(14.1.1)的求和结果用一个解析的表达式表出, 在数学上是有困难的. 为此, 在尺度效应影响不大的条件下, 我们采用以下近似方法计算 $\ln\varXi$, 仍然通过式(14.1.2)将求和转化成积分, 但式中态密度 $D(\varepsilon)$ 采用更精确(考虑边界效应)的表达式. 在考虑边界效应的条件下, 更精确的 $D(\varepsilon)$ 表达式为(具体推导请参考文献[2])

$$D(\varepsilon) = \frac{2\pi gV(2m)^{3/2}}{h^3}\varepsilon^{1/2} - \frac{\pi gAm}{2h^2} \tag{14.1.4}$$

式中, A 为系统边界的面积.

将式(14.1.4)代入式(14.1.2)可得

$$\ln\varXi = \frac{2\pi gV(2m)^{3/2}}{h^3}\int_0^\infty \ln(1+ze^{-\beta\varepsilon})\varepsilon^{1/2}d\varepsilon - \frac{\pi gAm}{2h^2}\int_0^\infty \ln(1+ze^{-\beta\varepsilon})d\varepsilon \tag{14.1.5}$$

由于

$$\int_0^\infty \ln(1+ze^{-\beta\varepsilon})\varepsilon^{1/2}d\varepsilon = \frac{2}{3}\int_0^\infty \ln(1+ze^{-\beta\varepsilon})d\varepsilon^{3/2}$$

$$= \frac{2}{3}\varepsilon^{3/2}\ln(1+ze^{-\beta\varepsilon})\Big|_0^\infty + \frac{2}{3}\beta\int_0^\infty \frac{\varepsilon^{3/2}}{z^{-1}e^{\beta\varepsilon}+1}d\varepsilon$$

$$= \frac{2}{3}\frac{1}{\beta^{3/2}}\int_0^\infty \frac{t^{3/2}}{z^{-1}e^t+1}dt \tag{14.1.6}$$

$$\int_0^\infty \ln(1+ze^{-\beta\varepsilon})d\varepsilon = \frac{1}{\beta}\int_0^\infty \frac{t}{z^{-1}e^t+1}dt \tag{14.1.7}$$

式(14.1.5)可表示为

$$\ln\varXi = \frac{gV}{\lambda^3}\Big[f_{5/2}(z) - \frac{\lambda}{2\widetilde{L}}f_2(z)\Big] \tag{14.1.8}$$

式中，$\widetilde{L} \equiv 2V/A = \big(\sum_{i=1}^{3} 1/L_i\big)^{-1}$；函数 $f_l(z)$ 为费米积分.

根据式(14.1.8)可得系统的总粒子数、内能和沿垂直于第 $i(i=1, 2, 3)$ 个坐标轴的容器壁的压强分别为

$$N = z\Big(\frac{\partial\ln\varXi}{\partial z}\Big)_{\beta, L_i} = \frac{gV}{\lambda^3}\Big[f_{3/2}(z) - \frac{\lambda}{2\widetilde{L}}f_1(z)\Big] \tag{14.1.9}$$

$$E = -\Big(\frac{\partial\ln\varXi}{\partial\beta}\Big)_{z, L_i} = \frac{gVk_{\mathrm B}T}{\lambda^3}\Big[\frac{3}{2}f_{5/2}(z) - \frac{\lambda}{2\widetilde{L}}f_2(z)\Big] \tag{14.1.10}$$

$$p_{ii} = \frac{1}{\beta}\frac{L_i}{V}\Big(\frac{\partial\ln\varXi}{\partial L_i}\Big)_{z, \beta, L_{i'\neq i}} = \frac{gk_{\mathrm B}T}{\lambda^3}\Big[f_{5/2}(z) - \Big(\frac{\lambda}{2\widetilde{L}} - \frac{\lambda}{2L_i}\Big)f_2(z)\Big] \tag{14.1.11}$$

从式(14.1.10)和式(14.1.11)可知，有限尺度费米系统的内能和压强也满足式(13.2.8).

由式(14.1.11)和式(14.1.12)，并利用费米积分的性质(式(10.2.3))可得系统的定容热容

$$\begin{aligned}
C_{L_i} &= \Big(\frac{\partial E}{\partial T}\Big)_{L_i} = \Big(\frac{\partial E}{\partial T}\Big)_{z, L_i} + \Big(\frac{\partial E}{\partial z}\Big)_{T, L_i}\Big(\frac{\partial z}{\partial T}\Big)_{L_i} \\
&= \frac{gVk_{\mathrm B}}{\lambda^3}\Big\{\Big[\frac{15}{4}f_{5/2}(z) - \frac{9}{4}\frac{f_{3/2}^2(z)}{f_{1/2}(z)}\Big] \\
&\quad + \frac{\lambda}{\widetilde{L}}\Big[-f_2(z) + \frac{3}{2}\frac{f_{3/2}(z)f_1(z)}{f_{1/2}(z)} - \frac{9}{8}\frac{f_{3/2}^2(z)f_0(z)}{f_{1/2}^2(z)}\Big]\Big\}
\end{aligned} \tag{14.1.12}$$

为了使上述结果能更清楚地显示由于有限尺度而带来的修正量，我们将逸度 z 表示为 $z = z_0 + \Delta z$，其中 z_0 表示热学极限近似下的逸度，满足[2]

$$N = \frac{gV}{\lambda^3}f_{3/2}(z_0) \tag{14.1.13}$$

显然，z_0 只与系统的粒子数密度 $n = N/V$ 和温度 T 有关，而与系统尺度无关. 将 $z = z_0 + \Delta z$ 代入式(14.1.9)，且只考虑到有限尺度的一级修正，可得

$$\begin{aligned}
N &= \frac{gV}{\lambda^3}\Big[f_{3/2}(z_0 + \Delta z) - \frac{\lambda}{2\widetilde{L}}f_1(z_0 + \Delta z)\Big] \\
&\approx \frac{gV}{\lambda^3}f_{3/2}(z_0)\Big[1 + \frac{f_{1/2}(z_0)}{f_{3/2}(z_0)}\frac{\Delta z}{z_0} - \frac{\lambda}{2\widetilde{L}}\frac{f_1(z_0)}{f_{3/2}(z_0)}\Big]
\end{aligned} \tag{14.1.14}$$

根据式(14.1.13)和式(14.1.14)可得

$$z = z_0\Big[1 + \frac{\lambda}{2\widetilde{L}}\frac{f_1(z_0)}{f_{1/2}(z_0)}\Big] \tag{14.1.15}$$

将式(14.1.15)代入 $\mu=k_B T \ln z$ 以及式(14.1.10)～式(14.1.12)，保留到 $\lambda/\widetilde{L}$ 的一次项，同时结合式(14.1.13)，可将 μ、E、p_{ii} 和 C_{L_i} 表示为 z_0 的函数，其结果分别为

$$\mu = k_B T\left[\ln z_0 + \frac{\lambda}{2\widetilde{L}}\frac{f_1(z_0)}{f_{1/2}(z_0)}\right] \tag{14.1.16}$$

$$E = Nk_B T\left\{\frac{3}{2}\frac{f_{5/2}(z_0)}{f_{3/2}(z_0)} + \frac{\lambda}{\widetilde{L}}\left[\frac{3}{4}\frac{f_1(z_0)}{f_{1/2}(z_0)} - \frac{1}{2}\frac{f_2(z_0)}{f_{3/2}(z_0)}\right]\right\} \tag{14.1.17}$$

$$p_{ii} = \frac{Nk_B T}{V}\left\{\frac{f_{5/2}(z_0)}{f_{3/2}(z_0)} + \frac{\lambda}{2\widetilde{L}}\left[\frac{f_1(z_0)}{f_{1/2}(z_0)} - \left(1-\frac{\widetilde{L}}{L_i}\right)\frac{f_2(z_0)}{f_{3/2}(z_0)}\right]\right\} \tag{14.1.18}$$

$$C_{L_i} = Nk_B\left\{\frac{15}{4}\frac{f_{5/2}(z_0)}{f_{3/2}(z_0)} - \frac{9}{4}\frac{f_{3/2}(z_0)}{f_{1/2}(z_0)} - \frac{9\lambda}{8\widetilde{L}}\left[\frac{8}{9}\frac{f_2(z_0)}{f_{3/2}(z_0)} - \frac{f_1(z_0)}{f_{1/2}(z_0)}\right.\right.$$
$$\left.\left. + \frac{f_{3/2}(z_0)f_0(z_0)}{f_{1/2}^2(z_0)} - \frac{f_{3/2}(z_0)f_1(z_0)f_{-1/2}(z_0)}{f_{1/2}^3(z_0)}\right]\right\} \tag{14.1.19}$$

式(14.1.16)～式(14.1.19)给出了有限尺度理想费米系统的化学势、内能、压强和定容热容的表达式，其中 z_0 由式(14.1.13)确定. 从上述表达式可得到以下结果.

(1) 各式中包含 $\lambda/\widetilde{L}$ 的项表示有限尺度所带来的对各热力学量的修正，其数量级为 $\lambda/\widetilde{L}=(\lambda/\bar{l})(V^{1/3}/\widetilde{L})/N^{1/3}\sim(\lambda/\bar{l})/N^{1/3}$，其中 $\bar{l}=(V/N)^{1/3}$ 为粒子间的平均距离. 当 $N\to\infty$，即 $\lambda/\widetilde{L}\to 0$ 时，各式将过渡到热力学极限近似下的结果.

(2) 根据式(14.1.18)，当 $L_1\neq L_2\neq L_3$ 时，p_{11}、p_{22} 和 p_{33} 一般不相等，即压强表现出各向异性的特征.

(3) 从式(14.1.16)和式(14.1.18)可以看出，在给定粒子数密度和温度的条件下，有限尺度费米系统的化学势和压强还与系统的尺度大小 $\widetilde{L}$ 有关，μ 和 p_{ii} 不再具有强度量的特征. 类似地，从式(14.1.17)和式(14.1.19)我们看到，由于包含有限尺度的修正项，在给定粒子数密度和温度的条件下，内能和定容热容也不再与总粒子数成正比，即两者都不再是广延量. 所以有限尺度效应也使得费米系统产生非广延的特征.

14.1.2 低温近似

当系统温度足够低，使得 $\ln z_0\gg 1$ 时，费米积分 $f_l(z_0)$ 可根据索末菲(Sommerfeld)引理[2]对大宗量 $\ln z_0$ 展开

$$f_l(z_0) = \frac{(\ln z_0)^l}{\Gamma(l+1)}\left[1+l(l-1)\frac{\pi^2}{6}\frac{1}{(\ln z_0)^2}+\cdots\right] \tag{14.1.20}$$

将式(14.1.20)代入式(14.1.13)得

$$N = \frac{gV}{\lambda^3}\frac{(\ln z_0)^{3/2}}{\Gamma(5/2)}\left[1+\frac{\pi^2}{8}\frac{1}{(\ln z_0)^2}+\cdots\right] \tag{14.1.21}$$

由此可得

$$\ln z_0 = \frac{\varepsilon_{F_0}}{k_B T}\left[1-\frac{\pi^2}{12}\left(\frac{k_B T}{\varepsilon_{F0}}\right)^2+\cdots\right] \tag{14.1.22}$$

$$f_l(z_0) = \frac{1}{\Gamma(l+1)} \left(\frac{\varepsilon_{F0}}{k_B T}\right)^l \left[1 + \frac{\pi^2}{12} l(2l-3) \left(\frac{k_B T}{\varepsilon_{F0}}\right)^2 + \cdots\right] \tag{14.1.23}$$

式中，

$$\varepsilon_{F0} = \frac{h^2}{2m} \left(\frac{3N}{4\pi gV}\right)^{2/3} \tag{14.1.24}$$

为热力学极限条件下系统的费米能[2]. 将式(14.1.22)和式(14.1.23)代入式(14.1.16)~式(14.1.19)，保留到 $k_B T/\varepsilon_{F0}$ 的二次项，可得低温下化学势、内能、压强和定容热容与温度的关系

$$\mu = \varepsilon_{F0} \left[1 - \frac{\pi^2}{12} \left(\frac{k_B T}{\varepsilon_{F0}}\right)^2 + \frac{\pi^{1/2}}{4} \frac{\lambda_{F0}}{\widetilde{L}}\right] \tag{14.1.25}$$

$$E = \frac{3}{5} N\varepsilon_{F0} \left\{1 + \frac{5\pi^2}{12} \left(\frac{k_B T}{\varepsilon_{F0}}\right)^2 + \frac{5\pi^{1/2}}{16} \frac{\lambda_{F0}}{\widetilde{L}} \left[1 - \frac{\pi^2}{6} \left(\frac{k_B T}{\varepsilon_{F0}}\right)^2\right]\right\} \tag{14.1.26}$$

$$P_{ii} = \frac{2}{5} \frac{N\varepsilon_{F0}}{V} \left\{1 + \frac{5\pi^2}{12} \left(\frac{k_B T}{\varepsilon_{F0}}\right)^2 + \frac{5\pi^{1/2}}{32} \frac{\lambda_{F0}}{\widetilde{L}} \left[1 + \frac{3\widetilde{L}}{L_{ii}} - \frac{\pi^2}{2} \left(1 - \frac{\widetilde{L}}{L_{ii}}\right) \left(\frac{k_B T}{\varepsilon_{F0}}\right)^2\right]\right\} \tag{14.1.27}$$

$$C_{L_i} = \frac{\pi^2}{2} N k_B \left(\frac{k_B T}{\varepsilon_{F0}}\right) \left(1 - \frac{\pi^{1/2}}{8} \frac{\lambda_{F0}}{\widetilde{L}}\right) \tag{14.1.28}$$

式中，$\lambda_{F0} = h/\sqrt{2\pi m \varepsilon_{F0}}$.

令 $T \to 0\text{K}$，由式(14.1.25)~式(14.1.27)可得到系统的费米能、基态内能和基态压强分别为

$$\varepsilon_F = \varepsilon_{F0} \left(1 + \frac{\pi^{1/2}}{4} \frac{\lambda_{F0}}{\widetilde{L}}\right) \tag{14.1.29}$$

$$E_0 = \frac{3}{5} N\varepsilon_{F0} \left(1 + \frac{5\pi^{1/2}}{16} \frac{\lambda_{F0}}{\widetilde{L}}\right) \tag{14.1.30}$$

$$p_{ii0} = \frac{2}{5} \frac{N\varepsilon_{F0}}{V} \left[1 + \frac{5\pi^{1/2}}{32} \frac{\lambda_{F0}}{\widetilde{L}} \left(1 + \frac{3\widetilde{L}}{L_i}\right)\right] \tag{14.1.31}$$

由此可以看出，在低温下有限尺度对热力学量相对修正量的数量级为 $\lambda_{F0}/\widetilde{L} = (4g/3\pi^{1/2})^{1/3}(V^{1/3}/\widetilde{L})/N^{1/3} \sim N^{-1/3}$，它随着总粒子数 N 的增大而减小.

14.1.3 高温近似

当系统温度足够高，使得 $n\lambda^3 \ll 1$ 时，$z_0 \ll 1$，此时 $f_l(z_0)$ 可表示为以下的级数形式：

$$f_l(z_0) = \sum_{j=1}^{\infty} (-1)^{j-1} \frac{z_0^j}{j^l} = z_0 - \frac{z_0^2}{2^l} + \cdots \tag{14.1.32}$$

将式(14.1.32)代入式(14.1.13)得

$$N = \frac{gV}{\lambda^3} \left(z_0 + \frac{z_0^2}{2^{3/2}} + \cdots\right) \tag{14.1.33}$$

由此可得

$$z_0 = \frac{n\lambda^3}{g}\left(1 + \frac{1}{2^{3/2}}\frac{n\lambda^3}{g} + \cdots\right) \tag{14.1.34}$$

将式(14.1.34)代入式(14.1.16)~式(14.1.19)，保留到 $n\lambda^3/g$ 的一次项，可将高温下化学势、内能、压强和定容热容表示为

$$\mu = k_B T\left\{\ln\left(\frac{n\lambda^3}{g}\right) + \frac{1}{2^{3/2}}\frac{n\lambda^3}{g} + \frac{\lambda}{2\widetilde{L}}\left(1 + \frac{2^{1/2}-1}{2}\frac{n\lambda^3}{g}\right)\right\} \tag{14.1.35}$$

$$E = \frac{3}{2}Nk_B T\left\{1 + \frac{1}{2^{5/2}}\frac{n\lambda^3}{g} + \frac{\lambda}{6\widetilde{L}}\left[1 + (2^{1/2}-1)\frac{n\lambda^3}{g}\right]\right\} \tag{14.1.36}$$

$$p_{ii} = \frac{Nk_B T}{V}\left\{1 + \frac{1}{2^{5/2}}\frac{n\lambda^3}{g} + \frac{\lambda}{2L_i}\left[1 + \frac{2^{1/2}-1}{4}\left(1 + \frac{L_i}{\widetilde{L}}\right)\frac{n\lambda^3}{g}\right]\right\} \tag{14.1.37}$$

$$C_{L_i} = \frac{3}{2}Nk_B\left\{1 - \frac{1}{2^{7/2}}\frac{n\lambda^3}{g} + \frac{\lambda}{12\widetilde{L}}\left[1 + 2(2^{1/2}-1)\frac{n\lambda^3}{g}\right]\right\} \tag{14.1.38}$$

由于在高温下 $\lambda \ll \bar{l}$，根据以上结果，此时有限尺度对热力学量的相对修正量的数量级 $\lambda/\widetilde{L} \sim (\lambda/\bar{l})/N^{1/3} \ll 1/N^{1/3}$，这表明高温下系统的有限尺度效应是很小的.

特别地，当 $n\lambda^3/g \to 0$ 时，以上结果简化为

$$\mu = k_B T\left[\ln\left(\frac{\varrho\lambda^3}{g}\right) + \frac{\lambda}{2\widetilde{L}}\right] \tag{14.1.39}$$

$$E = \frac{3}{2}Nk_B T\left(1 + \frac{\lambda}{6\widetilde{L}}\right) \tag{14.1.40}$$

$$p_{ii} = \frac{Nk_B T}{V}\left(1 + \frac{\lambda}{2L_i}\right) \tag{14.1.41}$$

$$C_{L_i} = \frac{3}{2}Nk_B\left(1 + \frac{\lambda}{12\widetilde{L}}\right) \tag{14.1.42}$$

式(14.1.39)~式(14.1.42)给出了考虑尺度效应时满足玻尔兹曼分布的经典气体的热力学量表达式，结果与文献[3]相符.

14.2　外势约束下的费米气体[①]

本节讨论外势约束下的费米气体的性质特征. 在高温下，费米气体与玻色气体具有相似的特性，本节将重点探讨外势约束下费米气体的低温特性. 为简单起见，本节采用的外势为各向同性的幂次型势.

14.2.1　基本热力学量的表达式

考虑一约束在各向同性幂次型外势中的非相对论理想费米气体，其单粒子能量可表示为

① 苏国珍，陈丽璇. 漳州师范学院学报，2003，16：1.

$$\varepsilon(p, r) = \frac{p^2}{2m} + \varepsilon_0\left(\frac{r}{r_0}\right)^t \tag{14.2.1}$$

式中，ε_0、r_0 和 t 均为正的常数；ε_0 反映外势的强度；r_0 和 t 反映外势的形状.

在热力学极限条件下，系统的巨配分函数 $\ln\Xi$ 可表示为

$$\ln\Xi = \frac{g}{h^3}\int \ln\left\{1 + z\exp\left\{-\beta\left[\frac{p^2}{2m} + \varepsilon_0\left(\frac{r}{r_0}\right)^t\right]\right\}\right\}\prod_{i=1}^{3}\mathrm{d}p_i\mathrm{d}x_i$$

$$= \frac{16\pi^2 g}{h^3}\int\left\{1 + z\exp\left\{-\beta\left[\frac{p^2}{2m} + \varepsilon_0\left(\frac{r}{r_0}\right)^t\right]\right\}\right\}p^2 r^2\mathrm{d}p\mathrm{d}r \tag{14.2.2}$$

与玻色系统不同的是，费米系统的化学势不受 $\mu<0$ 的约束，即逸度 $z=e^{\beta\mu}$ 不满足 $0<z<1$，因此式(14.2.2)一般不宜展开成类似式(13.3.4)的级数形式. 为求上式的积分，我们作如下积分变换 $\beta[p^2/2m + \varepsilon_0(r/r_0)^t] = x$，$\beta p^2/2m = y$，于是式(14.2.2)可表示为

$$\ln\Xi = \frac{2^{9/2}\pi^2 gm^{3/2}r_0^3}{h^3 t\beta^{3/t+3/2}\varepsilon_0^{3/t}}\int_0^\infty \ln[1 + z\exp(-x)]\mathrm{d}x\int_0^x (x-y)^{3/t-1}y^{1/2}\mathrm{d}y$$

$$= \frac{2^{9/2}\pi^2 gm^{3/2}r_0^3}{h^3 t\beta^{3/t+3/2}\varepsilon_0^{3/t}}B(3/t, 3/2)\int_0^\infty \ln[1 + z\exp(-x)]x^{3/t+1/2}\mathrm{d}x \tag{14.2.3}$$

式中，

$$B(3/t, 3/2) = \int_0^1 (1-x)^{3/t-1}x^{1/2}\mathrm{d}x = \frac{\Gamma(3/t)\Gamma(3/2)}{\Gamma(3/t+3/2)} \tag{14.2.4}$$

$$\int_0^\infty \ln[1 + z\exp(-x)]x^{3/t+1/2}\mathrm{d}x = \frac{1}{3/t+3/2}\int_0^\infty \frac{x^{3/t+3/2}\mathrm{d}x}{z^{-1}\exp(x)+1} \tag{14.2.5}$$

将式(14.2.4)和式(14.2.5)代入式(14.2.3)可得

$$\ln\Xi = \frac{g\widetilde{V}}{\lambda^3}f_{3/t+5/2}(z) \tag{14.2.6}$$

式中，

$$\widetilde{V} \equiv \frac{V_0\,\Gamma(3/t+1)}{(\beta\varepsilon_0)^{3/t}} \tag{14.2.7}$$

且 $V_0 = (4/3)\pi r_0^3$.

根据式(14.2.6)可得到系统的总粒子数、内能和熵分别为

$$N = z\left(\frac{\partial\ln\Xi}{\partial z}\right)_\beta = \frac{g\widetilde{V}}{\lambda^3}f_{3/t+3/2}(z) \tag{14.2.8}$$

$$E = -\left(\frac{\partial\ln\Xi}{\partial\beta}\right)_z = \left(\eta + \frac{3}{2}\right)\frac{g\widetilde{V}k_\mathrm{B}T}{\lambda^3}f_{3/t+5/2}(z) \tag{14.2.9}$$

$$S = \frac{g\widetilde{V}k_\mathrm{B}}{\lambda^3}\left[\left(\frac{3}{t} + \frac{5}{2}\right)g_{3/t+5/2}(z) - g_{3/t+3/2}(z)\ln z\right] \tag{14.2.10}$$

进一步可求得系统在给定粒子数和外势条件下的热容

$$C = \frac{g\widetilde{V}k_B}{\lambda^3}\left[\left(\frac{3}{t}+\frac{3}{2}\right)\left(\frac{3}{t}+\frac{5}{2}\right)g_{3/t+5/2}(z) + \left(\frac{3}{t}+\frac{3}{2}\right)^2\frac{g_{3/t+3/2}^2(z)}{g_{3/t+1/2}(z)}\right]$$

$$(14.2.11)$$

14.2.2　低温特性

当系统温度很低，使得 $\ln z \gg 1$ 时，系统处于强简并. 此时式(14.2.8)～式(14.2.11)中 $f_l(z)$ 可仿照式(14.1.20)对大宗量 $\ln z$ 展开. 由式(14.2.8)可得

$$\ln z = \frac{\varepsilon_F}{k_B T}\left[1 - \left(\frac{3}{t}+\frac{1}{2}\right)\frac{\pi^2}{6}\left(\frac{k_B T}{\varepsilon_F}\right)^2 + \cdots\right] \qquad (14.2.12)$$

式中，

$$\varepsilon_F = \left[\frac{Nh^3\varepsilon_0^{3/t}\Gamma(3/t+5/2)}{gV_0(2\pi m)^{3/2}\Gamma(3/t+1)}\right]^{1/(3/t+3/2)} \qquad (14.2.13)$$

根据 $\mu = k_B T\ln z$ 及式(14.2.9)～式(14.2.12)，若只保留到 $k_B T/\varepsilon_F$ 的二次项，可得低温下化学势、内能、熵和定容热容与温度的关系

$$\mu = \varepsilon_F\left[1 - \left(\frac{3}{t}+\frac{1}{2}\right)\frac{\pi^2}{6}\left(\frac{k_B T}{\varepsilon_F}\right)^2\right] \qquad (14.2.14)$$

$$E = N\varepsilon_F\left[\frac{3/t+3/2}{3/t+5/2} + \frac{\pi^2}{6}\left(\frac{3}{t}+\frac{3}{2}\right)\left(\frac{k_B T}{\varepsilon_F}\right)^2\right] \qquad (14.2.15)$$

$$C = \frac{\pi^2}{3}Nk_B\left(\frac{3}{t}+\frac{3}{2}\right)\frac{k_B T}{\varepsilon_F} \qquad (14.2.16)$$

$$S = \frac{\pi^2}{3}Nk_B\left(\frac{3}{t}+\frac{3}{2}\right)\frac{k_B T}{\varepsilon_F} \qquad (14.2.17)$$

根据式(14.2.14)和式(14.2.15)，令 $T\to 0K$，可得系统的费米能和基态能，其中费米能由式(14.2.13)给出，基态能可表示为

$$E_0 = \frac{3/t+3/2}{3/t+5/2}N\varepsilon_F \qquad (14.2.18)$$

从以上结果可以看出，费米气体的低温特性与外势密切相关. 当势参数取不同值时，从上述结果可得到约束在不同外势中的理想费米气体的低温性质. 如令 $t=2$、$\varepsilon_0/r_0^t = m\omega^2/2$，由上述结果可得到各向同性简谐势约束下理想费米气体的低温特性；若令 $t\to\infty$，则外势简化为

$$V(r) = \begin{cases} 0, & r < r_0 \\ \infty, & r > r_0 \end{cases} \qquad (14.2.19)$$

对应于体积为 $V_0 = (4/3)\pi r_0^3$ 的刚性球形盒子，此时由上述结果可得到体积为 V_0 的自由理想费米气体的低温性质. 表 14.2.1 列出自由的和受简谐势约束的理想费米气体的低温特性比较.

表 14.2.1 自由的和受简谐势约束的理想费米气体的低温特性比较

热力学量	自由的理想费米气体	受简谐势约束的理想费米气体
费米能 ε_F	$\dfrac{h^2}{2m}\left(\dfrac{3N}{4\pi g V_0}\right)^{2/3}$	$\hbar\omega\left(\dfrac{6N}{g}\right)^{1/3}$
基态能 E_0	$\dfrac{3}{5}N\varepsilon_F$	$\dfrac{3}{4}N\varepsilon_F$
化学势 μ	$\varepsilon_F\left[1-\dfrac{\pi^2}{12}\left(\dfrac{k_BT}{\varepsilon_F}\right)^2\right]$	$\varepsilon_F\left[1-\dfrac{\pi^2}{3}\left(\dfrac{k_BT}{\varepsilon_F}\right)^2\right]$
内能 E	$N\varepsilon_F\left[\dfrac{3}{5}+\dfrac{\pi^2}{4}\left(\dfrac{k_BT}{\varepsilon_F}\right)^2\right]$	$N\varepsilon_F\left[\dfrac{3}{4}+\dfrac{\pi^2}{2}\left(\dfrac{k_BT}{\varepsilon_F}\right)^2\right]$
熵 S	$\dfrac{\pi^2}{2}Nk_B\left(\dfrac{k_BT}{\varepsilon_F}\right)$	$\pi^2Nk_B\left(\dfrac{k_BT}{\varepsilon_F}\right)$
热容 C	$\dfrac{\pi^2}{2}Nk_B\left(\dfrac{k_BT}{\varepsilon_F}\right)$	$\pi^2Nk_B\left(\dfrac{k_BT}{\varepsilon_F}\right)$

14.2.3 动量空间和坐标空间的费米球

对于自由理想的费米系统,当温度 $T\to 0\mathrm{K}$ 时,粒子将均匀地填充在动量空间中一定半径的费米球内,而球外的粒子数为零.当温度上升时,接近费米球边界的部分粒子跃迁到球外而使得费米球的边界变得模糊起来.而在坐标空间,不管系统温度是否为零,粒子都在一定体积的空间内均匀分布.那么,当存在外势时情况有什么不同?下面我们对这一问题进行讨论.

先讨论 $T\to 0\mathrm{K}$ 时的情况.此时,分布在能量为 ε_k 的单粒子态上的平均粒子数

$$N_k = \theta(\varepsilon_F - \varepsilon_k) \tag{14.2.20}$$

式中,θ 函数定义为

$$\theta(x) = \begin{cases} 1, & x \geqslant 0 \\ 0, & x < 0 \end{cases} \tag{14.2.21}$$

在热力学极限近似条件下,对满足式(14.2.1)能量色散关系的理想费米系统,分布在坐标空间和动量空间单位体积的粒子数可分别表示为

$$n_r = \frac{g}{h^3}\int\theta\left[\varepsilon_F - \frac{p^2}{2m} - \varepsilon_0\left(\frac{r}{r_0}\right)^t\right]\prod_{i=1}^{3}\mathrm{d}p_i = \frac{gV_{pF}}{h^3}\left[1-\left(\frac{r}{r_F}\right)^t\right]^{3/2}\theta(r_F - r) \tag{14.2.22}$$

$$n_p = \frac{g}{h^3}\int\theta\left(\varepsilon_F - \frac{p^2}{2m} - \varepsilon_0\left(\frac{r}{r_0}\right)^t\right)\prod_{i=1}^{3}\mathrm{d}x_i = \frac{gV_{rF}}{h^3}\left[1-\left(\frac{p}{p_F}\right)^2\right]^{3/t}\theta(p_F - p) \tag{14.2.23}$$

式中,$r_F = r_0(\varepsilon_F/\varepsilon_0)^{1/t}$;$p_F = (2m\varepsilon_F)^{1/2}$;$V_{rF} = (4/3)\pi r_F^3$;$V_{pF} = (4/3)\pi p_F^3$.

式(14.2.22)和式(14.2.23)分别给出了 $T\to 0\mathrm{K}$ 时费米子在坐标空间和动量空间的分布情况.从式(14.2.22)可看出:

(1) $T\to 0\mathrm{K}$ 时,系统所有粒子都分布在半径 $r_F = r_0(\varepsilon_F/\varepsilon_0)^{1/t}$ 的球域内,我们称该

球域为坐标空间的费米球.

（2）粒子在该费米球内一般不是均匀分布，具体的分布情况与外势有关. 图 14.2.1 给出不同势参数 t 下 n_r/n_{rF}-r/r_F 的关系曲线，其中 $n_{rF}=N/V_{rF}$. 从图中可以看出，随着参数 t 的增大，粒子在坐标空间费米球内的分布逐渐趋于平稳. 当 $t\to\infty$ 时，粒子均匀地分布在半径 $r_F=r_0$ 的球内. 这一结果的物理意义是显然的：当 $t\to\infty$ 时，幂次型外势简化成半径为 r_0 的球形盒子.

根据式（14.2.23）可绘出不同势参数 t 下粒子在动量空间的分布曲线，如图 14.2.2 所示，其中 $n_{pF}=N/V_{pF}$. 从图 14.2.2 可看出，与无外势时的费米系统类似，$T\to0K$ 时所有粒子都分布在动量空间中半径为 $p_F=(2m\varepsilon_F)^{1/2}$ 的费米球内，所不同的是，除了 $t\to\infty$ 的特殊情况外，粒子在动量空间费米球内的分布一般是不均匀的，具体分布与外势有关. 这表明外势的存在不但影响粒子在坐标空间的分布，也使得粒子在动量空间的分布情况与无外势时不同.

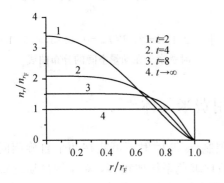

图 14.2.1 $T\to0K$，$t=2$，4，8，∞ 时费米子在坐标空间的分布曲线

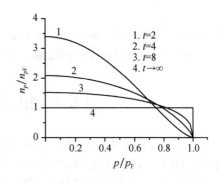

图 14.2.2 $T\to0K$，$t=2$，4，8，∞ 时费米子在动量空间的分布曲线

再来讨论 $T\neq0K$ 时的情况. 此时根据费米-狄拉克分布可得分布在坐标空间和动量空间单位体积的粒子数分别为

$$n_r = \frac{g}{h^3}\int \frac{\prod_{i=1}^3 \mathrm{d}p_i}{z^{-1}\exp\{\beta[p^2/2m+\varepsilon_0\,(r/r_0)^t]\}+1} = \frac{gV_{pF}\Gamma(5/2)}{h^3(\beta\varepsilon_F)^{3/2}}f_{3/2}\left\{z\exp\left[-\beta\varepsilon_F\left(\frac{r}{r_F}\right)^t\right]\right\}$$

（14.2.24）

$$n_p = \frac{g}{h^3}\int \frac{\prod_{i=1}^3 \mathrm{d}x_i}{z^{-1}\exp\{\beta[p^2/2m+\varepsilon_0\,(r/r_0)^t]\}+1}$$

$$= \frac{gV_{rF}\Gamma(3/t+1)}{h^3(\beta\varepsilon_F)^{3/t}}f_{3/t}\left\{z\exp\left[-\beta\varepsilon_F\left(\frac{p}{p_F}\right)^2\right]\right\}$$

（14.2.25）

式（14.2.24）和式（14.2.25）分别给出了 $T\neq0K$ 时费米子在坐标空间和动量空间的分布情况，其中逸度 z 由式（14.2.8）决定. 根据式（14.2.8）、式（14.2.24）和式（14.2.25），通过数值计算可得不同势参数 t 和温度下粒子在坐标和动量空间的分

布. 图 14.2.3 和图 14.2.4 分别表示外势为谐振外势(对应 $t=2$), 温度为 $T/T_F=0$, 0.25, 0.5, 1.0 时 n_r/n_{rF}-r/r_F 和 n_p/n_{pF}-p/p_F 的曲线, 其中 $T_F=\varepsilon_F/k_B$ 为费米温度. 从图中可看出, 当 $T\neq0\mathrm{K}$ 时, 不管在坐标空间还是动量空间, 都有部分粒子跃迁到费米球外而使得费米球不再有明显的边界. 比较图 14.2.3 和图 14.2.4 还发现, 对于谐振外势, n_r/n_{rF}-r/r_F 和 n_p/n_{pF}-p/p_F 曲线是一样的, 此时粒子在坐标空间和动量空间的分布是对称的.

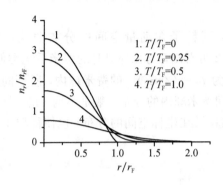 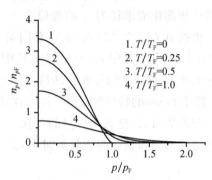

图 14.2.3　$t=2$, $T/T_F=0$, 0.25, 0.5, 1.0 时费米子在坐标空间的分布曲线　　图 14.2.4　$t=2$, $T/T_F=0$, 0.25, 0.5, 1.0 时费米子在动量空间的分布曲线

14.3　相互作用费米气体[①]

对于费米系统, 由于泡利不相容原理的限制, s 波散射不可能在两个自旋相同的费米子之间产生, 所以粒子间的相互作用一般比玻色系统弱得多, 对系统性质的影响较小. 然而, 对于那些具有超精细能态结构的费米子系统, 情况就大不相同. 此时, 处在同一 s 态的两个超精细能态上的费米子, 由于 s 波散射, 将产生较强的相互作用[4]. 对于这类费米系统, 研究系统性质时进一步考虑粒子间相互作用的影响是有必要的.

考虑一限定在体积 V 中由 N 个自旋 $1/2$, 粒子间存在弱相互作用的费米子组成的系统. 通过赝势的方法求得系统的能谱为[2]

$$E_s = \sum_p (n_p^+ + n_p^-)\frac{p^2}{2m} + \frac{4\pi a\hbar^2}{mV}N^+N^- \tag{14.3.1}$$

式中, n_p^+ (n_p^-) 表示处于动量为 $\boldsymbol{p}$ 的量子态且自旋向上(下)的粒子数; N^+ (N^-) 表示自旋向上(下)的总粒子数.

为了讨论问题的方便, 我们首先假定自旋向上的粒子数为某一给定的 N^+, 并设 $r=N^+/N$. 根据式(14.3.1), 给定 N^+ 时系统配分函数

$$Z(r) = \sum_{\{n_p^+\}} \sum_{\{n_p^-\}} \exp\left\{-\beta\left[\sum_p (n_p^+ + n_p^-)\frac{p^2}{2m} + \frac{4\pi a\hbar^2}{mV}N^+N^-\right]\right\}$$

① 苏国珍, 陈丽璇. 山东科技大学学报, 2003, 22: 8.

$$=Z_0(r)Z_0(1-r)\exp\left[-\frac{2a\lambda^2 N}{v}r(1-r)\right]$$

$$=\exp\left\{-\beta\left[F_0(r)+F_0(1-r)+\frac{2a\lambda^2 Nk_BT}{v}r(1-r)\right]\right\} \quad (14.3.2)$$

式中，$\sum_{\{n_p^+\}}$ 和 $\sum_{\{n_p^-\}}$ 分别表示对所有满足 $\sum_p n_p^+=N^+$ 和 $\sum_p n_p^-=N^-=N-N^+$ 的分布 $\{n_p^+\}$ 和 $\{n_p^-\}$ 求和；$Z_0(\xi)=\sum_{\{i_p\}}\exp(-\beta\sum_p i_p p^2/2m)$ 和 $F_0(\xi)=-(1/\beta)\ln Z_0(\xi)$ 表示 ξN 个无相互作用，自旋均向上（或向下）的费米子组成的一个"虚构系统"的配分函数和自由能，$\sum_{\{i_p\}}$ 为对所有满足 $\sum_p i_p=\xi N$ 的分布 $\{i_p\}$ 求和.

由式(14.3.2)得系统的自由能

$$F(r)=-\frac{1}{\beta}\ln Z(r)=F_0(r)+F_0(1-r)+\frac{2a\lambda^2 Nk_BT}{v}r(1-r) \quad (14.3.3)$$

当系统达到平衡状态时，其自由能有最小值. 设平衡状态下自旋向上的粒子数所占的比例为 $\bar{r}$，则有

$$\left.\frac{\partial F(r)}{\partial r}\right|_{r=\bar{r}}=N[\mu_0(\bar{r})-\mu_0(1-\bar{r})]+\frac{2a\lambda^2 Nk_BT}{v}(1-2\bar{r})=0 \quad (14.3.4)$$

式中，$\mu_0(\xi)$ 为 ξN 个无相互作用，自旋均向上（或向下）的费米子组成的"虚构系统"的化学势. 可以证明，在满足 $k_Fa<\pi/2$（其中 $k_F=\sqrt{2m\varepsilon_F}/\hbar$ 为粒子动能等于费米能级时的波数）的条件下，方程(14.3.4)唯一的解为 $\bar{r}=1/2$[2]. 对于弱相互作用系统，即 $|a|/v^{1/3}\ll 1$，条件 $k_Fa<\pi/2$ 总是满足，所以平衡态下系统的自由能

$$F=2F_0(1/2)+\frac{a\lambda^2 Nk_BT}{2v} \quad (14.3.5)$$

不难得到[2]

$$F_0(1/2)=\frac{N}{2}k_BT\left[\ln z_0-\frac{f_{5/2}(z_0)}{f_{3/2}(z_0)}\right] \quad (14.3.6)$$

式中，z_0 为 $N/2$ 个无相互作用，自旋均向上（或向下）的费米子所组成的"虚构系统"的逸度，满足[2]

$$1=\frac{2v}{\lambda^3}f_{3/2}(z_0) \quad (14.3.7)$$

从式(14.3.7)可以看出，z_0 也等于由 N 个自旋 $1/2(g=2)$ 的费米子组成的理想费米系统的逸度. 综合式(14.3.5)～式(14.3.7)可得系统的自由能

$$F=Nk_BT\left[\ln z_0-\frac{f_{5/2}(z_0)}{f_{3/2}(z_0)}\right]+N\frac{\pi a\hbar^2}{mv}=Nk_BT\left[\ln z_0-\frac{f_{5/2}(z_0)}{f_{3/2}(z_0)}+\frac{a\lambda^2}{2v}\right]$$

$$(14.3.8)$$

根据式(14.3.7)和式(14.3.8)可求出系统的化学势、压强、熵、内能和定容热容分别为

$$\mu = \left(\frac{\partial F}{\partial N}\right)_{T,V} = \left(\frac{\partial F}{\partial N}\right)_{T,V,z_0} + \left(\frac{\partial F}{\partial z_0}\right)_{T,V,N}\left(\frac{\partial z_0}{\partial N}\right)_{T,V} = k_B T\left(\ln z_0 + \frac{a\lambda^2}{v}\right) \quad (14.3.9)$$

$$p = -\left(\frac{\partial F}{\partial V}\right)_{T,N} = \left(\frac{\partial F}{\partial V}\right)_{T,V,z_0} + \left(\frac{\partial F}{\partial z_0}\right)_{T,N,V}\left(\frac{\partial z_0}{\partial V}\right)_{T,N} = \frac{k_B T}{v}\left[\frac{f_{5/2}(z_0)}{f_{3/2}(z_0)} + \frac{a\lambda^2}{2v}\right]$$

$$(14.3.10)$$

$$S = -\left(\frac{\partial F}{\partial T}\right)_{V,N} = -\left(\frac{\partial F}{\partial T}\right)_{V,N,z_0} - \left(\frac{\partial F}{\partial z_0}\right)_{V,N,T}\left(\frac{\partial z_0}{\partial T}\right)_{V,N} = Nk_B\left[\frac{5}{2}\frac{f_{5/2}(z_0)}{f_{3/2}(z_0)} - \ln z_0\right]$$

$$(14.3.11)$$

$$E = F + TS = Nk_B T\left[\frac{3}{2}\frac{f_{5/2}(z_0)}{f_{3/2}(z_0)} + \frac{a\lambda^2}{2v}\right] \quad (14.3.12)$$

$$C_V = \left(\frac{\partial E}{\partial T}\right)_{V,N} = \left(\frac{\partial E}{\partial T}\right)_{V,N,z_0} + \left(\frac{\partial E}{\partial z_0}\right)_{V,N,T}\left(\frac{\partial z_0}{\partial T}\right)_{V,N} = Nk_B\left[\frac{15}{4}\frac{f_{5/2}(z_0)}{f_{3/2}(z_0)} - \frac{9}{4}\frac{f_{3/2}(z_0)}{f_{1/2}(z_0)}\right]$$

$$(14.3.13)$$

当系统温度极低，使得 $\ln z_0 \gg 1$ 时，利用 $f_l(z_0)$ 对大宗量 $\ln z_0$ 的渐近展开式(14.1.23)，可得低温极限下系统的自由能、化学势、压强、熵、内能和定容热容与温度的关系，其结果分别为

$$F = \frac{3}{5}\varepsilon_{F0}\left[1 - \frac{5\pi^2}{12}\left(\frac{k_B T}{\varepsilon_{F0}}\right)^2 + \frac{20}{9\pi^{1/2}}\frac{a}{\lambda_{F0}}\right] \quad (14.3.14)$$

$$\mu = \varepsilon_{F0}\left[1 - \frac{\pi^2}{12}\left(\frac{k_B T}{\varepsilon_{F0}}\right)^2 + \frac{8}{3\pi^{1/2}}\frac{a}{\lambda_{F0}}\right] \quad (14.3.15)$$

$$p = \frac{2}{5}\frac{\varepsilon_{F0}}{v}\left[1 + \frac{5\pi^2}{12}\left(\frac{k_B T}{\varepsilon_{F0}}\right)^2 + \frac{10}{3\pi^{1/2}}\frac{a}{\lambda_{F0}}\right] \quad (14.3.16)$$

$$S = \frac{\pi^2}{2}Nk_B\left(\frac{k_B T}{\varepsilon_{F0}}\right) \quad (14.3.17)$$

$$E = \frac{3}{5}\varepsilon_{F0}\left[1 + \frac{5\pi^2}{12}\left(\frac{k_B T}{\varepsilon_{F0}}\right)^2 + \frac{20}{9\pi^{1/2}}\frac{a}{\lambda_{F0}}\right] \quad (14.3.18)$$

$$C_V = \frac{\pi^2}{2}Nk_B\left(\frac{k_B T}{\varepsilon_{F0}}\right) \quad (14.3.19)$$

式中，$\varepsilon_{F0} = (\hbar^2/2m)(3\pi^2/v)^{2/3}$ 为无相互作用费米系统的费米能；$\lambda_{F0} = \sqrt{2\pi\hbar^2/m\varepsilon_{F0}}$. 考虑到 $k_B T \ll \varepsilon_{F0}$，式中只留到小量 $k_B T/\varepsilon_{F0}$ 的二次项.

当 $T \to 0K$ 时，根据式(14.3.14)~式(14.3.16)和式(14.3.18)可得系统的基态自由能、费米能、基态压强和基态内能分别为

$$F_0 = \frac{3}{5}\varepsilon_{F0}\left(1 + \frac{20}{9\pi^{1/2}}\frac{a}{\lambda_{F0}}\right) \quad (14.3.20)$$

$$\varepsilon_F = k_B T_{F0}\left(1 + \frac{8}{3\pi^{1/2}}\frac{a}{\lambda_{F0}}\right) \quad (14.3.21)$$

$$p_0 = \frac{2}{5} \frac{\varepsilon_{F0}}{v} \left(1 + \frac{10}{3\pi^{1/2}} \frac{a}{\lambda_{F0}}\right) \tag{14.3.22}$$

$$E_0 = \frac{3}{5} \varepsilon_{F0} \left(1 + \frac{20}{9\pi^{1/2}} \frac{a}{\lambda_{F0}}\right) \tag{14.3.23}$$

上述各表达式清楚地反映了粒子间相互作用对各热力学量的影响.

从以上结果可以看出,若只计及二体相互作用的 s 波散射,弱相互作用使得费米系统的自由能、化学势、压强和内能均发生变化,但不改变系统的熵与定容热容. 粒子间的互作用仿佛使得每个粒子本身浮在一均匀势的平台上,它所引起的自由能、化学势、压强和内能的改变量与温度无关. 这一结果不难理解,因为相互作用对系统性质影响的大小主要取决于粒子数密度和散射长度. 对于处在一定体积中通过刚球势发生相互作用的费米子气体,这两者都不随温度而变化. 所以,相互作用只是在各温度下统一地提高或降低系统的自由能、化学势、压强和内能,它对熵与定容热容(分别为自由能和内能对温度的导数)将不产生影响.

14.4 相对论费米气体

本节将讨论满足相对论能量-动量色散关系的理想费米系统的热力学性质.

根据 13.5 节的结果,考虑正-反粒子对产生时理想系统的巨配分函数 Ξ 可表示为

$$\ln\Xi = \sum_k \left[\ln \sum_{n_k} e^{(-\alpha - \beta \varepsilon_k) n_k} + \ln \sum_{\bar{n}_k} e^{(\alpha - \beta \varepsilon_k) \bar{n}_k} \right] \tag{14.4.1}$$

对于费米系统,n_k 和 $\bar{n}_k$ 的取值只能为 0 和 1,即 $\sum_{n_k} \to \sum_{n_k=0}^{1}$,因此费米系统配分函数

$$\ln\Xi = \sum_k \left[\ln(1 + e^{-\alpha - \beta \varepsilon_k}) + \ln(1 + e^{\alpha - \beta \varepsilon_k}) \right] \tag{14.4.2}$$

根据式(14.4.2)可得系统的总"电荷数"

$$Q = \sum_k \left(\frac{1}{e^{\alpha + \beta \varepsilon_k} + 1} - \frac{1}{e^{-\alpha + \beta \varepsilon_k} + 1} \right) \tag{14.4.3}$$

由此可得考虑对产生时理想费米系统的"电荷数"分布

$$q_k = \frac{1}{e^{\alpha + \beta \varepsilon_k} + 1} - \frac{1}{e^{-\alpha + \beta \varepsilon_k} + 1} \tag{14.4.4}$$

与玻色系统不同的是,费米系统的化学势不受条件 $-\varepsilon_0 < \mu < \varepsilon_0 (\varepsilon_0 = mc^2)$ 的约束. 若假设系统的总"电荷数"$Q > 0$,则化学势须满足 $\mu > 0$.

14.4.1 基本热力学量的表达式

考虑一约束在体积为 V 的刚性盒子中,总"电荷数"Q 保持恒定的理想费米气体.

在热力学极限的条件下，式(14.4.2)可表示为

$$
\begin{aligned}
\ln\varXi &= \frac{g}{h^3}\int\{\ln[1+\exp(-\alpha-\beta\sqrt{p^2c^2+m^2c^4})] \\
&\quad +\ln[1+\exp(\alpha-\beta\sqrt{p^2c^2+m^2c^4})]\}\mathrm{d}^3\boldsymbol{p}\,\mathrm{d}^3\boldsymbol{r} \\
&= \frac{4\pi gV}{h^3}\int_0^\infty\{\ln[1+\exp(-\alpha-\beta\sqrt{p^2c^2+m^2c^4})] \\
&\quad +\ln[1+\exp(\alpha-\beta\sqrt{p^2c^2+m^2c^4})]\}p^2\mathrm{d}p
\end{aligned}
\tag{14.4.5}
$$

对于费米系统，化学势不受条件 $\mu<mc^2$ 约束，其配分函数一般不能表示为类似式 (13.5.11)的级数形式. 作变量代换 $t=\beta(\sqrt{p^2c^2+m^2c^4}-mc^2)$，则式(14.4.5)可表示为

$$
\begin{aligned}
\ln\varXi &= \frac{4\pi gV}{\lambda_0^3 u^3}\int_0^\infty\left[\ln(1+\mathrm{e}^{-\alpha-u-t})+\ln(1+\mathrm{e}^{\alpha-u-t})\right](t+2u)^{1/2}(t+u)t^{1/2}\mathrm{d}t \\
&= \frac{4\pi gV}{\lambda_0^3}H_{1,3/2}^+(\alpha,u)
\end{aligned}
\tag{14.4.6}
$$

这里我们引入"H-函数"

$$
H_{l,n}^\pm(x,y)=\frac{1}{y^{n+3/2}}\int_0^\infty(t+2y)^{1/2}(t+y)t^{n-1}\left[f_l(\mathrm{e}^{-x-y-t})\pm f_l(\mathrm{e}^{x-y-t})\right]\mathrm{d}t
\tag{14.4.7}
$$

式中，$f_l(x)$ 为费米积分. 可以证明"H-函数"满足以下性质:

$$
\frac{\partial H_{l,n}^\pm(x,y)}{\partial x}=-H_{l-1,n}^\mp(x,y)
\tag{14.4.8}
$$

$$
\frac{\partial H_{l,n}^\pm(x,y)}{\partial y}=-H_{l-1,n+1}^\pm(x,y)-H_{l-1,n}^\pm(x,y)
\tag{14.4.9}
$$

根据式(14.4.6)可得系统的总"电荷数"、压强、总能和熵分别为

$$
Q=-\left(\frac{\partial\ln\varXi}{\partial\alpha}\right)_{\beta,V}=\frac{4\pi gV}{\lambda_0^3}H_{0,3/2}^-(\alpha,u)
\tag{14.4.10}
$$

$$
p=\frac{1}{\beta}\left(\frac{\partial\ln\varXi}{\partial V}\right)_{\alpha,\beta}=\frac{4\pi gk_\mathrm{B}T}{\lambda_0^3}H_{1,3/2}^+(\alpha,u)
\tag{14.4.11}
$$

$$
E=-\left(\frac{\partial\ln\varXi}{\partial\beta}\right)_{\alpha,V}=\frac{4\pi gVmc^2}{\lambda_0^3}\left[H_{0,3/2}^+(\alpha,u)+H_{0,5/2}^+(\alpha,u)\right]
\tag{14.4.12}
$$

$$
\begin{aligned}
S&=\frac{E+pV-\mu Q}{T} \\
&=\frac{4\pi gVk_\mathrm{B}}{\lambda_0^3}\{\alpha H_{0,3/2}^-(\alpha,u)+H_{1,3/2}^+(\alpha,u)+u[H_{0,3/2}^+(\alpha,u)+H_{0,5/2}^+(\alpha,u)]\}
\end{aligned}
\tag{14.4.13}
$$

从式(14.4.10)和式(14.4.12)可进一步求得系统的定容热容

$$C_V = \left(\frac{\partial E}{\partial T}\right)_V = \left(\frac{\partial E}{\partial T}\right)_{\alpha, V} + \left(\frac{\partial E}{\partial \alpha}\right)_{T, V}\left(\frac{\partial \alpha}{\partial T}\right)_V$$

$$= \frac{4\pi g V k_B}{\lambda_0^3}u^2\Big\{H_{-1, 3/2}^{\pm}(\alpha, u) + 2H_{-1, 5/2}^{\pm}(\alpha, u) + H_{-1, 7/2}^{\pm}(\alpha, u)$$

$$- \frac{[H_{-1, 3/2}(\alpha, u) + H_{-1, 5/2}(\alpha, u)]^2}{H_{-1, 3/2}^{\pm}(\alpha, u)}\Big\} \tag{14.4.14}$$

式(14.4.10)~式(14.4.14)给出相对论理想费米气体重要热力学量的一般表达式. 在此基础上，下面特别讨论 $T \to 0\mathrm{K}$ 时系统的性质，即基态性质. 当系统温度 $T \to 0\mathrm{K}$ 时，$-\alpha - u = \beta(\mu - mc^2) \to \infty$. 根据索末菲引理

$$f_l(\mathrm{e}^{-\alpha - u - t}) \approx \frac{(-\alpha - u - t)^l}{\Gamma(l+1)} = \frac{[\beta(\mu - mc^2) - t]^l}{\Gamma(l+1)} = \frac{(\beta\varepsilon_F - t)^l}{\Gamma(l+1)} \tag{14.4.15}$$

式中，$\varepsilon_F \equiv \mu|_{T \to 0\mathrm{K}} - mc^2$ 为系统的费米能. 另外，当 $T \to 0\mathrm{K}$ 时，$\alpha - u = \beta(-\mu - mc^2) \to -\infty$，因此 $f_l(\mathrm{e}^{\alpha - u - t}) \to 0$. 由此可得

$$H_{l, n}(\alpha, u) \approx \frac{1}{u^{n+3/2}}\int_0^\infty (t + 2u)^{1/2}(t + u)t^{n-1}f_l(\mathrm{e}^{-\alpha - u - t})\mathrm{d}t$$

$$\approx \frac{1}{u^{n+3/2}\Gamma(l+1)}\int_0^{\beta E_F}(t + 2u)^{1/2}(t + u)t^{n-1}(\beta\varepsilon_F - t)^l\mathrm{d}t$$

$$= \frac{(\beta\varepsilon_F)^{l+n+3/2}}{u^{n+3/2}\Gamma(l+1)}\int_0^1\left(t + \frac{2mc^2}{\varepsilon_F}\right)^{1/2}\left(t + \frac{mc^2}{\varepsilon_F}\right)t^{n-1}(1-t)^l\mathrm{d}t$$

$$= (\beta\varepsilon_F)^l I_{l, n}(mc^2/\varepsilon_F) \tag{14.4.16}$$

式中，函数 $I_{l, n}(x)$ 定义为

$$I_{l, n}(x) = \frac{1}{x^{n+3/2}\Gamma(l+1)}\int_0^1(t + 2x)^{1/2}(t + x)t^{n-1}(1-t)^l\mathrm{d}t \tag{14.4.17}$$

根据式(14.4.10)和式(14.4.16)可得

$$\rho\lambda_0^3 = 4\pi g I_{0, 3/2}(mc^2/\varepsilon_F) \tag{14.4.18}$$

式(14.4.18)给出了系统费米能级所满足的方程式. 应该指出，当 $T \to 0\mathrm{K}$ 时，式(14.4.4)中 $-\alpha + \beta\varepsilon_k = \beta(\mu + \varepsilon_k) \to \infty$，此时正-反粒子对产生可忽略不计，所以式(14.4.18)中 $\rho = Q/V = N/V$.

根据式(14.4.11)、式(14.4.12)和式(14.4.16)可得到基态的压强和内能分别为

$$p_0 \equiv p|_{T \to 0\mathrm{K}} = \frac{N\varepsilon_F}{V}\frac{I_{1, 3/2}(mc^2/\varepsilon_F)}{I_{0, 3/2}(mc^2/\varepsilon_F)} \tag{14.4.19}$$

$$U_0 \equiv E_{T \to 0\mathrm{K}} - Nmc^2 = Nmc^2\frac{I_{0, 5/2}(mc^2/\varepsilon_F)}{I_{0, 3/2}(mc^2/\varepsilon_F)} \tag{14.4.20}$$

14.4.2 弱相对论近似

当 $u = \beta mc^2 \gg 1$ 时，$\alpha - u = -\beta(\mu + mc^2) \ll -1$，此时

$$H_{l, n}^{\pm}(\alpha, u) \approx \frac{1}{u^{n+3/2}}\int_0^\infty (t + 2u)^{1/2}(t + u)t^{n-1}f_l(\mathrm{e}^{-\alpha - u - t})\mathrm{d}t$$

$$= \frac{\sqrt{2}\,\Gamma(n)}{u^n}\Big[f_{l+n}(\mathrm{e}^{-\alpha-u}) + \frac{5n}{4} f_{l+n+1}(\mathrm{e}^{-\alpha-u})\,\frac{1}{u} + \cdots \Big] \tag{14.4.21}$$

根据式(14.4.21)，若只保留到 $1/u = k_{\mathrm{B}}T/mc^2$ 的一次项，式(14.4.10)~式(14.4.14) 可分别简化为

$$Q = \frac{gV}{\lambda_{\mathrm{nr}}^3}\Big[f_{3/2}(z) + \frac{15}{8} f_{5/2}(z)\,\frac{1}{u} \Big] \tag{14.4.22}$$

$$p = \frac{gk_{\mathrm{B}}T}{\lambda_{\mathrm{nr}}^3}\Big\{ f_{5/2}(z) + \frac{15}{8} f_{7/2}(z)\,\frac{1}{u} \Big\} \tag{14.4.23}$$

$$E = Qmc^2 + \frac{gVk_{\mathrm{B}}T}{\lambda_{\mathrm{nr}}^3}\Big\{ \frac{3}{2} f_{5/2}(z) + \frac{75}{16} f_{7/2}(z)\,\frac{1}{u} \Big\} \tag{14.4.24}$$

$$S = \frac{gVk_{\mathrm{B}}}{\lambda_{\mathrm{nr}}^3}\Big\{ \frac{5}{2} f_{5/2}(z) + f_{3/2}(z)\ln z + \frac{15}{8}\Big[\frac{7}{2} f_{7/2}(z) + f_{7/2}(z)\ln z \Big]\frac{1}{u} \Big\} \tag{14.4.25}$$

$$C_V = \frac{gVk_{\mathrm{B}}}{\lambda_{\mathrm{nr}}^3}\Big\{ \frac{15}{4} f_{5/2}(z) - \frac{9}{4}\frac{f_{3/2}^2(z)}{f_{1/2}(z)} + \frac{15}{32}\Big[35 f_{7/2}(z) - \frac{30 f_{3/2}(z) f_{5/2}(z)}{f_{1/2}(z)} + \frac{9 f_{3/2}^3(z)}{f_{1/2}^2(z)} \Big]\frac{1}{u} \Big\}$$
$$\tag{14.4.26}$$

式中，$z = \mathrm{e}^{-\alpha-u}$ 为系统逸度. 式(14.4.22)~式(14.4.26)为弱相对论条件下费米系统重要热力学量的表达式，其中含 $1/u = k_{\mathrm{B}}T/mc^2$ 的项表示一级相对论修正. 若忽略这些修正项，则上述表达式将过渡到非相对论理想费米气体的结果[2].

在弱相对论条件下，$mc^2/\varepsilon_{\mathrm{F}} \gg 1$，根据式(14.4.17)，$I_{l,n}(mc^2/\varepsilon_{\mathrm{F}})$ 可表示为

$$I_{l,n}(mc^2/\varepsilon_{\mathrm{F}}) = \frac{2^{1/2}\Gamma(n)}{\Gamma(l+n+1)}\Big(\frac{\varepsilon_{\mathrm{F}}}{mc^2} \Big)^n\Big[1 + \frac{5n}{4(l+n+1)}\frac{\varepsilon_{\mathrm{F}}}{mc^2} + \cdots \Big]$$
$$\tag{14.4.27}$$

将式(14.4.27)代入式(14.4.18)~式(14.4.20)，保留到 $\varepsilon_{\mathrm{F}}/mc^2$ 的一次项，可得弱相对论条件下系统的费米能、基态压强和基态内能分别为

$$\varepsilon_{\mathrm{F}} = \varepsilon_{\mathrm{F,nr}}\Big(1 - \frac{1}{2}\frac{\varepsilon_{\mathrm{F,nr}}}{mc^2} \Big) \tag{14.4.28}$$

$$p_0 = \frac{N\varepsilon_{\mathrm{F,nr}}}{V}\Big(\frac{2}{5} - \frac{2}{7}\frac{\varepsilon_{\mathrm{F,nr}}}{mc^2} \Big) \tag{14.4.29}$$

$$U_0 = N\varepsilon_{\mathrm{F,nr}}\Big(\frac{3}{5} - \frac{3}{14}\frac{\varepsilon_{\mathrm{F,nr}}}{mc^2} \Big) \tag{14.4.30}$$

式中，

$$\varepsilon_{\mathrm{F,nr}} = \frac{h^2}{2m}\Big(\frac{3\rho}{4\pi g} \Big)^{2/3} \tag{14.4.31}$$

为非相对论理想费米系统的费米能[2]. 若忽略式(14.4.28)~式(14.4.30)中包含 $\varepsilon_{\mathrm{F,nr}}/mc^2$ 的项，则式(14.4.28)~式(14.4.30)将分别给出非相对论理想费米气体的费米能、基态压强和基态内能的表达式[2].

14.4.3 强相对论近似

当 $u = \beta mc^2 \ll 1$ 时，$H^{\pm}_{l,n}(u, \alpha)$ 可展开为

$$H^{\pm}_{l,n}(\alpha, u) = \frac{\Gamma(n+3/2)}{u^{n+3/2}} \left[F^{\pm}_{l+n+3/2}(\alpha) + \frac{3-2n}{1+2n} F^{\pm}_{l+n+1/2}(\alpha) u \right.$$
$$\left. + \frac{4n^2 - 16n + 11}{2(4n^2-1)} F^{\pm}_{l+n-1/2}(\alpha) u^2 + \cdots \right] \tag{14.4.32}$$

式中，$F^{\pm}_m(x) = f_m(e^{-x}) \pm f_m(e^x)$. 利用式(14.4.32)，式(14.4.10)~式(14.4.14)可简化为

$$Q = \frac{gV}{\lambda^3_{ur}} \left[F^-_3(\alpha) - \frac{1}{4} F^-_1(\alpha) u^2 \right] \tag{14.4.33}$$

$$p = \frac{gk_B T}{\lambda^3_{ur}} \left[F^+_4(\alpha) - \frac{1}{4} F^+_2(\alpha) u^2 \right] \tag{14.4.34}$$

$$E = \frac{gVk_B T}{\lambda^3_{ur}} \left[3F^+_4(\alpha) - \frac{1}{4} F^+_2(\alpha) u^2 \right] \tag{14.4.35}$$

$$S = \frac{gVk_B}{\lambda^3_{ur}} \left\{ 4F^+_4(\alpha) + \alpha F^-_3(\alpha) - \frac{1}{4} \left[2F^+_2(\alpha) + \alpha F^-_1(\alpha) \right] u^2 \right\} \tag{14.4.36}$$

$$C_V = \frac{gVk_B}{\lambda^3_{ur}} \left(12F^+_4(\alpha) - 9\frac{[F^-_3(\alpha)]^2}{F^+_2(\alpha)} - \frac{1}{4} \left\{ 2F^+_2(\alpha) - \frac{6F^-_3(\alpha)F^-_1(\alpha)}{F^+_2(\alpha)} + \frac{9[F^-_3(\alpha)]^2 F^+_0(\alpha)}{[F^+_2(\alpha)]^2} \right\} u^2 \right)$$
$$\tag{14.4.37}$$

以上为强相对论费米系统重要热力学量的表达式.

在强相对论条件下，$mc^2/\varepsilon_F \ll 1$，此时 $I_{l,n}(mc^2/\varepsilon_F)$ 可表示为

$$I_{l,n}(mc^2/\varepsilon_F) = \frac{\Gamma(n+3/2)}{\Gamma(l+n+5/2)} \left(\frac{\varepsilon_F}{mc^2} \right)^{n+3/2} \left[1 + \frac{2(l+n+3/2)}{n+1/2} \frac{mc^2}{\varepsilon_F} \right.$$
$$\left. + \frac{(l+n+3/2)(l+n+1/2)}{2(n+1/2)(n-1/2)} \left(\frac{mc^2}{\varepsilon_F} \right)^2 + \cdots \right] \tag{14.4.38}$$

将式(14.4.38)代入式(14.4.18)~式(14.4.20)，保留到 mc^2/ε_F 的二次项，可得强相对论条件下的费米能、基态压强和基态内能分别为

$$\varepsilon_F = \varepsilon_{F,ur} \left[1 - \frac{mc^2}{\varepsilon_{F,ur}} + \frac{1}{2} \left(\frac{mc^2}{\varepsilon_{F,ur}} \right)^2 \right] \tag{14.4.39}$$

$$p_0 = \frac{N\varepsilon_{F,ur}}{V} \left[\frac{1}{4} - \frac{1}{4} \left(\frac{mc^2}{\varepsilon_{F,ur}} \right)^2 \right] \tag{14.4.40}$$

$$U_0 = N\varepsilon_{F,ur} \left[\frac{3}{4} - \frac{mc^2}{\varepsilon_{F,ur}} + \frac{3}{4} \left(\frac{mc^2}{\varepsilon_{F,ur}} \right)^2 \right] \tag{14.4.41}$$

式中，

$$\varepsilon_{F,ur} = hc \left(\frac{3\rho}{4\pi g} \right)^{1/3} \tag{14.4.42}$$

特别地，当 $u = mc^2/k_B T \to 0$ 及 $mc^2/\varepsilon_{F,\,ur} \to 0$ 时，式(14.4.33)~式(14.4.37)及式(14.4.39)~式(14.4.41)分别简化为

$$Q = \frac{gV}{\lambda_{ur}^3} F_3^-(\alpha) \tag{14.4.43}$$

$$p = \frac{g k_B T}{\lambda_{ur}^3} F_4^+(\alpha) \tag{14.4.44}$$

$$E = \frac{3 g V k_B T}{\lambda_{ur}^3} F_4^+(\alpha) \tag{14.4.45}$$

$$S = \frac{g V k_B}{\lambda_{ur}^3} \left[4 F_4^+(\alpha) + \alpha F_3^-(\alpha) \right] \tag{14.4.46}$$

$$C_V = \frac{g V k_B}{\lambda_{ur}^3} \left\{ 12 F_4^+(\alpha) - 9 \frac{[F_3^-(\alpha)]^2}{F_2^+(\alpha)} \right\} \tag{14.4.47}$$

$$\varepsilon_F = \varepsilon_{F,\,ur} = hc \left(\frac{3\rho}{4\pi g} \right)^{1/3} \tag{14.4.48}$$

$$p_0 = \frac{N \varepsilon_{F,\,ur}}{4V} \tag{14.4.49}$$

$$U_0 = \frac{3}{4} N \varepsilon_{F,\,ur} \tag{14.4.50}$$

以上结果将给出极端相对论费米气体的性质.

14.4.4 热力学性质分析

1. 费米温度

衡量费米系统简并强弱的特征温度为费米温度，定义为 $T_F = \varepsilon_F/k_B$. 根据式(14.4.18)，通过数值计算可以得到 $k_B T_F/mc^2$ 与 $\rho^{1/3} \lambda_0$ 的关系曲线，如图 14.4.1 所示.

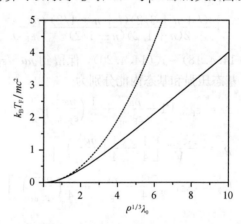

图 14.4.1 约化费米温度 $k_B T_F/mc^2$ 与参数 $\rho^{1/3} \lambda_0$ 的关系曲线. 实线为考虑相对论效应时的结果，虚线为非相对论近似下的结果

从图中可以看出，与玻色系统的临界温度随 $\rho^{1/3}\lambda_0$ 的变化规律类似，费米温度随着参数 $\rho^{1/3}\lambda_0$ 的增大而增大. 当 $\rho^{1/3}\lambda_0\gg1$ 时，由式(14.4.18)可知，$k_{\mathrm{B}}T_{\mathrm{F}}\gg mc^2$，这时系统在大多数情况下将处于强简并状态. 对玻色系统，当 $\rho^{1/3}\lambda_0$ 较大时，正-反粒子对的产生将显著增大系统的临界温度，然而，对于费米系统，在任何情况下，对产生不影响费米系统的费米温度.

2. 化学势

根据式(14.4.10)可求得费米系统的化学势与温度的关系. 图 14.4.2(a)、(b)和(c)分别绘出 $\rho^{1/3}\lambda_0=0.5,1.0,4.0$ 时 μ/mc^2 与 $k_{\mathrm{B}}T/mc^2$ 的关系曲线.

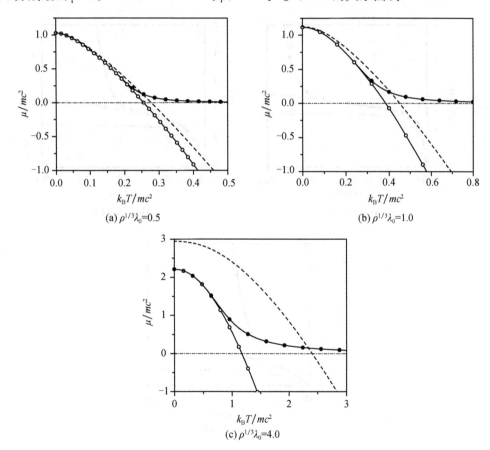

(a) $\rho^{1/3}\lambda_0=0.5$　　　　(b) $\rho^{1/3}\lambda_0=1.0$

(c) $\rho^{1/3}\lambda_0=4.0$

图 14.4.2　参数 $\rho^{1/3}\lambda_0$ 不同时费米系统的化学势 μ/mc^2 与约化温度 $k_{\mathrm{B}}T/mc^2$ 的关系曲线

"实线＋实心点"和"实线＋空心点"分别对应考虑和不考虑对产生时的结果，虚线对应非相对论近似下的结果

从图中可以看出，对于 $\rho^{1/3}\lambda_0$ 较大的系统，即使系统温度 $T\to 0\mathrm{K}$，相对论效应也是不能忽略的. 这一特点是由费米系统的固有特征决定的. 对于费米系统，由于受到泡利原理的限制，即使 $T\to 0\mathrm{K}$，粒子也不可能全部聚集在基态. 在低温下费米粒子将具

有与系统费米能同数量级的平均动能,对于 $\rho^{1/3}\lambda_0$ 很大的系统,其大小将达到甚至超过粒子静能的数量级.

与相对论效应不同的是,正-反粒子对的产生主要影响系统的高温特性,而对低温性质的影响很小.与对玻色系统的影响类似,对产生使得费米系统的化学势在高温下出现 $\mu\to 0$ 的渐近行为.

3. 定容热容

费米系统的定容热容由式(14.4.10)和式(14.4.14)确定.图 14.4.3(a)、(b)和(c)分别绘出 $\rho^{1/3}\lambda_0=0.5,1.0,4.0$ 时 C_V/Qk_B 与 k_BT/mc^2 的关系.

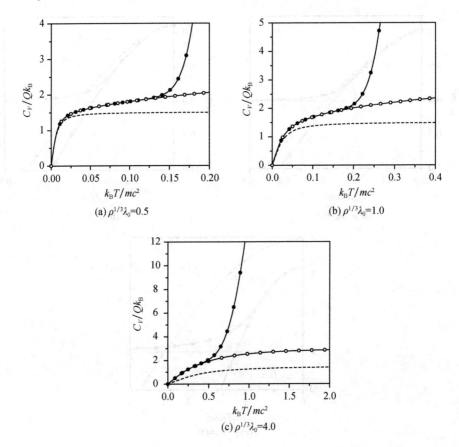

图 14.4.3 参数 $\rho^{1/3}\lambda_0$ 不同时费米系统的定容热容 C_V/Qk_B 与约化温度 k_BT/mc^2 的关系曲线

"实线+实心点"和"实线+空心点"分别对应考虑和不考虑对产生时的结果,虚线对应非相对论近似下的结果

费米系统由于不产生 BEC 相变,因此其定容热容曲线总是连续而且光滑的.尽管如此,对于 $\rho^{1/3}\lambda_0$ 较小(如 $\rho^{1/3}\lambda_0=0.5$)的系统,在不同温度区域,定容热容随温度的变化规律仍然表现出不同的特征:在低温区,定容热容随温度的升高接近线性增大;随

着温度的升高，其增大速度逐渐趋缓，出现一段随温度缓慢变化的过程；当温度继续升高，热容随温度增大的速度又开始增大，并在高温区呈现随温度迅速增大的特征. 随着 $\rho^{1/3}\lambda_0$ 的增大，定容热容在不同温区的变化特征逐渐失去差异. 特别地，当 $\rho^{1/3}\lambda_0 \gg 1$ 时，定容热容由式(14.4.43)和式(14.4.47)给出，此时在整个温度范围内定容热容将随温度的升高而快速单调增大.

参 考 文 献

[1] DeMarco B, Jin D S. Onset of Fermi degeneracy in a trapped atomic gas[J]. Science, 1999, 285 (5434):1703-1706.

[2] Pathria P K. Statistical Mechanics [M]. London:Pergamon Press Ltd, 1992.

[3] Sisman A, Muller I. The Casimir-like size effects in ideal gases [J]. Phys. Lett. A, 2004, 320(5-6):360-366.

[4] Bruun G M, Burnrtt K. Interacting Fermi gas in a harmonic trap [J]. Phys. Rev. A, 1998, 58 (3):2427-2434.

第 15 章   新型热离子器件

热离子能量转换装置以电子作为工质，没有机械转动的部件，可直接将部分热能转化为电能，且具有较大的功率密度[1-3]. 1880 年，爱迪生（T. Edison）在灯丝试验中首次发现热离子发射现象. 电子在热驱动下可从材料表面发射，即当电子的热动能大于材料的功函数时，电子会从材料表面逸出. 热离子发射电流公式最早是由理查森（Richardson）在 1901 年提出的[4, 5]，它描述了金属中热离子发射的电流密度服从理查森方程 $J = AT^2 e^{-\phi/k_B T}$，其中 $A = 1.2 \times 10^6 \, \mathrm{A}/(\mathrm{m}^2 \cdot \mathrm{K}^2)$ 表示理查森数，T 表示金属温度，ϕ 表示金属的功函数，k_B 为玻尔兹曼常量. 热离子能量转换器被广泛应用在航空航天领域，但是由于体积太大、效率低，很难在商业上应用. 20 世纪 50 年代，微米尺度真空间隙热离子器件被提出，但限于当时的工艺水平，直到 2003 年，微米尺度的器件才得以实现[6, 7]，使热离子器件的小型化、商业化成为可能.

近些年来，很多学者提出了一些新型的热离子发电器构型. Zeng 提出了一种多层的热离子发电器模型，可利用隧穿效应有效降低极板的功函数[8]. Mahan 等提出了热离子发电以及制冷的多层结构[9]. Smith 等在真空热离子能量转换器的研究中，使用具有负电子亲和势的材料来降低空间电荷的影响，在假设电子之间无碰撞的情况下，推导出空间电荷限制机制[10, 11]. Tavkhelidze 研究了由金属脊形量子阱层和基底组成的低功函数电极，可应用于室温热离子能量转换器[12]. 在有限能谱范围内输运电子，有望降低热离子发射过程中的热力学不可逆损失，因此 Humphrey 和 O'Dwyer 等利用低维材料引入能量选择通道来选择性地发射电子[13, 14]. Schwede 提出把光伏效应和热离子发射效应结合成一个物理过程，可同时对太阳能光谱进行光电转化和热电转化[15, 16]. 基于石墨烯材料存在的许多独特优势，如线性的能带结构[17]，极佳的电子迁移率[18]，以及超高的电导率[19]，这使得它可作为热离子器件的发射极材料.

本章将首先从朗道输运理论出发，根据三维空间中电子动量的选择机制，介绍具有能量选择通道的热离子器件的两种电子选择机制；其次，探讨光增热离子发射的工作原理，分析器件中存在的主要物理效应，包括空间电荷积累、镜像电荷和量子隧穿效应；然后，根据线性的能量色散关系，分析石墨烯表面发射电子的机制；最后，以光增热离子器件为例，分析如何运用能量守恒方程和最优控制理论，获得热离子器件的最大效率和相应关键参数的最佳值.

15.1   基于能量选择通道的热离子器件

随着器件发展的不断小型化、集成化，探索微纳尺度能量输运的基本物理原理，开发微型的能量转换器件已成为研究的热点. 许多微型能量转换器件中的能量传递是由电子输运引起的. 电子在不同微观结构中的运动特征以及由此产生的不同的热输运现象使得这些装置表现出多种多样的性能特性. 实际系统中, 电子传输过程的内不可逆性热损失会使器件的能量转化效率降低. 因此, 研究如何在微观结构中实现可逆电子传输, 具有重要的实际意义.

Humphrey 和 O'Dwyer 等针对此问题引进能量选择通道来选择性输出电子[13, 14], 如图 15.1.1 所示. 在三维空间里, 电子能量选择机制可归纳成两种: 一种是 k_x 型能量选择电子通道(图 15.1.1(a)), 只要电子在动量空间 k_x 方向上的动能大于势垒能级 $E_x = \hbar^2 k_x'^2 / 2m^*$, 就能由一个电子库传输到另一个电子库, $\hbar$ 等于普朗克常量除以 2π, m^* 是电子的有效质量. 例如, 具有真空间隙或单势垒结构的传统热电子发射器, 阴极金属或半导体表面的电子在纵向的热动能足够大才可克服表面势垒产生电子发射[20, 21]. 另一种为 k_r 型能量选择电子通道(图 15.1.1(b)), 其能够对沿着运动方向波矢 $k_r \geq k_r'$ 的电子进行筛选. 此时, 数量更多的电子可通过能量选择通道, 因为更多的电子可满足条件克服势垒束缚. k_r 型选择机制最早是在 Vashaee 和 Shakouri 对超晶格热电器件的研究中提出来的, 可利用准零维的量子点纳米材料的特殊性质, 在实验上实现应用[22, 23]. 本节将根据文献[24], 对两类基于能量选择电子通道的热离子器件展开介绍. 在本节的所有推导中, 假设 $\varepsilon_F \gg k_B T$, 其中 ε_F 是费米能级. 在这种限制下, 发射极材料的电化学势 μ 可用 ε_F 来近似.

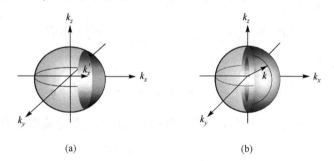

图 15.1.1　不同能量选择机制输运电子的费米球, 其中(a)表示 k_x 型能量选择通道, (b)为 k_r 型能量选择通道

15.1.1　基于 k_x 型能量选择电子通道的热离子器件

基于 k_x 型能量选择电子通道的热离子器件, 可根据三维空间中纵向方向(k_x 方向)上的动量分量来筛选逸出材料表面的电子, 电流密度由朗道公式给出

$$J^{k_x} = 2e \int_{-\infty}^{\infty} \int_{-\infty}^{\infty} \int_{0}^{\infty} f(E(k), \mu, T) v(k_x) \xi(k_x) \frac{dk_x}{2\pi} \frac{dk_y}{2\pi} \frac{dk_z}{2\pi} \quad (15.1.1)$$

式中, k_x、k_y、k_z 分别是 x、y、z 方向上的波矢的大小; 公式前的 2 代表电子自旋简并度; e 表示电子的电荷量的绝对值; $v(k_x) = \hbar k_x / m^*$ 是电子在 x 方向上的速度; $\xi(k_x)$

是电子通过发射极到达吸收极的传输概率. 考虑能量色散关系为 $E(k) = \hbar^2 k_x^2 / 2m^* + \hbar^2 k_y^2 / 2m^* + \hbar^2 k_z^2 / 2m^*$. 材料中电子的分布遵循费米统计规律, 用费米-狄拉克分布函数表示, 即

$$f(E(\boldsymbol{k}), \mu, T) = \left[1 + \left(\exp \frac{E(\boldsymbol{k}) - \mu}{k_B T} \right) \right]^{-1} \tag{15.1.2}$$

在柱坐标系下, 式(15.1.1)写为

$$J^{k_x} = 2e \int_0^\infty \int_0^\infty \int_0^{2\pi} \left[1 + \exp \left(\frac{l^2 + \rho^2 - \mu}{k_B T} \right) \right]^{-1} \left(\sqrt{\frac{2}{m^*}} l \right) \xi(l) \frac{1}{(2\pi)^3} \left(\frac{\sqrt{2m^*}}{\hbar} \right)^3$$
$$\times \rho \mathrm{d}\theta \mathrm{d}\rho \mathrm{d}l \tag{15.1.3}$$

式中, $\mathrm{d}k_x \mathrm{d}k_y \mathrm{d}k_z = (\sqrt{2m^*}/\hbar)^3 \rho \mathrm{d}\theta \mathrm{d}\rho \mathrm{d}l$, $\rho^2 = \hbar^2 k_y^2 / 2m^* + \hbar^2 k_z^2 / 2m^*$, $l^2 = \hbar^2 k_x^2 / 2m^*$. 对 θ 进行积分并把所有变量换为能量的形式, 可得如下方程:

$$J^{k_x} = \frac{em^*}{2\pi^2 \ \hbar^3} \int_0^\infty \int_0^\infty \left[1 + \exp \left(\frac{E_x + E_\rho - \mu}{k_B T} \right) \right]^{-1} \xi(E_x) \mathrm{d}E_\rho \mathrm{d}E_x \tag{15.1.4}$$

式中, $E_x = l^2$、$E_\rho = \rho^2$、$\mathrm{d}l = \mathrm{d}E_x / (2l)$、$\mathrm{d}\rho = \mathrm{d}E_\rho / (2\rho)$. 式(15.1.4)中可提取与 E_ρ 有关的部分做积分得

$$n^{k_x} = \frac{m^*}{\pi \hbar^2} \int_0^\infty \left[1 + \exp \left(\frac{E_x + E_\rho - \mu}{k_B T} \right) \right]^{-1} \mathrm{d}E_\rho \tag{15.1.5}$$

令 $B = \exp \left(\frac{E_x + E_\rho - \mu}{k_B T} \right)$, 可得 $\mathrm{d}E_\rho = \frac{k_B T}{B} \mathrm{d}B$. 运用分部积分公式, 可得

$$n^{k_x} = \frac{m^*}{\pi \hbar^2} \int_{\exp[(E_x - \mu)/(k_B T)]}^\infty \left(\frac{1}{B} - \frac{1}{1 + B} \right) \mathrm{d}B \tag{15.1.6}$$

进一步计算后, 可得

$$n^{k_x} = \frac{m^* k_B T}{\pi \hbar^2} \log \left[1 + \exp \left(-\frac{E_x - \mu}{k_B T} \right) \right] \tag{15.1.7}$$

由式(15.1.4)和式(15.1.7), 可算出从材料表面逸出的电流密度为

$$J^{k_x} = \frac{e}{2\pi \hbar} \int_0^\infty n^{k_x} \xi(E_x) \mathrm{d}E_x \tag{15.1.8}$$

在热离子制冷机中, 从低温端净输出的电流密度由低温端和高温端逸出的电流密度之差给出

$$J_{\mathrm{net}}^{k_x} = \frac{e}{2\pi \hbar} \int_0^\infty (n_\mathrm{C}^{k_x} - n_\mathrm{H}^{k_x}) \xi(E_x) \mathrm{d}E_x \tag{15.1.9}$$

式中,

$$n_\mathrm{C/H}^{k_x} = n^{k_x} (E_x, \mu_\mathrm{C/H}, T_\mathrm{C/H}) \tag{15.1.10}$$

由式(15.1.7)决定, $\mu_\mathrm{C/H}$ 和 $T_\mathrm{C/H}$ 分别表示低/高温端的化学势和温度.

当电子输运的能级不在 $\mu - 3k_B T \leqslant \mu \leqslant \mu + 3k_B T$ 的范围时, 用麦克斯韦-玻尔兹曼分布函数近似

$$f(E(\boldsymbol{k}),\mu,T) \approx \exp\left(-\frac{E(\boldsymbol{k})-\mu}{k_{\mathrm{B}}T}\right) \tag{15.1.11}$$

计算式(15.1.11)与没有近似下计算式(15.1.2)比较不会出现大的误差. 利用式(15.1.11)，可得

$$n^{k_x} = \frac{m^* k_{\mathrm{B}}T}{\pi \hbar^2}\exp\left(-\frac{E_x-\mu}{k_{\mathrm{B}}T}\right) \tag{15.1.12}$$

15.1.2 理查森方程的推导

在麦克斯韦-玻尔兹曼分布函数近似下，式(15.1.4)可推广得到理查森方程. 理查森方程假设所有能量高于势垒的电子都能被传输，而低于势垒的所有电子都被阻断. 这对应于传输概率满足分段函数

$$\xi(E_x) = \begin{cases} 0, & E_x < \phi+\mu \\ 1, & E_x \geqslant \phi+\mu \end{cases} \tag{15.1.13}$$

式中，ϕ 表示发射极材料的功函数. 采用式(15.1.11)给出的麦克斯韦-玻尔兹曼近似，式(15.1.4)表示的电流密度方程可化简为

$$J^{k_x} = \frac{em^*}{2\pi^2 \hbar^3}\int_0^\infty k_{\mathrm{B}}T\exp\left(-\frac{E_x-\mu}{k_{\mathrm{B}}T}\right)\xi(E_x)\mathrm{d}E_x \tag{15.1.14}$$

将式(15.1.13)代入式(15.1.14)得

$$J^{k_x} = \frac{em^*}{2\pi^2 \hbar^3}\int_{\phi+\mu}^\infty k_{\mathrm{B}}T\exp\left(-\frac{E_x-\mu}{k_{\mathrm{B}}T}\right)\mathrm{d}E_x \tag{15.1.15}$$

式(15.1.15)容易积分得

$$J^{k_x} = -\frac{em^* k_{\mathrm{B}}^2 T^2}{2\pi^2 \hbar^3}\left[\exp\left(-\frac{E_x-\mu}{k_{\mathrm{B}}T}\right)\right]_{\phi+\mu}^\infty$$
$$= AT^2\exp\left(\frac{-\phi}{k_{\mathrm{B}}T}\right) \tag{15.1.16}$$

这便是本章开头给出的理查森方程，其中理查森数 $A = \frac{em^* k_{\mathrm{B}}^2}{2\pi^2 \hbar^3}$ 依赖于材料中电子的有效质量.

15.1.3 基于 k_r 型能量选择电子通道的热离子器件

基于 k_r 型能量选择电子通道的热离子器件，可根据总动量的大小筛选逸出材料表面的电子. 同理，可利用朗道公式给出电流密度方程

$$J^{k_r} = 2e\int_{-\infty}^\infty\int_{-\infty}^\infty\int_0^\infty f(E(\boldsymbol{k}),\mu,T)v(k_x)\xi(\boldsymbol{k})\frac{\mathrm{d}k_x}{2\pi}\frac{\mathrm{d}k_y}{2\pi}\frac{\mathrm{d}k_z}{2\pi} \tag{15.1.17}$$

此时，电子通过发射极到达吸收极的传输概率 $\xi(\boldsymbol{k})$ 依赖于三维空间中的波矢 $\boldsymbol{k}$. 在球坐标下，式(15.1.17)可转化为

$$J^{k_r} = \frac{2e}{(2\pi)^3}\int_0^\infty\int_{-\pi/2}^{\pi/2}\int_0^\pi\left[1+\exp\left(\frac{\hbar^2 k_r^2/2m^*-\mu}{k_{\mathrm{B}}T}\right)\right]^{-1}$$

$$\times \frac{\hbar k_r}{m^*} \sin\varphi\cos\theta\, \xi(k_r) k_r^2 \sin\varphi \mathrm{d}\varphi \mathrm{d}\theta \mathrm{d}k_r \tag{15.1.18}$$

式中，$k_r^2 = k_x^2 + k_y^2 + k_z^2$，$v = \hbar k_r \sin\varphi\cos\theta/m^*$，$\mathrm{d}k_x \mathrm{d}k_y \mathrm{d}k_z = k_r^2 \sin\varphi \mathrm{d}\varphi \mathrm{d}\theta \mathrm{d}k_r$. 对 k_r 进行积分变换成对能量的积分，可得

$$J^{k_r} = \frac{em^*}{2\pi^3\,\hbar^3} \int_0^\infty \int_{-\pi/2}^{\pi/2} \int_0^\pi E \left[1 + \exp\left(\frac{E-\mu}{k_{\mathrm{B}}T}\right) \right]^{-1} \sin^2\varphi\cos\theta\, \xi(E)\, \mathrm{d}\varphi \mathrm{d}\theta \mathrm{d}E \tag{15.1.19}$$

其中利用了 $E = \hbar^2 k_r^2/2m^*$，$\mathrm{d}k_r = m^* \mathrm{d}E/\hbar^2 k_r$. 对角度 φ 和 θ 积分后，电流密度 J^{k_r} 化简为

$$J^{k_r} = \frac{em^*}{2\pi^2\,\hbar^3} \int_0^\infty E \left[1 + \exp\left(\frac{E-\mu}{k_{\mathrm{B}}T}\right) \right]^{-1} \xi(E)\, \mathrm{d}E$$

$$= \frac{em^*}{2\pi^2\,\hbar^3} \int_0^\infty E f(E,\mu,T) \xi(E)\, \mathrm{d}E \tag{15.1.20}$$

应用在热离子制冷机中，从低温端净输出的电流密度由低温端和高温端逸出的电流密度之差给出

$$J_{\mathrm{net}}^{k_r} = \frac{em^*}{2\pi^2\,\hbar^3} \int_0^\infty E (f_{\mathrm{C}} - f_{\mathrm{H}}) \xi(E)\, \mathrm{d}E \tag{15.1.21}$$

式中，$f_{\mathrm{C/H}} = f(E,\mu_{\mathrm{C/H}},T_{\mathrm{C/H}})$.

15.1.2 节表明，可使用基于 k_x 型能量选择电子通道的热离子器件的电流密度方程推导理查森方程. 现将基于 k_r 型能量选择电子通道的热离子器件的电流密度方程导出第二类理查森方程. 同样地，假设所有总能量高于势垒的电子都能被传输，而低于势垒的所有电子都被阻断. 这对应于传输概率满足分段函数

$$\xi(E) = \begin{cases} 0, & E < \phi + \mu \\ 1, & E \geqslant \phi + \mu \end{cases} \tag{15.1.22}$$

采用式(15.1.11)给出的麦克斯韦-玻尔兹曼分布函数近似，式(15.1.20)表示的电流密度方程可化简为

$$J^{k_r} = \frac{em^*}{2\pi^2\,\hbar^3} \int_0^\infty E \exp\left(-\frac{E-\mu}{k_{\mathrm{B}}T}\right) \xi(E)\, \mathrm{d}E \tag{15.1.23}$$

利用式(15.1.22)，可得

$$J^{k_r} = \frac{em^*}{2\pi^2\,\hbar^3} \int_{\phi+\mu}^\infty E \exp\left(-\frac{E-\mu}{k_{\mathrm{B}}T}\right) \mathrm{d}E \tag{15.1.24}$$

使用分部积分得

$$J^{k_r} = \frac{em^*}{2\pi^2\,\hbar^2} \left\{ \left[-k_{\mathrm{B}}TE \exp\left(-\frac{E-\mu}{k_{\mathrm{B}}T}\right) \right]_{\phi+\mu}^\infty \right.$$

$$\left. + k_{\mathrm{B}}T \int_{\phi+\mu}^\infty \exp\left(\frac{E-\mu}{k_{\mathrm{B}}T}\right) \mathrm{d}E \right\} = \frac{em^* k_{\mathrm{B}}T}{2\pi^2\,\hbar^3} (\phi + \mu + k_{\mathrm{B}}T) \exp\left(\frac{-\phi}{k_{\mathrm{B}}T}\right) \tag{15.1.25}$$

与传统的理查森方程[式(15.1.16)]存在较明显的差别.

15.2 光增热离子器件

本节探讨光增热离子器件如何将热离子发射和光伏效应结合,设计太阳能电池.传统太阳能电池的理论效率虽高,但种种因素使其实际效率降低.太阳能电池效率降低的主要因素包括:热损失、复合损失、接触电压损失等.对于普通 pn 结太阳能电池,当太阳光子入射能量低于半导体带隙宽度时,其能量不足以激发电子-空穴对,导致非吸收损失[25, 26].而当入射光子能量大于带隙宽度时,虽有足够的能量产生电子-空穴对,但其过多的能量将使电子-空穴对被激发到更高的能态.而为回到半导体热平衡状态,电子及空穴便会以热损失方式释放声子,造成额外的晶格热振动损失[27].以硅晶太阳能电池为例,由于它的能隙是 1.1eV,仅能吸收波长约为 1000nm 以下的近红外线、可见光以及紫外的部分,至于波长较长的红外线则完全无法被吸收.此外,太阳光中短波长的蓝紫光光子能量虽高,但照射到硅晶太阳能电池时,也仅有等同于近红外线的能量被利用,其余转为热,这是硅晶太阳能电池效率难以超越 40% 的主要原因.以上非吸收损失和晶格热振动损失占到太阳入射光谱总能量的 50%[28].因此,利用新型太阳能电池,减小能量损耗,降低器件成本,已成为国内国际研究的热点.

基于上述背景,光增热离子器件作为新型太阳能电池一经提出就受到广泛关注.这一概念最早在光增热离子发射太阳能电池中提出[15, 16].当太阳光透过聚光系统到达阴极半导体表面时,光谱高频的部分将被吸收激发产生电子-空穴对,低频的部分则通过热吸收层转化成热使阴极温度升高.同等光照条件下,热的阴极发射电子将比由室温或更冷的阴极发射的电子多.光增热离子器件把光伏效应和热离子发射效应结合成一个物理过程,可同时对太阳能光谱进行光电转化和热电转化,充分利用由于非吸收损失和晶格热振动损失的部分能量,相对于常规光伏器件,可显著增大能量转换效率,且有望突破传统 pn 结太阳能电池的理论极限,与较复杂的多结叠层太阳能电池的光电转化效率相匹敌.

15.2.1 工作原理

光增热离子器件的最初模型主要是由具有真空间隙的两个平行板构成,除了以 p 型半导体作为发射极板,与传统热离子设备具有相同的结构(图 15.2.1(a)).器件光电转化的过程主要分为三个步骤:第一,器件阴极材料的电子经太阳辐射被激发到导带;第二,在导带中,电子迅速热化达到热平衡分布,并扩散到整个阴极;第三,到达阴极表面的电子克服电子亲和势直接发射到真空,被阳极收集,产生电流(图 15.2.1(b)).每个发射电子可同时获得克服半导体材料能隙的光子能量与克服导带电子亲和势的热动能.因此,光增热离子器件的输出电压高于相同带隙的传统太阳能电池,可更有效地利用太阳光谱.

光增热离子器件的工作电流依赖于光激发后由材料表面逸出的总电子数.计算过

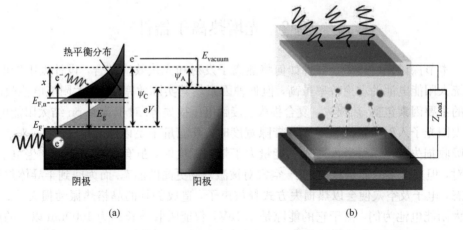

图 15.2.1 (a)光增热离子器件的能带结构示意图,光激发增大了阴极半导体导带电子浓度,
使得发射电子流显著增加.(b)光增热离子器件工作原理示意图. 光子入射到阴极,
激发电子,发射电子通过真空间隙后被阳极收集

程与传统热离子发射器的方法类似,所不同的是导带中的电子统计分布是由阴极的准费米能级决定的. 在非简并近似下,准费米能级 $E_{\mathrm{F},n} = E_{\mathrm{F}} + kT_{\mathrm{C}}\ln(n/n_{\mathrm{eq}})$,其中 E_{F} 和 n_{eq} 分别是光照前平衡态时的费米能级和电子浓度,n 是光照后的电子浓度,T_{C} 是阴极极板的温度. 光照强度越大,电子浓度 n 越大,准费米能级 $E_{\mathrm{F},n}$ 也越高. 根据半导体电子发射的基本原理[29],阴极极板发射的电流密度为

$$J_{\mathrm{C}} = \int_{E_{\mathrm{C}}+\chi}^{\infty} ev_x N(E) f(E)\,\mathrm{d}E = \int_{E_{\mathrm{C}}+\chi}^{\infty} ev_x \left[\frac{4\pi\,(2m^*)^{3/2}}{h^3}\right]\sqrt{E - E_{\mathrm{C}}}$$

$$\times \exp[-(E - E_{\mathrm{F},n})/(kT_{\mathrm{C}})]\,\mathrm{d}E \tag{15.2.1}$$

式中,v_x 是电子垂直发射表面的速度;χ 表示电子亲和势;m^* 是电子的有效质量;E_{C} 是阴极半导体的导带能级;$N(E)$ 是态密度函数;$f(E)$ 是费米统计分布. 式(15.2.1)右边假设导带底附近单位能量间隔内的量子态数目随着电子的能量增加按抛物线关系增大. 另外,在高温下,电子分布由麦克斯韦-玻尔兹曼分布函数近似. 如果假设材料中电子有效质量是各向同性的,则 $E - E_{\mathrm{C}} = m^* v^2/2$. 在三维体系中,电子运动速率的平方 $v^2 = v_x^2 + v_y^2 + v_z^2$. 根据以上假设和近似,式(15.2.1)可改写成

$$J_{\mathrm{C}} = 2e\left(\frac{m^*}{h}\right)^3 \exp\left(-\frac{E_{\mathrm{C}} - E_{\mathrm{F},n}}{kT_{\mathrm{C}}}\right)$$

$$\times \int_0^\infty \mathrm{d}v_y \int_0^\infty \mathrm{d}v_z \int_{v_{\mathrm{vac}}}^\infty \mathrm{d}v_x v_x \exp[-m^* v^2/(2kT_{\mathrm{C}})] \tag{15.2.2}$$

式中,$v_{\mathrm{vac}} = \sqrt{2\chi/m^*}$ 是 x 方向上电子克服势垒跃迁到真空所需的最小速度. 式(15.2.2)积分可得发射电流密度的简单形式

$$J_{\mathrm{C}} = \frac{4\pi e m^* k^2}{h^3} T_{\mathrm{C}}^2 \exp\left(-\frac{E_{\mathrm{C}} - E_{\mathrm{F},n} + \chi}{kT_{\mathrm{C}}}\right) = AT_{\mathrm{C}}^2 \exp\left[-\frac{\psi_{\mathrm{C}} - (E_{\mathrm{F},n} - E_{\mathrm{F}})}{kT_{\mathrm{C}}}\right]$$

$$\tag{15.2.3}$$

式中，阴极功函数 $\psi_C = E_g - E_F + \chi$，由阴极材料的禁带宽度 E_g 和电子亲和势 χ 决定；A 就是理查森数. 由式 (15.2.3) 可知，光增热离子器件的阴极发射电流密度与理查森方程形式一致. 值得注意的是，光子激发后，电子由半导体表面逸出所需克服的势垒比光照前低了 $E_{F,n} - E_F$.

利用关系式 $E_{F,n} = E_F + kT_C \ln(n/n_{eq})$，式 (15.2.3) 可写成电子浓度 n，电子亲和势 χ 和垂直阴极表面方向上电子的平均速度 $\langle v_x \rangle$ 的函数[15]

$$J_C = en\langle v_x \rangle \exp\left(-\frac{\chi}{kT_C}\right) = en\sqrt{\frac{kT_C}{2\pi m^*}} \exp\left(-\frac{\chi}{kT_C}\right) \tag{15.2.4}$$

这表明光照使得导带电子浓度由 n_{eq} 显著增加到 n，而电子的热动能决定了电子克服亲和势 χ 逸出的概率. 采用平衡电子浓度 n_{eq} 相对较小的 p 型半导体材料作为阴极，光子激发可产生更多的电子，从而提高发射电子密度.

15.2.2 空间电荷效应的影响[①]

在标准的热离子发射装置中，由阴极发射的电子不会瞬间被阳极收集，因为电子的传输速度有限. 这些电子将在阴极周围积累，形成电子云，从而构成反向电场，阻碍电子向前运动. 空间电荷效应是热离子发射设备要克服的一个重要缺陷，可简单地由麦克斯韦统计理论和朗缪尔 (Langmuir) 空间电荷理论[30, 31] 来计算. 同样地，光增热离子器件由于发射电子流密度大，迫切需要进一步研究光增热离子器件中的空间电荷效应.

根据朗缪尔空间电荷理论，为了探讨空间电荷积累效应，需要分析极板间静电势分布，其中涉及如何对泊松方程进行求解. 这里将假设电子在一维方向上运动，且在运动过程中不会相互碰撞，阳极的发射电流由于极板温度较低可忽略. 极板间势分布可用 $\psi(x)$ 来描述，如图 15.2.2 所示. 这有点类似半导体能带图，其中 x 表示极板间任意位置，原点为阴极表面. $\psi(x)$ 数值上等于静电势乘以 $-e$. 作用在电子上的电场力等于 $\psi(x)$ 的负梯度.

图 15.2.2(a) 表示势函数 $\psi(x)$ 的最大值正好在阴极表面，此时的工作状态称为饱和点. 在这种情况下，所有的发射电子都能穿过真空隙，被阳极收集，因为电子处在正向加速的电场，电流密度可用式 (15.2.4) 表示.

图 15.2.2(b) 表示电流密度处在空间电荷限制条件下，势函数最大值 ψ_m 位于真空某处 x_m，并且比阴极的功函数大. 阴极发射的电子必须克服势垒 ψ_m 才能到达阳极. 如图 15.2.2(b) 所示，阳极空间，即坐标 x_m 与阳极表面 d 之间，电子处于加速电场，电子最低以动能 $\psi_m - \psi(x)$ 向阳极极板运动. 这意味着，阳极空间电子的速度范围为 $v_0 \leqslant v_x < \infty$，其中 $v_0 = \{2[\psi_m - \psi(x)]/m^*\}^{1/2}$. 在阴极空间中，即阴极的发射表面和 x_m 之间，部分电子将以动能由 0 到 $\psi_m - \psi(x)$ 返回阴极，另外一部分电子向阳极极板运动，动能范围为 0 到无穷大. 所以阴极空间电子的速度范围是 $-v_0 \leqslant v_x < \infty$.

① Su S, Wang Y, Liu T, et al. Sol. Energ. Mat. Sol. C., 2014, 121: 137

图 15.2.2(c)表示势函数 $\psi(x)$ 的最大值正好位于阳极表面，此时的工作状态称为临界点. 当电压处在临界点以上时，真空中所有的电子需克服反向的电场力才能到达阳极. 可将这种机制称为减速模式.

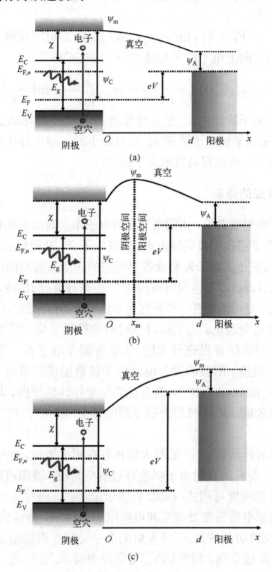

图 15.2.2　光增热离子器件的能带图和真空势函数分布 $\psi(x)$

(a)电压处在饱和点，(b)电压处在空间电荷限制区域和(c)电压处在临界点

极板间，势函数分布 $\psi(x)$ 主要由泊松方程支配，即

$$\frac{\mathrm{d}^2\psi}{\mathrm{d}x^2} = -\frac{e^2 N(x)}{\varepsilon_0} \tag{15.2.5}$$

式中，$\varepsilon_0 = 8.85 \times 10^{-14} \mathrm{F/m}$ 是真空的介电常量；$N(x)$ 表示电子数密度，可表示为

$$N(x) = \int_{-\infty}^{\infty} dv_y \int_{-\infty}^{\infty} dv_z \int_{-\infty}^{\infty} dv_x f(x,v) \qquad (15.2.6)$$

式中，$f(x,v)$ 是电子的速度分布函数. 在势函数最大处 x_m，分布函数是半麦克斯韦速度分布函数，因为电子速度的最小值为零[31]. 此时，速度分布函数可表示为

$$f(x_m,v) = 2N(x_m) \left(\frac{m^*}{2\pi k T_C}\right)^{3/2} \exp\left(-\frac{m^*}{2k T_C} v^2\right) \tau(v_x) \qquad (15.2.7)$$

式中，$\tau(v_x)$ 表示单位阶跃函数. 当 $v_x > 0$ 时，$\tau(v_x) = 1$. $N(x_m)$ 是 x_m 处的电子数密度. 在其他任意位置，速度分布函数应为

$$f(x,v) = 2N(x_m) \left(\frac{m^*}{2\pi k T_C}\right)^{3/2} \exp\left(\gamma - \frac{m^*}{2k T_C} v^2\right) \qquad (15.2.8)$$

式中，$\gamma = [\psi_m - \psi(x)]/(k T_C)$.

根据图 15.2.2(b) 和以上分析，当器件工作在空间电荷限制区域时，速度分布函数为

$$f(x,v) = 2N(x_m) \left(\frac{m^*}{2\pi k T_C}\right)^{3/2} \exp\left(\gamma - \frac{m^*}{2k T_C} v^2\right) \times \begin{cases} \tau(v_x - v_0), & x \geqslant x_m \\ \tau(v_x + v_0), & x < x_m \end{cases}$$
$$(15.2.9)$$

将式 (15.2.9) 代入式 (15.2.6)，电子数密度可化简成

$$N(x) = N(x_m)\exp(\gamma) \times \begin{cases} 1 - \mathrm{erf}(\gamma^{1/2}), & x \geqslant x_m \\ 1 + \mathrm{erf}(\gamma^{1/2}), & x < x_m \end{cases} \qquad (15.2.10)$$

式中，$\mathrm{erf}(u) = 2/\sqrt{\pi} \int_0^u e^{-t^2} dt$ 是误差函数. 利用式 (15.2.10) 和坐标无量纲化 $\xi = (x - x_m)/x_0$，式 (15.2.5) 的泊松方程可表示为

$$2\frac{d^2\gamma}{d\xi^2} = \exp(\gamma) \begin{cases} 1 + \mathrm{erf}(\gamma^{1/2}), & \xi \geqslant 0 \\ 1 - \mathrm{erf}(\gamma^{1/2}), & \xi < 0 \end{cases} \qquad (15.2.11)$$

式中，$x_0^2 = \frac{\varepsilon_0 k T_C}{2e^2 N(x_m)}$；边界条件为 $\gamma(\xi = 0) = 0$ 和 $\gamma'(\xi = 0) = 0$. 对式 (15.2.11) 数值积分，可得势函数分布 $\psi(x)$ 随位置的变化关系.

电流密度

$$J = e \int_{-\infty}^{\infty} dv_y \int_{-\infty}^{\infty} dv_z \int_0^{\infty} dv_x v_x f(x_m,v) \qquad (15.2.12)$$

是由越过最高势垒 ψ_m 处的电子数量所决定的. 为了计算得到电流密度，首先需利用式 (15.2.11) 得到势函数分布 $\psi(x)$，然后由式 (15.2.9) 确定麦克斯韦速度分布函数随坐标的变化，将势垒最高处 x_m 的分布函数 $f(x_m,v)$ 代入式 (15.2.12) 最终得到电流密度. 另外，利用式 (15.2.7)，对式 (15.2.12) 积分可得

$$J = 2eN(x_m) \left(\frac{k T_C}{2\pi m^*}\right)^{1/2} \qquad (15.2.13)$$

而阴极发射饱和电流密度为

$$J_C = e \int_{-\infty}^{\infty} dv_y \int_{-\infty}^{\infty} dv_z \int_0^{\infty} dv_x v_x f(0, v) \tag{15.2.14}$$

将式(15.2.8)代入式(15.2.14)并结合式(15.2.13),可得饱和电流密度和受空间电荷限制区域工作电流密度之间的关系

$$J_C = J \exp(\gamma_{Cm}) \tag{15.2.15}$$

式中,$\gamma_{Cm} = (\psi_m - \psi_C)/(kT_C)$ 表示阴极表面到势垒最高处的势能差与 kT_C 的比值.

另外,归一化因子 x_0 可表示为电流密度的函数

$$x_0 = \left(\frac{\varepsilon_0^2 k^3}{2\pi m^* e^2} \right)^{0.25} \frac{T_C^{0.75}}{J^{0.5}} \tag{15.2.16}$$

根据文献[31, 32],用以下数值计算的步骤可确定光增热离子器件的伏安特性.

(1)给定能隙 E_g、电子亲和势 χ,以及阴极温度,由式(15.2.4)可计算阴极发射饱和电流密度.

(2)当电压处在饱和点时,阴极表面和阳极表面到势垒最高处的距离无量纲化后分别为 $\xi_{CS} = 0$ 和 $\xi_{AS} = \left(\frac{2\pi m^* e^2}{\varepsilon_0^2 k^3} \right)^{0.25} \frac{J_C^{0.5} d}{T_C^{0.75}}$. 饱和点的电压为

$$V_S = [\psi_C - \psi_A - \gamma_{AS}(\xi_{AS})kT_C]/e \tag{15.2.17}$$

式中,$\gamma_{AS}(\xi_{AS})$ 由式(15.2.11)确定.

当电压 $0 < V < V_S$ 时,电流密度是由阴极发射饱和电流密度式(15.2.4)决定的.

(3)当电压高于临界点电压 V_C 时,电流密度可表示为

$$J = en \sqrt{kT_C/(2\pi m^*)} \ e^{-[\chi + (\psi_A + eV - \psi_C)]/(kT_C)} \tag{15.2.18}$$

临界点以上的电压为

$$V = [\psi_C - \psi_A - \ln(J/J_C)kT_C]/e \tag{15.2.19}$$

(4)如果器件工作在饱和点到临界点之间的空间电荷限制区域,电流密度的取值范围为 $J_{CP} < J < J_C$,其中 J_{CP} 是工作电压处在临界点时的电流密度. 根据式(15.2.15)可计算阴极功函数与势函数顶点 ψ_m 之差. 进而由式(15.2.11)得到阴极表面到势垒最高处的距离无量纲化后的取值 $\xi_{Cm}(\gamma_{Cm})$. 由关系式 $\xi_{Am} = \dfrac{d}{x_0} - \xi_{Cm}$,可计算阳极表面到势垒最高处的距离无量纲化后的取值,其中 d 表示极板间距. 再利用式(15.2.11),可得阳极功函数与势函数顶点 ψ_m 的差 $\gamma_{Am} kT_C$. 最后,在空间电荷限制区域,电池电压可写成

$$V = [(\psi_C + \gamma_{Cm}kT_C) - (\psi_A + \gamma_{Am}kT_C)]/e \tag{15.2.20}$$

文献[32]已基于以上方法,研究了空间电荷积累对光增热离子器件性能的影响. 发现电极极板距离设计在微米尺度或更大,空间电荷积累将严重影响电池的光电转化效率,并分析了三种工作电压区间,电子流密度和输出功率的不同表示形式. 结果表明,合理调节极板间距,可减少空间电荷积累,使光增热离子器件的效率优于传统的太阳能电池.

15.2.3　镜像电荷和量子隧穿效应[①]

当热离子器件两个极板间距为纳米数量级时，空间电荷积累效应可以忽略，但电子的传输过程需要考虑镜像电荷效应[33]和量子隧穿效应[34, 35]. 光增热离子器件的真空间隙为纳米级时，也需要考虑镜像电荷效应和量子隧穿效应.

图 15.2.3 是具有纳米级真空间隙的光增热离子器件能带结构示意图，由一块 p 型半导体阴极材料和一块金属阳极材料组成. E_F 是阴极材料的费米能级，用 ψ_C 和 ψ_A 表示阴极极板和阳极极板的功函数，d 是两个极板之间的距离. 当真空间距处于纳米尺度时，电子隧穿和镜像电荷效应会十分显著，引起阴极势垒降低，如图 15.2.3 两个极板间的实线所示. 设光增热离子器件的阴极采用重度掺杂的硅材料，因此，可采用文献[33]的数学模型描述两个极板间的势垒分布，即

$$W(x) = \psi_C - (\psi_C - \psi_A - eV)\frac{x}{d} - \frac{e^2}{4\pi\varepsilon_0}\left[\frac{1}{4x} + \frac{1}{2}\sum_{i=1}^{\infty}\left(\frac{id}{i^2d^2 - x^2} - \frac{1}{id}\right)\right]$$

(15.2.21)

式中，V 是工作电压；x 是到阴极表面的距离；ε_0 是真空介电常量. 式(15.2.21)中，前两项分别为两个极板的功函数和工作电压引起的势垒变化，第三项表示镜像电荷修正. 为了数值计算简便，式(15.2.21)可近似为[35] $W(x) = \psi_C - (\psi_C - \psi_A - eV)x/d - 1.15\lambda d^2/[x(d-x)]$，其中 $\lambda = e^2\ln 2/(16\pi\varepsilon_0 d)$.

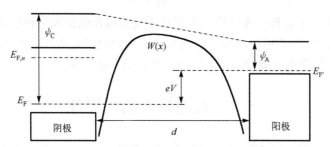

图 15.2.3　具有纳米级真空间隙的光增热离子器件能带结构示意图

当系统稳定工作时，入射光子中的高频部分将阴极价带中的电子激发到导带，电子经过快速的热化过程均匀分布于阴极材料中，其中动能大于阴极表面势垒的电子从阴极表面发射形成热离子发射电子流. 从阴极表面发射能通过最大势垒高度 W_m 的电子流密度为[36]

$$J_C = \frac{4\pi e m^* k_B^2 T_C^2}{h^3}\frac{n}{n_{eq}}\exp\left(-\frac{W_m}{k_B T_C}\right)$$

(15.2.22)

式中，T_C 是阴极温度；n 是导带电子浓度；n_{eq} 是平衡时导带电子浓度. 阳极发射的电子流密度可用标准的理查森方程计算，能够克服电势差并通过最大势垒高度 W_m 的电子

---

① Wang Y, Liao T, Zhang Y, et al. J. Appl. Phys., 2016, 19: 045106

流密度为[36]

$$J_A = AT_A^2 \exp\left(-\frac{W_m - eV}{k_B T_A}\right) \tag{15.2.23}$$

式中，T_A 是阳极的温度.

纳米尺度真空间隙不仅产生了镜像电荷效应，还引起了电子隧穿[34,35]. 阴极中能量小于 W_m 的电子会有一定概率隧穿至阳极，形成的电流密度可表示为[36]

$$J_{QC} = e \int_{-\infty}^{W_m} N_C(E) D(E) dE \tag{15.2.24}$$

式中，

$$N_C(E) = \frac{4\pi m^* k_B T_C}{h^3} \ln\left[1 + \frac{n}{n_{eq}} \exp\left(\frac{-E}{k_B T_C}\right)\right] \tag{15.2.25}$$

式中，$D(E)$ 是电子穿透势垒 $W(x)$ 的概率，用 WKB 近似计算

$$D(E) = \exp\left\{-\frac{4\pi}{h} \int_{x_1}^{x_2} \sqrt{2m^* [W(x) - E]} dx\right\} \tag{15.2.26}$$

x_1 和 x_2 的值通过方程 $W(x) - E = 0$ 确定. 阳极表面由于隧穿产生的电流密度可表示为[36]

$$J_{QA} = e \int_{-\infty}^{W_m} N_A(E - eV) D(E) dE \tag{15.2.27}$$

式中，$N_A(E) = \frac{4\pi m^* k_B T_A}{h^3} \ln\left[1 + \exp\left(-\frac{E}{k_B T_A}\right)\right]$.

文献[36]系统地分析了光增热离子器件中极板镜像电荷效应和量子隧穿效应对热电转换效率的影响. 发现通过减小间距的方法可有效地降低电子发射所需克服的最大势垒，同时也可增强电子隧穿概率，得到了更大的短路电流.

15.3   石墨烯热离子器件

作为一种新型的二维材料，石墨烯存在许多独特的优势，使得它可作为热离子器件的发射极材料. Wallace 研究发现石墨烯中的电子类似于狄拉克费米子，并且它的电子运动方程服从二维狄拉克方程[37]，这为研究石墨烯的性质提供了理论基础. 利用这个模型，石墨烯中电子在低能级区域平行于材料表面的能量色散关系满足 $E_p = \hbar v_F |k|$，其中 v_F 代表石墨烯中无质量的狄拉克费米子的速度. 每个单位晶格具有能量 E_p 到 $E_p + dE_p$ 的电子态数目可表示为 $D(E_p) dE_p = \frac{2}{(2\pi)^2} 2\pi k_p dk_p = \frac{E_p}{\pi \hbar^2 v_F^2} dE_p$ [38]. 具有总能量为 E 的电子，其电子态占有率服从费米-狄拉克分布，即 $f(E) = \{1 + \exp[(E - E_F)/(k_B T)]\}^{-1}$，其中石墨烯中电子的费米能级 $E_F = 0.083 \text{eV}$. 单位时间单位面积内从石墨烯表面垂直发射的电子具有总能量在 $E_p \sim E_p + dE_p$ 和垂直能量在 $E_x \sim E_x + dE_x$ 范围内的电子数为[38]

$$N(E_p, E_x) dE_p dE_x = \frac{2f(E)}{(2\pi)^2} v_x dk_y dk_z dk_x$$

$$\begin{aligned} &= \frac{E_{\mathrm{p}} f(E)}{\pi \left(\hbar v_{\mathrm{F}} \right)^2} \mathrm{d}E_{\mathrm{p}} v_x \mathrm{d}k_x \\ &= \frac{E_{\mathrm{p}} f(E)}{\pi \hbar^3 v_{\mathrm{F}}^2} \mathrm{d}E_{\mathrm{p}} \mathrm{d}E_x \end{aligned} \tag{15.3.1}$$

在上述推导过程中,已经假定了电子在垂直方向的动能为 $E_x = \hbar^2 k_x^2 / 2m$. 这个假设是基于石墨烯具有原子层的厚度,从而在垂直方向被局限于一个有限的量子阱. 而量子阱的势垒高度近似等于单层石墨烯的本征功函数 ψ. 由于量子局域效应,可通过解电子运动的薛定谔方程来得到基态能量. 利用式(15.3.1),可得具有垂直能量 E_x 到 $E_x + \mathrm{d}E_x$ 的电子数

$$N(E_x) \mathrm{d}E_x = \frac{\mathrm{d}E_x}{\pi \hbar^3 v_{\mathrm{F}}^2} \int_{E_x}^{\infty} (E - E_x) f(E) \mathrm{d}E \tag{15.3.2}$$

为了得到式(15.3.2)的解析解,需要做出如下假设:首先,只有能量大于或等于石墨烯功函数的电子可以发射,这意味着电子隧穿忽略不计;其次,只有费米-狄拉克分布的高能组分起主要作用,从而可以用麦克斯韦-玻尔兹曼分布函数近似代替费米-狄拉克分布函数. 因此,式(15.3.2)可简化为

$$\begin{aligned} N(E_x) \mathrm{d}E_x &= \frac{\mathrm{d}E_x}{\pi \hbar^3 v_{\mathrm{F}}^2} \int_{E_x}^{\infty} (E - E_x) \exp\left[-\frac{(E - E_{\mathrm{F}})}{k_{\mathrm{B}} T} \right] \mathrm{d}E \\ &= \frac{-k_{\mathrm{B}} T \mathrm{d}E_x}{\pi \hbar^3 v_{\mathrm{F}}^2} \int_{E_x}^{\infty} (E - E_x) \mathrm{d}\exp\left[-\frac{(E - E_{\mathrm{F}})}{k_{\mathrm{B}} T} \right] \\ &= \frac{-k_{\mathrm{B}} T \mathrm{d}E_x}{\pi \hbar^3 v_{\mathrm{F}}^2} \left\{ (E - E_x) \exp\left[-\frac{(E - E_{\mathrm{F}})}{k_{\mathrm{B}} T} \right] \Big|_{E_x}^{\infty} - \int_{E_x}^{\infty} \exp\left[-\frac{(E - E_{\mathrm{F}})}{k_{\mathrm{B}} T} \right] \mathrm{d}E \right\} \\ &= \frac{(k_{\mathrm{B}} T)^2}{\pi \hbar^3 v_{\mathrm{F}}^2} \exp\left[-\frac{(E_x - E_{\mathrm{F}})}{k_{\mathrm{B}} T} \right] \mathrm{d}E_x \end{aligned} \tag{15.3.3}$$

对于热离子发射,沿着垂直于石墨烯表面方向发射的电子流密度可表示为[38]

$$J = e \int_{\psi}^{\infty} N(E_x) \mathrm{d}E_x = \frac{e k_{\mathrm{B}}^3 T^3}{\pi \hbar^3 v_{\mathrm{F}}^2} \exp\left(-\frac{\psi - E_{\mathrm{F}}}{k_{\mathrm{B}} T} \right) \tag{15.3.4}$$

可以清楚地看到式(15.3.4)并不依赖于电子质量,这归因于石墨烯中无质量的狄拉克费米子具有线性的能带结构. 同样也说明理查森方程不再适用于单层石墨烯的热离子发射.

15.4 器件性能的优化分析①

对于各种热离子器件,只要求出器件的工作温度、工作电压、电子的费米能级、电流密度和输入的热流等物理量,再结合器件的具体特性,人们便可评估器件的性能

---

① Su S, Zhang H, Chen X, et al. Sol. Energ. Mat. Sol. C., 2013, 117: 219

和优化设计参数. 因此, 利用上述所得结果, 可继续讨论优化新型热离子器件的性能.

本节仅以光增热离子器件为例, 结合能量守恒定律和粒子数守恒定律, 给出热离子器件的参数优化设计的一般方法. 将由包含不可逆热损失的光增热离子器件模型出发, 建立阴极和阳极极板的能量平衡方程和与光子及电子总数有关的粒子数守恒方程, 确定器件稳定工作时的状态, 进而给出电流密度、功率输出和总效率的表达式, 对系统的优化问题和重要参数的最佳设计进行了详细的讨论.

15.4.1 模型描述

图 15.4.1 表示光增热离子器件能流分析示意图, 考虑了工作时存在的主要不可逆热损失. 其中 P_{sun} 表示 AM1.5 聚焦直射光的能流强度. 选择性太阳能光热吸收涂层附着于阴极表面, 以允许能量小于阴极半导体能隙 E_g 的光子被吸收转化成热, 使阴极温度升高. 阴极和阳极形成一个平行板结构, 极板表面光子发射和吸收表面积等于其电子发射和吸收的面积. 假设极板表面温度均匀分布, 分别为 T_C 和 T_A, 可由能量平衡方程确定. 阳极作为集电极能有效地吸收由阴极发射的电子, 并将它们输送到外部负载转化成电. J_C 和 J_A 分别是阴极和阳极表面发射的电子流密度, 且与极板温度和材料性质紧密相关. 阴极与环境之间和阴极与阳极之间均有热辐射, 这里热辐射系数假设为 1. σT_C^4 即表示阴极表面的黑体辐射, 其中 $\sigma = 5.67 \times 10^{-12}$ W/(cm$^2 \cdot$ K^4) 为斯特藩-玻尔兹曼(Stefan-Boltzmann)常量. σT_R^4 是环境到阳极的热辐射能流, T_R 是环境温度. 由于光激发产生大量的电子-空穴对, 阴极表面的热辐射量将显著增加. 光子增强的辐射能流可表示为 $P_r = \dfrac{2\pi}{h^3 c^2}[\mathrm{e}^{(E_{F,n}-E_{F,p})/(k_B T_C)} - 1]\displaystyle\int_{E_g}^{\infty} \dfrac{(h\nu)^3 \mathrm{d}(h\nu)}{\mathrm{e}^{h\nu/(k_B T_C)}-1}$ [15], 其中 c 是光速, $E_{F,n}$ 和 $E_{F,p}$ 分别表示导带和价带准费米能级, h 是普朗克常量, $h\nu$ 是光子能量. 阳极被视为黑体表面, 其热辐射能流为 σT_A^4. $U(T_A - T_R)$ 是单位时间单位面积阳极表面与环境的热传导, U 是相应的热传导率, R_L 是负载电阻.

应当指出的是, 这里忽略了对流和热传导引起的阴极表面热损失及阳极表面的热辐射损失, 这是因为阴极在较高温度下的热损失主要由热辐射决定, 而阳极在较低温度下的热损失主要是对流或热传导引起. 同时, 还忽略了由环境和阳极到阴极的光子和发射电子对阳极电子浓度的影响, 因为它们所携带的能量比 P_r 小得多.

当 p 型半导体, 例如, 硼掺杂的硅, 用作阴极材料且阴极无光照时, 阴极材料的费米能级 E_F 可由电中性方程式来计算[29], 即

$$n_{eq} + N_A^- = p_{eq} \qquad (15.4.1)$$

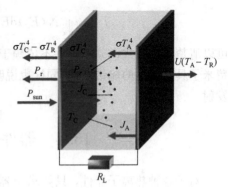

图 15.4.1 光增热离子器件
能流分析示意图

式中，$n_{eq} = N_C e^{-(E_C - E_F)/(k_B T_C)}$ 是电子浓度；$p_{eq} = N_V e^{-(E_F - E_V)/(k_B T_C)}$ 是空穴载流子浓度；$N_A^- = N_A \dfrac{1}{1 + 4 e^{(E_A - E_F)/(k_B T_C)}}$ 是玻尔兹曼统计近似下离子化硼受体的电子浓度，E_C 和 E_V 分别是导带和价带的能级，硼的掺杂浓度为 $N_A = 10^{19} \mathrm{cm}^{-3}$ [15, 29]，$E_A = 0.044 \mathrm{eV}$ 是硅中的硼受体的电离能，$N_C = 2(2\pi m_n^* k T_C / h^2)^{3/2}$ 和 $N_V = 2(2\pi m_p^* k T_C / h^2)^{3/2}$ 分别表示导带和价带的有效态密度，$m_n^* = 1.0 m_e$ 和 $m_p^* = 0.57 m_e$ 分别表示电子和空穴有效质量，m_e 是真空中电子的质量. 设价带的能级 E_V 为零，式 (15.4.1) 可写成

$$N_C e^{-(E_g - E_F)/(k_B T_C)} + N_A \frac{1}{1 + 4 e^{(E_A - E_F)/(k_B T_C)}} = N_V e^{-E_F/(k_B T_C)} \tag{15.4.2}$$

由式 (15.4.2) 可求出无光照条件下，阴极半导体的费米能级 E_F，进而确定电子和空穴的平衡浓度 n_{eq} 和 p_{eq}，以及阴极的功函数 $\varphi_C = \chi + E_g - E_F$.

在稳定工作条件下，阴极半导体中光子激发电子的概率 R_S、光子增强电子空穴对复合的概率 R_r 和热离子发射概率 R_P 满足如下细致平衡方程[15, 39]：

$$R_S - R_P - (2 - \Gamma) R_r = 0 \tag{15.4.3}$$

式中，Γ 是阳极表面对阴极发射光子的反射系数，取值由 0 到 1. R_S 可由如下公式计算：

$$R_S = \int_0^{\lambda_g} \Phi(\lambda) \mathrm{d}\lambda \tag{15.4.4}$$

式中，$\Phi(\lambda)$ 表示太阳光谱光子流分布；λ_g 是能量为 E_g 的光子对应的波长. 阴极极板单位面积热离子发射概率 R_P 可表示为[39]

$$R_P = n \sqrt{\frac{k_B T_C}{2\pi m_n^*}} \exp[-\chi/(k_B T_C)] \tag{15.4.5}$$

式中，n 是光激发后导带电子浓度. 式 (15.4.5) 表明光照导致导带电子浓度 n 显著增加，且远远大于平衡时浓度 n_{eq}，而电子在导带中的热动能决定了电子克服电子亲和势 χ 的概率. 文中忽略了俄歇复合、表面复合和肖克莱-里德-霍尔复合的作用，只考虑辐射复合. 光子增强电子-空穴对复合的概率可表示为[39, 40]

$$R_r(E > E_g, T_C) = \frac{2\pi}{h^3 c^2} \int_{E_g}^{\infty} \frac{(h\nu)^2 \, \mathrm{d}(h\nu)}{e^{h\nu/(k_B T_C)} - 1} \left(\frac{np}{n_{eq} p_{eq}} - 1 \right) \tag{15.4.6}$$

式中，p 是光激发后阴极半导体空穴浓度.

光激发后和无光照条件下，电子和空穴的浓度差为

$$\Delta n = \Delta p = n - n_{eq} = p - p_{eq} \tag{15.4.7}$$

将式 (15.4.7) 代入式 (15.4.3)，可求出导带电子浓度 n，进而根据式 (15.2.4) 可计算阴极发射电流密度

$$J_C = en \sqrt{\frac{k_B T_C}{2\pi m_n^*}} e^{-\chi/(k_B T_C)} \tag{15.4.8}$$

上式表明阴极发射电流密度的大小依赖于极板温度 T_C 和电子亲和势 χ.

阳极极板的发射电子流密度可由理查森方程 [式 (15.1.16)] 计算，即

$$J_A = AT_A^2 e^{-\varphi_A/(k_B T_A)} \tag{15.4.9}$$

式中，φ_A 表示阳极金属材料功函数.

15.4.2 能量守恒方程和性能函数

根据图 15.4.1 和热力学第一定律，阴极和阳极的能量平衡方程可表示为

$$P_{sun} - (2-\Gamma)P_r + J_A(\varphi_C + 2k_B T_A) - J_C(\varphi_C + 2k_B T_C)$$
$$- (1-\Gamma)\sigma(T_C^4 - T_A^4) - \sigma(T_C^4 - T_R^4) = 0 \tag{15.4.10}$$

和

$$J_C(\varphi_A + 2k_B T_C) - J_A(\varphi_A + 2k_B T_A) + (1-\Gamma)P_r + (1-\Gamma)\sigma(T_C^4$$
$$- T_A^4) - U(T_A - T_R) = 0 \tag{15.4.11}$$

与文献[15]相比，式(15.4.10)和式(15.4.11)考虑了多种不可逆损失，其中包括由阳极到环境的热流及阴极和阳极之间的热辐射. 当假定阳极对光的反射系数 $\Gamma = 1$ 时，极板之间的辐射传热可忽略. 此时，这里的模型与文献[15]类似，但是，这里阳极极板温度 T_A 不是给定的常量. 当假定阳极和阴极之间完全不反射，即 $\Gamma = 0$ 时，极板之间的辐射需要考虑. 当假定阳极和阴极之间部分反射时，$0 < \Gamma < 1$. 以上分析表明，这里的模型更具一般特征，可根据实际情况，选择反射系数的不同值. 另外，式(15.4.11)中的传热系数 U 是衡量阳极与环境之间的热传导的重要参数，U 的取值密切依赖于传热的机制和热交换器的构型. 显然，U 越大，阳极温度越低，太阳能电池的性能越好. 在实际设计过程中，应该努力改善传热性能.

根据上述分析，可获得器件的功率输出和效率的表达式，分别为

$$P = (J_C - J_A)(\varphi_C - \varphi_A) \tag{15.4.12}$$

和

$$\eta = \frac{(J_C - J_A)(\varphi_C - \varphi_A)}{P_{sun}} \tag{15.4.13}$$

式中，P_{sun} 是 1000 倍 AM1.5 聚焦直射光的强度. 这里需要指出的是输出电压是简单地用极板之间的功函数差表示的，忽略了极板之间的偏压对电流的影响.

15.4.3 性能分析与优化

设参数 $\varphi_A = 0.9\,eV$，$T_R = 300K$，$U = 0.2\,W/(cm^2 \cdot K)$ 和 $\Gamma = 0$. 根据式(15.4.13)，可绘制出效率 η 随能隙 E_g 和电子亲和势 χ 变化的三维投影图，如图 15.4.2(a)所示. 图中显示，η 随能隙 E_g 和电子亲和势 χ 变化存在最大值. 图 15.4.2(b)显示对 χ 优化后的效率 η_{max,E_g} 随着 E_g 变化的曲线. 比较发现，图 15.4.2(b)中的最大效率比文献[15]的图 4 中的最大效率略小，这是合理的，因为这里考虑了极板之间以及阳极和环境之间的传热不可逆损失，更接近实际情况. 最大效率 η_{max,E_g} 对应的 E_g 和 χ 分别是 1.36 eV 和 1.01 eV，相应的极板温度为 1170 K 和 518 K.

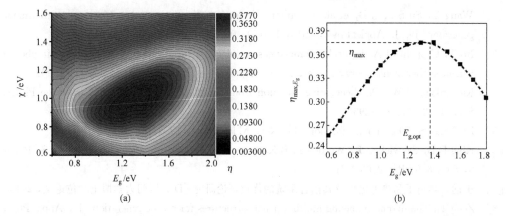

图 15.4.2 (a)效率 η 随能隙 E_g 和电子亲和势 χ 变化的三维投影图;(b) $\eta_{\max.E_g}$ 随着 E_g 的变化曲线,

其中 $\eta_{\max.E_g}$ 表示给定某个 E_g 对应的效率的最大值, $E_{g.opt}$ 是最大效率 $\eta_{\max}$ 下对应的能隙

当 $E_g = 1.36\text{eV}$ 时,可绘制出电压 V 和效率 η 随着净电流密度 $J = J_C - J_A$ 的变化曲线,分别由图 15.4.3(a)和(b)中较低的曲线所示. J 随着 V 的增加而单调下降.随着电子亲和力 χ 的增加,被激发的电子必须克服更大的功函数才能由阴极表面逸出,因此,电流密度会减小.然而,如果 χ 增加,电压也会增加,因为电压与阴极功函数成正比.由电压电流曲线可判断,效率随着电流密度 J 的变化是有极值的,由图 15.4.3(b)可验证.值得注意的是,器件的最佳性能密切依赖于 Γ 的取值.阳极和阴极之间的热辐射不可逆损失依赖于反射系数 Γ,显然,反射系数 Γ 越大,器件的性能越好. $\Gamma = 1$ 时,器件的性能将最好(图 15.4.3(b)中效率较高的曲线).

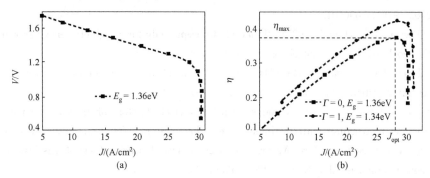

图 15.4.3 (a) $E_g = 1.36\text{eV}$ 时,电压 V 随着电流密度 J 的变化曲线.(b)给定 E_g 和 Γ 时,

效率 η 随着电流密度 J 的变化曲线. $\Gamma = 0$ 和 $\Gamma = 1$ 对应的最优能隙

分别是 1.34eV 和 1.36eV. J_{opt} 为最大效率对应的电流密度

参 考 文 献

[1] Wilson V C. Conversion of heat to electricity by thermionic emission[J]. J. Appl. Phys., 1959, 30: 475.

［2］ Wang Y，Su S，Lin B，et al. Parametric design criteria of an irreversible vacuum thermionic generator ［J］. J. Appl. Phys.，2013，114(5)：053502.

［3］ Ito T，Cappelli M A. Optically pumped cesium plasma neutralization of space charge in photon-enhanced thermionic energy converters ［J］. Appl. Phys. Lett.，2012，101(21)：213901.

［4］ Richardson O W. On thenegative radiation from hot platinum ［J］. Proc. Cambridge Philos. Soc.，1902，11：286-295.

［5］ Dushman S. Thermionic emission ［J］. Rev. Mod. Phys.，1930，2：381.

［6］ King D B，Sadwick L P，Wernsman B R. Microminiature thermionic converters：U. S. Patent 6，509，669 ［P］. 2003-1-21.

［7］ 王远. 热离子和热电器件及其耦合系统的优化理论研究 ［D］. 厦门大学博士学位论文，2016.

［8］ Zeng T. Thermionic-tunneling multilayer nanostructures for power generation ［J］. Appl. Phys. Lett.，2006，88(15)：153104.

［9］ Mahan G D，Sofo J O，Bartkowiak M. Multilayer thermionic refrigerator and generator ［J］. J. Appl. Phys.，1998，83(9)：4683-4689.

［10］ Smith J R，Bilbro G L，Nemanich R J. Using negative electron affinity diamond emitters to mitigate space charge in vacuum thermionic energy conversion devices ［J］. Diam. Relat. Mater.，2006，15(11-12)：2082-2085.

［11］ Smith J R，Bilbro G L，Nemanichl R J. Theory of space charge limited regime of thermionic energy converter with negative electron affinity emitter ［J］. J. Vac. Sci. Technol. B，2009，27(3)：1132-1141.

［12］ Tavkhelidze A N. Nanostructured electrodes for thermionic and thermotunnel devices ［J］. J. Appl. Phys.，2010，108(4)：044313.

［13］ Humphrey T E，Linke H. Reversible thermoelectric nanomaterials ［J］. Phys. Rev. Lett.，2005，94(9)：096601.

［14］ O'Dwyer M F，Humphrey T E，Linke H. Concept study for a high-efficiency nanowire based thermoelectric ［J］. Nanotechnology，2006，17(11)：S338-S343.

［15］ Schwede J W，Bargatin I，Riley D C，et al. Photon-enhanced thermionic emission for solar concentrator systems ［J］. Nat. Mater.，2010，9(9)：762-767.

［16］ Schwede J W，Sarmiento T，Narasimhan V K，et al. Photon-enhanced thermionic emission from heterostructures with low interface recombination ［J］. Nat. Commun.，2013，4：1576.

［17］ Novoselov K S，Geim A K，Morozov S V，et al. Two-dimensional gas of massless Dirac Fermions in graphene ［J］. Nature，2005，438(7065)：197-200.

［18］ Sun S，Ang L K，Shiffler D，et al. Klein tunneling model of low energy electron field emission from single-layer graphene sheet ［J］. Appl. Phys. Lett.，2011，99(1)：013112.

［19］ Balandin A A，Ghosh S，Bao W，et al. Superior thermal conductivity of single-layer graphene ［J］. Nano Lett.，2008，8(3)：902-907.

［20］ Lee J H，Bargatin I，Melosh N A，et al. Optimal emitter-collector gap for thermionic energy converters ［J］. Appl. Phys. Lett.，2012，100(17)：173904.

［21］ Sun T，Koeck F A，Zhu C，et al. Combined visible light photo-emission and low temperature thermionic emission from nitrogen doped diamond films [J]. Appl. Phys. Lett., 2011, 99 (20): 202101.

[22] Vashaee D, Shakouri A. Electronic and thermoelectric transport in semiconductor and metallic superlattices [J]. J. Appl. Phys., 2004, 95(3): 1233-1245.

[23] Vashaee D, Shakouri A. Improved thermoelectric power factor in metal-based superlattices [J]. Phys. Rev. Lett., 2004, 92(10): 106103.

[24] O'Dwyer M F. Solid-state refrigeration and power generation using semiconductor nanostructures [D]. Ph. D. Thesis -- University of Wollongong Thesis Collection, 2007.

[25] Shockley W, Queisser H J. Detailed balance limit of efficiency of p-n junction solar cells [J]. J. Appl. Phys., 1961, 32(3): 510.

[26] Luque A, Martí A. Increasing the efficiency of ideal solar cells by photon induced transitions at intermediate levels [J]. Phys. Rev. Lett., 1997, 78(26): 5014-5017.

[27] Farrell D J, Takeda Y, Nishikawa K, et al. A hot-carrier solar cell with optical energy selective contacts [J]. Appl. Phys. Lett., 2011, 99(11): 111102.

[28] Conibeer G. Third-generation photovoltaics [J]. Mater. Today, 2007, 10: 42.

[29] Sze S M, Ng K K. Physics of Semiconductor Devices [M]. New York: John Wiley & Sons, 2006.

[30] Langmuir I. The effect of space charge and initial velocities on the potential distribution and thermionic current between parallel plane electrodes [J]. Phys. Rev., 1923, 21: 419.

[31] Hatsopoulos G N, Gyftopoulos E P. Thermionic Energy Conversion: Theory, Technology and Application [M]. Cambridge: MIT Press, 1979.

[32] Su S, Wang Y, Liu T, et al. Space charge effects on the maximum efficiency and parametric design of a photon-enhanced thermionic solar cell [J]. Sol. Energ. Mat. Sol. C., 2014, 121: 137-143.

[33] Kleefstra M, Herman G C. Influence of the image force on the band gap in semiconductors and insulator [J]. J. Appl. Phys., 1980, 51(9): 4923-4926.

[34] Holm R. The electric tunnel effect across thin insulator films in contacts [J]. J. Appl. Phys., 1951, 22(5): 569-574.

[35] Simmons J G. Generalized formula for the electric tunnel effect between similar electrodes separated by a thin insulating film [J]. J. Appl. Phys., 1963, 34(6): 1793.

[36] Wang Y, Liao T, Zhang Y, et al. Effects of nanoscale vacuum gap on photon-enhanced thermionic emission devices [J]. J. Appl. Phys., 2016, 19(4): 045106.

[37] Wallace P R. The band theory of graphite [J]. Phys. Rev., 1947, 71: 622.

[38] Liang S J, Ang L K. Electron thermionic emission from graphene and a thermionic energy converter [J]. Phys. Rev. Appl., 2015, 3(1): 014002.

[39] Su S, Zhang H, Chen X, et al. Parametric optimum design of a photon-enhanced thermionic solar cell [J]. Sol. Energ. Mat. Sol. C., 2013, 117: 219-224.

[40] Würfel P. Physics of Solar Cells: From Basic Principles to Advanced Concepts [M]. 2nd ed. Weinheim: Wiley-VCH, 2009.

第 16 章　布朗马达

　　统计物理学的基本内容是针对由大量粒子(包括分子、原子、电子和辐射场等)所组成的体系,建立物质微观运动规律与宏观热力学特性之间的联系.经过克劳修斯、麦克斯韦、玻尔兹曼和吉布斯等物理学家的奠基性工作,到 20 世纪初,统计物理学基本建立起来,且逐渐分成用系综法描述系统平衡态性质的平衡态统计物理和用分布函数描述系统随时间演化的非平衡态统计物理学两大方向.随着研究的深入,这两个方向都得到长足的发展和应用,特别是非平衡态统计物理方面,围绕布朗运动理论,非平衡统计模型等问题,取得了巨大进展,研究内容也得到极大的充实和扩展.首先,由克劳修斯、麦克斯韦和玻尔兹曼等创立的分子运动理论从仅能处理稀薄单原子气体发展到能处理固体、液体和气体非平衡输运特性的输运理论,并广泛应用于化学、生物学、化工、航空航天、能源、环境和大气等科学技术领域;其次,自 1905 年爱因斯坦首先对布朗运动提出理论解释之后,朗之万、福克和普朗克等发展了布朗运动的理论,提出处理随机过程的朗之万方程和描述布朗粒子随机概率函数规律的福克-普朗克方程,使布朗运动理论成为非平衡态统计物理的重要内容,也使人们能够精确处理受随机环境影响体系的运动规律,而且促进了随机过程数学理论与物理学的紧密结合,在天文、化学、生物、通信、计量以及其他领域得到大量应用.

　　目前,对周期结构系统中布朗粒子在涨落(噪声)驱动下的运动成为非平衡态统计物理理论的前沿课题,并取得重大突破——非平衡涨落诱导输运理论[1-8].近年来,将这一理论运用于细胞生物学中的马达蛋白的传输过程,取得了巨大的成功[9-15],成为统计物理学、非线性科学和细胞生物学共同的前沿性课题[12, 13].

　　生物体中的马达蛋白,也称分子马达(molecular motor),是由生物大分子构成,可高效地将储藏在三磷酸腺苷(ATP)分子中的化学能转变为机械能,是一种具有很大噪声但尺寸很小的纳米机器.由于目前对分子马达的研究多基于布朗运动动力学理论,因此也被称为布朗马达.在这类模型中,马达分子被抽象为重的潮湿布朗粒子,通过研究布朗粒子来反映单个马达分子的运动情况.

　　分子马达的布朗运动理论最近几年取得了快速的进展[16-21].理论在解释分子马达的定向运动以及定向运动方向的改变等方面是成功的,许多理论与实验结果定性符合,在分子马达能量转化效率的问题上也作了一些有益的尝试和探索,但还是有一定的局限性.可以认为,对分子马达的动力学的研究才刚刚起步,这是一个涉及生物、化学和物理等多学科的重要课题.分子马达的运动规律和能量转换机制需要人们不断地探索.

在本章中,首先介绍了布朗马达(分子马达)的背景知识和发展历程,并分析了两种布朗马达(布朗微热机)模型的运动机制,指出它可通过外部的一些调节机制,如不对称、非平衡的外部环境条件,使得布朗粒子的运动被整流成定向运动,甚至拖动负载对外做功,实现能量转换.其中,第一个模型为热驱动的布朗微热机,它的空间不对称周期势场可以和不同的热源接触,我们发现由动能引起的布朗微热机和热源之间的热交换,是不可逆的,因此,效率不能达到卡诺效率.第二个模型中,不对称周期性势场的温度随时间振荡,我们分析了振荡的时间结构对粒子定向输运的影响,发现方形波的振荡结构并不总是最利于粒子的定向输运.

16.1 布 朗 运 动

各式各样的布朗马达,虽然在形状和功能上各不相同,但就其动力学而言,都有共同的特点,都具有显著的布朗运动特性,这种共同的动力学机制决定着布朗马达的物理行为.

公元 1828 年,英国植物学家布朗在显微镜下观察植物切片,发现悬浮在水中的花粉粒子,会做不规则、凌乱的锯齿状运动.虽然当时有许多的生物学家猜测,这是生物的主体性运动.但是,植物学家布朗秉持着科学实证的精神,用显微镜观察各式各样悬浮在流体中有生命或无生命的微小粒子,发现它们均会做如此不规则的运动,显示此种布朗运动的普适性.后来,人们才认识到这是由于颗粒受到周围分子的不平衡的碰撞引起的运动.布朗粒子是非常微小的颗粒物质,其直径的典型大小为 $10^{-7} \sim 10^{-6}$ m,颗粒越小,则无规运动越剧烈.在液体环境中,粒子不断受到液体介质分子的碰撞,在一瞬间,一个粒子受到介质分子从各个方向上的碰撞作用一般来说是互不平衡的,粒子就沿着净作用力方向运动.由于分子运动的无规性,施加在粒子上的净作用力涨落不定,力的方向和大小都不断发生变化,粒子就不停地进行着杂乱无章的运动.通常情况下,一个布朗粒子在液体中受到的碰撞每秒有 10^{19} 次之多,即使在密度较低的气体中每秒也有 10^{15} 次[22].因此,布朗粒子以非常高的频率改变其运动方向和速度.在典型情况下,布朗粒子的质量约为 10^{-12} g,则在室温下,$(k_B T/m)^{1/2} \approx 10^{-1}$ cm/s,但是观察到的布朗粒子热平衡时的均方根速度 $\langle v^2 \rangle^{1/2} \approx 10^{-4}$ cm/s[22],这说明,观察到的布朗运动只是一种平均运动,高频率的涨落观测不出,观测出的布朗粒子的位移只是一种剩余的涨落而已.

为了分析讨论布朗马达的性能特性,下面先简要地介绍布朗运动的几个基本理论.

16.1.1 爱因斯坦理论

爱因斯坦对布朗运动理论的解释有两个重点[23]:

(1)布朗运动是持续不断运动着的液体分子极其频繁地撞击花粉粒子产生的.

(2)这些分子的运动是如此复杂,以至于它们对花粉粒子的影响只能依据极其频繁的独立撞击的统计来做出概率上的描述.

假设 n 个粒子全体悬浮在液体中，在时间间隔 τ 内，单个粒子的 x 坐标将增加一个量 Δ，各个粒子的 Δ 值不同，且遵循某个频率法则，位移在 $\Delta \sim \Delta + d\Delta$ 的粒子数为[24]

$$dn = n\phi(\Delta)d\Delta \qquad (16.1.1)$$

且有 $\int_{-\infty}^{+\infty} \phi(\Delta)d\Delta = 1$，$\phi$ 只对很小的 Δ 值不为零，满足条件

$$\phi(\Delta) = \phi(-\Delta) \qquad (16.1.2)$$

令 $C(x, t)$ 是单位体积内的粒子数，我们从时刻 t 的粒子数分布来推算时刻 $t+\tau$ 的粒子数分布，由 $\phi(\Delta)$ 的定义不难求出在时刻 $t+\tau$ 通过位于 x 和 $x+dx$，并垂直于 x 轴的两个平面之间的粒子数为

$$C(x, t+\tau)d\tau = d\tau \int_{-\infty}^{+\infty} C(x-\Delta, t)\phi(\Delta)d\Delta \qquad (16.1.3)$$

因为 τ 很小，所以有

$$C(x, t+\tau) = C(x, t) + \tau \frac{\partial C(x, t)}{\partial t} \qquad (16.1.4)$$

而 $C(x-\Delta, t)$ 可按 Δ 的级数展开

$$C(x-\Delta, t) = C(x, t) - \Delta \frac{\partial C(x, t)}{\partial x} + \frac{\Delta^2}{2!} \frac{\partial^2 C(x, t)}{\partial x^2} + \cdots \qquad (16.1.5)$$

将式(16.1.4)和式(16.1.5)代入式(16.1.3)，可知

$$C + \tau \frac{\partial C}{\partial t} = C\int_{-\infty}^{+\infty} \phi(\Delta)d\Delta - \frac{\partial C}{\partial x}\int_{-\infty}^{+\infty} \Delta\phi(\Delta)d\Delta + \frac{\partial^2 C}{\partial x^2}\int_{-\infty}^{+\infty} \frac{\Delta^2}{2!}\phi(\Delta)d\Delta + \cdots$$

$$(16.1.6)$$

令 $D = \frac{1}{\tau}\int_{-\infty}^{+\infty} \frac{\Delta^2}{2!}\phi(\Delta)d\Delta$，忽略高阶项后有

$$\frac{\partial C}{\partial t} = D \frac{\partial^2 C}{\partial x^2} \qquad (16.1.7)$$

这就是早已知道的扩散方程，其中 D 是扩散系数，给定初始条件

$$C(x, t)\big|_{t=0} = N_0 \delta(x)$$

式中，N_0 为总的粒子数目. 解这个扩散方程，可以得到粒子扩散的浓度分布，它是一个高斯函数

$$\rho(x, t) = \frac{C(x, t)}{N_0} = \frac{1}{\sqrt{4\pi D}} \frac{e^{-\frac{x^2}{4Dt}}}{\sqrt{t}} \qquad (16.1.8)$$

有了概率分布，我们就可以求出粒子位移的平均值和方均值

$$\langle x \rangle = \int_{-\infty}^{+\infty} x\rho(x, t)dx = 0 \qquad (16.1.9)$$

$$\langle x^2 \rangle = \int_{-\infty}^{+\infty} x^2\rho(x, t)dx = 2Dt \qquad (16.1.10)$$

16.1.2 朗之万方程

对于自由的布朗粒子,即除周围液体分子的碰撞之外,不受其他作用,那么,粒子的运动方程可以写成

$$m\frac{\mathrm{d}v}{\mathrm{d}t} = F(t) \tag{16.1.11}$$

式中,m 为粒子的质量;v 为粒子的速度;$F(t)$ 是由于液体分子碰撞而作用在粒子上的力. 按照朗之万理论,$F(t)$ 可以看成两部分之和:其一是黏滞阻力 $-\beta v$,β 是黏滞系数,其二是随机力 $\Gamma(t)$,它的长时间平均值为零,因此,上式可以写成

$$m\frac{\mathrm{d}v}{\mathrm{d}t} = -\beta v + \Gamma(t) \tag{16.1.12}$$

这就是朗之万方程[25].

由于朗之万方程里包含一个随机项 $\Gamma(t)$,而 $\Gamma(t)$ 不是一个确定的函数,只具有一定的统计性质,所以以"求解"朗之万方程的含义也应理解为确定 v 的一个概率分布函数 $P(v, t)$,它给出在 t 时刻 v 出现的概率,也就是说,朗之万方程是一种随机微分方程.

朗之万方程的解强烈地依赖于 $\Gamma(t)$ 的统计性质,一般至少应假定 $\Gamma(t)$ 与 v 无关,而且有

(1) $$\langle \Gamma(t) \rangle = 0 \tag{16.1.13}$$

(2) $$\langle \Gamma(t)\Gamma(t') \rangle = 2G\delta(t - t') \tag{16.1.14}$$

式中,G 为涨落幅度;$\langle \ \rangle$ 表示系综平均,即对大量处于相同物理条件下的系统所作的平均;而 δ 函数反映了 $v(t)$ 的马尔可夫性质,这是因为 v 对时间的一阶微分方程的解完全取决于 $t = t_0$ 时的初始条件,如果随机加速度是 δ 函数形式的相关函数,那么,$t < t_0$ 时的随机力就不能改变 $t \geq t_0$ 时的运动.

朗之万方程(16.1.12)可以被形式地解出

$$v(t) = v_0 e^{-\frac{1}{\gamma}t} + \frac{1}{m}\int_0^t e^{-\frac{1}{\gamma}(t-t')}\Gamma(t')\mathrm{d}t' \tag{16.1.15}$$

式中,v_0 为布朗粒子的初速度;$\gamma = m/\beta$ 为布朗粒子的时间常数. 则速度的相关函数为

$$\langle v(r_1)v(t_2) \rangle = v_0^2 e^{-\frac{1}{\gamma}(t_1+t_2)} + \frac{v_0 e^{-\frac{1}{\gamma}(t_1)}}{m}\int_0^{t_2} e^{-\frac{1}{\gamma}(t_2-t')}\langle \Gamma(t') \rangle \mathrm{d}t'$$

$$+ \frac{v_0 e^{-\frac{1}{\gamma}t_2}}{m}\int_0^{t_1} e^{-\frac{1}{\gamma}(t_1-t')}\langle \Gamma(t') \rangle \mathrm{d}t'$$

$$+ \frac{e^{-\frac{1}{\gamma}(t_1+t_2)}}{m^2}\int_0^{t_1}\int_0^{t_2} e^{\frac{1}{\gamma}(t'+t'')}\langle \Gamma(t')\Gamma(t'') \rangle \mathrm{d}t'\mathrm{d}t'' \tag{16.1.16}$$

如果 $t_2 > t_1$,则

$$\int_0^{t_1}\int_0^{t_2} e^{\frac{1}{\gamma}(t'+t')}2G\delta(t'-t'')\mathrm{d}t'\mathrm{d}t'' = \int_0^{t_1} e^{\frac{2}{\gamma}t'}2G\mathrm{d}t' = \gamma G(e^{\frac{2}{\gamma}t_1} - 1) \tag{16.1.17}$$

如果 $t_1 > t_2$，则

$$\int_0^{t_1}\int_0^{t_2} \mathrm{e}^{\frac{1}{\gamma}(t'+t'')} 2G\delta(t'-t'')\mathrm{d}t'\,\mathrm{d}t'' = \int_0^{t_2} \mathrm{e}^{\frac{2}{\gamma}t'} 2G\mathrm{d}t' = \gamma G(\mathrm{e}^{\frac{2}{\gamma}t_2}-1) \quad (16.1.18)$$

因此

$$\langle v(t_1)v(t_2)\rangle = v_0^2 \mathrm{e}^{-\frac{1}{\gamma}(t_1+t_2)} + \frac{G}{m\beta}\big[\mathrm{e}^{-\frac{1}{\gamma}|t_2-t_1|} - \mathrm{e}^{-\frac{1}{\gamma}|t_2+t_1|}\big] \quad (16.1.19)$$

只要统计时间足够长，即 t_1、$t_2 \gg \gamma$，则系统趋于平衡态，相关函数就与布朗粒子的初值无关

$$\langle v(t_1)v(t_2)\rangle = \frac{G}{m\beta}\mathrm{e}^{-\frac{1}{\gamma}|t_2-t_1|} \quad (16.1.20)$$

根据能量均分定理，任一自由度的能量

$$\langle E\rangle = \frac{1}{2}m\langle v^2\rangle = \frac{1}{2}k_\mathrm{B}T = \frac{G}{2\beta} \quad (16.1.21)$$

因此，可得到涨落幅度

$$G = \beta k_\mathrm{B}T \quad (16.1.22)$$

在实际问题中，布朗粒子的速度关联难以测量，而空间位置则容易记录，假定布朗粒子 $t=0$ 时处于 $x(0)=0$ 的位置，且具有速度 v_0，则位移的平方平均值为

$$\langle x^2(t)\rangle = \left\langle \left[\int_0^t v(t')\mathrm{d}t'\right]^2\right\rangle = \int_0^t\int_0^t \langle v(t_1)v(t_2)\rangle\mathrm{d}t_1\,\mathrm{d}t_2$$

$$= \left(v_0^2 - \frac{G}{m\beta}\right)\left(\int_0^t \mathrm{e}^{-\frac{1}{\gamma}t_1}\mathrm{d}t_1\right)^2 + \frac{G}{m\beta}\int_0^t\int_0^t \mathrm{e}^{-\frac{1}{\gamma}|t_2-t_1|}\mathrm{d}t_1\,\mathrm{d}t_2$$

$$= \left(v_0^2 - \frac{G}{m\beta}\right)\gamma^2(1-\mathrm{e}^{-\frac{1}{\gamma}t})^2 + \frac{G}{m\beta}\int_0^t \mathrm{d}t_2\left[\int_0^{t_2} \mathrm{e}^{-\frac{1}{\gamma}(t_2-t_1)}\mathrm{d}t_1 + \int_{t_2}^t \mathrm{e}^{-\frac{1}{\gamma}(t_1-t_2)}\mathrm{d}t_1\right]$$

$$= \left(v_0^2 - \frac{G}{m\beta}\gamma^2(1-\mathrm{e}^{-\frac{1}{\gamma}t})^2\right) + \frac{2G}{\beta^2}t - \frac{2G\gamma^2}{m\beta}(1-\mathrm{e}^{-\frac{1}{\gamma}t})$$

$$(16.1.23)$$

当 $t \gg \gamma$ 时，上式可化简为

$$\langle x^2(t)\rangle = 2\frac{G}{\beta^2}t = 2\frac{k_\mathrm{B}T}{\beta}t \quad (16.1.24)$$

液体分子对布朗粒子的随机碰撞既阻碍了它的运动，同时也导致了它的扩散，即方程 (16.1.10) 与方程 (16.1.24) 是等价的，可以得出

$$D = \frac{k_\mathrm{B}T}{\beta} \quad (16.1.25)$$

这个关系被称为爱因斯坦关系，它把扩散系数 D 和代表黏滞作用大小的黏滞系数 β 联系了起来.

16.1.3 福克-普朗克方程

由于布朗运动的原因，没有两个粒子的轨迹是完全一样的，对于这种具有随机特性

的运动的一个更好的图像是大量独立粒子的一起运动，我们可以定义粒子的浓度 $C(x, t)$，并追踪"系综"的演化.

当一堆粒子扩散和漂移时，我们可以通过单位面积的粒子流 J 来描述，在一维体系中，菲克定律描述扩散运动的粒子流 $J_d = -D\partial C/\partial x$，若外力 $f_{ext} = -\partial\phi/\partial x$ 作用在每一个粒子上，则纯粹由外力作用而产生的漂移速度 $v = f_{ext}/\beta$，则总的粒子流为

$$J_x = -D\frac{\partial C}{\partial x} - \frac{1}{\beta}\left(\frac{\partial\phi}{\partial x}\right)C = -\frac{1}{\beta}\left(k_B T\frac{\partial C}{\partial x} + C\frac{\partial\phi}{\partial x}\right) \tag{16.1.26}$$

在平衡态时，粒子流将消失，$J_x = 0$，即

$$\frac{k_B T}{C_{eq}}\frac{\partial C_{eq}}{\partial x} + \frac{\partial\phi}{\partial x} = 0 \tag{16.1.27}$$

由上式可知，$C_{eq} = C_0 e^{-\phi/k_B T}$. 这说明平衡时的粒子浓度分布是玻尔兹曼分布，由于粒子数守恒，如果体积元 Δx 内

$$\frac{\partial(C\Delta x)}{\partial t} = J_x(x) - J_x(x+\Delta x) \tag{16.1.28}$$

当体积元 $\Delta x \to 0$ 时，由粒子数守恒可得

$$\frac{\partial C}{\partial t} = -\frac{\partial J_x}{\partial x} \tag{16.1.29}$$

如果把粒子浓度的概念换成在坐标 (x, t) 发现单个粒子的概率

$$P(x, t) = \frac{C(x, t)}{\int C(x, t)\mathrm{d}x} \tag{16.1.30}$$

则可得到

$$\frac{\partial P}{\partial t} = D\left[\frac{\partial}{\partial x}\left(P\frac{\partial(\phi/k_B T)}{\partial x} + \frac{\partial^2 P}{\partial x^2}\right)\right] \tag{16.1.31}$$

右边的第一项为漂移项，第二项为扩散项，依次与朗之万方程的外力和布朗力相对应. 这也叫做斯莫卢霍夫斯基(Smoluchowski)方程.

如果粒子本身具有 N 种状态，粒子在各态之间会发生跃迁，则粒子数守恒定律与粒子处在各态的概率 P_i 之间的关系可写为

$$\frac{\partial P_i(x, t)}{\partial t} + \frac{\partial J_i(x, t)}{\partial x} = \sum_{J=1, j\neq i}^{N}[\omega_{ji}P_j(x, t) - \omega_{ij}P_i(x, t)] \tag{16.1.32}$$

这即是福克-普朗克方程.

16.1.4　随机方程的物理意义

从运动学的角度，物理世界可以分为三个层次：宏观层次、微观层次和介于两者之间的随机层次.

　　宏观层次关心的对象是宏观物体，考察的是宏观量的演化，不关心组成这个宏观物体的内部微观机制.

　　微观层次要探究组成宏观系统的微观物质，如分子、原子.系统的全部运动情况就要包括每个微观粒子的运动信息.

　　介于二者之间的层次，是随机层次.这个层次所研究的物体比较特殊，它虽然没有到达分子、原子这个层次，但是，它的尺寸和质量很小，周围分子、原子对它的随机碰撞作用不能忽略.这种随机碰撞可以用随机力来表示，而随机力所产生的影响是由随机力的统计性质来决定的，而不是由它的细节来决定的.布朗运动就是这个层次的运动现象，朗之万方程就是这个层次的运动学方程.朗之万方程虽然符合经典的牛顿定律，但是它引进了一个随机项，包含了比确定性方程更多的信息.

16.1.5　布朗马达

　　布朗马达，也叫分子马达或布朗棘轮.像宏观世界的马达一样，微观层次内也存在着许多具有马达功能的微观"马达"，它们同样能实现机械意义上的马达功能——能够将其他形式能量转化为机械能.布朗马达按工作方式可分为做圆周运动的旋转马达和做直线运动的线性推进马达.现在对布朗马达模型的研究集中于两类实际的马达，一类来源于实验室人工制备的各种分子马达，另一类来自于生物体内广泛存在的分子马达.

　　在人工分子器件方面，近年来科学家在构造和组装分子尺度上的机械设备方面取得了不少重要成果，已设计出了类似齿轮、开关和转栅等简单装置的分子马达器件.在这些分子马达器件的构造中，其特殊的分子构型和在物理、化学变化中特有的性质起到了关键作用.美国波士顿大学的化学家 Kelly 等[26]用化学方法合成了能实现单向的旋转运动的分子马达.2002 年 5 月，两位旅美中国学者，美国佛罗里达大学教授谭蔚泓和助理研究员李建伟在分子马达研究领域也取得新的突破[27]，首次利用单个 DNA 分子制成了分子马达.这种分子马达，在一种生物环境中处于紧凑状态，但在生物环境发生变化后，又会变得松弛.实验证实，采用这一原理制造出的单 DNA 分子马达具有非常强的工作能力，可以像一条虫子一样伸展和卷曲，实现生物反应能向机械能的转变.

　　另外，分子马达还广泛地存在于生物体内，生物体内的分子马达是把化学能直接转换为机械能的酶蛋白大分子的总称，它们广泛地存在于肌肉纤维和细胞组织内部.到目前为止，人们发现的这类分子马达已达上百种，它们在生物体内执行各种各样的功能，参与大量的生命活动，如肌肉收缩、物质运输、细胞分裂和 DNA 的复制等重要的生命过程.

　　现在了解得比较深入的生物分子马达主要有：①肌球蛋白马达，主要存在于肌肉纤维和真核细胞内，它们在肌动蛋白纤维上运动，执行肌肉收缩、细胞内物质输运等功能；②驱动蛋白马达，主要存在于真核细胞内，它们沿着微管运动，负责运送细胞器核细胞小泡，并参与细胞的有丝分裂，以上两种为线性分子马达；③旋转分子马达，主要包括 ATP 合酶、细菌鞭毛等，其中 ATP 合酶是合成 ATP 的关键蛋白，它体积小、能量转化效率高，几乎接近 100%.

现有的布朗马达物理模型，一般有三个基本特征：

（1）马达的几何尺寸很小，一般在 10nm 左右，分子量在几万到几十万道尔顿（1 道尔顿＝1.66×10^{-27} 千克）[28, 29]. 热运动的影响不能忽略，必须考虑内噪声的影响. 因而马达布朗运动的特征非常明显.

（2）马达总是沿着具有一定非对称周期性结构的轨道运动，即使是旋转马达的转动也可以看作是沿着周期性轨道的运动.

（3）马达还是一个高度非平衡的体系.

总地说来，布朗马达是一种具有很大噪声，但尺寸很小的机器.

布朗马达理论最近几年取得了长足的进展，研究的首要问题集中于以下几个方面：

（1）在没有宏观力的情况下，布朗马达如何产生宏观的定向运动，如何能够拖动负载产生定向力.

（2）如何解释布朗马达定向运动方向的反转问题. 在生物体内，在同样的轨道上运动的分子马达即使分子结构非常类似，仍然可能沿着相反的方向定向运动.

（3）布朗马达的效率问题. 生物体内的分子马达的效率很高，在离体的实验中，分子马达的效率一般在 60% 以上，有的可接近 100%. 能量转化的机制是什么.

因此，布朗马达的研究工作不但能够为未来的分子机械提供动力，而且还可以帮助我们更深入地了解一些具有相似结构的生命有机体.

下面，我们对布朗马达两个典型的模型作分析研究，探索布朗马达的运行机理.

16.2 热驱动布朗马达①

考虑布朗粒子在一维非对称周期势场中运动[30-39]，受到方向为 x 轴负方向的外力 f 的作用，粒子周期性地与两个热源接触，如图 16.2.1 所示. 其中 $\dot{N}_+$ 和 $\dot{N}_-$ 分别是单位时间内向前和向后运动的粒子数，L_1 和 L_2 分别是锯齿势左右两部分的长度，$L = L_1 + L_2$ 是锯齿势一个周期的长度. 锯齿势一个周期的左边部分与温度为 T_h 的高温热源接触达到热平衡，右边部分与温度为 T_c 的低温热源接触达到热平衡. E 是势垒的高度. $E + fL_1$ 是粒子向前越过势垒所

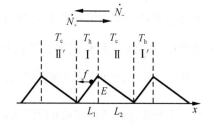

图 16.2.1 布朗微热机的结构示意图

① Zhang Y, Chen J. Eur. Phys. J. B, 2006, 53: 481.

需要的能量，$E-fL_2$ 是粒子向后越过势垒所需要的能量. 不失合理性地可以认为向两个方向运动的粒子流遵循玻尔兹曼分布[36]，因此有

$$\dot{N}_+ = \frac{1}{t}\exp[-(E+fL_1)/(k_B T_h)] \tag{16.2.1}$$

$$\dot{N}_- = \frac{1}{t}\exp[-(E-fL_2)/(k_B T_c)] \tag{16.2.2}$$

式中，k_B 是玻尔兹曼常量；t 是一个以时间为量纲的常数.

如果 $\dot{N}_+ > \dot{N}_-$，系统存在一个向 x 轴正方向运动的净粒子流，当布朗粒子在不同的区域运动时，势能将发生改变，这种改变将由粒子与热源之间的交换热量来补偿，当粒子跨越高温区域向 x 轴正方向运动到低温区域时，由势能的改变引起的粒子从高温热源吸收的热流为

$$\dot{Q}_h^{\text{pot}} = (\dot{N}_+ - \dot{N}_-)(E+fL_1) \tag{16.2.3}$$

当粒子跨越低温区域沿 x 轴正方向运动到下一个高温区域时，粒子向低温热源之间放出的热流为

$$\dot{Q}_c^{\text{pot}} = (\dot{N}_+ - \dot{N}_-)(E-fL_2) \tag{16.2.4}$$

当粒子处在一个区域，假定与环境达到热平衡，根据能量均分定理，粒子的平均动能为 $\frac{1}{2}k_B T$，由于各个区域的温度不同，因此粒子的动能在定向运动过程中发生着变化. 由动能的变化引起的粒子和热源之间的能量交换较为复杂[33]，当粒子向 x 轴正方向运动时，从区域I（与热源接触）运动到区域II（与冷源接触），一个粒子向冷源放出的能量为 $\frac{1}{2}k_B(T_h-T_c)$，因此由动能的变化引起的粒子向冷源放出的总热流为 $\dot{Q}_{c1}^{\text{kin}} = \frac{1}{2}\dot{N}_+ k_B(T_h-T_c)$，同样地，当粒子向 x 轴负方向运动时，从区域II（与冷源接触）运动到区域I（与热源接触），一个粒子向热源吸收的能量为 $\frac{1}{2}k_B(T_h-T_c)$，因此由动能的变化引起的粒子从热源吸收的总热流为 $\dot{Q}_{h1}^{\text{kin}} = \frac{1}{2}\dot{N}_- k_B(T_h-T_c)$. 为了保持热机运行的连续性和稳定性，从区域I向正方向运动的粒子的减少量必须从邻近的区域II′得到补充，因此，当一个粒子从区域II′进入区域I时，将会从区域I吸收 $\frac{1}{2}k_B(T_h-T_c)$ 的能量，显然，粒子从高温热源吸收的第二部分总热流为 $\dot{Q}_{h2}^{\text{kin}} = \frac{1}{2}\dot{N}_+ k_B(T_h-T_c)$. 同样地，向负方向运动离开区域II的粒子的数量也必须由邻近的区域I′来补充，因此一个粒子从区域I′运动到区域II时，向冷源放出的热量为 $\frac{1}{2}k_B(T_h-T_c)$，显然，粒子向冷源放出的

第二部分总热流为 $\dot{Q}_{c2}^{kin}=\frac{1}{2}\dot{N}_{-}k_{B}(T_{h}-T_{c})$. 从上面的分析可以看出，由于动能的变化，布朗粒子(布朗微热机)向低温热源放出的热流和从高温热源吸收的热流相等，都为

$$\dot{Q}_{h}^{kin}=\dot{Q}_{h1}^{kin}+\dot{Q}_{h2}^{kin}=\frac{1}{2}k_{B}(\dot{N}_{+}+\dot{N}_{-})(T_{h}-T_{c})=\dot{Q}_{c1}^{kin}+\dot{Q}_{c2}^{kin}=\dot{Q}_{c}^{kin}\equiv\dot{Q}^{kin}$$

(16.2.5)

从上式可以看出，数量为 $\frac{1}{2}k_{B}(\dot{N}_{+}+\dot{N}_{-})(T_{h}-T_{c})$ 的热流完全由高温热源传给低温热源，这相当于高低温两个热源之间的热漏，因此，此热机即为不可逆热机.

综上所述，热机从高温热源吸收的总的热流为

$$\dot{Q}_{h}=\dot{Q}_{h}^{pot}+\dot{Q}_{h}^{kin}=(\dot{N}_{+}-\dot{N}_{-})(E+fL_{1})+\frac{1}{2}k_{B}(\dot{N}_{+}+\dot{N}_{-})(T_{h}-T_{c}) \quad (16.2.6)$$

热机向低温热源放出的总的热流为

$$\dot{Q}_{c}=\dot{Q}_{c}^{pot}+\dot{Q}_{c}^{kin}=(\dot{N}_{+}-\dot{N}_{-})(E-fL_{2})+\frac{1}{2}k_{B}(\dot{N}_{+}+\dot{N}_{-})(T_{h}-T_{c})$$

(16.2.7)

进一步地，可以写出此布朗微热机的输出功率和效率为

$$\dot{W}=\dot{Q}_{h}-\dot{Q}_{c}=(\dot{N}_{+}-\dot{N}_{-})fL=k_{B}T_{h}(e^{-(\varepsilon+x\mu)}-e^{-(\varepsilon-x+x\mu)/\tau})x/t \quad (16.2.8)$$

$$\eta=\frac{\dot{W}}{\dot{Q}_{h}}=\frac{(e^{-(\varepsilon+x\mu)}-e^{-(\varepsilon-x+x\mu)/\tau})x}{(e^{-(\varepsilon+x\mu)}-e^{-(\varepsilon-x+x\mu)/\tau})(\varepsilon+x\mu)+\frac{1}{2}(e^{-(\varepsilon+x\mu)}+e^{-(\varepsilon-x+x\mu)/\tau})(1-\tau)}$$

(16.2.9)

式中，$x=fL/(k_{B}T_{h})$ 是无量纲的负载；$\varepsilon=E/(k_{B}T_{h})$ 是无量纲的势垒高度；$\tau=T_{c}/T_{h}$ 是两个热源的温度比；$\mu=L_{1}/L$ 表征了周期锯齿势的空间不对称度. 从式(16.2.8)和式(16.2.9)可以看出，由动能变化引起的热流不影响微热机的输出功率，但对效率有较大的影响.

由式(16.2.8)和式(16.2.9)出发，我们可以讨论热驱动的布朗微热机的性能特性. 由式(16.2.8)和式(16.2.9)可以看出，当 $x=0$ 或 $x=\frac{(1-\tau)\varepsilon}{(\tau-1)\mu+1}\equiv x_{max}$ 时，微热机的输出功率和效率都为零. 这是因为，当 $x=0$ 时，热机运行中无负载，$\dot{Q}_{h}$ 和 $\dot{Q}_{c}$ 相等，即从高温热源吸收的热量都传输给了低温热源，输出功率和效率都为零；当 $x=x_{max}$ 时，系统无净的粒子流，即 $\dot{N}=\dot{N}_{+}-\dot{N}_{-}=0$，输出功率和效率也为零. 因此，$0<x<x_{max}$ 是此微热机的负载区域.

由式(16.2.8)和式(16.2.9)，我们可以绘出 W^{*}-x 和 W_{max}^{*}-ε 的性能曲线，如图16.2.2和图16.2.3所示，图中 $W^{*}=\dot{W}t/(k_{B}T_{h})$. 从图中可以看出功率是负载的峰值函数，当 $x=x_{w}$ 时，输出功率最大. 由式(16.2.8)可知，x_{w} 满足下面的关系式：

$$e^{(\varepsilon+x\mu)-(\varepsilon-x+x\mu)/\tau}=\frac{(\tau-\tau x\mu)}{(\tau+x-x\mu)} \quad (16.2.10)$$

从图 16.2.2(a)还可看出,W^*_{max}是参数 μ 的单调减函数. 这可以解释为,当 μ 增大时,由式(16.2.1)和式(16.2.2)可知,净粒子流将减少,这使得此微热机输出功减少. 从图 16.2.2(b)可以看出,W^*_{max}随参数 ε 的变化较为复杂,其变化曲线见图 16.2.3. 从图 16.2.3 可以看出,W^*_{max} 是 ε 的峰值函数,当 $\varepsilon \to 0$ 或 $\varepsilon \to \infty$ 时,$W^*_{max}=0$. 这是因为,当 $\varepsilon \to 0$ 时,势垒消失,外势的空间不对称性消失,系统达到稳态,无粒子流的产生;当 $\varepsilon \to \infty$ 时,粒子不能通过势垒,因此也没有粒子流产生. 当 $\varepsilon = \varepsilon_{opt}$ 时,W^*_{max} 达到最大,即为$(W^*_{max})_{max}$.

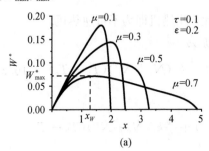 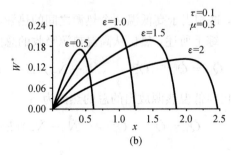

图 16.2.2　W^*-x 的性能曲线

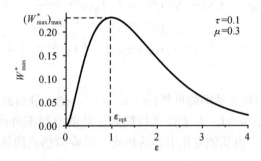

图 16.2.3　W^*_{max}随参数 ε 的变化曲线

　　图 16.2.4 是效率随负载变化的关系图. 从图中可以看出效率是负载的峰值曲线. 当 $x = x_\eta$ 时,效率达到最大值 η_{max}. 由式(16.2.9)及其极值条件可知,x_η 满足下面的关系式:

$$Ae^{-2(\varepsilon+x\mu)} + Be^{-2(\varepsilon-x+x\mu)/\tau} + Ce^{-(\varepsilon+x\mu)-(\varepsilon-x+x\mu)/\tau} = 0 \qquad (16.2.11)$$

式中,$A=\varepsilon+(1-\tau)/2$;$B=\varepsilon-(1-\tau)/2$;$C=-2\varepsilon-x\mu+x\mu\tau-(1-\mu)(1-\tau)x/\tau$.

　　图 16.2.4(a)中的曲线还表明,当考虑由布朗粒子动能变化引起的交换热流时,布朗微热机的效率 η 总是小于可逆热机的效率 $\eta_c=1-T_c/T_h$. 这是因为系统存在一个从高温热源到低温热源的不可逆热漏. 当仅考虑由布朗粒子势能变化引起的交换热流时[33],布朗微热机的效率 η^{pot} 是负载的单调增函数,当 $x=x_{max}$,即净粒子流为零时,η^{pot} 达到卡诺效率 η_c[35].

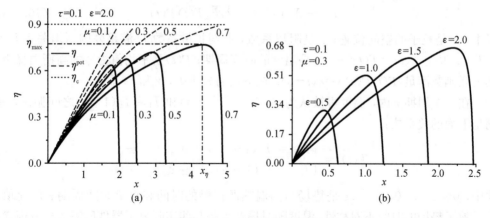

图 16.2.4　η-x 的性能曲线

为了进一步了解布朗微热机的性能特性，由式(16.2.8)和式(16.2.9)，可以作出输出功率随效率变化的关系曲线，如图 16.2.5 所示. 综合分析图 16.2.2、图 16.2.4 和图 16.2.5 可知，当布朗微热机运行在 $x \leqslant x_w$ 或 $x \geqslant x_\eta$ 的负载区域时，输出功率是效率的单调增函数；而运行在区域 $x_w \leqslant x \leqslant x_\eta$ 时，输出功率是效率的单调减函数. 我们可以通过控制参数 x、μ、ε 和 τ，使布朗微热机运行在不同的区域.

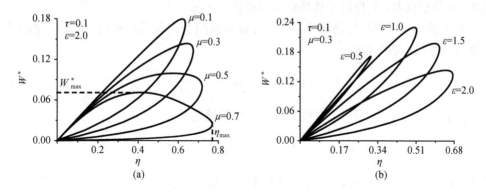

图 16.2.5　输出功率随效率变化的关系曲线

16.3　闪烁布朗马达[①]

本节建立了一个一维过阻尼布朗马达模型，布朗粒子在非对称的周期势场中运动，势场满足 $V(x+L) = V(x)$，L 是势场的空间周期，并且和温度随时间振荡的热源达到热平衡[40, 41]. 布朗粒子满足的朗之万方程为

① Zhang Y, Chen J. Physica A, 2008, 387: 3443.

$$\gamma \dot{x} = -V'(x) + \sqrt{2\gamma k_B T(t)} \, \Gamma(t) \tag{16.3.1}$$

式中，x 是粒子的空间位置；γ 是阻尼系数，并与扩散系数 D 满足爱因斯坦关系 $D = k_B T / \gamma$；温度 $T(t) = T(t+\tau)$，τ 是温度的时间周期；$\Gamma(t)$ 是平均值为零的高斯白噪声，其关联函数满足 $\langle \Gamma(t)\Gamma(s) \rangle = \delta(t-s)$. 在下面的分析中，$\gamma$ 和 k_B 取 1.

在一个周期 τ 内，温度可被认为在 $T_H = T_0(1+a)$ 和 $T_L = T_0(1-a)$ 之间振荡，并满足下面的关系式：

$$T(t) = \begin{cases} T_H = T_0(1+a), & 0 \leqslant t < \varepsilon\tau \\ T_L = T_0(1-a), & \varepsilon\tau \leqslant t < \tau \end{cases} \tag{16.3.2}$$

式中，$0 \leqslant a < 1$，$0 \leqslant \varepsilon \leqslant 1$. ε 是势场与高温热源接触的时间和整个时间周期 τ 的比值，它反映了势场的时间不对称性. 温度随时振荡也是某些实际分子器件所需考虑的因素，例如，振荡电流的焦耳热效应会引起温度的周期振荡[42].

同时，本节模型可以被看成一个与不同热源交替接触达到热平衡的微热机[41]，并假定布朗粒子与热源达到热平衡的时间比热源的振荡时间要短得多.

不失一般性地，不对称势场可以选取为[40, 41, 43]

$$V(x) = \frac{L}{2\pi}\left[\sin\left(\frac{2\pi x}{L}\right) + \frac{1}{4}\sin\left(\frac{4\pi x}{L} - \varphi\right)\right] \tag{16.3.3}$$

式中，φ 是相位差，它反映了势场的不对称度，$0 \leqslant \varphi \leqslant 2\pi$.

对于随机过程的统计物理量，必须计算其时间平均和系综平均. 本节模型的平均速度 $\langle v \rangle$ 的统计表达式为[44]

$$\langle v \rangle = \langle \dot{x}(t) \rangle = \lim_{t \to \infty} \frac{\langle x(t) \rangle - \langle x(0) \rangle}{t} \tag{16.3.4}$$

符号 $\langle \rangle$ 表示系综平均. 另外，有效的扩散系数可被定义为[44]

$$D_{eff} = \frac{\sigma^2(t)}{2t} = \lim_{t \to \infty} \frac{\langle x^2(t) \rangle - \langle x(t) \rangle^2}{2t} \tag{16.3.5}$$

式中，$\sigma^2(t) = \langle x^2(t) \rangle - \langle x(t) \rangle^2$. 有效扩散系数描述了粒子在其平均位置的涨落. 有效扩散系数越小，越有利于定向传输. 为了更好地描述本节模型，我们引进无量纲的 Pe 系数[45]

$$Pe = \frac{|v| L}{D_{eff}} \tag{16.3.6}$$

Pe 系数描述了定向输运和随机扩散之间的竞争. 当 Pe 系数较大时，定向传输占主导，系统更有利于定向输运.

我们选用龙格-库塔算法[46]数值积分朗之万方程. 在算法中，取时间步长为 $h = 10^{-3}$，初始时刻，让粒子的位置均匀分布在周期 L 内，每个轨道演化了 10^5 步，并做 5×10^3 次的系综平均，参数 $\tau = 1$、$L = 1$.

1. 相位差 φ 的影响

用上述的数值方法，我们可以绘出平均速度和相位差的关系曲线，如图 16.3.1 所示. 从图中可以看出相位差 φ 不但影响平均速度的大小，而且引起输运方向的反转. 这是因为，相位差 φ 的改变引起了周期势场的空间不对称度的改变. 从图中还可看出，$\varphi = \pi$ 时，系统具有最大的负方向的平均速度，当 $\varphi = 0$ 或 2π 时，系统具有最大的正向平均速度.

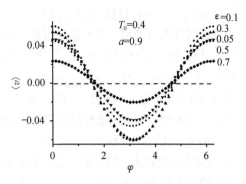

图 16.3.1 平均速度和相位差的关系曲线

2. 参数 ε 的影响

同样地，我们可以绘出平均速度随温度振荡的时间不对称因子 ε 变化的关系曲线，如图 16.3.2 所示. 从图中可以看出平均速度是 ε 的峰值函数；当 $\varepsilon \to 0$ 时，布朗粒子仅和冷源接触，粒子热运动较弱，被局域在势场的底部，所以 $\langle v \rangle \to 0$；当 $\varepsilon \to 1$ 时，布朗粒子仅和热源接触，系统也处于平衡态下，$\langle v \rangle \to 0$. 所以对于给定的 T_0，存在一个最佳的因子 ε，即 ε_m，使得系统有最显著的定向输运. 这可以解释为：对于一个温度振荡的布朗马达系统，定向输运同时受到噪声和外势的影响. 在时间段 $\varepsilon\tau$ 内，系统的温度为 T_H，噪声强度远远大于势垒的高度，因此，势垒对粒子运动的影响可以忽略，粒子的运动近似于自由扩散，而在时间段 $\tau - \varepsilon\tau$ 内，系统的温度为 T_L，势垒的高度远远大于噪声强度，因此，粒子被局域在势垒的底部. 为了获得最佳的定向传输，$\varepsilon\tau$ 应足够长，以使粒子扩散的距离大于 L_s，而 $\varepsilon\tau$ 也应足够短，以使粒子扩散的距离小于 L_l，其中 $L_s + L_l = L$，L_s 和 L_l 分别是势阱和它左右邻近势阱之间的距离，由于外势是空间不对称的，$L_s < L_l$. 由自由扩散的性质可知，为了获得最佳的定向输运，在理想情况下 $\varepsilon\tau$ 应该满足 $L_s^2/(2D) \leqslant \varepsilon\tau \leqslant L_l^2/(2D)$. 当 $\varphi = 0$，$T_0 = 0.4$，$a = 0.9$ 及其他参数选定时，$0.095 \leqslant \varepsilon \leqslant 0.25$. 从图 16.3.2(a) 可

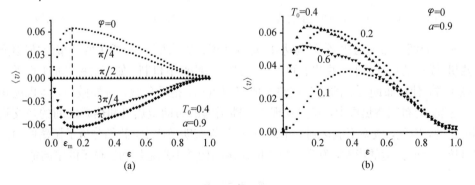

图 16.3.2 平均速度随温度振荡的时间不对称因子 ε 变化的关系曲线

以看出，$\varepsilon_m \approx 0.14$. 显然，$\varepsilon_m \approx 0.14$ 处于 $0.095 \sim 0.25$ 这个范围内. 一般地，$\varepsilon = 0.5$，即温度振荡时间为方波时，并不能获得最佳定向运动.

从图 16.3.2 还可看出，ε_m 几乎不随 φ 的改变而改变. 这是因为，虽然 ε_m 与 L_1 和 L_s 有关，但当 φ 被取为 0、$\pi/4$、$3\pi/4$、π 时，L_1 和 L_s 并没有显著地随 φ 的改变而改变. 从图 16.3.2(b) 还可看出，参数 T_0 对 ε_m 的影响较大，当 T_0 增加时，ε_m 减小. 这也因为当噪声的强度增大时，粒子扩散相同距离所需的时间减小了.

另外，我们还可绘出 $\langle v \rangle_{max}$-T_0 的关系曲线，如图 16.3.3 所示. 从图 16.3.2(b) 和图 16.3.3 可以看出，当给定参数 a 和 φ 时，存在一个最优的 T_0，即 $T_{0,opt}$，使得系统具有最大的定向运动速度 $(\langle v \rangle_{max})_{max}$. 这是因为，在 $\varepsilon\tau$ 时间内，参数 T_0 应该较大，使粒子能克服势垒，实现有效的扩散. 在 $\tau-\varepsilon\tau$ 时间内，参数 T_0 应该足够小，使得粒子能很好地被局域在势阱的底部. 因此，系统存在一个最佳 T_0，使定向输运最为有利.

3. Pe 系数

利用式 (16.3.5) 和式 (16.3.6)，我们可以绘出 Pe-φ 的关系曲线，如图 16.3.4 所示. 从图中可以看出，当定向速度最大时，Pe 系数达到最大值. 参数 ε 对 Pe 系数有较大影响，ε 越大，Pe 系数越小. 这是因为 ε 增大时，布朗粒子在平衡位置的涨落增大，输运的定向性减弱.

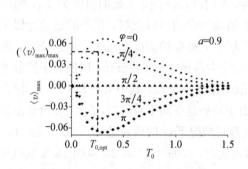 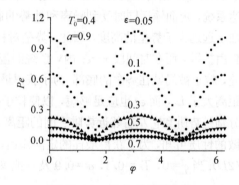

图 16.3.3　$\langle v \rangle_{max}$-T_0 的关系曲线　　　　图 16.3.4　Pe-φ 的关系曲线

本章介绍了布朗马达 (分子马达) 的背景知识、发展历程，分析了两种布朗马达 (布朗微热机) 模型的运动机制，指出它可通过外部的一些调节机制，如不对称、非平衡的外部环境条件，使得布朗粒子的运动被整流成定向运动，拖动负载，对外做功，实现能量转换. 在热驱动布朗微热机中，我们发现由动能引起的布朗微热机和热源之间的热交换是不可逆的，因此，效率不能达到卡诺效率. 在闪烁布朗马达中，我们分析了振荡的时间结构对粒子定向输运的影响，发现方形波的振荡结构并不总是最利于粒子的定向输运.

参 考 文 献

[1]　Doering C R, Horsthemke W, Riordan J. Nonequilibrium fluctuation-induced transport [J].

Phys. Rev. Lett. , 1994，72(19):2984-2987.

[2] Millonas M M. Self-consistent microscopic theory of fluctuation-induced transport [J]. Phys. Rev. Lett. , 1995，74(1):10-13.

[3] Cecchi G，Magnasco M O. Negative resistance and rectification in Brownian transport [J]. Phys. Rev. Lett. , 1996，76(11):1968-1971.

[4] Bartussek R，Reimann P，Hanggi P. Precise numerics versus theory for correlation ratchets [J]. Phys. Rev. Lett. , 1996，76(7):1166-1169.

[5] Reimann P，Bartussek R，Haussler R，et al. Brownian motors driven by temperature oscillations [J]. Phys. Lett. A，1996，215(1-2):26-31.

[6] Bier M. Reversal of noise induced flow [J]. Phys. Lett. A，1996，211(1):12-18.

[7] Bao J D，Zhuo Y Z，Wu X Z. Diffusion current for a system in a periodic potential driven by multiplicative colored noise [J]. Phys. Lett. A，1996，215(3-4):154-159.

[8] Slater G W，Guo H L，Nixon G I. Bidirectional transport of polyelectrolytes using self-modulating entropic ratchets [J]. Phys. Rev. Lett. , 1997，78(6):1170-1173.

[9] Astumian R D，Bier M. Fluctuation driven ratchets:molecular motors [J]. Phys. Rev. Lett. , 1994，72(11):1766-1769.

[10] Prost J，Chauwin J F，Peliti L，et al. Asymmetric pumping of particles [J]. Phys. Rev. Lett. , 1994，72(16):2652-2655.

[11] Maddox J. More models of muscle contraction [J]. Nature，1994，368:287.

[12] Maddox J. Directed motion from random noise [J]. Nature，1994，369(6477):181.

[13] Rousselet J，Salome L，Ajdari A，et al. Directional motion of Brownian particles induced by a periodic asymmetric potential [J]. Nature，1994，370(6489):446-448.

[14] Doering C，Ermentrout B，Oster G. Rotary DNA motors [J]. Biophys. J. , 1995，69(6): 2256-2267.

[15] Jung P，Kissner J G，Hanggi P. Regular and chaotic transport in asymmetric periodic potentials:inertia ratchets [J]. Phys. Rev. Lett. , 1996，76(18):3436-3439.

[16] Ibarra-Bracamontes L，Romero-Rochin V. Stochastic ratchets with colored noise [J]. Phys. Rev. E，1997，56(4):4048-4051.

[17] Magnasco M O. Szilard's heat engine [J]. Europhys. Lett. , 1996，33(8):583-588.

[18] Julicher F，Prost J. Cooperative molecular motors [J]. Phys. Rev. Lett. , 1995，75(13): 2618-2621.

[19] Bao J D，Abe Y，Zhuo Y Z. Rocked quantum periodic systems in the presence of coordinate-dependent friction [J]. Phys. Rev. E，1998，58(3):2931-2937.

[20] Bao J D. Directed current of Brownian ratchet randomly circulating between two thermal sources [J]. Physica A，1999，273(3-4):286-293.

[21] Zhang Y，Lin B H，Chen J C. Performance characteristics of an irreversible thermally driven Brownian microscopic heat engine [J]. Euro. Phys. J. B，2006，53(4):481-485.

[22] 黄祖治，丁鄂江. 输运理论 [M]. 北京：科学出版社，1987.

[23] Einstein A. Muber die von der molekularkinetischen theorie der wmarme geforderte bewegung von in ruhenden fmussigkeiten suspendierten teilchen [J]. Ann. Phys. (Leipzig)，1905，17:549.

[24] Gardiner C W. Handbook of Stochastic Methods for Physics，Chemistry and the Natural Sci-

ence[M]. Berlin: Springer-Verlag, 1985.

[25] Langevin P. Surla theorie du mouvement brownien [J]. Comptes Rendus, 1908, 146:530.

[26] Kelly T R, De Silva H, Silva R A. Unidirectional rotary motion in a molecular system [J]. Nature, 1999, 401(6749):150-152.

[27] Li J W, Tan W H. A single DNA molecule nanomotor [J]. Nano letters, 2002, 2(4):315-318.

[28] 赵同军, 李微, 韩英荣, 等. 分子马达动力学 [J]. 原子核物理评论, 2004, 21(2):177-179.

[29] 卓益忠, 赵同军, 展永. 分子马达与布朗马达 [J]. 物理, 2000, 29(12): 712-718.

[30] Buttiker M. Transport as a consequence of state dependence diffusion [J]. Z. Phys. B, 1987, 68:161.

[31] Van Kampen N G. Relative stability in nonuniform temperature [J]. IBM J. Res. Develop. , 1988, 32(1):107-111.

[32] Landauer R. Motion out of noisy states [J]. J. Stat. Phys. , 1988, 53(1-2):233-248.

[33] Derenyi I, Astumian R D. Efficiency of Brownian heat engines [J]. Phys. Rev. E, 1999, 59(6): R6219-R6222.

[34] Ai B Q, Xie H Z, Wen D H, et al. Heat flow and efficiency in a microscopic engine [J]. Eur. Phys. J. B, 2005, 48(1):101-106.

[35] Matsuo M, Sasa S. Stochastic energetics of non-uniform temperature systems [J]. Physica A, 2000, 276(1-2):188-200.

[36] Velasco S, Roco J M M, Medina A, et al. Feynman's ratchet optimization:maximum power and maximum efficiency regimes [J]. J. Phys. D, 2001, 34(6):1000-1006.

[37] Derenyi I, Bier M, Astumian R D. Generalized efficiency and its application to microscopic engines [J]. Phys. Rev. Lett. , 1999, 83(5):903-906.

[38] Asfaw M, Bekle M. Current, maximum power and optimized efficiency of a Brownian heat engine [J]. Eur. Phys. J. B, 2004, 38(3):457-461.

[39] Humphrey T E, Newbury R, Taylor R P, et al. A reversible quantum Brownian heat engine for electrons [J]. Phys. Rev. Lett. , 2002, 89:116801.

[40] Reimann P, Bartussek R, Haubler R, et al. Brownian motors driven by temperature oscillations [J]. Physics Letters A, 1996, 215(1-2):26-31.

[41] Bao J D. Directed current of Brownian ratchet randomly circulating between two thermal sources [J]. Physica A, 1999, 273(3-4):286-293.

[42] Muller A W J. Thermosynthesis by biomembranes:energy gain from cyclic temperature changes [J]. J. Theor. Biol. , 1985, 115(3):429-453.

[43] Marchesoni F, Savelev S, Nori F. Achieving optimal rectification using under damped rocked ratchers [J]. Phys. Rev. E. , 2006, 73:021102.

[44] Wang H Y, Bao J D. Cooperation behavior in transport process of coupled Brownian motors [J]. Physica A, 2005, 357(3-4):373-382.

[45] Freund J A, Schimansky-Geier L. Diffusion in discrete ratchets [J]. Phys. Rev. E, 1999, 60(2): 1304-1309.

[46] Mannella R, Palleschi V. Fast and precise algorithm for computer simulation of stochastic differential equations [J]. Phys. Rev. A, 1989, 40(6):3381-3386.

第 17 章　涨落的热力学理论

　　涨落的准热力学理论是计算热力学量涨落的一种得力的工具，应用它可容易地计算任何热力学量的涨落. 从这一点来说，它比涨落的另一种理论——系综理论较为优越，因为许多热力学量的涨落系综理论不便计算. 涨落的准热力学理论应用非常普遍，许多统计物理学的书都介绍了应用这种理论来计算热力学量的涨落. 然而迄今为止，在应用这种理论计算热力学量的涨落时，几乎都是从涨落分布的基本公式出发，再选取适当的自变量，将分布公式表示成所选自变量的偏差的函数，然后通过求平均值求得有关量的涨落. 本章将介绍基于涨落均强定理导出的一般的涨落公式，由此计算涨落的热力学方法.

17.1　涨落的均强定理[①]

　　涨落的准热力学理论从原则上说不仅适用于讨论小涨落，而且也适用于讨论相当大的涨落，不过实际上主要还是用它来讨论小涨落. 当应用于讨论小涨落时，准热力学理论中的涨落分布的基本公式可以写成[1-3]

$$W = W_0 e^{-\frac{1}{2kT}\sum_{i=1}^{n}\Delta Y_i \Delta y_i} \tag{17.1.1}$$

式中，Δy_i 和 ΔY_i 分别为 y_i 和 Y_i 对平衡值的偏差，而 y_i 和 Y_i 分别为热力学基本方程

$$dE = \sum_{i=1}^{n} Y_i dy_i \tag{17.1.2}$$

右端所出现的热力学广义坐标(包括熵 S)及其共轭的广义力(包括温度 T)；k 为玻尔兹曼常量；W 为涨落的概率；W_0 为归一化常数.

　　利用热力学量之间的函数关系 $Y_i = Y_i(\{y_k\})$ 或 $y_i = y_i(\{Y_k\})$，显然可把公式 (17.1.1)中的指数化成二次齐次型的. 大家知道，当多粒子体系的能量可表示为广义坐标和广义动量的平方项之和时，吉布斯分布函数的指数是二次齐次型的，由此导出了能量均分定理. 因此，利用公式(17.1.1)也可导出一个与能量均分定理相类似的、有关热力学量涨落的简单而重要的定理，也就是本节所谓的涨落均强定理.

17.1.1　涨落均强定理

　　涨落均强定理的形式也与能量均分定理相类似，表示式为

————————————

　　① 严子浚. 自然杂志，1985，8(8)：581-584.

$$\overline{\Delta y_i \Delta Y_j} = kT\delta_{ij} \quad (i, j = 1, 2, \cdots, n) \tag{17.1.3}$$

式中，δ_{ij} 规定为：当 $i=j$ 时 $\delta_{ij}=1$；当 $i \neq j$ 时 $\delta_{ij}=0$. 式(17.1.3)之所以被称为涨落均强定理，主要是由于式(17.1.3)指出了热力学基本方程右端 $\sum_{i=1}^{n} Y_i dy_i$ 各项中，两共轭热力学量的相干涨落强度均等于 kT.

若把热力学基本方程右端的每一项看成热力学系统的一个宏观自由度，则 n 表示系统在给定约束条件下的宏观自由度数. 涨落均强定理可表述为：热力学系统中每一宏观自由度的"坐标"与其"共轭力"的相干涨落强度均等，值为 kT；这些自由度中"坐标"与非"共轭力"的涨落是统计独立的. 这样的表述已把涨落均强定理与热力学基本方程直接联系了起来，因为这里所定义的自由度是由热力学基本方程所完全确定的. 事实上，也只有对热力学方程右端所出现的诸热力学量，才能应用涨落均强定理. 而对于热力学基本方程中未出现的各热力学量，是不能应用涨落均强定理的. 例如，当热力学系统的体积固定不变时，$dV=0$ 则热力学基本方程中就没有 pdV 项，于是 p 和 V 这两个热力学量就不在方程中出现. 这时就不存在 $\overline{\Delta p \Delta V} = -kT$ 和 $\overline{\Delta p \Delta S} = 0$ 等关系，而有 $\overline{\Delta p \Delta V} = 0$，并且熵 S 和压强 p 的涨落不是统计独立的. 可见，涨落均强定理必须与热力学基本方程直接联系起来才有意义，否则将会得出不正确的结论. 也只有作了这样的联系后，才能使涨落均强定理也像能量均分定理在经典统计中所起的作用一样，在涨落理论中为创立新的简便的求涨落方法发挥其应用的作用.

应用涨落均强定理，不必再对个别量求平均，可使热力学量的涨落与热力学基本方程直接联系起来，从而可由热力学基本方程来确定热力学量的涨落，这样就能形成一种极为简便的新的求涨落方法，它比系综理论的方法或准热力学方法都简便，使人容易理解. 事实上，在统计物理学中早就有了这样的先例. 众所周知，在经典统计中应用能量均分定理求气体、固体的内能和比热容是非常简便的，主要因为这个定理对能量的平均值有个普遍的结论，应用它就不必再对个别量求平均，在涨落理论中涨落均强定理也能起到类似的作用，所以应用它也能使过程简化. 能量均分定理早已得到了充分利用，而涨落均强定理却至今未引起人们的足够重视. 有的书中介绍准热力学理论时根本就不提这个定理，有的书中虽然给出这个定理，并作了证明，但至今尚未命名，也未普遍应用. 更重要的是都没有明确地把它与热力学基本方程直接联系起来. 这也许是未能普遍应用的一个重要原因. 由于这个定理至今还未命名，应用时带来了不便，同时这个定理的重要性并不逊于能量均分定理，故有必要命名. 为此，将它取名为涨落均强定理.

17.1.2 一般的涨落公式

涨落均强定理的一个重要应用是由它可容易地导出一般的涨落公式.

首先，式(17.1.3)本身是一个一般的涨落公式，由它可确定热力学广义坐标和广义力之间的相干涨落，同时又可确定哪些量间的涨落是统计独立的.

其次，应用涨落均强定理，再根据热力学量之间的函数关系 $Y_i = Y_i(\{y_k\})$ 和 $y_i =$

$y_i(\{Y_k\})$，可导得另外两个关于 $\overline{\Delta Y_i \Delta Y_j}$ 和 $\overline{\Delta y_i \Delta y_j}$ 的一般涨落公式. 这两个公式分别确定了热力学广义力之间的相干涨落(当 $i \neq j$ 时)和均方涨落(当 $i=j$ 时)，以及热力学广义坐标之间的相干涨落(当 $i \neq j$ 时)和均方涨落(当 $i=j$ 时).

总之，这三个一般的涨落公式确定了热力学基本方程右端所有热力学量的相干涨落或均方涨落. 它们的表达式为

$$
\begin{cases}
\overline{\Delta y_i \Delta Y_j} = kT\delta_{ij} = kT\left(\dfrac{\partial Y_j}{\partial Y_i}\right)_{Y_k \neq i} = kT\left(\dfrac{\partial y_i}{\partial y_j}\right)_{y_k \neq j} \\[2mm]
\overline{\Delta Y_i \Delta Y_j} = kT\left(\dfrac{\partial Y_i}{\partial y_j}\right)_{y_k \neq j} \\[2mm]
\overline{\Delta y_i \Delta y_j} = kT\left(\dfrac{\partial y_i}{\partial Y_j}\right)_{Y_k \neq j}
\end{cases}
\tag{17.1.4}
$$

式(17.1.4)相比通常统计物理学书中所给出的一般的涨落公式较为方便. 它不用矩阵表示，而直接由热力学量间的偏导数表出. 只要这些偏导数的形式确定后，有关的热力学量的涨落也就由式(17.1.4)明确地给出. 显然，求热力学量间的偏导数一般说来比矩阵的计算简单得多，所以这种表示式更便于应用.

从一般的涨落公式中不难看出，存在三条共同的规律. 简述如下：

(1) 有关热力学量 y_i 或 Y_j 的均方涨落或相干涨落，都有个因子 kT；

(2) 除了因子 kT 外，其余部分就是一个简单的偏导数因子，它是求涨落的两个量(如 y_i 和 y_j)中的任一个(如 y_i)对另一个的共轭量(Y_j)的偏导；

(3) 偏导数的自变量为 $\{y_j\}$ 或 $\{Y_j\}$.

有了这三条共同规律，就能直接写出一般的涨落公式，所以可使求涨落的过程进一步简化.

17.1.3 涨落均强定理与能量均分定理的联系

涨落均强定理指出了热力学基本方程右端各项(自由度)的两共轭热力学量的相干涨落均为 kT；而能量均分定理指出了体系的能量表示式中每一平方项(自由度)的平均能量均为 $kT/2$. 一个是 kT，一个是 $kT/2$，说明了两者之间有一定的内在联系. 事实上，这种联系是很自然的，因为两者服从同一统计规律，分布公式都可表示成高斯型的，并且分布参数都是 kT. 另外，热力学基本方程右端的每一项，都表示系统的状态发生变化时对系统能量变化的贡献；而能量表示式中的每一项，都是系统能量的一个组成部分. 如果将能量表示式的两端微分，那么所得方程右端的每一项，也都表示了系统状态发生变化时对系统能量变化的贡献. 诚然，前者的状态指的是宏观状态，相应的能量是宏观状态的能量，而后者的状态指的是微观状态，相应的能量是微观状态的能量，两者有所不同. 但宏观状态的能量正是微观状态能量的统计平均值，所以两者的联系是必然的. 特别对于某些自由度(如系统的质心运动)，它既可看成是微观体系的自由度，又可看成是宏观体系的自由度. 这时两者不仅有联系，而且是一致的. 因此，对于这样的自由度，

它的有关涨落既可由能量均分定理直接求得，又可由涨落均强定理或涨落的热力学方法直接求得. 例如，物体速度的均方涨落和数学摆的偏离角度的均方涨落等，应用这两种方法直接得出的结果完全一样. 下面以数学摆为例来说明这个问题.

设有个数学摆，质量为 m，摆长为 l，偏离铅垂线的角度为 φ，平衡时平均的偏离角度 $\bar{\varphi}=0$. 由于涨落偏离 φ 角度时摆的势能为 $V=mgl\varphi^2/2$，应用能量均分定理，可得

$$\overline{\varphi^2}=\frac{kT}{mgl} \tag{17.1.5}$$

而当摆可自由摆动时，热力学基本方程中的 dE 应包含摆的势能增量 $dV=mgl\varphi d\varphi$，于是按涨落的热力学方法或涨落均强定理，也同样得到式(17.1.5)，这个例子清楚地说明了能量均分定理与涨落均强定理间的内在联系.

总之，涨落均强定理与能量均分定理既相类似又相联系，并且两者都有重要的应用，都能使某些问题简化，我们应予以同等重视.

17.2 涨落的热力学方法[①]

17.2.1 能量表象中的涨落热力学方法

从涨落均强定理的三条规律清楚地看出，kT 是任何热力学量的涨落都具有的，它描述了热力学量涨落的共同特征，不同热力学量的涨落完全取决于不同的偏导数因子. 于是求涨落的主要任务就是要求出对应于不同热力学量涨落的不同偏导数因子，而这些偏导数的形式是由热力学系统在给定约束条件下的热力学基本方程所完全确定的. 这样就形成了一种由热力学基本方程直接得出热力学量涨落的新方法，因而称它为涨落的热力学方法. 这个方法的实质是在准热力学方法基础上，进一步把表征涨落共同特征的量 kT 分离出来，使得涨落完全由热力学基本方程所确定. 显然，这个方法有别于涨落的准热力学方法. 虽然，它仍是以准热力学理论为基础而建立起来的一种求涨落方法，但它比准热力学方法进了一步，它应用了涨落均强定理，使得热力学量的涨落纯粹由热力学基本方程就能直接求得，因此把它称为涨落的热力学方法是恰当的. 这个名称既表明了它有别于涨落的准热力学方法，又表明了它是准热力学方法的一个延伸.

众所周知，不同约束条件下热力学量的涨落有所不同. 例如，考虑单元闭系，当体积可变化时，熵的均方涨落$\overline{(\Delta S)^2}=kC_p$；而当体积保持不变时，$\overline{(\Delta S)^2}=kC_V$，其中 C_p 和 C_V 分别表示系统的定压和定容热容量. 应用涨落的热力学方法所求的涨落，也同样可表示出这种差别. 在这种方法中，约束条件也是由热力学基本方程直接表示出的. 例如，同样考虑单元闭系，则粒子数 N 保持不变，$dN=0$，而热力学基本方程的形式为 $dE=TdS-pdV$，由此可直接得出$\overline{(\Delta S)^2}=kC_p$ 的结论；而当闭系的体积 V 保持不变

① 严子浚. 自然杂志, 1985, 8(8):581-584.

时，则另有个约束条件 $dV=0$，热力学基本方程的形式变为 $dE=TdS$，由此相应地得出 $\overline{(\Delta S)^2}=kC_V$ 的结论. 这些结果与上述的完全相同，说明应用涨落的热力学方法确能表示出不同约束条件下热力学量涨落的差别.

另外，由于在应用涨落的热力学方法时，约束条件也只能由热力学基本方程直接表示出，所以在这种方法中，我们只能引入 $\Delta y_i=0$ 之类的约束，而不能随意地约束 $\Delta Y_i=0$. 即使对于 Y_i 不变的系统，也只不过平均的 Y_i 保持不变，讨论涨落问题时并不能加上 $\Delta Y_i=0$ 的约束，亦即这时 Y_i 仍然是有涨落的. 这样处理约束条件与系综理论处理涨落问题没有矛盾. 在系综理论中，也从未出现过 $\Delta T=0$，$\Delta p=0$，$\Delta \mu=0$ 之类的约束. 例如，在系综理论中，对于与热源接触的系统，只是要求系统的平均温度等于热源的温度，而不要求系统的温度没有涨落，在准热力学理论中也是如此. 例如，在准热力学理论中经常讨论等温下密度涨落等问题，这只是因为在所讨论的条件下，密度和温度的涨落是统计独立的，因而考虑密度涨落时可认为温度是常数，结果不受影响，而不是这时温度没有涨落.

综上所述，涨落的热力学方法的关键一步是写出系统在给定约束条件下的热力学基本方程，当热力学基本方程写出后，根据涨落均强定理的三条规律就能直接得出热力学量的涨落. 特别对于方程右端所出现的 y_i、Y_j 等热力学量，上述三条规律直接适用. 而对于能量 E 和热力学基本方程中未出现的各热力学量，虽然上述三条规律不完全适用，但若要求出这些量的有关涨落，只要通过热力学量之间的函数关系，将这些涨落用 y_i、Y_j 等热力学量的涨落表示出来，即可根据上述三条规律直接得出这些涨落. 例如，单元闭系中的化学势 μ 或体积不变的系统中的压强 p，都是热力学基本方程中未出现的热力学量，都不适于应用上述三条规律，但若要求出 μ 或 p 的有关涨落，只要通过热力学量之间的函数关系，将这些涨落用热力学基本方程右端所出现的热力学量的涨落表示出来，即可根据上述三条规律直接得出这些涨落. 总之，只要能写出系统在给定约束条件下的热力学基本方程，该系统有关的热力学量涨落都可以应用涨落的热力学方法求出.

17.2.2 应用举例

如上所述，涨落的热力学方法应用范围相当广泛，无论是哪种系统，即使是很特殊的系统，只要能写出系统在给定约束条件下的热力学基本方程，就能应用它来求热力学量的涨落. 下面以黑体辐射系统为例来说明它的应用.

对于辐射系统，粒子数 N 是可变的，但它的化学势 μ 为零，因而热力学基本方程与闭系的相同. 不过讨论涨落问题时，我们不能像对闭系那样，以指定数目 N 的粒子作为研究对象，而通常是以某一给定体积内的辐射作为所研究的系统. 这样，系统的体积保持不变，而热力学基本方程的形式为 $dE=TdS$. 根据这个方程，再按上述三条规律就能直接求得辐射系统中所有热力学量的涨落. 例如，求 $\overline{(\Delta T)^2}$、$\overline{(\Delta S)^2}$ 和 $\overline{\Delta T \Delta S}$，按规律 1，$\overline{(\Delta T)^2}$、$\overline{(\Delta S)^2}$ 和 $\overline{\Delta T \Delta S}$ 中都有个因子 kT；再按规律 2 和 3，与 kT 相乘的偏导数因子分别为 $(\partial T/\partial S)_V$、$(\partial S/\partial T)_V$ 和 1，结果为

$$\begin{cases} \overline{(\Delta T)^2} = kT\left(\dfrac{\partial T}{\partial S}\right)_V = \dfrac{kT^2}{C_V} \\[2mm] \overline{(\Delta S)^2} = kT\left(\dfrac{\partial S}{\partial T}\right)_V = kC_V \\[2mm] \overline{\Delta T \Delta S} = kT \end{cases} \tag{17.2.1}$$

至于其他热力学量的涨落，如 $\overline{(\Delta E)^2}$、$\overline{(\Delta p)^2}$、$\overline{(\Delta N)^2}$、$\overline{\Delta p \Delta S}$ 等，只要通过热力学量之间的函数关系，将这些涨落用 $\overline{(\Delta T)^2}$ 或 $\overline{(\Delta S)^2}$ 表出后，也都不难求得. 若再应用辐射系统中的平均粒子数 N 与 VT^3 成正比的特性，尚可容易推出辐射系统中所有热力学量的相对涨落都与 VT^3 的平方根成反比的结论. 从此例可清楚地看到，涨落的热力学方法是一种简便的求涨落方法，既便于应用，又便于记忆，应用它可较容易地获得有关的结论.

在上面应用的过程中，有一点还值得指出，即当热力学基本方程为 $dE = TdS$ 的形式时，从方程本身来看，这时只有一个自由度，在涨落表示式的偏导数中就不再有脚标了. 然而，这时有个约束条件体积 V 保持不变，求偏导实际上是在 V 不变下进行的，故为明确起见，在式 (17.2.1) 的偏导数中写出脚标 V. 当然，如果当不写出这种脚标时不至于含混不清，可把它省略. 例如，求闭系中热力学量的涨落时，有个粒子数 N 保持不变的约束条件，但通常认为这时明确的，所以在闭系的涨落表示式中通常不把脚标 N 写出.

应用涨落的热力学方法除了可以很简便地求出给定系统的热力学量的涨落外，尚可得到一些普遍的结论，例如，可容易地得到如下四个结论：

(1) 所有广延量的均方涨落及广延量之间的相干涨落，都与系统的平均粒子数成正比；

(2) 所有强度量的均方涨落及强度量之间的相干涨落，都与系统的平均粒子数成反比；

(3) 广延量与强度量之间的相干涨落，与系统的平均粒子数无关；

(4) 广延量或强度量的相对涨落，都与系统的平均粒子数的平方根成反比.

涨落的热力学方法还有其他方面的应用，例如，应用它来判断当系统的约束条件发生变化时有关的热力学量涨落是否发生变化等，都可较容易地得到结论. 总之，涨落的热力学方法是一种很有效的，同时又是极简便的求涨落方法，很值得推广应用. 下面再给出两个例子[4].

例 1 假定一气体系统的体积 V 是常量(约束条件)，粒子数 N 是个变量，求该系统相关热力学量的均方涨落和相干涨落.

由于系统的体积 V 是常量，所以该系统的热力学基本方程为

$$dE = TdS + \mu dN \tag{17.2.2}$$

根据式 (17.2.2) 和涨落均强定理的三条规律，在计算 $\overline{(\Delta S)^2}$ 和 $\overline{\Delta S \Delta N}$ 时，除了一个相

同的因子 kT 外,容易得到偏导数因子分别是 $(\partial S/\partial T)_\mu$ 和 $(\partial S/\partial \mu)_T$. 因为体积 V 是常量,所以可得

$$\overline{(\Delta S)^2} = kT\left(\frac{\partial S}{\partial T}\right)_{\mu, V} \tag{17.2.3}$$

$$\overline{\Delta S \Delta N} = kT\left(\frac{\partial S}{\partial \mu}\right)_{T, V} \tag{17.2.4}$$

同理,可得

$$\overline{(\Delta \mu)^2} = kT\left(\frac{\partial \mu}{\partial N}\right)_{S, V} \tag{17.2.5}$$

$$\overline{\Delta S \Delta T} = kT\left(\frac{\partial T}{\partial T}\right)_{\mu, V} = kT\left(\frac{\partial S}{\partial S}\right)_{N, V} = kT \tag{17.2.6}$$

$$\overline{\Delta S \Delta \mu} = kT\left(\frac{\partial S}{\partial N}\right)_S = 0 \tag{17.2.7}$$

$$\overline{\Delta S \Delta V} = 0 \quad (因为 \Delta V = 0) \tag{17.2.8}$$

等.

在计算 $\overline{\Delta S \Delta p}$ 时,由于压强 p 是一个并未出现在式(17.2.2)中的热力学量,结合热力学量间的函数关系式,可将 Δp 表示为

$$\Delta p = \left(\frac{\partial p}{\partial T}\right)_{\mu, V} \Delta T + \left(\frac{\partial p}{\partial \mu}\right)_{T, V} \Delta \mu \tag{17.2.9}$$

因而,$\overline{\Delta S \Delta p}$ 可表示为

$$\overline{\Delta S \Delta p} = \left(\frac{\partial p}{\partial T}\right)_{\mu, V} \overline{\Delta S \Delta T} + \left(\frac{\partial p}{\partial \mu}\right)_{T, V} \overline{\Delta S \Delta \mu} \tag{17.2.10}$$

再应用式(17.2.6)和式(17.2.7),可得

$$\overline{\Delta S \Delta p} = kT\left(\frac{\partial p}{\partial T}\right)_{\mu, V} \tag{17.2.11}$$

值得注意的是,在式(17.2.11)中 $\overline{\Delta S \Delta p} \neq 0$,但这并不违背式(17.1.3),因为涨落的等强度定理必须与热力学基本方程相联系. 至于系统的其他热力学量的涨落,同样可以用上述方法计算得出.

例 2 求一根拉紧的弦上不同两点位移的相干涨落和各点位移的均方涨落.

先设 y_1、y_2 各为弦上与某一端相距为 x_1 和 x_2 处的两点的横位移(设 $x_2 > x_1$). 在给定的 y_1 和 y_2 下,弦的平衡形态由三条直线构成. 在弦的这种形变下,它的基本热力学方程为

$$dE_F = F(Y_1 dy_1 + Y_2 dy_2) \tag{17.2.12}$$

式中,$Y_1 = y_1/\sqrt{x_1^2 + y_1^2} + (y_1 - y_2)/\sqrt{(x_2 - x_1)^2 + (y_1 - y_2)^2}$;$Y_2 = (y_2 - y_1)/$
$\sqrt{(x_2 - x_1)^2 + (y_1 - y_2)^2} + y_2/\sqrt{(l - x_2)^2 + y_2^2}$;$l$ 是绳子的长度;F 是绳子的张力. 由于 $\overline{y_1} = 0$ 和 $\overline{y_2} = 0$,应用涨落的热力学方法可得

$$\overline{\Delta y_1 \Delta y_2} = \overline{y_1 y_2} = \frac{kT}{F}\left(\frac{\partial y_2}{\partial Y_1}\right)_{Y_2} \approx \frac{kT}{F}\left[\frac{1}{x_1}\left(\frac{\partial y_1}{\partial y_2}\right)_{Y_2} + \frac{1}{x_2-x_1}\left(\frac{\partial y_1}{\partial y_2}\right)_{Y_2} - \frac{1}{x_2-x_1}\right]^{-1}$$

$$(17.2.13)$$

式中，$(\partial y_1/\partial y_2)_{Y_2} = -(\partial Y_2/\partial y_2)_{y_1}/(\partial Y_2/\partial y_1)_{y_2} \approx (l-x_1)/(l-x_2)$. 因而可得

$$\overline{y_1 y_2} = kTx_1\frac{l-x_2}{Fl} \tag{17.2.14}$$

当取 $x_1 = x_2 = x$，$y_1 = y_2 = y$ 时，由式(17.2.14)，可得弦上各点位移的均方涨落为

$$\overline{y^2} = \frac{kTx(l-x)}{Fl} \tag{17.2.15}$$

这些结果与教科书[3]中的结果是相同的，但它们是直接由涨落的热力学方法简便求出的.

17.2.3 适用范围

涨落的热力学方法虽可用于讨论各种各样热力学系统有关量的涨落，但它也还是有一定的适用范围的. 事实上它的适用范围也正是涨落均强定理的适用范围.

首先，这个定理是以式(17.1.1)为基础而建立起来的，而式(17.1.1)仅适用于小涨落的情况，要求偏离平均值的大涨落概率非常小而可以忽略，同时热力学量之间的函数关系不至于破坏. 因此，涨落均强定律或涨落的热力学方法，都仅适用于讨论小涨落的问题，对于大涨落的情况是不适用的. 例如，不能利用它讨论临界点附近密度涨落等现象.

其次，无论是在定理的证明中还是在热力学方法的建立过程中，都需要用到热力学函数的一次展式，这也说明了它仅适用于小涨落. 同时又表明了当热力学函数在某些点出现奇异性(如临界点的 $\left(\frac{\partial V}{\partial p}\right)_T$ 和 C_p 都变成无穷大)时，这个定理也不适用. 但出现这种情况时，一般说来就不是小涨落. 所以这个条件实际上也是表明了涨落均强定理或涨落的热力学方法仅适用于讨论小涨落.

由于通常情况下在平衡态附近只有小涨落，因而涨落均强定理也和能量均分定理一样，虽有一定的适用范围，但仍具有重要意义，而涨落的热力学方法并不失为求热力学量涨落的一个强有力的工具.

17.3 熵表象中的涨落热力学方法[①]

在17.2节中，我们讨论了能量表象中的涨落热力学方法. 这种求热力学量涨落的简捷方法还可推广到其他表象. 熵表象中的涨落热力学方法便是其中重要的一种. 下面将讨论这个问题.

17.3.1 熵表象中热力学基本方程

在熵表象中，热力学基本方程可写成

---

① 陈丽璇，严子浚. 厦门大学学报，1992，31(6)：619-621.

$$dS = \frac{1}{T}dE + \frac{p}{T}dV - \sum_i \frac{\mu_i}{T}dN_i = \sum_i (-Y_i^*)dy_i^* \qquad (17.3.1)$$

式中，$(1/T)$、(p/T)、$(-\mu_i/T)$ 等都是熵表象中的强度量(即广义力)，以 $-Y_i^*$ 表示；而 E、V、N_i 等是熵表象中的广延量(即广义坐标)，以 y_i^* 表示．式(17.3.1)与式(17.1.2)不同，其右边各项均表示由某种"动力"而引起的熵变．应用式(17.3.1)，取 E、V、N_i 等为自变量，并略去高次小项，可将系统的熵变 ΔS 表示为

$$\Delta S = \frac{1}{T}\Delta E + \frac{p}{T}\Delta V - \sum_i \frac{\mu_i}{T}\Delta N_i + \frac{1}{2}\left[\Delta E \Delta \frac{1}{T} + \Delta \frac{p}{T}\Delta V - \sum_i \Delta \frac{\mu_i}{T}\Delta N_i\right]$$

$$(17.3.2)$$

将式(17.3.2)代入涨落分布的基本公式

$$W = W_0 \exp\left[-\left(\Delta E - T\Delta S + p\Delta V - \sum_i \mu_i \Delta N_i\right)/(kT)\right] \qquad (17.3.3)$$

可得

$$W = W_0 \exp\left\{\left[\Delta(1/T)\Delta E\right] + \Delta(p/T)\Delta V - \sum_i \Delta(\mu_i/T)\Delta N_i\right]/2k\right\}$$

$$= W_0 \exp\left\{-\left[\sum_i \Delta Y_i^* \Delta y_i^*\right]/2k\right\} \qquad (17.3.4)$$

17.3.2　熵表象中涨落的一般公式

由式(17.3.4)可得熵表象中涨落的一般公式为

$$\overline{\Delta Y_i^* \Delta y_j^*} = k\delta_{ij} \qquad (17.3.5)$$

$$\overline{\Delta Y_i^* \Delta Y_j^*} = k\left(\frac{\partial Y_i^*}{\partial y_j^*}\right)_{y_{k\neq j}^*} \qquad (17.3.6)$$

$$\overline{\Delta y_i^* \Delta y_j^*} = k\left(\frac{\partial y_i^*}{\partial Y_j^*}\right)_{Y_{k\neq j}^*} \qquad (17.3.7)$$

式(17.3.5)是熵表象中的涨落均强定理．它指出在熵表象中，热力学系统每一宏观自由度的"坐标"与其"共轭力"的相干涨落强度均等于 k，而这些自由度中"坐标"与其非"共轭力"的涨落是统计独立的．式(17.3.5)～式(17.3.7)的形式与式(17.1.4)相类似，热力学量的相干涨落或均方涨落，均可表示为表征涨落共同特征的量 k 与一个由热力学基本方程式(17.3.1)所完全确定的热力学量间的偏导数的乘积，且求偏导数的规则与能量表象中的相同，只不过在能量表象中，表征涨落共同特征的量是 kT 而不是 k．由式(17.3.5)可知，k 反映了热运动统计描述的固有不确定性，而 kT 则表示这种不确定性能量的量值，它与热运动的强度成正比．这正如普朗克常量 h 反映了量子力学描述本身所固有的不确定性，而这种不确定性使得频率为 ν 的线性谐振子存在零点能量 $h\nu/2$．从某种意义上说，式(17.3.5)类似于量子力学中的测不准关系，它表征了热力学量的统计性质，所以涨落热力学方法的熵表象更直接地反映了热运动规律的统计特征．但值得强调，不论是熵表象还是能量表象，涨落均强定理都必须与其相应的热

力学基本方程相联系，否则将会得出不正确的结论. 事实上，式(17.3.5)也只有与式(17.3.1)相联系后才有意义，才有可能发挥其应有的作用.

17.3.3 应用举例

根据以上结果，对于热力学基本方程(17.3.1)右端中各热力学量的涨落，可由式(17.3.5)~式(17.3.7)直接求出，其中的偏导数是求涨落的两个量(如 y_i^*、y_j^*)中的任一个(如 y_i^*)对另一共轭量(Y_j^*)的偏导，而偏导数的自变量集为$\{y_i^*\}$或$\{Y_j^*\}$. 例如，由式(17.3.5)可得

$$\overline{\Delta(1/T)\Delta E} = -k, \quad 即\ \overline{\Delta T\Delta E} = kT^2$$
$$\overline{\Delta(p/T)\Delta E} = 0, \quad 即\ \overline{\Delta p\Delta E} = kpT$$
$$\overline{\Delta(p/T)\Delta V} = -k, \quad 即\ \overline{\Delta p\Delta V} = -kT$$
$$\overline{\Delta(1/T)\Delta N_i} = 0, \quad 即\ \overline{\Delta T\Delta N_i} = 0$$

而由式(17.3.6)可得

$$\overline{[\Delta(1/T)]^2} = -k\left[\frac{\partial(1/T)}{\partial E}\right]_{V,N_i} = \frac{k}{C_V T^2}$$

$$\overline{\Delta(1/T)\Delta(\mu_i/T)} = k\left[\frac{\partial(1/T)}{\partial N_i}\right]_{V,E,N_{k\neq i}} = -\frac{k}{T^2}\left(\frac{\partial T}{\partial N_i}\right)_{V,E,N_{k\neq i}}$$

等. 若所有的 N_i 都保持不变，则由式(17.3.7)可得

$$\overline{(\Delta V)^2} = -k\left[\frac{\partial V}{\partial(p/T)}\right]_{(1/T)} = -kT(\partial V/\partial p)_T$$

$$\overline{(\Delta E)^2} = -k\left[\frac{\partial E}{\partial(1/T)}\right]_{p/T} = kT^2 C_V - kT\left[T\left(\frac{\partial p}{\partial T}\right)_V - p\right]^2\left(\frac{\partial V}{\partial p}\right)_T$$

等. 以上结果与应用其他方法求得的完全相同，表明了涨落热力学方法的熵表象与能量表象一样，都可使求涨落的过程大为简化. 特别地，在熵表象中，有关能量的涨落，如$\overline{\Delta E\Delta T}$、$\overline{\Delta E\Delta p}$、$\overline{(\Delta E)^2}$等，皆可由热力学基本方程(17.3.1)直接得出. 可见，这两种表象可相互补充、相辅使用，形成完整的涨落的热力学方法. 除了能量表象和熵表象外，涨落的热力学方法还可有其他表象，如体积表象、粒子数表象等.

参 考 文 献

[1] Rathria R K. Statistical Mechanics [M]. Oxford：Pergamo，1972.
[2] Reichl L E. A Modern Course in Statistical Physics [M]. Austin：University of Texas，1980.
[3] Landau L D，Lifshitz E M. Statistical Physics [M]. 3rd ed. Oxford：Pergamo，1980.
[4] Yan Z，Chen J. Fluctuations of thermodynamic quantities calculated from the fundamental equation of thermodynamics [J]. J. Chem. Phys.，1992，96(4)：3170-3172.